U0592295

城市河湖一体化水环境治理技术
研究与实践

周孝德　覃建庭

吴　巍　彭　亮　编著

科学出版社

北　京

内 容 简 介

　　本书针对我国城市化进程中的河湖水环境问题，全面系统梳理国内外城市河湖水环境治理的理论、技术及实践应用。主要内容包括城市化进程中的河湖健康，河湖水环境污染现状及影响，河湖水环境污染机理及过程，当前河湖一体化水环境治理的思路、管理、关键技术，以及国内外受污染水体治理案例、不同类型受污染水体治理思路与实践应用等。

　　本书可供从事环境科学与工程、市政工程、水利工程、环境规划与管理、水资源保护与利用、水污染防治、水生态治理修复等方面工作的研究人员、管理人员阅读，也可供相关专业高等院校师生参考。

图书在版编目(CIP)数据

城市河湖一体化水环境治理技术研究与实践 / 周孝德等编著. —北京：科学出版社，2024.6
ISBN 978-7-03-076636-6

Ⅰ. ①城… Ⅱ. ①周… Ⅲ. ①城市-河流环境-水环境-综合治理-研究-中国 ②城市-湖泊-水环境-综合治理-研究-中国 Ⅳ. ①X52

中国国家版本馆 CIP 数据核字（2023）第 194337 号

责任编辑：祝　洁　汤宇晨 / 责任校对：崔向琳
责任印制：徐晓晨 / 封面设计：陈　敬

科 学 出 版 社 出版
北京东黄城根北街 16 号
邮政编码：100717
http://www.sciencep.com
北京建宏印刷有限公司印刷
科学出版社发行　各地新华书店经销
*
2024 年 6 月第　一　版　　开本：787×1092　1/16
2024 年 6 月第　一　版　　印张：35 3/4　插页：6
字数：860 000
定价：580.00 元
（如有印装质量问题，我社负责调换）

编写委员会

主任：

周孝德　　西安理工大学西北旱区生态水利国家重点实验室

覃建庭　　中国葛洲坝集团市政工程有限公司

委员：

吴　巍　　　　　西安理工大学西北旱区生态水利国家重点实验室

彭　亮　石艳军　中国葛洲坝集团市政工程有限公司

史春海　　　　　中国市政工程西北设计研究院有限公司

陈义飞　　　　　上海市政工程设计研究总院（集团）有限公司

杨　楠　　　　　天津市政工程设计研究总院有限公司

王永金　　　　　中恒工程设计院有限公司

参编人员：

中国葛洲坝集团市政工程有限公司

朱品安	高灵敏	张吉顺	刘道华	赵德贺	辜永国	张玉莉
刘祥群	吴虎波	马晓阳	王　勇	欧阳红星	陈　琳	冷珍华
欧阳小平	谢文璐	程　燕	李韶武	焦长顺	吴晓文	方绍鸣
易　明	曹　莉	周　兵	陈　铭	高佑国	梁成刚	王继柏
周守国	张明康	熊　波	巨伟涛	王振坤	郑　伟	白文博
唐　涛	黄胜斌	徐　彬	任思源	周昌茂	陈文生	祝金川
郭维峰	葛小奎	王焕震	梁彦博	吴文涛	王　江	陈向科
石海松	于春明	张裔可	张　繁	赵　常		

中国葛洲坝集团股份有限公司

刘燕平　陈　郭　相凤奎

中国葛洲坝集团第一工程有限公司

王　华　李棉巧　余祥忠　汪　恒　徐　忠　周　彬

西安理工大学西北旱区生态水利国家重点实验室

程　文　冯民权　宋　策　郑　兴　万　甜　王　敏
郭梦京　任　雷　袁　博　李　琛　周　玉　杨晓文
王嘉玮　陈　航　郑　鹏　曾媛媛　徐　升　汪杨顺杰
李妙婕　李　典　董雨荷　王家利　马　超　侯　卓

中国市政工程西北设计研究院有限公司

王　斌　马小蕾　彭志伟　王海梅　刘　健　邓　琳
卢启峰　宁克明　陈　新　雷克刚

上海市政工程设计研究总院（集团）有限公司

陈义飞　江伟民　夏　炜　孙艳涛　陈奇良　陈冠寰
钟　美　邓　洁　潘　田　郑吉宝

天津市政工程设计研究总院有限公司

王　松　李国金　陈　兵　张　练　张永森　张栋俊
罗　阳　林伟强　姜　宇　夏文辉

中恒工程设计院有限公司

王美霖　王雪燕　王麒麟　吴明素　张博文　周建忠
武绍云　崔立波　黄国华　龚　满

中节能国祯环保科技股份有限公司

王　晶　陈　正　叶　祥

哈尔滨工业大学

钟　丹　马文成　李克非

序

 水是生命之源，水环境污染已成为需要全世界面对的共同问题。随着我国经济飞速发展，城市化进程不断加快，不合理的用水和排水行为造成城市水体破坏，出现水资源短缺、水体污染等突出问题。城市河湖受污染水体污染重、范围广、危害大，不仅影响城市美观，给居民生活带来不便，而且严重制约城市发展。

 随着我国对环境保护的重视程度提高，生态文明建设上升到国家战略层面，绿色可持续发展理念深入人心，城市受污染水体的治理步伐也逐渐加快。2015年，国务院颁布的《水污染防治行动计划》（简称"水十条"）对黑臭水体的治理工作提出明确目标，到2030年，城市建成区黑臭水体总体得到消除。2016年12月，中共中央办公厅、国务院办公厅印发了《关于全面推行河长制的意见》，要求各地区各部门结合实际认真贯彻落实。党的十九大报告提出，到2035年美丽中国目标基本实现。虽然近年来城市受污染水体治理成绩显著，但治理难度依然很大，任务依然艰巨，未来十多年城市河湖受污染水体整治依然是水环境治理的重中之重。

 该书从探究城市河湖受污染水体成因出发，在系统介绍城市水体特征、城市化进程对水体的影响、水体污染物迁移转化规律的基础上，剖析当前城市河湖水环境污染现状和存在的环境问题，科学阐述受污染水体形成机理与过程，并结合国内外成功的治理案例，围绕"控源截污、内源治理、河道清淤、水质净化、活水循环、生态修复"的科学治理思路，针对不同水体环境特点，把握一体化水环境综合治理原则，提出一系列城市受污染水体治理技术。该书内容丰富翔实，以理论指导实践，成果系统全面，具有很强的针对性、现实性、前瞻性和指导性，是一部科学全面介绍城市河湖受污染水体治理的专著。

 城市河湖受污染水体的治理是一项全面系统的工作。为修复和提升城市水生生态系统，必须建立完善的城市水系统和区域健康水循环体系，消除城市河湖受污染水体，实现水质清洁、水体清澈、风景美丽的目标，对促进城市生态文明建设、提升城市品质、促进城市经济发展意义重大，同时实现城市绿色可持续发展。相信此书的出版，将为我国城市河湖受污染水体治理提供科学完善的参考，对长期关注和从事受污染水体治理工作的读者有所裨益。

中国工程院院士　邓铭江

前　言

随着城市化进程的加快，我国河湖水生态环境问题凸显，已成为国家水安全的重大制约因素，迫切需要推进流域系统保护与综合治理，建立河湖水生态环境修复与治理的适用技术体系。2014 年 3 月，习近平总书记提出"节水优先、空间均衡、系统治理、两手发力"的治水方针，并指出山水林田湖是一个生命共同体，治水要统筹自然生态的各个要素，形成了新时期我国治水兴水的重要战略思想，指导治水工作实现了历史性转变。2015 年 4 月，国务院颁布《水污染防治行动计划》（简称"水十条"），明确要求对江河湖海实施分流域、分区域、分阶段科学治理，系统推进水污染防治、水生态保护和水资源管理。水生态文明建设是"十三五"水利工作的重要方面，必须着眼于生态功能全面提升，大力实施水生态保护和修复，切实提升河流、湖泊、湿地等自然生态系统稳定性和生态服务功能，筑牢水生态安全屏障；2017 年 10 月，党的十九大报告将坚持人与自然和谐共生作为新时代坚持和发展中国特色社会主义的基本方略之一，将建设美丽中国作为全面建设社会主义现代化国家的重大目标，提出着力解决突出环境问题；2022 年 1 月，国家发展和改革委员会、水利部联合印发了《"十四五"水安全保障规划》，指出"加强水土保持和河湖整治，提高水生态环境保护治理能力"是"十四五"期间水安全保障八项重点任务之一。

面向上述推进城市水生态文明建设、保障水生态安全的国家需求，西安理工大学西北旱区生态水利国家重点实验室与中国葛洲坝集团市政工程有限公司共同牵头，组织国内十余家科研院所、管理单位、设计单位及建设单位撰写本书。本书针对我国城市化进程中出现的河湖水体环境恶化问题，从维护河湖健康、保障水安全的目标出发，依托中国葛洲坝集团市政工程有限公司实施的水环境治理工程项目，全面系统梳理国内外城市河湖治理的理论、技术及实践应用，剖析城市河湖受污染水体特性，阐明污染物迁移转化及受污染水体形成机制与过程，总结当前河湖水环境治理的政策、管理体系、技术框架及方法，结合国内外城市河湖水环境综合治理的经典案例，归纳凝练不同类型受污染水体治理的技术思路与实践应用，形成涵盖城市河湖水体整治诸多理论技术层面的综合性研究成果，为我国城市河湖水环境保护与治理提供理论与技术支撑，进而促进我国河湖水环境治理行业的技术提升与创新，助力国家生态文明建设。

全书分为上、中、下三篇。上篇包括第 1~3 章，主要从水环境现状与机理入手，着重分析城市化过程对城市河流结构、水量、水质、生态方面的影响及主要存在的水环境问题，阐述城市河湖水环境的污染现状及成因，揭示城市河湖水环境有机化合物、重金属与营养盐的污染机理；中篇包括第 4、5 章，针对城市河湖水环境治理由传统"末端治理"模式向"全流域治理"模式推进的发展趋势，提出城市河湖一体化水环境治理的理念、技术框架与管理模式，从堵源、净底、活水、净水与生态修复五个方面重点阐述城市河湖受污染水体的治理技术及方法；下篇包括第 6~9 章，以实践与应用为主，在综述国内外典型城市河湖水体综合治理案例的基础上，重点介绍我国平原河网区、西南山区、滨海平原区受污染水体整治修复的思路、技术及效果，以期为读者提供参考和借鉴。

　　本书主要内容是西安理工大学西北旱区生态水利国家重点实验室、中国葛洲坝集团市政工程有限公司等多家单位集体工作成果的总结与提炼，是对过往理论、技术与实践的梳理总结，期望在总结经验的同时为日益蓬勃发展的城市河湖水环境治理工作提供借鉴，进一步推动相关成果在工程实践中的应用与技术创新。在编写过程中，中国市政工程西北设计研究院有限公司、上海市政工程设计研究总院（集团）有限公司、天津市政工程设计研究总院有限公司、中节能国祯环保科技股份有限公司、中恒工程设计院有限公司等单位提供了大部分实践应用案例，并参与编写了相关章节。此外，本书参考和引用了国内外该领域诸多专家学者的成果，在此一并表示衷心感谢。

　　本书出版得到黄河水科学研究联合基金重点项目（U2243242）、国家自然科学基金重大研究计划重点支持项目（91747206）、国家自然科学基金面上项目（51979222）、国家自然科学基金青年项目（41807156、51709224、51809211、42107493）、陕西省自然科学基础研究计划项目（2019JLM-62）、陕西省水利科技项目（2017slkj-13）、陕西省科技统筹创新工程重点实验室项目（2013SZS02-P01）等的资助，在此致以深切谢意。

　　城市河湖水环境问题成因复杂，水环境治理是一项多部门协同完成的复杂系统工程，对保障城市水安全具有重要意义。由于作者水平有限，书中难免出现纰漏之处，恳请广大读者批评与指正。

作　者

2023 年 7 月

目　录

中篇　技术与方法

下篇 实践与应用

彩图

上篇　现状与机理

第1章 城市化进程与河湖关系

1.1 城市的形成与发展

1.1.1 城市的形成与城市化

1.1.1.1 城市的形成

城市是人口集中、工商业发达、居民以非农业人口为主的地区，是社会生产力发展到一定阶段的产物[1]，具有聚集性、经济性和社会性等基本特点。城市因聚集大量居民生产、生活和社会活动而具有多种复杂的功能。不同城市的特性和功能形成各城市独特的气质和风格。

从古至今，城市的形成、发展都与水息息相关，城市与水相互影响又相互依存[2]。水是城市文明发展的摇篮。纵观人类发展历史，无论是游牧民族逐水而居、农业灌溉依赖江河水源，还是围井而市、河槽交通便捷使港埠码头兴荣等，城市的形成与发展都与水有着不解之缘。古代绝大部分城市坐落于北纬 30°~40°，主要原因是该区域的一些大河流域和沿海地区气候温和，交通方便，适合人类聚居。《城市形态史：工业革命以前（上）》指出，人类最早的城市产生于黄河流域、尼罗河流域及两河流域[2]。世界四大文明古国的城市形成和发展都与河流有着不解之缘：古埃及孟菲斯古城的繁荣离不开尼罗河水的滋润；古巴比伦城的辉煌依靠两河流域；古印度哈拉帕的发展依赖印度河的抚育；我国古代历史上的众多名都、名城发源于长江和黄河之畔。

水能造就城市文明，也能吞噬违背自然规律的文明发展。一个城市如果不能正确地认识水和善待水资源，则会因水而毁灭。洪泽湖底的泗州城、消失在沙漠中的楼兰、黄沙掩埋的统万城、环境恶劣的大津巴布韦、溃坝冲击的印度莫尔维、泥石流吞没的秘鲁容加依等，都留下了惨痛的历史教训[3]。现代城市发展日新月异，城市化进程加快，应更加注重城市发展与水的问题。回顾城市形成的历史，思索城市发展与水的关系，借鉴人类文明发展与自然和谐相处的经验，才能促进现代城市与水的和谐发展。

1.1.1.2 城市化的基本概念与发展现状

"城市化"或"城镇化"，是指分散居住的人口向一个中心地区聚集，进而形成具有一定规模以工商业（非农业）为主要生产生活特征的居民点的过程[4]。

人口迁移是城市化发展的主要原因。人口向城市迁移，城市人口自然增长导致城市人口的相对密度不断上升[5]。通常用城市化率来衡量某个国家或地区的城市化水平，用城市人口占总人口的比例来量化，计算公式为

$$城市化率=城市常住人口/（城市常住人口+农村常住人口）\qquad(1-1)$$

当前世界城市化率超过 50%。城市发展趋势主要体现在城市人口增长和经济总量增

长，尤其是城市化率上升。随着新型工业化、信息化和农业现代化的发展及农转非政策的落地，我国城市化水平稳步提高。据第七次全国人口普查结果[6]，我国居住在城镇的人口约 9.02 亿，居住在乡村的人口约 5.10 亿，全国范围内城市化率达 63.89%。

城市化作为对国家和地区影响深远的社会现象，带给现代社会和人类的不仅是居住地点的改变，更是给城市新居民带来生产生活方式、人际交往范畴、价值观念等颠覆性的变化。我国新型城市化的概念与国际通用的城市化概念不同，已经由以前单纯注重提高人口规模和城市现代化水平，提升至强调城市文化、公众生活水平、精神文化等具有人文情怀概念的高度[7]。

城市高度发展是全球性的社会发展趋势。根据 UN-Habitats 数据和地理区划数据[8]，2020 年部分国家城市化率如表 1-1 所示。

表 1-1 2020 年部分国家城市化率一览表

国家	城市化率/%
日本	91.78
韩国	81.41
中国	63.89
新加坡	100.00
伊朗	75.87
以色列	92.59
土耳其	76.11
冰岛	93.90
英国	83.90
俄罗斯	74.75
法国	80.97
德国	77.45
圣马力诺	97.50
意大利	71.04
摩纳哥	100.00
比利时	98.08
荷兰	92.24
加蓬	90.09
美国	82.66
加拿大	81.56
乌拉圭	95.52
阿根廷	92.11
巴西	87.07
新西兰	86.70
澳大利亚	86.24
瑙鲁	100.00

截至 2020 年，美国城市化率是 82.66%；欧洲部分国家城市化进程比较快，城市化率平均达到 87%；日本城市化率是 91.78%，新加坡则达到 100.00%。预计到 2050 年，北美洲各国平均城市化率达 89%，欧洲各国平均城市化率达 83.7%，中国城市化率将达到 72.9%[8]。

　　根据国家统计局年鉴[9]及第七次全国人口普查结果[6]，2020 年，我国城市化水平为 63.89%。我国改革开放以来城市一直处于快速发展阶段，如图 1-1 所示，城市化率逐年增加。与发达国家相比，我国城市化水平还有较大提升空间。

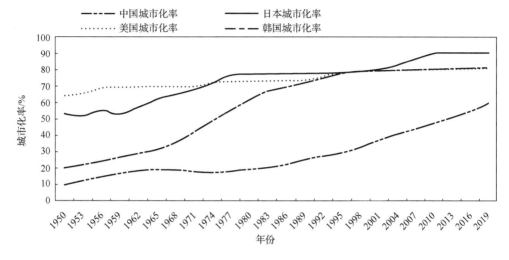

图 1-1　我国与发达国家城市化率对比（1950～2019 年）

　　为了掌握不同地区的城市化率情况，对我国部分省级行政区 2019 年末城市化率及常住人口数进行统计，结果如表 1-2 所示。

表 1-2　我国部分省级行政区的城市化率及常住人口统计表（2019 年末）

省级行政区	城市化率/%	常住总人口数/万
上海市	88.00	2428.14
北京市	86.60	2153.60
天津市	83.48	1561.83
广东省	71.40	11521.00
江苏省	70.61	8070.00
浙江省	70.00	5850.00
辽宁省	68.11	4351.70
重庆市	66.80	3142.32
福建省	66.50	3973.00
内蒙古自治区	63.40	2539.60
山东省	61.51	10070.21
湖北省	61.00	5927.00
黑龙江省	60.90	3751.30
宁夏回族自治区	59.86	694.66
山西省	59.55	3729.22

续表

省级行政区	城市化率/%	常住总人口数/万
陕西省	59.40	3876.21
海南省	59.32	944.72
吉林省	58.27	2690.73
河北省	57.62	7591.93

我国城市化发展呈现不均衡态势，部分地区城市化率已经超过80%。不同地区社会经济发展速度和水平的差异导致区域城市化发展空间存在差异，这也是我国社会经济快速发展的必然结果。

1.1.2 城市化发展进程与河湖变迁

1.1.2.1 国内外城市化发展进程

1. 国外城市化发展进程

城市化是当今世界发展的共同选择，也是社会发展的新动力和源泉。随着城市化的高度推进，经济增长带来了社会财富的积累和生活质量的提高，极大地促进了人类生产生活方式的巨大变革，推动了社会的良性运行。不同国家和地区由于国情、历史等原因，城市化发展的道路、模式可能存在较大差异，但成功的模式是值得借鉴和学习的。接下来对日本、德国、美国和韩国的城市化发展进程进行分析。

日本城市化发展主要与其近代历史有关。在明治维新之前，闭关锁国导致日本整个社会发展落后，城市化发展缓慢。明治维新之后，日本政府引导整个社会进入城市化发展的快车道。1940 年，日本城市化水平仍较欧美国家落后。1956～1973 年，日本进入工业发展高速期，城市对劳动力的大量需求促进城市化发展加速，到 1975 年城市化率升至 75.9%，实现了高水平城市化发展。日本城市化发展主要是靠政府引导其工业发展、城市布局及人口结构调整，同时制定了诸多法律来保证城市化顺利进行。例如，为了解决区域发展不平衡问题，实施了五次全国综合开发规划来完善区域城市规划体系。

德国的城市化主要是在其工业化之前的封建领地基础上慢慢发展形成的，城市发展模式以中小城镇为主。1871 年，德国采取平衡发展政策，在随后的 100 年内推动城市化平稳发展。2001 年，德国城市化水平已达 69.4%。德国城市化建设遵循"小即是美"的原则，以中小城镇发展来促进城市化，实行市政管理发展理念，统筹城镇资源的开发和经营。德国城市发展规模不大，城市基础设施完善，各区域功能完备，强化公共服务职能，因此经济高度发达。

第二次世界大战以后，美国的南部地区城市化发展一直处于全美领先地位。1990 年，美国十大城市中有六个分布于此。这些城市都是从不毛之地跨越了农业开发阶段突飞猛进建立起来的，如亚利桑那州的菲尼克斯、新墨西哥州的圣菲等，都是在短短几十年间从经济薄弱步入城市化发达阶段，城市化发展速度位列美国城市发展速度前十。20 世纪 50 年代，美国太平洋沿岸各地仅用十年即步入工业成熟的城市化发达阶段；80 年代，美国西海岸的城市化水平已经远远高于全美平均水平。美国城市化发展是跨越式发展模式，城市化发展的步伐依赖于其工业化的高速发展，是典型的工业支持城市化发展模式。

韩国 20 世纪 70 年代开始了著名的"新村运动"，开创了农村向现代化城镇迁徙的城市化发展模式。其城市化高速发展的背景是工农业发展严重失调、工农业增长差距拉大、农村人口无序迁移。调整农村产业结构和产业化发展方向，逐步使城市社区化；通过社会产业发展引导大批人口和剩余劳动力向城市转移，从而使得城市进入飞跃发展阶段。在解决社会发展中诸多社会问题的基础上，促进了经济社会发展和城市化进程。韩国城市化发展通过其已有的"韩国模式"，以农村为切入点，改变农村的生产生活方式，对社会人口结构进行引导和调整，从而增加了城市人口，积累了城市化发展的资本，进而推动了城市化发展进程。

世界各国城市化发展的背景和进程迥异，但不论哪种模式下的城市化发展，其根本目的均在于调整社会结构，增加城市资源利用率，提高社会经济发展速度。

2. 我国城市化发展进程

我国自 1949 年逐渐迈入现代城市发展进程。根据我国经济发展的不同阶段，可以将城市化发展也简要地划分为四个阶段，如图 1-2 所示。

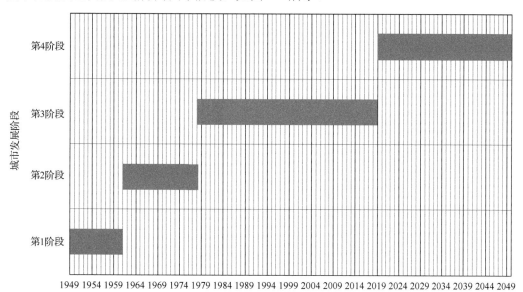

图 1-2　我国城市化发展进程示意图

（1）第 1 阶段（1949～1960 年，城市化初期阶段）：1949 年我国生产力水平十分低下，国民经济基础极其薄弱，全国城市总数仅 132 个，城市化率仅为 10.6%[4]。该阶段国家对于城市化率积极性不高，至 1960 年城市化率增加到 19.7%。

（2）第 2 阶段（1961～1978 年，城市化中期阶段）：此期间《关于户口迁移政策规定》的实施，对城乡人口实行了严格的户籍制度，限制了城乡人口流动。到 1965 年，城镇人口占总人口比重由 1960 年的 19.7%下降至 18%，全国建制镇比 1954 年少了 2254 个。此外，某些历史原因对中国的城市建设也产生了消极的影响，导致城市化发展缓慢，至

1978 年回落至 17.9%[10]，我国城市化水平比同期发展中国家整体上要低约 50%，比同期发达国家要低约 84%。如果以工业化指数作为参考因素，中国的城市化水平比发展中低收入国家的平均水平低近 70%，比中等收入国家平均水平低 75%[11]。

（3）第 3 阶段（1979～2019 年，城市化后期阶段）：改革开放以来，我国进入了以经济建设为中心的快速发展时期。国家采取了一系列有利于城市化的政策和措施，如城市疏散和城市建设等行政区划的重大改革。在政策制定的后续几年内，我国的城市化率提高明显加快。截至 1988 年底，我国有城市 434 个，有建制镇 11481 个，城市化率为 18.3%[12]；1990 年有城市 449 个，有建制镇 11937 个，城市化率为 26.41%；1998 年有城市 668 个，有建制镇 19216 个，城市化率为 30.4%。在 1979～1998 年的 20 年间，随着我国经济的高速发展，城市化率平均每年提高了 0.625%[13]，特别是在 20 世纪 80 年代，平均每年增长 0.7%，90 年代每年增长约为 0.5%[14]。2000 年，我国有城市 659 个，有建制镇 19692 个，城市化率为 36.22%[15]。我国的城市化率从 2002 年的 39.1%提高至 2020 年的 63.89%。

（4）第 4 阶段（2020 年至未来很长一段时间）：我国的城市化水平不断提高，城市化率有了快速和可喜的发展。在未来经济全球化过程中，我国经济的持续发展使城市化成为未来发展不可扭转的重要趋势。伴随城市面积的扩大、城市经济的增长、城市功能的完善，城市已成为国家发展的有力支柱，是国家综合国力和国际竞争力的重要体现，城市化成为当代我国正在经历的最重要的结构性变化之一。

1.1.2.2　城市化发展下的水资源规划

现阶段我国城市化的发展进程已经逐步赶上世界发达国家，在发展过程中产生了许多亟待解决的问题，生态环境问题尤为明显。城市人口增多，污染物排放量剧增，管理不善带来严重环境污染，产生土地资源、水资源短缺等影响城市发展的严峻问题。我国城市化高度发展的"瓶颈"是资源短缺[16]。城市人口高度聚集、工业化生产率提高、生产用水和生活用水大量增加导致资源型缺水，同时水的社会循环过程排放大量污染物进入地表水体，造成生态环境恶化。此外，部分地区超量和过度开采造成了地下水枯竭。我国缺水问题具有区域性的特点，大部分北方城市存在严重的水资源短缺问题。1970～2010 年，我国三分之一的人口面临严重的水资源问题；截至 2012 年，660 多个城市面临不同程度的水资源短缺问题，200 多个城市水资源严重不足，有的城市被迫限量供水[17]；随着人口增长、社会经济发展和气候变化，预计 2021～2050 年，我国 50%的区域、40%左右的人口面临严重的水资源压力[18]，水资源、水环境和城市发展的矛盾突出。

城市化发展规划离不开水资源规划。为缓解城市发展过程中的水资源短缺问题，我国已经制定了相应的法律法规来规划城市发展与水资源之间的合理关系。深入分析规划支持能力和水资源条件，科学论证规划布局和水资源承载力的适应性，提出规划方案调整和优化意见，提高规划科学决策水平，促进社会经济发展，适应水资源承载力，加快转变经济增长方式和调整经济结构，具有重要意义[19]。

1. 城市化发展规划

根据我国现有的城市发展模式，可将城市化形式分为两种：市级及以上的大城市（如北京市）发展模式称为城市化，县级及以下的小城镇（如东莞虎门镇）发展模式称为城镇化。

1）城市化体系规划

（1）等级结构规划。城市化等级结构分为中心城区、重点区域和一般区域三级。中心城区承担着城市必须具备的全面功能，是城市政治、经济和文化的中心。重点区域是城市发展较好、产业特色明显、生活服务设施齐全的中心区域。根据对城市发展状况的综合评价和对未来发展潜力的判断，培育重点发展的城市区域，改善现有城市体系的潜力区域。一般区域是农村地区的管理中心和商品集散地。

（2）规模结构规划。城市规模结构的划定，应兼顾对城市等级结构的影响，同时考虑现状人口规模与城市区域环境的关联性，以及规划的城市等级结构与城市规模结构之间的响应关系。我国城市规模结构分为超大城市（1000 万人以上），特大城市（500 万～1000 万人），大城市（Ⅰ等：300 万～500 万人，Ⅱ等：100 万～300 万人），中等城市（50 万～100 万人），小城市（Ⅰ等：20 万～50 万人，Ⅱ等：少于 20 万人）五类七个等级。

（3）职能结构规划。城市的社会、政治、经济、文化职能及其组合受城市发展历史、自然环境、区位条件等因素影响，形成具有地域特征的城市职能体系。城市的职能不再仅仅反映城市本身在国家或地区政治、经济、文化中的地位及担负的作用，而是通过各职能的有机组合，共同构成具有一定特色的地域综合体[20]。以国家或区域为尺度，根据各城市在经济、政治、文化等方面所起的作用，其职能分类包括综合型、工贸型、商贸型、旅游型和农贸型等类型[20]。

全面分析城市社会经济发展状况，结合当前区域地位和未来发展方向的功能特点，调整城市功能。加强中心城市的综合经济实力和对外服务能力，促进城市各区域板块的分工。规划城市体系职能结构见表 1-3。

表 1-3　规划城市体系职能结构表

职能等级	职能类型	区域	主要发展产业
中心城区	综合型	中心城区	化工、医药、机械、电子信息、纺织、商贸、物流、旅游
重点区域	工贸型	具有潜能区域	冶金、新材料、电力
	商贸型		商贸、农副产品加工
	工贸型		水产品加工、物流
一般区域	旅游型	周边农村	旅游、生态农业、农产品加工
	农贸型		农产品加工、休闲旅游
	农贸型		农产品加工、畜牧
	旅游型		旅游、水产品加工

中心城区承担综合服务职能，未来随着城市经济的快速发展，规模将显著增大。对发展城镇过程中一些具备潜在空间的区域进行合理规划，是推动和刺激相应地区发

展极有效的手段。一般区域承担服务城区的农业生产、农副产品加工及以流通为主的职能。

（4）空间布局结构规划。依托城市交通干线发展的空间布局结构特点，以及公路、铁路、航运、航空等运输网的分布特点，形成城市特有的纵横分布、主片相辅的空间结构布局。建立一个城市中心城区，并结合具体的城市地形分布，建立多个片区城市辐射区，通过"一主"带动"多片城市辐射区"，再通过"城市辐射区"发挥城市发展潜能。

2）城镇化体系规划

城镇的发展不是无序散乱发展，一般以大规模城市的发展模式作为蓝图，并结合自身独特的资源进行合理布局。由于自身资源、地域及人口的限制，城镇化体系发展规模一般不会很大。城镇化体系的规划发展可以参考城市化，在其规划体系中，应对城乡空间结构与城镇体系规划、中心城区功能规划两个方面给予重点关注。

（1）城乡空间结构与城镇体系规划。①大力发展中心城区：重点培育城区中心职能，加强其作为整个体系中首位城镇的凝聚力以及对附近其他大型城市的辐射力。②优化城镇体系结构：重点培育优选的重点镇，使其成为承上启下的必要环节，从而提高该区域城镇体系作为整体系统的运转效率。③带状集聚发展：培育发展潜力大、投资效益好的地段为城市重点发展轴，引导人口与产业向发展轴集聚，推动该区域城镇体系的发展[21]。

（2）中心城区功能规划。中心城区建设是城镇化体系的重要环节，将基础设施比较齐全的城区进行对接，提高主城区的中心地位。通过新城建设带动老城改造，逐步疏解、改造并提升城区品位。在外围，加强原有城镇功能为主的城镇建设，逐步形成具有规模效益、具备一定竞争力的中心城区；在自然条件较好的区域，通过农业、食品加工业等联系广泛的部门带动乡镇企业和郊区农业的发展，带动广大腹地的经济发展。

随着城市经济新区向周边地域发展，新的经济模式将在城市的周围辐射和传播。重点建设具有综合城市功能的新住宅区，依靠城市建设的景观发展休闲服务业和高尚的居住社区。

2. 城市土地空间管制与水资源需求规划

1）城市土地空间管制

城市发展过程中，根据城市发展蓝图，规划区划分为禁止建设区、限制建设区、适宜建设区和已建区，进行空间管制。

（1）禁止建设区。为保护城市生态、自然和历史文化环境，在满足基础建设和公共安全需求的基础上，城市规划区设立禁止建设区，并在整体规划中禁止城市发展项目的实施。例如，在规划区内设立禁止施工区域，主要包括城市水资源的保护区、天然河湖水系保障区、地下资源埋藏区、基本农耕区、森林公园、景区核心区、城市楔形绿地和城市防洪区。

（2）限制建设区。针对生态、安全、资源环境等需要控制的区域，根据城市总体规划，圈定部分区域设立为限制建设区，主要包括水源地二级保护区、地下室防护区、森林公园非核心区、地质灾害易发区、行洪河道外围等区域。这些区域在城市建设用地中应尽量避让，如有特殊原因需要占用，应对项目建设进行生态评价并提出补偿措施。

（3）适宜建设区。禁止建设区、限制建设区以外的区域，为城市规划的适宜建设区，可作为城市建设用地和基础设施建设用地，为城市发展提供支持。

（4）已建区。城市已经开发建设并集中连片、具备基础设施和服务设施的区域为已建区。根据城市用地结构调整和发展要求，应对已建区采取用地调整措施和旧区改造方针，对有污染的工业企业区域进行管控或搬迁，提高公共设施和公共绿地比例，改善城市环境。

2）水资源需求规划

土地空间管制包括对土地上的河湖进行管制，进而对河湖水资源需求进行规划管理。城市河湖满足防洪规划、给水规划及排水规划要求。

（1）防洪规划。根据城市规模及人口容量，核定城市防洪规划的要求，制订城市城区防洪标准的洪水频率、治涝标准的暴雨频率、建制镇镇区防洪标准的洪水频率。在该防洪标准的基础上，规划防洪工程（修建堤防和分蓄洪工程），防御城市可能遭遇的大洪水。

（2）给水规划。根据城市区域水资源总量和开发利用现状，在最大程度保护和合理利用水资源的前提下，分析该地区水资源的时空分布特征以及水资源开发与社会发展的关系，并基于城市人口现状和人口发展预测，在合理选择水资源的基础上，开展城市水源规划和水资源利用平衡工作，计算城市化发展过程中的需水量，包括生活需水量、生产（工业、建筑、仓储）需水量、生态需水量和其他需水量。

把握城市河湖水源来水量与需水量平衡的关系，规划供水工程与需水预测平衡，以满足用户对水质、水量、水压等的要求，来确定城市自来水厂等给水设施的规模、容量，并对取水水源、取水规模和取水地点进行合理布设。规划和了解城市水源、净水设施和供水网络，科学合理地制订水源和水资源的保护措施。在设置水资源配置格局前提下，城市化发展进程中规划需水量占所取水源枯水期流量的比例不宜过大，也不能产生较大影响。

（3）排水规划。在城市高度发展和快速进步的过程中，人口高度集中导致垃圾和污水需要大量外排。在掌握城市河湖水资源质量的前提下，根据城市河湖水系水功能分区情况，结合河湖水质现状，必须在污染物排放至河湖前进行拦污截污处理，推行雨污分流排水制。城市新规划的适宜建设区严格实施雨污分流制；针对已建区，可逐步改造中心区、重点城镇及有条件的一般城镇旧城区的排水系统，由雨污合流制转变为截流式合流制；一般小型乡镇污（废）水和雨水原则上仍采用雨污合流制排放，可进行严格的技术升级，减轻污染对环境的压力。

① 污水工程规划。在估算出城市用水量的前提下，进行近远期水平年城市各区域日产污水量估算，规划建设污水处理设施，对污水进行处理后排入天然水体。其中，大型工业企业特种废水（如医院污（废）水、制革废水、电子厂废水等）经污水处理设施处理后达到行业水污染排放相关标准，才能排入城市排水系统或天然水体；农村生活污水

则须经过氧化池、氧化沟或沼气池处理后才能排入水体。规划和建设的所有污水通风口的位置及其与城市水源接入点的保护距离必须按照相关规定执行。

② 雨水工程规划。雨水工程与防洪及排水工程规划有机结合，采用二级排水；依据天然汇水区，采用分散就近排放原则，尽可能利用区域内较大型天然池塘、汇水冲沟排放雨水[22]。

1.1.2.3　城市化发展过程中的河湖变迁

自古以来，城市的兴起繁华都与河湖有着紧密关系，河湖水系是城市发展的物质基础、农作物的灌溉来源、物质运输的重要途径，是城市文明的必要源泉[23]，河湖孕育了城市。城市化的发展会改变新型社会发展模式，使城市资源和能源的使用方式和方法发生调整。城市空间结构是指在城市形成、发展及演变过程的一个时期内，城市的各种构成要素和功能组织在城市地域上的显现[24]。城市空间结构的变化对河湖水系产生重要影响。从城市发展史来看，城市的形成、发展及演变与河湖水系有密不可分的关系，河湖水系是拓展和制约城市空间结构的重要因素。上海城市发展与黄浦江和苏州河有着紧密联系；武汉的城市建设依托于长江与汉江；重庆城市规划和布局依赖于长江与嘉陵江；广州城市高速发展离不开珠江的支持。

随着时间的推移、自然地理条件的变化、人类活动的持续干预，城市河湖水系发生一系列改变[25]。一般从河湖水系形态特征、水文特征、生态特征等方面来描述河湖变迁[25]。

河湖水系形态特征包括河湖的形态特征和水系网络形态特征，具体特征指标包括河道长度、河湖宽度、河道弯曲度、河湖连接与间断点数量[23]、用于表述河流数量发育状况的河频数、河网（湖网）密度、水域面积、水系网络连通度、分支比、水系网络结构复杂度。水文特征即"水情"，指的是河湖水的运动变化特征，主要包括水位、径流量、流速、含沙量、汛期、水能、气候（结冰期等）[23]。生态特征反映了河湖水系生态系统的健康状况，体现在河湖水质、物理结构、水生生物、河岸带植被覆盖率、景观效应、生态廊道连通性、水生动物栖息地等方面[26]。

城市的高速发展影响河湖水系演化与变迁，主要表现为河湖功能转变、形态及水文特征改变、生态特征改变等方面[23]。

1. 城市空间结构变化对河湖功能的影响

河湖维系着城市生命系统，具有供水、运输及生态功能。在城市形成、发展和演变的不同历史时期，河流和湖泊的主要功能与城市空间形态之间具有动态变化的复杂关联[23]，随着城市空间布局而发生改变。

河湖在城市早期发展中主要体现其水运功能，因此河湖水系主导城市发展方向，决定整体空间布局，城市的生活中心、重要设施均沿着水系走向呈现带状布局，河湖水系带动城市经济发展。进入工业化迅猛发展时期，人口聚集密度大，工业化过程用水量剧增，城市河湖水系功能由交通运输转变为供水、防洪及排污，成为城市人口、物资、信息与外界交换流通的渠道；城市空间结构围绕主要供水系统的工业、商业和运输的河流和湖泊布局，河湖水系沿线在短时间内成为城市化的中心地带。由于排污量增加，生态环境遭受破坏，河湖水系在城市发展中逐渐失去城市空间结构的导向作用，水域周边发展缓慢；随着生态文明建设上升为国家战略方针，城市河湖的自然生态功能及经济文化底蕴等方面得到重视，成为城市景观结构与人口空间分布的决定性因素之一[23]。现代化城市依托河湖水系建立起生态空间和休闲空间体系，吸引城市居住、商业、高新产业空间向河流沿岸聚集，重新成为城市发展活力廊道[23]。现代化城市河流及空间布局如图 1-3 所示。

图 1-3　现代化城市河流及空间布局示意图（见彩图）

2. 城市化发展对河湖水系形态及水文特征的影响

我国经济发展腾飞初期阶段，大规模推进城市建设，城市规划第一要素为经济利益，对城市河湖水系的自然生态要素不够重视，城市的发展脱离了河湖水系；城市规模扩大，空间扩张侵占农田、河湖水域，水域面积逐渐减少，水系生态环境与格局遭到破坏；城市规模化建设，下垫面不透水表面替代蓄水性土壤，雨季洪水频率增加，甚至形成内涝，河湖水量上涨，威胁城市安全；城市建设过程中，围湖造地、填埋支流水系、排干湿地沼泽变为建设用地等手段改变土地利用类型，对河道特征（长度、宽度、弯曲度等指标）产生显著影响，造成水系河网湖泊密度减少、支流发育系数衰减[23]、河湖调蓄能力减弱、地下水长期补给不足。城市人口密度增大，水量供需不平衡，地下水开采严重，河湖流域水体动态平衡遭到破坏，形成"有雨涝""无雨旱"极端气象。

3. 城市化发展对河湖生态特征的影响

城市发展过程中，功能空间的转变影响复杂城市生态系统平衡，直接或间接使生态环境发生各种改变。河流生态系统的平衡不仅是水体自身的生态平衡，还涉及河岸带及整个城市生态网络的平衡，城市空间的宏观功能布局和微观空间设计都将影响河流的生态环境状况。王雨洁[23]总结了城市空间布局与河流生态特征的响应关系，见图1-4。

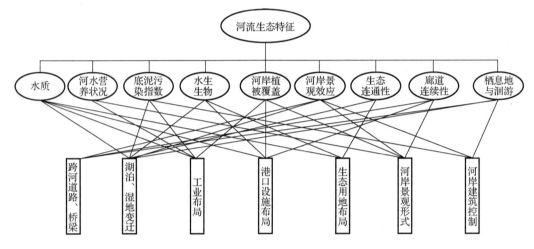

图 1-4　河流生态特征与城市空间布局的对应关系[23]

显然，城市化发展空间布局变化对河湖水体水质影响较大。城市功能规划布局不合理，造成工业、生活污水排放至河道，水体污染严重，破坏河流水生生态系统。河流生态廊道相互连通，并连接各生态斑块，是城市生态体系的重要部分。在城市的建设过程中，城市扩张及规划造成河岸硬质化和滨水建设失控，导致滨水廊道景观破碎化，显著破坏河岸带或湖滨带。此外，城市化进程对河湖湿地也造成巨大影响。湿地为"生态之肾"，具有蓄滞洪水、维持地下水的补给与排泄、控制河湖水体污染、维持沉积物稳定等生态功能，同时是野生生物的重要栖息地和重要的"碳库"，对城市生态系统意义重大。城市的硬质空间逐步占用河湖湿地系统，会使湿地功能减弱，河湖水质下降，栖息生物减少甚至消亡，河湖生态系统脆弱甚至崩溃。

可见，城市河湖与城市化发展是相辅相成的。城市化发展对河湖形态及调蓄、纳污等河湖功能产生巨大影响，河湖自然生态环境不稳定，水资源短缺、水污染严重等水环境问题突出，最终会影响城市空间布局、生态系统功能及结构，严重制约城市的可持续发展。

1.1.3　城市发展中河湖主要改造措施

现代化城市小流域局部区域内的平面分布组成如图 1-5 所示。城市化区域的新格局中，城市与河湖紧密联系在一起，居民生活和生产所需的水资源取自河湖，最后还会回到河湖系统中。因此，对于健康的自然河湖系统，"一取一放"的过程会改变河湖健康系统的诸多因素，从而对河湖健康产生影响。在城市建设发展过程中，不可避免地要根据对河湖功能的需求实施改造。

图 1-5　现代化城市小流域局部区域内的平面分布组成示意图

1.1.3.1　城市河湖功能

河湖水系是支持城市快速发展所需物质基础的载体。城市化发展过程中，流域人口总量和密度的增加使局部区域水资源结构调整，改变了河湖的功能。河湖功能是河湖及其所在环境在相互作用过程中产生的功效和能力，具体的河湖功能分类和定义在学术界还存在较多分歧。

河湖环境包括外部环境和内部环境，河湖在两种环境作用下自然产生了河湖内、外功能[27]。有学者对河湖功能进行了较为全面的阐述，主要将其分为输水泄洪、航运、输沙、发电、自净、生态、景观娱乐等功能[28]。基于这个划分方法，将河湖功能具体归纳为自然功能、服务功能、人文景观功能和灾害功能[29]，但还不足以说明河湖功能的自主性和人格性。河湖灾害对人类产生危害，同时对塑造地貌或者促进生物多样性发展有着积极作用，它不应该被单独作为负面效应，而应作为河流自然功能的一部分[30]。

河湖功能是演变过程中发生的各种物理、化学和生物学过程，与河湖的外在特征以及与河流相关人类活动的综合反映。随着现代城市化高速发展，社会环境和城市功能调整，河湖功能呈现出多样性，主要包括自然功能、开发利用功能和人文功能。

1.　自然功能

自然状态下的河湖具有客观存在的自然属性，不会因为人类的干扰而改变自身的发展规律、对生物的支持作用以及与其他自然物质的相互作用等。从河流演变历史来看，河湖在自然状态下的自然属性依赖于水流和河床地质构造、地形、地貌等。从水文循环过程来看，河湖的自然属性主要依赖于云层降雨、地表水径流、地下水汇流等，以及它们之间的循环转换。地球气候驱使区域大气水发生变化，从云层降雨产流汇流入河湖，水流运动产生的动力及水流挟带物质形成了河湖特有的水量水质等自然属性，自然状态下的水文循环如图 1-6 所示。河湖水文循环过程中存在水与物质的输移、污染物进入河湖后水体的自净过程及生态环境的变化。

图 1-6　河流和湖泊自然状态下的水文循环示意图

这些自然环境形成河湖的特殊自然属性，赋予了河湖最基本的特征，决定了河湖自身存在的最基本的固有价值，不受人为活动影响，属于河湖最基本的价值体现，因此定义为河湖的自然功能。

1）输移功能

河湖最基本的特征是水流运动过程，伴随河湖水流运动进行的物理过程是物质、能量和信息的汇入和流出。把河湖中物质随水流运动过程发生变化的行为看作河湖的输移功能，河湖中的物质可以看作信息和能量的载体，随着水动力条件而发生变化，如黄河流域年平均径流量达 480 亿 m³，平均输沙量高达 16 亿 t。水动力驱动着泥沙的转移，两者共同作用产生河流自身特性（如流速、水深、河床比降等）的变化。水的势能是河湖实现信息输移功能的直接动力，同时改变河湖内物质、河湖演变的进程，影响河湖生物信息规律，最终改变河湖信息输移的方式。

2）生态功能

河流和湖泊的淡水资源是生物生命的源泉。栖息在河湖的生物在这特定环境中繁衍生存，形成稳定的生态系统，维系河湖的其他功能。一旦生物失去生存环境，物种之间的平衡机制遭到破坏，河湖生态功能破坏，会影响水环境质量，造成环境恶化。

3）自净功能

河湖自净功能是河湖的自然属性。在河湖水流运动过程的对流扩散作用下，一定浓度的入河污染物经过物理、化学和生物等作用，浓度得以削减。天然河道自我调节和修复可抵御外界干扰，也是河流生态健康的一种表征。河湖水体受污的形式主要包括自然极端地质活动（地震、海啸和火山喷发等）造成的污染和人类活动造成的污染，后者是破坏其自净能力的主因。当浓度超过水体背景值的污染物进入水体后，在水、水-底泥-生物界面产生物理、化学、生物作用，影响水体中的微生物种群结构和菌群生长代谢，破坏其对污染物的自净能力。河湖自净能力的下降，会削弱入河污染物降解能力，耗氧物质增多，水体溶解氧浓度降低，水体污染严重，生物生存环境进一步恶化，河湖自净能力进一步弱化，恶性循环，河湖最终丧失自净功能。

2. 开发利用功能

河湖孕育人类文明，为人类社会提供重要的水资源，通过人类社会活动过程体现其社会属性。人类在生存生活过程中会根据自身的需求对河湖水资源进行改造，对河湖的自然形态和生态系统产生巨大的改变和深远的影响。河湖的开发利用功能便是河湖的社会属性，包括供水、发电、水利、航运及养殖等功能，图 1-7 为河道水资源开发利用示意图。随着人类社会的发展及城市化的进程，人类依据需求提升河湖改造能力，河湖的开发利用功能也会增多。

图 1-7　河道水资源开发利用示意图

1）供水功能

水维系城市的生命系统，城市发展需要河湖提供生产、生活用水。城市社会发展的今天，人类生存生活更加离不开水资源，河湖地表水是工农业生产、人类生活的主要水源。

2）发电功能

河湖贮存大量水资源，水流运动过程蕴藏着大量的势能。人类在社会活动过程中，通过修建大型水工建筑物利用水能，将其转换成可以利用的电能来服务人类。这种能源属于清洁、可持续利用的环保型能源，对环境的影响较小，近年来国内外大力开发利用河川径流的发电功能。

3）水利功能

河湖水流运动过程中，河床会发生不利于人类生存发展的演变。因此，通过改造河湖进行水资源时空调配，从而达到河道安全行洪排涝、周边农田灌溉、排沙输沙等功能。

4）航运功能

水路航运历史悠久，在现代高度发达的城市化社会中，水路漕运也是大量物资输运的主要途径。内陆航运是重要的交通运输途径，具有不可替代的经济成本优势。

5）养殖功能

水产养殖，特别是淡水养殖，是我国农贸经济发展不可或缺的组成部分。河流和湖泊中大量的淡水资源为水产养殖提供了充足的水环境，适宜的河道、湖泊、水库等水域是高效养殖基地，是促进淡水养殖经济发展的优质条件。当前我国高度发展的水产养殖业已在世界上处于领先地位。

3. 人文功能

人类生存生活依赖河湖水资源，河湖要满足人类社会发展和自然生态健康延续服务的多重需求。随着人类河流和湖泊转型的历史进程，河湖的自然属性和社会属性往往是统一的，在相互作用中产生新的属性，从而赋予河湖第三种功能，即河湖的人文功能。图1-8是河道自然状态下和谐的自然景观。人类活动的加入赋予了河道新的文化定义，该区域内河道将具有其独有的人文功能。

图 1-8　河道自然景观示意图

1）自然景观功能

河湖自然状态下的和谐存在体现了河湖优美的自然景观，现代河湖治理将水环境的自然美与深厚文化底蕴结合，为人类提供更好的感官体验。

2）历史文化功能

纵观国内外历史发展，人类古文明的发源都离不开河湖。黄河、恒河、印度河、尼罗河、幼发拉底河和底格里斯河，孕育了世界四大文明古国的历史和文化，四大文明古国的历史和文化也赋予了这些河流重要的历史文化意义，具有记载人类文明和历史起源的价值。河湖造就了古今历史文化的传承，也为世界留下了优秀的文学艺术作品，赋予了河湖文化传承功能。

1.1.3.2　我国城市发展中的河湖改造措施发展历程

城市河湖的自然属性和社会属性与人类生产生活环境的改善密不可分。以工程措施改造河湖的开发利用方式，挖掘河湖的社会服务功能，在促进经济社会发展的同时会对河湖生态系统造成一定破坏，甚至带来一定连锁反应，影响和制约河湖社会服务功能的发挥。

我国城市发展中，普遍存在城市河湖水质恶化、生境退化等健康问题，以及景观或人文功能缺失的问题，甚至出现生境全无的黑臭水体。为解决城市水环境恶化带来的环境问题，提高城市生活舒适度，近年来我国很多城市开始着手对河湖生态环境进行大规模治理[31]。基于工程治理河湖思想，充分考虑河湖环境和生态，借鉴国际城市河湖治理的先进经验，通过有效的整治和管理手段，实现河湖水环境管理的目的。

我国城市化发展分为四个阶段，不同阶段对城市河湖的功能需求不同，改造河湖采用的城市化改造措施也不同。第 1 阶段为原始水利用和低级防御阶段，第 2 阶段为河湖初级开发和治理阶段，第 3 阶段为防洪排涝和工程治理阶段，第 4 阶段为环境保护和综合治理阶段。第 1 阶段，由于当时大多数城市工业不发达，河湖水资源完全满足城市供水需求，河湖水资源开发利用主要以河湖航运为主，这一阶段河湖主要处于原始水利用和低级防御阶段。到了第 2 阶段，河湖水资源开发利用需求和工程增多，通过水库、水坝等水利枢纽来提高防洪能力和改善灌溉条件，进行河湖初级开发和治理。第 3 阶段，需要提高城市防洪排涝能力，全国各大城市河湖进入防洪排涝和工程治理阶段，通过大规模工程措施来实现河湖整治，提高河湖行洪能力，增强城市安全性，但人为工程干预过多，对河湖功能和健康等属性造成了一定程度的损伤。第 4 阶段，城市化发展速度急速加快，人类频繁活动和改造城市的行为对河湖环境的干扰和破坏严重，产生极大的危害，很大程度上破坏了河湖地形地貌等自然特征，严重危害了河湖生态系统功能和健康。人们开始认识到河湖生态环境保护和恢复的重要性，在吸收和发展先进河湖水环境管理的思想和理念基础上，我国逐步开展河湖生态环境的保护和恢复。采用传统治理污染的工程技术手段，引入生态水利工程、河湖生态系统等理念，在满足现阶段城市发展对河湖水环境需求的基础上，进一步保障河湖生态系统功能和健康，满足河湖水资源可持续发展的需要，对河湖进行生态环境的恢复和保护。武汉以打造城市居民生活环境、改善水体环境为主，结合景观布局、湖泊生态系统恢复，进行城市湖泊的治理工程。北京和上海在原有的治理理念中融入生态构造、环境保护和景观生态，建立了开发性综合治理河道的新管理模式。广州在治理河涌黑臭水体方面走在全国前列，其治理的原则是在原有河道防洪排涝的基础上着手恢复河湖自然生境，构造河涌可持续利用的水资源，重视河涌休闲娱乐、景观生态等社会性功能的发挥。

1.1.3.3　我国河湖城市化主要措施

城市化发展至今，人口密度增大，城市生活生产污染物排放量增加，对水环境安全造成威胁，城市水资源短缺产生的供需矛盾加剧。为缓解或减轻城市化建设对河湖水资源造成的影响，我国河湖城市化实施的主要措施有防洪和排水安全措施、河湖滨区城市化建设措施、闸坝枢纽工程建设措施、景观建设措施、水环境保护与治理措施、综合整治措施等。

1. 防洪和排水安全措施

防洪、排涝是河湖自然属性的基本功能。城市建设区地面不透水面积增大，下垫面渗水功能减弱，暴雨在地表形成径流增多，城市洪水调蓄能力降低，在雨季容易形成城市内涝，改变河湖水文情势，影响河湖的防洪排涝功能[32]。为了保障城市防洪与排水安全，在早期的城市河湖治理中，采用"裁弯取直"等措施，使河道渠道化严重。随着对河湖功能的认知加深，逐渐将原来"头痛医头、脚痛医脚"的治水思路转变为以生态的观念、流域的视角、水质-水量-水生态结合的理念思路，提出修建海绵城市，增加城市化区域地面的透水性能及城市洪水调蓄能力[28]。具体措施：①为了增强城市防洪能力，改变城市径流形成条件，增加城市地面的绿化面积，提高城市洪水转变为地下径流的可能性；②为了解决城市内涝问题，避免城市化建设改变城市地貌带来的"雨洪效应"，须尽量减少城市化水泥地面，可采用新型的建材，从而增强城市下垫面的透水性[31]。

2. 河湖滨区城市化建设措施

在过去的城市化发展过程中，不当的资源利用规划导致河湖流域地理地貌严重受损，山林植被遭受破坏，水土流失，河网减少，水域面积减小，河流干涸，湖湾淤浅；围湖造田、湿地筑塘养殖等导致河湖沿岸占地人为开发力度过大，河湖水质恶化，沿岸被侵占蚕食；河湖滨区水面斑驳陆离，散乱建筑遮蔽河湖水域，污水大量流入河湖水体，环境脏乱差。

为恢复河湖水资源自然功能，提高河湖滨区环境质量，促进城市化发展中河湖流域生活环境建设，现阶段比较针对性地提出了河湖滨区城市化建设措施，以改善河湖沿岸生态环境。具体措施：河湖两岸沿线道路植树绿化，河道清淤清漂，加强沿岸生态环境建设，改善河湖生态系统优势种群结构，提高优势种群稳定性，改善河湖滨区生态环境，实现开放式公共绿地与景观设计相结合。

滨区环境建设改变河湖沿岸水动力结构，在缓解河湖水环境恶化的基础上，也将进一步促进河湖的健康演变，恢复河湖自然功能。

3. 闸坝枢纽工程建设措施

城市化发展过程中土地利用率较大，人口密度大，城市取水用水相对集中，城市地域不足导致集雨面积小，地面径流不足以提供城市取水，城市取水压力全部集中在流经城市的河湖水域。城市河湖水域来流流量一定，不足以保障在单位时间提供足够的水量供城市用水。城市资源型缺水已经成为当今城市化发展中一个重要的问题。

为保障城市用水量需求，在充分论证河湖水量供水可行性的基础上，在河湖上修建能够拦蓄水体的闸坝枢纽工程，调度闸坝工程来重新分配河湖水资源在时空上的总量，以期积蓄能够满足城市在各个时间段生产生活所需的水资源。

河湖上修建闸坝枢纽工程，可实现水资源重新分配，提升河湖水资源的开发利用功能。但是，河湖水资源在时空上重新分配，会造成水体生态环境发生改变。

4. 景观建设措施

河湖的人文功能是城市发展的重要功能，早期城市对河湖的开发利用以经济建设为主，忽视对人文功能的保护和开发。城市化建设加快造成水体污染，随着人们生活质量的提高，河湖水环境不能满足人们对河湖景观功能等人文功能的需求，有必要恢复河道生态环境，在提高河道水质的同时进行河湖景观建设。通过建设河湖沿岸绿化、水文化等，大力推进河湖文化景观，充分挖掘河湖治水文化和人文历史，积极打造河湖水文化保护区，创建河湖型水利风景区，开发城市河湖水域的旅游潜力，因地制宜地推进河湖绿化道路、亲水设施建设等。

城市河湖景观建设已经成为河湖治理的配套工程和质量提升工程，但是实施景观建设措施会对河湖原先的流域形态进行改造，进而影响河湖流域形态和结构。

5. 水环境保护与治理措施

由于过去在城市化发展前期缺乏保护河湖水环境的意识，生产生活污水集中排放，河湖水环境被严重破坏。根据经济可持续发展的需求，治理修复河湖水生态、净化城市污水、提高再生水利用率、确保生态水质水量，是整治当前水环境的重点，更是建设我国生态文明的必要条件。

维系河湖健康，需要对其进行保护、治理和修复。在河湖保护方面，应该对水资源使用、开发及水环境健康进行严格的监控，并且对水资源进行科学化和健康化的管理，河湖水资源的保护责任要落实到个人，坚持河湖长制度；在河湖治理方面，应该对其结构、功能、生态系统等进行科学统一规划，健康的河湖治理主要从河湖的结构、社会服务功能、抗干扰能力、生态系统四大方面进行，并运用现代科技与自然方法标本兼治，采用水质保护和生态修复的技术，实现河湖治理。

通过河湖水环境保护与治理措施，可实现河湖水环境和水生态的修复。城市化发展过程中有多方面因素综合影响河湖水环境，仅对河湖水环境进行保护和治理还不能完全解决水环境问题，往往需要进行河湖综合整治，这也是河湖保持健康的必要条件。不论采用哪种水环境保护与治理措施，都会对河湖水环境产生水环境和水生生态系统结构化影响。

6. 综合整治措施

我国部分城市河湖流域水体被污染，河湖水资源可利用率不高。为最大程度保护城市水资源，提高城市水资源的利用率，使城市建设走上可持续发展的健康道路，有必要对河湖进行综合整治。

为恢复河湖健康，对受污河湖流域实施综合整治措施，一般采用三步：①加强河湖流域环境基础建设，即加大力度，做好河湖沿岸排污口、截污管网和污水处理设施的合规建设；②提高流域沿岸污染整治规模，对于流域中有污染的农业生产、养殖企业和工程污染企业，需要实施最严格环境处理；③强化流域环境综合管理能力，如在流域城市居民生活聚集地建立垃圾转运站，避免居民生活垃圾污染水体，防止河湖流域内面源污染，对城市可能存在河湖水体污染风险的污染源积极采取预防措施。

通过城市河湖综合整治，可降低城市河湖水体污染程度，增加城市河湖水体的可利用空间，但在整治过程中，河湖的功能也会改变。为保障城市河湖水体可持续化发展，必须全面了解城市化发展对河湖水环境的具体影响，采用河湖综合整治措施对水环境进行修复和保护。

1.2　城市化对河湖健康演变的影响

河湖是城市发展的动脉，具有重要的资源功能、生态功能和经济功能。河湖健康是人与自然和谐共生的重要标志[33]。长期以来，社会经济发展使人口局部迁移，促使部分区域内人口聚集而饱和，城市对水资源、水环境的需求也日益增加，对河湖健康造成威胁。为缓解水资源和水环境供需矛盾，对河湖进行改造，实施的城市化措施也会影响河湖健康。

1.2.1　河湖健康的定义

河湖健康是伴随生态系统健康产生的，最早起源于 20 世纪 90 年代的欧美各国，侧重于河湖生态系统完整性与自然恢复程度[34]，同时兼顾生态系统完整性与社会服务价值[35]。我国长期以来的水体保护工作处于水质改善阶段，缺乏对水生生态系统的关注，没有建立从水生生态系统安全角度进行水环境管理的意识，因此对于河湖健康的认识较晚。唐涛等[36]首次将河流生态系统健康的概念引入我国，得到了广大学者的认可。由于河湖健康问题具有阶段性和复杂性，河湖健康的定义在我国更为丰富。2010 年，全国重要河湖健康评估试点工作首次通过专家咨询与广泛的讨论，在遵循"人水和谐"理念的前提下，给出了河湖健康的概念[29]，即健康的河湖应自然生态状况良好，兼具可持续的社会服务功能[37]。随着对人类生存环境和资源问题的日益关注，河湖健康逐步注重河湖生态系统与社会功能的平衡，强调自然与社会功能的可持续性，并具备生态系统的可恢复性[38]。新形势下，为适应新的河湖管理需求，河湖健康被赋予了更多的内涵。2019 年，习近平总书记在黄河流域生态保护和高质量发展座谈会上发表重要讲话，提出"让黄河成为造福人民的幸福河"[39]。这是新时代河湖健康评价管理的基调，这意味着河湖健康应综合考虑社会服务功能的发展，河湖自然功能与社会功能应处于动态平衡，河湖的发展应适应人类认知和时代发展需求。

根据河湖健康的概念，其内涵应包括完整的生态系统、可恢复的生态过程和可持续的河湖功能[32]，具体体现在河湖结构健康、河湖水环境健康和河湖生境健康。

1）河湖结构健康

健康的河湖应该具有良好的水土资源，应能保障河湖蓄有足够的水量，以便供给和维持河湖自身的动力和活力；拥有适当的河湖湿地保留率；水土保持能够得到有效控制，在改造过程中河道形态、结构变化不影响水系流通、生物栖息地的质量[40]。

2）河湖水环境健康

健康的河湖生命系统具有足够调蓄洪水空间和泄流的能力，满足防洪安全需要；水资源及水能资源维持健全的供水、灌溉、发电、航运、水产养殖、旅游等诸多为人类服务的功能，且不影响生态与环境承受能力；水质应能够满足各种用水标准要求，水质水量变化对河湖生态完整性和社会服务功能不造成影响。

3）河湖生境健康

健康的河湖应该能够满足水沙平衡，满足栖生生物的物种或物种群体生存的生态环境需求，满足输入输出水量的需要；河湖流域内特有的水生动植物能够健康生存繁衍并保持多样性；保持良好的态势，能够满足水流的连续性（绝对没有断流现象发生），河湖生态水量满足适宜栖生生物的物种或物种群体赖以生存的需要。

河湖健康涵盖整个河湖生态系统的生存和良性循环，包括河湖全部生态要素，具体为稳定的河湖功能、保障基本水质水环境、水生生物的健康生态系统等。城市化影响下河湖健康应满足人类社会价值需求，生态系统结构完整，稳定且可持续。

1.2.2　河湖健康演变

1. 河湖健康演变的定义

河湖健康演变是指在其流域内水环境、自然结构发生巨大变化时，河湖能够顺应这种变化与冲击，不受或较少受到伤害，保持自身的健康状态，即河湖自身结构完整，生态环境良好，河湖功能能够正常发挥，可持续地满足人类社会功能需求。河湖健康的保持与恢复不仅关系到地域水资源的可持续利用问题，也关系到流域周边生态安全和社会经济可持续发展的问题[41]。通过赋予河湖生命来进行健康评价及管理研究，目的是期待河湖生态修复、健康演变[42]。

河湖健康是河湖功能平衡的体现。江河湖泊的健康、河湖社会功能的稳定发挥和可持续发展有利于保证该地区可持续的社会经济发展，涉及水量的供给与循环。河湖水循环系统包括海洋-大气-水-河-海之间的平面循环系统，也包括大气水面-水-土-水-地下水之间的三维循环系统。水循环既维护地表水与地下水，保障土壤水与降雨的连续过渡和紧密联系，又是河流生态系统产生、维持和繁荣的基础。健康的河流应该能够满足其自身的需求，人类对河流的需求只有在河湖健康的前提下方可得到满足。

2. 城市化发展下河湖健康演变的意义

在城市化的冲击下，河流能否健康演变具有十分重要的意义。当国家或地区的城市化率达到 60%时，表明城市化进入关键增长期，2023 年末我国常住人口城镇化率达到66.2%。我国的城市化与日本、美国、英国、德国、法国等大不相同，还有很长的路要走。城市河湖在城市化发展下实现健康演变，会使我国的经济发展和人民生活压力得到缓解，也是对我国城市化快速推进的巨大助力。

3. 城市化发展与河湖健康演变的关系

城市河湖是影响社会经济发展的重要因素之一。城市化发展改变流域土地利用类型及土壤侵蚀、泥沙传输和沉积等过程的稳定性，使河湖水文特征和形态发生变化，影响水系连通性，水体污染物增多、浓度增大、生物多样性及生物量降低，城市化发展对河湖产生的影响基本上是负面的。城市化是城市化与河湖健康演变关系的积极体现和攻击者，河湖是被动体，是受击者。只要主动体的出击能使被动体的受击在其可承受的范围内，就可以避免被动体受到重大伤害。因此，在城市化发展中，河湖保持生态系统结构完整和稳定的同时，能够可持续地提供相应社会服务功能[36]，实现河流健康演变，这是有可能的。

1.2.3 城市化发展对河湖健康演变的影响

城市化发展会对河湖的健康演变产生影响。结合河湖演变的客观规律及实际情况，本书选择河湖潜在风险、河湖水量、河湖水质、河湖流域人口密度、河湖生境五个方面内容进行研究。

1.2.3.1 城市化对河湖潜在风险的影响

1. 河湖基床和形态发生不利变化

城市化首先影响的是河湖的水文和形态。城市化加速过程中会不断增加对土地的需求，河湖的利用和开发程度也随之增加。原有河流的自然结构会被新增的城市街道、住宅区、商业区等改变。部分河流的支流和独立的小型自然溪沟被填埋断流，自然弯曲的河流形貌硬性裁弯取直；河流原始自然缓坡硬质化为垂直堤岸[43]，导致河流水域面积减少，流域水网密度降低，流态趋于单一化。

城市化进程中土地利用格局的变化，造成硬化地面增加和植被覆盖度降低。流域内下垫面透水性能下降，降雨地面径流增加，降低了河湖流域对降雨的涵养能力，可能导致流域内降雨径流汇流形成时间缩短，洪水频率增大，洪峰时间短、流量大[43]。枯水期河湖基流量减少，枯水持续时间变长甚至河湖干枯。流域产沙量增加，在地表径流作用下聚集至水体或水体沿岸，造成河湖深宽比的均匀度降低，河湖形态发生动态变化。图1-9为城市化对河道形态的影响变化过程。

自然河道初始呈现一定的弯曲度，深宽比相对均匀。城市化造成流域地表侵蚀，泥沙淤积，河流形态进入泥沙淤积阶段，此时深宽比降低。随着城市建设逐步完成，流域的产沙量减少，河道的沉积作用减弱，植被覆盖面积降低造成侵蚀作用加强，河流进入河床侵蚀阶段。当河道水体流速大于泥沙的最小夹带流速时，河床内的泥沙首先受到侵蚀，并随着水流堆积到河岸两侧，导致河流深度增大而宽度减小。当河床侵蚀逐渐减弱时，河岸的泥沙开始受到侵蚀，河岸逐渐拓宽[40]。由于城市化裸露地面增加，河湖地质组分、沙粒粒度等也会受到影响。城市化带来的用水量变化还会导致河湖连通性改变，土壤滞水能力下降，对地下水的补给减少，河湖与地下水之间连通性减弱或直接割裂。

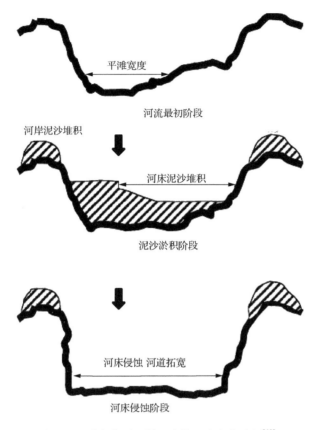

图 1-9　城市化对河道形态的影响变化过程[40]

2. 河湖开发利用过程中的不利影响

大部分河湖水资源是可以被消耗利用的，其开发利用潜能是控制河湖开发利用量的限制条件。某一地区河流和湖泊的开发，须以满足当地社会和经济发展规模、保持自身良好生态系统的最大承载力为前提。当该地区人口增多后，对水资源的需求量会持续增大。依托现有水资源开发利用技术、社会发展速度和经济水平，在维护河湖生态环境可持续发展的前提下，通过对该地区水资源时空分布的重新优化，可以最大程度地支持当地社会经济的健康发展。河湖水资源最大可利用开发程度必须在河湖水资源承载力范围之内，既要满足河湖水资源在自然界中的水文循环可持续及可再生，不影响河湖水资源的形成和贮存条件，又要满足河湖生态环境不受到根本的损伤（其影响程度应在一定范围内），不能出现因河湖水资源无节制开发而给河湖生态环境和生态系统带来灭顶之灾。

现代化城市的居民对生活质量和生活环境的要求越来越高，对能源和资源的依赖也越来越明显。高度发达的城市生活需要能源和资源的支持，电能消耗和对水资源等的需求增加。水力发电是再生能源发电的"领头羊"，发电份额仅次于火力发电，我国水力发电量占全球水力发电总量的 30%。截至 2021 年，我国水力年发电量达到 1340.1TW·h，占全国发电总量的 17%[44]。未来社会电能需求量将日益增加，对于河湖水电的开发利用力度势必加大。同时，由于区域内人口的增加，河湖地表水资源的利用开发增多，需要消耗的水资源量也在增加。可以预见，未来随着城市化水平进一步提高，河流和湖泊水资源的开发利用必将接近水资源的最大开发利用，达到河湖水域内水资源承载力的最大极限。若河湖开发力度过大而超过其本身承载力，势必阻碍河湖的健康演变[45]。

1.2.3.2　城市化对河湖水量的影响

1. 河湖水资源水量

城市化带来了密集的人口和工企业，生活用水和工企业的用水逐渐增多。大部分用水取自流经城市的河流，是河流水流量减少的原因之一。对加利福尼亚圣地亚哥的 Los Peñasquitos 河受该地区城市化的影响进行统计分析，1966～2000 年，该流域内城市土地利用面积占比从 9% 上升到 37%，流域枯水季节内中等和最小日径流量降低，而洪水频率明显增大，时间间隔降低。洪水期间的径流量在 1965～1972 年为 6.41m³/s，1973～1987 年增加到 20.86m³/s，1988～2000 年更是达到 35.67m³/s[43]，这源于城市化对土地利用的改变。美国的研究证明[46]，当不透水层的比例达到 10% 时，可造成河流生态恶化，且恶化程度随着不透水层比例增加呈现线性增加趋势。随着不透水层数量的增加，城市排水流量比原来增加 2～16 倍，而地下需水的补给量按相应的比例减少[43]。这说明城市化改变了河流原来的自然形态和部分地质构造，其影响以河流流量显现出来。

2. 河湖水体水位与水网密度

城市化快速发展下，长期以来高强度的城市土地资源开发，河湖水域面积下降，河湖岸边植被严重破坏，改变了土地结构，从而导致水土流失严重，很多河湖下垫面和边岸的保水能力减弱，河湖下渗量增大，河湖自然状态下因水资源损耗增大而水位降低。此外，由于河湖的水面率降低，降雨和地表径流减少，河湖水位降低。

城市化扩张过程中，房屋建筑物、道路交通建设、城市规划建设对河湖的水网密度有巨大影响，河湖水系衰减剧烈，河道渠化现象严重，水系骨干化，末端河流甚至消亡。例如，北京—天津永定河段 20 世纪 60 年代至 2006 年河段流畅度减小 20.5%，水量减少 36.4%[47]；太湖流域河道数量下降，城市化率与河流长度负相关[48]。此外，城市化发展中改造河湖对水位、水系密度也有影响。黄河内蒙古河段大型水库联合运行后，河流断面面积减小 65%，平均水深减小 45%[49]。人类活动加速了河湖水系的衰减，造成水域面积减小，水位下降迅速。

1.2.3.3　城市化对河湖水质的影响

进入水体的污染物主要分为两类：点源污染（point source pollution）和面源污染。点源污染主要来自城市污水厂的尾水、偷排漏排的生活污水、部分工企业废水等；面源污染来自河湖水系流域内的降雨径流[40]。

城市化迅速推进、城市人口快速增长、工业企业增多，以及城市市政设施建设往往滞后于城市规模建设，使得城镇缺乏足够接纳生活污水的市政排水管网和污水处理厂。若部分生活污水不经处理直接排入河流中，会对河流水质造成污染。由于污水处理能力、技术、标准滞后，即使是经处理的尾水，出水水质指标也高于地表水体质量标准最低限。

人口、资源消耗的增长迫使污水厂处理规模升级改造,处理量增大,尾水排放量也随之增加,增大河湖水系污染负荷,水质恶化。工业废水无序排放是影响城市化发展进程中河流水质的另一重要污染源。工业企业按其产品不同排放以下三类污水:①含无机物的污水,由冶金冶炼企业、建筑施工企业等排放,如从炼焦化学厂、氮肥生产厂、合成橡胶厂、药厂、人造纤维厂和制革厂排出的废水;②含有机物的废水,包括石油和化学工业、塑料工业、皮毛加工工业及广泛的食品和饮料工业等排出的废水;③含高分子化合物的污水,一般由皮毛厂、造纸厂排出。工业生产过程中的化学反应完全率只能达到 70% 左右,化学反应不完全的原料就成为废料滞留在废水中被排出。化学反应条件(如反应时间、反应温度、原材料比例等)的控制至关重要,若控制不当,副反应就会产生废料,最终排放入地表水体,成为河湖水质恶化的主要因素之一。

城市建设对土地利用类型的改变,使得流域降雨期径流下渗量与截留量的比例下降,地表径流携带大量污染物进入水体;城市化规模建设和工矿企业等排出的飞尘、废气(主要是煤炭、石油及金属冶炼产生的二氧化硫、氮氧化物等有害气体)被雨水带入河流水域,污染河流水质。此外,城市管网建设运行不健全,合流制排水系统造成暴雨期间雨水与城市污水混流后直接排入河湖水体,对水质造成巨大冲击。

1.2.3.4　城市化对河湖流域人口密度的影响

丰富优质的城市水资源供给是最大程度保障城市居民生产生活的根本条件。当河湖水资源开发力度增大时,整合水资源,提高生活、工业水资源使用率,在城市规划过程中提高水资源利用效率,根据城市规划对城市空间进行功能区划分(包括生活区、生产区和社会公共区等),并在空间上合理调配水资源,以提高居民生活舒适度,合理规划空间布局和水资源充分利用,会吸引更多的人口进入城市。随着城市经济不断发展,大量垃圾和污染导致的城市水资源稀缺会制约城市的经济和社会发展。为发掘城市发展潜力,需要优化城市用水结构,科学制订水资源使用规划,进一步整合利用、保护河湖水资源,提高城市水资源的质量,为城市经济持续、健康、快速发展和提高区域人居质量提供保障[50]。

城市人口密度受到诸多因素影响,城市水资源是限制城市人口密度提升的重要因素之一[50]。虽然城市人口在一定程度上可以通过制定相关法规及基础设施供给等手段进行调节,但当人口密度增大时,水资源用量增加,人均基础水量供给会受到影响。因此,城市化扩张后,需要制定政策法规,向外扩大规模以降低人口密度,改变城市河湖形态,提高河湖水资源水质水量,提高水资源可利用率,这样才能吸引更多外来人口,从而使得城市化得到可持续发展。

以武汉市为例,由于武汉市降雨充沛,当地水资源较多,过境水量十分丰富。依据2021 年武汉市水资源公报[51],全市水资源总量 52.28 亿 m^3,其中地表水资源量 49.23 亿 m^3,地下水资源量 11.48 亿 m^3(地表水、地下水重复计算量 8.43 亿 m^3),全市平均产水模数61.55 万 m^3/km^2,全市过境客水总量 7912 亿 m^3,其中长江、汉江过境客水总量 7829 亿 m^3。这为武汉市城市化高度发展提供了坚实的基础,也保障了武汉市能够容纳源源不断的后继劳动力。资料显示[52],武汉市人口增长迅速,截至 2018 年末,常住人口达 1100.8 万人,城镇化率 78.2%。由于经济增长，城市规模扩大，人口流入不断加速，聚集效应进一步凸显，全市常住人口密度达 1206 人/km²，中心城区人口明显较为集中，靠近长江和汉江水域的江汉区人口密度超过 2.5 万人/km²，但在一些远离市中心的新城区人口分布明显较为分散，人口密度不足 500 人/km²。

1.2.3.5　城市化对河湖生境的影响

河湖的生境主要是指河湖中水生生物生存生长的环境，即河湖水生生态系统和该系统赖以生存的水环境。图 1-10 为河湖水生生物构建的生态系统。水生生态系统是河流湖泊及周边河谷、湖泊湿地等自然生态系统，在河流生态学和水生态学等一系列作用下组成的复杂系统，是依赖河流和湖泊生存的水生生物群落的重要栖息地。河湖生境是河湖水生生物生存必不可少的，是维持自然界物质循环、信息传递、能量流动、环境净化等方面的重要组成部分，在维护生物多样性和水生生态系统平衡方面发挥着重要作用。

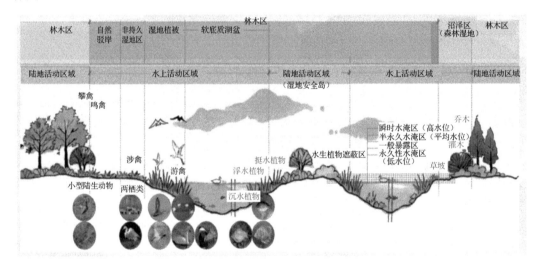

图 1-10　河湖生态系统示意图（见彩图）

河湖生境在空间上存在大尺度多样性，地域和方位不同，其尺度也不同。河湖生境由于区域尺度不统一，其在三维方向上的结构特征也是多样的。纵向主要受河流湖泊地质地貌、大气气象和水文条件的影响；横向主要受水与岸、水土两相之间复杂条件的影响；垂向主要受河床基底底泥与上覆水体之间水-底泥两相性、底栖生物群落的影响。因此，河流和湖泊栖息地的特点是复杂性、多样性和连续性，其独有特征赋予河湖独有的功能，即生境支持、生物多样性维持、社会服务三个层次。

河湖生境复杂多变，在城市化发展过程中极易因人类需求过度而功能损伤，河湖生境不能够良性循环并持续不断地自我更新，最终不能持续地满足人类的需要。河湖生境安全以各生态系统的最大承载力和可再生能力为基础，在满足人类开发活动的同时，尽量满足河湖生境安全。河湖生境安全的实质是以河湖水生生态系统的可持续维持来保障其服务功能的可持续提供。城市化发展过程对河湖生境的影响是必然存在的，但二者并非绝对对立，可以在动态平衡之中进行合理的规划配置，在满足河湖生境安全的基础上实现城市化发展的最优设计。

我国城市化发展前期较为注重经济效益增长，忽略了兼顾河湖环境生态效益，导致在城市化进程中河湖水体遭受了不同程度的污染，诸多河湖生境遭到了严重损害，甚至出现河湖黑臭现象。以我国广州市为例，由于早期城市化发展速度较快，水污染防治意识较为淡薄，基础设施相对薄弱，污水排放管理相对落后等，广州河网水环境总体质量较差，城市市区河涌水体普遍污染严重。随着城市化的发展，河涌水体整治之前污染呈现日益严重的趋势，市区内河涌水体黑臭天数呈现明显上升趋势[31]。

城市化发展对河湖生境和水生动物栖息地的破坏，导致城市河流对水生生物群落的支持能力严重降低。在城市规模化建设过程中，河湖流域土地利用类型的变化及点源、面源污染物排放造成的水环境问题，通过级联反应改变河湖生境，导致水生生物群落（鱼类、藻类、底栖动物等）物种丰度、多样性及生物量降低，最终影响河湖生态系统的稳定性（图 1-11）。

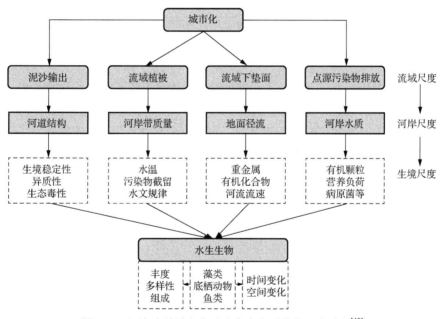

图 1-11　河湖流域城市化对水生生物群落的影响过程[40]

1.3　城市化发展中河湖健康演变的影响及认识

纵观我国现代化城市发展历程，当以社会经济发展为中心时，以牺牲河湖健康来满足人类社会发展的需求，在放弃文化功能的基础上将河湖的自然功能转化为社会功能。河湖健康出现问题会对人类生存环境产生负面影响。社会发展已进入以环保为重的时代，即在满足人类社会发展需要的基础上，关注河湖的健康发展，注重河湖的历史文化功能，回归河湖的自然功能，保护河湖的社会功能。为满足河湖健康发展，须在城市化发展过程中避免制约河湖健康演变，关注河湖健康演变的影响因素。

1.3.1 自然状态下河湖健康演变的制约因素

河湖在其漫长的历史过程中进行自身的演变，在地理历史条件变迁中，有的已经消失，有的依然存在。河湖自身的演变不存在绝对的"健康"。人类活动频繁，从而对河湖的依赖性越来越强，对河湖功能的需求从基本的景观、水系通道、资源供给等功能转变为生命支持功能，在社会发展过程中希望河湖的演变能够在保持生态完整性的同时可持续地为人类提供社会服务功能，即河湖健康演变。自然状态下制约河湖健康演变的主要因素如下。

1.3.1.1 泥沙淤积因素

1）来水来沙条件

河湖上游由于水力冲刷，或者水土流失形成的泥沙经过地表径流携带汇入水体，在水流作用下输移。在输移过程中，水量和流速的变化造成泥沙输移的不均匀性，形成泥沙的淤积或者冲刷。河湖泥沙运动过程符合"大水挟大沙、小水挟小沙"的规律，泥沙冲淤的最大程度根据水流挟沙能力而定，决定水流挟沙能力的主要因素是河湖上游的来水来沙条件。上游来水来沙条件可以在河湖纵向产生输沙不平衡，一旦河湖输入的来沙超过河湖本段的挟沙能力，则导致本段河湖演变动力条件不足，不能将输入泥沙全部输移出本段河湖，来水量极有可能在本段河湖淤积。此外，来水来沙不同步，河湖区间内不同的水沙组合造成本段河湖的复杂演变。若上游来流洪峰在前，沙峰在后，而后续来流不再出现大水情况，此次洪峰就会在本段河湖淤积。

2）泥沙淤积速率

泥沙淤积速率主要受水体泥沙含量、粒径大小及水流流速的综合影响。泥沙淤积或冲刷速率在大的时间尺度上对河湖的演变都有明显的效果。当河湖泥沙淤积速率增大时，该段河湖必然会呈现累积淤积特征；当泥沙淤积速率较小或者出现负值时，该段河湖很有可能出现累积冲刷现象。

3）泥沙淤积的时空分布

河湖地形具有独特性，顺直、蜿蜒、游荡和分叉等各种形状造成河湖沿程各断面存在较大的差异。此外，水流的驱动导致河湖各段泥沙淤积的时空分布不均，在河流各段表现尤为明显。当来自河流上游的水沙条件相同时，由于河床土壤成分的物理和化学性质存在地域性差异，河流在各个部分的排沙能力是不同的，河流各段的淤积总量也会存在差异，泥沙淤积作用对河湖演变的影响规律表现形式也不一致。

1.3.1.2 人类活动因素

人类生存和发展的过程是与自然斗争的过程。20 世纪 50 年代，我国对国内中小型河湖进行围垦利用，围湖造田、改造滩涂湿地，极大破坏了河湖健康的良性循环，给河湖演变带来了不可磨灭的严重灾难。

现代人类活动对河湖演变的影响可以分为工程措施的影响和非工程措施的影响两大类。

1）工程措施的影响

河湖演变在工程措施干扰的情况下必然会发生变化，这种变化是水流和河床相互作用的结果。河床影响水流结构，水流促使河床变化，两者相互依存，常处于运动和发展的状态之中。水流-河床-沙的相互作用以泥沙运动为纽带，一般通过泥沙淤积和冲刷实现河床的升高或降低[53]。因此，河湖演变规律是以泥沙运动规律为基础的。

水利枢纽及调蓄工程建设是常见的河湖改造工程措施，可更好地开发利用河湖功能。大坝拦断了水流，也将泥沙输移的连续性打断，形成河流和湖泊各部分沉积物的时空分布。研究表明，三峡大坝建成后，大坝排水的泥沙浓度大大降低[54]。长江上游的泥沙被三峡水库及上游梯级电站拦蓄，使三峡大坝下游很长的一段河道内河床出现冲刷下切现象，从根本上改变了长江中下游的河床演变规律。

2）非工程措施的影响

人类的频繁活动会改变河湖的水流结构或形态，直接改变河湖正常演变过程，河湖原有的水沙输移平衡被打破，重新构建新的水沙输移平衡。为了恢复原有的湿地环境，可通过种植水生植物构建新的植被群落[55]。新的植被群落会影响河湖的演变过程，其根本原因是植被影响河湖水流的运动规律，植被生长也会对泥沙的输移产生相应的影响。水生植物被水流覆盖后，对河湖流动的水力平均速度造成阻力，植物的存在也会对水流垂向分布产生影响，植被不均生长和分布会对水流运动过程紊动结构及能量产生很大影响。湿地的构建影响该区域内水流和泥沙，从而影响河湖水流挟沙能力，最终影响河湖演变过程。

河湖的演变不只受单一制约因素影响。河湖的地质构造沉降在长时间尺度对自然地质的影响相对较小，河湖演变的主要影响因素还是城市化引起的人类行为活动和受人类活动间接影响的泥沙淤积和植物群落构建。

1.3.2　城市化发展下河湖健康演变的影响因素分析

城市发展过程中，人类活动频繁，要从河湖获取自身赖以生存和发展的资源，同时根据自身的各方面需求对河湖进行改造。人类对于河湖资源的攫取，应在河湖承载力范围内，过度开发和索取河湖自然资源，使河流和湖泊自然环境变化，可能导致河流和湖泊生态环境不平衡甚至产生不可逆转的破坏，诱发多种灾害。

人类生存依赖土地，为缓解人口增加的压力，通过修建堤防和民垸的手段与河湖争地，改变了河湖自然状态。人类活动逐渐成为影响河湖演变的驱动因子，随着人类活动的越发频繁而不断强化。特别是现代城市化高度发展的今天，由于城市人口巨幅增加，人类对河湖演变的影响程度急剧增大。为了更便捷、更大程度利用河湖自然资源，通过工程手段对河湖进行改造，对河道进行裁弯取直、对湖泊进行围垸开垦等，影响了河湖水沙的运动条件，进而直接影响河湖演变过程。对河湖实施防洪排水、护岸工程及清淤工程等措施，在一定程度上维持了河湖正常演变，但改变了河湖自然演变的发展规律。一些间接的影响行为，如对河湖上游或输入的水量进行重新调配，会改变该区域河湖水文情势，使河湖演变的发展方向发生变化。综上，将城市化发展下河湖健康演变的影响因素归纳为两类：人为影响因素和间接影响因素。

1.3.2.1 人为影响因素

工程措施对河湖演变过程影响极大。以湖北洪湖为例[56]，1839 年至清末，洪湖为通江湖泊，水位随长江水位涨落，东西长超过 70km，南北宽超过 40km，1950 年洪湖水面面积 750km²。1955 年修建洪湖隔堤，1958 年建成了新滩口节制闸，阻断了洪湖与长江的通道，防止江水倒灌，使得江湖分隔，降低了湖面水位，为围湖垦殖创造了条件。1958 年开始，沿湖农民先后围垦了三八湖、土地湖、北合垸、撮箕湖、新螺垸等大片湖泊，1965 年仍有水面面积 653km²。20 世纪 70 年代初，螺山干渠和福田寺到小港总干渠开挖，原洪湖西片和总干渠以北湖区被逐年围垦，1972 年洪湖水面面积只剩下 427km²，迄 1979 年洪湖水面面积减至 355km²。1980 年洪水灾害后加固洪湖大堤，形成围垸内 444.14km² 的封闭区。当时曾明令退掉围垸内的内垸，但仍有 62km² 未退，之后非法围垦、侵占湖面并没有停止。2008 年，围堤内内垸增加到 42 个，占去湖面 111.4km²，洪湖水面面积进一步减至 332.72km²（不包含洪湖围堤内 42 个内垸的面积）。2012 年，洪湖常年水位（24.5m）对应的水面面积（包含洪湖围堤内 42 个内垸的绝大部分面积）仅为 20 世纪50 年代的 72.4%；2012 年常年水位对应的湖泊容积（包含洪湖围堤内 42 个内垸的绝大部分容积）仅为 20 世纪 50 年代的 73.6%，见表 1-4。洪湖实测历史最高洪水位 32.15m（1954 年 8 月 15 日，受长江干堤扒口分洪影响）。洪湖湖面萎缩的原因主要是历年兴修水利，江湖分离，50～70 年代围湖造田和 80 年代围湖造池。

表 1-4 洪湖水面面积及容积变化

水位/m	湖泊水面面积					湖泊容积				
	20 世纪50 年代面积/km²	20 世纪80 年代面积/km²	2012 年普查面积/km²	50 年代至2012 年面积减少率/%	80 年代至2012 年面积减少率/%	20 世纪50年代容积/万 m³	20 世纪80年代容积/万 m³	2012 年普查容积/万 m³	50 年代至2012 年容积减少率/%	80 年代至2012 年容积减少率/%
22.5	0	0	14.7	—	—	0	0	383.5	—	—
23.0	215.5	199.4	81.9	62.0	58.9	3592	3323	2277.5	36.6	31.5
23.5	347.7	298.1	249.4	28.3	16.3	17541	15678	10329	41.1	34.1
24.0	496.9	339.9	400.8	19.3	-17.9	38545	31617	27477	28.7	13.1
24.5	579.6	344.1	419.4	27.6	-21.9	65431	48717	48177	26.4	1.1
25.0	637.3	344.4	422.7	33.7	-22.7	95842	65929	69228	27.8	-5.0
25.5	647.6	344.4	425.0	34.4	-23.4	127964	83149	90442	29.3	-8.8
26.0	651.6	344.4	427.3	34.4	-24.1	160444	100369	111776	30.3	-11.4
26.5	653.0	344.4	428.7	34.4	-24.5	193059	117589	133176	31.0	-13.3

注：①20 世纪 50 年代、80 年代水面面积、容积数据来源于《湖北省湖泊志》《湖北省湖泊变迁图集》，2012 年数据来源于 2012 年"一湖一勘"洪湖形态特征测量成果，包含洪湖围堤内 42 个内垸的绝大部分；②水面面积、容积减少率为负数表示 50 年代或 80 年代至 2012 年水面面积或容积增加。

在大江大河上对洲滩进行裁弯取直、采取修建丁坝和护岸工程等工程措施，直接影响河道形态，水流和泥沙情势改变会干预河湖演变，改变河湖的地貌和水流状态，最终影响河湖的健康演变。

1.3.2.2　间接影响因素

河流洪道疏浚是一项保护河流的措施，即通过人工手段改变河床局部地形，疏浚河流主槽，疏通大量河湖边滩，增强河湖槽冲滩淤的河流演变趋势，改善河湖的局部水力条件。工程实施后，水流运动和河床基础趋于稳定，但河湖洪道疏浚改变了河流自然演变过程。湖泊底泥清淤也是解决湖泊内源污染问题，提高湖泊防洪排涝能力有效手段。通过清淤方式去除湖泊底泥淤积物，改变湖泊基底的地形，影响湖床的组成和结构，从而改变湖床上覆水体水流流态，最终影响湖泊自然演变过程。

城市化高速建设过程使城市对水资源的需求量增大，若输出水量超过了河湖水资源总量一定比例，则会影响河湖下游的输入水量。当河湖水量减少到一定程度时，河湖水域面积萎缩，水流及泥沙形态发生改变，大量泥沙淤积在河湖中，间接驱动河湖向人类不期望的方向演变。

河湖水系是相互连通的，水系连通之间的关系是动态变化的，水沙输入与输出的情势也时常变化。以我国长江与洞庭湖的关系为例[57]，荆江河段与洞庭湖之间存在三口分流分沙，这是决定长江中游与洞庭湖关系的主要因素。历史上出现过多次三口分流分沙情势变化，洞庭湖水文情势随之变化。在多次调整过程中，从荆江入湖多年平均径流量和多年平均输沙量减少率发生极大改变，造成洞庭湖径流泥沙减少[58]。荆江河段的重大变化导致三口分流分沙变化，影响洞庭湖入湖水沙，间接地影响洞庭湖的自然演变规律。

水利枢纽阻断水流连续性，影响水量时空分配规律，改变河湖自然状态下的水流运动规律。此外，水利枢纽拦截上游泥沙后，电站排出清水，下游河床被清洗和切割，河道水位下降，造成下游河道及与之相通的水系输入水量减少。随着河床粗化且抗冲击性增加，水流在洪水期间将冲击力传递到河岸，河流横向发育，河岸冲刷和坍塌，影响河流的正常健康运行。受水利枢纽运行影响，洪峰和沙峰被人为错开，下游枯水期延长，下游水量时间上分布不均，从而间接地影响河湖自然演变的水沙条件，改变河湖自然演变进程。

1.3.3　城市化发展下河湖健康演变的相关概念

城市化发展下河湖的生态环境维护将是以后发展的总体方向，关于河湖健康发展的研究成果很多，根据河湖健康演变研究体系，首先需要对河湖健康演变涉及的概念形成统一认识。

1.3.3.1　河湖生态环境的关键概念

水资源不仅是维护地球生态平衡的重要资源，也是人类生存不可或缺的物质基础。近几十年来，由于工业的迅猛发展及人类对水资源的不合理利用，水资源危机及河流生态环境问题严重。美国洲际河流的污染导致居民感染疾病，且致死的人数较多；俄亥俄州凯霍加河的污染严重破坏了河流的生态环境。我国流经合肥南部的巢湖及长江三角洲南缘的太湖水体曾富营养化，滦河水体严重破坏，造成水生态退化[59]。因此，河流生态环境的治理及稳定持续的发展，是当前研究人员面临的严峻问题。

国内外许多学者对河湖生态环境进行了深入的研究和探讨[30]。早在 20 世纪 40 年代，美国提出河湖生态流量的概念，河湖生态环境的研究随着人类活动增加得到了快速的发展。20 世纪 80 年代，澳大利亚、南非和英国等国家对河流和湖泊的生态环境进行了研究。我国研究人员曾针对河湖淤积严重、植物衰败、物种单一、水生态破坏等问题展开了河湖治理及生态系统修复工作，取得了一定的成效，然而生态需水、生态用水、生态基流和生态流等生态环境的基本概念尚未达成统一的认识，给河湖治理及恢复的研究和实践带来了极大不便[60]。因此，本书在总结已有研究成果的基础上，对河湖生态环境的一些基本概念进行探讨，希望能对河湖生态环境研究有所助益。

1. 河湖生态环境需水量、生态用水量及生态耗水量

生态需水量概念最早是确保恢复和维持生态系统健康发展所需的水量，是基于水体及与水体有直接联系的"水生态"和"水环境"用水量。我国目前讨论的"生态环境用水量"已大大超过了这些内容和范围。由于"生态需水量"和"生态环境需水量"的含义及计算方法一致，本书统一为"生态环境需水量"[61]。广义生态环境需水量是指维持生物生理生态系统水平衡所需的水量，包括水和热平衡、水和沉积物平衡、水和盐平衡[62]。狭义的生态环境需水量是指维持生态环境不再恶化并使其有所改善所需的水资源总量[63]，维持全球生物地理生态系统水平衡，维持生态系统生物群落和非生物环境动态稳定所需水量、自然和社会水循环相结合和维持生态系统特定结构，生态过程和生态系统服务所需水量等[64]。生态环境需水量是特定区域和特定时间内生态系统所需的水量[65]。

河流和湖泊的生态环境需水量是河流和湖泊（包括河谷、湿地和沼泽）水生生态系统中生物群落、各种生物种群所需的水量，以及生物种群发展过程中所需水量的总和[66]。河流和湖泊水生生态系统的需水量包括生物开发过程中的水消耗量和储备水量。河流和湖泊的生态用水量是指各种生物体生长过程中将其他物质转化为生物物质的用水量，如转化为氧气的水量和转化为有机物质的光合作用用水量。

因此，三者之间的关系为河湖生态环境需水量>生态用水量>生态耗水量[62]。

2. 生态流量和生态水位

生态流量是维护河流和湖泊健康的重要因素。从河湖环境角度定义生态流量，即保障河湖环境生态功能、防止河道水体断流的流量，可从生物完整性的角度界定河流和湖泊的生态流量，也可以从生态系统的角度定义河流和湖泊的生态流量。生态流量的狭义概念是满足河流和湖泊生态环境需求的最小流量。一些研究认为，河流和湖泊的生态流量还应包括整个河流的生长和衰退节律，包括干水、平坦水和洪峰流。

国内外生态流量的定义和功能不统一，且不清楚。有人认为生态流量的功能是"保障河湖环境生态功能"，有人认为是"防止河道水体断流"，有人认为是"维持河湖生态系统健康"，有人将生态流量概念分为广义和狭义，有人认为生态流量应该根据不同时期而定义不同[67]。狭义的河流和湖泊生态流量是指维持河流和湖泊生态系统中生物群落良性发展所需的流量和过程，包括河床、洪泛平原、湿地和梯田。具体而言，它是生态

系统健康发展的特定部分中生物农业用水需求的"转换"流,其对应的水位称为生态水位[68]。广义的河流和湖泊生态流量是指维持河流和湖泊的供应,包括河流和湖泊(包括河床、泛滥平原、湿地、梯田)、湖泊、海洋、森林、草原、工业、农业和城市生态系统健康发展所需的流量和过程,其对应的水位称为生态水位[60]。

河流和湖泊的生态流量为河流和湖泊的生存和发展服务,占河流流量的一部分。由于河流和湖泊生态系统由水生植物、水生动物和微生物组成,其成分的基本单位需水量是不同的,特别是对于在水生生态系统中没有或不可能形成的沙漠冲积河流,没有生态流量(狭义)。或者河流和湖泊生态系统遭到破坏,生物种群灭绝,生态流量不存在[68]。

3. 环境流量和环境水位

环境流量和环境水位与河流内生态结构完整性和生物多样性密切相关,该指标是水文、河流和湖泊生态系统研究人员及水库管理者等常关注的指标[68]。一些观念认为,环境流量是满足与水规划、城市规划和管理相关的环境用水需求所需的水量[69]。环境流量主要指生态与环境用水量,不考虑下游人类生产和生活用水量,如果同时考虑这一部分用水量则可以称之为广义的环境流量[60]。也有学者认为,河流中的环境流量是指保护河流内生态系统结构完整性和生物多样性所需的水量,很难与生态流量割裂讨论[63]。还有学者认为,环境流量是一系列流动和过程,用于维持河流和湖泊的健康,并确保河流和湖泊的持续效益[70]。它是动态的,随时间变化的。环境流量除了考虑河湖健康外,还应包括水文过程。

环境流量与生态流量的概念容易混淆,河湖环境流量不是科学和技术的严格定义,更多的是概念性定义,便于河湖资源管理。河湖生态流量服务于人类和生物自然发展,有四个基本内容:输水、蓄水、用水和供水;河湖环境流量是在河湖生态空间上输水量、蓄水量、用水量和供水量的总和在相对于特定断面(上游断面或者原位特定断面)的"折算"流量[68]。从狭义上讲,河流生态流量提供河道内生物种群所需的用水量和备用水量,环境流量则在此基础上提供生物种群生存所需的空间水量。河流环境流量是维系河流生态系统和生态功能发挥需求的基本流量及过程,具体来说就是维持河流连续流动和保障漫滩、阶地生态需水及维持河流(包括河道内河床、湿地)生态系统健康所需的基本流量及过程[71],是维持江河湖泊等水生态系统基本结构、功能及生态需求的基础[67]。河流和湖泊连续流动是在特定水文条件下河流、湖泊、湿地和海滩的连续流动,保持河湖及其生态系统的良性发展是基本需求,即在研究区域社会经济及河流生态环境背景下,为实现社会经济需求与生态环境目标的协调均衡,对其水文情势进行相应修正后的水量及流量过程[72]。由于有机体的存在,横截面水流不会形成"生物屏障"连续空间,是横向不连续的水流;在垂直方向上,河流和湖泊中没有"颠簸"或生物屏障,导致水的不连续流动。河流和湖泊的总体流量是维持河流和湖泊功能、生态服务功能、河流内部功能(河床、洪泛区、湿地、梯田)、生态系统健康需求以及人类生存和规划活动所需的流量。

与环境流量相对应的水位就是环境水位。环境水位不能低于水系中生态系统良性发展的"结构"水位,否则生态系统衰败。一般认为环境水位有上下限两个值,通常所指的环境水位是环境水位的下限。

4. 河湖生态基流和生态基流水位

如何确定河湖生态基流是河湖问题研究的关键之一。河流和湖泊生态基流是指确保河流的基本形态和自然功能、确保河流和湖泊水生态系统所需的基本水量。从水生生物多样性保护和生态系统完整性的角度，狭义的河流和湖泊生态基流是指确保河流（包括河床和湿地等）及湖泊的水生态系统良好发展、维系水生生物多样性基生态系统完整性的基本需水量，包括河流和湖泊的总需水量、生态系统的基本结构需水量和生态功能需水量。以河流为基础的生态基流（断面流量，m^3/s）是河湖生态基流水量（河长空间，m^3）在特定断面上的"折算"流量，其对应的水位称为生态基流水位[68]。

5. 河湖生态特征值对河湖生态的作用程度分析

河流和湖泊都是水与地表之间长期相互作用形成的。河流和湖泊空间将形成"基础流"，形成河流和湖泊的生物空间。当生物空间不足以接纳所有流入能力时，将自我调节并排出水，生物空间排泄过程将不断更新生物空间水（水质），为水生生物的生存和发展创造新的环境。考虑河流和湖泊空间是长期历史影响的结果，河流和湖泊生物多样性的时间尺度远远超过生态系统生成的时间尺度。因此，研究河流和湖泊生物空间的演变以及河流和湖泊的大小非常重要。

河湖生态流量是河湖生态需求流量的基本供应，生态基流补充了生物种群空间、群落结构和功能运行要求；环境流量是河流和湖泊的供水量，包括生态系统需求。简言之，生态流量只提供生物群落要求的物质；环境流量为河流提供了物理环境（包括材料、材料补给和运输、材料安全系统（食物链）、能源温度、pH等）。因此，当河流和湖泊生态流量仅满足生态基流（基本流水位，水位）时，河流和湖泊系统只能在环境流量（水位）的供应环境下健康发展[68]。

河湖流动空间是河流和湖泊生物衍生物以及河流和湖泊生态系统生存和繁殖的基础。研究河流和湖泊生态系统，包括河湖生物空间（河流和湖泊生态空间）及其演化、生态基流（水量）、环境水位、环境流量、生态水位、生态流量。

狭义上，河湖生态特征值关系如图1-12所示。

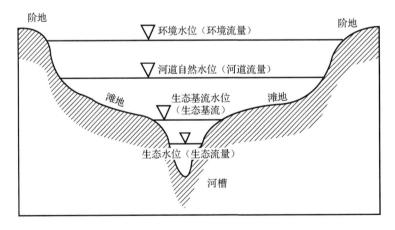

图1-12　河湖生态特征值关系图

（1）环境流量＞生态基流＞生态流量；

（2）环境水位＞生态基流水位＞生态水位；

（3）河道自然水位＞环境水位上限，发生洪涝灾害，河湖健康受到威胁；

（4）环境水位下限＞河道自然水位＞生态基流水位，水生生态系统被破坏，生态系统健康受到威胁；

（5）河道自然水位≤生态基流水位，水生植物受损害，水生生态系统健康受到严重威胁；

（6）生态水位≤河道自然水位≤生态基流水位，水生生态系统处于亚健康状态；

（7）河道自然水位≤生态水位，水生生态系统破坏。

随着河湖生态环境研究成果的不断涌现，江河湖泊生态环境质量不断改善和提升，但目前对河湖生态环境相关物理概念及生态特征值没有统一的认识，给水环境科学研究人员带来困扰。因此，需要科学界定生态需水量、生态流量、环境流量和生态基流等基本概念，系统分析河湖生态环境基本概念之间的关系。

（1）鉴于目前河湖生态环境基本概念不统一，重新给出基本概念的狭义和广义两方面科学内涵并指出相应关系：河湖生态需水量>河湖生态用水量>河湖生态耗水量，仅考虑狭义内涵，环境流量＞生态基流＞生态流量。

（2）河湖生态环境良性发展需要适宜的水位和良好的水质。由于河湖具有流动性，对某一特定断面而言，适宜的水位也就意味着适宜的流量。河湖环境流量应该通过环境水位折算得到。研究河湖环境水位和环境流量比生态水位和生态流量更实用。

（3）环境流量具有明显的区域特征，需要同时协调好河湖开发主体、管理者和社会团体三者之间的关系。具体的计算方法仍然要根据当地河湖开发管理的实际情况确定。

1.3.3.2　河湖水环境容量的概念

1. 水环境容量的内涵

水环境容量指导流域污染源的总体控制、流域水质目标的管理、河流和湖泊的功能分区及流域资源的最佳分配。优化社会经济可持续发展，合理调整水环境容量，是解决水污染问题的根本途径。结合我国国情和水环境容量现状，利用水环境容量准确评价流域水环境，制订有针对性的污染防治规划，协调经济社会可持续发展与水环境容量的关系，具有重要的科学意义和实践价值。

环境容量的概念过于宽泛，以水环境容量来描述是科学合理的，但计算方法和计算结果并不直观。基于流域水文过程、河道输移能力及水动力调控环境和条件，统一河湖水环境容量概念。在基本概念上达成共识，对于河湖健康水环境保质、改善及防患未然非常重要，具有重大科学价值。

我国现阶段尚无研究成果系统地整理出水环境容量各要素的内涵、特征、变化关系和量化表征等。关于水环境容量，在概念及算法上百家争鸣、说法不一。我国关于水环境容量的研究成果如表 1-5 所示。

表 1-5　我国关于水环境容量研究成果统计表

水环境容量的定义			水环境容量评价方法		
序号	定义的内容	参考文献	序号	具体方法的描述	参考文献
1	在给定水域和水文条件、规定排污方式和水质目标的前提下，单位时间内该水域最大允许纳污量	[73]	1	污染物总排放量与相应环境标准浓度的比值	[78]
2	水环境在特定环境目标下可以容纳的污染物量，它与污染物排放方式和排放的时空分布密切相关	[74]	2	不伤害环境的最大允许污染容量	[79]
3	在某些水文（潮汐等）条件下，河流符合水环境质量标准允许的最大污染负荷或污染能力	[75]	3	环境的自净同化能力	[80]
4	水体在特定环境目标下可以容纳的最大污染物量，反映了某些功能下水环境对污染物的耐受性，与水的特性、水质目标和污染物特征有关	[76]	4	由环境标准值和背景值确定的基本环境容量的总和，以及由自净同化能力确定的可变环境容量	[81]
5	某些环境目标下某个环境目标可以承担的湖水最大允许负荷（也称为纳污能力），是与湖泊水文、水质和水力条件密切相关的重要水质管理参数	[77]			

基于表 1-5 中关于水环境容量的研究成果，对其进行深入研究并逐步梳理差异，我国一些学者提出并使用"纳污能力"的概念：在设计水文条件时容许承受的最大污染物总量，以满足水功能区的水质目标；人们认为污染能力的概念更为现实。有学者认为污染能力和水环境容量是两个不同的概念，可以利用的部分水环境容量称为污染能力。少数学者还将水环境容量、污染能力和水环境承载力视为一个概念。这些具有显著差异的定义主要来自对外来词"环境容量"内涵的不同理解和对延伸概念"水环境容量"实质的认识。

2. 水环境容量理论与实践

水环境容量指设定河段满足一定水质要求的天然消纳某种污染物的能力。根据污染物降解的机理，在测量算法的细节中阐明了水环境容量的两个主要部分，即"稀释容量"和"自净容量"。这使得水环境容量的实际应用成为可能，在流域、河流、湖泊和河口水环境问题中得到应用，已经开发了各种类型的水质数学模型，根据不同的维度，有零维、一维和二维水环境容量模型[68,82]。归纳得到：①水环境容量=稀释容量-自净容量；②反映稀释容量的稀释浓度等于标准浓度与水质浓度之差；③自净容量与净化系数和净化容积成正比。

学者在水环境容量和纳污能力的研究过程中很容易将二者交叉使用，也不能按照其内涵、定义和计算进行严格区分[67-68]。为了能在河湖健康演变方面科学地开展研究，必须认真地梳理水环境容量的理论研究和实际应用，总结水环境容量研究成果，结合水域运动水体的物理特性，深度剖析水环境容量的科学内涵、属性和计算方法。只有清晰地认识水环境容量的可操作性，才能科学地利用水环境容量来研究河湖健康演变过程。

研究河流和湖泊的水环境时，测算水环境容量需要基本概念统一，其理论在河湖健康实际应用中也应该得到高度的统一，促进河流和湖泊健康发展以及城市化进程中河流和湖泊健康研究的需要。

在城市化发展的今天，随着城市化进程的深入，全球各地河湖经历了不同程度的侵害与污染，城市河湖水环境受到人为活动的影响最为突出。人类大量建设和生产生活等社会活动造成城市河湖水体水质恶化、生态结构破坏、水生生境退化甚至灭绝及城市黑臭水体现象，曾在我国很多城市成为重要环境问题。城市河湖原有的社会、文化娱乐、景观和生态功能消失，河湖生态系统恶化，水体发黑发臭，影响城市居民生活、出行等正常社会活动，曾是我国城市化推进、可持续发展面临的重大生态环境问题。我国已经开展了城市河湖水环境保护和治理的重大行动，了解城市化发展与河湖演替关系，在河湖健康统一认识的基础上，基于其影响机理的科学依据和河湖健康的内涵，为我国城市化发展过程中水环境问题的治理、修复和保护提供科学的方案。

参 考 文 献

[1] 金相灿, 周付春, 华家新, 等. 城市河流污染控制理论与生态修复技术[M]. 北京: 科学出版社, 2015.

[2] 莫里斯. 城市形态史: 工业革命以前(上)[M]. 成一农, 王雪梅, 王耀, 等, 译. 北京: 商务印书馆, 2011.

[3] 张建松. 水、水文化与城市发展[J]. 华北水利水电大学学报(自然科学版), 2014, 30(4): 1-4.

[4] 顾建光. 我国城市化发展的历史、现状及展望[J]. 苏州大学学报(哲学社会科学版), 1997, (3): 109-113.

[5] 刘凤根, 王一丁, 颜建军, 等. 城市资源配置、人口聚集与房地产价格上涨——来自全国 95 个城市的经验证据[J]. 中国管理科学, 2022, 30(7): 31-46.

[6] 国家统计局. 第七次全国人口普查公报 (第七号)[R/OL]. (2021-05-11). https://www.stats.gov.cn/sj/zxfb/202302/t20230203_1901087.html.

[7] 曾宪明. 城市化与中国特色新型城市化道路[M]. 武汉: 武汉大学出版社, 2020.

[8] UN-HABITAT. World Cities Report 2020: The value of sustainable urbanization[R/OL]. (2020-10-31). https://unhabitat.org/world-cities-report-2020-the-value-of-sustainable-urbanization.

[9] 国家统计局. 中国统计年鉴[M]. 北京: 中国统计出版社, 2000.

[10] 国家统计局. 新中国五十年[M]. 北京: 中国统计出版社, 1999.

[11] 王建. 中国发展报告: 区域与发展[M]. 杭州: 浙江人民出版社, 1998.

[12] 王彦峰, 曹序, 胡珍生. 中国国情辞书[M]. 太原: 山西经济出版社, 1993.

[13] 肖金文. 城市品牌发展模式与我国新型城镇化建设[J]. 湖南商学院学报, 2013, 20(2): 91-96.

[14] 中国社会科学院环境与发展研究中心. 中国环境与发展评论: 第一卷[M]. 北京: 社会科学文献出版社, 2001.

[15] 国家统计局. 中国统计年鉴2001[M]. 北京: 中国统计出版社, 2001.

[16] 邱国玉, 张晓楠. 21 世纪中国的城市化特点及其生态环境挑战[J]. 地球科学进展, 2010, 34(6): 640-649.

[17] 杭品厚. 我国城市化问题与对策[J]. 合作经济与科技, 2010, (2): 31-32.

[18] 任玉芬, 方文颖, 欧阳志云, 等. 基于面板数据的我国城市水资源水环境随机前沿面分析[J]. 环境科学学报, 2020, 40(7): 2638-2643.

[19] 毛战坡, 程东升, 刘畅, 等. 新型城镇化中的规划水资源论证关键问题[J]. 中国水利, 2014, (19): 19-21, 28.

[20] 苗毅, 王成新, 王格芳. 基于职能结构分析的城市差异化发展对策研究——以山东省为例[J]. 城市发展研究, 2016, 23(4): 3-7, 14.

[21] 张泉, 刘剑. 城镇体系规划改革创新与"三规合一"的关系——从"三结构一网络"谈起[J]. 城市规划, 2014, 38(10): 13-27.

[22] 张旸. 现代城市雨水规划设计探讨[J]. 工程技术研究, 2020, 5(1): 222-223.

[23] 王雨洁. 生态视角下的天津城市空间形态与河流变迁的互动关系[D]. 天津: 天津大学, 2016.

[24] 邢忠, 陈诚. 河湖水系与城市空间结构[J]. 城市发展研究, 2007, (1): 27-32.

[25] 李云鹏, 郭姝姝, 朱正强. 近 2000 年鲁西南地区河湖水系环境变迁脉络研究[J]. 中国水利水电科学研究院学报, 2021, 19(4): 381-389.

[26] 尹小玲, 李贵才, 刘堃, 等. 城市河流形态及稳定性演变研究进展[J]. 地理科学进展, 2012, 31(7): 837-845.

[27] 赵银军, 丁爱中, 沈福新, 等. 河流功能理论初探[J]. 北京师范大学学报(自然科学版), 2013, 49(1): 68-74.

[28] 倪晋仁, 刘元元. 河流健康诊断与生态修复[J]. 中国水利, 2006, (13): 4-10.

[29] 王延贵. 运用科学发展观探讨维护河流健康的方略[J]. 人民黄河, 2009, 31(5): 10-12.

[30] 杨国录, 陆晶, 骆文广, 等. 水环境容量研究共识问题探讨[J]. 华北水利水电大学学报(自然科学版), 2018, 39(4): 1-6.

[31] 朱雷, 刘琴, 陈威. 城市化进程中小流域河流综合治理的研究[J]. 市政技术, 2008, 26(6): 514-516.

[32] 张清, 骆文广. 河网水系对城市内涝防控的影响探讨[J]. 中国防汛抗旱, 2019, 29(11): 58-61.

[33] 李云, 戴江玉, 范子武, 等. 河湖健康内涵与管理关键问题应对[J]. 中国水利, 2020, (6): 17-20.

[34] KARR J R. Defining and measuring river health[J]. Freshwater Biology, 1999, 41(2): 221-234.

[35] MEYER J L. Stream health: Incorporating the human dimension to advance stream ecology[J]. Freshwater Science, 1997, 16(2): 439-447.

[36] 唐涛, 蔡庆华, 刘建康. 河流生态系统健康及其评价[J]. 应用生态学报, 2002, 13(9): 1191-1194.

[37] 刘晓燕, 张原峰. 健康黄河的内涵及其指标[J]. 水利学报, 2006, 37(6): 649-654.

[38] 董哲仁. 河流健康的内涵[J]. 中国水利, 2005, (4): 15-18.

[39] 周海燕. 深入贯彻落实习近平总书记重要讲话精神　凝心聚力开创黄河流域水土保持工作新局面[J]. 中国水土保持, 2020, (9): 1-4.

[40] 罗坤. 城市化背景下河流健康评价研究[D]. 重庆: 重庆大学, 2017.

[41] 高永胜, 王浩, 王芳. 河流健康生命内涵的探讨[J]. 中国水利, 2006, (14): 15-16.

[42] 刘进琪, 王根绪. 内陆河流水量演变与河流健康评价[J]. 水利水电技术, 2006, (12): 8-10, 15.

[43] 彭涛, 柳新伟. 城市化对河流系统影响的研究进展[J]. 中国农学通报, 2010, 26(17): 370-373.

[44] 庞名立. 2021 年中国水力发电报告[R/OL]. (2021-11-12). http://www.hydropower.org.cn/showNewsDetail.asp?nsId=31467.

[45] MARTIN J W, WILMA H M P, HARRY O V. Patterns in vegetation, hydrology, and nutrient availability in an undisturbed river floodplain in Poland[J]. Plant Ecology, 2002, 165: 27-43.

[46] JERRY M B, RONALD W T. Stream corridor restoration: Principles, processes and practices[C]. Wetlands Engineering and River Restoration conference, Denver, 1998.

[47] 周洪建, 王静爱, 岳耀杰, 等. 基于河网水系变化的水灾危险性评价——以永定河流域京津段为例[J]. 自然灾害学报, 2006, 15(6): 45-49.

[48] 陈德超, 李香萍, 杨吉山, 等. 上海城市化进程中的河网水系演化[J]. 城市问题, 2002, (5): 13, 31-35.

[49] 苏腾, 王随继, 梅艳国. 水库联合运行对库下汛期河道过水断面形态参数变化率的影响——以黄河内蒙古段为例[J]. 地理学报, 2015, 70(3): 488-500.

[50] 赵露飞, 赵敏. 城市化进程中的城市人口密度及其影响因素研究[J]. 商业文化(学术版), 2010, (9): 352-353.

[51] 董利民. 江汉平原水资源环境保护与利用研究[M]. 武汉: 华中师范大学出版社, 2016.

[52] 武汉市统计局. 2018 年武汉市国民经济和社会发展统计公报[R/OL]. (2019-03-26). http://tjj.wuhan.gov.cn/tjfw/tjgb/202001/t20200115_841065.shtml.

[53] 孙昭华, 李义天, 黄颖. 水沙变异条件下的河流系统调整及其研究进展[J]. 水科学进展, 2006, 17(6): 887-893.

[54] 黄敦文, 黄穗光. 三峡水库对长江河道泥沙冲淤的影响及库区排沙[J]. 四川地质学报, 2013, 33(4): 459-465.

[55] 李玲玲. 1996—2006 年北京湿地面积变化信息提取与驱动因子分析[J]. 首都师范大学学报(自然科学版), 2008, 29(3): 95-102.

[56] 陶凯. 四湖地区涝渍灾害脆弱性评估研究——以洪湖地区为例[D]. 武汉: 中国科学院测量与地球物理研究所, 2008.

[57] 卢金友, 罗恒凯. 长江洞庭湖关系变化初步分析[J]. 人民长江, 1999, 30(5): 84-89.

[58] 胡旭跃, 马利军, 程永舟, 等. 洞庭湖演变机理及地貌临界特征分析[J]. 人民长江, 2011, 42(15): 73-76.

[59] 陆海明, 邹鹰, 丰华丽. 国内外典型引调水工程生态环境影响分析及启示[J]. 水利规划与设计, 2018, (12): 88-92, 166.

[60] 陈进, 黄薇. 长江环境流量问题及管理对策[J]. 人民长江, 2009, 40(8): 17-20.

[61] 施文军, 凌红波. 流域生态需水概念及估算方法评述[J]. 水利规划与设计, 2013, (8): 31-36.

[62] 韩英, 饶碧玉, 周彩霞. 元阳哈尼梯田灌区生态环境需水量初步研究[J]. 中国农村水利水电, 2008, (2): 31-33, 36.

[63] 倪晋仁, 崔树彬, 李天宏, 等. 论河流生态环境需水[J]. 水利学报, 2002, 33(9): 14-19.

[64] 杜龙飞, 侯泽林, 李彦彬, 等. 城市河流生态需水量计算方法研究[J]. 人民黄河, 2020, 42(2): 34-37, 47.

[65] 胡习英, 陈南祥. 城市生态环境需水量计算方法与应用[J]. 人民黄河, 2006, 28(2): 48-50.

[66] 李丽华, 水艳, 喻光晔. 生态需水概念及国内外生态需水计算方法研究[J]. 治淮, 2015, (1): 31-32.

[67] 陈昂, 隋欣, 廖文根, 等. 我国河流生态基流理论研究回顾[J]. 中国水利水电科学研究院学报, 2016, 14(6): 401-411.

[68] 陆晶. 再议河流生态系统的几个关键问题[C]. 2015 年全国河湖污染治理与生态修复论坛, 武汉, 2015.

[69] PAHL-WOSTL C, ARTHINGTON A, BOGARDI J, et al. Environmental flows and water governance: Managing sustainable water uses[J]. Current Opinion in Environmental Sustainability, 2013, 5(3): 341-351.

[70] 王西琴, 刘斌, 张远. 环境流量的界定与管理[M]. 北京: 中国水利水电出版社, 2010.

[71] 赖昊, 杨国录, 骆文广. 长江监利段环境容量估算方法初探[J]. 武汉大学学报(工学版), 2018, 51(3): 205-209, 214.

[72] BAIRD A J, WILBY R L. 生态水文学[M]. 赵文智, 王根绪, 译. 北京: 海洋出版社, 2002.

[73] 生态环境部环境规划院. 全国水环境容量核定技术指南 [Z/OL]. (2003-11-17). https://doc.mbalib.com/view/2c80435b6cc6c7546c26674978d25dec.html.

[74] 张永良. 水环境容量基本概念的发展[J]. 环境科学研究, 1992, 5(3): 59-61.

[75] 杨志平, 孙伟. 潮汐河流动态水环境容量计算方法探讨[J]. 上海环境科学. 1995, 24(6): 14-16, 45.

[76] 徐贵泉, 褚君达, 吴祖扬, 等. 感潮河网水环境容量影响因素研究[J]. 水科学进展, 2000, 11(4): 375-380.

[77] 李如忠. 水质评价理论模式研究进展及趋势分析[J]. 合肥工业大学学报(自然科学版), 2005, 28(4): 369-373.

[78] 董飞, 彭文启, 刘晓波, 等. 河流流域水环境容量计算研究[J]. 水利水电技术, 2012, 43(12): 9-14, 31.

[79] 冯启申, 李彦伟. 水环境容量研究概述[J]. 水科学与工程技术, 2010, (1): 11-14.

[80] 李蜀庆, 李谢玲, 伍溢春, 等. 我国水环境容量研究状况及其展望[J]. 高等建筑教育, 2007, 16(3): 58-61.

[81] 董飞, 刘晓波, 彭文启, 等. 地表水水环境容量计算方法回顾与展望[J]. 水科学进展, 2014, 25(3): 451-463.

[82] 彭文启. 河湖健康评估指标、标准与方法研究[J]. 中国水利水电科学研究院学报, 2018, 16(5): 394-404, 416.

第2章　城市河湖水环境污染现状

2.1　城市河湖水环境主要污染类型及分布规律

2.1.1　城市河湖水环境污染类型

城市河湖水环境污染根据针对性不同，有不同的分类方法。按污染主体，污染可分为自然污染和人为污染；污染源可分为自然污染源和人工污染源；按污染源释放的有害物质类型，可分为物理污染源（如辐射材料、噪声设备等）、化学污染源、生物（包括微生物）污染源；根据污染源的来源特征，可分为点源污染、非点源污染（non-point source pollution，NSP）和内源污染。

2.1.1.1　水体的自然性态污染

纯水的自然性态（也称为水的物理性质）如表 2-1 所示。水体在受到污染时，其自然性态会发生改变。

表 2-1　纯水的自然性态

项目	物理属性
颜色	无色透明
气味	无味
状态	液态
密度	$1g/cm^3$（4℃）
沸点	100℃（标准状态下）
凝固点	0℃（标准状态下）

2.1.1.2　水体的有机物污染

近年来，由于城市化发展进程加快、工业发展和新科技应用日益增多，人工合成的有机物越来越多。在已有的 700 多万种有机物中，人工合成的有机物在 10 万种以上，且以每年 2000 种的速度在快速增加[1]。随着人类活动频繁，通过城市污水、食品工业和造纸工业等途径排放的含有大量有机物的废水进入水体，产生水体的有机物污染。

水体中有机物通过直接或间接的方式影响水体的物理、化学、生物性质，其中一部分有机物在环境中具有持久性、可积累性和慢性毒性，当其进入水环境，可通过食物链在不同等级的生物体内富集，逐步在细胞→器官→个体→种群→群落→生态系统反映出生态效应[1]。还有部分有机物是致畸、致癌、致突变的"三致"物质，不少有机物在环境中还能发生化学反应，生成毒性更大的二次污染物。例如，内分泌干扰物、药物和个人护理品等新兴污染物使用量增加，被排放至城市污水系统，废水处理中没有被完全去除的污染物，特别是全氟化合物、多溴联苯醚等持久性污染物，最终通过水生生物直接或间接造成人类身体病变[2]。

20 世纪 70 年代，美国国家环境保护局从有机物中选出 65 类共计 129 种作为优先控制污染物，其中 114 种为有毒有机物，占总数的 88.37%。我国根据环境污染特征，提出 68 种优先控制污染物，其中重点针对具有"三致"作用的有机物共 58 种，占总数的 85.29%。水体中有机物种类繁杂，以机械化工、制药行业、涂料染料、农药、石油行业、钢铁行业等工业废水为例，废水中均含有多环芳烃（polycyclic aromatic hydrocarbon，PAH）、有机农药、多氯联苯（polychlorinated biphenyl，PCB）及氯代有机化合物等致癌且重毒性的持久性有机污染物（persistent organic pollutant，POP）。

我国水体有机物污染影响严重。以长江干流为例[1]，大量的持久性有机污染物进入水体，在岸边形成的污染带给长江水环境质量造成不同程度的威胁。长江南京段水源水在不同季节具有不同程度的致突变性作用。水体中的部分有机污染物如氯酚、氧芴、氯苯、硝基化合物、藻类有机污染物的代谢产物等，散发不同程度的臭味，影响水体水质。

2.1.1.3 水体的无机物污染

水体无机物污染是指酸、碱和无机盐类对水体的污染[3]。污染造成水的 pH 改变，破坏了水对酸度和碱度的自然缓冲作用。水体自然缓冲作用减弱会降低微生物的生长速度和数量，从而影响水体原有的自净能力。这是一种紧密的连锁反应，即生态效应。无机污染物主要通过沉淀-溶解、氧化还原、配合作用、胶体形成、吸附-解吸等一系列物理化学作用进行迁移转化，参与和干扰各种环境化学过程和物质循环过程，最终以一种或多种形态长期存留在环境中，造成永久性的潜在危害[4-5]。

水体中氮的存在形式主要为有机氮和无机氮。有机氮主要为蛋白质、多肽、氨基酸和农用化肥尿素等含氮有机物，部分有机氮是水中微生物分解和转化形成的；无机氮主要为氨氮和亚硝酸盐氮。水中的磷包括无机态的 $H_2PO_4^-$、HPO_4^{2-} 和有机态的肌醇六磷酸（$C_6H_{18}O_{24}P_6$）等。生物所需的氮、磷等营养物质大量进入河湖水体，引起藻类及其他浮游生物迅速繁殖，严重时导致水体溶解氧含量下降、水质恶化，鱼类及其他生物死亡[6]。氮磷的无机盐能被植物吸收，氮磷比可影响藻类等浮游植物的生长，因此水体中氮磷无机盐是形成富营养化的一个重要影响因子。

水体富营养化严重时会导致水质急剧恶化。当河湖地表水体发生水华现象时，水体中叶绿素浓度增加，耗氧速率增大，造成水体溶解氧减少，河湖水体生物无法正常生活，严重时会出现鱼虾大量死亡现象[7]。

我国许多大型淡水湖经历了富营养化过程，最典型的是滇池和太湖流域。改革开放初期，随着昆明市社会经济发展和流域土地利用功能转变，人口急剧增加，城市化快速发展，滇池成为昆明市各种污水的受纳体，湖区营养物质和污染物持续积累。内湖中的水葫芦生长极其迅速，覆盖水体的面积和厚度一年比一年加大。同时，滇池内湖和外湖出现了蓝藻现象。无锡工业的发展和城市人口高度集中，过去使大量工业废水和含有污染物的生活污水尚未妥善处理就排入太湖，导致太湖水域中氨氮、磷和有机污染物等耗氧物质浓度增加。在气候环境等外界因素的影响下，2007 年 5 月无锡市附近水域梅梁湖和贡湖北岸芦苇丛中暴发大量蓝藻，在蓝藻生长繁殖及衰亡分解过程中，水中大量的溶解氧被消耗，同时释放大量有机物，水体严重污染，形成大面积（约 $3km^2$）的黑臭污水，并侵入贡湖水源地取水口，造成了水质的灾变。由于太湖为半封闭的湖湾，太湖流域大部分被东南风包围，整个水域的污染物经常随风聚集到无锡水域，使得太湖无锡水域的环境压力增大，水质恶化。

2.1.1.4　水体的有毒物质污染

受污河湖水体的有毒物质一般有有毒重金属、有毒有机物等，主要来自化工企业污水。

1. 有毒重金属

污染河湖水体的重金属主要有 Cd、Cr、Pb、Hg、As、Ni、Cu、Mn 等。河湖有毒重金属的主要来源为工业废水、农业排水。含有重金属的污水进入水体后，经吸附、溶解、絮凝、沉淀、解吸等过程，在水体中难以降解，在沉降、对流、扩散、再悬浮的过程中沉积到河湖底泥中。经过长期累积，底泥中的重金属含量增加。当氧化还原电位、溶解氧浓度、水动力条件发生改变时，底泥中的重金属会释放至水体中。重金属污染物很少以游离离子态存在于水体中，一般以化合态存在，如底泥中 75%以上的 Cu、Pb 和65%以上的 Cr、Cd 是以有机态和硫化物的形式存在的，是河湖主要的内源性污染物，难以去除。有毒的重金属如 Pb、Hg、Cd 可能以各种化学形式存在、聚集和迁移，进入环境或生态系统并造成损害。

河流和湖泊淤泥中的重金属污染物构成河流和湖泊环境系统的二次污染源。在一定条件下，重金属被水生生物吸收但无法降解，通过生物化学作用转化与有机物结合，形成毒性更强的金属有机络合物，同时部分重金属在生物代谢过程中随着生物累积和转移，甚至危及人类身体健康。

滇池、太湖和松花湖沉积物中的重金属元素含量平均值相对其他湖泊较高，长白湖、镜泊湖、鄱阳湖沉积物中重金属含量平均值均较低，说明重金属污染存在一定地域性。

2. 有毒有机物

工业废水、农药和化肥是目前有毒有机污染物的最大来源。由于工业生产的连续性，工业"三废"会持续排放；农业中各种农药、化肥超量使用，导致没有在作物上产生效益的农药、化肥通过地表径流、大气-水交换、大气干湿沉降和地下水渗入等方式进入河流和湖泊，通过物理、化学和生物过程在水体中迁移和转化，造成河流和湖泊污染。这些物质为疏水性物质，且经过生化累积存储于生物脂肪中，即使含量较低，也会通过水生食物链积累毒性作用，进而危害人类健康。

2.1.1.5 水体的油污染

油类通过不同途径进入水体环境后，会在水体中产生一种量大、面广且危害严重的含油水，进而对水环境产生污染。全球每年有 500 万～1000 万 t 石油通过各种途径进入水体，其主要来源为自然（约占 8%）和人类活动（约占 92%）[8]。自然来源主要是自然因素导致含油沉积岩破损而渗漏，人类活动来源主要是油轮事故，海上石油开采的泄漏和井喷事故，港口和船舶作业含油污水排放，石油工业的废水及餐饮业、食品加工业、洗车业含油废水排放等[9]。

当前，水体中油类污染形势严峻。含有大量动植物油的餐饮废水以每年 10% 以上的增长率递增，严重威胁着城市河湖水环境安全。我国每年产生 50 亿 t 油田采出水，由于其成分复杂，污水处理压力急剧增大，一旦处理不好，会产生严重的环境问题。石油在水体中产生的危害巨大，不仅破坏性强，而且影响范围巨大。

水体环境恶化程度与水体油类污染物类别及含量相关。水体中油类通常以四种形态存在：浮油、乳化油、溶解油和凝聚态的残余物（包括海面漂浮的焦油球和沉积物中的残余物）[10]。这四种形态的油类污染物都能影响甚至破坏水环境。水体中存在大量油类污染物时，河流和湖泊的水质及沉积物的理化性质会发生改变，水体的自净能力受到影响，水生生态系统稳定性受到威胁。水中微量油也会产生危害，主要是水体中的油珠能随着水生生物通过食物链进入人体，使得人体器官组织发生病变，最终危害人体健康。当水体中油浓度达到 0.01mg/L 时，鱼肉产生特殊气味；油浓度为 0～0.1mg/L 时会影响水体中鱼类和其他水生生物的正常生长；当油浓度为 0.3～0.5mg/L 时，水体会产生气味且不能饮用[10]。

2.1.1.6 水体的病原微生物污染

病原微生物污染是指细菌和细菌毒素、霉菌和霉菌毒素、病毒引起的生物污染[11]。污水为病原微生物生长和生存提供了良好的环境。污水中的微生物大部分来自面源污染的土壤、尘埃、垃圾、人畜粪便及某些工业废物等。生活污水、医院污水和屠宰肉类加工污水等含有各种病原微生物，如病毒、细菌和寄生虫等，人类和动物排出的废物是水中病原体的主要来源；这类污水进入城市地表水体会造成水体的病原微生物污染，可能导致传染病暴发，对人类和其他生物健康构成巨大威胁。水传播的疾病主要包括沙门氏菌、志贺氏菌、弯曲杆菌引起的肠炎，病毒性肝炎，病毒性胃肠炎，阿米巴痢疾，霍乱，支气管炎等，以胃肠道疾病最为常见[12]。

2.1.2 城市河湖水环境污染物迁移过程及分布规律

在一定水环境容量范围内，污染物在水体中通过混合稀释、生物氧化降解、物理和化学过程、水生生态系统中的转移转化等，可实现水体自净。

2.1.2.1 水体中污染物的混合稀释

河湖水体在流动过程中，水动力作用会使得水体处于运动状态，水体中污染物会随着水流对流扩散运动，从而扩散至整个水体中，降低了物质的相对浓度，但不能减少污染物总量。混合稀释是环境工程领域常使用的措施，一般基于自然水体对污染物的稀释扩散能力进行合理利用。混合稀释过程是物理过程，实际包括湍流运动和分子不规则热运动，即水体中某一种物质由于浓度梯度的存在向另外一种物质混合而产生的一种自然运动形式。

决定河湖对污染物混合稀释能力的主要因素在于污染物进入水体完全混合后浓度下降的程度。实际工程中污染物稀释的影响因素有以下三点。

（1）污染物通量与掺混水体流量比值。该值越大，污染物的推流和扩散速度越快，污染物在水体中混合速度也越快，交换混合越充分，河湖中污染物浓度降低到安全值以下的范围也越小。

（2）污染物初始浓度和类型。污染物初始浓度及物理化学特性使其进入水体的扩散速率不同，由于不同污染物的安全值要求不同，污染物完全混合后浓度下降安全值的停留时间要求不同。

（3）河湖水文条件。河湖的水深、形态、水流运动条件等因素决定河湖水体的水动力条件，进而影响污染物随水体运动的扩散速度。

为定性掌握水体中污染物混合稀释程度，需要掌握污染物的含量，即定量掌握水体水质变化过程。目前，一般按照《地表水环境质量标准》（GB 3838—2002），评价河道内水质指标基本情况，主要对水体中氨氮、总氮（total nitrogen，TN）、总磷（total phosphorus，TP）等在水体中的浓度及化学需氧量（chemical oxygen demand，COD）进行检测。通过对比水质标准中各类指标的限值，可以初步定量掌握水体污染程度。

图 2-1 为湖北黄石某港渠中部分水质指标的分布情况（港渠自上游而下，每间隔 1km 选择一个监测点位，依次为 P1、P2、P12、P13）。可以看出，受污水系上游来水总氮、总磷浓度与下游存在一定差异（图 2-1），但全段水体氨氮浓度一般超出正常范围很多。总磷浓度在时空上分布不一，但是整体水平较高。一般受污染水体中总氮浓度与总磷浓度表现出相同的趋势，河道水体化学需氧量在 11~64mg/L，均超过了《地表水环境质量标准》（GB 3838—2002）Ⅴ类标准上限值。

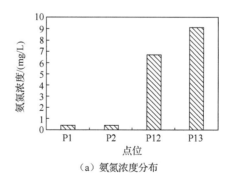

（a）氨氮浓度分布

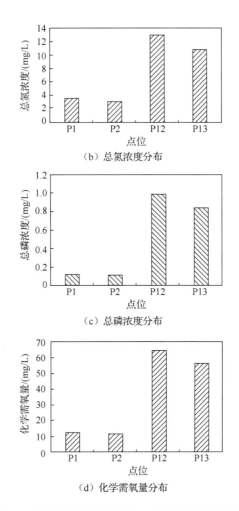

（b）总氮浓度分布

（c）总磷浓度分布

（d）化学需氧量分布

图 2-1　湖北黄石某港渠受污水系部分水质指标分布

2.1.2.2　水体污染物的迁移转化

河湖水体污染物在重力作用下沉降或在水力冲刷作用下再悬浮，随着水体中固体颗粒和底泥的释放迁移和吸附-解吸运动。在运动过程中，污染物在絮凝和分散作用下在固-水两相转移。由于河湖水体环境复杂，污染物不仅发生物理迁移，还会发生一系列不可逆的复杂生化反应，污染物组分、结构、性能发生改变，毒性、危害性和环境破坏性增大或减小。

河湖水体污染物的主要迁移途径如下。①沉降：在对流扩散过程中，污染物随着泥沙颗粒沉降进入底泥。②吸附：底泥沉积物在非饱和状态下由于泥水污染物浓度差作用，对上覆水体中污染物进行吸附。③絮凝：水体中的极细颗粒由于电荷作用会絮凝成团，絮团中存在的间隙水可以容纳水体中污染物。④气体溶解：水体气泡可以容纳部分有污染性的水溶气体，气泡发生物理过程变化后，污染物就转移进入水体。⑤挥发：水气两相中水气相互转化，挥发性强的污染物容易在该过程中转移。

污染物的转化途径如下。①化学氧化反应：污染物进入水体后可能与水中溶解氧结合，发生氧化还原反应，形成新物质，毒性和形状发生改变，如重金属离子被氧化成高价态有毒化合物。②生物化学转化：污染物被水中微生物摄入，参与新陈代谢，得到分解、转化；生化降解和分解过程复杂，污染物进入水体后混合稀释或水解有机物，被水体中细菌等微生物吸收，或被原生动物、水生植物作为食物，最后实现水体中污染物的降解。

当进入河湖水体中污染物总量过多，超出了水体混合稀释和转移转化的能力，即超出水体的水环境容量，就会严重减弱水的自净作用，造成水体水环境恶化。当过量的污染物进入河湖水体，其在水体的运移过程应是先稀释再转化，其具体过程如图 2-2 所示。

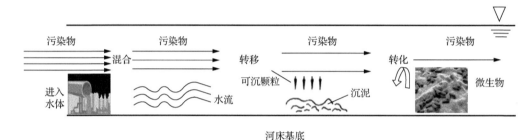

图 2-2　河湖水体污染物运移过程示意图

2.2　城市河湖水环境污染特性与质量评价

城市河湖是城市重要的地表水资源，具有维护生物多样性、补充地下水、调节径流等一系列生态功能，对城市发展有着重要作用[13]。随着城市化进程加快，城市河湖水污染问题严峻，治理河湖水环境势在必行。基于治理河湖水环境的需要，首先根据河湖水环境的污染特性，针对性地通过实践调查，掌握河湖水污染现状，分析污染原因，评价河湖水环境污染程度。然后，才能制订水环境管理模式和污染防治措施方案，进一步落实保护河湖水环境工作，加强河湖水资源周围生态环境文明建设，实现河湖水环境的可持续发展。

2.2.1　城市河湖水环境污染特性

城市河湖水系中的地表水是开放的水环境，是城市生活生产过程中污染物排放的汇集地，如城镇污水处理厂尾水，工业企业和畜禽集中养殖场污水经处理后排放的达标废水，地表土壤中的有机物及氮、磷等营养物质随着雨、雪等大气降雨形成的地表径流等，都会进入河湖。随着污染物排放量的增加，河湖水环境承载力严重不足，水体污染，水生态环境质量降低，导致水质型缺水问题严重。河湖水系受污的突出问题在于水污染超出了水生生态系统的自净能力和承载力，造成河湖水体的水质变差、富营养化、暴发水体水华现象，严重时形成黑臭水体。

由于城市河湖水系中污染物浓度增加，水体的稀释净化作用减弱，部分污染物沉积在淤泥中。河湖中受污底泥成为污染物的积蓄库，当水体 pH、温度、溶解氧浓度、水动力条件等发生改变时，沉积在底泥中的重金属、有毒有害物质及营养盐扩散会对水体、土壤、动植物等产生影响，进一步污染河湖水环境，导致水系生态系统更脆弱。

我国湖北东湖原为敞水湖，通过青山港与长江连接，其水位变化受江水涨落制约[14]。修建人工闸将东湖变成了人工控制的非自然水体，最高控制水位为 21.5m。湖面降雨、蒸发、地面径流、沿湖水厂抽水、农业用水、工厂及生活废水污水排放是影响其水位涨落变化的因素[15]。20 世纪末，随着武汉城区范围扩大和经济快速发展，东湖从城郊湖变成了城中湖，水体污染严重，水质迅速恶化。21 世纪初，通过截污工程有效遏制了东湖水质恶化的趋势，但是水污染问题仍存在[14]。东湖水污染具体表现如下。

1. 湖水水体水质

城市污水和青山工业区工业废水排放是东湖污水产生的主要途径，入汇污水中高锰酸盐、生化需氧量（biochemical oxygen demand，BOD）、TN 和 TP 过度排放。

一条人工路堤将东湖东南角和西南角的主要湖区分开。西南角小湖（小庙湖）面积 0.06km^2，平均水深 1.5m，湖泊容量 9 万 m^3；东南角小湖（武汉工程大学邮电与信息工程学院原小湖）面积 0.178km^2，平均水深 2.4m，湖泊容量 42.7 万 m^3。两个小湖泊各有一个雨水排放口，集水区面积分别为 1.24km^2 和 1.06km^2。此外，在邮电学院的东南角，每天有 6000t 生活污水进入湖中[15]。由于城市雨水和生活污水尚未完全拦截，外部污染的影响使小庙湖和邮电学院的小湖成为官桥湖污染最严重的地区[16]。据 2018 年实测数据[17]，两小湖水质指标是：COD 为 10.8mg/L、TN 浓度为 20.18mg/L、TP 浓度为 1.06mg/L、NH$_3$-N 浓度为 10.34mg/L，超过了《地表水环境质量标准》（GB 3838—2002）Ⅲ类水质指标标准。

2. 湖底淤泥的污染情况

由于工业化快速发展，城市内湖的沉降率为 2.1～7.8mm/a。东湖中沉积物来自农村、农业、林地和大气沉积，沉积物直径中位数为 3.73μm，沉积物主要为黏土和泥浆，黏度大，容易吸附水中的污染物。底部沉积物作为污染物的汇，在特定条件下（风、水扰动），吸收的沉积物将被释放到上覆水中，造成二次污染。

3. 生态系统影响情况

20 世纪 60 年代之前，东湖水体晶莹清澈，水源丰富，自然美丽。由于水生植物大量繁殖、植物群落结构破坏、城市排水设施不完善、堤防工程修建减少湖区面积等，水的自净能力削弱，生态系统受损，东湖水体水质持续恶化，甚至出现劣 Ⅴ 类水体，水体氮磷含量严重超标；20 世纪 70 年代以后，东湖成为典型的富营养化湖泊[16]；1988～2008 年，江河阻断、围垦和养殖，使得湖泊富营养化加剧；2018 年调查结果显示，经过治理后的水体富营养化得到改善，TN 浓度、TP 浓度分别为 0.083mg/L、0.73mg/L[18]。

1）水生植物

20 世纪 60 年代前，东湖水生植物生长茂盛，达 83 种之多，几乎覆盖全湖，沉水植物的分布面积占 80%以上；到 1993 年，水生植物面积仅为 0.8km^2，不到全湖总面积的3%，东湖的主体湖中除了小面积的沉水植物和少量漂浮植物外，几乎没有水生植物分布。

1962～1963 年，水生植物生物量为 30440t，到 1993 年仅为 3070t。黄丝草遍布所有植物群丛中，后逐年减少，1975 年调查发现已绝迹，代之成为优势种的是大茨藻。20 世纪 70 年代末，除莲子草群丛和大茨藻群丛，其他群丛接近消失或已消失。沿岸和入湖污水沟内，喜旱莲子草（系外来物种）密集丛生。20 世纪 90 年代末期，水生植物面积开始增大，但波动较大，直至 2016 年，东湖水生植物逐渐恢复，挺水植物面积增加 30%，沉水植物面积增加 18%[19]。

2）浮游植物

20 世纪 60 年代起，随着水中氮磷含量增加，浮游植物数量年变幅由 50 年代的 50～1000 个/mL，提高到 200～2000 个/mL，优势种群的数量达 729 个/mL；70 年代，年变幅为 500～5000 个/mL，同时优势种群数量明显增加；80 年代中期开始，东湖水体中浮游植物小型化加速，多样性指数显著下降。湖水中的藻类从甲藻和硅藻转变为富营养的蓝藻和绿藻。至 2017 年，全湖共检出浮游植物 7 门 56 属 100 种，以蓝藻门、绿藻门和硅藻门为主，全湖浮游植物密度及生物量变化范围分别为 $2.03 \times 10^6 \sim 245 \times 10^6$ cell/L 和 0.819～19.900mg/L[20]。

3）浮游动物

20 世纪 60 年代初，东湖湖域水体中共发现了 203 种浮游动物，包括 84 种原生动物、82 种轮虫、23 种角和 14 种屈肌。20 世纪 70 年代以后，浮游动物物种数量显著下降，水体生物多样性指数降低，浮游动物和底栖动物的生物量增加，特别是耐低温物种等[21]。20 世纪 80 年代检出轮虫 57 种，桡足类 10 种，优势物种为针簇多肢轮虫、螺形龟甲轮虫、暗小异尾轮虫等轮虫及透明溞、透明薄皮溞、特异荡镖水蚤、近邻剑水蚤等桡足类。20 世纪 90 年代发现轮虫 59 种，枝角类 18 种，桡足类 7～10 种。2018 年，东湖共发现轮虫 37 种，枝角类 10 种，桡足类 3 种，优势物种为裂足臂尾轮虫、角突臂尾轮虫、犀轮虫、疣毛轮虫、长肢多肢轮虫、微型裸腹溞和跨立小剑水蚤。在物种数量方面，由于对东湖的人为改造，水域面积减少，浮游动物生存环境发生较大变化，物种数量处于减少的趋势；在优势物种方面，由于东湖污染及水体富营养化加剧，轮虫逐渐从寡污型转变为中污型；鱼类捕食造成甲壳类浮游动物趋于小型化[21]。

4）鱼类

据 1970 年的调查结果，东湖鱼类有 18 科 67 种之多，有养殖鱼类鲢、鳙、草、鳊、鲂等，还有长江补水带来的天然鱼类鲤、鲫、鳜、翘嘴红鲌、蒙古红鲌等，现有 51 种鱼类。

由于我国社会经济飞速发展，城市河流面临超负荷的人类干扰与压力，河流水体出现高度的水质污染，市政生活污水和各类工业废水、地表面源污染等造成的复合污染，是城市河湖水系突出的环境问题。在城市河湖水环境中，同时存在水体污染、底泥污染与水生生物污染，这是城市河湖污染的典型特征。

2.2.2 城市河湖水环境质量评价

城市河湖水环境质量评价是以水环境监测资料为基础，按照一定的评价标准和评价方法，对相关水质要素进行定性或定量评价，以准确反映水质现状，可以了解和掌握环境总体质量和主要污染因子含量,进而有针对性地制订水环境管理和污染防治措施方案,为水环境保护和水资源规划管理提供科学依据。

2.2.2.1　水环境质量监测

1. 表观观测

一般受到污染的城市供水系统表观状况通常具有以下特征:水体浑浊,悬浮物浓度大,有刺鼻性气味,大量黑臭底泥向上泛起,部分水域面有大量的生活垃圾,水系水塘或死水区严重富营养化,呈现墨绿色,有腥臭味。

2. 水体物理指标

受污水系水体透明度一般较低,水体溶解氧浓度明显不足。水体 pH 一般处于中性,电导率低。根据《地表水环境质量标准》(GB 3838—2002)的要求,不同功能水体的物理指标都有相应的限制。武汉市墨水湖 2014 年四次(分别是 1 月、4 月、7 月、10 月)水样检测结果见表 2-2[22]。

表 2-2　武汉市墨水湖 2014 年水样检测结果

指标	1 月	4 月	7 月	10 月	标准
透明度/m	1.23	1.39	1.45	1.01	IV类水质,≥1.5
水温/℃	16.50	16.10	15.80	15.90	—
pH	8.17	8.41	8.75	8.18	6～9
溶解氧浓度/(mg/L)	2.73	2.80	3.01	2.32	IV类水质,≥3.0
电导率/(μS/m)	90.00	90.00	60.00	90.00	—

墨水湖水体物理指标已经超过了IV类水质要求,根据墨水湖水体其他指标的检测结果及湖底污泥理化性质检测结果,墨水湖有必要开展水环境综合治理。

3. 营养盐及有机物污染综合指标

受污水系主要营养盐指标为 COD、高锰酸盐指数、BOD、总有机碳(total organic carbon,TOC)浓度、总需氧量、含氮化合物浓度和磷浓度等。水体中氮的存在形式主要为氨氮、亚硝酸盐氮、硝酸盐氮和有机氮等,测定各种存在形式的氮有助于评价水体污染状况和自净状况[21];水中的磷以磷酸盐磷、缩合磷和有机磷形式存在,是生物生长必需的元素之一,但水体中磷浓度过高会导致水体富营养化,加速水质恶化。

有机污染物主要指标有挥发酚、硝基苯类和石油类。周边环境等原因有时会造成河湖水体特定有机物污染。特定有机污染物是指那些毒性大、蓄积性强、难降解的有机污染物,常见的有挥发性卤代物、氯苯类化合物、苯系物和挥发性有机污染物等。

4. 重金属

重金属浓度对于评价水环境受污情况是至关重要的,是决定水体受污程度的根本性条件。湖北黄石市某港渠检测得到的重金属浓度见图 2-3。其中,锌平均浓度为 0.044mg/L,铅平均浓度为 0.028mg/L,铜平均浓度为 0.128mg/L,镍平均浓度为 0.014mg/L,铬平均浓度为 0.023mg/L。

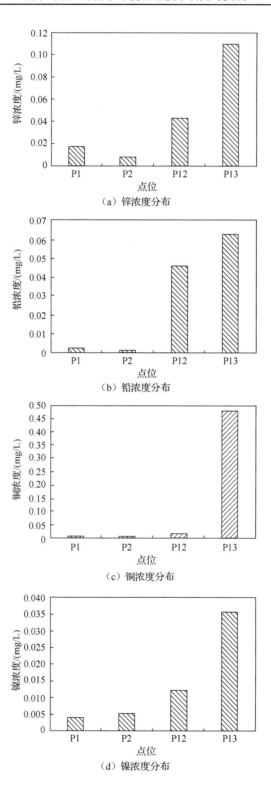

（a）锌浓度分布

（b）铅浓度分布

（c）铜浓度分布

（d）镍浓度分布

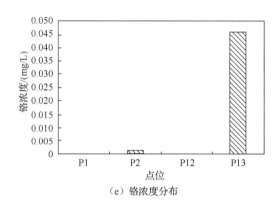

（e）铬浓度分布

图 2-3　湖北黄石市某港渠主要重金属浓度分布

2.2.2.2　水环境质量的评价方法

水环境质量（水质）评价是水环境管理与决策的重要依据，合理的水质评价可以判断水质的主要污染因子，并进行类型判断。常采用单因子评价法、主成分分析法和综合质量评价法等方法对水质进行评价[23]。

1）单因子评价法

单因子评价法也称单因子污染指数法，是将每种单一因子的实测浓度与评价标准作比较，选择其中最差级别作为该区域水质状况类别的评价方法。该方法的缺点是只考虑水体单个因子的影响，无法反映水环境的整体污染情况[24]。

2）主成分分析法

主成分分析法通过全面分析水环境的各项监测指标，筛选出比原始指标少但是能够解释原因的综合性指标。该方法对水环境中的监测因子种类依赖性较强，而且涉及的因子须具备较大的相关性。

3）综合质量评价法

目前，在水质评价中已经形成了一些比较成熟的综合质量评价法，如多因子综合指数法、模糊综合评判法、灰色聚类法、物元分析法等[23]。

多因子综合指数法是根据水质组分浓度相对环境质量标准的大小来判断水环境质量状况，在单因子指数的基础上，进一步计算得到综合污染指数，据此评价水质，并对水质进行分类[24]。综合指数的比较只能在同一类别水体中进行，也可以进行年际比较，但不同类别的水体之间缺少可比性[23]。

模糊综合评判法已成为水质评价的一种常用方法，是定量研究水环境质量的一种有效手段。先对各因子进行评价，然后考虑各因子在总体中的地位并配以适当权重，在此基础上用模糊概念进行推理，经过运算得出评价结果[23]。

灰色聚类法是充分利用已知信息，将灰色系统淡化、白化，将聚类对象在不同聚类指标下，按灰类进行归纳，以判断该聚类对象属于哪一种类，最终得到评价结果[25]。模糊综合评判法和灰色聚类法这两种方法，在环境质量评价中存在信息丢失问题，因此在实际应用中还须进一步加以改进，从而提高评价结果的准确性[23]。

物元分析法将水质标准、评价指标及其特征值作为物元，对评价标准及实测数据做归一化处理，得到模型的经典域、节域、权重及关联度，建立水环境质量评价的物元模型[23]。该方法能在一定程度上解决综合信息的全面性问题，但是与其他方法的结果还是存在一定差异性。

因此，水环境质量评价不应该局限于某一种特定方法。为了比较客观地反映水体水质状况，需要综合水质各方面情况，根据实际情况选择比较合适的综合信息，选取城市水系水体的判断标准和评价体系，采用较为合适的评价方法，全面系统地判定受污染水体的污染程度等级，如无污染、中度污染、重污染、黑臭污染等不同污染程度等级。这种评价结果是基于多方面综合评价得到的最终结果，结果客观科学，可靠度较高，为环境决策提供较为可靠的科学依据。

2.3 城市河湖水环境的污染现状

2.3.1 国外城市河湖水环境污染现状

随着经济全球化的发展，世界每年所需水资源总量不断增多。如果忽视水资源供应的危机，必然会导致水资源短缺日益严重，甚至暴发更多冲突。世界许多国家江湖流域面临的水资源供应压力已经达到极限。2018年联合国发表的《世界水资源综合评估报告》[26]提供了世界上水资源丰富的部分国家径流资源，具体结果见表2-3。

表 2-3　全球部分国家或地区径流水资源分布情况（2018 年）

国家（世界）	径流量/亿 m³	占世界总量的比例/%	人均径流量/（m³/人）
巴西	51912	11.0	43700
俄罗斯	40000	8.5	27000
加拿大	31220	6.7	129600
美国	29702	6.3	12920
印度尼西亚	28113	6.0	19000
中国	27115	5.8	2632
印度	17800	3.8	2450
世界	468700	100.0	10340

表2-3中七个国家的径流量总量已占到世界径流总量的48%，但中国和印度的人均径流量远远小于世界平均水平。世界上还有60%的地区面临淡水径流量不足的困境，40多个国家的水资源严重匮乏，主要分布在非洲、中东和美洲部分地区等[27]。

随着近代全球工业化快速发展，水资源大量消耗，产生大量污水和生产垃圾，成为威胁水环境健康的巨大隐忧。全球每年约4200亿t污水排入水域水体中，造成55000亿t淡水受到污染，相当于污染了全球每年径流量的14%。世界每天有数百万吨污水进入水域水体，每升污水会污染8L淡水。

　　全美约 40%的水资源受到污染，欧洲参与调查的 55 条大中型河流中，只有 5 条河流的水体水质勉强达标，亚洲城市河流受到不同程度的污染。水资源污染的危害非常严重，直接威胁到人类生存。

　　水资源消耗和受污导致全世界面临水资源短缺的水危机，截至 2018 年，约有 36 亿人每年至少有一个月用水量不足，预计 2050 年缺水人口将超过 50 亿。截至 2020 年，约 36 亿人缺乏安全管理的卫生服务，超过 20 亿人生活在缺水国家，饮水安全无法保障[28]。每年 2500 多万人由于水污染死亡，其中有 180 多万儿童。世界卫生组织统计了 2019 年全球因饮用污染水而死亡的人数，具体分布情况如图 2-4 所示。

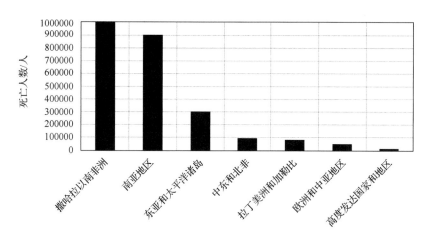

图 2-4　世界饮用污染水死亡人数分布情况（2019 年）

　　非洲每年有 100 多万人因饮用污染水而死亡。非洲和印度大部分地区有 40%的儿童由于饮用污染水和营养不良而发育迟缓。

　　世界各国早就认识到水体污染带来的严重后果，并相继出台了一系列严格的法令与条例，控制本国的河湖水体污染[29]。斯德哥尔摩市曾经在 20 世纪 50 年代被称为"肮脏的水城"，经过 20 年的治理，1977 年该城市也只有 50%的水体"水质令人满意"，20%的水体仍然受到严重污染。英国泰晤士河花了 119 年的时间治理，才得以重见绝迹百年的鱼群[30]。1971 年，美国污染河流长达 122841km，占美国总河长的 29%，五大湖的水体也受到不同程度的污染，部分湖出现富营养化。经过治理，上述状况得到了改善，芝加哥湖恢复了清洁明亮，面临"死湖"的五大湖经治理后，湖泊水环境显著改观。

2.3.2　我国城市河湖水环境污染现状

2.3.2.1　我国城市河湖水环境状况

　　据《2021 中国生态环境状况公报》[31]，我国主要河流、湖泊等流域的水污染防治现状是超过《地表水环境质量标准》（GB 3838—2002）劣 V 类水质的比例逐年下降，但 I 类水的比例也有所下降，我国水污染防治形势不容乐观。

　　图 2-5 为 2021 年生态环境部公布的七大流域、浙闽片河流、西北诸河、西南诸河水

质状况[31]。相比于西南诸河、西北诸河，经济发达区域及部分北方河流的污染较为严重。除了西北诸河、西南诸河的水质处于良好状态之外（Ⅱ类及以上分别占 94.4%和 84.5%），我国其他主要流域水质良好的比例不超过 80%[30]。其中，海河流域、松花江流域和淮河流域Ⅱ类及以上水质良好状态比例分别为 35.2%、15.0%和 20.3%；黄河流域和辽河流域水质良好的比例不超过为 70%。

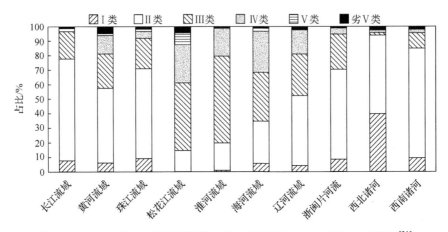

图 2-5　2021 年七大流域和浙闽片河流、西北诸河、西南诸河水质状况[31]

　　图 2-6 为 2021 年我国七大流域主要支流的水质状况。除海河流域和辽河流域以外，其他流域的干流总体水质质量优良，主要支流的污染仍比较严重。海河流域、辽河流域等典型北方流域，由于水资源缺乏、来水量减少和污染物排放，不论干流还是各大支流，水质污染依然较严重。长江流域和珠江流域水质良好，其他各水系中主要污染指标为氨氮、TP、高锰酸盐指数、COD 和 BOD$_5$ 等。各大流域干支流沿岸，污水处理还待进一步完善，污水处理设施总量还需要增加。2021 年，我国城市污水排放总量 625.1 亿 t，其中工业废水排放量 181.6 亿 t，城镇生活污水排放量 443.5 亿 t，是城市外排污水的主要来源；污水处理量 611.9 亿 t，污水处理率 97.89%[32]，仍有 13.2 亿 t 污水得不到合理处置，对各大流域水系造成威胁。

　　截至 2021 年，我国已经建成了 1620 个县城污水处理厂，处理能力达到 3300 万 m^3/d 左右[32]，但县城污水处理能力仍然较弱。由于管理和运行不够健全，很多城镇污水处理不达标，未经有效处理的污水外排进入河湖，现阶段很多城市河湖水体污染持续严重，甚至污染了城市地下水。2021 年，监测的 1900 个国家地下水质量考核点位中，Ⅴ类水质占 20.6%。城市河流污染治理是一项漫长而艰巨的工作。

　　在城市发展过程中，我国城市湖泊水体受污染明显。2021 年对我国 210 个重要湖泊（水库）水质进行调查，发现Ⅰ～Ⅲ类水质湖泊占 72.9%，比 2020 年下降了 0.9%，劣Ⅴ类占 5.2%，主要污染指标为总磷、化学需氧量和高锰酸盐指数。开展营养状态监测的 209 个重要湖泊中，贫营养湖泊占 10.5%，比 2020 年上升 5.2%，中营养湖泊占 62.2%，富营养湖泊占 27.3%；我国三大著名湖泊——太湖、巢湖、滇池均为轻度污染，其水质状况见图 2-7。

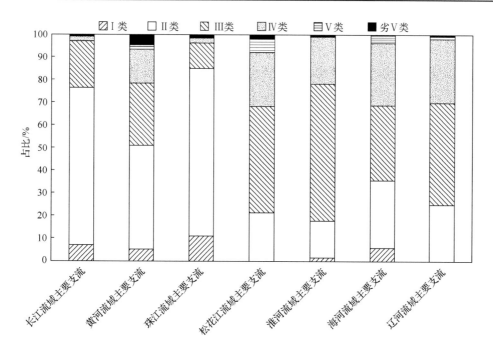

图 2-6　2021 年七大流域主要支流水质状况

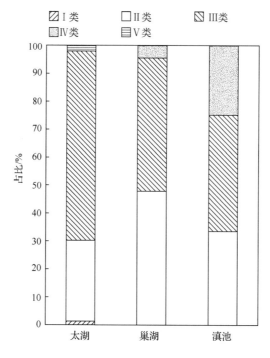

图 2-7　太湖、巢湖、滇池水质状况（2021 年）

我国河湖水体水质状况较差，特别是城市湖泊，水动力条件不足、人口密度较大的水域水体中氮磷容易超标。高度城市化区域的特大型淡水湖泊容易蓄积较多污染物，形成重度污染水体。太湖为轻度富营养状态，巢湖西半湖和滇池全湖为中度富营养化水平。

我国河湖水质污染规律存在地域性差异，水体污染情况与城市化水平相关，城市化发展越快的地方，河湖水体污染情况也较为严重。根据《2019 年武汉市生态环境状况公报》[33]，武汉市 166 个湖泊中，仅有 0.6%的湖泊水体为 II 类水，水质优于 III 类的湖泊仅占 6%，劣 V 类的比例高达 18.4%，轻度富营养化状态的湖泊占比达 48.5%，重度富营养状态的湖泊占 4.3%。相比 2018 年，21.7%的湖泊水环境趋于好转，但 10.8%的湖泊水质变差。其中，南湖湖域水体的水质 2006 年以来一直处于劣 V 类水平，水体长期处于富营养状态，时常会发生死鱼现象，可能与其地理位置有关。

过去，我国黑臭水体污染严重。截至 2016 年 2 月 16 日，我国 295 个地级及以上的城市中检测到 218 个城市的 1861 个水体存在黑臭水体污染现象。其中，河流 1595 条，占 85.7%；湖、塘共 266 个，占 14.3%。从地域分布来看，南方地区有 1197 个，占 64.3%；北方地区有 664 个，占 35.7%，总体呈南多北少的特点[34]。从省际分布的情况来看，60%的黑臭水体分布在广东、安徽、山东、湖南、湖北、河南和江苏等我国东南沿海地区、经济相对发达的区域。截至 2017 年 6 月 6 日，全国城市黑臭水体整治监管平台已确定 2100 个黑色和有气味的水体，水体长度为 70663.83km，约为长江干流长度的 11.2 倍。黑臭水域的面积高达 14846.47km^2，相当于太湖水域面积的 6.3 倍。截至 2019 年，全国 77 个城市黑臭水体比例低于 80%，长江经济带黑臭水体比例仅占全国的 37%[35]。

尽管当前我国水体综合治理有了一定成效，但城市水污染问题依然突出，已经完成治理的河道若得不到长效维持，依然存在着水质再次恶化的风险。因此，我国城市水体的治理任务依然十分艰巨。

2.3.2.2　我国城市河湖水环境污染的影响

我国城市现阶段人口聚集密度较高，对水资源的需求量较大。人口聚集造成城市河湖水体的污染，影响水资源的安全利用和城市化发展。

1. 水资源方面的影响

城市河湖自身具有防洪排涝及灌溉供水等功能，当河湖水体受到污染后，河湖水体及其周边生态环境遭到破坏，影响河湖水资源的价值和可持续发展，河湖水域会在缺少管理下持续萎缩，造成城市发展中河湖水资源短缺。截至 2020 年底，我国供水总量和用水总量为 5812.9 亿 m^3，其中生活用水 863.1 亿 m^3，工业用水 1030.4 亿 m^3，农业用水 3612.4 亿 m^3，用于河湖生态补偿及湿地补水的生态用水 307.0 亿 m$^{3[36]}$。在城市化持续发展过程中，我国城市居民生产生活用水量逐年持续增长，水资源匮乏问题严重。

城市化发展过程中水污染问题凸显，加上不当的水资源配置利用，我国现阶段城市水资源缺乏的局面严峻，缺水的性质从工程缺水转变为资源型和水质型缺水，且从地域性的局部问题逐渐演变为全国性的共性问题。城市水资源缺乏严重影响城市生活和生产秩序。

2. 水安全方面的影响

城市供水安全受到了严峻挑战，这主要有以下几方面的因素。①城市水源污染加剧和供水水质要求的提高；②地下水长期超采导致水源枯竭，加快了污染扩散速度；③社会不安定因素，如大规模水利枢纽的建设和运行等，使供水系统的安全受到影响。近年来，随着城市化发展速度进一步增长，城市水源污染程度加重，供水水质状况较差。根据全国重点城市进行的城市供水水质监督情况，经过处理的二次供水合格率也只能达到90%左右。城市化发展过程中城市水安全保障问题已经非常严重。

3. 水生态方面的影响

城市河湖中污染物对水环境的生态结构造成破坏。污染物中含有氮磷营养盐等还原性物质，大量消耗水体中的溶解氧，造成藻类肆意增长，水体富营养化，水体透明度降低，复氧能力下降。污染物中有毒有害物质、藻类分泌的藻毒素等对水生生物的生长代谢产生影响，加速这些生物的死亡。水体变成黑臭水体时，河湖水体中生态系统将遭到全面且彻底破坏。

当城市发展产生的生产生活污水严重超出当地水体水环境容纳能力，同时超过河湖水生态自我修复的临界值时，水质不断恶化，河湖水体中大量水生物种消亡。城市发展建设侵占自然河湖，造成水域面积降低，水生生态环境恶化。上海在1995～2015年，被侵占填埋的水域面积就占城市原水域面积总和的25%。

水体污染物在迁移转化的过程中会被底泥、土壤等吸附，甚至随地下水系统扩散，造成地下水污染。城市化发展过程中的河湖生态系统非常脆弱，极易受到进入水体污染物的破坏和影响；而且一旦破坏，恢复河湖水生态健康的代价十分昂贵，实现重建过程艰难。

4. 城市发展的影响

城市发展规划及资源调用不合理，造成水资源缺乏、水生态脆弱、水安全保障不足等问题，严重时水体发黑发臭，生态系统崩溃。黑臭水体问题成为目标城市发展中突出的水环境问题，也严重影响我国城市发展的良好进程和健康发展速度。为了满足社会发展和国计民生的要求，国务院于2015年颁布了《水污染防治行动计划》（简称"水十条"），明确规定了城市黑臭水体问题治理的任务要求。

在我国城市化发展过程中，河湖自身水资源、水安全和水生态，以及具备的防洪、灌溉、发电、景观美化等社会功能，是城市建设的重要部分。现阶段城市污染物的总量已经远远超出河湖水体自净能力，水体自然状态未能使得河湖水环境恢复正常，这就要求在掌握城市河湖水环境污染途径的基础上，采取综合整治措施治理河湖水环境，恢复河湖水环境正常状态。

2.4 城市河湖水环境污染的途径

城市河湖水环境污染的途径与水的循环有关。水的循环分为自然循环和社会循环。在自然循环过程中，水中的杂质来自雨水和土壤侵蚀引起的地表径流、自然沉降或降雨

（酸雨）等扩散源。在社会循环过程中，循环系统是由供（取）水—输（送）水—用（耗）水—排（处理）水—回归五个基本环节构成的新的人工侧支循环，人类实现将水从自然水循环系统中"提取"到社会经济系统中，且"异化"社会经济系统的"垃圾"，排放废污水到自然水循环系统[37]。

水是多种污染物的媒介，水体的扩散条件和自净能力较差，易于富集和迁移转化，水质劣变是水在社会经济系统中运动的必然结果[37]。社会循环代谢机制的核心是人类从自然水系统提取水，并最终将其中的一部分以污水形式返回自然水系统。废污水是现代城市最大的废弃排泄物，大量排入自然水系统中导致水环境遭到严重破坏，大多城市及其周围水体实际上已成为污水的接纳地。社会循环过程主要受人类活动的影响，即水体接纳污染物来源主要为人为污染，如污水的无序排放、垃圾的随意丢弃、过度使用农药化肥等。社会循环过程中的水体污染主要为人类活动造成的污染，根据污染来源可分为点源污染、面源污染和内源污染。

2.4.1　点源污染

水环境污染的点源污染主要来自两个方面：一是工矿企业排放的工业废水超标且无序排放；二是城市化发展过程中生活污水的处理效能偏低。部分污水未经净化处理直接排放至城市地表水体，造成极其严重的污染。

我国在改革开放初期，尤其是乡镇企业蓬勃发展阶段，粗放型生产模式带来了极其严重的点源污染。管理模式上以经济建设为主，弱化生态环境的影响，导致诸多工业企业污水甚至不达标、不处理或偷排。在环境管理方面，以"边污染边治理""谁污染谁治理""排污收费设上限"等模式为主，对乡镇小企业和工业生产中的污染现象采取放任自流的态度，甚至对产生巨大经济效益的污染源大型企业变相"开绿灯"加以保护。环境影响评估系统变得无效，导致城市河湖水体污染加剧。一些外国投资者将不允许在国外生产的产品转移到中国，造成生态脆弱区环境恶化。在云、桂、川的一些硫磺冶炼区，几平方千米的空气中二氧化硫浓度比国家标准要高出 5～50 倍。遍布各处的小型造纸厂、小型印染厂和小型电镀厂使几乎所有河流逃脱不掉被污染的厄运。福建省有 6000 多家小型造纸厂，每年排放超过 7000 万 t 废水。在我国浙江某县，100 多家农村印染厂排放的废水污染了这些企业周边的江河湖泊和其他水域。水体丧失了原有功能，不能用于饮用、灌溉或养鱼。山东省的 6000 多家造纸厂中，80%的小型造纸厂年产量不足 5000t，这些造纸废水占全省废水总量的 50%，全省 36 条河流因为接触造纸废弃物而受到不同程度的污染。

近年来我国水污染得到较好控制，但点源污染产生的突发性重大水污染事件后果极其严重。例如，2011 年，浙江杭州市辖区建德境内杭新景高速公路发生苯酚槽罐车泄漏事故，导致部分苯酚泄漏并随雨水流入新安江，造成部分水体污染[38]。2012 年，广西河池市辖区内的宜州区龙江水体遭受严重镉污染，龙江沿岸及下游居民饮水安全受到严重威胁。2015 年，甘肃陇星锑业有限责任公司尾矿库发生尾砂泄漏，造成嘉陵江及其一级支流西汉水数百千米河段锑浓度超标[38]；上游锑浓度超标水过境广元市，造成该市生产生活用水吃紧。2017 年，由于汉中锌业有限责任公司违法排放生产废水，导致嘉陵江由陕入川断面水质异常，广元市西湾水厂饮用水水源地水质铊浓度超标 4.6 倍，严重威胁沿岸居民的生活饮用水水源地安全。2018 年，由于宁国市火焰生物质燃料厂私设暗管排放废水，东津河上游中溪月红段河道内鱼类大量死亡，严重影响该流域生态环境[38]。

　　水污染已成为当今最突出的环境污染问题之一，由点源污染引发的水污染事件还是时有发生。治理水污染的层层环节仍然有待监督完善，提高民众的环保意识；加强环境保护的宣传与普及，提高公众参与力度，保护水资源，防治水污染，从根本上解决水污染问题。

　　城镇工业企业对水资源需求量极大，工业废水的排放会对河湖地表水体产生破坏。为了清晰认识城镇受污工业的影响规模和程度，统计我国 1984～2020 年城镇污染企业数量及占比，见图 2-8。

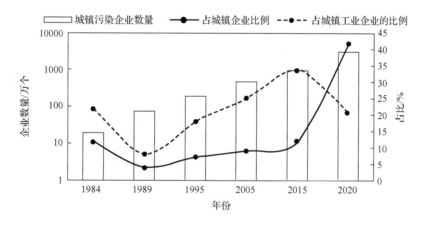

图 2-8　我国城镇污染企业数量及占比

　　由图 2-8 可知，随着我国城市化发展，企业工业用水量在逐年增长，污染企业数量大幅增加。我国提倡生态文明建设，加大河湖地表水综合整治力度，加大河湖地表水环境恢复力度。经过国家不断增加投入和持续整改，已经初步取得相应的成果。绝大部分点源污染已经处理，但仍存在疏漏之处。

　　近年来我国工业废水已经大幅度减少，但城市生活污水显著增加。由于城市污水管网收集能力不足，老城区管网陈旧，排水体制落后，管网中污水通过排污口排放至城市河流或者湖泊，这是城市河湖污染的主要形式之一。

2.4.2　面源污染

　　面源污染主要是指在天气降雨和径流作用下，进入被接收水体非特定区域污染物造成的污染。面源污染包括城市面源污染和农业面源污染。其中，城市面源污染是指在降雨条件下，雨水和径流冲刷城市地面，溶解的固体污染物从非特定的地点汇入受纳水体，引起水体污染，是相对于点源污染的一种水环境污染类型，也称为城市非点源污染[39]。城市河流两岸有密集的居民生活区，居民生活区由于历史遗留原因污染物收集处理不到位，城市雨污管网未能做到拦污截污和分类管理，污染物就会随着降雨排放至河湖，形成城市面源污染。居民生活污染物在降雨的作用下直排入城市河湖水体，甚至造成水体发黑发臭，污染程度极高。

面源污染主要来源于土壤侵蚀、农田化肥和农药、农村家畜粪便和垃圾、农田污水、城镇、矿区、人工养殖的水体、大气干湿沉降、底泥二次污染，以及建筑工地和林区等具有代表性区域的地表径流污染物。

面源污染的主要特征：①不局限于发生在城镇，发生在城镇其他地方的面源污染会汇聚到河湖中来；②出现面源污染的区域具有随机性；③面源污染在排放路线和污染物排放形式上具有不确定性；④面源污染由于在空间上分布不均匀，其污染物负荷在空间分布上也存在差异。

目前，城市面源污染物治理正在逐步加快。农村面源污染物有待进一步深度处理。在我国，农村经济发展带来的农药、化肥和畜禽养殖污染范围变得越来越广泛，相对而言较难控制。20 世纪 50～90 年代，我国农药使用量每年增加近 100 倍，成为世界上农药使用量最大的国家[40]。2013 年，全国农药使用量为 180.19 万 t，比 2012 年增长 4.89%。我国化肥的产量首次突破了 7000 万 t。2015 年，我国共生产化肥 7431.99 万 t，比 2014 年增长 8.07%。然而，化肥的利用率仅为 30%左右，喷洒在农作物上的农药使用率只有 36.6%。2014 年我国的农药使用量 180.69 万 t，有约 114.56 万 t 的农药可能由面源污染进入河湖[41]。由于化肥的大量使用，农村畜禽粪便的农业用量减少，畜禽养殖业的集约化程度加大，加剧了水产养殖业的脱节。1996 年，牲畜粪便的回收率仅为 30%，其中大部分未使用。到 1998 年底，中国畜禽生产的粪便废物是全国工业固体废物的 3.4 倍。大多数这些牲畜和家禽粪便直接排入河流和湖泊而未经处理。根据 1991 年和 1997 年全国乡镇工业污染源调查，乡镇工业二氧化硫，烟尘，化学需氧量和固体废物排放量分别增长了 22.6%、56.5%、246.6%和 552%。随着对环境的重视，2017 年开始化肥生产量逐年下降，截至 2022 年 12 月，农用氮、磷、钾肥料产量降低至 5471 万 t，同比增长率有所下降。

2.4.3　内源污染

部分污染物，如有机物、无机氮磷化合物、重金属等，通过大气沉降、废水排放、雨水夹带等途径进入河流和湖泊，其中大部分沉积在河流和湖泊的沉积物中，含量比当地土壤背景值高几个数量级。在缺氧或厌氧、一定水动力条件下，会释放到水体中，是水体污染的途径之一，对河湖生态环境构成严重威胁。

当河湖外部汇入污染物较多，且大量蓄积在河湖底泥中，会导致河湖底泥层变质，严重的时候可能发黑发臭。

污染物通过点源和非点源污染进入沉积物，氮和磷从沉积物释放到水面会导致水体富营养化，也会促使生态系统退化。除腐殖质和纤维素外，沉积物中的难降解有机质毒性较大，沉积后易积聚，产生长期毒理效应，如多环芳烃、多氯有机化合物、有机染料和其他化合物，毒性大，难生物降解。难降解有机化合物的处理仍属于世界难题。河湖底泥中的重金属污染极易通过各种方式进入水中,重金属容易被悬浮固体或沉淀物吸附、络合或共沉淀[42]。

2.5　城市河湖水环境的主要问题

2.5.1　城市水资源短缺问题

我国水资源分布不均,南方多水,西北缺水。由于城市化的发展,水资源充沛的地区出现水质型缺水。我国城市化发展在最近 40 年来速度惊人,取得的成果也是举世瞩目,但由于长期采用粗放型城市发展模式进行管理,在发展过程中付出的资源环境代价不容忽视。我国水资源短缺的矛盾在城市发展过程中较为明显和突出。随着城市化发展水平不断提高,城市淡水资源普遍受到污染,特别是流经城市的河湖水体污染更加严重,城市资源型缺水和水质型缺水共存,影响了城市经济的可持续发展,制约城市经济和社会发展。为了解决城市水资源短缺问题,需要掌握其具体原因。

1. 城市河湖水环境污染

我国城市化发展速度快速增长,造成城市河湖水环境恶化,污染的形式出现从支流向干流汇合、城市区域向流域扩张、地表水向地下水下渗、城市水污染向农村扩张的态势,部分区域大开发的力度增大,造成城市水源污染,影响城市居民的可利用水资源总量,形成城市水质型缺水。此外,水资源管理存在多方面问题。①城市居民环保意识不强:城市对水污染的危害性宣传力度不够,教育也相对缺乏,很多城市居民对水污染的危害认识不足,对保护河湖地表水环境缺少主动意识。②企业缺乏污水治理积极性:企业治理污水成本大、效益低,在污水处理上投入不够,我国水污染程度加剧与企业这种追求经济效益而忽视社会效益的行为有很大关系。③政府部门环境执法力度不够:由于我国城市化发展对经济发展的线性需要,对于企业排污行为的处理不够严格,执法部门对污染企业的处理力度不够,甚至部分地方政府出于社会需要包庇排污企业。④污水垃圾处理基础设施落后:我国城市化发展的时间较短,很多城市发展过程中建立污水处理厂的规模和能力明显跟不上城市化发展的速度,污水处理的配套措施跟不上,造成污水处理过程中的次生污染。

城市水资源管理不当,产生了诸多城市污水的环境问题,造成水资源的可利用空间不大,城市水资源匮乏。

2. 城市水资源利用率

我国城市水资源的利用率和重复利用率低,加剧了城市水资源短缺。截至 2020 年,在我国工业用水量占总用水量的 17.7%[36],平均重复利用率不高,只占工业用水量的 40%,这个水平只有欧美发达国家的 50%左右。我国城市供水系统的损耗大,每年新修城市供水管网增长率为 10%左右,而地下年久失修的城市管网渗漏率可达到 10%左右。城市公共用水耗损严重,目前大多城市植被绿化用水量、美化和清洁城市公共设施用水量大,用水来自清洁水源,使用过后的水处理回收使用率不高,造成严重浪费。城市居民的节水意识不够强烈，生活中的不良用水习惯造成许多生活废水不能二次利用，存在用水利用率不高，从而浪费了许多生活水资源。

水资源损耗和浪费，影响城市水资源的有效使用空间，造成部分地区水资源匮乏。城市化发展应从多方面严格要求，减少不必要的水资源损耗，提高水资源利用率[43]，扭转水资源短缺的局面。

3. 城市生态用水量

生态用水量不断增大，是我国水资源短缺的一个重要原因。城市发展要求增加相应生态用水工程并进行相应的调整，造成城市生态用水量增大，形成城市用水结构型水资源缺乏的局势。

城市生态用水量增加的主要原因如下：①为了满足城市水资源开发利用的需要，进行了蓄水枢纽工程的建设，水利工程可以留蓄大量水资源，但也增大了蒸发水量，减少了河湖下泄的水量，造成下游水资源缺乏，河道缺少保障生态健康的基本流量，生态环境恶化。②城市扩张过程中，对居住环境的要求增大了城市绿化美化环境的用水量，进一步导致城市水资源的短缺。③城市基础建设和城市化的快速发展，增大工程用水需求量，对水域的侵占填埋破坏了河湖水生态，河湖水资源短缺加剧。④由于城市扩张建设对美好生存环境的需求，需要对植被环境、土地环境和沙漠环境进行改造，植树造林、坡地改造及治沙工程都需要消耗大量的水资源，城市用水结构增加导致水资源匮乏。

随着人类对生活要求的增高，环境和生态的需求导致生态用水量增加，在水资源总量一定的情况下造成水资源短缺，影响经济社会发展。只有真正地了解我国城市发展过程中水资源短缺的原因，做到有的放矢地采用相应的措施，才能从根本上解决城市水资源不足的问题，以保障城市化进程顺利进行。

2.5.2 城市河湖水环境生态功能退化

城市河湖水环境水体污染的危害一般包括生态环境的危害、城市工农业生产的危害及居民健康的危害。

1. 城市生态环境的危害

"生态学"研究生物（包括原核生物、原生生物、动物、真菌、植物）之间以及生物与周围环境之间的相互作用。水生生物与环境的联系和作用与水体相关水质参数密切相关。水中的溶解氧（dissolved oxygen，DO）浓度是衡量水体健康与否的重要指标之一。水体溶解氧不仅是水生生物生存的必需条件，也是水中各种氧化还原反应的必要条件，能促进水体污染物转化降解，提高天然水体的自净能力。当大量污染物进入水体时，磷、钾和大量的有机物促进水中的藻类植物生长，覆盖水面导致水体复氧能力降低。溶解氧急剧减少，甚至出现无氧层，使得水生植物由于厌氧而死亡；动植物残体又是水中新的污染源，水体厌氧产生黑臭现象。

水生生物生存和繁育需要从其生活的环境中获得食物和生存必需的物质。环境变化对水生生物产生巨大影响。鸟类、水生生物只有在适宜的条件下才能生存，尤其是鸟类，它们对生活环境污染的反应甚至比人类还要敏感。水是鸟类生存、繁衍的必要条件，水环境的污染使鸟类生存环境被破坏，世界上近 100 种鸟类已经灭绝，近 200 种鸟类面临灭绝的危险[44]。

总之，城市河湖水环境的水体污染对生物生长、发育和繁殖都有着十分不利的影响。当水体污染严重时，生物在生存状态、生存数量等方面都会发生明显的变化。

2. 城市工农业生产的危害

城市工农业生产对水量水质有一定的要求。若工农业生产使用污染的水，将会对人类产生极大的危害[45-46]：①工业设备遭受破坏，严重影响产品质量；②土壤的化学成分改变，肥力下降，导致农作物减产和严重污染；③城市生活用水和工业用水的污水处理费用增加。

水体受到污染后，由于城市对生产的需求，需要增加更多的投入成本去处理水污染，一旦发生重大水污染事件，会给城市生产生活带来极大不便，影响城市正常运转。2007年夏季，极端天气导致无锡太湖水富营养化较严重，从而引发了太湖蓝藻的提前暴发，影响自来水水源水质。该事件产生了严重的后果，导致无锡市民纷纷抢购超市的纯净水，街头零售的桶装纯净水价格也出现了较大的波动[47]。2013 年，上海黄浦江"死猪"事件对水质产生了严重的威胁[48]。

3. 城市居民健康的危害

受污染水体会危害人的身体健康。当有毒有害的污染物通过饮用水或食物链进入人体时，会引起急性或慢性中毒，或产生各种疾病。医学研究统计结果表明，世界上 80%的疾病与作为媒介的水有关。伤寒、霍乱、胃肠炎、痢疾、传染性肝炎是人类主要的五大疾病[49]，这五大疾病基本与水的不清洁有关。

污水中的重金属砷（As）、汞（Hg）、铬（Cr）、铜（Cu）、镉（Cd）和铅（Pb）对人体造成巨大威胁。被重金属污染的饮用水对人类健康十分有害：饮用镉污染的水和食物会导致肾脏和骨骼损伤；六价铬毒性很大，会引起皮肤溃疡且具有致癌作用；饮用含砷超标的水会导致急性或慢性中毒[50]，砷抑制或灭活许多酶，导致人体代谢紊乱，诱发皮肤角化和皮肤癌等疾病；污染水中含有的胺类、苯并芘等是诱发癌症的物质。

被寄生虫、病毒或其他病原体污染的饮用水会引起各种传染病和寄生虫病。

有机磷农药可产生人体神经毒性；有机氯农药可以积聚在体内脂肪中，对人类和动物的内分泌、免疫和生殖功能造成伤害[51]；多环芳烃及其衍生物对人类大多有致癌作用；氰化物也是一种剧毒物质。

2.5.3 城市河湖水环境水体的复合污染态势

我国城市河湖水环境中存在多种类型污染物，直接或间接地危害生态环境。水环境污染呈现多种类型污染相互交叉，点、线和面源等污染形式共存，生活污水与生产污水复合，各种初始污染与二次污染叠加，水体富营养化与重金属典型复合作用的发展态势。城市水体正面临着已有常规污染物、新产生的非常规污染物及水污染次生生物共同作用的复杂局面。现阶段城市河湖水环境新产生诸多种非常规污染物，在现有的污染物作用基础上，导致水体水质极易恶化，产生黑臭的现象。目前，我国城市河湖水环境污染的两种普遍现象是，氮磷营养盐引发富营养化和重金属引起有毒有害污染，当两种污染在水体中共存时，会产生复合效应。

1）重金属与重金属之间的复合效应

水体中的重金属离子往往不是单独存在的，重金属污染普遍存在两种以上的重金属元素，以复杂的形态和模式共存于水体中。重金属之间的相互作用过程非常复杂，彼此之间发生各种生化反应，竞争结合位点和螯合沉淀作用，最终与水体中的生物相互作用，激活细胞络合蛋白，改变大分子或者细胞的功能和结构，干扰生物正常生理过程。水体重金属复合污染中元素或化合物之间的交互作用显著影响重金属污染物的生物效应（吸收、积累和毒性），进而造成不同层次的生物毒性。重金属与重金属之间通过复杂的反应，增强了污染物的拮抗、协同作用，将水环境中重金属本身的单一污染效应变为复杂的伴生性、综合性多种重金属迁移转化遗存效应，为控制水环境污染增加了难度。

2）重金属与有机物之间的复合效应

水体中重金属以离子状态存在，是一种典型的无机污染物。存在于水体中的重金属离子可以通过自身的化学性质，优先与水体中的离子化有机物发生络合作用，从而影响有机物的吸附-解吸和降解作用。河湖水体溶解态有机物的化学性质比较活泼，复杂的有机物分子中含有大量的官能团，如羧基、羟基和羰基等，与重金属离子发生反应从而结合，使重金属以有机物-重金属复合态存在。这种物质的形成对重金属的化学形态产生影响，同时改变了重金属离子在水体中的运移变化规律、生物毒性强度及生物有效性。这种影响水体中重金属离子状态且对其化学性质产生重要影响的作用，将制约河湖水体重金属污染的有效整治和管理。

3）污染物与环境介质之间的复合效应

由于工业的飞速发展，人工合成新型化学制品的使用产生新型污染物。现阶段，成熟污水处理工艺对新型污染物的去除能力有限，部分非常规污染物未经适当处理便排放至地表水中，水体中的藻类通过吸附和降解作用进行净化处理。在这一过程中，水体中藻类环境介质起到非常重要的作用，有机物种类对藻类的毒性存在明显的影响。藻类在水体中能够作用于水环境有机物的迁移和转化，一旦藻类毒性增大而超出水体可容纳范围，就会造成水环境破坏。污染物与环境介质的复合效应，缓解了污染物的直接危害，造成水体综合污染的复杂形势。

2.5.4　水体黑臭对城市环境的影响

城市水体黑臭现象已经成为严重的水环境问题。由于城市规模膨胀，生活污水、垃圾和工业生产废水等大量污染物排放进入城市河湖水体，河湖水体中有机物、氮磷营养盐和其他水质指标等污染浓度超标，河湖水体污染严重。水体中藻类和微生物新陈代谢过度频繁，最终水体出现季节间断性或全年黑臭现象，严重影响城市形象和人民生活环境。

城市河湖黑臭水体带来严重的环境负面效应，从视觉、嗅觉等感官直接影响城市居民生产生活，其污染和有毒性直接影响城市居民的身体健康。截至 2016 年 4 月，全国 295 座地级及以上城市中有超过七成的城市存在黑臭水体，已经成为一种严重的城市病，城市黑臭水体除污染水质、散发恶臭外，滋生的微生物还会导致黑臭水体周边空气污染，甚至暴发个体疾病或传染性疾病，黑臭水体中超标污染物极大威胁城市居民生命健康[52]。

为了全面贯彻党中央关于生态文明建设的精神，"水十条"环境治理目标任务规划和全国生态环境重大战略布局，明确规定了城市黑臭水体问题治理任务要求，要求我国各大城市发展过程中，截至 2020 年，建成区的地表水出现黑臭现象应控制在 10%以内，截至 2030 年，城市建成区地表水出现的黑臭水环境污染问题基本消除。我国各城市按照计划要求积极迅速行动，坚持生态优先、绿色发展思想，科学合理地打好城市黑臭水体治理攻坚之战。

2.6　城市河湖水环境污染的影响

2.6.1　水环境污染对城市发展的影响

为了坚持生态优先、环保发展，走出一条绿色低碳循环发展的道路，国家相继出台了《水污染防治行动计划》《长江经济带发展规划纲要》等文件。良好的城市河湖水环境有利于改善居民健康状况，提高居民生活质量，加快城市卫生文明建设，进一步促进大区域经济区的发展；良好的河湖地表水环境能够形成长效的水生态自治体系，达到经济效益与生态效益齐头并进。水环境污染增加城市水环境管理难度，影响城市生态文明建设。城市水环境污染是一个比较复杂的系统问题，在现阶段城市发展迅猛的状况下，城市水污染问题必须得到高度重视。

1. 城市发展潜力的影响

一个城市发展的潜力受到多重因素的影响，水资源是其中重要的因素之一。在城市化不断发展的过程中，人口繁育、经济发展和社会进步都不能缺少水资源。大自然赋予某地域的水资源总量恒定，既要满足当地城市发展的需求，又要保护好水资源和环境，城市化发展在水资源应用上必然要走可持续发展的道路。水资源的可持续利用能力在一定程度上决定了一座城市发展的潜力。

我国水资源分布不均衡，存在地域缺水严重的情况，人均水资源占有量远远低于世界平均水平。严重的城市污染极大影响了城市可利用水资源总量，人类需求与可供水资源间的供需矛盾严重。现阶段城市化发展过程中水污染已经开始制约城市经济增长，破坏城市河湖水环境，减少城市可供水资源，最终影响城市水资源可持续发展的健康道路，进而影响城市的发展潜力。

2. 城市发展活力的影响

城市化发展的根本是人口的高度集中，因此城市能容纳的人口数量是其发展活力的根本保障。如果城市供水能力不足，供水资源出现短缺，城市化发展的进程必然会被影响。西安市早在两千年前就是一座高度文明的城市，但在唐以后城市发展速度降低，甚至出现后退现象，整个城市发展活力在明清之后严重不足，其根本原因在于城市地下水污染严重，水质恶化，城市居民生活用水出现严重短缺，限制了城市居民的容纳量。城市河湖水污染是不得不面对的重要问题，只有解决好城市河湖水环境污染的困境，才能从可持续发展的角度对城市建设进行合理规划，在水资源可持续发展的基础上保障城市发展活力。

2.6.2　水环境污染对城市水系的影响

我国水资源分布广泛，但由于人口基数庞大，存在人均拥有量很小、地理上分布不均、部分城市严重缺水、城市水环境污染严重等问题。改革开放以来，城市化迅猛发展，水环境污染情况严峻，诸多城市河流湖泊水体发黑发臭，已经到了不得不治理的程度。

自古以来，湖北一直号称"千湖之省"，武汉是"百湖之市"[53]。武汉地处长江中下游平原，江汉平原东部，是国家区域中心城市，是全世界水资源最丰富的特大城市之一，水域占全市城区面积的 25%，2022 年水域面积 2217.6km²，覆盖率 26.10%。人均占有地表水 11.4 万 m²，是我国最大的淡水中心。目前，随着经济的发展，武汉市的湖泊面临着极其严重的水环境问题。根据武汉市 2016 年水环境状况，有 43 个湖泊面临重大污染风险。近年来，武汉市采取了多种措施遏制河湖水体污染，取得了一定效果，但水污染形势依然严峻，随着城市规模扩张及城市化的持续推进，人类活动对河湖水体污染的威胁进一步增加。据《2019 年武汉市水资源公报》，武汉市监测的 80 个湖泊中仅有 27 个达到水功能区水质管理目标，53 个未达标湖泊中水质为 V 类或劣 V 类的达 33 个，其中劣 V 类的 9 个，不达标湖泊面积达 400km²；18 个河道水功能区中有 6 个未达到水功能区管理目标，朱家河、通顺河、巡司河、马影河、澴水等河流的部分河段水质为劣 V 类，黑臭水体问题未得到根本解决，给附近居民生活带来较大影响。

2.6.2.1　水系污染来源及影响

河湖水系水环境问题的主要原因集中在人类活动产生污染排放、湖泊水域减少及水环境生态系统的破坏。

1. 污染排放影响

作为一个历史悠久的老工业基地，武汉拥有大量的工业企业，污染物排放严重。武汉市晨鸣汉阳纸业股份有限公司、武汉清华紫光科技发展有限公司等 6 家企业污水排放量占全市污水排放总量的 45%以上。工业生产的污水通过周边污水排入内湖，大部分湖泊水质明显恶化。由于武汉经济技术开发区发展的需求，开发区内工业污水排入南太子湖，在不到五年的时间里，太子湖水域水质接近 V 类。部分工业企业污水处理设施建设严重滞后，符合标准的企业反弹，设备无法正常运行；偷排的现象经常发生。城市湖泊水域受到严重污染，水安全受到威胁，人们生活也受到影响。

随着经济总量和城镇人口的快速提升，武汉市废污水排放总量增加。2018 年，武汉市废污水排放量较 2007 年增长了 34.1%，主要污染物 COD 及 NH_3-N 排放量分别达到 14.83 万 t 和 1.79 万 t，受到污水处理厂处理规模、处理工艺、雨污合流、管网覆盖范围等诸多因素的影响，仍有部分污水直排入河湖，虽大部分能够收集进入污水处理厂，但处理标准较低，26 座污水处理厂中有 14 座为《城镇污水处理厂污染物排放标准》（GB 18918—2002）一级 B 出水标准，需要提标改造；污水厂污泥无害化处理率仅为 60%，控污减排压力依然较大。

2. 湖泊水域减少影响

《武汉地理信息蓝皮书 2013》表明[54]，1980~2010 年，武汉市地表水水域面积减少了 228.9km²；1960~2010 年，近百个湖泊已经消失，如范湖和阳朔湖。武汉市的总建筑面积增加了 200km²，其中 53.3% 已经获得相关部门的法律审批许可，非法填湖占 46.7%。形势严峻的湖泊水环境和填湖导致湖泊减少，湖泊生存状况恶劣，污水的长期注入和湖泊水域减少，共同导致武汉湖泊长期处于被污染的状态，水体水质恶化，湖泊水环境极其糟糕。

3. 水环境的生态系统破坏

污水排放和湖水减少使武汉湖泊水环境容量减少，湖泊格局受到严重破坏。此外，在湖泊减少过程中，湖滩与深水区、湖泊与河流之间的接触被人类活动分开，导致原有的养分输入和输出被切断；原始物质循环、能量循环和信息循环系统被破坏，水生环境生态系统的结构和生态资源变化；物种类型和生物多样性缩减，鱼类繁殖遭到破坏，使得生物的生存空间不断减小。当污水排放和湖泊水域减少的影响进一步扩大，整个水环境的生态系统遭到破坏。

武汉市的水环境污染，究其原因，主要是缺乏有效的管理。在武汉经济快速发展的过程中，忽略了对河流环境的保护。武汉水资源丰富，但过度发展造成其水环境污染严重。在提高人们保护水环境意识的基础上，加强水环境综合治理，增加水环境容量。治理水环境的前提是对水环境综合信息进行科学管理，实现武汉市江湖流域水质监控、信息传递与处理、平台及时显示和预警等功能，提高城市的水资源管理和水环境综合管理水平。

对于复杂的武汉水系水环境问题，需要基于武汉水系水环境的特点，分析武汉城市发展对水系水环境的影响，针对性地提出与武汉水环境相适应的管理方法。

2.6.2.2　水系污染的影响

湖北武汉有 165 条河流，其中 60 条河流流域面积超 50km²，有 166 个湖泊，被称为"百湖之市"。汤逊湖是亚洲最大的城市湖泊（47.6km²），第二大城市湖泊东湖面积 33.9km²，位于武汉市中心。梁子湖（跨河江夏区和鄂州市）是全国生态保护最好的两个内陆湖泊之一。武汉市区有 27 个主要湖泊，湖面面积为 6340hm²，占主城区规划面积（427km²）的 14.85%。根据 2015 年《武汉市湖泊保护条例》的统计结果，武汉湖泊分布情况见表 2-4。

表 2-4　武汉湖泊分布情况统计表（2015）

行政区域	湖泊数/个	正常水位下湖水面积/hm²
江岸区	2	40.4
江汉区	6	41.6
硚口区	2	67.0
汉阳区	4	610.2
武昌区	6	359.9
青山区	1	191.8
洪山区	6	2982.3
蔡甸区	28	11842.1
江夏区	19	37244.2
黄陂区	21	8201.9
新洲区	11	6992.0
东西湖区	26	1687.0
汉南区	6	115.5
武汉经济技术开发区	18	1825.3
武汉东湖新技术开发区	7	11016.7
东湖生态旅游风景区	1	3362.7
武汉化工区	2	126.7
总计	166	86707.3

武汉地表水排水系统可分为 33 个系统或水系，武汉市内 166 个湖泊分属于 26 个水系，谌家矶系统、汉口沿江系统、汉口沿河系统、武昌临江系统、港西系统、工业港系统、青山镇系统这 7 个系统不包含湖泊，5 个直排系统由 19 个湖泊组成，总汇水面积为 158.44km²；其他 21 个水系包含 147 个湖泊，总汇水面积 10806.59km²。在武汉的水系中，长江是降雨形成径流的最后聚集地，也是整个区域水网的核心。与长江相连的汉江和涪江受城市建设项目的影响较小，构成了武汉水系的基本结构。武汉的水网划分为四个相对独立的片区：黄陂新州片、汉口东西湖片、汉阳蔡甸片和武昌江夏片。

2013～2015 年连续 3 年进行水质监测的 161 个湖泊中，湖泊水质和营养状态总体稳定并逐步好转。水质方面，26 个湖泊水质现状呈好转趋势，占 16.1%；107 个湖泊水质现状呈稳定趋势，占 66.5%；28 个湖泊水质现状呈变差趋势，占 17.4%（西湖、郭家湖、道士湖、金银潭、黄狮海 5 个湖泊无连续监测数据）。据《2021 年武汉市生态环境统计公报》，2017～2021 年，市内湖泊水质有所提升。截至 2021 年底，劣Ⅴ类水体基本消失，但Ⅳ类水体占比较高，需要继续关注和进行污染防治。

武汉市河湖水环境自身的特点决定其水系水环境污染的复杂程度。城市高速发展的过程中，发达的水系是支撑城市发展速度的重要条件之一。如果不提高对城市水系水环境保护和维护的意识，一旦水系水环境破坏，需要投入的治理成本是成倍增加的。可见，城市水系是城市发展的基本条件，也是城市快速粗犷发展的限制条件。

2.6.3　水环境污染对城市河湖水环境管理的影响

在城市水系连通的情况下，一旦某区域水体受污且受污情况严重，会造成人口高度集中的城市遭受水污染的侵害。因此，需要对城市水系水环境进行非常实时的监控和管理。一方面，可以预防和控制水系水环境污染问题；另一方面，能够应急处理水系水环境污染。采用遥感实时监测、信息采集传输和远程控制系统等手段，实现现代河湖水环境技术管理，监控整个城市水系水环境，可保障河湖水系能安全地为人类服务。现阶段，越来越复杂的水环境污染形式和途径使对水系水环境管理要求提高，对水环境管理的技术需要也提高。

武汉水系复杂，基于武汉市内河湖水系分布特点和河湖水环境监管要求，由现有水环境管理模式可知，武汉水环境管理的难点主要集中在两个方面：①行政区域与水系不统一的矛盾；②跨区域河湖的上游污染源头控制难度大。

1. 行政区域与水系之间的矛盾

武汉 166 个湖泊和 60 条中小型河流零散分布在武汉 13 个辖区，河流和湖泊跨越多个行政区域。在各行政区域的边界上存在很多大小不一的湖泊，河流跨区域最终汇入长江。

表 2-5 为武汉跨区域湖泊数据资料。有 9 大湖泊跨越武汉行政区域，湖泊水环境治理过程中地方权责不统一，增大了治理水环境时的管理难度。为了控制江湖水污染，中共中央办公厅和国务院办公厅于 2016 年 12 月发布了"关于全面推行河长制的意见"，要求各地各部门根据实际情况认真落实。

表 2-5　武汉跨区域湖泊统计表

序号	湖泊名称	正常水位下湖水面积/hm²	跨区域
1	青菱湖	884.4	洪山区、江夏区
2	黄家湖	811.8	洪山区、江夏区
3	南湖	767.4	洪山区、武汉东湖新技术开发区
4	野湖	299.6	洪山区、江夏区
5	后官湖	4081.0	蔡甸区、武汉经济技术开发区、汉阳区
6	梁子湖	17452.4	江夏区、武汉东湖新技术开发区，跨武汉和鄂州
7	汤逊湖	4762.0	江夏区、洪山区、武汉东湖新技术开发区
8	武湖	3059.6	黄陂区、新洲区
9	严西湖	1423.1	武汉东湖新技术开发区、青山区、东湖生态旅游风景区、武汉化工区

由于湖泊的水域水动力特性，湖泊水体在一定区域内循环流动。在治理湖泊水环境过程中，科学盘算湖泊水体污染物的容纳空间，加强湖泊水环境管理，掌握湖泊水体污

染物的来源、迁移转化、最终去向。在河湖水环境治理过程中统筹规划，辅以水环境生态补偿机制，才能从根本上治理水体，避免责权不明。

2. 过境客水与湖泊之间的矛盾

武汉河流众多，具有得天独厚的自然条件。武汉有汉江汇入，使武汉水系复杂，河网密集，过境客水资源丰富。因此，武汉水系的河湖水体主要呈现总量丰富、水域面积大、过境客水量占绝大多数的特征。

武汉纵横交错的河网，将上游很多跨区域污染物输移至武汉各行政区域，一部分停留在各湖泊中，还有一部分最后汇入长江，以汉江最为显著。汉江武汉段近年来水环境污染突出，为典型有机污染型。污染物随汉江汇入长江后，其中一部分会随着长江与武汉市内水系连通工程进入湖泊中存储。水系连通工程的长江干流来流水质是武汉湖泊水环境治理的关键因素，只有引来"好"的长江"外水"，才能治理好武汉湖泊"内水"。

在武汉市河湖水环境管理过程中，摸清楚区域内河流的污染物输入量和可控量，充分掌握河湖水环境的综合信息，可为武汉河湖水环境治理提供最科学的指导依据，提供切实可行又经济高效的治理方案。因此，面对武汉复杂的水环境污染表现形式和水环境管理的难度，要加强水系水环境科学管理意识，发动城市发展力量来开发现代水环境综合信息技术与管理模式；以科学技术力量支持现代水环境事业，并促进当地国民经济和城市化的持续发展。

2.6.4 水环境污染对城市生态文明建设的影响

在城市高速发展过程中，人类对水环境保护意识薄弱，造成部分城市水系存在水污染严重、水质较差的情况。部分湖泊甚至水质恶化，大量劣 V 类水流入，对整个湖泊水体造成了严重影响；部分河湖沿岸有大量建筑垃圾、淤泥、树叶淤积，无生态护坡，水体浑浊，水质为劣 V 类水，对城市品质、生态环境及我国水资源有着恶劣的负面影响。

1）破坏城市发展过程中的美好环境规划

国家高度重视城市水系修复，以长江流域为例，在全面推动长江经济带发展座谈会上，习近平总书记指出，"要把修复长江生态环境摆在压倒性位置，构建综合治理新体系，统筹考虑水环境、水生态、水资源、水安全、水文化和岸线等多方面的有机联系，推进长江上中下游、江河湖库、左右岸、干支流协同治理，改善长江生态环境和水域生态功能，提升生态系统质量和稳定性"。长江经济带发展必须坚持生态优先和绿色发展，必须走出绿色低碳循环之路[55]。

长江中游污染较为严重，城市污水处理不达标，河岸湿地、生态护坡内源污染物淤积等现象在部分沿江城市仍然存在，影响长江中下游流域的水环境、水生态和水资源，破坏流域水环境，影响城市环境治理要求和规划设计。

2）阻碍水资源、水生态文明建设

河流和湖泊严重污染将破坏其健康的生态系统，降低河流和湖泊的自净能力。各种污染物大量富集在河湖底泥中，破坏水质，影响河湖水环境，不利于城市水系水生态保护和水资源管理，增加了城市供水系统的节水难度，减慢城市生态文明建设的步伐。

3）影响城市品质、城市总体发展目标

城市水系的水体水质优良、环境优美，是城市建设中不可或缺的一环。为实现城市规划目标和提高城市品位，体现城市的水环境特色，必须有优质的城市水环境。当前城市发展过程中，城区段排水主干管网已经建成，但由于雨污分流尚未完全实现、生态护坡缺失等，排洪港内有大量生活垃圾、淤泥、树叶淤积。部分河湖底泥经多年累积沉淀，已经成为内源污染，造成城市水体富营养化和产生恶臭。这些水环境问题会造成城市水系严重污染，河湖底泥淤积。失衡的河湖生态系统会影响河流生物的栖息场所，降低河湖水体的自净能力，减弱水土保持能力，造成严重的环境问题。

城市水系水体污染破坏了城市水环境，降低了人们的生活环境质量，不利于建设美丽园林城市、创造城市生态名片、改变城市外部的整体形象，甚至不利于对外招商引资，影响城市的经济腾飞，严重情况下会阻碍城市社会、经济、人口、环境和资源协调可持续发展总体目标的实现。

参 考 文 献

[1] 张雨萌, 代进, 陈旭峰, 等. 水体有机物污染的研究现状分析[J]. 山东化工, 2016, 45(9): 146-147.

[2] 刘晴靓, 王如菲, 马军. 碳中和愿景下城市供水面临的挑战、安全保障对策与技术研究进展[J]. 给水排水, 2022, 48(1): 1-12.

[3] 程秀英, 李全玉. 浅议水体污染及对策[J]. 水利科技与经济, 2010, 16(12): 1356-1372.

[4] 王沛芳, 包天力, 胡斌, 等. 天然胶体的水环境行为[J]. 湖泊科学, 2021, 33(1): 28-48.

[5] 范成新, 刘敏, 王圣瑞, 等. 近 20 年来我国沉积物环境与污染控制研究进展与展望[J]. 地球科学进展, 2021, 36(4): 346-374.

[6] REN L, GAO Y, HU Z, et al. The growth of *Vallisneria natans* and its epiphytic biofilm in simulated nutrient-rich flowing water[J]. Water, 2022, 14(14): 2236.

[7] 张运林, 秦伯强, 朱广伟, 等. 论湖泊重要性及我国湖泊面临的主要生态环境问题[J]. 科学通报, 2022, 67(30): 3509-3519.

[8] 孙晓军, 付红蕊, 包木太, 等. 生物炭材料在海洋石油类污染修复中的应用研究进展[J]. 环境化学, 2023, 42(3): 1029-1041.

[9] 邢旭峰, 黄妙芬, 刘杨, 等. 石油污染水体后向散射系数垂向分布模型研究[J]. 海洋湖沼通报, 2021, 43(5): 42-49.

[10] 庄媛, 赵晓祥, 周美华. 水体中油污染状况及微量油测定方法的比较[J]. 环境科学与技术, 2012, 35(6): 79-83.

[11] 吴瑒, 武婧, 杨澜, 等. 城市污水处理中病原微生物污染状况及潜在风险的研究进展[J]. 环境污染与治理, 2021, 43(10): 1350-1356.

[12] 吴春笃, 王晨希, 许小红. 指示水体病原污染的微生物[C]. 2011 年环境污染与大众健康学术会议, 武汉, 2011.

[13] 黄兰兰, 吕文杰, 郑元昊, 等. 开封城市湖泊水污染现状研究[J]. 环境科学导刊, 2020, 39(1): 10-16.

[14] CHEN K, LIU X, CHEN X, et al. Spatial characteristics and driving forces of the morphological evolution of East Lake, Wuhan[J]. Journal of Geographical Sciences, 2020, 30(4): 583-600.

[15] 罗雨夕. 武汉东湖水资源环境质量研究进展[J]. 绿色科技, 2018, (8): 58-60.

[16] 程晓如, 方正, 薛英文. 东湖西南湖区水质监测与评价[J]. 武汉大学学报(工学版), 2001, 40(5): 96-100.

[17] 代晓颖, 徐栋, 武俊梅, 等. 2015—2019 年武汉市湖泊水质时空变化[J]. 湖泊科学, 2022, 33(5): 1415-1424.

[18] 朱广伟, 许海, 朱梦圆, 等. 三十年来长江中下游湖泊富营养化状况变迁及其影响因素[J]. 湖泊科学, 2019, 31(6): 1510-1524.

[19] 姜艳, 陈兴芳, 杨旭杰. 基于 Landsat 影像的武汉东湖近 30 年来水生植物动态变化[J]. 植物生态学报, 2022, 46(12): 1-12.

[20] 赵思琪, 范垚城, 代媛然, 等. 水体富营养化改善过程中浮游植物群落对非生物环境因子的响应: 以武汉东湖为例[J]. 湖泊科学, 2019, 31(5): 1310-1319.

[21] 王雨路, 袁丹妮, 袁国庆, 等. 武汉东湖夏冬两季浮游动物物种多样性及群落结构研究[J]. 水生生物学报, 2020, 44(4): 877-894.

[22] 宋丽香. 汉阳 5 个湖泊水体叶绿素 a 含量时空变化及富营养化评价[D]. 武汉: 湖北科技大学, 2017.

[23] 初征. 水环境质量评价中的几种方法[J]. 有色金属, 2010, 62(3): 160-162.

[24] 林坤明, 赵剑. 水环境质量评价指数法在黄冈河水质评价中的应用[J]. 水利科技与经济, 2008, 14(3): 203-204, 212.

[25] 陈慧文, 陈锦辉. 基于灰色聚类分析的上海市长江口水质状况评价[J]. 安徽农学通报, 2022, 28(1): 130-135.

[26] 徐靖. 联合国公布《2018 年世界水资源开发报告》[J]. 水处理技术, 2018, 44(7): 35.

[27] 陈二烈. 全球淡水资源危机愈演愈烈[J]. 生态经济, 2022, 38(10): 5-8.

[28] 张佳欣. 2050 年超 50 亿人面临全球性水危机[N]. 科技日报, 2021-10-11(004).

[29] 侯鹏, 赵佳俊, 任晓琦. 国内外河湖流域生态环境治理经验及其启示[J]. 中国发展, 2022, 22(5): 79-84.

[30] STUBBINGTON R, CHADD R, CID N, et al. Biomonitoring of intermittent rivers and ephemeral streams in Europe: Current practice and priorities to enhance ecological status assessments[J]. Science of the Total Environment, 2018, 618(15): 1096-1113.

[31] 中华人民共和国生态环境部. 2021 中国生态环境状况公报[R/OL]. (2022-05-27). https://www.mee.gov.cn/hjzl/sthjzk/zghjzkgb/202205/P020220608338202870777.pdf.

[32] 中华人民共和国住房和城乡建设部. 2021 年城乡建设统计年鉴[R/OL]. (2022-10-12). https://www.mohurd.gov.cn/gongkai/fdzdgknr/sjfb/index.html.

[33] 武汉市生态环境局. 2019 年武汉市生态环境状况公报[R/OL]. (2020-06-08). http://hbj.wuhan.gov.cn/fbjd_19/xxgkml/zwgk/hjjc/hjzkgb/202006/P020200608399488884378.pdf.

[34] 李迎. 全国逾七成城市排查出黑臭水体: 60%分布在东南沿海、经济相对发达地区[N]. 中国建设报, 2016-02-19(001).

[35] 古小超, 李泽利, 高锴, 等. 黑臭水体现状、评价方法及治理措施概述[C]. 中国环境科学学会 2021 年科学技术年会, 天津, 2021.

[36] 中华人民共和国水利部. 2020 年中国水资源公报[R/OL]. (2022-09-23). http://www.mwr.gov.cn/sj/tjgb/szygb/202107/P020210909535630794515.pdf.

[37] 王浩, 龙爱华, 于福亮, 等. 社会水循环理论基础探析 I: 定义内涵与动力机制[J]. 水利学报, 2011, 42(4): 379-387.

[38] 许静, 王永桂, 陈岩, 等. 中国突发水污染事件时空分布特征[J]. 中国环境科学, 2018, 38(12): 4566-4575.

[39] 黄国如, 利峰, 钟鸣辉, 等. 流域非点源污染及生态控制技术[M]. 北京: 科学出版社, 2020.

[40] 张昕. 关于我国重点流域水污染防治问题的思考[J]. 环境保护, 2001, 29(1): 35-38.

[41] 赵雪雁, 刘江华, 王蓉, 等. 基于市域尺度的中国化肥施用与粮食产量的时空耦合关系[J]. 自然资源学报, 2019, 34(7): 1471-1482.

[42] 朱广伟, 陈英旭, 田光明. 水体沉积物的污染控制技术研究进展[J]. 农业环境保护, 2002, 21(4): 378-380.

[43] 吕翠美, 周海生, 凌敏华, 等. 基于能值理论的水资源对农业生产贡献量化分析[J]. 科学技术与工程, 2019, 19(4): 249-253.

[44] 赵伊琳, 王成, 白梓彤, 等. 城市化鸟类群落变化及其与城市植被的关系[J]. 生态学报, 2021, 41(2): 479-489.

[45] 曹宏斌, 李爱民, 赵赫, 等. 我国工业水污染防治措施实施情况评估[J]. 中国工程科学, 2022, 24(5): 137-144.

[46] 吴晓红. 我国水污染现状及治理措施[J]. 环境与发展, 2017, 29(3): 80-81.

[47] 丁莞歆. 中国水污染事件纪实[J]. 环境保护, 2007, 35(14): 83-85.

[48] 徐小钰, 朱记伟, 李占斌, 等. 国内外突发性水污染事件研究综述[J]. 中国农村水利水电, 2015, (6): 1-5, 11.

[49] 郭雪鸿. 997 例其他感染性腹泻疾病的流行及病原学特征分析[J]. 中国卫生标准管理, 2020, 11(7): 16-18.

[50] 叶诠之. 濒临危机的水资源[J]. 科学 24 小时, 2017, (9): 1-6.

[51] 武汉市水务局, 湖北省武汉市水文水资源勘测局. 2021 年武汉市水资源公报[R/OL]. (2022-04-11). https://swj.wuhan.gov.cn/szy/202204/P020220411543002075841.pdf.

[52] 刘建福, 陈敬雄, 辜时有. 城市黑臭水体空气微生物污染及健康风险[J]. 环境科学, 2016, 37(4): 1246-1271.

[53] 唐岳灏. 先进国家在湖泊污染治理的成果经验对武汉市的借鉴和启示[C]. 第三届中国湖泊论坛暨第七届湖北科技论坛, 武汉, 2013.

[54] 武汉市国土资源和规划局, 武汉市勘测设计研究院. 武汉市地理信息蓝皮书 2013[Z]. 2014.

[55] 李先波, 胡惠婷. 长江流域生态环境修复的困境与应对[J]. 南京工业大学学报(社会科学版), 2022, 21(1): 76-86, 112.

第 3 章　城市河湖水环境污染机理与过程

为了解城市河湖水环境中污染物的污染机理与过程，深入分析城市河湖水环境的主要污染物及其分布特征，本章阐述有机化合物和重金属的污染过程及降解机制，并对城市河湖有机化合物污染估算理论、方法及常用估算软件进行介绍，为城市河湖受污染水体的治理提供理论依据与方法。

3.1　城市河湖水环境的主要污染物来源

城市河湖水环境的有机化合物主要来源于城市生活污水、工业废水、畜禽粪便、水产养殖、城市地表径流和河道垃圾等，它们在不同阶段呈现出不同的形态特征，对整体水质指标及水质安全产生了重要影响。

3.1.1　城市生活污水

随着城市化步伐的加快，居民日常生活排出的污水量急剧上升，部分生活污水未得到有效治理直接排入城市河流，是河道水环境的重要污染源之一。生活污水是一种浑浊、黄绿色甚至黑色、带有腐臭气味的废水，pH 为 7.2～7.8，主要污染物有淀粉和纤维素等碳水化合物、蛋白质、脂肪、尿素等，还含有大量的微生物，如细菌、病毒、原生动物和微型后生动物等。生活污水的水量和水质均会随着季节的变化而改变。夏季的用水量较多，污染物浓度偏低；冬季的用水量少，污染物浓度偏高；春末夏初水质波动大，影响污水处理厂生物反应池的运行。

生活污水的特点如下：

（1）包含大量的油脂、食物残渣等，悬浮物含量较高，色度大；

（2）包含大量的残留食物等，废水味道较大，容易发臭；

（3）水质、水量波动大；

（4）有机物、氮、磷浓度高，直接排放易造成水体富营养化。

生活污水中的污染物多为耗氧有机物，被水中好氧或厌氧微生物代谢分解，消耗水体中的溶解氧，严重时甚至造成城市河湖水体发黑发臭。

3.1.2　城市工业废水

城市工业废水主要包括工业生产过程中的废水及废液，如工艺过程排水、设备和场地洗涤水、机械设备冷却水等，是造成城市水体污染的重要污染源之一[1]。大多数工业废水的有机污染物浓度偏高，含有重金属、挥发酚、石油类等有毒有害物质[1]。工业废水按照污染物的性质可以分为有机废水、无机废水、重金属废水、放射性废水及受热污染废水。也可以根据废水中主要污染物种类分，如含酚废水、含氰废水、含铬废水、含丙烯腈废水、酸性废水、碱性废水等[2]。这些废水携带的有机污染物进入城市水体会加剧水体污染，造成水体黑臭现象愈发严重。表 3-1 为几种主要工业废水的污染物与特点。

表 3-1 几种主要工业废水的污染物与特点

工业部门	工厂性质	主要污染物	废水特点
动力	火力发电、核电站	冷却水热污染、火电厂冲灰、水中粉煤灰、酸性废水、放射性污染物	热，悬浮物含量高，酸性，放射性，水量大
冶金	选矿、采矿、烧结、炼焦、金属冶炼、电解、精炼、淬火	酚、氰化物、硫化物、氟化物、多环芳烃、吡啶、焦油、煤粉、As、Pb、Cd、B、Mn、Cu、Zn、Ge、Cr、酸性洗涤水、冷却水热污染、放射性物质	COD 较高，含重金属，毒性较大，废水偏酸性，有时含放射性废物，水量较大
化工	肥料、纤维、橡胶、染料、塑料、农药、油漆、洗涤剂、树脂	酸、碱、盐类、氰化物、酚、苯、醇、醛、酮、氯仿、氯苯、氯乙烯、有机氯农药、有机磷农药、洗涤剂、多氯联苯、Hg、Cd、Cr、As、Pb、硝基化合物、胺类化合物	BOD 高，COD 高，pH 变化大，含盐量高，毒性强，成分复杂，难降解
石油化工	炼油、蒸馏、裂解、催化、合成	油、氰化物、酚、硫化物、As、吡啶、芳烃、酮类	COD 高，毒性较强，成分复杂，水量大
纺织	面毛加工、纺织印染、漂洗	染料、酸碱、纤维悬浮物、洗涤剂、硫化物、As、硝基物	带色，毒性强，pH 变化大，难降解
制革	洗毛、鞣革、人造革	硫酸、碱、盐类、硫化物、洗涤剂、甲酸、醛类、蛋白酶、As、Cr	含盐量高，BOD 高，COD 高，恶臭，水量大
造纸	制浆、造纸	黑液、碱、木质素、悬浮物、硫化物、As	污染物含量高，碱性大，恶臭，水量大
食品	屠宰、肉类加工、油品加工、乳制品加工、水果加工、蔬菜加工	病原微生物、有机物、油脂	BOD 高，致病菌多，恶臭，水量大
机械制造	铸、锻、机械加工、热处理、电镀、喷漆	酸、氰化物、油类、苯、Cd、Cr、Ni、Cu、Zn、Pb	重金属浓度高，酸性强
电子仪表	电子器件原料、电讯器材、仪器仪表	酸、氰化物、Hg、Cd、Cr、Ni、Cu	重金属浓度高，酸性强，水量小
建筑材料	石棉、玻璃、耐火材料、化学建材	无机悬浮物、Mn、Cd、Cu、油类、酚	悬浮物含量高，水量小
医药	药物合成、精制	Hg、Cr、As、苯、硝基化合物	污染物浓度高，难降解，水量小
采矿	煤矿、磷矿、金属矿、油井、天然气井	酚、硫、煤粉、酸、氟、磷、重金属、放射性物质、石油类	成分复杂，悬浮物含量高，油含量高，有的废水含放射性物质

从表 3-1 中可以看出，工业废水一般具有以下性质。

（1）**废水类型复杂**。工业行业种类繁多且工艺组成复杂，产生的工业废水性质差异大，类型复杂。影响工业废水污染物种类及浓度的主要因素包括生产用原材料、生产工艺、生产设备、操作条件、生产用水水质与水量等。

（2）**处理难度大**。工业废水中固体悬浮物（suspended solid，SS）含量较高，COD和 BOD 高，大多含有油、酚、重金属、燃料、农药、多环芳烃等有害成分。工业生产涉及的有机物多达 400 万种,人工合成有机物 10 万种,且每年以 2000 余种的速度增加,为有效处理处置废水、减少环境污染带来巨大挑战[3]。

（3）危害大,效应持久。工业废水中含有的很多人工合成有机污染物很难在自然界转化和降解为无害物质。此外,工业废水会对土壤和地下水造成严重污染,且极难治理或修复,在自然环境中富集并通过食物链进入人体,威胁人类健康[3]。

重金属污染的主要来源:水体中的重金属污染几乎全部来自工业废水,如有色金属冶炼厂除尘废水、钢铁厂酸洗排水,以及电子、蓄电池、农药、医药、涂料、染料等各种企业的工业废水。废水中的恶臭气味主要来自氨气和硫化氢,还有一些易挥发的恶臭有机物（malodorous volatile organic compound,MVOC）。MVOC 大多属于有毒有害的空气污染物,由于其具有特殊的发臭基团,发出扰人的恶臭气味,刺激人的呼吸系统,影响人们生产生活。对广州某污水处理厂不同单元 MVOC 的组成和含量进行分析研究[4],发现苯系物、乙酸乙酯、2-丁酮、乙酸丁酯和甲硫醚等是城市污水处理厂排放的主要MVOC,占 MVOC 总排放浓度的 80% 以上（表 3-2）。李洪枚[5]发现某污水处理厂出水中存在 19 种挥发性卤代有机物,包含 11 种卤代烷烃、3 种卤代烯烃、3 种卤代芳香烃及 2种卤代酸酯,检出浓度分布为 0~33.39μg/m³,总浓度分布为 34.91~127.74μg/m³。其中,主要的挥发性卤代有机物有 CH_2Cl_2、$CHCl_3$、$C_2H_4Cl_2$、C_2HCl_3、二氯二氟甲烷（CFC-12）、三氯一氟甲烷（CFC-11）、C_2Cl_4。温度和湿度对该污水处理厂挥发性卤代有机物的排放有明显的影响[6]。

表 3-2　广州某城市污水厂各单元 MVOC 占总排放浓度比例[4]　　（单位:%）

化合物	1#平流沉砂池	2#A 级曝气池	3#B 级曝气池	4#污泥浓缩池	5#脱水机房
1,2-二氯乙烷	1.62	2.02	2.13	0.70	0.17
2-甲氧基-2-甲基丙烷	1.26	1.55	1.88	0.66	0.14
三氯乙烯	0.60	0.42	0.77	0.14	0.04
四氯乙烯	0.89	0.38	0.30	0.24	0.00
苎烯	1.13	0.05	0.06	0.00	0.02
苯乙烯	1.58	1.20	1.06	4.62	0.25
苯	12.52	15.80	15.67	12.37	3.11
甲苯	28.05	21.84	20.09	53.55	13.18
乙苯	10.23	10.58	10.13	5.26	29.15
间/对二甲苯	8.90	8.75	9.03	4.62	27.91
邻二甲苯	4.34	4.02	4.14	0.69	11.45
1,2,3-三甲苯	1.59	1.54	0.54	0.14	0.37
1,2,4-三甲苯	1.51	1.21	1.49	0.00	0.26
1,3,5-三甲苯	2.57	0.00	0.00	0.00	0.41
1-甲基-2-异丙基苯	2.26	0.08	0.00	0.00	0.03

续表

化合物	1#平流沉砂池	2#A 级曝气池	3#B 级曝气池	4#污泥浓缩池	5#脱水机房
环己酮	0.32	0.43	0.45	1.37	0.07
2-丁酮	6.32	8.57	9.02	3.76	1.43
4-甲基-2-戊酮	0.75	1.14	1.07	0.58	0.13
2,3-丁二酮	0.00	0.00	0.00	3.62	0.00
乙酸乙酯	5.12	8.79	9.39	2.50	0.78
乙酸丁酯	2.25	3.49	3.21	0.00	2.54
乙酸仲丁酯	0.47	0.68	0.58	0.15	0.03
正丁醇	0.00	0.00	0.00	0.00	6.79
甲硫醚	4.98	5.43	6.86	4.34	1.35
其他	0.74	2.03	2.13	0.69	0.39

3.1.3　畜禽粪便及水产养殖

随着畜牧业的发展，规模化养殖带来的畜禽污染问题逐渐严重。畜禽粪便污水中含有大量有机物，是一种优质肥料，有效处理后可变废为宝，减轻对水体的污染[7]。

水产养殖业近年来发展迅速，为提高养殖产量、保障食物供给作出了巨大贡献。截至 2020 年，我国水产养殖总面积达到 7036.11 千公顷，其中淡水养殖面积占 71.6%，产值达 6387.2 亿元。水产养殖业发展导致的水质污染问题也非常严重[8]。水产养殖时，为了减少养殖品病害和提高产量，除养殖肥料外，还会投加消毒剂、抗生素及其他药物[9]，进入地表水后对水环境安全造成威胁。水产养殖及畜禽粪便中普遍发现了很多新型有机污染物，关注度较高的是药物和个人护理品（pharmaceuticals and personal care product，PPCP）[10]。大量应用于人类、家禽疾病治疗和预防的抗生素类药物逐渐增加，全球每年生产的抗生素有 70%被用于疾病预防和治疗，大量滥用的抗生素引起的环境问题已成为目前的研究热点之一。我国关于抗生素在环境中的行为研究起步相对较晚[10]。

氟喹诺酮类药物在畜禽及水产养殖地区被广泛应用，这类药物在动物体内的代谢效率较低，不能被机体完全吸收。氟喹诺酮类药物在动物体内的代谢率不超过 25%，大多以母体或代谢产物形式排出体外。40%～90%的抗生素以母体或代谢产物的形式经病人或畜禽的粪尿排入环境，当浓度积累到一定程度后，会对土壤的结构及组分产生一定影响，并使其中某些细菌产生耐药性，通过食物链对动植物产生影响[10]。在医药废水和其他氟喹诺酮类药物污染的环境中，存在耐药致病菌。

土壤、地表水体等多种环境介质中均已检测出残留的抗生素[10]，但关于抗生素在土壤中吸附迁移的报道较少。大量含有抗生素的废水、粪便和其他废弃物排放到环境后，会通过各种途径进入土壤，在土壤中累积，造成土壤污染，甚至还会进入地下水而产生污染。因此，抗生素在土壤中的残留受到更多的关注。研究者对广州市某菜地环丙沙星的残留量进行检测，发现环丙沙星的平均浓度为 5.40μg/kg；同时发现，畜禽粪便中残留的环丙沙星浓度最高可达 84.3mg/kg[10]，长期存在于环境中的抗生素对水生生态系统、农田土壤、地表、人类及其他生物有重要的影响。

3.1.4　城市地表径流

随着城市化进程的加快，城市屋面、街道、停车场等不透水地面面积增加。降雨时，不透水的表面会形成地表径流，携带着多种污染物进入河道等受纳水体[11]。特别是在暴雨期，大量雨水汇集而成的地表径流会流入河道，增大水体污染负荷。

污染来源不同，地表径流中污染物的污染特征也有较大差异，城市地表径流污染来源缺乏明确统一的分类方法[12]。根据城市地表径流来源的表面材质特征不同，可以将地表径流的来源分为不透水屋顶表面、不透水地面和部分暴露的表面三类[12]。按地表的功能可将地表径流的来源分为住宅区、商业区、街道（包括高速公路）、工业区、景观区和特殊用途区（仓库、机场等）[11]。不同区域主要污染物的种类与浓度差异较大：街道和高速公路的 PAH 和融雪盐残留浓度较高；来自住宅区的径流中 Cu、Zn 等重金属的残留浓度较高[11]；在特殊功能区如景观区，残留的农药化肥污染较多；机场残留的路面除冰剂等物质具有一定的生物毒性，也会提高水体的 BOD[11]。Beasley 等[13]报道了城市不同区域地表径流中主要污染物的浓度（表 3-3）。

表 3-3　城市不同区域地表径流中主要污染物的浓度[13]　　　（单位：μg/L）

区域	Cd	Cr	Cu	Pb	Ni	Zn
屋顶	0.8～30	7～510	17～900	13～170	5～70	100～1580
停车场	0.7～70	18～310	20～770	30～130	40～130	0～150
仓库	2.4～10	60～340	30～300	30～330	30～90	66～290
街道	0.7～220	3.3～30	15～1250	30～150	3～70	58～130
车辆服务区	8～30	19～320	8.3～580	75～110	35～70	67～130
景观区域	0.04～1	100～250	80～300	9.4～70	30～130	32～1160

城市地表径流最终汇入河道，增加河道有机负荷。雨污分流可以有效控制地表径流对河道水体的污染。雨污分流是一种将雨水和污水分开运输，各用一条管道进行排放或后续处理的排污方式。它有利于雨水收集和雨水的集中管理排放，降低废水对污水处理厂的冲击，保证污水处理厂的处理效果[14]。目前，我国部分城市启动并实施了城区雨污分流工程，城区雨水、污水集中收集利用和处理能力得到提升，防汛排洪能力增强，城市品质及城市容貌得到大幅度改善。

地表径流按污染物的来源分为三类：①大气干沉降；②磨损、腐蚀和土壤污染；③融雪径流。大气干沉降是气体、气溶胶和粉尘从空气转移到地面和植物等表面的过程，随降雨转入地表径流。大气干沉降来源可分为自然来源和人为来源。干沉降产生的主要污染物包括酸性物质、PAH 和铅、汞等重金属[11]。

城市地表径流中污染物的组成比较复杂，一般有悬浮颗粒物、POP、农药、重金属、营养元素、有机质和其他工业源化合物[11]。

1）悬浮颗粒物

地表径流中最常见的污染物为悬浮颗粒物，它主要来自土壤颗粒、大气沉降、轮胎和道路磨损颗粒、路面除冰剂[15]。降雨时，径流中携带的悬浮颗粒物在流速较小的情况下沉淀下来覆盖在河床上，成为地表径流沉积物[11]。这些地表径流沉积物同土壤和河流底泥不同，其携带的污染物带来潜在的环境生态风险。

2）POP

POP 可以从水体和土壤中挥发到空气中，附着在颗粒物表面随着雨水进入地表径流。环境中 POP 主要有 PAH 和 PCB 两种。径流中 PAH 的含量分布受其分子量大小、气候、水体地形和水文条件的影响，同时水体中颗粒物的含量和粒径分布是 PAH 在地表径流中迁移的影响因素。PAH 在街道粉尘颗粒物中的含量会随颗粒物粒径的减小而增大，可能是因为越细小的颗粒物其比表面积越大，PAH 更容易沉积与附着。分子量大的 PAH 多与颗粒物结合，而分子量小的 PAH 与颗粒物之间没有那么大的结合力，更易于传输[11]。PCB 主要产生于化石燃料不完全燃烧过程中，美国巴尔的摩地表径流底泥中 PCB 的浓度最高可达 2.15mg/kg。Jartun 等[16]监测了挪威海水底泥污染现状，其中 63 个采样点检测到 PCB，浓度变化区间为 0.0004～0.7040mg/kg，有 14 个采样点的 PCB 浓度高于 0.1mg/kg，表明挪威海水底泥受到了重度污染；地表径流中的 PCB 与卑尔根地区建筑物上附着的 PCB 分布相符，表明该地区 PCB 的污染主要来自大气沉降。

3）农药

在城市绿地、农田附近的地表径流中可检测出大量农药残留物，拟除虫菊酯类农药取代有机磷酸酯类农药，常在水体中被检测出。美国加利福尼亚州 20 条城市河流的污泥样本中均检测到拟除虫菊酯类农药，我国很多环境中也残留着各种有机农药[17]。Weston 等[18]在加利福尼亚州首府萨克拉门托住宅区地表径流中发现了拟除虫菊酯类农药，其中联苯菊酯在悬浮颗粒物中的浓度为 1.211mg/kg，水相中的浓度为 73ng/L；降雨径流 3h 对城市河流产生的该污染物污染负荷值，相当于 6 个月灌溉径流产生的污染负荷值。在高速公路沿线，为了抑制野草生长，经常施用除草剂。美国加州的高速公路地表径流中检测到敌草隆、氨磺乐灵、草甘膦、异恶酰草胺和二氯吡啶酸等，检测到的草甘膦和敌草隆最高浓度可达 10mg/L，氨磺乐灵最高浓度达 200mg/L[17]。

4）重金属

城市径流中，重金属为一类较为常见的污染物，其中 Cu 和 Pb 是最普遍的重金属污染物[19]。城市环境中的重金属污染多为非点源污染，Mn、Pb、Zn 和 Cu 等重金属主要来自机动车的交通污染[17]。Makepeace 等[20]系统地介绍了城市径流中重金属的浓度范围和来源（表 3-4）。Whiteley 等[21]研究发现，城市湿地和渗透池的表面沉积物中重金属铑、钯、铂的质量浓度分别为 1.5～17.2ng/g、5.4～61.2ng/g 和 9.0～30.8ng/g。重金属在地表径流中以可溶性盐、螯合态或颗粒物结合态的形式存在，不同重金属在不同颗粒物粒径组分中存在的比例不同。

表 3-4 城市径流中重金属的浓度范围和来源[20]

污染物	浓度/（mg/L）	污染来源
As	0.001～0.21	交通尾气、化石燃料燃烧、熔炼、干洗剂、除草剂、落叶剂、防腐剂
Cd	0.00005～13.75	燃烧、轮胎和刹车垫磨损、润滑油燃烧、污泥堆肥、农药和杀虫剂、电镀金属腐蚀
Cu	0.00006～1.41	轮胎和刹车垫磨损、润滑油燃烧、建筑材料腐蚀、引擎中运动机件磨损、熔炼、冶金和其他工业排放、除藻剂、杀真菌剂、杀虫剂
Ni	0.001～49.00	电焊金属腐蚀、引擎中运动机件的磨损、电镀和合金制造业、熔炼、食品生产
Zn	0.0007～22.00	轮胎和刹车垫磨损、润滑油燃烧、熔炼、建筑材料和其他金属物体腐蚀
Cr	0.001～2.30	电镀金属腐蚀、引擎中运动机件磨损、染料、油漆、制陶业、造纸业、农药、化肥、加热和冷却水管、喷水灭火系统
Hg	0.00005～0.067	大气沉降、汽车尾气、垃圾、植物的枯枝落叶、表面材料腐蚀、氯碱工业

5）营养元素

城市地表径流中 N、P 等营养元素主要来源于城市绿地、大气沉降和垃圾堆放。研究表明，城市每年由地表径流分别向外输出总氮 10kg/hm² 和总磷 1kg/hm²[22]。韩冰等[23]对北京城市地表径流中 TN 浓度、TP 浓度、COD、BOD 等水质指标进行了测定并评价，结果显示，TP 占总地表径流污染物的比例最大，占路面径流污染物的 83.1%，占屋顶径流污染物的 68.6%。在城市景观和动物园等特殊区域形成的径流中，营养元素造成的污染尤为严重。

6）有机质

城市地表径流中，有机质主要来源于鸟类粪便、土壤有机质、植物枯枝落叶、城市垃圾等[11]。有机质会导致水体的 COD 和 BOD 升高，降低水体的溶解氧含量，还可与径流中各种污染物相结合。有机质的生物有效性与其附着的颗粒物粒径有关，有机质吸附的颗粒物粒径越小，其生物有效性越高[17]。

7）其他工业源化合物

工业源化合物中除重金属（Cd、Cr、Cu、Ni、Pb、Pt、Zn 等）、有机物、悬浮物质、营养元素、PAH（萘、芘和苯并芘）和除草剂（二甲戊乐灵、甜菜宁、草甘膦和特丁津）外，还有一类是有代表性的其他工业源化合物（壬基酚聚氧乙烯醚、五氯苯酚、邻苯二甲酸二酯和甲基叔丁基醚）[17]。这类污染物在工业生产、城市建筑、汽车和其他材料的磨损腐蚀过程中容易进入环境，成为城市径流的污染物之一，以面源污染形式污染受纳水体。

3.1.5 河湖滨水垃圾

城市周边人口基数大，且生活相对集中，会产生大量生活垃圾。过去，城市生活垃圾、建筑垃圾大部分直接在管理区内堆放，一些含有毒成分的垃圾，如病死畜禽尸体、农药瓶、饮料瓶等，被雨水冲刷后，通过地表径流进入城市河湖水环境中。这些进入水环境的垃圾将长时间向水体释放营养盐、难降解有机污染物、重金属等物质，增加水体污染负荷，对城市周边水环境造成严重影响。按照垃圾来源，城市河湖滨水垃圾可以分为以下几类。

1）生活垃圾

生活垃圾是河道、堤防垃圾的主要成分[24]。靠近河道的居民区，尤其老城区和城郊区，因管控不到位，日常生活垃圾如食物残渣、破旧衣服鞋袜等堆积并产生难闻气味，让人无法忍受。这些垃圾会随雨水的冲刷流入河道，污染地表水。

2）旅游垃圾

河湖功能随着城市发展的需求而改变，防洪、护岸、绿化等措施也随之强化，并成为新的游览区供人们休闲观光，"亲水露营"成为时下最热门的休闲方式之一，但同时造成了"旅游垃圾"。河道（湖库）绿道附近、滨水平台等区域，一些包装袋、塑料瓶、纸巾等垃圾被随手扔掉，给景区卫生管理增添负担，如清理不及时，也会随雨水径流进入河道。

3）工程垃圾

为满足不同时期的功能需求，在河湖改造的过程中，施工机械产生的油污、施工泥浆及施工开挖的建筑废弃物（弃土、渣土等）、河湖清漂清藻类疏浚产生的垃圾、在建河道或堤防修的临时厕所、施工人员生活垃圾等，若工程建设中或施工完毕后没有及时进行环保处理，会形成污染源，不但影响河道行洪和工程面貌，也会污染河道。

4）"风运垃圾"

城市堤防或河道的塑料袋、纸屑、树叶等垃圾在风力作用下，会转移到河道、堤防的草坡、树木上，或漂入水体，成为一种潜在的污染源。

3.2 城市河湖水环境有机化合物污染机理

城市河湖水环境水体污染的主要原因之一是有机化合物的污染。随着城市工业化的不断发展，城市规模不断扩大，城市居住人口增加。城市人口分布相对集中，城市污水处理能力不足，很多城市截污治污设施相对落后，导致大量的有机化合物排入水体。COD、BOD、TOC、有机氮化合物、含磷化合物等是城市河湖水环境中的主要有机化合物。

3.2.1 有机化合物的分配理论

环境中的有机化合物污染种类繁多、降解困难且毒性大，对环境造成不可忽视的影响，因而受到广泛关注。有毒有害、难降解的有机污染物通过大气干湿沉降、排污及地表径流等途径进入河湖水环境，在水体对流、扩散、输移等作用下，伴随着复杂且规律的物理、化学和生物转化，参与河湖各组分元素的生物地球化学循环，最终被降解，或者成为一种潜在的污染源存在于暂时的储存库中[25]。物理迁移包括对流、扩散和弥散等；化学过程主要指物质在水体环境中发生的化学反应；生物过程指在微生物作用下发生变化的过程[26]。这些变化会受到有机化合物性质、环境因素和排放方式等的影响[25]。有机化合物在环境介质中的基本转化规律和机理如下。

1. 对流与扩散

对流和扩散这两种基本转化方式是河湖溶解性和悬浮性污染物的主要物理过程。对流现象主要是污染物随着水体运动而产生的迁移现象；扩散现象是指水体污染物在迁移过程中由密度差产生浓度梯度的非平流转移过程，由于布朗运动，物质分子从高浓度区域向低浓度区域迁移直至混合均匀，或是水体湍流而发生的分子级迁移过程[27]。

对于保守物质，分子扩散遵循菲克第一定律：物质分子扩散通过液体单位面积的速度与液体中的浓度梯度成正比[27]。扩散过程可由式（3-1）表示：

$$扩散物质通量 = -D_m \frac{\partial c}{\partial x} \tag{3-1}$$

式中，D_m 为扩散系数或比例常数，与绝对温度成正比，与扩散相的分子量和扩散相的浓度成正比；c 为物质浓度，mg/L；x 为物质扩散的距离，m；负号表示物质扩散过程从高浓度向低浓度方向运动。

菲克第一定律可以用来研究静止的水中污染物从高浓度向低浓度的分子扩散过程，也可描述多孔介质中液相污染物的分子扩散，如土壤地下水中物质的转化过程。

2. 物理化学过程动力学

1）零级反应

零级反应的反应速率与反应物浓度无关，反应物浓度变化速率可用式（3-2）表示：

$$dc / dt = k \tag{3-2}$$

2）一级反应

一级反应速率与反应物浓度成正比，其速率常数 k 可用式（3-3）表示：

$$dc / dt = kc_t \tag{3-3}$$

通过积分，求解得

$$c_t = c_0 \exp(-kt) \tag{3-4}$$

式中，c_0 为反应物初始浓度，mg/L；c_t 为反应物在时间 t 时的浓度，mg/L。

3）二级反应

典型的二级反应有两种形式，为纯二级反应和混二级反应。

3. 吸附-解吸

河湖水体在运动过程中，往往携带泥沙一起运动。部分泥沙悬浮于水中，与水体中污染物接触，为满足其不光滑表面吉布斯自由能平衡，将水中的部分污染物吸附于表面，并在一定条件下随泥沙沉入水底，水体中的污染物浓度降低，从而起到水质净化作用[28]，这是吸附过程。河流堤岸、滨水湿地、植被、土壤等对污染物有吸附作用。当水动力条件（如流速、pH、温度、DO、扰动等）及被吸附的污染物状态（如浓度、形态等）发生变化时，污染物也可能脱离吸附表面重新进入水体，造成水中污染物浓度增加，这就是解吸过程[29]。水中悬浮颗粒或泥沙的吸附能力往往远大于解吸能力，甚至可大几个数量级。因此，吸附-解吸的总体趋势是使水体中溶解的污染物浓度逐渐降低。底泥沉积物在扰动或 DO 浓度降低时，吸附在其表面的重金属、氮、磷等污染物释放至上覆水，在上覆水中浓度增加，再经过扩散和迁移进入上层水体，这是水体内源污染的主要来源[30]。

4. 沉淀与再悬浮

水体流速降低时，水中悬浮的部分污染物微粒和吸附污染物的泥沙在重力作用下沉积于底部，水体污染物浓度降低，水质得以净化，这便是沉淀过程。当流速增大或水动力条件发生变化时，沉积在底部的污染物微粒可能被冲刷再悬浮于水中，使污染物的浓度增大[31]。水质模型可准确描述水中污染物的沉淀及再悬浮过程。在河流水质模型中，用两种方法分析有机物的沉淀与再悬浮：方法一基于河流动力学原理，计算河段的冲淤过程，再分析泥沙对水体有机物的吸附-解吸作用，最后分析有机物的沉淀与再悬浮[32]；方法二采用式（3-5）[32]计算沉浮作用引起的有机物浓度变化：

$$\frac{\mathrm{d}c}{\mathrm{d}t} = -k_{\mathrm{s}} c_t \qquad (3\text{-}5)$$

式中，c_t 为 t 时水体中有机污染物的浓度，mg/L；k_{s} 为沉淀与再悬浮系数，d^{-1}；沉淀时取正值，表示水中污染物浓度减小；再悬浮时取负值，表示水中污染物浓度增加。k_{s} 与河水流速、泥沙颗粒组成等因素有关。

方法一考虑因素全面，计算精度较高，但过程复杂，水质模型构建及率定所需基础资料较多（如水文系列数据、有机物在水体/泥沙的浓度监测数据等），工作量大，仅当沉淀与再悬浮作用很重要时才采用；利用式（3-5）描述有机物的沉淀与再悬浮过程比较普遍。

5. 水中污染物的生化反应

污水成分随着现代工业的发展变得越来越复杂。水中污染物浓度较高时，常规处理方法为生物处理法，利用生物的新陈代谢作用消耗污水中有机物及无机营养盐等，使污染物浓度降低。污水生物处理技术具有能耗少、效率高、工艺简单、无二次污染等优点，备受人们青睐[33]。水中污染物的生化过程主要分为含碳有机物在好氧微生物作用下的矿化过程、含氮污染物在亚硝化细菌和硝化细菌作用下的硝化过程、厌氧微生物的产酸发酵过程（厌氧反应）。

1）矿化方程

在好氧条件（DO 浓度>2.0mg/L）下，水体好氧菌生长代谢使含碳化合物氧化分解，含碳有机物彻底转化为二氧化碳和水。反应速度按一级动力学公式［式（3-6）］描述，即反应速度与剩余含碳有机物的浓度成正比。

$$\frac{\mathrm{d}c_t}{\mathrm{d}t} = -k_1 c_t \qquad (3\text{-}6)$$

式中，c_t 为 t 时刻反应器中剩余的有机物浓度，mg/L；k_1 为矿化分解过程反应速率常数，d^{-1}。

由式（3-6）解得

$$c_t = c_0 \exp(-k_1 t) \qquad (3\text{-}7)$$

2）含氮污染物的硝化反应

水中氨氮和亚硝酸盐氮在亚硝化细菌和硝化细菌作用下，被氧化成硝酸盐氮，其生物化学反应方程式为

$$2NH_4^+ + 3O_2 \xrightarrow{\text{亚硝化细菌}} 2NO_2^- + 4H^+ + 2H_2O$$

$$2NO_2^- + O_2 \xrightarrow{\text{硝化细菌}} 2NO_3^-$$

3）污染物的厌氧反应

当水体中有机物（主要指耗氧有机物）含量超过一定限度时，水体复氧速率小于耗氧速率，水中 DO 浓度降低，水体便成为厌氧状态（DO 浓度<0.2mg/L）。有机物在厌氧微生物的代谢作用下水解酸化，碳水化合物被分解，接着蛋白质被分解，有机酸和含氮有机化合物开始分解，并生成氮、胺、碳酸盐及少量二氧化碳、甲烷、氢气、氮气、硫化氢等气体，发出难闻的气味，水体 pH 在短时间内降低到 5.0～6.0。

6. 其他过程

1）挥发过程

挥发过程指的是物质在气-液界面的交换。当水体溶解性污染物的化学势降低时，溶质分子从液相向气相迁移，液相中污染物浓度降低。

2）光解过程

在波长 290nm 处，水体污染物在太阳光的作用下将光能转移为化学能，分子裂解或转化，发生光化学反应。该过程可以描述为

$$\frac{\mathrm{d}c}{\mathrm{d}t} = -k_\mathrm{p}\theta c \tag{3-8}$$

式中，k_p 为光解速率系数；θ 为光解总产率。

3）水中微生物生长动力学

水中含有大量微生物，对水体污染物迁移转化起到重要作用。微生物生长动力学过程要比化学反应过程更复杂，可利用莫诺方程［式（3-9）］描述微生物细菌的生长，也可以用于描述藻类的生长。对于藻类的生长，莫诺方程描述基质（有机物和营养盐）浓度和生长速率的基本关系。

$$\mu = \mu_{\max}\left(\frac{c_\mathrm{s}}{c_\mathrm{s} + K_\mathrm{S}}\right) \tag{3-9}$$

式中，μ 为微生物或藻类的比增长速率，s^{-1}；$\mu_{\max}$ 为生长速率达到最大的比增长速率，s^{-1}；c_s 为限制性底物基质（有机物、营养盐等）的浓度，mg/L；K_S 为半饱和常数，即 $\mu = \frac{1}{2}\mu_{\max}$ 时的底物浓度。

4）污染物的弥散过程

有机污染物除了在水体中迁移转化，其在河湖沉积物和土壤中的迁移过程也是比较复杂的，主要是由机械弥散作用实现的[34]。

土壤为多孔介质，受污染的水体具有一定的黏滞性，污水在通过土壤的过程中，其

速度与距土壤颗粒表面的距离有关：在土壤颗粒表面的速度趋于 0，距离颗粒表面越远速度反而越大，且在孔隙通道轴上达到最大，孔隙中的速度梯度由此产生[34]。流动于多孔介质孔隙中的水流质点在含水层颗粒骨架的阻挡下，运动轨迹迂回曲折，运动方向不断变化，流速相对平均流速产生波动，形成质点运动速度的差异[28]。宏观上，机械弥散表现为河渠中横断面上的流速分布不均匀，使得污染物以不同的速度运动，以污染物为质点沿河流流动向纵向分离移动，表现出纵向分离和运移速度不均一等特性[32]。

有机化合物进入城市河湖水环境中，通过上述物理、化学、生物过程，在城市河湖水环境中迁移、转化。当有机化合物在水环境中迁移转化时，在不同空间、位移和时间下会呈现出不同形态，表现出不同特征。为深入了解水环境中有机污染物的污染行为，需要对这些有机污染物的形态及分布特征进行详细探究。

3.2.2 有机化合物的降解

大量有机化合物进入环境水体后，在迁移途中可能发生各种变化，如物理沉积、化学氧化和分解、生物化学转化等。这些过程可能使有机化合物的浓度降低，也有可能生成新的化合物，发生污染物降解过程，也就是大分子的有机物被分解为简单小分子物质的过程。在该过程中，有机物分子碳链断裂或碳原子数目减少，同时产生大量的能量。当有机物被彻底分解为 CO_2 与 H_2O 时，是水污染治理中最理想的一种降解状态。城市河湖水环境中有机物的降解方式主要有光化学降解、生物降解两个途径。

3.2.2.1 光化学降解

光化学降解（简称"光降解"）是指城市河湖水环境中具有紫外线吸收峰的有机物在太阳光照射下分解的过程。有机物在水环境中的光降解行为是最常见的、在经济上最为合理的一种自然降解过程。一般有机物的光降解有直接光解、敏化光解和氧化反应三类[33]。直接光解是指有机物直接在光作用下进行分解的反应过程，有机物分子在光照辐射下被激发成单态物质，再通过均裂、异裂和光电离反应转化为三重态。敏化光解是指一部分天然物质在光的激发作用下将能量转移给有机物而分解的反应过程，应用于天然有机污染物的降解反应过程，天然物质通过光激发后产生自由基、单线态氧等中间体，与有机污染物发生化学反应。氧化反应就是具有氧化性的物质对有机污染物的氧化降解过程[33]。在光化学降解中，光的波长、光照强度、有机污染物的分子结构、光照时间等都会影响有机物的降解。太阳辐射会引起水环境中有机物产生烷氧自由基（RO·）或者羟基自由基（·OH）等活泼自由基团，从而引起一系列氧化还原反应、分子重排等。紫外线可以诱发许多有机物的分子顺反异构化反应，而异构化反应完全取决于光线的波长，当波长增加时，异构化作用明显被抑制。

部分有机物在太阳光照射下可以自发降解，如阿维菌素可以产生直接光解反应，降解去除残留。有一些物质的分子不一定能够被光直接分解，只能够间接光解。间接光解是环境中存在的某些物质吸收光能呈激发状态后再和其他物质一起参与的反应[35]。水体中的有机物甲醛，在太阳光照射下能吸收波长 290～370nm 的光而实现光降解：

$$275 < \lambda < 325nm，HCHO + h\nu \longrightarrow CHO\bullet + H\bullet$$

$$\lambda > 325nm，HCHO + h\nu \longrightarrow CO + H_2$$

当 290nm $< \lambda <$ 320nm 时，光量子产率为 $0.71 \sim 0.78$。

3.2.2.2　生物降解

微生物降解是城市河湖水环境中有机污染物降解的一种重要途径，近年来受到广泛关注。放线菌、细菌、真菌对有机物有很强的降解能力，特别是对多环芳烃类化合物的降解效果显著。微生物降解多环芳烃时，一般以多环芳烃作为唯一的碳源[33]，但不同环境中微生物对多环芳烃的降解机制不同。传统的微生物降解具有一定的偶然性，降解耗时长且受环境因素影响较大。为提高微生物降解效率，利用分子生物学方法判定环境中是否存在具有降解某类别有机物能力的特征微生物。

有机物的生物化学降解反应是指有机物在微生物的催化作用下发生氧化还原反应过程[31]。水体微生物能使许多物质发生生化反应，大多数有机物在生化作用下可降解为结构更简单的物质，如石油废水中的烷烃经过醇、醛、酮、脂肪酸等生化氧化，最后可以彻底分解为二氧化碳和水[36]。甲烷降解的主要途径为 $CH_4 \rightarrow CH_3OH \rightarrow HCHO \rightarrow HCOOH \rightarrow CO_2 + H_2O$。

较高级烷烃降解的主要途径有三种，即通过单端氧化、双端氧化或次末端氧化成为脂肪酸；脂肪酸再经过相关生化反应，最后降解为 CO_2 和 H_2O[36]。引起烷烃类有机物降解的微生物主要包括细菌、真菌、放线菌及藻类，如假单胞菌属（*Pseudomonas*）、解环菌属（*Cycloclasticus*）、鞘氨醇单胞菌属（*Sphingomonas*）、铜绿假单胞菌(*Pseudonymous oleaginous*)、脱硫球菌属（*Desulfococcus* sp.）、假丝酵母（*Candidalipolytica* sp.）、隐球藻属（*Aphanocapsa*）、念珠藻属（*Nostoc*）、衣原体属（*Chlamyclomonas* sp.）、小球藻属（*Chlorella*）等。有机物生物化学降解的基本反应可分为水解反应和氧化反应两大类[36]。有机农药等在降解过程中除了上述两种基本反应外，还可以发生脱氯、脱烷基等反应。

1. 有机物的生化水解反应

有机物在水解酶的作用下与水发生的反应称为生化水解反应，如多糖在水解酶的作用下逐步水解成二糖、单糖、丙酮酸。在有氧条件下，乙酰辅酶 A 将丙酮酸进一步氧化为 CO_2 和 H_2O；在无氧条件下，丙酮酸往往不能彻底氧化，只生成各种酸、酮、醇等，这一过程称为发酵[37]。多糖的生化水解反应表示如下：

$$(C_6H_5O)_n \xrightarrow{\text{水解酶}} C_{12}H_{22}O_{11} \xrightarrow{\text{水解酶}} C_6H_{12}O_6$$
$$\text{多糖} \qquad\qquad \text{二糖} \qquad\qquad \text{单糖}$$

$$\xrightarrow{\text{水解酶或辅酶}} \text{丙酮酸}
\begin{cases}
\xrightarrow{O_2} CO_2 + H_2O \\
\xrightarrow{\text{无}O_2} ROH、RCOR、RCOOH
\end{cases}$$

烯烃的水解反应可表示为

$$RCH{=}CHR' + H_2O \xrightarrow{\text{水解酶}} \underset{\underset{OH}{|}}{RCH_2CHR'}$$

水中蛋白质的降解分为两步：第一步，在水解酶的作用下蛋白质的肽键断裂为多肽，继续分解为氨基酸，经脱羧、脱氨并逐步氧化，有机氮转化为无机氮；第二步，氮的亚硝化、硝化作用等使无机氮逐渐转化。其转化流程如下：

$$\text{蛋白质} \xrightarrow{\text{水解酶}} \text{多肽} \longrightarrow \text{氨基酸} \xrightarrow[\text{脱羧}]{\text{脱氮、}} NH_3 + \text{有机酸} \longrightarrow NO_3^- + CO_2 + H_2O$$

氨基酸的水解脱氨反应为

$$\underset{\underset{NH_2}{|}}{CH_3CHCOOH} \xrightarrow{\text{肽水解酶}} \underset{\underset{OH}{|}}{CH_3CHCOOH} + NH_3$$

酰胺类有机物分子在水解酶作用下容易发生水解反应，如硫磷、马拉硫磷等农药的酰胺键和酯键在微生物的作用下水解。

2. 生化氧化反应

生化氧化反应是指在微生物作用下，发生有机物的氧化反应。有机物在水环境中的生物氧化降解一部分被微生物同化，为其生长代谢提供碳源和能量；另一部分则被生物活动产生的酶催化分解[36]。自然水体中能分解有机物的微生物菌种很多。特定的有机物有特定的降解优势菌种，可分为两类：①厌氧微生物，能在缺氧（环境 DO 浓度<0.5mg/L）或厌氧条件下分解有机物；②好氧微生物，能在氧气存在的条件下分解有机物。受有机物严重污染的水体耗氧速率大于复氧速率，水中溶解氧浓度低，有机物的分解主要靠厌氧微生物进行。有机物的生化氧化大多数是脱氢氧化，脱氢氧化时可从—CHOH—或—CH₂—CH₂—基团上脱氢：

$$\underset{\underset{O}{|}}{RCHCOOH} \xrightarrow{-2H} \underset{\overset{\parallel}{O}}{RCHCOOH}$$

$$\underset{\text{饱和}}{RCH_2CH_2COOH} \xrightarrow{-2H} \underset{\text{不饱和}}{RCH{=}CHCOOH}$$

脱去的氢转给受氢体，若氧分子作为受氢体，则该脱氢氧化为有氧氧化过程；若以化合氧（如 CO_2、SO_4^{2-}、NO_3^- 等）作为受氢体，则为无氧氧化过程[37]。有机物在微生物作用下发生脱氢氧化反应时，从有机物分子上脱落下来的氢原子被传递给氢载体 NAD：有机物+NAD ⟶ 有机氧化物+NADH₂；有氧氧化时，氢原子经过一系列载氢体的传递，最后与受氢体氧分子结合形成水分子。大多数无氧氧化是 NADH₂ 直接把氢传递给含氧的有机物或其他受氢体[36]。例如，在甲烷细菌作用下，CO_2 作为受氢体接受氢原子形成甲烷：

$$CO_2 + 4NADH_2 \longrightarrow CH_4 + 2H_2O + 4NAD$$

硫酸盐还原菌对有机物进行无氧氧化时，可以把 SO_4^{2-} 作为受氢体，接收氢原子最终形成硫化氢。

烃类有机物氧化时按照一定的程序演变，形成某种固定的格式。以饱和烃、苯、有机酸的氧化为例，饱和烃的氧化按醇、醛、酸的顺序进行[37]：

$$RCH_2CH_3 \xrightarrow{-2H} RCH = CH_2 \xrightarrow{H_2O} RCH_2CH_2OH \xrightarrow{-2H} RCH_2CHO \xrightarrow[-2H]{+H_2O} RCH_2COOH$$

苯环的分裂。芳香族化合物的氧化按酚、二酚、醌、环分裂的顺序进行：

有机酸的 β-氧化。有机酸在含有巯基（—SH）的辅酶 A（以 HSCoA 表示）作用下发生 β-氧化：

$$RCH_2CH_2COOH + HSCoA \xrightarrow{-H_2O} RCH_2CH_2COSCoA$$

$$\xrightarrow[-2H]{-H_2O} RCH(OH)CH_2COSCoA \xrightarrow{-2H} RCH(O)CH_2COSCoA$$

$$\xrightarrow{HSCoA} RCOSCoA + CH_3COSCoA$$

RCOSCoA 可进一步发生 β-氧化使碳链不断缩短。如果有机酸的碳原子总数为偶数，则最终产物为醋酸；如果碳原子总数为奇数，则最终脱去醋酸后生成甲酰辅酶 A（HCOSCoA）。甲酰辅酶 A 再水解成甲酸，最后脱氢氧化生成二氧化碳[37]：

$$HCOSCoA + H_2O \longrightarrow HCOOH + HsCoA$$

$$HCOOH \xrightarrow{-2H} CO_2$$

HSCoA 继续起催化作用，同样，反应中生成的乙酰辅酶 A 也可水解生成醋酸，最后氧化为二氧化碳和水。

1）脱氯反应

脱氯反应是指有机氯农药脱去氯原子的反应。六六六、DDT、2,4-D、多氯联苯等在微生物的作用下均能发生脱氯反应。

2）脱烷基反应

脱烷基反应指有机物分子中脱去烷基的反应[37]。氟乐灵等农药在微生物作用下均能发生脱烷基反应。2-二烷基胺-1,3,5-三嗪在微生物作用下脱去烷基的过程如下：

连接在氮原子、氧原子或硫原子上的烷基，在微生物作用下能发生脱烷基反应，连在碳原子上的烷基一般容易被降解。

3. 生化还原反应

生化还原反应是在厌氧条件下由于微生物的作用而发生的脱氧加氢反应，如氟乐灵在厌氧条件下可发生生化还原反应。有机物的生化降解对水体自净是最为重要的，不同有机物的生化降解情况有较大的差别。总的来说，直链烃类有机物易被生物降解，有支链的烃类有机物降解困难，尤其是芳香烃、环烷烃类物质。

不利于微生物生化降解有机物的因素有：①有机物沉积在悬浮物表面的微小环境中，与微生物难以接触；②微生物缺乏生长的基本条件（碳源及其他必需营养物匮乏），环境中微生物存活率低；③微生物受到环境毒害或胁迫（pH 过高或过低、含盐量、重金属等极端环境污染因素），生长缓慢；④在生化反应中起催化作用的酶被抑制或失去活性；⑤分子本身具有阻碍酶作用的化学结构，致使有机物难以被生化降解，甚至几乎不能发生生化反应；⑥有机物的生化降解存在"极限浓度"的限制。

水体中有机物在好氧微生物的氧化作用下，可降解为二氧化碳、硫酸盐、硝酸盐、磷酸盐等终产物；若发生还原生化反应，其降解终产物为甲烷、硫化氢、氨、磷化氢等；但在转化为终产物之前，还会产生中间产物或生物代谢产物。有机物降解的难易取决于其组成和结构，降解程度则取决于水环境条件（DO 浓度、pH 等）[37]。

自然水体中有机物的化学降解过程一般较为缓慢，除依赖水中溶解氧水平外，还受悬浮颗粒物或胶体物质表面的吸附-解吸过程等因素的影响。难降解有机物在水环境中基本上不发生降解，主要靠悬浮颗粒物或泥沙吸附、沉降作用的液-固相转移，或者被水生生物摄取、吸收，再沿食物链（网）富集传递。地下水体中基本上没有微生物活动，也不能发生光化学降解，一旦受到有机物污染，将难以净化。

3.2.3　城市河湖有机化合物污染估算

城市河湖有机化合物污染的估算主要是通过对底泥中有机化合物分配和积累进行研究，并提出相应的分配理论，这为有机化合物在底泥与水生生物中的污染与积累评估提供了理论指导。

3.2.3.1　有机化合物定量估算理论

有机化合物一旦排入城市河流，在水环境中很快会产生分配作用，按照相似相溶的原则，有机化合物分配到底泥的有机质中，或分配到水生生物的脂肪中。依据分配系数，水中有机化合物含量可通过底泥中有机碳含量或生物脂肪含量标准化计算得到，这样就可以建立起一个非常重要的定量关系，即只要已知水中某种化合物的浓度，就可以获得其在水生生物中的浓度和底泥中的浓度，这样河流水体中有机化合物在水质、底泥和水生生物中的含量或积累量均可以定量地确定，这为城市河流有毒有机化合物污染控制方案的定制，提供重要的参数。

3.2.3.2　定量估算底泥基准确定

由于有机化合物在水中的水溶解度较小，污染水平的数量级也不同于其他污染物，在水中的浓度单位一般取 μg/L 或 ng/L，对水生生物的危害可能有两种途径：一是暴露而产生的急性中毒效应；二是通过分配作用在脂肪中积累，可能有时对生物本身的危害并不明显，但如果作为上一营养级生物乃至人类食物，就产生了危害。有机化合物，尤其是多氯联苯这一类化合物，对于生物试验的响应值不足以确定其基准。因为这类化合物可以在生物体内脂肪中迅速富集，而且生物富集因子（bioconcentration factor，BCF）很高，有时低于毒性试验响应值的有机化合物浓度，但可以通过生物富集积累起来，危害本身或上一营养级生物。

确定某一种有机化合物的基准，需要两个阈值：①生物试剂（致死量或者半致死量试验）确定的阈值，这是传统的阈值，称为第一阈值；②通过生物富集试验，由 BCF 获得的阈值，称为第二阈值。选取其中低值者，作为化合物基准确定的阈值。因此，在有机化合物环境基准确定过程中，双阈值的概念是十分重要的，否则将给水生生物带来双途径危害。

3.2.3.3　城市河流有机化合物污染估算模型软件

1）ECO Lab 水质生态模型

ECO Lab 是在传统水质模型基础上，采用先进理念和方法开发出来的全新水质和水生态模拟工具。ECO Lab 可用来描述水生态系统中多种物质的相互作用和物质间的循环过程，与 DHI 水动力模块和对流扩散模块集成计算。它不仅可以修改模型参数，还可以修改模型核心程序和编写新程序。以 ECO Lab 提供的标准模板为基础，轻松定义模拟过程，从而将任意一个水生态系统转化成为一个可靠的、可获得精确预报结果的数值模型。该水质生态模型广泛应用于河流、湿地、湖泊、水库、河口、海岸和海洋等水体的水质及生态研究，任一空间点上生态系统反应过程预测，简单或复杂的水质研究，环境影响和改善研究，环境规划和可行性方案研究和水质预报。

2）InfoWorks RS 模型

InfoWorks RS 可模拟恒定和非恒定的急变流，树枝状的、分叉的和回路河网，受堤坝或防洪堤保护的滞洪区[38]。模型中的洪水插值模型能利用输入的地面模型，允许产生任何事件的连续洪水淹没图、动态回放，显示最大洪水淹没范围和水深，显示在洪水淹没模型外包线范围内任一点的水位、水深，以及指定点的淹深、滞时报告。该模型应用于水资源的优化调度、防洪管理、规划、实时调度和决策分析、水污染防治与评价、河网整治、冲淤分析、河流模型应用领域等[39]。

3）WARMF 模型

WARMF（watershed analysis risk management framework）模型由美国电力研究院（Electric Power Research Institute，EPRI）发起，由 Systech Engineering Inc 开发而成[40]。该模型应用于研究引起河湖水水质污染的点源与非点源负荷在空间上的分布，尤其是各种土地利用产生的非点源污染负荷的空间分布；逐日预测河湖的水文、水质特征变化；流域水质总量负荷计算、排污交易（包括点源、非点源内部及之间）及其经济效益分析[41]；选取天然或人为风险事件模拟水质污染的风险；评估流域生态环境管理方案；引导受益者参与流域管理决策的制订。

4）QUAL2E 模型

QUAL2E 模型是美国国家环境保护局（USEPA）推出的一个综合性、多样化的河流水质模型，经过几十年的发展和完善，该模型已较成熟和稳定[26]。QUAL2E 模型可模拟 15 种水质组分，包括 BOD、DO、温度、藻类-叶绿素 a、有机氮、氨氮、亚硝酸盐氮、硝酸盐氮、有机磷、溶解磷、大肠杆菌、任意一种非保守物质和三种保守物质，可以按照用户的实际要求任意组合以上指标。QUAL2E 模型既可用于研究点源污染，又可用于研究面源污染；既可作为稳态模型，又可作为时变的动态模型。QUAL2E 模型允许河流沿途有多个污染源、取水口和支流的汇入，模拟河道中建筑物对河流水质产生的影响。在美国，QUAL2E 模型作为一个水质模拟工具，被广泛应用于河流水环境规划、水质评价和水质预测等方面[42]。

5）WASP

水质分析模拟程序（water quality analysis simulation program，WASP）能够用于不同环境污染决策系统中，用于分析和预测自然和人为因素造成的各种水质污染，常规污染物（DO、BOD、营养物质及藻类等）和有毒污染物在水中的迁移转化规律，被称为"万能水质模型"[43]。WASP 是水质分析程序，由有毒化学物模型 TOXI 和富营养化模型 EUTRO 两个子程序组成，可模拟传统污染物的迁移转化规律和有毒污染物迁移转化规律两类典型的水质问题。TOXI 可动态模拟有机化合物和重金属的迁移；EUTRO 可预测 DO、COD、BOD、富营养化、硝酸盐、有机氮、正磷酸盐等物质在河流中的变化情况[44]。WASP 用来模拟常规污染物和有毒污染物在水中的迁移和转化规律，分析池塘、湖泊、水库、河流、河口和沿海水域等一系列水质问题。

3.3 城市河湖水环境重金属污染机理

重金属是指相对密度大于 5、密度大于 $4.5g/m^3$ 的金属，有汞、钨、钼、金、银、铁、锌等 45 种元素；从环境污染方面，重金属是铜、铬、镉、铅、砷等生物毒性显著的元素[45]。水环境中的重金属主要来源于自然界的风化作用、人为生产生活的排放。由于工业的迅猛发展，生产活动的增加，大量重金属在外力作用下进入城市河湖水环境，在陆地系统、大气与淡水、河口及海洋水体相互作用下，形成重金属在水环境中的迁移转化过程，引发重金属的分散和富集，对生物体具有致突变、致死等效应，最终通过食物链的传递和生物累积，对人类、动植物等造成潜在危害。

3.3.1 重金属在水环境中的存在形式

进入水环境中的重金属，大部分会经过沉淀、吸附、络合等生物化学作用沉积；水动力、水化学条件发生改变时，沉积物中的重金属又会水解或者脱附释放至水体中。一般而言，水体中重金属的主要存在形式为溶解态和颗粒态[46]。溶解态是指水样经 0.45μm 滤膜过滤、酸化后得到的重金属，包括不经酸化直接得到的有机态、游离态和络合态等[47]；颗粒态包括水相中的悬浮颗粒态和底泥的沉积颗粒态，见图 3-1。表 3-5 为水体中金属的存在形态及直径分布。

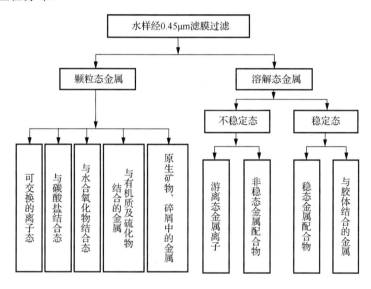

图 3-1 天然水体中金属的存在形态

表 3-5 水体中金属的存在形态及直径分布

金属形态	直径分布			示例（M=金属，R=烷基）
	直径/μm	溶液	过膜情况	
游离水合离子	—			$Cu(H_2O)_6^{2+}$
配合离子	—	真溶液	可渗析的	AsO_4^{3-}，UO_2^{2+}，VO_3^-
无机离子对、配合物	—			$CuOH^+$，$CuCO_3$，$Pb(CO_3)_2^{2-}$，$CdCl^+$，$Zn(OH)^-$
有机配合物、螯合物及化合物	0.001			$M\text{-}OOCR^{n+}$，HgR_2
与高分子有机物结合的金属	0.01	真溶液	可过膜的	M-腐殖酸/富里酸聚合物
高度分散的胶体	0.1			FeOOH，Mn(Ⅳ)水合氧化物
吸附在胶体上的金属	—			吸附在黏土上、有机物上的金属
沉淀的无机或有机颗粒物	—	真溶液	可滤过的	$ZnSiO_3$，$CuCO_3$，CdS，PbS
生物体中的金属	—			藻类中的金属

降雨径流是重金属进入水环境的主要形式之一。我国关于大城市雨水径流中的重金

属报道较多[19, 48-50]。李海燕等[50]测量北京道路雨水径流中重金属含量，发现锌、铅、镉、铜、铬等重金属和固体悬浮物含量随降雨过程逐渐降低，30min后逐渐趋于平缓。下雨前，干燥的路面上积累的重金属随着降雨径流的冲刷而逐渐减少。数据显示，北京路面径流雨水含有Pb、Zn、Al、Fe、Cu等重金属，Pb、Zn的含量分别达到50～770μg/L、150～1340μg/L，道路径流水质中Pb含量较高的主要原因是汽车保有量较大。

李倩倩等[51]通过对天津市雨水径流水质进行研究，发现路面雨水径流重金属污染严重，铁、铬和镉元素的质量浓度较高，为径流主要重金属污染物，重金属污染水平高于国内外城市。李贺等[52]对南京高速公路不同类型降雨中重金属污染进行研究，当降雨量小、历时短、强度小时，整个径流重金属浓度较高，并在一定范围内波动。解建光等[49]对南京机场高速公路路面重金属的赋存形态进行了研究，降雨中溶解态和颗粒态重金属的类型不同，其随径流过程的变化也不同。产流时间长的小雨事件中，溶解态重金属浓度在径流初期达到最大，然后逐渐降低，颗粒态重金属浓度波动明显；产流时间较短的中雨事件中，溶解态重金属浓度在降雨前期波动明显，此后逐渐降低趋于平稳，颗粒态重金属浓度随径流冲刷逐渐降低；产流时间短的大雨事件中，溶解态重金属和颗粒态重金属浓度均随径流冲刷稳步降低[53]。

广州城市道路雨水径流中铜的浓度范围为0.09～0.24mg/L，锌的浓度范围为0.86～4.40mg/L，铅的浓度为11.9～426.7mg/L，镉的浓度范围为0.4～5.1mg/L，镍的浓度为10.6～37.6mg/L，铬的浓度为2.4～94.4mg/L，锌和铅的浓度较高，道路中锌和铅的污染较其他金属污染更重[23]。西安城市道路雨水径流中锌、铜、镉、铬、砷与自然降雨中的相应元素含量较为接近，锰和铁含量在部分采样点较高。溶解态重金属受到地面矿物质释放、道路交通、自然因子的影响；铁和锰受到地面矿物质释放的影响；铬、铅、汞受道路交通的影响；镉和砷受自然因子的影响。锌在固体悬浮物中的形态分布比较随机，铜主要以氧化态的形式存在；锰的溶解态质量高于固态质量，铁含量和锰含量之间有较强的线性关系[53]。

3.3.2　底泥重金属的赋存形态与生物有效性

3.3.2.1　底泥重金属的赋存形态

水环境中的重金属浓度或总量难以准确表征污染特性和环境危害。研究表明，重金属在沉积物或悬浮物中的生物毒性、在水环境中的迁移行为与其赋存形态有关[54]。沉积物中不同的地球化学组分与重金属元素结合后，会形成不同物理化学形态，这些物理化学形态具有选择性和专一性，因此可以按照结合程度由弱到强的顺序，使用不同的提取剂对沉积物中同一重金属元素的不同组分进行分离提取，以测定与沉积物中不同组分结合的重金属元素[45,55]。代表性的分级提取方法是1979年加拿大学者Tessier等提出的Tiesser形态分析分类法[56]，将颗粒态重金属分为有机-硫化物结合态和残渣态、离子交换态、碳酸盐结合态、铁锰水合氧化物结合态。众多学者通过研究Tiesser形态分析分类法和其他研究工作中的改进意见，提出了现在欧盟国家通用的BCR多级形态分类法[55]。基于BCR法，四级五步连续分级提取法添加了提取剂来提取重金属有机结合态，以实现重金属有机结合态与硫化物结合态分级提取[57]。通过该方法，可以分级提取沉积物样品中不同形态的重金属元素，为进一步研究沉积物中重金属元素的生物有效性提供依据。

3.3.2.2　重金属的生物有效性

重金属的生物有效性在 1975 年首次被提出，表示水体环境污染物在生物传输和生物反应中被利用的程度[58]。后来，这个概念扩展到土壤、底泥及大气环境中生物有效性的问题，指重金属对生物产生毒性的效应或被生物吸收的性质，包括毒性和生物可利用性两个方面[50]。生物有效性涵盖范围广泛，目前尚未得到统一的认识。化学概念上常用污染物是否能被生物吸收及潜在的毒性评价污染物的生物有效性，其实质在于研究污染物与生物之间的相互作用关系[54]。

重金属在沉积物中的化学形态不同，表现出多样性的化学行为，进而对水体环境中水生生物及用沉积物作为土壤底质的农作物有复杂的生态效应[58]。河流或湖泊沉积物经常被用作农田肥料或土壤底质，其中的重金属元素可在植物尤其是农作物中富集，通过食物链进入人体，威胁人体健康。因此，研究沉积物中重金属元素生物有效性的意义重大[47]。

研究发现，重金属各种存在形态结合强度不同，其稳定性不同，生物效应也不同[47]。对环境变化最敏感、最易被生物吸收的是离子交换态（可代换态）；pH 变化时，碳酸盐结合态较易重新释放进入水体；环境变化时会部分释放铁锰水合氧化物结合态（简称"铁锰氧化态"），对生物具有潜在有效性；有机-硫化物结合态不易被生物吸收利用；残渣态也称惰性态，主要来源于天然矿物，在矿物晶格中稳定存在，对生物无效应[54]。根据重金属的生物效应，将沉积物中重金属形态分为易可给态（离子交换态）、中等可给态（碳酸盐结合态、铁锰氧化态）和惰性态（有机-硫化物结合态、残渣态）[59]。水环境中重金属的形态受到 pH、氧化还原条件、络合剂含量等参数影响[60]，进而影响水生态健康。水体中重金属的赋存形态受到水体溶解态无机阴离子影响，主要包括 OH^-、F^-、Cl^-、I^-、CO_3^{2-}、HCO_3^-、SO_4^{2-} 等，在一定条件下还包括硫化物（HS^-、S^{2-}）、磷酸盐（$H_2PO_4^-$、HPO_4^{2-}、PO_4^{3-}）等。溶解性有机物会对重金属的存在形态产生影响，如腐殖酸、废水中的洗涤剂、氨基三乙酸、EDTA、农药、大分子环状化合物等。水体中的悬浮颗粒物也会对重金属的存在形态产生一定影响。这些因素使重金属在水体中呈不同形态，并具有不同大小的毒性。重金属在水体中浓度低，但通过食物链或食物网被生物吸收、蓄积，最终造成人体积累和慢性中毒。

1.　重金属对水生植物的毒性

重金属对水生植物的毒性影响由大到小为 Hg>Cd≈Cu>Zn>Pb>Co>Cr[60]。Cu^{2+}、Cd^{2+}、Zn^{2+}、Pb^{2+} 对三角褐指藻生长影响的 96h 半数效应浓度（96h EC_{50}）分别为 0.017mg/L、0.120mg/L、0.363mg/L、0.468mg/L。

2.　重金属对甲壳动物的毒性

表 3-6、表 3-7 分别为重金属对罗氏沼虾幼虾、日本对虾幼虾的半数致死浓度 LC_{50}[61-62]。从表中可知，铜和镉对罗氏沼虾幼虾毒性较大，汞对日本对虾幼虾的半致死浓度最低。

汞在常温下能以液体存在，环境中汞主要以无机汞和有机汞两种形态存在，其中有机汞对动物体的毒性要远大于无机汞。无机汞可以在微生物的作用下将无机汞转化为有机汞[63]。自然环境中的汞微量且分布广泛，但由于人类的活动及对汞的不当利用，含汞物质排到大气、水体和土壤中，从而污染环境。汞通过不同途径被机体吸收，并以不同的形式贮存在不同的器官内。无机汞可与蛋白质、酶、氨基酸形成络合物，主要积存于肾和肝中；有机汞具有脂溶性，可通过核膜进入细胞核，与各种核酸、核糖结合，沉积于神经和脊髓中，也可通过血脑屏障进入大脑组织，影响大脑功能的发挥[63]。

表 3-6　铜与镉对罗氏沼虾幼虾的半数致死浓度（24±1℃）[61]　　（单位：mg/L）

重金属	24h	48h	72h	96h	安全浓度
铜	0.120	0.104	0.098	0.097	$9.7×10^{-4}$
镉	0.039	0.028	0.021	0.020	$2.0×10^{-4}$

表 3-7　汞、镉、锌、锰对日本对虾幼虾的半数致死浓度[62]　　（单位：mg/L）

重金属	24h LC_{50}	48h LC_{50}	96h LC_{50}	实验选用的化合物
汞	0.133	0.046	0.012	$HgCl_2$
镉	4.039	0.750	0.342	$CdCl_2·2.5H_2O$
锌	4.600	1.695	0.449	$ZnSO_4·7H_2O$
锰	21.140	4.857	0.950	$MnSO_4·H_2O$

3. 对软体动物的毒性

我国研究者对软体动物进行研究，发现不同软体动物对不同重金属元素具有不同的富集作用，可从一定程度反映水体污染状况。孟梅等[64]研究了环渤海日月贝、栉孔扇贝、青蛤、白蛤、文蛤、砂海螂、紫贻贝、牡蛎、毛蚶、扁玉螺和脉红螺中的总汞和甲基汞含量，发现脉红螺更易于富集汞。祝爱民等[65]研究了白马湖三个测点环棱螺、河蚬、椭圆背角无齿蚌中的 Pb、Cd、Cu、Cr 和 Zn 含量，这三种软体动物的富集能力依次降低。孙维萍等[66]研究了浙江沿海头足纲的长蛸，腹足纲的单齿螺、齿纹蜒螺、黄口荔枝螺、泥螺、珠带拟蟹守螺、中国耳螺，双壳纲的贻贝、菲律宾蛤仔、缢蛏、青蛤和牡蛎中的 Zn、Cu、Cd、As、Cr、Pb 和 Hg 含量，As、Cr 在贝类体内含量均符合《海洋生物质量》（GB 18421—2001）Ⅰ级标准；Cu、Zn 含量在牡蛎体内异常高，已经超过了Ⅲ级标准；Cd 含量在牡蛎体内也很高，仅达该标准的Ⅲ级标准，在其他贝类中可达Ⅱ级标准；Pb 含量在贝类体内可达Ⅱ级标准；Hg 含量在腹足纲和牡蛎体内达到Ⅰ级标准，在其他贝类中仅达Ⅱ级标准。李丽娜等[61]调查研究了长江口沿岸泥螺、河蚬和缢蛏中的 Cu、Zn、Pb、Cr 和 Ni 含量，发现这些软体动物富集重金属元素的能力依次降低，泥螺富集能力最强，高于双壳类的河蚬和缢蛏。张晓举等[67]分析了渤海湾南部水域生物体中重金属的含量，发现 Cu、Pb、As、Zn、Cd 的含量均为甲壳类＞软体动物＞鱼类，Hg 含量为鱼类＞甲壳类≈软体动物。

4. 重金属对鱼类的毒性

重金属对水生动物的毒性作用研究多集中于对鱼类的影响。表 3-8、表 3-9 分别为四种重金属（汞、铜、锌、铬）对鮸状黄姑鱼仔鱼、泥鳅的半致死浓度（LC$_{50}$）和安全浓度。

表 3-8　四种重金属对鮸状黄姑鱼仔鱼的 LC$_{50}$ 和安全浓度[68]（单位：mg/dm^3）

重金属	24h LC$_{50}$	48h LC$_{50}$	72h LC$_{50}$	96h LC$_{50}$	安全浓度
汞	0.079	—	—	—	—
铜	0.141	0.100	0.079	0.063	0.006
锌	31.62	6.095	3.715	2.570	0.257
铬	44.15	19.95	6.998	5.754	0.575

表 3-9　四种重金属对泥鳅的 LC$_{50}$ 和安全浓度　　　　　　（单位：mg/L）

重金属	胚胎	仔鱼		
	24h LC$_{50}$	24h LC$_{50}$	48h LC$_{50}$	安全浓度
汞	1.20	0.62	0.45	0.071
铜	1.45	0.125	0.105	0.022
锌	1.55	1.20	1.05	0.242
铬	5.80	4.68	4.26	1.06

Simon 等[69]以一种食草鱼为实验材料，以体外暴露和喂食较长时间受汞污染叶子两种方式研究了有机汞和无机汞的积累情况，实验结果表明：动物体对有机汞的富集能力强于无机汞；汞可通过食物链在动物体内进行积累；鱼体肌肉中观察到明显的甲基化和去甲基化反应，说明鱼体可把无机汞转化为有机汞。Antonia 等[70]以体外暴露的方式测定了汞在硬骨鱼鳃、肝、肾和肌肉中的积累及肝的生物化学反应，说明汞在鳃和肾中积累较多；谷胱甘肽、谷胱甘肽硒依赖过氧化物酶、乙二醛酶等酶的活性，维持机体抗氧化性能以减少自由基损伤。Eduardo 等[68]探讨了汞在可食性剑鱼中的积累量与剑鱼体重的关系，认为人类食用 100kg 以下的剑鱼是安全的。周一兵等[71]测定了菲律宾蛤仔的耗氧率、氨氮排泄率和氧氮比，探讨了代谢率对 Hg^{2+}、Cu^{2+} 和 Zn^{2+} 的慢性影响。席玉英等[72]对汞在中华绒螯蟹各器官中的积累进行了研究，指出蟹体内汞的积累主要集中于鳃。朱云钢等[63]对养殖及野生淡水鱼类甲基汞的累积状况进行了研究，发现养殖鱼类肌肉甲基汞的含量显著低于野生鱼类。

植物根系分泌的小分子量有机酸在环境中具有特别重要的意义[55]，其参与成土作用，促进植物对养分的吸收，缓解缺氧症状，促进矿物溶解，改变根际土壤物理化学性状，降低金属等有毒物质对植物的毒害，在重金属元素的生物有效性和形态变化方面扮演着重要角色，受到越来越多研究者的关注[73]。环境中的重金属浓度与植物组织中的重金属浓度呈正相关关系[74]，因此水生植物对重金属的富集能力能够指示水环境的重金属水平。植株不同部位对重金属的积累程度存在较大差异性。水生植物在吸收沉积物重金属时，根部最先吸收，然后通过植物的茎部运输到叶表皮细胞中的液泡里，起到降解重金属的作用[74]。有研究发现，紫花苜蓿是比较理想的 Ni 积累型水生植物，其地上部分的 Ni 含量接近于根部[75]。湿地植物根系中富集的重金属是植物嫩叶的 5 倍以上[74]。此外，痕量重金属在水生植物体内的富集也存在差异。从宏观上讲，水生植物对重金属的吸附具有选择性，富集效果好的水生植物仅针对特定的重金属有较好的修复效果，自然界几乎不存在同时修复大部分重金属的高富集植物。

水生植物与其根系微生物组成了根际系统。微生物生长必需的有机质和无机质是水生植物根系提供的；同时，在根际作用下，根圈内的有机碳、pH、生物碳和无机可溶性组分发生了变化，可间接提高水生植物对沉积物的富集效果[74]。

水生植物对河道重金属的去除主要有以下几种方式。①利用水生植物根际特殊的生态条件，改变沉积物中重金属存在的形态并使其固定[74]。水生植物根际分泌物可以促使沉积物微生物在植物的根系周围繁殖，影响水生植物的生长，达到缓解水生植物受沉积物重金属胁迫的目的[75]。②利用植物生长代谢过程的氧化还原或沉淀等生态化学过程，提高植物对重金属的吸收利用率。由于水生植物的生长周期长、个体小，对沉积物肥力要求较高，修复效果一般[76]。将化学法与水生植物修复技术结合，有利于重金属在沉积物—植物根际—植物根系—茎叶的传输，是有前景的河道重金属修复技术[77]。③利用特征水生植物对特定重金属的选择吸收性进行去除，一般用于对重金属具备超富集或超积累能力的植物[78]。水生植物吸收沉积物中的重金属，在生长代谢过程中，重金属经生物转化过程成为代谢产物排出，但某些重金属可与植物的蛋白质或多肽等物质结合并长期存在于植物的组织或器官中，在一定时期内不断积累增多而形成富集甚至超富集现象[74]。沉积物中的重金属大量转移至植物组织或器官，如根系、果实、茎叶等中，当累积到一定程度，通过收获水生植物达到降低重金属浓度的目的[79]。重金属分布在城市河湖水环境中，毒性强弱主要取决于其物质特征、含量及存在形态。一般天然水体中重金属产生毒性的浓度范围为 1～10mg/L，在环境中经过一系列迁移转化，形态发生变化，生物毒性可能降低，也有可能生成比原来毒性更强的污染物，对水环境造成更大的威胁。在实际水环境中，多种重金属同时存在，受环境因素（pH、氧化还原电位、无机盐离子、有机物等）的影响，重金属之间可能会发生协同或拮抗作用，导致毒性增强或减弱。因此，重金属污染物对水环境的影响比较复杂，需要全面考虑各因素的影响。

3.3.3　重金属的吸附-释放过程

重金属在水体中的物理、化学迁移主要是指重金属以溶解态或颗粒态的形式在水环境中搬运、迁移的过程[80]。此过程中，重金属以简单的粒子、配粒子或可溶性分子在水环境中通过一系列物理、化学、生物作用实现迁移转化。物理作用主要包括溶解态和悬浮态重金属随水流的扩散迁移、沉积态重金属随底泥的推移过程，与水动力条件有关；化学作用指的是通过沉淀反应、絮凝反应、水解等化学过程，各形态重金属在水-沉积物、水-气等之间相转移；生物过程指重金属通过生物体的新陈代谢过程实现复杂的迁移，涉及生物学规律。因此，研究城市河湖水体重金属的污染机理，需要综合分析重金属在河流中的迁移转化过程及其影响因素，如吸附-解吸、沉淀-溶解及络合-解络等过程。

3.3.3.1　水体中重金属的吸附

吸附-解吸是重金属在环境中迁移的重要化学过程。当重金属浓度较低时，吸附是重金属污染物由溶解态转为固态的重要途径，在底泥、悬浮物、水生生物、土壤等的吸附作用，通过离子交换、物理吸附、化学吸附等进行，许多重金属在水体中的吸附过程基本符合朗缪尔（Langmuir）、弗罗因德利希（Freundlich）、亨利（Henry）三种吸附等温模型[81]。对重金属吸附过程有影响的河流水力因素主要有水体泥沙浓度和粒度大小、温度、水相离子初始浓度及 pH 等[82]。其中，泥沙浓度和粒度大小的影响最大，泥沙浓度越大，粒径越小，吸附量和吸附速度越大，不同粒径泥沙共存时对吸附特征参数影响很大[53]。pH 也是至关重要的影响因素，当 pH 升高时，吸附速率增大，解吸速率减小，存在临界 pH 对应的最大吸附量。温度升高，吸附速率增大，解吸速率减小。

生物对重金属的吸附作用也是水环境中重金属的重要迁移过程，是微生物细胞壁和重金属离子的被动反应[83]。生物体将吸附的重金属离子运输至细胞内，在生物体内不断累积。同时，细胞外生物高聚物和污水颗粒也可发生吸附作用。

3.3.3.2　重金属的释放

水环境中重金属的释放指重金属在水体环境（如水动力条件、温度、水化学性质等）发生变化时，从底泥或沉积物中迁移至水体的相转移。该过程受水环境变化影响较大，易造成"二次污染"，是水体中重金属污染难以有效控制的根本原因。底泥或沉积物在不同条件下的释放影响水体重金属的浓度。重金属释放过程一般包括重金属沉淀物的溶解、阳离子的交换作用、固相对重金属的解吸作用等。

对重金属释放有较大影响的因素包括 pH、温度、吸附剂性质（如颗粒粒径、泥沙浓度、沉积物厚度、沉积物污染浓度和有机质含量等）、离子强度等。重金属吸附为放热反应，温度升高，重金属吸附量降低且吸附速率增大，达到吸附平衡的速度快，释放量增大。pH 对重金属溶解度、吸附质自然胶体表面的吸附属性、重金属在水体中的化学反应等影响较大，当 pH 较低时，沉积物中重金属的碳酸盐态溶解，酸度增大，重金属释放量增大[81]。离子强度越大，离子的化合价越高，对重金属吸附-解吸过程影响越大。掌握重金属在城市河湖水环境的吸附-解吸规律，对河湖重金属污染防治意义重大。

3.4　城市河湖水环境营养盐污染机理

3.4.1　营养盐的赋存形态

城市河湖水环境中的营养盐主要来自氮、磷、硅等元素，它们是生命体的重要组成元素,是控制植物生长、影响生物产量的重要元素,在生物地球化学系统中具有重要作用[84]。随着经济的飞速发展及人类活动日趋频繁,氮、磷的营养盐通过陆源输送、大气干湿沉降、沉积物(悬浮体)释放进入湖库、河流及近海中,造成水体富营养化并引起藻类及其他浮游生物迅速繁殖、水体 DO 浓度下降、水质恶化、鱼类等生物大量死亡等系列生态环境问题,严重影响人类社会的可持续发展[85]。近年来,氮、磷营养盐引起的水体富营养化污染已发展为全球性重大生态环境问题,是水环境治理的难点和重点。

适宜的氮、磷营养盐浓度是水生植物生长的必要条件,氮、磷含量过少和过多会造成水体的贫营养化和富营养化状态。氮、磷营养盐本身的物理化学性质以及在水环境中与其他物质之间相互作用等因素的共同影响,使氮、磷营养盐污染具有鲜明的特征[84]。研究城市河湖水体氮、磷营养盐的污染过程及机理,对河湖治理具有重要科学意义。

3.4.1.1　水体中氮的赋存形态

氮是水体生物生长的必需营养元素之一,它是生物体中蛋白质、核酸、光合色素等有机分子的重要组成元素,也是生活中最重要的营养元素之一。氮是许多水体初级生产力和碳输出的主要控制因子,与大气 CO_2 浓度的变化乃至全球气候变化有密切联系[86]。

1. 氮在水体中的赋存形态与转化

氮在水体中的主要存在形态为元素氮(N_2)、硝酸盐(NO_3^-)、亚硝酸盐(NO_2^-)、铵盐(NH_4^+)、溶解有机氮(dissolved organic nitrogen,DON)和颗粒氮(partical nitrogen,PN),氮从硝酸盐的+5 价到铵盐的−3 价(表 3-10),存在价态之间多样化的氧化还原转化,构成自然界中氮的循环过程(图 3-2)。

表 3-10　氮在水体中的存在形态

价态	化学式	名称
+5	NO_3^-	硝酸盐
+4	NO_2	二氧化氮
+3	NO_2^-	亚硝酸盐
+2	NO	一氧化氮
+1	N_2O	氧化亚氮
0	N_2	氮气
−1	NH_2OH	羟胺
−2	N_2H_4	肼(联氨)
−3	NH_3	氨气
−3	NH_4^+	铵盐
−3	RNH_2	有机胺

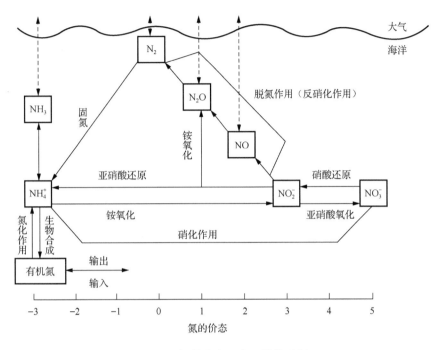

图 3-2　氮的分布形态及转化过程

水体生物活动是氮各种形态之间相互转化的重要影响因素，其中生物固氮作用、氮的同化作用、硝化作用和反硝化作用是氮循环的关键过程[87]。水体中的有机含氮化合物（如蛋白质等）通过各种动植物、微生物的代谢活动分解为 NH$_3$，NH$_3$ 经过硝化作用氧化成硝酸盐，微生物和植物再把硝酸盐通过生物固氮作用转变为细胞成分。NH$_3$ 氧化成硝酸盐的过程称为硝化作用，一般发生在河水、湖泊和废水处理中。废水处理和河流自净的硝化作用包含两个过程：一是厌氧 NH$_3$ 氧化过程，在亚硝化球菌和亚硝化杆菌的作用下，氨氮被氧化为亚硝酸盐氮；二是硝化过程，在硝化杆菌作用下，亚硝酸盐氮被氧化为硝酸盐氮[88]。

2. DON 的组成、来源及生物可利用性

DON 是指经 0.45μm 滤膜过滤能溶解于水的、具有不同结构及分子大小的有机氮化合物，是溶解性有机物（dissolved organic matter，DOM）的重要组成部分，占比为 0.5%～10%，主要包括硝基化合物、氨基类、腈类、嘌呤和嘧啶等物质[89]。世界河流中总氮的 14%～90% 为有机氮，DON 是天然水体中有机氮的主要组成部分，占比达 60%～69%，其含量、生物有效性及生态环境效应逐渐受到人们关注[85]。DON 刺激藻类生长，引起藻类的大量繁殖，造成河湖富营养化，破坏河流或湖泊的生态系统。过去，我国微污染源水普遍存在有机物含量超标、含氮化合物浓度高、藻类大量繁殖等问题[90]。地表水中 DON 主要来自农业用水、生活污水和工业废水的排放、细菌代谢产生的可溶性微生物产物（soluble microbial product，SMP）和土壤中的 DON，天然水体中的 DON 大约占溶解性总氮（total dissolved nitrogen，TDN）的 60%～69%，但是在受人为影响较大的水域或

污水中只占很小的比例[89]。研究发现，水中 DON 在消毒过程中可生成消毒副产物，在水处理中产生较为严重的膜污染等[90]。

DON 的来源可分为外源和内源两种。外源包括陆地径流、植物碎屑和土壤淋溶液、沉积物释放、大气沉降等。内源 DON 的产生过程包括藻类、大型植物、细菌细胞死亡或自我分解、微型及大型浮游动植物捕食和排泄、分泌物释放等。DON 是影响水体中DON 含量动态特征的关键因素[89]。

DON 可作为氮源被藻类和细菌利用[82]，是水生态系统中重要的活性组成成分，可直接参与生物固氮、同化、氨基化等氮循环过程。DON 生物可利用性评价引起了人们较为广泛的关注，研究范围包括雨水和不同土地利用（森林、牧场、湿地、城市和城市郊区）径流输入源的 DON 对河口、近海等水体 DON 生物可利用性和浮游生物群落的影响[90]。长期以来，国内外学者对湖泊等自然水体中氮磷等营养物质及其循环开展了大量研究，但对有机氮的来源、分布、循环及生物有效性缺乏深入研究。赵卫红等[91]对烟台四十里湾水域的氮存在形态进行了研究，发现水体中溶解态氮占总氮的 69%～84%，其中 90%为 DON。陆生生态系统中的 DON 通过地表径流进入水环境，对藻类氮素供应甚至富营养化产生重要影响。研究者逐步认识到 DON 在城市河湖中的重要性，已经将其作为河流氮流失的一个重要衡量指标。

水体中有 12%～72%的 DON 能够迅速被植物利用，浮游植物吸收的无机氮有 25%～41%是以 DON 的形式释放[89]。多数关于天然水体 DON 生物有效性的研究针对藻类利用尿素、溶解游离氨基酸（dissolved free amnio acids，DFAA）和溶解结合氨基酸（dissolved combined amino acids，DCAA）的动力学特征和物质代谢特征[90]。DFAA 能够直接被藻类利用，但 DCAA 在藻类吸收之前，先水解为单体和寡聚物，或者通过细菌矿化。学者从相对分子质量分布探讨藻类对废水源 DON 的生物有效性，一般认为相对分子质量较小的污水源 DON 易被藻类利用[89]。

亲水性和疏水性也是 DON 化合物的重要化学特征。Kevin 等[92]对澳大利亚西南部沿海流域天鹅河口进行研究，发现 DOC 集中在水体的疏水性物质中，而 DON 在水体疏水性和亲水性物质中都有。关于水体沉积物中有机氮环境化学和生物地球化学的研究，20 世纪 80 年代中后期才开始活跃，在发现沉积物表面和藻类中蛋白质态氮是有机氮的主要组成部分之后，对有机氮的研究不再局限于总量的描述，逐渐深入发展到蛋白质形态和结构的研究，尤其是氨基酸形态的氮及其结构方面的研究，其形态分类及研究逐步进入分子水平[90]。Pehlivanoglu 等[93]研究废水源 DON 对绿藻门羊角月芽藻（*Selenastrum capricornutum*）的生物有效性时，发现在无河流细菌影响下约有 10%的 DON 可被藻类利用，而在河流细菌作用下被藻类利用的 DON 高达 60%。Berman 等[94]发现，经过土著细菌和（或）游离溶解性酶作用，自然水体 DON 可被分解而产生藻类易利用的 NH_4^+ 或尿素，可能促进藻类的生长。

3. 有机氮在多相微界面的迁移转化过程

1）有机氮在沉积物-水界面的迁移转化

氮在湖泊沉积物-水界面的迁移和转化是复杂的生物化学过程。外源进入水体中的氮，经沉积物-水界面的吸附沉积、矿化、硝化和反硝化等一系列复杂的生物化学作用，分布在沉积物、间隙水和上覆水中，其中一部分氮被还原为 N_2O 和 N_2 进入大气，从而退出水生生态系统的循环[89]。沉积物中的氮主要以有机氮形式存在，沉积物释放是湖泊水体中 DON 的重要来源。DON 在微生物的作用下首先矿化为 NH_4^+-N，部分 NH_4^+-N 被沉积物的黏土矿物吸附或迁移入上覆水体，其余部分继续被氧化，发生硝化反应产生亚硝酸盐和硝酸盐。

2）有机氮在大气-水界面的迁移转化

有机氮是大气氮素沉降的重要组分之一，通过干沉降和湿沉降等途径在陆地和水生生态系统中循环。在氮缺失的水生生态系统中，DON 以大气沉降的方式进入生态系统，作为外来营养源被浮游植物利用，增加系统的初级生产力和生物量；在氮饱和的水生生态系统中，外来输入的有机氮不再起营养作用，反而会加速陆地生态系统氮的流失和水体富营养化[89]。由大气降雨进入水体的有机氮，一部分直接通过降雨的方式进入水体，另一部分由地表径流带入水体。进入水体的有机氮在微生物的作用下，经过矿化、硝化、反硝化作用等生化反应，一部分氮又被还原为 N_2O 和 N_2 进入大气，使有机氮在大气-水界面不断发生循环，从而对水生生态系统的生产力和稳定性产生重要的影响。

3.4.1.2　水体中磷的赋存形态

磷是生物进行能量传递和生长必需的营养盐，是 DNA、RNA、ATP、ADP、正/偏磷酸酯的必需组分[85]。磷是水体中藻类种群和密度的第一限制性营养元素，也是水体富营养化的主要限制因子。有研究表明，我国重要湖泊滇池、太湖等蓝藻生长和富营养化均受到磷的限制[95]。磷以不同的形态存在于水体、生物体、沉积物和悬浮物中。水中磷的化合物主要有溶解态磷（dissolved phosphorus，DP）和颗粒态磷（partical phosphorus，PP）。DP 包括溶解有机磷（dissolved organic phosphorus，DOP）和溶解无机磷（dissolved inorganic phosphorus，DIP），溶解的无机磷酸盐为主要的形态，用 PO_4^{3-}-P 表示，一般有 H_3PO_4、$H_2PO_4^-$、HPO_4^{2-}、PO_4^{3-} 等；PP 包括颗粒态有机磷（partical organic phosphorus，POP）和颗粒态无机磷（partical inorganic phosphorus，PIP）。溶解有机磷、颗粒态有机磷一般来自生物分解与排泄产物，有磷酸糖类、磷脂、核苷酸及其水解产物，以及磷酸酯、更稳定的氨基磷酸，总称为"有机磷"。

水体中不同形态的磷在水环境生物化学作用、水体流动及沉积作用下呈现出不同的分布特征及循环，见图 3-3。河湖中的磷来源复杂，除了雨水径流，还有底泥释放、水生动植物新陈代谢分解、河面降雨和降尘、工业污染、生活污水等。转化途径有物理沉降、水生动植物吸收、化学与吸附沉淀等[96]。

降雨是影响河湖总磷浓度变化的重要因素之一[96]。夏季河水 TP 浓度较高，因为雨水径流为该河段磷的一个重要补给来源，夏季降雨较多，雨水中的 TP 浓度显著影响河水的 TP 浓度，其携带入河的总磷大部分为颗粒态磷。污水处理时，夏季应考虑对总磷的去除，以达到和冬季同样的水平，如减小滤池滤速、使用混凝剂等，以保证出水的生物稳定性[96]。

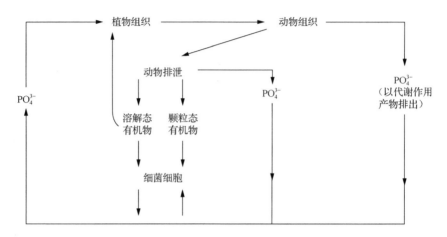

图 3-3 磷在自然界的循环

水体中磷的浓度还受生物活动规律及其他因素影响，从而存在季节的变化。尤其是在温带（中纬度）区域的表层水中，磷酸盐的浓度分布具有明显规律性的季节变化。夏季，表层水光合作用强烈、生物活动旺盛，摄取的磷多。如果来自深层水的磷补给不足，会使表层水磷的浓度降低至零。冬季由于生物死亡，尸骸和排泄物腐解，磷被重新释放到水体中。

不同形态的磷具有不同的特点，其分析检测方法也各不相同。TP 和 TDP 的检测是通过氧化消解前处理的方法，将样品中所有形态的磷转化为无机磷后再测定。TP 为 DP 和 PP 的总和，为了准确测得 TP 的含量，必须直接在水样中加入强氧化剂进行分析测定，实验室常用的氧化消解法有过硫酸钾氧化法、紫外照射法等；TDP 需要经 0.45μm 微孔滤膜过滤后测定滤液中的磷，定量取样，同 TP 处理后进行测定[97]。水体及间隙水中不同磷形态常用磷钼蓝分光光度法分析，但容易受温度和硅的干扰。随着仪器及测试技术的发展，涌现出新的测试方法：无机磷和有机磷的连续在线测定（如自动化分析）和磷的有机形态测定，如核磁共振（NMR）、毛细管电泳（CE）、生物酶法、电喷雾四级杆质谱（ESI-MS-MS）、X 射线衍射、荧光光谱（XRF）等，其中发展最快、最有代表性的当属流动分析核磁共振和毛细管电泳，可用于分析天然水体中含量较低的有机磷形态、沉积物中的磷形态等[97]。

3.4.1.3 硅的形态分布

硅元素（Si）是地壳中丰度仅次于氧的元素，是河流、湖泊和海洋中硅藻等水生植物生长必需的营养盐，源自地表硅酸盐矿物的化学风化过程。全球硅酸盐矿物化学风化的固碳通量是 $8.67×10^{12}$mol/a，溶解态硅（dissolved silicon，DSi）释放通量为 $5.66×10^{12}$mol/a。研究者发现，全球河流 DSi 浓度存在较大差异，全球由河流输向海洋的 DSi 通量受制于流域岩性流量和地表的风化强度[98]。河流湖泊生态系统中硅元素的迁移和转化等过程，主要以 DSi 单体正硅酸盐 $Si(OH)_4$ 和生物硅（biosilicon，BSi）的形式参与硅生物地球化学的循环，作为营养源的硅大部分来源于表层沉积物与上覆水之间的物质交换[99]。

图 3-4 为地表水体硅在自然界的循环过程。

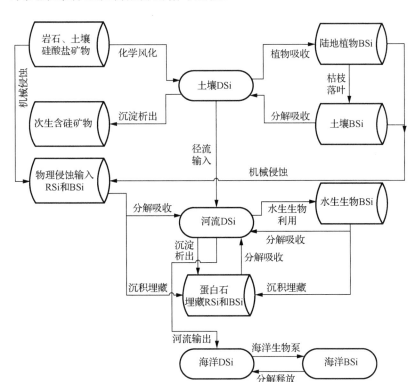

图 3-4　地表水体硅在自然界的循环过程

RSi 为活性硅酸盐（reactive silicate）

　　地表水环境中 Si 的形态有未被风化的硅酸盐矿物颗粒、土壤 DSi 及陆地植物 BSi 三种形式。随机械侵蚀进入地表的硅酸盐矿物颗粒和陆地植物 BSi，一部分沉积并埋藏在河床，另一部分分解并释放 DSi，与地表径流汇入的 DSi 组成了地表水体总 DSi。地表水体总 DSi 参与水生生物生长代谢形成水生生物 BSi，另一部分则在饱和状态下析出（如黏土矿物和蛋白石）。形成的水生生物 BSi 可以被埋藏或分解释放 DSi，参与河流生态系统 Si 循环。沉积在河床的次生硅酸盐矿物、蛋白石和 BSi，在水动力条件发生改变时，重新分解释放 DSi[98]。因此，地表水体 DSi 反映外源输入和内生循环过程的综合信息[100]。

3.4.2　营养盐的累积和分布

　　水体被污染后，污染物含有大量的有机物及腐殖质等还原性物质，快速消耗水中的溶解氧。当耗氧速率大于水体复氧速率时，局部水域或水层亏氧严重，水体营养盐浓度增大，形成适宜蓝绿藻快速繁殖的水动力条件，引发水体水质恶化，造成水体富营养化。污染物及水生生物残骸通过沉降作用或颗粒物吸附作用进入水体底泥，成为难以削减的内负荷。在酸性还原条件下，底泥中的污染物厌氧发酵产生甲烷、硫化氢、一氧化碳等气体，导致厌氧发黑的底泥上浮，同时释放难闻气体，是水体黑臭的重要原因之一[101]。

水体中植物对城市河湖氮磷营养盐的积累现象十分明显。水生植物可以主动吸收水中营养盐，对城市河湖富营养化水体有明显的净化作用。水生植物对水体中营养盐的吸收积累能力受植物的生长状况和本身脱氮除磷能力的影响。许多喜温水生植物在夏、秋季节处于生长旺盛期，表现出较高的净化率，在冬季和初春处于衰老或死亡阶段，失去其净化效能。因此，水生植物对水体中营养盐的积累呈现季节性规律变化。

1. 氮积累与分布

河湖水体上覆水溶解性无机氮中 NO_3^--N 占比最大，通过沉积物-水界面向沉积物扩散。在沉积物间隙水中，溶解性无机氮主要以 NH_4^+-N 形式存在，且其在间隙水中的浓度与总氮（TN）浓度具有正相关性[102]。水中的 NH_4^+-N 主要来自底质沉积物有机质的矿化分解作用，在沉积物的厌氧环境中，细菌的作用使有机氮转化为 NH_4^+-N，进入间隙水中。随着沉积物深度的增加和还原性的增强，NH_4^+-N 浓度自上向下呈逐渐增加的趋势，最终进入上覆水中，成为水生生物的直接氮源和硝化作用的初始氮源。在沉积物-水界面，上覆水体主要处于好氧环境，NO_3^--N 和 NO_2^--N 的浓度远远高于沉积物间隙水，在浓度梯度的驱动下，NO_3^--N 和 NO_2^--N 经过沉积物-水界面向沉积物中扩散，由于反硝化作用，NO_3^--N 和 NO_2^--N 都表现出界面以下浓度急剧下降的变化特征[102]。氮的化合物在沉积物-水的氧化还原界面发生硝化-反硝化作用，能够减少河口环境中初级生产者可利用氮，并转移人类活动向海岸带输送的过量氮，对水体中氮浓度的升高起到重要的缓冲作用，有助于缓解河口地区富营养化程度[102]。

2. 磷积累与分布

在河流、河口及大陆架等浅水环境中，沉积物在磷酸盐的再生过程中扮演重要角色[95]。沉积物从上覆水体及周围环境中接受各种形态的磷，一部分磷的化合物作为内部物质以原始形态累积，一部分则经过分解或溶解并以磷酸盐形式释放至沉积物间隙水中[96]。再生磷也可能经过扩散作用释放到上覆水中，或以自生相的赋存形态在沉积物中再悬浮，或吸附于沉积物的其他组分中。在沉积物早期成岩过程中，有机质氧化降解使得沉积环境处于相对还原状态，沉积物中铁的（氢）氧化物还原作用，引起与之结合的磷酸盐溶解释放[103]。磷在沉积物-水界面的迁移转化过程如图 3-5 所示。

沉积物中磷的形态和总量呈现垂向变化。一般情况下，污染区域总磷随着深度增加而减少，也有一些区域总磷存在上层低下层高的现象；上下层不同形态的磷构成比例没有显著差距。

3. 硅的迁移转化

硅是海洋生物骨骼形成和生长的重要元素之一。水生动植物在生长过程中不断吸收溶解硅酸盐并以骨架或植硅石的形式保存下来，在动植物体死亡后，其体内骨架或植硅石部分发生溶解，并通过深水层下降至沉积物，成岩沉积，进入地圈。硅藻对全球海洋初级生产力有重要贡献，对全球碳输出具有重要作用，且对 BSi 有强保存作用。同时，

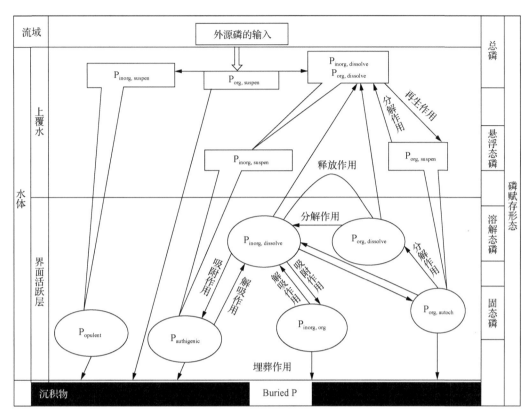

图 3-5　磷在沉积物-水界面的迁移转化过程[102]

$P_{inorg,suspen}$ 为悬浮颗粒态无机磷；$P_{org,suspen}$ 为悬浮颗粒态有机磷；$P_{inorg,dissolve}$ 为溶解无机磷；
$P_{org,dissolve}$ 为溶解有机磷；$P_{org,autoch}$ 为自生无机磷；$P_{authigenic}$ 为界面活跃层原生碎屑磷；
$P_{opulent}$ 为易交换磷；Buried P 为沉积物中稳定存在的磷晶体；
$P_{inorg,org}$ 为由火成岩及其变质岩屑形成的磷、石灰磷及其他形式的无机磷

硅质沉积物质是广泛存在的，海洋沉积物中 BSi 在古海洋研究中具有重要的指示作用，尤其是对全球气候影响巨大的营养盐含量高、叶绿素含量低地区[104]。因此，在古海洋学及全球生源要素的循环研究中，BSi 的测定都是必不可缺的部分。海底 BSi 主要集中分布于环南极带、赤道太平洋、北太平洋和南北美洲的西海岸等营养盐丰富、海洋生产力较高的上升流区，这些区域营养盐含量增减都会相应地反映到海底沉积物中 BSi 的沉积变化上来[104]。

BSi 在沉积物中的积累反映了不同历史时期水体的富营养化及溶解态硅酸盐的消耗情况。研究发现，东海、南黄海海区 BSi 的分布与水体初级生产力的变化一致，长江口海区 BSi 的积累与河口区水体中的叶绿素 a、初级生产力有着密切的关系，长江口海区沉积物中 BSi 含量的变化记录了长江径流及长江输送 N、P、Si 营养盐通量的年际变化[105]。随着 BSi 的沉积，溶解态硅酸盐浓度减少[106]。植物对硅的全球生物地球化学循环作用重大。陆地植物每年以 BSi 的形式固定硅 $1.68 \times 10^9 \sim 5.60 \times 10^9 t$，通过枯枝落叶返回土壤中的 BSi 有 92.5% 被植物再吸收，7.5% 进入土壤库[104]。从土壤 BSi 库吸收的硅远超过从岩

石风化释放吸收的 Si,植物与土壤之间这种强烈的硅循环,不仅对陆地生态系统硅养分平衡至关重要,还能阻止溶解硅酸盐经过河流向海洋转移。

3.4.3　营养盐的吸附-释放过程

水环境中营养盐的迁移转化包括营养盐溶解态与颗粒态的转化,溶解态与生物的交换,沉积物中营养盐与溶解态、颗粒态及生物之间的吸收、吸附、溶出、生物吸附、死亡沉积再回归等循环过程,发生复杂的物理、化学、生物反应[107]。研究营养盐的吸附-释放作用,对理解污染物的迁移转化机理具有重大科学意义。

在无扰动条件(无风)下,浅水湖泊沉积物中营养盐的释放主要靠浓度梯度,当有扰动(风浪作用)时,水动力条件改变造成沉积物悬浮,沉积物中的营养盐因外力作用得以释放。风浪作用产生的复氧,将部分抵消扰动导致的营养盐从沉积物释放入上覆水中。风浪过后,悬浮物质沉降并将部分释放的营养盐通过吸附作用带入沉积物中[108]。

沉积物-水之间的交换是水体无机营养盐迁移扩散的重要过程之一。当外部的营养盐输入减少时,从沉积物释放的营养盐可成为河流湖泊满足生产力需要的重要因子。有研究者发现,沉积物-水界面各种形态氮的通量要比河流输入高 10 倍,因此研究沉积物-水之间的交换过程是生态研究系统不可缺少的一部分[109]。目前,研究沉积物-水界面营养盐的迁移扩散主要采用三种方法:①基于菲克第一定律,利用沉积物-水界面营养盐的浓度梯度,通过数值计算推测营养盐的界面扩散过程;②室内模拟培养;③野外现场直接测定[107]。影响营养盐界面迁移扩散的因素包括温度、水动力条件、沉积物类型、沉积物中有机质的矿化程度和底栖动物的扰动作用等。环境因素(如温度、DO、pH、生物扰动)的改变对营养盐的吸附-释放过程产生很大影响[110]。

1. 温度的影响

温度影响沉积物或底泥对营养盐的吸附,进而影响营养盐在沉积物-水界面的交换过程。天然水体中,温度对营养盐的吸附是正面影响,随着反应体系温度的升高,物质反应速率增大,扩散系数和溶解度增加,营养盐的吸附量升高;当吸附量增大到一定程度时,达到吸附饱和容量,吸附能力下降,沉积物吸附的离子态营养盐会解析出来,释放到上覆水中[110]。天然水体营养盐的交换存在季节性变化规律。在春末夏初,水体温度随地表气温升高而升高,为藻类繁殖提供适宜的温度条件,此时藻类需要吸收大量营养盐进行新陈代谢,水中磷的浓度减小,沉积物-水界面的浓度梯度增大,沉积物中的磷释放至水体。温度升高使磷释放增加,这与温度对微生物的促控作用也有很大关系,微生物在温度升高时活性增强,促进生物的扰动、矿化作用和厌氧转化,导致间隙水耗氧增多,DO 减少,使环境由氧化状态向还原状态转化,利于 Fe^{3+} 转化为 Fe^{2+},加速磷释放[109]。微生物的活动还可使底泥中的有机态磷转化成无机态的磷酸盐而释放[111]。此外,该季节为农耕季节,施肥等面源污染通过地表径流汇入水体,水体磷浓度反而提高,甚至出现富营养化增强的现象。在秋冬季,藻类生长代谢减缓,对磷的需求减弱,藻类及枯萎的水生植物残体逐步沉积至底部,沉积物磷浓度增大[108]。

2. 溶解氧浓度的影响

营养盐的循环过程很大程度上依赖氧化还原环境,沉积物-水界面的溶解氧浓度对交换界面的氧化还原过程有直接影响[110]。水环境中,春季和冬季沉积物呈现氧化环境,夏季和秋季呈现还原环境,夏秋季的 NH_4^+-N 的交换速率是春冬季的 3 倍。当沉积物中溶解氧的含量增加时,硝化反应速率增加, NO_3^--N、 NO_2^--N 的交换速率增加, NH_4^+-N 交换速率降低。水体中 DO 的存在对底泥磷释放有非常重要的影响,磷的存在形态与水体 DO 浓度直接相关[108]。水体中的磷以有机磷、Al-P、Fe-P 和 Ca-P 等形式存在。其中,Fe-P 的存在形态直接影响底泥释放磷。在氧化环境（DO 浓度大）下, Fe^{2+} 被氧化成 Fe^{3+} 后结合磷酸盐形成难溶的磷酸铁,抑制了磷的释放; Fe^{3+} 在中性条件或碱性条件下,生成的 $[Fe(OH)_3]_x$ 胶体会吸附水中的游离性磷,在 DO 浓度大时,底泥向上覆水体释放 P 的作用不明显,甚至水体中总磷浓度下降,呈“负释放”状态;在 DO 浓度较小甚至厌氧条件下, Fe^{3+} 被还原成 Fe^{2+}, PO_4^{3-} 脱离原来沉淀状态,进入上覆水体; $[Fe(OH)_3]_x$ 胶体转化成 $Fe(OH)_2$,同时释放吸附在其上的游离磷,造成上覆水体中总磷浓度增加[112]。

DO 浓度同样影响水体氮的溶出形态。根据氮在自然界中发生的反应可知,溶解氧浓度较高、水体处于好氧状态时,氮以硝态氮的形式溶出,在厌氧条件下,则以氨氮的形式溶出。当 DO 浓度小于 1.5mg/L 时,发生脱氮反应,氨氮溶出速率提高;当 DO 浓度大于 2.8mg/L 时,氨氮溶出速率下降,这是因为底泥间隙水和上覆水中的氨氮被底泥表层硝化细菌氧化成了硝态氮。

3. pH 的影响

pH 是水环境的重要指标,对水环境中的物理化学反应影响有较大影响。水环境中 pH 影响磷酸盐的存在形式,进而影响河湖沉积物对磷酸盐的吸附-解吸和离子交换作用。当 pH 为 3～7 时,磷主要以 HPO_4^{2-} 形式存在;当 pH 为 8～10 时,磷主要以 $H_2PO_4^-$ 形式存在。当以 $H_2PO_4^-$ 为主要形式时,底泥的吸附作用最大,此时底泥中镁盐、硅酸盐、铝硅酸盐及氢氧化铁胶体都参与吸附作用[112]。因此,中性条件下,磷从沉积物向水体释放的速率最小,偏酸性条件则比中性条件下的磷释放速率增加,碱性条件下的磷释放速率最大。此外,水环境呈碱性有利于磷酸根离子从氢氧化铁胶体中解吸附,使更多的磷酸盐释放到水中[111]。

pH 对沉积物中氮的释放也有影响。施伊丽等对杭州西湖底泥中氮的释放进行研究[113],发现底泥中氮释放速率随 pH 的增大而减小。大多数微生物生长代谢的适宜 pH 范围为 6.5～7.5。pH 过高或过低均对氨化细菌和硝化细菌的活性造成影响,此时 NH₃-N 很有可能转化为 NH_4^+ 而进入水体。适宜的中性环境能够促进有机质的矿化作用,将底泥中有机氮转化为 NH₃-N。因此,中性条件下 NH₃-N 的释放速率大于强碱性条件[113]。

4. 扰动的影响

风浪、人为因素等造成的搅动在河流水体中是比较常见的,能使底泥中的颗粒营养盐再悬浮,同时加速底泥间隙水中营养盐的扩散,促进营养盐的释放[112]。在北方多风地区和地势开阔的地带,浅水湖泊营养盐释放受风浪作用的影响强烈。水生生物生命活动带来的生物扰动会对营养盐的交换产生很大影响，通过使沉积物悬浮来影响营养盐的交换。沉积物中的黏土物质在底栖生物的扰动下会加速溶解，使得孔隙水中物质的溶解速率和扩散速率加快。多毛类蠕虫和双壳类等生物的扰动作用，会导致上覆水和空隙水之间的物质交换加强[110]。目前，生物扰动研究大多基于室内模拟试验，对于水动力过程的模拟能力很有限，通常是定性描述，缺乏准确的定量试验和数值模拟，具有一定的局限性[108]。

此外，水环境中的主要离子对沉积物营养盐的吸附-释放也有影响。水体中的主要阴离子，如 SO_4^{2-}、Cl^-、HCO_3^- 等，与水体中的溶解态磷酸盐竞争吸附点位，反应体系阴离子浓度增加，吸附量降低；水中硝酸盐浓度过低或过高，会对底泥磷的释放有抑制作用；Fe^{3+}、Ca^{2+} 影响沉积物磷的释放。

3.5 城市河湖水环境黑臭水体分析

随着城市规模越来越膨胀，城市居民排放污染物进入水体，河湖水体中有机物、氮磷营养盐和其他水质指标等超标，河湖水体污染负荷过重，水体中藻类和微生物新陈代谢频繁，最终水体出现季节间断性或者全年黑臭现象，严重破坏了河湖生态系统结构平衡。水体黑臭给城市居民带来极差的感官体验，水体中超标污染物极大威胁城市居民生命健康。黑臭水体是城市发展必须解决的环境问题，也是城市居民生产生活最为关注的问题之一。

黑臭水体形成原因复杂，影响因素繁多，已形成系统的环境问题。从以往的黑臭水体治理工程技术总结来看，采用短期治污和长期生态修复来改善水质，环境改善和水质提高都比较困难，呈现"牵一发而动全身"的局面，造成连锁效应。因此，在黑臭水体治理中，应从城市水系、区域水循环和生态建设的角度，对城市水系统进行综合治理，建立长效维护机制，有效整顿城市黑臭水体。这就有必要充分认识城市黑臭水体问题的特征，深入了解黑臭水体的危害性，并通过科学的评价方法识别黑臭水体污染程度，在分析城市河湖水环境黑臭水体形成原因的基础上，有针对性提出黑臭水体治理的原则和技术方法。

3.5.1 城市河湖水环境黑臭水体问题分析

在城市河湖水环境污染问题中，经常用"黑臭水体"来定义超恶劣的水环境。水体发黑、发臭是水污染的生化现象。当水体中的污染物过饱和时，好氧微生物分解有机物导致耗氧率大大超过复氧率。过量消耗氧气，水中的溶解氧含量极低，导致有机物在厌氧条件下被降解，这一过程中产生硫化氢、氨和硫醇等有气味物质，同时形成黑色物质。当水中产生黑色物质及令人不适的恶臭气味持续一段时间后，将会影响景观和人类生命健康。

水体"发黑、发臭"过程十分复杂，对治理环节的要求也很高。治理难度大的原因在于对城市河湖水环境黑臭水体问题认识不清。城市黑臭水体受污形式有很多种，具体表现形式差异较大，针对其黑臭程度的评价需要有科学且客观的依据。

3.5.1.1　城市河湖水环境黑臭水体污染来源

现阶段城市黑臭水体污染来源有如下几种：城市生活污水过度排放，工业污水过度排放，城市各种垃圾随意堆放后过度排入水体，郊区垃圾、畜禽粪便、农田化肥过度汇入水体，城市建设的污水过度排放，以及底泥自身不断发生反应并释放污染物。

1）生活污水排放型

小流域内部分城市污水收集管网系统与污水处理系统建设未同步，沟渠河道是居民生活污水的主要出路，污水以直排入河方式为主。部分城市老居民小区无污水、废渣处理设施，生活废水基本直排。

2）工业污水排放型

城市工业发展过程中，部分水系由于历史原因，且人们环保意识不够强，许多工业污水未经严格处理直排入地表自然水系。废水含有多种有毒有害污染物，如营养盐、有机物、油类、重金属、放射性物质和热污染等，直排后增大了水体污染负荷。

3）城市垃圾随意堆放型

城市垃圾的岸边堆放是当前城市河湖水系环境污染来源之一。在我国南方多雨的城市，堆放的城市垃圾及堆积腐化的渗滤液随降雨进入河道，当日积月累的垃圾超出河道能消纳的最大能力时，将产生水环境污染现象。严重的时候，超标的各种污染物会造成河涌水体黑臭。

4）郊区垃圾型

城市郊区一般是畜禽饲养禁区，禁止在流域内进行专门的畜禽养殖和自由放养。非禁养区内存在少量散养，养殖污染处理简单，基本为化粪池简单处理，甚至直排，对河道水质造成一定影响。郊区现有耕地面积一般不多，主要种植果树或者景观树，在施肥和杀虫时，化肥、农药除被农作物等吸收利用以外，尚有部分流失，最终以径流形式进入河道。尤其是在雨季，氮磷大量流失，加剧水体污染。

5）城市建设的污水影响型

由于城市建设的需要，以及管理部门对环境保护的疏忽，建设过程中会产生环境污染。施工作业废水、废弃泥浆清运等，配套的污水处理设施不全，大部分为自然地表水体处理。建设过程中会对河道重新调整，生态系统薄弱时再过度吸纳污水会造成水体严重污染，甚至会出现黑臭现象。

6）内源自身影响型

受污染的沉积物通常是黏土、沉积物、各种矿物质和污染物的混合物，它是在经过长时间的流动扩散运输和物理、化学、生物转化后沉积形成的。污染底泥按粒度组成可以是粉土质或黏土质的，细砂质或极细砂质的极少，表观黑灰色、有腐臭味，见图3-6。底泥黑臭是一种被动污染且不可逆，是水体污染物尤其是营养盐、重金属的重要来源。

图 3-6　受河湖底泥自身影响的黑臭水体

3.5.1.2　城市河湖水环境黑臭水体现状

城市黑臭水体环境问题严重影响城市形象和人们的生活环境。2015 年，住房和城乡建设部、环境保护部联合发布了《城市黑臭水体整治工作指南》[114]。根据《关于全国城市黑臭水体排查情况的通知》，截至 2016 年，295 个城市中有 216 个城市存在黑臭水体 1811 个，其中，城市河流 1545 条，占全国城市黑臭水体总数的 85%；城市湖泊、塘总共 264 个，占总数 15%。截至 2019 年底，全国 259 个地级城市黑臭水体数量 1807 个，消除比例 72.1%。其中，长江经济带 98 个地级城市黑臭水体数量 1048 个，消除比例 74.4%。全国共有 77 个城市黑臭水体消除比例低于 80%，涉及广东（13 个，指城市数量，后同）、湖北（8 个）、四川（8 个）、辽宁（6 个）、安徽（5 个）、吉林（5 个）、江苏（4 个）、湖南（4 个）、河南（4 个）、黑龙江（4 个）、江西（3 个）、山东（3 个）、山西（2 个）、贵州（2 个）、广西（2 个）、河北（2 个）、云南（1 个）、陕西（1 个）。其中，四川省内江、德阳、资阳、宜宾，吉林省辽源、四平、松原，广东省揭阳、清远，江西省九江、新余，黑龙江省鹤岗、佳木斯，湖北省黄冈，贵州省遵义，辽宁省本溪，广西壮族自治区梧州，河北省张家口，河南省周口等 19 个城市消除比例为 0（数据来自《生态环境部公布 2019 年统筹强化监督（第一阶段）黑臭水体专项排查情况》）。经过黑臭水体整治平台统计，2016 年部分省级行政区黑臭水体水域面积统计结果见图 3-7。黑臭水体水域较大的区域也是在我国地域和水系比较发达的省份。全国黑臭水体水域面积超过 10km^2 的省份有 13 个，约占全国 1/3，其中河南黑臭水体水域面积达到 769.74km^2。

《水污染防治行动计划》于 2015 年发布后，各级各部门积极开展黑臭水体治理工作，将工作按照完成整治、整治中、方案制订和未启动四种状况统计 2016～2019 年黑臭水体治理的开展情况，统计结果如图 3-8 所示。

截至 2019 年，快要完成规划制订的 2020 年黑臭水体控制在 10% 以内的目标。根据 2030 年城市建成区黑臭水体总体上得到消除的目标，目前我国治理黑臭水体任务艰巨，在未来的时间内还需要进一步加大工作力度和后期管理力度，黑臭水体治理工作仍面临巨大挑战。

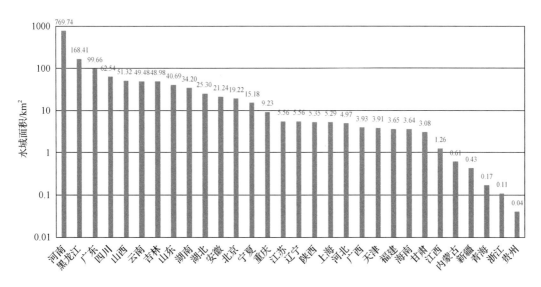

图 3-7　2016 年我国部分省级行政区黑臭水体水域面积统计情况

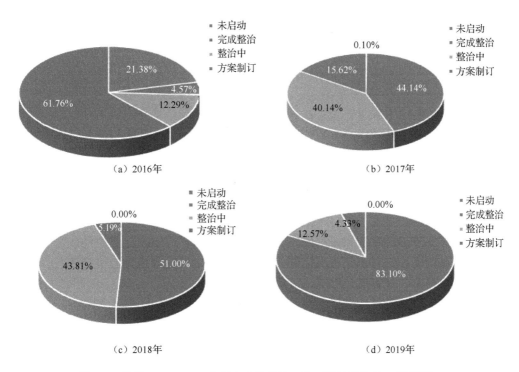

图 3-8　我国 2016～2019 年黑臭水体整治工作开展情况统计（见彩图）

3.5.2　城市河湖水环境黑臭水体评价和判定方法

《城市黑臭水体整治工作指南》基于感官对城市黑臭水体进行了定义：是城市建成区内，呈现令人不悦的颜色（黑色或泛黑色）和（或）散发令人不适气味（臭或恶臭）的水体的统称。与黑臭水体水质有关的指标主要包括气味阈值、色度、透明度、DO 浓度、氧化还原电位（ORP）、COD、氨氮浓度、温度、pH、铁和锰浓度、硫化物等。透明度是反映水体污染强度的直接指标，无黑臭水体的参考值为 25cm 以上。DO 浓度是水中黑色气味程度的间接指标，无黑臭水体的参考值为 2mg/L 以上。其他指标，如氧化还原电位，也是水中黑色气味程度的间接指标。指标值越小，形成黑色臭味水体的风险就越大。

影响黑臭程度的水质因素是判断城市水域黑臭程度和成因的重要指标，也是城市黑臭水体处理的重要科学依据，水质指标可用作判断水体臭味和黑臭水体的物理参数。"臭阈值"综合起来作为科学判断某一水域黑臭程度的黑臭因子。

根据水体中黑色气味和多因素的检测结果，掌握水体的黑色气味程度，确定主要的黑色气味污染因子。对于城市建成区内所有水体的控制部分，进行水质状况评估，以掌握黑臭水体的空间分布特征及污染程度。根据黑臭水面积的不同程度比例，形成城市黑臭水体的整治及管理框架。目前，大致有三种方法评价黑臭水体[106]。

1. 黑臭多因子加权指数

通过科学的判断、经验依据以及深受城市黑臭水体影响的居民调查结果，可以确定黑臭水体的影响因子中各因子的影响权重，建立黑臭多因子的加权模型。基于加权模型可以计算得到黑臭多因子模型的结果，根据该结果可以比较科学直观地评判水体黑臭程度。

2. 多元非线性回归模型

就目前的研究成果来看，用于评价黑臭水体的指标和其他影响因子之间的关系很复杂，用现阶段简单的线性关系分析显然不够，因此，有必要在评估指标和各影响因子指标之间建立非线性关系。通过多元非线性回归模型，建立影响水体黑臭的多因素与水体黑臭程度的相关性，通过足够数据资料建立相关性高的模型，通过模型计算黑臭水体状态的结果，评价水体黑臭程度[114]。

3. 综合评价法

目前黑臭水体的综合评价方法主要是通过数学方法评价。人工智能算法用于模拟和影响水体黑臭的多因素与黑臭程度之间的关系。基于这些矩阵运算分析方法，得到黑臭水体综合评价模型，计算黑臭结果，以评价水体黑臭程度。

3.5.3　城市河湖水环境黑臭水体的成因分析

3.5.3.1　城市河湖水环境黑臭水体形成机制

城市黑臭水体产生的根本原因是入汇污染物超标排放、底泥污染和极易再悬浮、水体热污染，水体污染负荷加重，过度消耗水中的溶解氧，水体呈现厌氧环境，各种污染物厌氧发酵。水动力条件不足也会导致水体黑臭污染或加快该进程。城市黑臭水体形成机制见图 3-9。

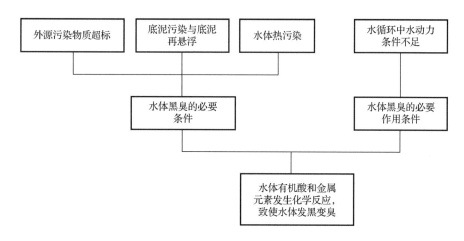

图 3-9　城市黑臭水体形成机制简单示意图

1. 黑臭水体的形成

城市河湖水系外来污染物的超标排放是形成黑臭水体的主要原因。外源污染物进入水体,在扩散输移及生化反应的作用下,一部分黏附在悬浮物上并沉积。污染沉积物是河流和湖泊地表水内源性污染的主要储集层,也是水体中黑色气味的重要来源。底泥作为河湖水体污染物的蓄积库和内源,在水动力条件、溶解氧、pH、扰动等水环境改变时,底泥聚集的污染物释放至上覆水,增大水体污染负荷。底泥为厌氧微生物提供良好的附着生长环境和空间,底泥中污染物发生厌氧发酵反应,产生有恶臭的气体,同时致使沉积物变黑并在气体作用下上浮,形成黑臭水。受污底泥集中区域与水体黑臭区域关联较大,原因是上覆水体中大量水生植物过度生长繁殖后死亡腐败,腐败的残余物质会沉降蓄积到底泥中。腐殖质中大量的有机物及营养元素也会随之沉积到底泥中,在缺氧环境中严重污染底泥,为后续水体黑臭提供发生基础。

河湖底泥既能消纳一部分水体中的污染物,其受污严重后又能通过沉积物与上覆水体之间的交换作用影响上覆水体中的污染物浓度,它是河湖水体产生黑臭现象主要贡献者之一。研究发现[115],难以把握和完全研究沉积物-水界面的污染物交换规律。沉积物中污染物与上覆水体中污染物基于特定的泥-水界面而处于动态平衡状态,特定的泥-水界面遭到破坏后,在形成新的泥-水界面过程中,沉积物污染物释放会对上覆水体中污染物浓度产生影响,从而导致上覆水体的水质出现复杂变化[115]。因此,掌握泥-水界面动态变化过程,把握沉积物中污染物释放影响规律,研究底泥对上覆水体的二次污染问题,为控制和解决黑臭水体提供较为科学的技术支撑和指导。

河湖黑臭水体的重要形成机制之一是受污底泥中污染物释放,即在外部条件扰动作用下,底泥中的污染物通过沉积物-水界面释放,在上覆水体中迁移,迁移过程中又被底泥吸附。在这个动态过程中,由于污染物浓度在泥-水界面发生局部巨变,一旦满足发生水体黑臭现象的条件(如水动力条件),水体就会发黑发臭。

城市水体黑臭的形成条件之一为水体环境适宜厌氧菌进行生化反应。此外,水体在夏季通常会在高温下产生黑色气味。夏季水体温度往往在微生物活动适宜的温度区间

（8～35℃），微生物在水体中发生剧烈的生化反应，生命活动频繁，水体中的繁殖量达到最大，消耗大量溶解氧，分解有机物并释放出大量有气味的物质。

2. 水动力条件

"流水不腐，户枢不蠹"，水动力条件不足，是城市河湖污染严重甚至黑臭的原因之一。水动力条件影响污染物运动动态过程，是水污染过程中黑臭物质形成、迁移和转化动态过程的关键因素。频繁的人类活动改变城市原有的水分布结构，进而改变流域自然水循环通量，水资源在时空上的分配不均和用水结构导致水体水量不足，水环境容量降低，使水体变黑和发臭。

3.5.3.2　城市河湖水环境黑臭污染来源分析

城市河湖水环境出现黑臭现象，其根本性原因是水域水体出现严重污染，水体容纳的污染物严重超负荷。有些水域污染物的贡献者主要是生活污水、雨污合流水、混凝土公司泥浆水、地表径流、枯枝烂叶与淤泥沉积、沿岸植被缺失等；有些水域污染物可能的贡献者是河湖堤岸沿线的初期雨水汇入携带的污染物及河湖上游其他水系的污水汇入、生活污水、雨污合流水、工业废水、地表径流、枯枝烂叶与淤泥沉积、沿岸植被缺失等；还有一些水域污染物的贡献者是生活污水、雨污合流水、工厂的工业废水、地表径流、枯枝烂叶与淤泥沉积、沿岸植被缺失等。水污染主要分为外源污染、内源污染及其他污染。

外源污染的主要形式有点源污染和面源污染。点源污染主要是以点源形式进入水库水体的污染，包括住宅污水、工业生产废水等；面源污染主要是以面源（分散源）形式进入水体的污染，携带污染物及少量的降雨、降尘等非经流域陆地表面的污染物。内源污染主要是水体底泥沉积物中含有的各类污染物及水体中各种漂浮物、悬浮物、岸边垃圾等形成的腐败物造成的。其他污染的污染源主要是地表水污染源、事故性排放、生活垃圾、落叶等，通常属于季节性或临时性污染源。

3.5.3.3　城市河湖水环境黑臭机理分析

城市黑臭水是一种比较严重的水污染现象。在城市水循环水动力不足的情况下及一定环境和条件下，经过复杂的化学过程造成水体发黑发臭。研究表明[115]，造成水体发黑的物质主要是水体中悬浮物、铁和硫及其化合物，引起水体臭味的物质主要是硫化氢、氨氮、硫醚和2-甲基癸醇等化合物。

1. 致黑机理

1）Fe 和 Mn 的化合物致黑

水体发黑的主要作用形式有两种，主要是固态或者吸附于悬浮物颗粒上的黑色沉积物带来的影响。水体中的重金属（如 Fe 和 Mn）以氧化物和氢氧化物形式存在。受压力的影响，水体溶解氧浓度沿水深方向分布不均，根据浓度大小在深度方向上划分成好氧层、活性反应层和厌氧层。水体未发生黑臭现象时，这三层分布合理，水体中 Fe、Mn 等重金属元素离子态转化处于良好循环状态。一旦大量的污染物排放进入水体，微生物活动频繁，氧气消耗量增加，水中的溶解氧浓度减少，活性反应层因为好氧层的减少而上升，且在运动过程中厚度减小，厌氧层厚度增大，直至水体整体呈现厌氧状态。厌氧还原状态导致 Fe、Mn 等重金属元素循环机制破坏，出现大量的二价重金属离子，与水中氢氧根离子或其他物质结合形成黑色沉淀物，造成水体发黑。

2）含硫有机化合物致黑

水体发黑的主要原因在于悬浮颗粒，致黑物质如 Fe、Mn 等重金属元素的离子和硫的化合物与悬浮物带电胶体相互吸引，形成一种比较强烈的致黑混合物。含硫的有机物更容易导致水体在极短时间内水体发生变黑的现象，且水体发黑的颜色比较深。水体中的硫元素通常以硫酸盐或者有机硫形式存在，与 Fe、Mn 等重金属元素相似，当大量污染物进入水体，溶解氧浓度下降到一定程度时，硫酸盐和有机硫发生氧化还原反应，在厌氧环境中形成固定的有机硫化物[114]。一些未完全氧化和同化的硫离子与水中 Fe、Mn 的离子态结合，形成硫化亚铁或硫化锰等黑色沉积物，被有机物厌氧分解过程中形成的气体或者气泡顶托在水体中，与悬浮物共同存在，结合其他因素的共同影响，导致水变暗甚至变黑[116]。

2. 致臭机理

水体发臭的机理，从形成的途径和影响物质可以分为三类。

1）硫和氮的小分子物质对刺激性气体的影响

水中还原性有机污染物浓度过高时，消耗水体中的 DO，耗氧速率超过大气复氧速率，水体中的 DO 浓度极度降低甚至消失，形成水体厌氧环境。水中污染物有机厌氧分解，产生具有刺激性和挥发性的甲烷、硫化氢和氨氮并溢出到大气中，水体容易发臭。此外，有机物分解的同时可以产生低碳脂肪酸和胺类等具有刺激性气味的物质，也是水体发臭的原因之一。

2）硫醚类化合物

水体发黑的前驱物质（如含硫有机物）在水解和脱氨基生化反应后产生致臭物质。研究表明[108]，水中的腐殖质等有机物在特定化学作用下水解，形成大量的氨基酸和游离氨，在微生物作用下脱氨、脱羧和分解含硫氨基酸。在产生大量游离氨气的同时，产生大量具有难闻气味的硫醚化合物。

3）土臭素和2-二甲基异莰醇

污染负荷过大造成水体处于厌氧状态，水中的微生物，如放线菌、藻类和真菌等，通过新陈代谢分泌醇类异臭物质，如土臭素的成分包括2-甲基异莰醇，在极低浓度下就能造成天然水体发臭。放线菌等微生物在适宜温度和溶解氧浓度较低的情况下大量繁殖，成为水体臭味化合物的主要生产者。

3.5.4　城市河湖水环境黑臭水体的危害

城市黑色和恶臭水现象对环境极具破坏性，对城市的自然环境和居民生活环境极为有害，不仅破坏水生态系统平衡，还会污染城市空气，破坏城市整体环境，影响城市文明建设步伐，甚至会对一定区域内的生物生存产生恶劣影响。城市黑色和恶臭的水排出氨氮、硫化氢等有毒气体，威胁人体健康。黑臭水体的污染危害性主要表现在以下几个方面：

1）水资源短缺

城市黑臭水体的污染破坏性极大，会导致区域内地表水和地下水整体出现水质恶化，严重破坏人类生存生活环境。当区域内水体发生黑臭现象时，这一部分水体基本上不能再被利用，如果不进行治理，不仅会对该区域环境产生影响，还会继续污染入流的干净水源，造成区域内出现水质性缺水。这部分黑臭水体占去了地表河湖等存蓄水体的"水库"，导致可利用水源无法运输至区域，造成区域内水资源功能性缺水。

2）对城市区域水-气-土的危害

城市地表水的黑臭污染会对水资源造成不可逆的污染。大多数可用水的水质恶化，甚至出现超劣Ⅴ类。受到严重污染的地表水与地下水相连，可能会在某些地区造成地下水系统的污染。黑臭河道逸散出毒害性气体，造成区域内"气"污染。黑臭水体中的污染物会被河湖床底土壤吸附，污染浓度超出当地土壤背景值时，造成区域内"土"污染。黑臭水体对区域内水-土-气的污染，形成一种比较复杂的复合系统性污染形式。城市河湖水环境水体的复合污染态势比较严峻，增大了治理城市黑臭水体的难度。

3）水环境生态功能退化

黑臭水体水环境污染对水环境的破坏是多方面的：水体发黑有异味，污染物严重超标，水生物消失，植物枯萎、死亡和退化现象高频率出现，水体中食物链断开，食物网断层甚至破坏。水体生态系统结构发生变化，水环境生态功能退化。

河湖污染及黑臭水体给人类与环境带来严重的危害，必须采取有效方法进行治理和修复。国内外已有很多修复水体的成功案例，可为城市河湖水系统有效治理提供一定的理论依据和数据支撑。

参 考 文 献

[1] 孙敬锋, 高晨宇, 李静思, 等. 以深圳市为例的超大型城市工业废水排放特征分析[J]. 工业水处理, 2023, 43(1): 32-39.

[2] 尹真真, 赵丽, 范围, 等. 城市生活污水厂处理工业废水的运营管理对策[J]. 中国给水排水, 2020, 36(24): 54-59.

[3] 秦妮, 黄超, 卢奇. 工业废水的分类及其处理方法研究[J]. 辽宁化工, 2020, 49(7): 891-892, 896.

[4] 唐小东, 王伯光, 赵德骏. 城市污水处理厂的挥发性恶臭有机物组成及来源[J]. 中国环境科学, 2011, 31(4): 576-583.

[5] 李洪枚. 我国城市污水处理厂恶臭污染物排放研究现状[C]. 2014 中国环境科学学会学术年会, 成都, 2014.

[6] 何洁, 王伯光, 刘舒乐, 等. 城市污水处理厂挥发性卤代有机物的排放特征及影响因素研究[J]. 环境科学, 2011, 32(12): 3577-3581.

[7] 丁昕颖, 张淑芬, 付龙, 等. 关于畜禽养殖污水资源化利用的探讨及思考[J]. 畜牧业环境, 2020, (2): 31-32.

[8] 梁利权, 郭春霞, 陈小华, 等. 水产养殖清塘过程污染排放特征及对周边水体的影响: 以太湖下游典型鱼类集约化养殖区为例[J]. 湖泊科学, 2023, 35(1): 181-191.

[9] 林靖钧, 李瑞雪, 林华, 等. 我国水产养殖水体中抗生素的污染特征[J]. 净水技术, 2022, 41(3): 12-19.

[10] 陈笑雪, 王智源, 管仪庆, 等. 淡水环境中抗生素抗性基因的来源、归趋和风险[J]. 生态毒理学报, 2021, 16(3): 14-21.

[11] 刘殿威, 杜晓丽, 付霄宇, 等. 城市地表径流胶体与溶解性有机物结合特性[J]. 中国环境科学, 2022, 42(8): 3690-3695.

[12] 崔平, 周迎科. 城市地表径流污染概述[C]. 第十一次全国环境监测学术交流会暨山东省第一次环境监测学术交流会, 济南, 2013.

[13] BEASLEY G, KNEALE P. Reviewing the impact of metals and PAHs on macro-invertebrates in urban watercourses[J]. Progress in Physical Geography, 2002, 26(2): 236-270.

[14] 王宁, 曾坚, 康晓鹍, 等. 高密度建成区排水系统雨污分流改造研究与实践[J]. 给水排水, 2022, 58(12): 56-61.

[15] 高斌, 许有鹏, 陆苗, 等. 高度城镇化地区城市小区降雨径流污染特征及负荷估算[J]. 环境科学, 2020, 41(8): 3657-3664.

[16] JARTUN M, OTTESEN R T, STEINNES E, et al. Runoff of particle bound pollutants from urban impervious surfaces studied by analysis of sediments from stormwater traps[J]. Science of the Total Environment, 2008, 396(2-3): 147-163.

[17] 马学琳, 李洪波, 罗宁, 等. 城市地表径流污染研究[J]. 中国资源综合利用, 2021, 39(5): 112-114.

[18] WESTON D P, HOMEALS R W, LYDY M J. Residential runoff as a source of pyrethroid pesticides to urban creeks[J]. Environment Pollution, 2009, 157: 287-294.

[19] 韦毓涛, 姜应和, 张校源, 等. 雨水径流中重金属污染现状及其相关性分析[J]. 环境保护科学, 2018, 44(5): 68-72.

[20] MAKEPEACE D K, SMITH D W, STANLEY S J. Urban stormwater quality: Summary of contaminant[J]. Environmental Science & Technology, 1995, 25: 93-139.

[21] WHITELEY J D, MURRAY F. Autocatelyste-derived platinum palladium and rhodium(PGE)in infiltration basin and wetland sediments receiving urban runoff[J]. Science of the Total Environment, 2005, 341: 199-209.

[22] 甘华阳, 卓慕宁, 李定强, 等. 广州城市道路雨水径流的水质特征[J]. 生态环境, 2006, 15(5): 969-973.

[23] 韩冰, 王效科, 欧阳志云. 北京市城市非点源污染特征的研究[J]. 中国环境监测, 2005, 21(6): 19, 63-65.

[24] 任可. 基于无人机视觉的河道漂浮垃圾分类检测技术研究[J]. 金属矿山, 2021, 50(9): 199-205.

[25] 唐洪武, 袁赛瑜, 肖洋. 河流水沙运动对污染物迁移转化效应研究进展[J]. 水科学进展, 2014, 25(1): 139-147.

[26] 张少轩, 陈安娜, 陈成康, 等. 持久性、迁移性和潜在毒性化学品环境健康风险与控制研究现状及趋势分析[J]. 环境科学, 44(6): 3017-3023.

[27] 程文, 王颖, 周孝德. 环境流体力学[M]. 西安: 西安交通大学出版社, 2011.

[28] 夏星辉, 王君峰, 张翔, 等. 黄河泥沙对氮迁移转化的影响及环境效应[J]. 水利学报, 2020, 51(9): 1138-1148.

[29] 姚保垒, 窦明, 梁永会, 等. 河流重金属迁移转化分相模型研究[J]. 人民黄河, 2011, 33(4): 75-78.

[30] 周成, 杨国录, 陆晶, 等. 河湖底泥污染物释放影响因素及底泥处理的研究进展[J]. 环境工程, 2016, 34(5): 94, 113-117.

[31] 杨世平, 阎丽华, 程琳. 废水生物处理技术及其研究进展[J]. 辽宁化工, 2009, 38(9): 636-638.

[32] 孙乃聪. 有机化合物的污染机理及其修复技术[J]. 科技视界, 2013, (21): 144, 175.

[33] 谈胜, 王照环. 水环境中有机污染物降解机制的理论研究[J]. 科技风, 2014, (7): 86.

[34] 赵英姿, 徐振, 颜冬云, 等. 大环内酯类抗生素在土壤中的迁移转化与毒性效应分析[J]. 土壤学报, 2014, 46(1): 23-28.

[35] 刘伟, 王慧, 陈小军, 等. 抗生素在环境中降解的研究进展[J]. 动物医学进展, 2009, 30(3): 89-94.

[36] 金鹏康, 刘柯君, 王先宝. 慢速可生物降解有机物的转化特性及利用[J]. 环境工程学报, 2016, 10(5): 2164-2174.

[37] 王晓蓉, 顾雪元. 环境化学[M]. 北京: 科学出版社, 2018.

[38] 肖魁, 陈进, 胡军, 等. 基于InfoWorks RS 的鄱阳湖二维水动力学计算[J]. 人民长江, 2014, 45(16): 73-75.

[39] 陈鸣, 吴永祥, 陆卫鲜, 等. InfoWorks RS、FloodWorks 软件及应用[J]. 水利水运工程学报, 2008, (4): 23-28.

[40] 罗定贵, 王学军, 孙莉宁. 水质模型研究进展与流域管理模型 WARMF 评述[J]. 水科学进展, 2005, 16(2): 289-294.

[41] 秦成新, 李志一, 荣易, 等. 面向管理决策的标准化流域水环境模型评估验证技术框架研究[J]. 中国环境管理, 2021, 13(1): 101-111.

[42] 周华, 王浩. 河流综合水质模型 QUAL2E 研究综述[J]. 水电能源科学, 2010, 28(6): 12, 22-24.

[43] 胡晓张, 宋利祥, 杨芳, 等. 浅水湖泊水生态数学模型研究及应用[J]. 水动力学研究与进展(A 辑), 2017, 32(2): 247-252.

[44] 龚然, 徐进, 邵燕平. WASP 模型湖库水环境模拟国内外研究进展综述[J]. 环境科学与管理, 2014, 39(10): 15-18.

[45] 代淑娟, 周东琴, 魏德洲, 等. 重金属污染废水的微生物修复技术[M]. 北京: 化学工业出版社, 2014.

[46] 吕振豫, 穆建新, 刘姗姗. 气候变化和人类活动对流域水环境的影响研究进展[J]. 中国农村水利水电, 2017, (2): 65-72, 76.

[47] 朱雨锋, 孙柳, 李立青, 等. 黑臭水体治理 I: 水体氧状态对沉积物中重金属形态及生物有效性的影响[J]. 环境科学学报, 2023, 43(2): 1-10.

[48] 侯培强, 任玉芬, 王效科, 等. 北京市城市降雨径流水质评价研究[J]. 环境科学, 2012, 33(1): 71-75.

[49] 解建光, 李贺, 石俊青. 路面雨水径流重金属赋存状态研究[J]. 东南大学学报(自然科学版), 2010, 40(5): 1019-1024.

[50] 李海燕, 王垚森, 张晓然, 等. 北京城乡结合部地表颗粒物中重金属污染负荷及健康风险评价[J]. 地学前缘, 2019, 26(6): 199-206.

[51] 李倩倩, 李铁龙, 赵倩倩, 等. 天津市路面雨水径流重金属污染特征[J]. 生态环境学报, 2011, 20(1): 143-148.

[52] 李贺, 石峻青, 沈刚, 等. 高速公路雨水径流重金属出流特性[J]. 东南大学学报(自然科学版), 2009, 39(2): 345-349.

[53] 朱英杰, 杜晓丽, 于振亚. 道路雨水径流溶解性有机物对生物滞留系统重金属截留过程的影响[J]. 环境化学, 2019, 38(1): 51-58.

[54] 王艳, 黄玉明. 我国水环境中的重金属污染行为和相关效应的研究进展[J]. 癌变·畸变·突变, 2007, 19(3): 198-201, 218.

[55] 张志, 张润宇, 王立英, 等. 淡水沉积物中重金属生物有效性的研究进展[J]. 地球与环境, 2020, 48(3): 385-394.

[56] TESSIER A, CARNPBELL P G C, BISSON M. Sequential extraction procedure for the speciation of particulate trace metals[J]. Analytical Chemistry, 1979, 51(7): 844-851.

[57] 毛凌晨, 施柳, 叶华, 等. 沉积物中重金属形态分析技术的适用范围[J]. 理化检验(化学分册), 2017, 53(9): 1109-1116.

[58] 元妙新, 林德坡, 潘佑祥, 等. 重金属生物有效性评价方法[J]. 化工设计通讯, 2018, 44(8): 222.

[59] 臧文超, 叶旌, 田祎. 重金属污染及控制[M]. 北京: 化学工业出版社, 2018.

[60] MACEDA-VEIGA A, MONROY M, NAVARRO E, et al. Metal concentrations and pathological responses of wild native fish exposed to sewage discharge in a mediterranean river[J]. Science of the Total Environment, 2013, 449(2): 9-19.

[61] 李丽娜, 陈振楼, 许世远, 等. 铜锌铅铬镍重金属在长江口滨岸带软体动物体内的富集[J]. 华东师范大学学报(自然科学版), 2005, (3): 65-70.

[62] 姜会超, 刘爱英, 宋秀凯, 等. 重金属胁迫对日本对虾(Penaeus japonicas)胚胎发育的影响[J]. 生态毒理学报, 2013, 8(6): 972-980.

[63] 朱云钢, 陈心妍, 马慧诚, 等. 珠三角地区养殖及野生淡水鱼类的甲基汞积累现状[J]. 水产学报, 2022, 46(11): 2107-2121.

[64] 孟梅, 刘成斌, 史建波, 等. 环渤海软体动物中汞的生物累积与放大效应研究[C]. 第八届全国分析毒理学大会暨中国毒理学会分析毒理专业委员第五届会员代表大会, 舟山, 2014.

[65] 祝爱民, 肖扬, 金焰. 白马湖软体动物体内重金属含量调查[J]. 仪器仪表与分析监测, 2013, (2): 37-40.

[66] 孙维萍, 潘建明, 刘小涯, 等. 浙江沿海贝类体内重金属元素含量水平与评价[J]. 海洋学研究, 2010, 28(4): 45-51.

[67] 张晓举, 赵升, 冯春晖, 等. 渤海湾南部海域生物体内的重金属含量与富集因素[J]. 大连海洋大学学报, 2014, 29(3): 267-271.

[68] EDUARDO M, HORACIO G. Total mercury content-fish weight relationship in swordfish(Xiphias gladius)caught in the southwest atlantic ocean[J]. Journal of Food Composition and Analysis, 2001, 14: 453-460.

[69] SIMON O, BOUDOUL A. Direct and trophic contamination of the herbivorous carp Ctenopharyngodon idella by inorganic mercury and methylmercury[J]. Ecotoxicology and Environmental Safety, 2001, 50: 48-59.

[70] ANTONIA C, ROBERTA G. Antioxidant responses and bioaccumulation in Ictalurus melas under mercury exposure[J]. Ecotoxicology and Environmental Safety, 2003, 55: 162-167.

[71] 周一兵, 尹春霞. 菲律宾蛤仔的呼吸与排泄对三种重金属慢性毒性的反应[J]. 大连水产学院学报, 1998, 13(1): 8-16.

[72] 席玉英, 王兰, 杨秀清. 汞在中华绒螯蟹主要组织器官中的积累[J]. 动物学报, 2001, 42(S1): 92-95.

[73] 薛培英, 赵全利, 王亚琼, 等. 白洋淀沉积物-沉水植物-水系统重金属污染分布特征[J]. 湖泊科学, 2018, 30(6): 1525-1536.

[74] 张海峰, 胥焘, 黄应平, 等. 水生植物修复沉积物中重金属污染的机制及影响因素研究进展[J]. 亚热带水土保持, 2015, 27(1): 37-41.

[75] 施沁璇, 孙博怿, 胡晓波, 等. 水生植物对养殖池塘重金属污染底泥的修复作用[J]. 安全与环境学报, 2018, 18(5): 1956-1962.

[76] 陈佛保, 柏珺, 林庆祺, 等. 植物根际促生菌(PGPR)对缓解水稻受土壤锌胁迫的作用[J]. 农业环境科学学报, 2012, 31(1): 67-74.

[77] 张志敏, 朱祥, 丁新泉, 等. 水生植物对电镀废水中重金属的修复研究[J]. 环境科学导刊, 2017, 36(1): 6-10, 45.

[78] 李锋民, 陈琳, 姜晓华, 等. 水质净化与生态修复的水生植物优选指标体系构建[J]. 生态环境学报, 2021, 30(12): 2411-2422.

[79] 周佳栋, 马丹丹, 刘敏, 等. 三种水生植物对重金属的富集及净化能力研究[J]. 杭州师范大学学报(自然科学版), 2020, 19(1): 57-63.

[80] 郭超, 方何淇, 王吉宁, 等. 黑臭水体底泥重金属污染物特征及生态风险评价[J]. 人民长江, 2022, 53(11): 20-26.

[81] MIRANDA L S, AYOKO G A, EGODAWATTA P, et al. Adsorption-desorption behavior of heavy metals in aquatic environments: Influence of sediment, water and metal ionic properties[J]. Journal of Hazardous Materials, 2021, 421: 126743.

[82] 方群生, 陈志和. 多元竞争体系下的微界面动力学响应机理研究——以细颗粒泥沙吸附多元重金属离子铅、铜和镉为例[J]. 环境科学学报, 2022, 42(9): 123-132.

[83] 李林, 艾雯妍, 文思颖, 等. 微生物吸附去除重金属效率与应用研究综述[J]. 生态毒理学报, 2022, 17(4): 503-522.

[84] 徐礼强. 河流水环境污染物通量测算理论与实践[M]. 广州: 中山大学出版社, 2018.

[85] 张晓洁, 许博超, 夏冬, 等. 镭、氡同位素示踪调水调沙对黄河口水体运移及营养盐分布特征的影响[J]. 海洋学报, 2016, 38(8): 36-43.

[86] 刁明亚, 江婷婷. 海洋颗粒有机物的碳、氮稳定同位素分析方法研究概况[J]. 科技视界, 2015, (2): 166, 243.

[87] 林伟, 李玉中, 李昱佳, 等. 氮循环过程的微生物驱动机制研究进展[J]. 植物营养与肥料学报, 2020, 26(6): 1146-1155.

[88] 李萍. 水中氨氮、亚硝酸盐氮及硝酸盐氮相互关系探讨[J]. 上海环境科学, 2006, 25(4): 245-246, 250.

[89] 王小东, 陈明飞, 王子文, 等. 污水生物处理过程中溶解性有机氮分布和转化特征[J]. 哈尔滨工业大学学报, 2020, 52(2): 161-168.

[90] 罗专溪, 魏群山, 王振红, 等. 淡水水体溶解有机氮对有毒藻种的生物有效性[J]. 生态环境学报, 2010, 19(1): 45-50.

[91] 赵卫红, 焦念志, 赵增霞. 烟台四十里湾养殖水域氮的存在形态研究[J]. 海洋与湖沼, 2000, 31(1): 53-59.

[92] KEVIN C P, JAYNE S R, PAULINE F G. Bioavailability and composition of dissolved organic carbon and nitrogen in a near coastal catchment of south-western Australia[J]. Biogeochemistry, 2009, 92: 27-40.

[93] PEHLIVANOGLU E, SEDLAK D L. Bioavailability of wastewater-derived organic nitrogen to the alga *Selenastrum capricornutum*[J]. Water Research, 2004, 38(14/15): 3189-3196.

[94] BERMAN T, CHAVA S. Algal growth on organic compounds as nitrogen sources[J]. Journal of Plankton Research, 1999, 21(8): 1423-1437.

[95] 陈永川, 张德刚, 汤利. 滇池水体磷的时空变化与藻类生长的关系[J]. 生态环境学报, 2010, 19(6): 1363-1368.

[96] 王俊岭, 龙莹洁, 车武, 等. 河道水体磷的存在形态及混凝去除效果研究[J]. 水资源保护, 2008, 24(5): 87-90.

[97] 吴怡, 邓天龙, 徐青, 等. 水环境中磷的赋存形态及其分析方法研究进展[J]. 岩矿测试, 2010, 29(5): 557-564.

[98] 张乾柱, 陶贞, 高全洲. 河流溶解硅的生物地球化学循环研究综述[J]. 地球科学进展, 2015, 30(1): 50-59.

[99] 王海, 杨宏伟, 吕卫华. 黄河上中游表层沉积物中硅形态分布特征[J]. 内蒙古石油化工, 2016, 42(1): 5-6.

[100] 朱俊, 刘丛强, 王雨春. 乌江渡水库中溶解性硅的时空分布特征[J]. 水科学进展, 2006, 17(3): 330-333.

[101] 李钰强. 城市水环境综合治理思路的探讨[J]. 绿色科技, 2017, (18): 102-104.

[102] 李乾岗, 田颖, 刘玲, 等. 水体中沉积物氮和磷的释放机制及其影响因素研究进展[J]. 湿地科学, 2022, 20(1): 94-103.

[103] 郝文超, 王从锋, 杨正健, 等. 氧化还原循环过程中沉积物磷的形态及迁移转化规律[J]. 环境科学, 2019, 40(2): 640-648.

[104] 李浩帅, 刘淑民, 陈洪涛, 等. 长江口及邻近海域表层沉积物中的生物硅[J]. 中国海洋大学学报(自然科学版), 2015, 45(12): 72-79.

[105] 周峰, 钱周奕, 刘安琪, 等. 长江口及邻近海域底层水体低氧物理机制的研究进展[J]. 海洋学研究, 2021, 39(4): 22-38.

[106] 张海波, 刘珂, 王丽莎, 等. 渤海中部营养盐赋存形态季节变化及其对营养盐库的影响[J]. 生态学报, 2020, 40(15): 5424-5432.

[107] 王洪伟, 王少明, 张敏, 等. 春季潘家口水库沉积物-水界面氮磷赋存特征及迁移通量[J]. 中国环境科学, 2021, 41(9): 4284-4293.

[108] 姜斯乔, 谢舒恬, 郑元铸, 等. 四种常见湖泊沉积物氮磷通量估算方法对比分析[J]. 湖泊科学, 2022, 34(6): 1923-1938.

[109] 罗满华, 张丽聪, 李海龙, 等. 深圳湾和茅洲河湿地浅层沉积物孔隙水中营养盐和金属元素赋存特征及其界面扩散通量研究[J]. 海洋学报, 2022, 44(8): 11-22.

[110] 施玉珍, 陈树鸿, 赵辉, 等. 珠江口海域沉积物-水界面营养盐释放特征研究[J]. 矿物岩石地球化学通报, 2020, 39(3): 517-524.

[111] 孙晓杰, 舒航, 刘云江, 等. 环境因子对黄河甘宁蒙段表层沉积物中磷吸附-解吸的影响[J]. 水资源保护, 2021, 37(4): 51-60.

[112] 李双双, 杜强, 杜霞, 等. 湖库型饮用水水源地安全评价新方法探索[J]. 中国农村水利水电, 2022, (7): 151-157.

[113] 施伊丽, 万瑜, 金赞芳. 杭州西湖底泥氮释放通量及影响因素研究[J]. 环境科技, 2016, 29(1): 46-50.

[114] 王旭, 王永刚, 孙长虹, 等. 城市黑臭水体形成机理与评价方法研究进展[J]. 应用生态学报, 2016, 27(4): 1331-1340.

[115] 李张卿, 宋桂杰, 李晓. 深圳市白花河黑臭水体综合治理技术探讨[J]. 给水排水, 2018, 54(7): 47-50.

[116] 孔韡, 汪炎. 黑臭水体形成原因与治理技术[J]. 工业用水与废水, 2017, 48(5): 1-6.

中篇　技术与方法

第4章 城市河湖一体化水环境治理思路与管理

4.1 城市河湖一体化水环境治理概念

随着我国城市化进程的快速发展，居民生活水平不断提高，逐渐对生活质量及居住环境提出更高的要求。城市河流污染问题及城市饮用水安全是居民关注的重要问题[1]。城市河湖不仅为城市居民提供生产生活用水，而且能够给城市的发展带来经济效益、社会效益和生态环境效益。在城市遭受暴雨时，河湖可利用其防洪排涝功能，通过雨水径流、水系连通排走城市过多的雨水，减轻城市的抗洪压力。此外，城市河湖还有航运、生态等功能（详见第 1 章）。人类活动改变了河湖的发展与演替过程。河湖内物种多样性受到人为干扰，水生生物种类减少，生态系统平衡被破坏，伴随着河湖水质下降，由此产生的水环境问题严峻。

过去水环境问题往往被看作是一种孤立的污染行为，20 世纪 90 年代，人们才开始认识到城市河湖水环境的重要性和综合性。世界各国花费大量的资金，运用工程技术手段进行治理，并运用法律、行政手段限制排污，但没有控制污染的继续扩展。水环境问题不仅是减排控污的问题，而且是人类社会经济发展与环境保护如何协调共生的问题。因此，人们开始关注水环境治理的原则与思路问题[2]。目前城市河湖水环境治理中的问题如下。

（1）治水方式比较单一。目前，我国主要治水方法是根据污染源采取相应的治理措施，主要通过截污、建立雨污分流管网来控制外源污染，通过清理污泥、水体覆盖底泥及补水方案来控制内源污染[3]。这些措施比较单一，治理效果比较有限，在治理初期可有效提升水质，但治理后期常出现水体恶化反弹。很多河流反复治理多次，也不能彻底解决污染问题，给城市河湖水环境治理带来了新的挑战[3]。

（2）雨污分流管网建设落后。城市污水管网系统包括污水管网和雨水管网。城市生产生活中的生活污水、工业废水等，一般通过污水管网直接输送至污水厂进行处理，以有效解决外源污染。雨水管网主要用于降雨期城市防洪、排涝，解决城市内涝问题[3]。由于初期雨水含污量高，为了防止地表径流携带污染物进入地表水，早期城市规划设计中的排水体制多为雨污管网合流制，给污水厂造成负担的同时，在暴雨或强降雨期容易造成管道雨污水溢流至地表水体，引发更大的污染。我国城市中建有雨污分流管网的不多，若要彻底建设雨污分流管网，就要对城市原有的管网系统进行改造。受城市建设和布局的影响，这项工作难度较大[3]。

（3）截污不彻底，管网不完善。我国早期的城市建设中，污水直接排放至河道，近年来已逐渐完善和提升污水处理能力。在早期建设的工业厂区、老旧小区，几乎没有截污设施或者截污设施很落后，造成大量的污水漏排进入河道，直接影响河道的水质状况[3]。若要彻底截污，就必须对老旧小区、城中村及旧的排污设施进行改造升级。截污设施建设投入大、周期长，导致部分管网设施不完善。

（4）缺乏补水措施。城市河道在初期的作用是防洪排涝，不能有效地消纳和净化污染物。旱季河道基本上是排污干道，河道严重污染，水体中的耗氧生物大量繁殖，破坏水体的自然生态，大量水生动植物死亡，转化为污染源，使水体污染更加严重。有些城市通过补水措施增加河道清水流量，盘活河道水动力，但是受到水资源限制，很多河道补充的清水量非常有限，不能满足河道水动力要求，部分河段河水不能充分流动，导致水体富营养化、水质恶化[3]。

（5）河湖改造对水环境的负面影响。为了提高水位、美化城市、建设滨水景区，建设了改造河湖的水利工程，实施拦河筑坝、河道裁弯取直、硬质化河道等措施，这存在许多弊端。这些弊端包括变流水为死水，破坏河流的连续性，使鱼类及其他生物的迁徙和繁衍过程受阻；富营养化加剧，水质下降；丧失美学价值，影响下游河道景观[4]。

此外，城市防洪设计水平年的防洪标准低，城市化建设中规划、设计方案缺乏，水环境和生态保护意识、基础管网建设不足，水域填占，水土流失等，也是水环境污染的重要原因之一。

上述城市河湖水环境存在的问题使得水污染的有效治理困难重重，导致水环境受内源、外源污染和丧失水动力而形成持续污染，最终形成黑臭水体。因此，需要重新认识水环境治理的原则及思路问题。城市河湖水环境治理的原则是，既要发展城市经济，不断提升城市的综合影响力，又要正确处理经济与环境间关系，切实解决城市河湖水环境问题。同时，必须实现城市河湖一体化水环境综合管理，从自然、经济、社会等多方面入手，鼓励引导人们保护环境，解决城市河湖水环境问题。在新的复杂形势下，对于城市河湖水环境的修复及治理有以下新的思路。

（1）因地制宜，因河施策。依据城市气候条件、地形地貌、水资源分布、污水来源状况、污水管网现状及雨水管网建设情况，踏勘城市水污染现状、水资源分布、水源地保护情况、城市用水容量、城市管网建设现状、水文地质条件、城市环境容量、污水产量及处理方式、河道径流特征、防洪排涝设计等，在此基础上，选择适合城市发展的水环境综合治理方案[3]。

（2）调整雨污合流制的治水思路。老旧城区没有建立完善的雨污管网分流制，短期又无法完成，只能在合流制下进行治水。可分为两个阶段进行。第一阶段，在雨污合流制条件下，实施管网改造建设、截污拦污等措施，治理外源污染，同时对河道进行工程改造，清理河道底泥污染，在河道两岸进行植被绿化等，基本保证旱季和初小雨条件下河道不入污水；对于高强度连续降雨，地表有条件建设大型储水水库时，通过泵站方式抽排至储水水库，地面没有空间进行消纳时，可考虑地下深部隧道蓄洪储水，后期通过泵送净化处理后回用至河道[2]。第二阶段，建立雨污分流的管网体系，在小雨条件下，污水管网能直接排至污水处理厂；超标降雨情况下，雨水直接进入雨水管网，送至储水系统，后期用于非生活用水。

（3）截污及污水强化处理。早期城市建设规划中，污水管网配套不足或不完善，造成大量的生活污水或生产废水直接排入河道。部分城市由于污水管网的各单元没有彻底连接起来，存在部分污水漏排、偷排等，地表水污染加剧[3]。采取二次截污措施，在河道边或底部建设截污箱涵，将漏排污水或断网点污水纳入箱涵内，采用旁路式污水处理，最大程度减少污水直排河道，减少外源污染物。

（4）生态补水，改善水动力条件。利用水库、蓄水池、污水厂中水回用系统、海绵系统实施生态补水，在强化河湖水动力的同时达到稀释污染物的目的，并通过曝气、人工跌水等方式，增加水体的溶解氧浓度，以促进水生生物对水中有机物和氮、磷等营养物质的降解。

（5）科学清淤，增加生物多样性，提高河湖自净能力。河湖底泥是污染的主要内在原因。对于河湖底泥厚度大、一般方法无法直接处理的，建议科学清淤。清理底部淤泥时，通过投放生物菌剂、培养生物群体等方法，增加河道生物的多样性，以提高河道水体的自净能力。

城市河湖水环境治理，应该采取综合措施，科学治理。传统城市河湖水环境治理中出现的局部化、零散化和线性化问题，主要原因在于缺乏流域尺度水量水质一体化的系统解决方案[5]，城市河湖水环境治标不治本，水质得不到改善。因此，城市河湖水环境应实施综合治理。城市河湖一体化水环境综合治理是指按照流域统筹、系统治理的思路，进行流域水量水质联合调控，从根本上构建健康的流域水环境和水生态系统。其核心是维持自然与社会水循环平衡，可以通过限制取水、节约用水、限制污染排放、控制土地利用等调控过程，减少对自然水循环的干扰，促使自然水循环和社会水循环融洽、互补。

城市河湖一体化水环境综合治理是一个多目标、多层次的开放系统工程。城市河湖水环境综合治理的特点如下。

1. 综合性

城市河湖水环境治理是系统性的工程[6]，必须用系统的综合方案，碎片化的工程措施和技术手段很难从根本上实现治理目标。在基础修复工程完成后，应当根据水体特点构建水体生态系统结构，让其恢复自净能力，并利用水体的自净能力削减"存量污染"，同时可以消纳降雨及地表径流的"增量污染"。管理科学化是"智慧环保"的具体体现，从生态系统综合调控的角度出发，发挥水体正常的净化、行洪、供水、灌溉等功能，采用科学的监测与评估方法，对生态系统的长效运行进行综合调控[7]。在水环境管理的同时，盘活存量资产，在充分保障水体功能不受损坏的前提下，合理利用水环境治理的生态资源，探索多种适宜的经济补偿途径，从而减轻水环境管理的财政压力，真正实现水环境为人类生存发展服务。城市河湖水环境治理必须综合各因素之间的联系，从点到面、从基本单元到整个区域，进行全方位的修复与整治。

2. 整体性和地域性

整体性治理的重要环节是维护与整合，尤其是资源的整合。在确定的共同行政组织结构下积极促使合并专业实践经验与手段，从而促成治理行动的观察和实践环节，即整合。无论是横向维度还是纵向维度，应积极有效地整合跨域水环境治理的职能，强化地方政府（尤其是省市级河长）的跨域治理特征，实现整体性治理的实际成效，以促进资源整合与配置的合理化[8]。

1）资源整合

地方政府推行河长制治水的主要依靠中央和省级政府的转移支付，这就产生了后续如何有效利用转移支付资金、资金整合的现实问题，以防发生利益分配的碎片化现象。为此，需要借助地方政府自上而下的资金整合手段。无论是中央政府还是省市级政府的转移支付，其经费运转都秉持"自上而下"的行动逻辑。换言之，自上而下的转移支付实质上是上级政府对下级政府的项目发包过程，而这种发包多以项目形式呈现，以项目资金打包而成，并沿着权力链条下发到下级政府[8]。由此，跨域水环境治理的整合在某种意义上被认为是裹挟了自上而下转移支付资金的整合过程。

2）资源配置

"整合"的现实意义在于利益的再分配，利益再分配是以资源配置的形式来呈现的。河长制治理模式的资源配置是治水财政经费的整合和项目发包形式构成的利益分配，即地方政府的财政资源配置过程是对基层河长的治水项目发包过程。在这一阶段中，需要地方政府动员基层河长和社会资本积极实施水环境治理的基层服务，强化以项目为依托的资源配置方式；引导各个协调主体参与到跨域水环境的综合治理服务项目中，实现不同流域、不同部门、不同层级河长间的水环境整体性治理，以此来缓和政府间的政策冲突或治理风险。通过协调主体间的相互合作，力图取得整体性治理成效，以期提供跨域水环境治理的无缝隙服务[8]。

无论是资源整合，还是资源配置，其关键点在于有效利用公共水环境资源，进而降低治理成本，最终实现跨域水环境治理的长效性。

3. 政策性

在环境污染治理中，国家不同部门承担不同的职能，具有不同的专业分工优势。很多环境问题往往是交叉重叠、相互贯通的，仅凭单个部门的力量很难达到综合治理的效果[9]。2018 年 3 月，中共中央印发《深化党和国家机构改革方案》，将环境保护部的职责，国家发展和改革委员会的应对气候变化和减排职责，国土资源部的监督防止地下水污染职责，水利部的编制水功能区划、排污口设置管理、流域水环境保护职责，农业部的监督指导农业面源污染治理职责，国家海洋局的海洋环境保护职责，国务院南水北调工程建设委员会办公室的南水北调工程项目区环境保护职责整合，组建生态环境部，作为国务院组成部门[10]。这一措施完善了区域环境治理的顶层架构。

整体性治理的运行机制以解决公众问题为核心问题取向，强调应用联合、协调、整合的策略。通过政府部门间、横向政府间、政府与社会的资源整合和功能协调，使某一政策领域的相关利益主体协作应对区域公共事务[9]。借助先进的信息技术，增进区域环境治理各供给主体间知识和信息的交换和共享，为公众提供更好的区域公共服务。因此，在区域环境治理的过程中，一方面地方政府要不断完善环境保护政策，另一方面要切实推进区域环境治理的政策执行，并逐步加强政策执行的技术保障。

4. 可实施性

城市河湖水环境综合治理的整体目标涉及多方面的内容，因此综合治理应该具有可实施性。在实际执行中，会遇到各种各样的问题，导致很多方案会有所变动，应适当调整方案，使之完全符合实际水环境的修复现状。制订具体整治措施时，应将目标分布落实到位，分阶段分层次逐一完成具体的工作任务。

4.2　城市河湖一体化水环境治理
目标、原则与思路

4.2.1　城市河湖一体化水环境治理目标

城市河湖水环境，尤其城市河流，是我国水环境中一类比较特殊的河流类型，往往表现为河流流域面积小、径流量小，大多属于中小型河流，城市河流如图 4-1 所示。由于流经城市的河流受人为干预比较强烈，沿程接纳大量市政废水，点源与面源入河污染负荷大，水环境污染严重；河流水生态、沿岸植被带与湿地被侵占和破坏；河流形态呈现"人为化""渠道化"，河流自然特征退化或消失殆尽。这类城市河流的污染控制与修复，与大江大河或入湖河流的治理与修复有较大的差异，应采取不同的治理理念与技术路线。同时，应该更多关注水生生态系统，包括水生植物生态系统和水生动物生态系统，通过一定的人工干扰辅助河流自然修复水生态系统，使河流恢复其自净能力[11]。

图 4-1　城市河流示意图

城市河流污染控制与生态修复，应当在调查研究河流基本情况的基础上，开展河流水污染现状分析、河流生态退化水平评估，分析主要存在的环境问题，再提出城市河流污染控制与修复的长期目标与近期目标，科学有效、经济合理地治理河流污染[12]。我国部分城市河流污染严重、生态差、问题多，有的河段甚至出现多年积累的黑臭现象，导致治理工作难以一蹴而就[11]。因此，城市河流污染治理与修复目标可以分为短期目标和长远目标，如图 4-2 所示。

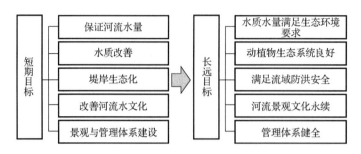

图 4-2　城市河流污染治理与修复的目标[11]

短期目标一般以某条河流目前需要解决的主要问题为主要目标,改善河流水质水量,改善堤岸生态环境和河流水文化。长远目标从全流域的视角与五个"五年计划"来考虑,使水质与水量目标符合自然城市河流的要求;河流生态系统要求优化修复,达到良性水平;河流安全要满足城市河流防洪与排水规划要求;在城市河流修复中,对河川文化的保护与传承、河流景观及流域管理也要规定明确的目标[11]。不同城市、不同河流均应因地制宜制订科学、合理的短期与长远目标。

4.2.2　城市河湖一体化水环境治理原则

城市河湖水环境治理存在的难点如下。①治理对象比较局限,缺乏总体规划。水污染治理存在"头痛医头,脚痛医脚"的现象,关注末端治理而忽视污染源头减量,缺乏全部性、整体性、系统性治理规划[13]。②管理手段单一,多部门缺乏合作,政策文件多而杂。行政手段和经济手段是我国当前针对水环境污染治理的主要管理手段,但缺乏对污染产生单位转向市场生态化的引导,教育、宣传手段不足,公众参与范围窄,重视力度不够;此外,水环境治理需要环保、住建、水利、农业等多部门参与,多部门分别出台了各类政策文件,缺乏良好的协作。③水环境治理考核时间节点多、考核标准不统一。通过行政、经济等手段进行水环境治理,工程考核时间节点较多,如针对城市黑臭水体的治理,考核时间节点为 2017 年、2020 年、2030 年,给工程建设带来很多问题,短期的工程建设和长期的设施也存在一定问题。工程项目验收考核标准不一致,有些项目的考核指标以《地表水环境质量标准》(GB 3838—2002)为参考,部分项目参考《城市黑臭水体整治工作指南》。

水环境治理是一项系统工程,要取得治理效果,达到治理目标,需要遵循以下原则。

(1)以人为本,科学治水。为实现流域经济社会与环境协调发展、人与自然和谐共处的目标,水环境治理的原则应以维护人类根本利益为出发点,重视生态文明建设,解决饮用水安全等突出问题,转变发展观念,创新发展模式,强化生态修复,科学构建以遵循生态性、景观性等原则为基础,以维持河湖自然生态平衡为核心的治水方案,建立全流域水环境管理体制和运行机制,加快资源节约型和环境友好型社会的建设步伐。

(2)统筹规划,综合治理。水环境治理不成功的原因主要是总体规划缺位。很多项目是碎片化项目,一个城市要解决的总体问题应该是总体的规划和思路[13]。现存问题是污染在水里,根源在岸上,关键在排污口,核心在管网[14]。全面考虑生态治理要素,根据城市河湖流域水环境容量，统筹考虑社会经济发展和流域水环境保护需求，采取远期目标和近期目标结合、工程和非工程措施结合、污染治理与生态修复结合、水环境治理与产业结构调整结合等综合措施，从根本扭转水环境恶化趋势。

（3）多措并举，防治结合。在生态保护区和水源地区域推行城市化发展的同时注重保护水资源，不能再走发展—污染—治理这条路，而要发展、保护、生态共存。

解决水环境污染问题，要进行总体的区域规划，进行全程式的系统设计。2015 年，住房和城乡建设部联合环境保护部、水利部、农业部发布了四大类黑臭水体治理技术[15]：控源截污技术、内源治理技术、生态修复技术、其他技术（如活水循环、清水补给等）。最关键的技术为截污纳管，在风险源产生的时候要把控住[16]。例如，在现有排水体系的合流系统中合理设计截流布点；设计包括雨污分流和清污分流等多种形式污（废）水分流[14]；建设、改造、修复控源截污纳管；对内源污染进行控制，对工业点源、污水和生活垃圾、面源污染进行治理；调整产业结构和工业布局，推行清洁生产、节能减排；通过补水活水技术对下游进行增容、扩建和改造，补齐现有的短板[15]。防治结合，多措并举，标本兼治。

（4）多元共治，全民参与。以水环境容量为基准，综合研究城市河湖流域水环境存在的问题及成因，明确水环境治理的重难点，科学合理制订水环境综合治理技术路线，建立跨行政区域的流域水环境治理协调机制，强化跨区域、多部门协作；建立健全目标责任制及考评机制，加大宣传教育力度，调动社会参与治理工作的积极性和主动性[17]。

（5）因地制宜，一河（湖）一策。城市河湖水环境发生污染后，污染现象在河道、水里，污染来源在支流、沟渠里，污染的根本却是在岸上和水里。在深入河湖调研的基础上，全面测量、记录，全面掌握目标河湖存在的全部问题，梳理出突出的主要问题，将所有问题整理在"一河（湖）一档"中。城市河湖一体化水环境综合治理首先要坚持问题导向，切实根据城市发展情况，结合地区自然环境，因地制宜，针对城市河湖流域内污染源的结构及布局，采用个性化治理对策，有计划、有重点地推进水环境治理工作。

（6）智慧监管，机制创新。强化科技攻关，加强水环境治理集成技术研究和应用推广，充分利用现代信息技术，强化监测预警体系建设，创新现代化河湖管理机制。

4.2.3　城市河湖一体化水环境治理思路

城市河流污染控制的总体思路，应从流域角度出发，以清水产流机制修复理念为指导，在系统控源的基础上，采用"水质-水量-水生态"修复宗旨，结合流域管理的"多要素"技术路线，重视城市河流的水量修复与生态修复工作，确保城市河流的自然属性与自然条件的修复，让城市河流逐步恢复昔日"清水绿河"的风采[11]。在治理过程中应遵循"水污染—水环境—水生态—水生态文明建设"循序渐进的治理过程[18]，绝非跨越某个过程直接进入水生态和水生态文明建设过程。

城市河湖水环境修复过程，需要结合实际情况考虑很多要素，才能有效实现城市河湖水环境的综合整治。在确定河流水污染治理与修复的总体框架之前，首先应当对河流的生态健康状态及基本污染情况进行调查与分析，然后依据河流的污染程度、生态现状与主要问题等，来确定河流的修复思路，编制修复方案[11]。

1. "一河（湖）一策"分类治理观念

城市河流是城市资源的重要组成部分，在城市的发展进程中扮演着重要的角色。为了有效治理水污染，中共中央办公厅、国务院办公厅印发了《关于全面推行河长制的意见》，要求"地方各级党委和政府要把推行河长制作为推进生态文明建设的重要举措，切实加强组织领导，狠抓责任落实，抓紧制定出台工作方案，明确工作进度安排，到2018年年底前全面建立河长制"。全面推行河长制的核心是党政领导负责制，关键是河长的担当作为，机制是部门联动共治，保证是监督问责[19]。

"一河（湖）一策"分类治理，包括加强河湖管理保护中存在问题的摸排、解决方案的拟定、工作计划的安排、责任主体的明确和治理措施的确定等方面内容，有针对性地治理不同污染特征的河流及湖泊。"一河（湖）一策"中的"策"通常是指计算、计策，又指策问、对策、计算和主意等。"一河（湖）一策"是全面推行河长制的阶段性工作成果，是未来一定时期内河湖管理与保护的基础，更是考核问责的基本依据。

（1）"一河（湖）一策"编制是基础，实施是关键。水是生态系统的控制要素，河湖既是生态空间的重要组成，又是水资源存在的重要空间[13]。"一河（湖）一策"的着眼点就是要解决复杂水问题、保护好河湖，要从源头上控制污染物的排入，包括控制点源污染、面源污染、初期雨水带来的污染；要尽量恢复河湖生态岸线，尽量建设和使用生态驳岸和生态防渗河床；要做好河湖水资源开发利用，必要时通过生态补水保障生态基流的稳定性；要做好河湖生态保护，大力开展生态修复重建和维护[20]。

（2）综合治理要切合河湖实际。每条河湖的综合治理方案，一要体现基本的管护规律，一般应遵循治河先治污、先治河外后治河内、先支流后干流、先治污后生态的管护规律[21]。二要体现独特的管理治理策略，用矛盾的普遍性和特殊性原理分析研究拟定"一河（湖）一策"；对于生态良好的河湖，重点是预防和保护；对于生态恶化的河湖，重点是源头控制、水陆统筹、联防联控，侧重加大治理和修复力度；对于城市的河湖，要全面消除黑臭水体、连通城市水系，打造市民休闲游玩好去处；对于农村河湖（道），要加强清淤疏浚，减少线长面广的点源污染[20]。三要搭建坚实的要素保障平台，落实要素保障，确保河湖管护人、财、物的投入；要搭建好"一段一策""一源一策"的承载平台，确保各项管护任务落实到主体；要明确实现路径，从工程措施、技术措施、管理措施等方面保障。四要探索多元主体的治理系统思路，治理的主体应该是市县两级，管理的主要任务主要由镇（乡）村两级承担[20]。

（3）河湖治理是基础，管理是常态。"一河（湖）一策"方案确定的管理措施要细化实化，要以项目为载体，将河湖治理和管理的每年度任务"拎出来"，努力做到"两个化"[21]：①细化，就是把河湖河道逐级分解到支流末端，把管理责任和治理任务科学地从市、县（区）、镇（乡）细化到村级；②量化，就是逐条河湖建立基本信息档案，形成"一河（湖）一档"，重点全面排查河道、沟渠、污染源、排污口、违法建设、安全隐患等情况。

2. 清水产流机制修复思路

近年来，以清水产流机制修复理念来指导河流的水质改善与流域生态修复工作，已逐渐成为我国水环境保护与水污染治理领域的共识。为了保障城市河流水体及河流输送的河水为清洁水,应当以河流整个流域为治理的空间尺度,从三个区域,在河流源头的清水产流区、污染控制与净化区、湖滨缓冲区,开展不同但目标一致的清水产流机制修复,让河流水质变好,清水输送,这是河流清水产流机制修复理念的核心内涵[11],如图 4-3 所示。

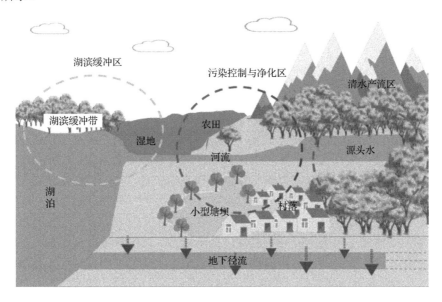

图 4-3　城市河流清水产流机制修复思路示意图(见彩图)

清水产流机制修复必须从全流域出发,采取流域综合治理与生态保护相结合措施,由各个小流域清水产流机制分别修复,最终达到整个流域修复的目的,保障河流清水输送,从而使清水产流机制中清水输送通道的水质及生态得以改善[12]。城市河流污染治理应当特别强调对污染源的系统治理,突出低污染水源治理,即最大程度地保证进入河流的水体为清洁水体。具体措施包括河流上游的治理、农灌区来水的治理、沿河村落低污染水的治理、河流自身的水体净化等,同时加大整个流域的监管力度。通过以上措施,减少排入河流的污染物,改善河流水生态系统,逐步恢复城市河流清水产流机制系统[11]。

清水产流机制是湖泊流域水量平衡和污染物平衡作用的复杂体系,维持流域清水量平衡和污染物平衡对保障湖泊良好的生态系统与健康运作至关重要。清水产流区产生的清水经过河流通道和湖滨区,最后进入湖泊中,维持足够的清水量入湖是保证湖泊良好健康的重要前提。

3. 多要素修复思路

在总体方案框架设计中,针对不同的城市河流特征,可以采取"水量、水质、水生态"三重修复理念,或"水量、水质""水质、水生态"双重修复理念。水质缺水型河流,多分布在珠三角与江南水网地区[11]。我国南方地区的一些城市河流水资源量丰富或尚可,但水质污染严重,造成河流无水可用。对于这类河流,采用"水质、水生态"双重修复理念比较合适。水量缺水型河流,多分布在我国北方地区的一些城市,水质污染十分严重,甚至局部河段出现黑臭。同时,水量即水资源量严重不足,年内经常基流不保,平时河水水位很低，有时断流，甚至成为间歇河流，更有甚者几乎没有保障的水源补给，城市污水厂的尾水补河成为常态化。对于这类城市河流，采用"水量、水质、水生态"三重修复理念比较合适。在河流水污染治理中从"水量、水质、水生态"三方面同时开展修复，这对于北方地区的河流具有明显的作用，因为其水量不足的问题十分严重，水量修复不可或缺。对于水量-水质缺水型河流，水质与水量同时存在重大问题，当然生态问题也比较突出。对于这类河流的治理与修复，采用"水量、水质、水生态"三重修复理念，还是"水质、水生态""水量、水生态"双重修复理念，要视河流的实际情况与问题而定[11]。

1）水环境质量修复

以"科学治污、生态治河"为指导原则，系统全面实施水环境改善措施。综合控源截污、清淤疏浚和垃圾收运拦截等措施，实现污染物全面控制，清水补给，活水循环，构建活力生态系统，最终实现消除黑臭，并长期保持良好的水环境。控源截污工程的主要作用是控制外源污染，通过管道收集和调蓄等收集方式，将污染物集中处理处置，进行全面污染物治理[19]。

2）水安全保障措施

通过防洪、排涝工程全面提升河道防洪排涝能力，以保障城市水安全[19]。防洪工程采用河道疏浚、河底管道改线等措施调节河道泄水蓄水功能。根据城区及建制镇排涝标准20年一遇24h暴雨不成灾，对于目前及城市规划为农田保护区的区域，采用10年一遇24h暴雨1d排至作物耐淹深度的标准，不耐淹作物适当提高标准[19]。

3）水生态修复保障

对于外源污染进行截污，污水就近排入污水处理厂，处理达标之后的水排入河道。中水进入河道之前进入生态湿地进行再次处理，处理后的水采取水质改善措施。通过生态湿地净化处理、水体曝气增氧作用、水系内原位水体生态修复和营造生物多样性，实现水体的生态修复，打造活力生态水系，从而构建完整的生态系统，并在生态基础工程之上进行景观提升改造，最终实现打造绿色生态水环境的总体目标[19]。

4）水资源优化配置

通过水资源调配，实现清水补给和活水循环，满足环境需水量要求。水资源配置技术方案须从全局出发，分清主次，统筹兼顾，互相协调。通过雨水及再生水资源配置、生态补水工程和水系连通工程实现水资源的优化配置。

5）水文化建设

在对上述规划中基础资料分析和调研的基础上，对河道所处位置和当地文化进行分析，最后提出水景观的总概念方案。结合当地实际情况，提出近期水体景观规划。在保持现状河道绿化的基础上，尽量增加河道堤岸及岸坡绿化，增加垂直绿化效果，同时可以建设生态湿地公园，结合初雨调蓄池，在河道适宜位置建设亲水设施，结合当地文化特色打造绿色之河、生态之河[19]。

4.2.4　城市河湖一体化水环境治理工作程序

城市河湖水环境综合治理，应从水量-生态-水质-安全-管理提出总体治理思路：清水产流机制修复思路、多要素修复思路[11]。一个城市开展河流水污染治理与生态修复工作，工作程序如下：

（1）开展调查研究工作，以河流生态健康的思路，从河流水量、生态、水质、安全和管理五个方面进行调查，掌握河流的环境现状、污染水平与主要问题。

（2）针对调查河流的健康状态，开展环境、生态、水利与景观多学科综合分析、诊断与评估，把握其水文水动力变化、水污染规律、生态退化趋势。

（3）在调查与评估的基础上，提出河流治理的理念与思路，确定治理目标（近期、远期），编制城市河流分区修复与分类治理的科学方案。

（4）选择一条或几条典型城市河流或某河段开展工程示范，突破技术，树立信心，积累经验，为规模化城市河流的污染治理与生态修复提供综合支撑[11]。

总之，制订城市河流水污染综合控制与生态修复方案时，首先确定其远期目标与近期目标是十分重要的，然后再根据各期目标分步执行。在满足城市水质水量的基础上，深入开展生态修复工程，进行彻底的治理。水环境综合整治规划见图 4-4。

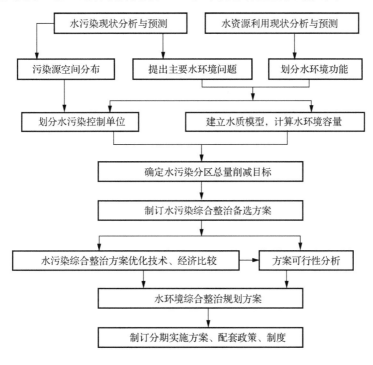

图 4-4　水环境综合整治规划

4.3　城市河湖一体化水环境治理技术体系

4.3.1　城市河湖一体化水环境治理技术路线

我国大多数城市经过多年的水环境治理，水体黑臭现象仍然普遍，一到暴雨时节很多区域被淹，暴露出很多问题：规划落后于城市的发展；治水未按流域统筹，系统性不强；城市开发建设与排水设施建设未能衔接；雨污混流普遍，污水处理效果不佳；排水工程投资、建设、管理部门多，未能充分发挥应有效益；洪涝应急响应、处置能力不足；水环境管理机构不健全，执法不严等。从水环境综合治理分析，其面临工程范围的确定、工程规模的控制、工程目标的实现等主要问题[22]。

流域水环境综合治理最终应以维持水环境健康生命为总目标，以科学发展观统领流域水环境治理的各项工作，统筹协调社会、经济、环境和生产、生活、生态用水等各方面的关系，使流域的社会经济发展与水环境的承载力相适应，在保护中开发，在开发中保护[22]。规范人类各项活动，最大程度地适应自然生态规律，维持水环境健康生命，使人与自然和谐共处。

4.3.2　城市河湖一体化水环境治理工程体系

城市河湖一体化水环境治理，应该采取适当的措施科学地进行。通过水源保护、生态修复、水质提升、拦污截污、雨污分流、深层储水生态补水及生物措施，增加水体生物多样性，提高水体自净能力，建设适合当地的水韵文化体系[3]。在实际综合治理中，整体工程体系主要包括控源工程体系、多要素修复工程体系和工程管理体系，具体工程体系如下。

1）实施污水管网改造

以人为本，充分认识城市污水管网改造的重要性，在城市河湖水环境综合整治工程决策过程中，目标是让河流恢复清水。水环境综合整治工程的主要内容：①整治污染面，对污染严重的河流进行截污、疏浚和河堤治理；②截断污染源，在居民生活废水排放点实行雨污分流；③变污水为清流，新建污水处理厂来提高污水处理能力和处理容量[4]。

2）污水管网改造一体化建设

完整的污水处理系统必须具有相匹配的污水收集和处理系统。将污水收集、处理系统作为一项系统工程，同时规划、同时设计、同时施工、同时投产，实现污水收集、输送和处理一体化流程[4]。不断改善城市污水收集设施，保证污水不进入河流，提高水环境质量[23]。

3）多元化水利工程设计

相关学者提出水环境工程设计应为生态城市建设服务，改变单一水利工程设计的旧思路，从综合整治角度出发进行水利工程多元化设计。在骨干河网布置、断面尺寸选择上，通过水力计算，结合流域、城市防洪、城市总体规划、水资源规划确定，以满足安全要求；支、细河网设计，宜从河网率、城市雨水调蓄之间的关系着手，做到通、蓄兼顾[4]。

4）调水、配水和补水工程设计

在具体设计方案中，要十分注重调水、配水和补水工程设计，在截污、治污的基础上，通过合理配水和补水，使河网水体持续流通，达到恢复和改善水质的目的，为恢复自然生态奠定基础[24]。

5）河道清淤

河道清淤不仅可恢复蓄水量，而且可减少水体的有机污染，是综合整治中比较有效的措施之一[4]。通过机械设备，将沉积河底的淤泥吹搅成混浊的水随河水流走，或者是清除河道淤泥来降低河床，从而起到疏通除淤的作用（图4-5）。大量河道清淤后，河道水质改善明显，河道生态环境恢复正常。因此，河道清淤工程对城市河道环境改善、城市建设至关重要，可有效改善城市河湖水环境现状，可为城市经济建设、城市建设和环境保护协调发展提供保障。

图 4-5 河道清淤

6）生态修复工程

生态修复工程技术包括河道护坡生态修复技术、岸带修复技术、人工浮岛修复技术、人工水草修复技术、生物栅修复技术、水生植物修复技术、水生动物修复技术和微生物修复技术[25]。

河道护坡生态修复技术：把混凝土人工护坡改造成适合动植物生长的模拟自然状态的生态护坡，提高水体的生物多样性，修复生态系统。

岸带修复技术：采取植草沟、生态护岸、透水砖等多种形式，对原有硬化河岸进行改造，通过恢复岸线和水体的净化能力，恢复河流的生物多样性，强化水体的治理效果，使其在城市生态系统循环中发挥重要作用。

人工浮岛修复技术和水生植物修复技术：通过生态系统的恢复与系统构建，持续去除水体污染物，改善生态环境，利用土壤、微生物、植物去除水环境中的有机物、氮、磷等污染物，综合考虑水质净化、景观提升与植物的气候适应性[25]。

人工水草修复技术和生物栅修复技术：在不影响河道行洪的前提下将人工水草或生物栅布置在河道上，利用其表面形成生物膜，形成缺氧、厌氧、好氧的生物内环境，可以快速地去除黑臭水体中的有机污染物、氮和磷，达到消除富营养化的目的。

水生动物修复技术：通过在水体中投送鱼类、软体动物，控制水体藻类过量生长，保持生物的多样性，促进生态环境改善[25]。

微生物修复技术：通过人工措施投加高效降解菌，强化微生物的降解作用，促进污染物的分解和转化，也可以通过投加微生物促进剂提升水体本土微生物自净能力[25]。

4.4　城市河湖水环境管理制度与体系

4.4.1　我国城市河湖水环境管理制度

近年来，国家关于城市河湖环境管理制度及体系已经出台了系列政策，如《中华人民共和国水污染防治法》、河长制等。严格实行河湖水域空间管理、加强河湖岸线管理保护、加强水环境综合整治、开展河湖生态治理与修复、加强河湖执法监管[26]。建立统一的用于城市河湖水生态环境评价的指标，对我国城市水生态环境管理与保护具有一定预警作用。

为了进一步完善水管理政策，2017 年 6 月 27 日，全国人民代表大会常务委员会对《中华人民共和国水污染防治法》进行第二次修正，第十六条规定，"防治水污染应当按流域或者按区域进行统一规划"。第二十条规定，"国家对重点水污染物排放实施总量控制制度……省、自治区、直辖市人民政府应当按照国务院的规定削减和控制本行政区域的重点水污染排放总量……省、自治区、直辖市人民政府可以根据本行政区域水环境质量状况和水污染防治工作的需要，对国家重点水污染物之外的其他水污染物排放实行总量控制。对超过重点水污染物排放总量控制指标或者未完成水环境质量改善目标的地区，省级以上人民政府环境保护主管部门应当会同有关部门约谈该地区人民政府的主要负责人，并暂停审批新增重点水污染物排放总量的建设项目的环境影响评价文件。约谈情况应当向社会公开"。以上规定是总量控制制度的核心条款。

污染物排放总量控制制度是防治水污染的有力武器，是实行排污许可证制度的基础[27]。城市河湖水环境中污染程度比较严重、对居民生活及环境造成很大影响的黑臭水体，引起了公众极大关注，国家和政府对黑臭水体的管理也越来越严格。

4.4.2　我国河湖水环境管理体系

城市河湖水环境黑臭现象严重影响城市形象及居住环境。国家及各级政府相继出台了很多河湖黑臭水体管理政策。住房和城乡建设部（后文简称"住建部"）牵头，会同原环境保护部（现为生态环境部）、水利部、农业农村部编制了《城市黑臭水体整治工作指南》（以下简称《指南》），内容包括城市黑臭水体的排查与识别、整治方案的制订与实施、整治效果的评估与考核、长效机制的建立与政策保障等[28-29]。《指南》明确要求编制城市黑臭水体清单，包括黑臭水体名称、起始边界、类型、面积/长度、所在区域、黑臭级别、水质现状、责任人、达标期限等，提出实行"河湖长制"，明确每一水体水质管理的责任人。原则上,河湖长应由城市水体所在地政府或相关主管部门负责人等担任[29]。涉及跨界水体的,由相关城市协商开展治理工作。城市黑臭水体识别主要针对感官性指标,百姓不需要任何技术手段就能判断。因此,《指南》特别要求注重百姓的监督作用,让百姓全过程参与城市黑臭水体的筛查、治理、评价,监督地方政府整治城市黑臭水体的成效,切实让百姓满意。《指南》规定,被调查人数的60%认为有"黑"或"臭"问题就应认定为黑臭水体,至少90%的调查问卷对整治效果答复"满意"或"非常满意"才能认定达到整治目标[29]。建立全国城市黑臭水体监管平台,定期发布信息,接收公众举报。

4.4.2.1 城市河湖水环境黑臭水体识别标准

城市河湖水环境黑臭水体有很多解释,《指南》对城市黑臭水体做出明确定义[16]:一是明确范围为城市建成区内的水体,也称为居民身边的黑臭水体;二是指呈现令人不悦的颜色(黑)和(或)散发出令人不适气味的水体,以居民的感官判断为主要依据[29]。从实际情况看,城市黑臭水体很多是流动性差的水体,也有的是季节性河流,其水质水量受季节影响很大[30]。

《指南》明确规定了黑臭水体的黑臭等级,将其分为轻度、重度黑臭两个等级(表 4-1)。轻度黑臭:水体透明度低于 25cm、溶解氧低于 2mg/L、氧化还原电位分布-200~50mV,氨氮指标不高于 8mg/L;重度黑臭:透明度低于 10cm,溶解氧低于 0.2mg/L、氧化还原电位低于-200mV、氨氮指标高于 15mg/L。

表 4-1 城市黑臭水体污染程度分级标准

特征指标	轻度黑臭	重度黑臭
透明度/cm	10~25*	<10*
溶解氧浓度/(mg/L)	0.2~2.0	<0.2
氧化还原电位/mV	-200~50	<-200
氨氮浓度/(mg/L)	8.0~15.0	>15.0

注:*水深不足 25cm 时,该指标依据水深的 40%取值。

对于黑臭水体的级别判定,一般根据某检测点 4 项理化指标,1 项指标 60%以上数据或不少于 2 项指标 30%以上数据达到"重度黑臭"级别的,该检测点应认定为"重度黑臭",否则可认定为"轻度黑臭"。连续 3 个以上检测点认定为"重度黑臭"的,检测点之间的区域应认定为"重度黑臭";水体 60%以上的检测点被认定为"重度黑臭"的,整个水体应认定为"重度黑臭"。黑臭水体等级的划分为城市黑臭水体整治的优先顺序及年度计划制订提供了参考,同时也为整治效果评估提供重要依据[31]。具体各项水质指标测定方法如表 4-2 所示。

表4-2　水质指标测定方法

序号	项目	测定方法	备注
1	透明度	黑白盘法或铅字法	现场原位测定
2	溶解氧浓度	电化学法	现场原位测定
3	氧化还原电位	电极法	现场原位测定
4	氨氮浓度	纳氏试剂分光光度法	水样经0.45μm滤膜过滤

注：相关指标分析方法详见《水和废水监测分析方法：第四版（增补版）》。

4.4.2.2　城市河湖水环境黑臭水体管理政策与法规

城市黑臭水体的整治是一个非常复杂的工作,涉及的污染物来源和影响因素比较多,在政府层面涉及的管理部门也比较多。很多地方的水体周期性反复出现污染问题,如果没有从根本上治理,治理后的水体又会恢复到之前的黑臭状况[29]。因此,黑臭水体的整治效果更多的是长久性效果。城市黑臭水体整治效果重在看公众满意程度和长效机制建设;城市黑臭水体整治不是"一次性"工程,"碧水蓝天"需要政府的长期持续性投入[16]。

1. 管理政策

（1）增强不同部门间的组织协调。我国独特的行政管理决定了城市水体黑臭治理工作涉及住建部、水利部等多个部门,受到不同部门利益和职能范围限制[32],单一部门负责实施的城市河流水环境综合治理难以获得良好的环境效益[33]。例如,浙江省"五水共治"是多个部门之间合作的实践成果,需要政府和多部门的综合协调与合作[32]。近年来实施的湖泊、流域水污染治理专项,涉及跨省市的管理范围,需要联合各省市相关部门进行综合管理。

（2）执行市场化机制,采取政府和社会资本合作（public-private-partnership,PPP）、综合环境服务等市场化模式,保障水污染治理的可持续性[32]。城市黑臭水体治理工程建设是基础,管理是关键,必须加强管理,明确河流运行维护的责任主体。按照管理公路的模式来管理河道,像管理街道一样来管理城市河流。落实污染责任制,严肃处理污染事件。

（3）拓宽治理资金的筹措渠道,通过财政投入、银行贷款等多元化融资,解决水体综合治理的资金问题。城市水体黑臭治理的投资成本很高,上海苏州河治理1999~2011年花费了141亿元[32]。仅依靠政府出资难以解决,可以根据河道的功能结构,建立多元化的市场投资机制。可以将城市维护建设税用于河道污染整治,从土地出让和增值收益中支出一定比例用于河道整治。例如,浙江嘉兴从土地出让收入中划出10%（旧城改造5%）用于城市防洪建设。

（4）增强考核机制。建议党委、政府负责人牵头组织、协调、推动落实城市水体环境综合整治工作,强化地方政府是城市水体环境质量的主体责任部门,为解决城市水体污染问题提供制度保障，将考核结果与领导干部综合考核挂钩[34]。例如，目前实行的河长制[35]，实现了地方政府环境质量负责制的量化、细化和可操作化，是综合整治的重要手段。

2. 管理法规

黑臭水体是我国目前比较严峻的水环境问题。国务院颁布的《水污染防治行动计划》（后文简称"水十条"）提出了分期整治的目标，到 2030 年，城市建成区黑臭水体总体得到消除。截至 2018 年 10 月，我国黑臭水体总认定数为 2100 个。全国约 70%的黑臭水体分布在华南、华中及华东等地区，呈现南多北少、东中部多西部少的地域特点。针对黑臭水体整治工作，各省、自治区、直辖市均采取有效措施，大力推动"一河一策"治理工作，相继出台并严格落实河长制。通过有效治理，大部分黑臭水体明显改善，重现清水潺潺，如南宁那考河、滁州清流河等。然而，仍有部分水体治理后再次出现黑臭现象，如南京秦淮河[36]。

国家及地方相应出台各种管理政策和方法来有效治理黑臭水体。2010 年，广东省环境保护厅印发《广东省环境保护厅重点污染源环境保护信用管理办法》，引入"绿牌""黄牌""红牌"概念。2012 年，1117 家参与重点污染源环境保护信用评级的企业中，绿牌企业（环保诚信企业）有 903 家，占比为 80.84%；黄牌企业（环保警示企业）共有 144 家，占比为 12.89%；红牌企业（环保严管企业）共有 70 家，占比为 6.27%[37]。2022 年，上海市生态环境局编制《上海市企事业单位生态环境信用评价管理办法（试行）》，生态环境信用评价实行计分制。根据企事业单位生态环境信用评价指标，累计计算生态环境信用分值，从高到低分为 A、B、C、D 四个等级[38]。2013 年，江苏省印发了《江苏省企业环保信用评价及信用管理暂行办法》[39]。2007 年，浙江省印发了《浙江省企业环境行为信用等级评价实施方案（试行）》，通过"贴牌"，对超标和超总量的企业予以"黄牌"警示，要求限制生产或停产整治；对整治仍不能达到要求且情节严重的企业予以"红牌"处罚，并要求停业、关闭[40]。

2016 年 1 月，生态环境部规划编制总体组制订了《重点流域水污染防治"十三五"规划编制技术大纲》，指导各省市积极落实和实施"水十条"方案[36]。同时，财政部、环境保护部联合印发《水污染防治专项资金管理办法》，重点支持重点流域水污染防治，水质较好江河湖泊生态环境保护，饮用水水源地环境保护，地下水环境保护及污染修复，城市黑臭水体整治，跨界、跨省河流水环境保护和治理，国土江河综合整治试点等。2015 年，水污染防治专项资金中，5.5 亿元用于国土江河综合整治试点，50 亿元用于"水十条"其他任务落实，预留 10 亿元应对水污染突发事件。2016 年中央水污染防治专项资金 130 亿元，首先用于省级人民政府批复的水质较好湖泊生态环境保护，集中用于城市集中式饮用水水源地保护、重点流域水污染防治、地下水污染防治等[41]。

根据水污染现状，实行精细化管理，流域控制单元实行分区管理（图 4-6）。流域水生态环境功能分区管理体系包括流域、水生态控制区、控制单元三个层级[42]。控制单元划分与水功能区、水环境功能区及陆上排污口、污染源衔接，以乡镇为最小行政单位并保证流域的完整性，在不打破自然水系前提下，以控制断面为节点，组合同一汇水范围的行政单位。全国共划分长江等流域、水源涵养等 7 类功能区及 1784 个控制单元。每一个控制单元都对应一个控制断面（监测断面），1784 个控制单元对应 1784 个监测断面。

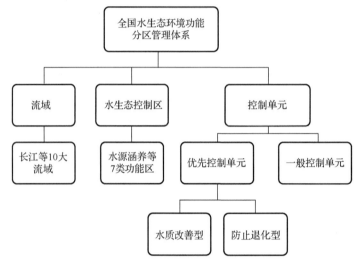

图 4-6　流域水生态环境管理图

4.5　大数据背景下的城市河湖管理

4.5.1　流域水环境大数据平台构建理念与机制

我国拥有庞大的人口基数及数不胜数的应用市场，这使得我国成为世界上拥有最复杂的大数据的国家，人们可以收集到的数据量越来越大，类型越来越多。同时，大量的数据带来各种问题，如何解决这些问题并从大量的数据中获取价值，这是亟待解决的问题。探索以大数据为基础的解决方案、技术，正成为当前的主流和竞争力，大数据的时代应运而来[43]。麦肯锡咨询公司在其报告 *Big data: The next frontier for innovation, competition and productivity* 中给大数据定义：大小超过常规的数据库工具获取、存储、管理和分析能力的数据集。大数据的核心特征在业界经常用 4V 表示，即数据体量（volume）、数据类型（variety）、价值（value）、速度（velocity）[44]。

大数据是以容量大、类型多、存取速度快、应用价值高为主要特征的数据集合，正快速发展为对数量巨大、来源分散、格式多样的数据进行采集、存储和关联分析，从中发现新知识、创造新价值、提升新能力的新一代信息技术和服务业态[45]。全面推进大数据发展和应用，加快建设数据强国，党中央、国务院高度重视大数据在推进生态文明建设中的地位和作用[46]。

党的十九大报告指出，着力解决突出环境问题，构建政府为主导、企业为主体、社会组织和公众共同参与的环境治理体系。我国环境污染及治理的客观情况，使得通过主体联动机制建设引入多元主体之间协同成为环境治理的必由之路[47]。流域水环境大数据平台构建是以环保大数据平台为技术支撑的主体联动机制，可以充分重视各关联主体之间的外部效应，将多种数据的信息指标结合，建立多领域指标融合的关联模型，在统筹分析的基础上制订相应的计划与目标，形成多主体、多层次之间的合作治理，实现最大的普惠性和共享性。

4.5.2　流域水环境大数据平台建设

"水十条"在生态文明水环境和水质保护方面提出了重点管理要求。与此同时，互联网＋和大数据应用也上升至国家层面，国务院发布了《国务院关于积极推进"互联网＋"行动的指导意见》，将"互联网＋绿色生态"作为 11 个行动之一而提出，要求"充分发挥互联网在逆向物流回收体系中的平台作用，促进再生资源交易利用便捷化、互动化、透明化，促进生产生活方式绿色化"。

"十三五"以来，随着《生态环境大数据建设总体方案》的实施，我国生态环境大数据逐步走上了快速发展的道路，赋能生态环境综合决策科学化、生态环境监管精准化、生态环境公共服务便民化。相关部门纷纷启动大数据建设工作，围绕生态环境管理制度、监测设备、数据处理分析、平台管理、业务应用等方面开展不同层面的研究和应用，在生态环境监管、决策及服务等方面的发展取得较大进展。流域水环境大数据平台建设主要包括数据的采集、管理与分析利用。

4.5.2.1　流域水环境大数据平台管理与服务

1）水环境大数据采集

大数据时代的环境信息化建设以数据为核心，环境大数据管理与应用是重要的发展方向，环保部门未来建设重点将紧紧围绕大数据进行。要实现大数据的智能化应用，首先要解决的就是大数据收集获取问题，因此需要夯实应用基础，全面收集内外部数据资源，整合、共享、联动、开发数据，努力实现全数据采集管理[48]。

2）水环境大数据管理

获取流域水质大数据分析需要的环境大数据资源后，建立大数据综合服务库，将采集的海量数据汇聚入到库中，聚合原有分散在各个政务系统中的数据，并按照大数据管理标准及要求，进行集中管理与维护[49]。

3）水环境大数据分析应用

应用水环境模型、大数据等实现水环境质量模拟预测，建立污染源-水质响应关系，集流域各断面自动监测系统、排向该水域的污染源废水在线监控系统、排污申报系统、移动执法系统等，采集整合河流断面自动监测数据、手动监测数据、流域排口监测数据、污染源数据等，建立流域水系关系、河流与断面的关系、断面与排口关系、排口与企业关系、企业与污染因子关系这五种数据关系。当某一个监测站点的数据超过安全阈值或正常标准时，判定其污染程度，同时进行污染溯源，通过水环境模型预测下游的污染水质变化趋势，给出处置措施建议并提供评估管理[49]。

加强系统整合，提升数据资源的集中和共享能力，统筹建设大数据管理平台。在现有业务化平台的基础上，开展大数据管理平台建设，重点解决数据之间互相关联、协同的问题，解决不同资源之间数据打架的问题，实现数据齐全、一致、完整、权威，提升环境数据共享和开放能力。提高数据资源质量，确保环保部门数据真实、可信、能用、好用、实用。同时，建立横向、纵向的数据交换共享机制。

加强数据挖掘分析，提高数据资源的服务能力，建设水环境大数据应用平台。数据收集并集中管理以后，要使数据创造价值，应对数据进行挖掘加工，建设水环境大数据应用平台，找出数据之间的相关性，形成知识，得到数据产品。这是大数据发挥价值的关键工作，涉及云计算、模型算法、数据分析等关键技术，需要有丰富环保管理经验的业务指导[46]。

4.5.2.2　流域水环境大数据平台构架

流域水环境大数据平台由三台服务器组成，以局域网进行通信联络[50]。一个主节点（Master）IMAU-jsj-Master，两个从节点（Slave）IMAU-jsj-Slave1 与 IMAU-jsj-Slave2，负责水信息数据的存储备份以及作为分布式数据处理节点。当水环境数据数量以及后续水信息类型增加，出现存储和计算瓶颈等问题，平台在以后通过增加物理服务器配置来实现动态扩展以解决上述问题[43]。平台的硬件设施如表 4-3 所示，主要软件环境如表 4-4 所示，网络环境配置如表 4-5 所示。

表 4-3　硬件设施[43]

硬件	配置	作用
服务器	Lenovo R520 G7 8G 1T	集群主节点服务器
	Dell poweredge r9 2G 100G	集群从节点服务器
	Dell poweredge r9 2G 100G	集群从节点服务器
交换机	100M	局域网通信
机柜	—	置放服务器

表 4-4　主要软件环境

软件	版本
Linux 操作系统	Red Hat Enterprise Linux 6.4
HADOOP	Hadoop 2.6.0
HBase	HBase-0.98.20-hadoop2
Sqoop	Sqoop-1.4.5
Eclipse	Eclipse-jee-indigo-SR2-linux-gtk-x86.64
JDK	Jdk1.8.0.91-linux-x64

表 4-5　网络环境配置

节点名称	IP 地址	功能
IMAU-jsj-Master	172.20.10.160	Master
IMAU-jsj-Slave1	172.20.10.132	Slave
IMAU-jsj-Slave2	172.20.10.133	Slave

搭建的水环境大数据平台主要由三部分构成，分别为水环境数据采集层、水环境数据存储层和水环境数据计算与分析层。水环境大数据平台架构如图 4-7 所示。

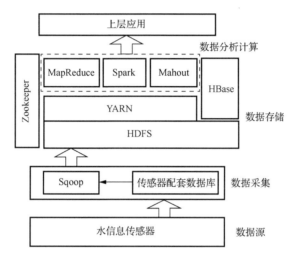

图 4-7　大数据平台架构

数据采集层：数据采集层采集的数据源主要来自锡林河流域布置的水信息传感器，水信息传感器收集水资源数据及气象数据，通过通用分组无线服务（general packet radio service，GPRS）传输回传感器数据接收服务器中，此服务器上安装有与传感器配套的传统数据库，为了将收集的数据永久保存待分析，每经过一段时间，可以借助 Sqoop 大数据同步工具定时将水资源传感器数据接收服务器上的增量数据同步到大数据平台的 HBase 数据库中，永久保存备份。

数据存储层：由 Sqoop 同步的水资源数据通过增量方式存放到 HBase 数据库集群中，HBase 是一个分布式的海量数据存储数据库，加之它依托于 HDFS 构建，HDFS 冗余的分布式文件系统为其数据存储的安全性提供保障。

数据计算与分析层：水资源大数据平台使用 MapReduce 作为水资源数据离线处理的计算框架。平台通过对历史数据挖掘有价值的信息，MapReduce 通过提高数据的吞吐量来实现海量数据的处理和分析工作任务，非常适合作为海量数据批处理的分析工具。平台上搭建了基于内存计算的 Spark 计算框架及 Mahout 等机器学习数据挖掘库，以备日后开发使用[51]。

4.5.3 城市河湖水环境治理"污联网"监管系统

水环境治理是一项长期的攻坚工程，治理中需要一直进行监管和维护。随着现代科技的高速前进，有关水环境监测的系统也逐步开发和完善起来[52]。多年以来的发展仅建立在传统、常规的水质监测阶段，监测手段和监测信息的质量并不能满足城市对水环境监测的基础要求。"污联网"通过将传感设备或智能仪表用网络连接起来，将河湖中污染物种类和浓度特性打上"标签"，然后将"标签污染物"的综合信息进行交换，实现智能化识别、监控、预测、决策和管理。即将流域河网中的河流、诸多支流、相通的湖泊中的实时污染物信息，通过卫星传输到监管中心，并模拟预测各时段污染物浓度变化，管理调度调配后实时反馈到各个站点的信息循环监管平台。

1. "污联网"工程体系构架

"污联网"涉及的主要技术有传感器技术、信息数据融合技术、网络通信技术、水质数学模拟技术和多目标调度技术。将这些技术综合应用于"污联网"，并结合现代管理技术方法，构建"污联网"的体系架构。该体系包括用户层、应用层、支撑层、传输层和感知层五个层次。

1）用户层

用户层是指"污联网"的用户阶层，具体包括水环境管理部门、水污染治理部门和社会大众等。用户层是"污联网"的主要使用和体验层次，是"污联网"的基础和前提。因此，推广"污联网"的用户层群体是有效推动"污联网"运用的首要条件。

2）应用层

应用层是指"污联网"的直接使用阶层，具体包括"污联网"应用者和应用系统，是直接推动"污联网"的因素。因此，增强应用层管理是有效推进"网络化"的必要条件。

3）支撑层

支撑层是指"污联网"的相关技术设施和系统功能，为确保"污联网"的稳定运行，提升相关的支撑性建设水平。因此，加强支撑层的基础设施建设，有利于"污联网"的完善，更有利于促进"污联网"的全面建设和创新运用。

4）传输层

传输层是指"污联网"的稳定运行，依靠相关的网络建设和网络传输频道。互联网是"污联网"的主要传输渠道，为有效促进"污联网"技术的运行，提供海量的信息来源和技术支持，这是"污联网"运输的主要传输中介。

5）感知层

感知层是"污联网"运行依靠相关的监测设备，实现对水环境领域的全面及时监测和信息处理，从而有效控制水环境治理。感知层是"污联网"实现工作的主要途径，也是主要目的，因此感知层的建设应结合流域水环境的科学管控和水污染的合理处理。

2. "污联网"工程结构框架

"污联网"工程要在技术上实现水环境综合信息的网络输送、信息预测和管理决策，需要构建该工程的三大模块：信息采集模块、信息传输模块、信息处理和显示模块。该工程的结构框架如图 4-8 所示。

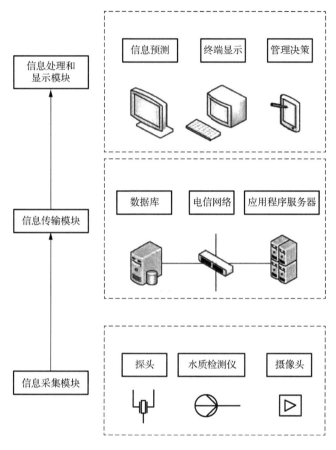

图 4-8　"污联网"工程构架框架图

由图 4-8 可知，当打上"标签"的河湖水体中污染物信息被信息采集模块的监测仪器采集后，通过信息传输模块的网络传输技术传送至数据库或者需要应用的程序服务器。当存储的海量污染物信息经过处理之后，被信息处理和显示模块中污染物水质模拟和管理决策采用，最终通过可视化技术在终端上显示的有用信息。

3. "污联网"工程优势

1）监测的准确性

将河湖水体中污染物打上"标签"，针对河湖水环境"标签污染物"的综合信息实现全程自动监控，在流域或者河湖上合理地布置监测站点，能够实时接收该站点的污染物信息，保证河流域或河湖水体中污染物监测的准确性。

2）信息传输的完整性、安全性

水体中污染物的信息采集后需要传输设备进行数据的传输和处理，传输网络技术可以依赖中国电信 CDMA 等网络技术实现，无线传感器网络可以在现场收集和使用 485

总线和 CAN 总线。采用网络技术可以提高测量参数的可靠性和及时性，保证信息传输的完整性和安全性。

3）信息的全面性

当各监测站点的水域污染物综合信息通过"污联网"技术汇总到管理数据库后，数据处理是进行海量数据分析和处理后，并结合水质模拟技术，可以将区域站点污染物信息扩充到整个区域平面上，既丰富监控地域水环境的综合信息，还能保障整个区域水环境信息的完整。

数据库的建立要经过以下步骤：①确定建立数据库的目的和收集数据–建立概念模型–建立所需数据库；②确定建立数据库的目的以及完成数据源分析后，就进入标准化数据库建立过程的第二阶段——建立标准化数据库概念模型。概念模型是对建库需求的客观反映，并不涉及具体的计算机软件、硬件环境[53]。

4）信息管理的操作性

"污联网"加强了对水环境的分析和处理系统的建设，及时实现了对水环境的科学控制。结合系统自动化处理的特点，采用系统报警，为水环境污染提供有效的处理措施，提高水环境监测中"污联网"的利用水平。

参 考 文 献

[1] 王冠. 城市河湖水环境综合评价方法浅析[J]. 城市地理, 2015, (18): 253.

[2] 张列宇, 侯立安, 刘鸿亮. 黑臭河道治理技术与案例分析[M]. 北京: 中国环境出版社, 2016.

[3] 黄鸥. 城市水环境综合治理工程存在的问题与解决途径[J]. 给水排水, 2019, 55(4): 1-3.

[4] 唐经华. 城市水环境综合治理与污染控制措施[J]. 人民黄河, 2021, 43(S1): 83-84.

[5] 刘陶, 李浩. 长江污染治理数字化智能化存在的难点与对策建议[J]. 长江技术经济, 2021, 5(5): 26-30.

[6] 樊春艳, 钟奇, 申明亮, 等. 城市水环境治理工程占道施工交通疏解方案研究[J]. 中国农村水利水电, 2018, 11(23): 55-57.

[7] 唐思捷, 姜继平, 邱勇, 等. 人工智能赋能城市水环境管理的技术路径探讨[J/OL]. 中国给水排水, 2023, 1-17. http://kns. cnki.net/kcms/detail/12.1073.TU.20230313.1231.002.html.

[8] 詹国辉. 跨域水环境、河长制与整体性治理[J]. 学习与实践, 2018, (3): 66-74.

[9] 胡佳. 区域环境治理的地方政策协作策略[N]. 中国社会科学报, 2018-07-25-007.

[10] 新华社. 中共中央印发《深化党和国家机构改革方案》[EB/OL]. (2018-03-21). http://www.gov.cn/zhengce/2018-03/21/ content_5276191.htm#2.

[11] 贾海峰. 城市河流环境修复技术的原理及实践[M]. 北京: 化学工业出版社, 2016.

[12] 孙曦东. 水环境综合治理 PPP 项目建设模式浅析[J]. 山东水利, 2018, (8): 41-42.

[13] 彭福怎, 孟瑞华, 张毅敏, 等. 黑臭河道曝气治理技术研究进展和案例分析[C]. 2017 中国环境科学学会科学与技术年会, 厦门, 2017.

[14] 李冬梅. 海绵城市建设与黑臭水体综合治理及工程实例[M]. 北京: 中国建筑工业出版社, 2017.

[15] 张莉颖. 水环境综合治理总体思路研究——以某流域水环境综合治理项目为例[J]. 绿色科技, 2017, (16): 65-67.

[16] 刘宗, 黄云, 李战. 黑臭河道治理中截污纳管的技术思路[J]. 云南水力发电, 2019, 35(6): 64-66.

[17] 李云鹏. 河长制推行中农村水环境治理的公众参与模式运用研究[J]. 大众标准化, 2022, (24): 101-103.

[18] 李艺. 城市水环境综合治理及案例分析[C]. 2019 城市黑臭水体整治与流域水环境治理技术研讨会暨现场观摩会, 福州, 2019.

[19] 鞠茂森, 吴宸晖, 李贵宝, 等. 中国河湖长制管理规范化与标准化进展[J]. 水利水电科技进展, 2023, 43(1): 1-8, 28.

[20] 袁静, 王濂, 李炜钦. 河长制 "一河一策" 方案编制关键问题及实施建议[J]. 水利水电快报, 2021, 42(5): 39-42.

[21] 李贵宝. 对一河(湖)一策方案编制的建议[N]. 黄河报, 2018-05-12.

[22] 邓卫东. 流域水环境综合治理技术路线浅析[J]. 城市道桥与防洪, 2016, (12): 168-169, 173.

[23] 陈欣欣. 开封市水环境浅析[J]. 河南水利与南水北调, 2015, (19): 18-19.

[24] 王菲菲, 卿晓霞, 俞思嘉. 河流生态补水工程实施的优化配置方式[J]. 水文, 2021, 41(5): 48-52, 90.

[25] 袁勇, 赵钟楠, 张海滨, 等. 系统治理视角下河湖生态修复的总体框架与措施初探[J]. 中国水利, 2018, (8): 1-3.

[26] 王家廉, 许丹宇, 李屹, 等. 水污染治理行业 2017 年发展综述[J]. 中国环保产业, 2018, (12): 5-18.

[27] 侯立安, 徐祖信, 尹海龙, 等. 我国水污染防治法综合评估研究[J]. 中国工程科学, 2022, 24(5): 126-136.

[28] 谢广群, 周浩, 戈燕红. 黑臭水体在线监测发展研究[J]. 广东化学, 2018, 11(45): 208, 210-211.

[29] 姜青新. 构建城市水体整治长效机制 切实改善水环境质量 城市黑臭水整治新规解读[J]. WTO 经济导刊, 2015, (11): 78-79.

[30] 仝奔. 城市黑臭水体网络治理模式研究[J]. 环境科学与管理, 2021, 46(4): 19-23.

[31] 王莉, 刘萌硕, 李亭亭, 等. 农村黑臭水体评价方法研究[J]. 中国给水排水, 2023, 39(3): 94-99.

[32] 徐敏, 姚瑞华, 宋玲玲, 等. 我国城市水体黑臭治理的基本思路研究[J]. 中国环境管理, 2015, 7(2): 74-78.

[33] 王静茹. 谈城市黑臭水体整治工作[J]. 环境与发展, 2016, 28(5): 103-105.

[34] 王寅娜. "水十条" 出台铁腕治污进入 "新常态"[J]. 中国水运, 2015, (5): 10.

[35] 黄燕, 刘瑜, 许明珠, 等. 浙江省 "五水共治" 管理机制的经验与启示[J]. 环境科学与管理, 2016, 41(4): 12-15.

[36] 环境保护部规划编制总体组, 重点流域水污染防治 "十三五" 规划编制技术大纲[EB/OL]. (2016-01-18). https://www.mee.gov.cn/gkml/hbb/bgth/201601/W020230208515703610199.pdf.

[37] 中国食品安全报. 珠江啤酒连续 7 年获评省环保企业[N]. 2013-08-13-003.

[38] 上海市生态管理局, 上海市企事业单位生态环境信用评价管理办法(试行)[EB/OL]. (2022-08-08). https://sthj.sh.gov.cn/cmsres/de/de6e96fadcf74335aec129c041a869c1/751d31dd6b56b26b29dac2c0e1839e34.pdf.

[39] 胡颖, 林羽. 国内外企业环境信用评价制度建设对比研究[J]. 当代经济, 2020, (11): 100-104.

[40] 张江玲. 我国企业环境信用评价制度法制化的思考[J]. 四川环境, 2017, 36(2): 103-108.

[41] 荣启涵. 首批 4800 余项目进入水污染防治行动计划中央储备库[EB/OL]. (2016-08-08). http://www.xinhuanet.com/politics/2016-08/08/c_1119356378.htm.

[42] 卢少勇. 黑臭水体治理技术及典型案例[M]. 北京: 化学工业出版社, 2019.

[43] 刘瀚, 夏继红, 蔡旺炜, 等. 中小河流健康诊断大数据平台的设计与应用[J]. 人民黄河, 2020, 42(7): 155-159.

[44] 李天柱, 王圣慧, 马佳. 基于概念置换的大数据定义研究[J]. 科技管理研究, 2015, 35(12): 173-177.

[45] 刘智慧, 张泉灵. 大数据技术研究综述[J]. 浙江大学学报: 工学版, 2014, 48(6): 957-972.

[46] 张磊, 方莹萍, 叶新辉, 等. 太湖流域(浙江片区)水环境大数据平台建设探讨[J]. 资源节约与环保, 2016, (7): 148-150.

[47] 梁贤英, 王腾. 大数据时代环境协同治理机制构建研究[J]. 合作经济与科技, 2019, (13): 148-151.

[48] 陶雪娇, 胡晓峰, 刘洋. 大数据研究综述[J]. 系统仿真学报, 2013, 25(S1): 142-146.

[49] 张源, 周志敏, 陆桂明. 基于智慧河长制的水利信息化服务平台建设研究[J]. 浙江水利水电学院学报, 2019, 31(1): 43-48.

[50] 郭全立, 刘晓静. 省级重点流域生态环境大数据信息平台构想[J]. 环保科技, 2019, 25(6): 38-40.

[51] ROTTEVEEL L, HEUBACH F, STERLING S M. The Surface Water Chemistry(SWatch)database: A standardized global database of water chemistry to facilitate large-sample hydrological research [J]. Earth System Science Data, 2022, 14(10): 4667-4680.

[52] 刘昌龄. 探析环保物联网的体系架构及其在水环境监测中的应用[J]. 民营科技, 2016, (9): 92, 202.

[53] 王洪艳, 郭云峰. 大数据技术在人工智能中的应用研究[J]. 数字技术与应用, 2015, (12): 109-110.

第5章 城市河湖一体化水环境治理关键技术

我国河湖水环境治理起步较晚，多年以来各种治理技术和手段发挥了很多积极作用，但是也暴露出了一定的问题和弊端，这些问题成为制约我国经济社会与环境保护协调发展的重要因素之一。只有从全局和综合的角度，实施以流域为单元、以流域治理为主、以区域治理为辅的一体化治理模式，才能达到提高水资源利用效率、优化水资源配置、实现水资源与经济可持续发展的目标。基于前几章的分析，本章梳理城市河湖治理关键问题及一体化水环境治理的技术框架，通过梳理文献及实际工程案例，详细介绍堵源、净底、活水、净水与生态修复五个方面应用的主要技术及原理，最后介绍一体化治理的管理技术。

5.1 城市河湖水环境治理关键问题及技术框架

5.1.1 城市河湖水环境治理关键问题

社会的不断发展推动了城市化进程进一步加快，但同时也带来了诸多环境问题。城市化进程导致河湖长期处于"亚健康"状态，缺乏有效的污染源控制，河湖水系功能协作不协调，水系生态系统严重退化，需要进行取水补水等，要想对城市河湖水环境进行治理，需要从以下五个方面入手。

1) 河湖处于"亚健康"状态

城市河湖长期缺少动力，流速缓慢，水体交换能力差，河道内污水不能及时排出，河道内不溶性污染物和泥沙容易沉积，污染物积累且无法扩散，水体生态系统遭到严重的破坏，失去自组织修复的能力[1]。水源水质不断恶化，缺乏有效的治理和调理，导致长期没有达标的水源补给，难以可持续发展。

2) 污染源控制不达标

污染源控制是河湖水环境改善治理的前提。污染源控制包括外源污染源控制和内源污染源控制。外源污染源控制可以通过城市污水拦截（点源）及地表径流污水拦截（面源、线源）等方法实现。底泥为河湖水系污染中内源污染的主要贡献者，对河道水质影响较大，因此内源污染源控制的关键是底泥清除与消解控制。

3) 城市河湖水系功能协作不协调

城市河湖水系功能界定和应用是水环境改善治理的关键。城市河湖水系功能包括行洪功能、排涝功能、供水功能、环境功能、生态功能、休闲功能及观赏功能，但行洪功能、排涝功能与生态环境功能发生巨大矛盾，水系生态环境治理可能毁于一次性行洪或者排涝，表现为今年治、明年坏。

4）水系生态系统严重退化

生态环境脆弱，水生动植物生长条件恶化，水生植物、动物、微生物生物多样性急剧减少，水系生态系统严重退化，导致城市河湖自身修复水环境的能力降低，严重影响到水系可持续健康。如何构建城市河湖水系自组织生态修复系统是解决此问题的关键。摒弃大面积种植挺水植物和沉水植物以及过量投放外来生物菌种，建立水生植物、水生动物、微生物立体型共代谢自组织修复系统，提高城市河湖水系自身净化能力，减少水环境维系成本。

5）取水补水问题

取水补水作为水环境改善治理措施之一，实现了河流的有效"增容"，可以增加河道清水流量，盘活河道水动力，是改善河道水环境的有效措施，实施的关键在于取水环境、建设环境、投资环境。外取内治与内取内治协同治理技术是水环境治理的保障。

5.1.2　城市河湖一体化水环境治理技术框架

为了解决目前城市河湖水环境存在的问题，更好地对水环境进行治理，提出城市河湖一体化水环境治理技术框架。城市河湖一体化水环境治理技术框架可以通过从生态河湖、智能河湖等方面的构建来实现。

5.1.2.1　生态河湖构建

当前面临的水安全问题较为严重，水灾害频发、水资源短缺、水生态损害、水环境污染等新老水问题交织。我国河湖水环境问题是历史积累产生的，若要高效、长效治理好当前面临的水问题，必须按照水环境发展的整体性，提升河湖综合功能，坚持统筹治理，坚持自然生态的整体性，统筹水域与陆域、城镇与乡村，兼顾上下游、左右岸、干支流，用系统思维统筹水环境的治理全过程[2]。

实施水污染防治，要注重以治水倒逼优化产业布局，调整产业结构，大力开展污染源治理，从源头减少污染物排放，降低进入水体的污染负荷，根据河湖环境容量核定排污标准和数量。实施水安全保障，要突出水利工程对经济社会发展和生态文明建设的基础保障作用，不断完善防洪减灾工程体系，巩固提高河湖防洪标准，提升江河堤防防洪能力。实施水环境治理，全面清理乱占乱建，打击乱垦乱种，严惩乱排乱倒，消除城市黑臭水体；治理底泥内源污染，加强清淤，河道疏浚，减少河湖内源负荷。实施水生态修复，要加强江河湖库水系互通互连、互调互济，建设生态大廊道及清洁型小流域，修复河湖生态，保护河湖持续发展[2]。

城市河湖水环境问题治理的最终目标是实现生态河湖。采用截污、清淤、换水、绿化等措施只能短期改善水环境，如果不能相应提升水体自净能力，水环境问题就不能得到彻底解决。因此，治污和消除黑臭水体只是第一步，增强河湖的自净能力、使河湖生态化是第二步，实现产业结构调整与污水收集处理全覆盖，使有限的大气干湿沉降、面源污染得到大自然的有效净化，实现人为污染源零排放，这才是最终目标[2]。

5.1.2.2　智能河湖构建

城市河湖治理是一项长期、艰巨且复杂的工程，也是我国生态文明发展面临的重大难题，需要各级政府高度重视、多个主体协调互助[3]。

为实现防汛抗旱、水资源管理、水政执法、农村供水等水利信息系统资源及数据整合共享，推动相关部门信息化系统资源共享，最终达到"直观展示、实时监视、协同理事、智能考核、安全好用"的总体目标。需要将大数据、云计算、物联网、移动应用等先进技术应用到河湖的管理体系中，从而构建智能河湖[4]。采取各种手段对河湖水体、各排口、河道底泥进行取样分析，并结合水文水质数据绘制污染源分布图，对污染源进行分析，包括管网收集覆盖分析、底泥污染物释放分析、补充水体来源分析、突发性排水事故分析、突发雨水径流分析等，在此基础上改善技术路线设计，进行水体调运设计、景观生态设计、雨水径流设计和污水源截污设计。技术方面，截污净化工程、河道曝气充氧、亲水景观工程、人工湿地净化、底泥稳定药剂、APP远程管理多种技术和方法整合，无人机监测等方式进行配合，通过自动监测导入智慧城市河湖水环境管理平台，真正实现一河一策[5]。

通过对河湖水系信息的全面感知与采集，利用大数据分析技术为水环境提供智慧化的综合管理与决策，支撑当地水环境治理。

5.2　城市河湖一体化水环境治理截污堵源关键技术

5.2.1　堵源（外源控制）技术体系

堵源通常指的是外源控制。外源污染包括点源污染和非点源（面源）污染。其中，河湖的点源污染主要来自污（废）水直排口、合流制溢流口、管网初期雨水等，面源污染来自地表径流（城市降雨、冰雪融化）和畜禽养殖废水等[6]。

5.2.1.1　非点源污染概述

非点源污染是指在降雨（或融雪）冲刷作用下，溶解的和固体的污染物从非特定的地点通过地表径流过程汇入受纳水体（包括河流、湖泊、水库和海湾等）并引起水体富营养化或其他形式的污染[7-8]。

1）非点源污染的特征

（1）随机性和不确定性：非点源污染与降雨、土壤结构、气候气象、地质地貌、人类活动等因素有密切关系，这些因素的不确定性决定了非点源污染具有较大的随机性[9]。

（2）广泛性：在污染的空间分布上，人类活动的分散性和降雨的普遍性决定了非点源污染具有广泛性。

（3）滞后性：非点源污染具有滞后性，在时间分布上，施用农药化肥使地表积累了许多化学物质，在径流的驱动下，化学物质逐渐进入水体，造成水环境污染[9]。时间的滞后性造成污染治理难度大。

2）非点源污染的危害

非点源污染物中大量的泥沙、营养物质及有害物质对受纳水体的水质产生许多危害，会改变水生生物的生存环境，造成水体富营养化，影响水体的农业利用功能、旅游功能，部分作为饮用水源的受纳水体还会影响人们的生存[8]。

3）非点源污染防治技术

城市非点源污染控制实施的措施主要在污染物的源头、迁移过程和终端等进行控制，将地表径流带来的污染物拦截在源头并在污染迁移过程中进行处理。源头控制的目的是减少初期雨水径流污染，具体措施有：①在低影响开发（low impact development，LID）理念下，使用透水铺装、生态滤沟、下凹式绿地、人工湿地、生态渠道等海绵手段收集处理净化地表散排雨水，实现非点源污染的源头减量；②针对已经硬化的河道，采用岸带修复技术，如通过设置植草沟、在两岸护坡设置透水砖等方式，发挥河岸水体自净功能，改善沿岸生态环境，为水中微生物和动物提供栖息空间，逐步恢复水体的生物链，以保持水生态系统和水质的稳定[10]。

5.2.1.2　点源污染概述

点源污染是指有固定排放点的污染，如工业废水及城市生活污水，由排放口集中汇入江河湖泊，在数学模型网格化中常用一点表示，以简化计算。

1）点源污染的特征

点源污染的主要特征：①水质和流量相对稳定；②污染物组成及成分相对清晰；③有固定的排放口；④便于集中处理和收集；⑤能够及时在源头进行控制。

2）点源污染控制技术

点源污染控制技术主要有截污纳管技术和直排污水原位处理技术。其中，截污纳管技术通过建设和改造位于河道两侧的污水产生单位内部污水管道（称为三级管网），将其就近接入敷设在城镇道路下的污水管道系统中（称为二级管网），并转输至城镇污水处理厂集中处理，在城镇污水处理中发挥着重要的作用。无法沿河沿湖截流污染源的，可考虑就地处理。城区截流的污水应经处理达标后排入城市河流下游，严禁直排。在实际应用中，为防止暴雨时倒灌，应考虑溢流装置排出口和接纳水体水位的标高，并设置止回装置。从综合治理的全局考虑，点源污染控制应包括点源污染减排的相关技术。

5.2.2　非点源（面源）污染控制技术

面源污染控制技术适用于降雨初期雨水、冰雪融水、固体废弃物、畜禽养殖污水等污染源的控制与治理。

面源污染控制技术可结合海绵城市的建设，采用 LID 技术、初期雨水控制与净化技术、生态护岸与隔离（阻断）技术、土壤与绿化肥分流失控制技术、地表固体废弃物收集技术；畜禽养殖面源污染控制主要采用粪尿分类、雨污分离、固体粪便堆肥处理、污水就地处理后农地回用等技术。

代表性面源污染控制技术主要包括各种低影响开发技术（透水铺装、雨水花园、绿色屋顶、植草沟）、初期雨水控制与净化技术（植被缓冲带、雨水人工湿地、砾间净化床）、畜禽养殖面源污染控制技术等。

5.2.2.1　透水铺装

透水铺装（permeable pavements），即铺设路面利用渗透性较好的材料，其目的是有效增加城市透水面积，增强雨水下渗，临时贮存地表径流，从而减少地表径流总量，见图 5-1。此外，在雨水下渗过程中，污染物可以在透水材料及土壤基质中发生物理、化学和生物作用，从而净化雨水，减少对受纳水体的负面影响[11]。

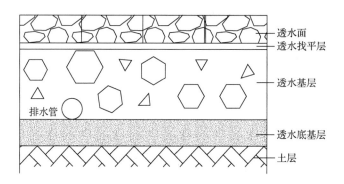

图 5-1　透水铺装示意图

1）透水铺装的适用范围与应用效果

透水铺装一般应用于车流量及荷载较小的路面，如广场、停车场等，对径流污染物的去除效果较好[11]。有研究通过监测多种类型的停车场，发现与沥青路面径流和大气沉降相比，透水路面地下排水中 NH_4^+-N 和总凯氏氮浓度更低，重金属 Cu、Zn 和 Pb 的去除效率可达 50%～90%，氨氮去除率达 75% 以上，TP 去除率为 59%～82%[10]。

2）透水铺装的局限性

在实际工程应用中，沉积物堵塞是限制透水铺装的最大因素。降雨强度较小时，透水铺装有很好的滞留效果，透水率也很高，但当降雨强度增大时，雨水冲刷下沉积物会很快堵塞多孔路面，致使透水率降低。在实际工程应用中，必须考虑透水率随时间的衰减，并采取一定的养护措施，如定期高压清洗等[12]。

5.2.2.2　雨水花园

雨水花园（rain garden），又称生物滞留设施（biological detention facility），是指在园林绿地种有树木或灌木的低洼区域，由树皮或地被植物作为覆盖物。主要通过土壤和植物的过滤作用净化雨水，同时将雨水暂时滞留后慢慢渗入土壤，减少径流量，结构如图 5-2 所示。雨水花园是一种生态可持续的雨洪控制与雨水利用设施，也可作为一种生态型的雨水间接利用设施[13]。

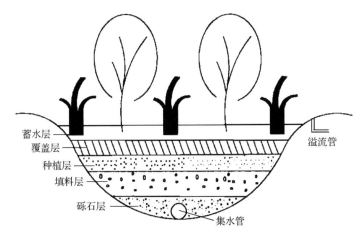

图 5-2　雨水花园结构示意图

1）雨水花园的适用范围

雨水花园是一种经济实用的生态滞留渗滤设施，其类型根据目的大致分为两种。以控制雨洪为目的的雨水花园主要用于滞留与渗透雨水，结构相对简单，一般适用于周边环境较好、雨水污染较轻的区域，如居住区等。以控制径流污染为目的雨水花园不仅滞留与渗透雨水，还起到净化水质的作用，适用于周边环境污染相对严重的区域，如城市中心、停车场地等[14]。为了有效去除水中的污染物，雨水花园设计应综合考虑土壤配比、植物选择及底层结构等诸多影响因素。

2）雨水花园的应用效果

雨水花园可以通过削减洪峰流量、减少雨水外排保护下游管道、构筑物；此外，植物截流、土壤渗滤可以净化雨水，减少污染。雨水花园储存的雨水可用于涵养地下水，也可经过处理并加以利用，缓解水资源短缺。综合来看，雨水花园能改善小区环境，为小动物提供食物和栖息地，从而创建良好的生活环境，提高生活质量[14]。

5.2.2.3　绿色屋顶

绿色屋顶（green roof）又称为种植屋面，是由植物层、基质层、过滤层、排水层、保护层及防水层等构成的一个小型屋面生态排水系统。绿色屋顶可以通过介质储蓄、植物吸收蒸发实现对一定量雨水的滞留，同时在植物、介质、微生物的协同作用下，去除雨水中的部分污染物[10]。绿色屋顶结构如图 5-3 所示。

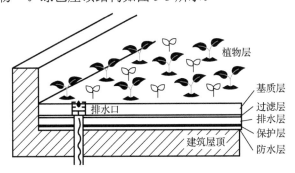

图 5-3　绿色屋顶结构示意图

1）绿色屋顶的应用效果

绿色屋顶系统可在建筑可承重范围内通过土壤和排水层储存更多的雨水，可将收集的雨水用于灌溉，同时可以减少城市下水道排水系统的压力。另外，夏天绿色屋顶可以降低阳光直射下的屋顶温度，冬天通过额外的绝热层从而降低取暖成本。绿色屋顶在净化空气、降低噪声污染、减少城市热岛效应等方面都有很好的作用[15]。

2）绿色屋顶在应用中应注意的问题

绿色屋顶出水中的氮、磷及重金属含量增加，在以污染物去除为目标的地区，应仔细选择绿色屋顶的介质及植物的种类，这一点对于系统净化性能优化至关重要[10]。另外，绿色屋顶植物的选择要根据当地的实际条件，一般来说，绿色屋顶植物应具备较好的抗性，如耐热、耐旱及抗风性，因为屋顶花园偶尔会受到鸟类和风带来的野草种子侵扰。

5.2.2.4 植草沟

植草沟（grassed swale）是指表面种有植物的沟渠，植草沟分为转输型植草沟、渗透型的干式植草沟和常有水的湿式植草沟[16]，其结构如图 5-4 所示。

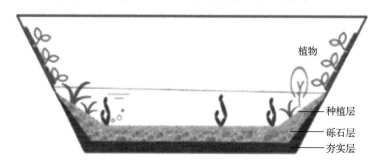

图 5-4 植草沟结构示意图

1）植草沟的适用范围

植草沟具有汇集、传输、排放及净化径流雨水的作用，建设及维护费用低，可作为 LID 设施的预处理设施[10]，也可以与城市雨水管渠系统或超标雨水径流排放系统衔接，甚至在确保排水安全的情况下还可代替雨水管渠。通常应用于建筑与小区内道路、广场等不透水地面周围[17]。

2）植草沟的应用效果

Li 等[16]系统地研究了植草沟对路面径流中污染物的去除效果。结果表明，植草沟对总悬浮固体（total suspented solid，TSS）、氨氮、COD、NO_3^--N 等去除率高，对 TSS、COD 的去除率分别可达到 92%、86%。王博娅等[17]的研究表明，植草沟中添加不同成分的基质，对雨水径流中的重金属离子、COD、BOD、色度及油类物质有较好的净化效果。

5.2.2.5 植被缓冲带

植被缓冲带为坡度比较小的植被区，建造在潜在污染源与受纳水体之间，一般坡度为 2%～6%，宽度不宜小于 2m。通过植被过滤、颗粒物沉积、可溶物入渗及土壤颗粒吸附，减缓地表径流流速，并使径流中的污染物得到部分去除，减缓对水体的直接冲击[18]。

植被缓冲带适用于居民区、公园、商业区、厂区、湖滨带，也可以设置在城市道路两侧等不透水面周边，可作为生物滞留设施等 LID 设施的预处理设施，也可作为城市水系的滨水绿化带，但坡度较大（大于 6%）时雨水净化效果较差[18]。由于其适合于各种不同的地理环境，在设计和实施过程中具有很大的灵活性[19]。目前，植被缓冲带有三种常见类型：①坡地缓冲带，与等高植物篱类似，应用于缓坡耕地的农作物与草地、树林之间，实现对面源污染的控制；②水体周边缓冲带，通常沿河道、水库周边设置，实现对水质的保护功能；③风蚀区缓冲带，类似于防风、防沙林带。

科学设计缓冲带能使其更好地发挥作用。首先，在设计中要考虑选址、规模、植被种类配置及管理维护四个要素。其次，植被缓冲带的布局，应尽量选择阳光充足的地方，以便地面在两次降雨间隔期内可以干透。再次，选址一般在坡地的下坡位置，与径流流向垂直布置；对于长坡，可以沿等高线多设置几道缓冲带，以削减水流的能量。值得一提的是，缓冲带在设计时应重视乡土植物品种的使用，要非常慎重对外来植物品种的引进，以确保生态系统的稳定。最后，及时地维护，如清理沉积物、修补损坏植被是保持缓冲区功能的重要保障。

5.2.2.6　雨水人工湿地

雨水人工湿地（rainwater artificial wetland）是由人工建造并控制运行的生态系统，主要依靠填料、植物和微生物等作用，实现对径流污染的高效控制[10]。

1）雨水人工湿地的工作机理

常见的雨水人工湿地包括表流湿地和潜流湿地。为了保持植物所需要的水量，湿地底部设计为防渗型[10]。应用生态系统的物种共生、物质循环再生原理，通过促进废水中污染物良性循环，使资源的生产潜力最大化，防止二次污染环境，获得污水处理与资源化效益[20]。氮的去除主要依靠微生物的分解转化和植物的吸收同化作用，磷的去除包括介质的吸收和过滤、植物吸收、微生物去除等作用[21]。

2）雨水人工湿地的应用效果

在城市地表径流处理研究中，雨水人工湿地技术在国内外研究较多，并取得了一定的研究成果。研究表明，雨水人工湿地能截留雨水径流中 80%的磷和 89%的氮[18]。我国人工湿地大量用于处理雨水径流等面源污染。例如，重庆棕榈泉雨水人工湿地为典型的城市住宅区径流处理雨水人工湿地，当无冲击负荷时，棕榈泉雨水人工湿地去除污染物效果良好，除 TP 以外，COD、SS、氨氮、TN 的去除率均达到 80%以上[22]。因此，雨水人工湿地是控制非点源污染的重要生态工程措施。

5.2.2.7　砾间净化床技术

砾间净化床是一种自然处理污水的方法[23]，工作原理见图 5-5。使污水通过生态砾石床，污水中的污染物受砾石阻挡，流速减慢而沉降，从而被砾石表面具黏性生物膜吸附,污水中溶解性有机物被微生物摄取分解成无害的无机物。该技术适用于初期雨水、地表径流、支流汇水、河流、污水处理厂尾水深度处理。

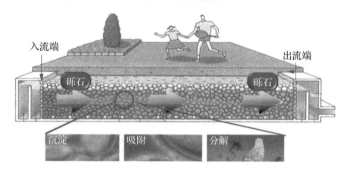

图 5-5　砾间净化床工作原理图

1)砾间净化床的技术优势

砾间净化床的处理效果好、适应性强、全地下化、占地少、处理效率高、能耗低、运行维护简便、无臭味、污泥量少、建设周期短、见效快、就地处理、就近排放。BOD 小于 20mg/L,DO 浓度为 5～6mg/L 的污水处理不需要曝气;BOD 高达 80mg/L 的污水需要曝气。

2)砾间净化床的应用效果

一个工艺的应用效果应从处理效率、有机物去除能力、除氨氮能力、除 P 能力、工艺稳定性、运行可控性等方面考虑。砾间净化床的应用效果见表 5-1。

表 5-1　砾间净化床的应用效果[23]

处理效率	有机物去除能力	除氨氮能力	除 P 能力	工艺稳定性	运行可控性
处理效率高,通常是人工湿地处理效率的 10 倍以上,其表面负荷:3～15m³/(m²·d)	强,单纯砾间 BOD 去除率 75%～90%	很强,单纯砾间去除率>90%	尚可,组合工艺效果更好	很高,出水水质可常年稳定达标	强

3)砾间净化床的经济分析

砾间净化床在实际中有着广泛的应用。表 5-2 为砾间净化床各评价要素的经济分析。

表 5-2　砾间净化床的经济分析

评价要素	经济分析
占地面积	较紧凑,占地面积仅为水平潜流湿地占地面积的 50%
工程造价	与水平潜流湿地的工程造价相当
运行费用	<0.10 元/m³
生态景观效果	较高,采用地下式设置,上部可做绿化景观用同时有极佳景观效果
外界气候变化	采用地下式设置,对外界气温变化不敏感,寒冷冬季也可稳定运行
堵塞情况	无堵塞问题,有强制排泥操作

5.2.2.8　畜禽养殖废弃物综合处理技术

畜禽养殖废弃物综合处理技术将畜禽养殖废弃物与城镇其他垃圾协同处理，避免单独建设处理设施[24]。图 5-6 为畜禽养殖废弃物综合处理流程。

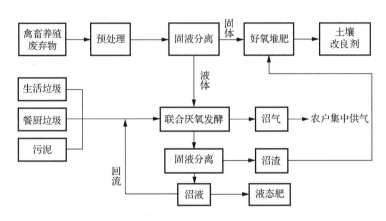

图 5-6　畜禽养殖废弃物综合处理流程

1. 畜禽养殖废弃物综合处理技术的工作流程

通过预处理和固液分离，将畜禽养殖废弃物中的粪便与城镇有机垃圾混合进行厌氧发酵，产生的沼渣进行快速好氧堆肥，用于制作土壤改良剂。废水与城镇有机垃圾混合，进行中温湿式联合厌氧发酵。由于城镇有机垃圾含固率和碳氮比较高，养殖废水的加入，不仅可以降低系统的含固率，减少清洁水的用量，还可以增加系统氮源，降低厌氧系统碳氮比，提高产沼气效率和系统稳定性[24]。联合厌氧发酵产生的沼气用于农户集中供气；沼液一部分回流至厌氧罐继续发酵，一部分灭菌、调配后制取液态肥料[24]。

上述流程中提到的联合厌氧发酵，是指将畜禽粪便、生活垃圾、餐厨垃圾、污泥等有机废弃物经过高效机械预处理后进行的混合厌氧发酵，相比单物料厌氧发酵，优化了物料配比，提高了产气效率[24]。

2. 畜禽养殖废弃物综合处理技术的特征

畜禽养殖废弃物综合处理技术可以同时处理多种有机垃圾，解决小型或分散型畜禽养殖废弃物产量小、处理难、成本高的问题，提高畜禽养殖废弃物的资源化利用程度，同时实现减量化和无害化，极大程度降低畜禽养殖废弃物的排放量和危害[24]。

3. 畜禽养殖废弃物综合处理技术的具体手段

1）好氧堆肥技术

畜禽粪便高温好氧堆肥，主要是在有氧条件下，利用好氧微生物对原料中的有机质进行吸收、氧化和分解，杀死病原体并分解有毒有害气体。该过程中，微生物将堆肥原料中一部分有机物氧化为简单的无机物，同时释放出供自身生长活动的能量，另一部分有机物被合成为新的细胞质，用于微生物不断生长繁殖[25]。有机物生化降解伴随着热量的产生，使堆肥物料的温度升高，一些不耐高温的微生物死亡，耐高温的细菌快速繁殖。

目前，我国畜禽粪便堆肥处理技术主要包括自然堆肥技术、条垛式堆肥技术、槽式堆肥技术和反应器堆肥技术[25]。

（1）自然堆肥技术。自然堆肥技术是一种传统的堆肥技术，一般在干燥、地势较高、平坦的地方进行堆积。先将物料堆成具有一定长、宽、高的垛条，然后在自然条件下使堆料发酵、分解、腐熟。该方法成本低、设备简单，但堆肥周期长、效率低，容易受天气状况影响，并且易对周边环境造成影响。

（2）条垛式堆肥技术。条垛式堆肥技术是在自然堆肥技术基础上的改良技术，先将堆肥原料堆积成三角形或梯形的长垛条，采用人工或者机械的方式翻堆，保证粪堆整体各层的有氧状态。条垛式堆肥技术操作简单、设备少、投资少，但具有占用面积大、温度和臭气不易控制等缺点[25]。

（3）槽式堆肥技术。槽式堆肥技术是将堆肥原料与需要添加的辅料按照要求比例充分混合，调节堆料的碳氮比及含水率，再将混合堆料放在发酵槽内进行好氧发酵。该技术采用槽式翻堆机进行翻堆，底部通风供氧，堆肥全过程需要 25d 左右。槽式堆肥技术具有机械化程度高、不受天气状况影响、发酵周期较短等优点，但投资高、占地面积大、操作复杂[25]。

2）厌氧发酵技术

厌氧发酵技术是一种既产能又环保的生物处理技术，在畜禽粪便处理、废水处理、有机固体垃圾处理等领域广泛应用[26]。厌氧发酵在厌氧条件下通过微生物的代谢活动使废弃物稳定化，同时伴随甲烷和二氧化碳产生。根据发酵温度的不同，可分为常温发酵、中温发酵和高温发酵。

常温发酵是指在自然温度下对物料进行消化处理。随着季节气候、昼夜变化，发酵温度会上下波动。该工艺方法简单、造价低廉，缺点是处理效果和产气量不稳定。

中温发酵温度范围为 30～40℃，外源热量少，发酵容器散热少，反应性能较为稳定、可靠。经过较好预处理的物料，会使反应速度和气体发生量提高。中温发酵受毒性抑制物的阻碍作用较小，受抑制后恢复快，但会有浮渣、泡沫、沉砂淤积等，因此浮渣、泡沫、沉砂的处理是工艺难点[27]。

高温发酵温度范围为 50～60℃，所需外源热量多，工艺代谢速率、有机物去除率和致病细菌杀灭率均比中温发酵高。高温发酵受毒性抑制物阻碍作用大，受抑制后很难恢复正常，可靠性低。另外，高温发酵罐体及管路需要使用耐高温、耐腐蚀的材料，运行复杂，技术含量高。

3）其他新技术

原位微生物发酵床技术的基本方法是在畜舍内铺设厚垫料，将畜禽在垫料上饲养，粪尿和垫料混合发酵，畜禽饲育和粪尿处理同时在畜舍内完成。该技术的优点是避免每天清理饲养场地，减少废水产生，降低臭气浓度。畜禽口服益生菌，可以优化肠道微生物的菌群结构，提高畜禽免疫力及饲料利用率；使用后的垫料有机质含量较高，可生产有机肥，进而实现对废弃物的资源化利用[28]。

最初，国内外研究者对该技术在生猪养殖领域的应用进行了比较深入的研究，后来广泛应用于鸡、鸭、牛等养殖生产领域，研究主要集中在原位发酵床技术与传统养殖模式在饲养管理、畜禽生长性能、废弃物资源化利用、环保等方面的优势对比，以及对发酵床垫料配置、床体设计的优化。原位微生物发酵床使用后的垫料含有丰富的氮、磷、钾等养分，可为有机肥制作提供良好的原料，但盐分含量偏高，肠道寄生虫卵可能严重超标，具有安全隐患，因此使用前还需要对其进行无害化处理[28]。

异位微生物发酵床技术是一种将畜禽与发酵床分离的养殖技术。将畜禽的粪尿运送至发酵单元，利用微生物菌群对粪尿进行生物降解。在降解的过程中，为使粪尿中的微生物菌群发挥作用，要使垫料与粪尿充分混合，进而转化成有机肥。该技术实现了畜禽养殖业零臭气、零排放、零污染的清洁生产。研究表明[28]，异位微生物发酵床填料温度高于55℃并保持三天以上，可有效消灭填料中的有害微生物，在一定程度上解决了畜禽通过垫料携带病原菌发生病害的隐患，同时也避免了床体温度过高不利于畜禽生长的问题。

5.2.2.9　生物沟

生物沟（bioswales）（也叫作生物过滤系统、生物截留系统）是由开挖沟渠、回填介质和植物组成的暴雨径流处理系统，可以是细长的沟渠，也可以做成滞留池塘，一般可分为水平流向和垂直流向两种。水平流向的生物沟主要通过物理、化学或者生物作用去除污染物；垂直流向的生物沟一般包括植被、过滤介质及底部的穿孔管，处理后的径流由穿孔管收集并排放[29]。

1）水质控制

生物沟在改善水质方面具有很大的潜力。表 5-3 列举了部分生物沟的效能研究结果，从表中可以看出，生物沟对 TSS 和重金属的去除更为高效稳定，而对营养盐的去除有一定的波动性，尤其是对总氮和硝酸盐的去除[29]。

表 5-3　部分生物沟效能研究结果[29]

悬浮物去除率/%	重金属去除率/%	总磷去除率/%	总氮去除率/%	硝酸盐去除率/%
平均 72.0	—	平均 52.0	平均 45.0	—
—	>90.0	60.0~80.0	60.0~80.0	—
—	—	70.0~85.0	55.0~65.0	<20.0
>96.0	—	80.0	70.0	—
92.0~99.0	73.0~86.0	68.0~83.0	37.0~45.0	4.0
96.0	98.0（Pb）	70.0	—	9.0
79.3~97.2	—	76.9~97.2	19.9~90.8	—

2）生物沟系统中的植物种类

植物在生物沟系统中发挥着重要作用，而没有被植被覆盖的生物沟反而会成为污染源。一方面，植物通过降解有机物、吸收营养元素促进植物根系的生长，同时改善土壤板结和堵塞，保持土壤疏松多孔；另一方面，植物根系和根际微生物发生交互作用，植物根系庞大的比表面积和分泌物为微生物生长提供了附着条件和能源，微生物活动有助于营养元素的转化，促进了植物的吸收利用。不同种类的植物根系直径、深度等不同，其涵养水源和吸收营养盐的能力有很大区别。植物发挥最佳性能的方式是混合种植，可以使生物沟的运行效能更高，植物的选择不仅要依据其处理性能，还要依据其在胁迫环境下的生存能力。当植物枯萎时，应及时收割，避免污染物重新释放到环境中[29]。

5.2.2.10　道路绿化带下渗雨水的净化及综合利用系统

道路绿化带下渗雨水的净化及综合利用系统包括下凹式绿化带和道路边上的开口路缘石。其中，下凹式绿化带下面设有三层砂滤层，三层砂滤层的粒径从上向下依次递增；开口路缘石开口处设有格栅[30]。

1）绿化带下渗雨水的净化系统工作原理

在砂滤层下部设有穿孔集水管，与集水池连通；穿孔集水管收集经下渗过滤的净化水至集水池，集水池的净化水可在非雨季或需要时，由池内设置的水泵提升后，提供绿化带绿化和道路浇洒等用水。此外，在下凹式绿化带的下部设有溢流管，当雨水量较大来不及通过下凹式绿化带下渗过滤或集水池水已满时，可通过溢流管溢流至市政雨水管渠。同时，在三层砂滤层外围设置防水土工布，防止雨水渗至外部，对道路基础产生不良影响。

2）技术优势

该技术全方位且充分涵盖了海绵城市的"渗、滞、蓄、净、用、排"设计理念，结合城市道路下凹式绿化带的建设，收集道路及两侧的雨水，通过在绿化带下设置的砂滤层对雨水进行净化过滤，将过滤净化后的雨水收集利用，不能利用的雨水溢流排放，见图 5-7。该技术既可实现控制利用雨水，减少城市内涝风险，又可达到节水的目的，具有较好的社会效益、一定的经济效益及很强的实用性，可在有条件的城市大规模推广应用。

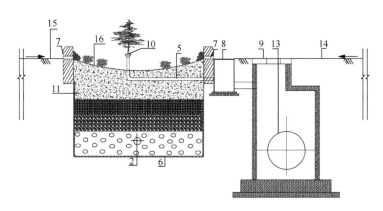

（a）下凹式绿化带下渗雨水净化系统

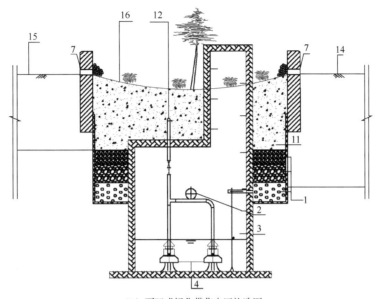

（b）下凹式绿化带集水区构造图

图 5-7　道路绿化带下渗雨水的净化及综合利用系统

1-砂滤层；2-穿孔集水管；3-集水池；4-水泵；5-溢流管；6-防水土工布；7-开口路缘石；
8-道路雨水口；9-雨水检查井；10-溢流口；11-下凹式绿化带种植土；12-绿化给水管；
13-雨水管；14-机动车道；15-非机动车道；16-下凹式绿化带

5.2.2.11　一体化初期雨水净化系统

一体化初期雨水净化系统集收藏、储存、净化、转输功能，能够有效净化初期雨水，增加雨水储蓄能力，缓解城市雨水管道的排涝压力，减少城市积水成涝现象[31]。

1）雨水净化系统工作原理

图 5-8 为一体化初期雨水净化设施结构示意图。雨水收集设施收集路面雨水后，经连接管道进入雨水储存设施；雨水储存设施由雨水储存罐体和检查井组成，雨水储存罐体一端与雨水收集设施连接，另一端与检查井连接；检查井上部设置检查口，井内设置沉淀池及雨水净化设施；储存的雨水在重力作用下通过净化设施净化，净化后的水通过雨水转输设施进入雨水主干管或水体。

2）雨水净化系统技术优势

（1）可实现初期雨水与后期洁净雨水完全分离；

（2）通过检查井可进行定期清淤、净化设施，降低养护成本；

（3）增加储蓄雨水能力，提高雨水净化功能，提升城市抵抗暴雨造成灾害的能力。

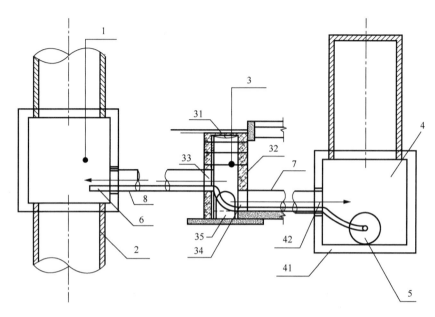

图 5-8　一体化初期雨水净化设施结构示意图

1-主干管检查井；2-道路排水系统主干管；3-雨水收集设施；4-雨水储存设施；5-雨水净化设施；
6-净化后雨水转输设施；7-雨水接入管；8-雨水支管；31-拦污网；32-收水井；33-中部溢流口；
34-下部预留流水口；35-沉淀池；41-雨水储存设施检查井；42-雨水接入口

5.2.2.12　多级雨水过滤器

多级雨水过滤器是一种快装式多级处理雨水过滤器，不仅可以有效提高过滤介质的利用率和过滤器的处理效率，而且便于快速安装和拆卸[32]。

1）多级雨水过滤器工作原理

图 5-9 为快装式多级处理雨水过滤器的等轴测图。过滤器正常工作时，雨水从过滤器外部依次经过多个装有过滤介质的环状滤网框，过滤后的雨水通过收集管上的过水孔进入收集管内部，过水孔的面积从下往上逐渐增大。起初进入收集管内部的水量较少，水位会随着时间不断地上升。这样一方面可以延长雨水与过滤介质的接触时间，更加有效地去除雨水中的污染物，如颗粒物、有机物及重金属等；另一方面能充分利用过滤器上端的过滤介质，大大提高利用率。在实际使用时，还可以调节滤网框的数量、介质种类、介质大小，实现一个过滤器里的多级处理。

如果雨量很大，过滤器外部的水位达到收集管顶端时，收集管顶端便作为溢流口，使后期雨水进入收集管内部，压盖以及收集管顶部的滤网可以拦截雨水中的悬浮物，保证过滤器在雨量较大时也能正常工作。

过滤器需要定期维护或更换。更换时先从地面或支撑面上快速地取出过滤器，将地面或支撑面上的沉积物清理干净后，再将新的过滤器装上。对于旧的过滤器，打开盖板，取出滤网框，滤网框中的介质厚度不大，可通过反冲洗将拦截的污染物冲出，进而实现回用。

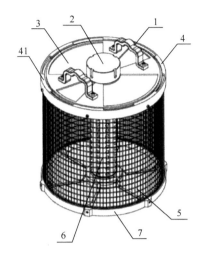

图 5-9　快装式多级处理雨水过滤器的等轴测图

1-把手；2-压盖；3-盖板；4-支撑架；41-限位凸台；5-外筒；6-收集管；7-底座

2）多级雨水过滤器技术优势

（1）该过滤器结构稳定可靠，可以方便地在现场安装与拆卸，同时可以方便地更换过滤介质，减少工作量，提高效率，大幅降低雨水中的污染物含量，实现雨水达标排放或回用；

（2）过滤过程保证了雨水与过滤介质的充分接触，有效去除雨水中的污染物，同时可保证过滤介质的利用率和过滤器的处理效率，实现对过滤介质进行更换和回收利用；

（3）该过滤器通用性强，可以在垂直方向上进行多个叠加，形成一个大的过滤器，以适应较深水位的雨水处理。

5.2.3　点源污染控制技术

点源污染的主要原因包括：①城市、工业污水管道未接入污水处理厂而直接排入地表水体；②城市雨污水管网未分流且污水未被充分截留，通过合流管道排入地表水体；③城市雨污管道混接、错接等。点源污染控制技术是指从源头控制污水向城市地表水体排放的技术[33]。下面主要介绍几种先进的生活污水、工业废水污染控制技术。

5.2.3.1　SMART-PFBP 多级生物接触氧化工艺

SMART-PFBP 多级生物接触氧化工艺适用于处理农村、城镇、居民小区、社区、别墅区生活污水及畜禽养殖废水等，核心是在反应池中以填料为载体培养生物膜，生物膜与污水接触发生氧化还原反应，去除污水中的污染物，从而达到净化污水的目的，工艺流程图见图 5-10。

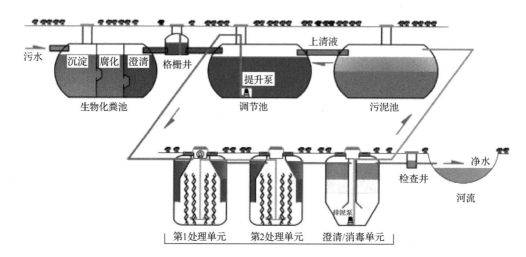

图 5-10　SMART-PFBP 多级生物接触氧化工艺流程图

1）核心设备及工艺原理

SMART-PFBP 多级生物接触氧化设备为机械缠绕成型的玻璃钢罐体，每套多级生物接触氧化反应器采用 3 个（或 3 个以上）罐体串联而成，分别为第 1 处理单元、第 2 处理单元（或第 n 处理单元）和沉淀单元（图 5-10）。每级处理单元由外罐体和内罐体构成，内罐体为生物接触氧化区（曝气区），仿水草生物填料一端固定在罐体底部填料支架上面，另一端不固定，像水草一样悬浮在水中。罐体顶部风雨帽的下部安装旋涡式气泵，通过曝气主管将空气输送到底部曝气器，通过曝气为悬浮填料上的微生物供氧。内外罐之间的夹层为沉淀区兼污泥回流区，泥水分离后，沉淀下来的污泥自动回到曝气区参与生物氧化反应，经过第 1 处理单元沉淀区之后的水进入第 2 处理单元的曝气区，进一步降解污染物。经过第 2 处理单元（或第 n 处理单元）沉淀区之后的水进入沉淀单元中心部的竖向导流管，经过沉淀池的进一步沉淀澄清，达标排放或者回用[34]。

2）SMART-PFBP 多级生物接触氧化工艺技术优势

该技术的主要优势：①多级处理，提高处理效率；②污泥产量低，无污泥膨胀；③特殊仿水草生物填料性能优越，生物量大；④设备结构设计巧妙，实现无动力自动污泥回流；⑤间歇式运行，提高脱氮除磷效率，降低能耗；⑥抗冲击负荷能力强，运行稳定；⑦使用寿命长；⑧出水可稳定达到国家一级 A、一级 B 标准。

5.2.3.2　WSZ 地埋式生活污水处理技术

WSZ 地埋式生活污水处理技术可以使处理后的废水达到城市用水二类水标准，既能满足矿区绿化的要求，也能够有效地减少新水的使用量。处理后的生活污水可以作为灌溉水或者其他用途，提高水资源的利用率[35]。

1）WSZ 地埋式生活污水处理装置工作原理

WSZ 地埋式生活污水处理装置利用设备中的厌氧/好氧（A/O）生物处理工艺能够有效去除有机污染物及氨氮。工艺流程图见图 5-11，A 级池污水有机物浓度很高，微生物处于缺氧状态，以兼氧微生物为主，将有机氮转化分解成 NH_3-N，同时利用有机物作为电子供体，将 NO_2^--N、NO_3^--N 转化为 N，并利用部分有机碳源和 NH_3-N 合成新的细胞物质。因此，A 级反应池不仅可以去除一定的有机物，减轻后续好氧池的有机负荷，利于硝化作用的进行，而且可以依靠原水中存在的较高浓度有机物完成反硝化作用，最终消除氮的富营养化污染。在 O 级反应池，有机物浓度已大幅降低，但仍存在一定量的有机物及较多的 NH_3-N。为了进一步氧化分解有机物，同时在碳化作用完成的情况下保证硝化作用顺利进行，在 O 级反应池设置生物接触氧化池，主要存在好氧微生物及自氧型细菌（硝化细菌），其中好氧微生物将有机物分解成 CO_2 和 H_2O，自氧型细菌（硝化细菌）利用有机物分解产生的无机碳或空气中的 CO_2 作为碳源，将污水中的 NH_3-N 转化成 NO_2^--N、NO_3^--N。O 级池的出水部分回流到 A 级池，为 A 级池提供电子受体，通过反硝化作用最终消除氮污染[35]。

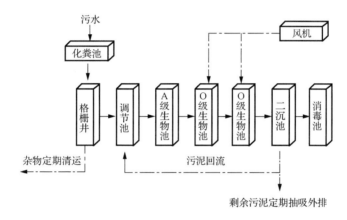

图 5-11　WSZ 地埋式生活污水处理装置工艺流程图

A 级生物池-消毒池一体化污水处理设备

2）WSZ 地埋式生活污水处理工艺技术优势

WSZ 地埋式生活污水处理装置可埋入地表下，不占地表面积，因此不需要建设房屋，更不需要采暖保温。处理效果优于完全混合式或二级、三级串联完全混合生物接触氧化池。该装置填料的体积负荷较小，使得微生物处于自身氧化阶段；设备运行时的噪声低于 50dB，降低对周围环境的影响。WSZ 地埋式生活污水处理装置配套全自动的电气控制系统及设备损坏报警系统，设备可靠性好，运行维护管理方便。

5.2.3.3　新型污水处理系统与关键技术

1）连续循环曝气系统

连续循环曝气系统（continuous cycle aeration system，CCAS）在序批式反应器（sequencing batch reactor，SBR）的基础上改进而来，是以吸附、脱离、降解等为主的生物污水处理工艺[36]。SBR 出现之后，曾被普遍认为只能适用于小规模污水处理厂。直到1968 年，澳大利亚的大学与美国的公司对 SBR 进行了优化，研发出了"采用间歇反应器体系的连续进水、周期排水、延时曝气好氧活性污泥工艺"。CCAS 对污水预处理要求不高，也没有复杂的设备安装工序，只需设置机械格栅和沉淀池。

经预处理的污水连续不断地进入预反应池，大部分可溶性 BOD 被活性污泥微生物吸附后进入反应区，在反应区内按照"曝气—闲置—沉淀—排水"周期运行，从而有效去除污水中 BOD、氮、磷。实践证明，CCAS 对 COD、BOD 的去除率可达 95%，对氮、磷元素的去除率超过 80%。CCAS 反应池沉淀状态理想，可有效抑制出水悬浮物（suspended solid，SS）的产生[36]。CCAS 的缺点是完全依赖电脑控制，人工控制几乎不可能。因此，CCAS 系统对处理厂管理人员专业素质及技能水平有较高的要求。

2）SPR 高浊度污水处理技术

污水净化再生是解决城市水资源缺乏的一种方式。随着化学技术的发展，污水中污染物的种类及化学结构变得越来越复杂，污水浓度与浊度也不断提高[36]。传统的"一级处理""二级处理"工艺已难以满足污水净化处理要求。在该背景下，SPR 高浊度污水处理技术应运而生。

SPR 是一种化学与物理方法结合的污水处理工艺。处理原理是通过投加化学药剂与溶解性污染物发生反应，使之析出形成胶粒或者悬浮颗粒，再利用高效经济的絮凝剂使胶粒及悬浮颗粒形成大块絮状物，通过过滤、旋流等流体力学原理在短时间内将絮状物与水快速分离，最后过滤出清水。经 SPR 处理后得到的清水可达三级处理的标准，可用于城市绿化、浇灌草地树木或者工业生产，经脱水产生的泥饼可烧制成人行道地砖，避免产生二次污染。有数据表明，SPR 去除污水效率高，TN、有机氮、BOD 去除率可达 90%以上，SS 去除率超过 99%，出水浊度在 3NTU 以下，投资运转费低[36]。

5.2.3.4　强化耦合生物膜反应器系统

原位净化的强化耦合生物膜反应器（enhanced hybrid biofilm reactor，EHBR）系统由污水排口、EHBR 处理单元、供气设备、供气管路和围隔组成。由污水排口排出的污水，被沿岸设立的围隔导入布设于围隔内侧的 EHBR 处理单元区域，经 EHBR 净化处理后流至下游汇入主河道水体，结构示意图见图 5-12。该系统主要用于处理河道岸侧污水，这里的污水为所有非达标的污染水体，包括且不限于生活污水、工业废水、养殖污水、地表面源污染水体、初期雨水、污水处理厂排水等[37]。

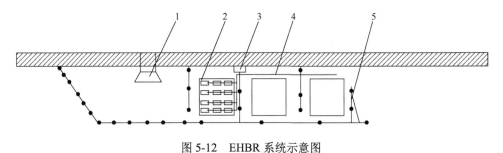

图 5-12　EHBR 系统示意图

1-污水排口；2-EHBR 处理单元；3-供气设备；4-供气管路；5-围墙

原位净化的 EHBR 系统具有以下优势：

（1）直接将膜组件放置于河道内部，可根据水质条件灵活调整；

（2）曝气效率高，单位体积曝气膜面积大，能耗低；

（3）膜寿命较长，无污染问题，无堵塞等现象；

（4）去除效率高，系统的抗水质冲击负荷能力强。

5.2.4　截污技术

截污技术是一种从源头控制污水向城市水体排放的方法[38]，主要用于城市水体沿岸污水排放口、分流制雨水管道初期雨水或旱流水排放口、合流制污水系统沿岸排放口等永久性工程治理[39]。

截污技术工程量和一次性投资大，工程实施难度大、周期长；截污容易造成河道水量变小，流速降低，需要采取必要的补水措施；截污纳管后污水如果进入污水处理厂，将对现有城市污水系统和污水处理厂造成较大运行压力，否则需要设置旁路处理[39]。

截污应是一个逐级截污技术的选择过程。通常选择的顺序是：①纳入污水管网；②在岸上拦截，进行分散式集中处理；③在河道内侧修建截污槽；④在河道内侧挂管、铺管、架管、埋管；⑤在河道内侧用软隔做成隔离槽；⑥直接排放。

5.2.4.1　污水汇集截污技术

污水汇集截污技术利用沟渠、管道等措施收集面源污水，采用初步净化措施消解污染物浓度，从而减轻水体污染负荷，其原理如图 5-13 所示。核心装置是截污沉淀装置和复合流过滤器。经处理，泥沙和固体垃圾的去除率在 90%以上且部分 BOD 被去除，有效解决了初期雨水面源污染的问题。

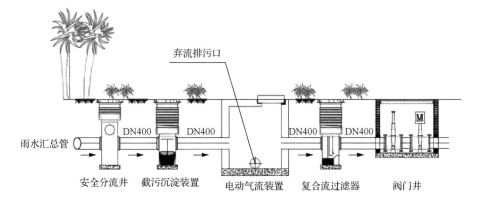

图 5-13　污水汇集截污技术原理

雨水汇总管管段直径单位为 mm

污水汇集截污技术处理成本低、效果明显，但工程量和一次性投资大，经济分析如表 5-4 所示。此外，工程实施难度大，周期长，应用于城市难度大，运行需要维护和管理。

表 5-4　污水汇集截污技术经济分析

设备价格	前期建设投资	运营费用
3000 元/t 污水	土建, 设备安装; 5000 元/t 污水	人工费、电费、设备维修费; 0.8 元/t 污水

5.2.4.2　雨污合流溢流截污技术

雨污合流溢流截污技术是利用水力旋流实现颗粒物与水流分离的技术。该技术主要用于处理雨污合流制排水系统的溢流问题。

1) 雨污合流溢流截污技术工作原理

图 5-14 为雨污合流溢流截污技术原理。溢流水流由切向进入腔体内部形成旋流, 在设备内部部件的导流作用下, 从圆周位置沿螺旋方向向上导入池体中心; 通过池壁和池底分界层的旋转力、剪切力和阻力等多种作用力, 较轻的悬浮物能够被收集存储在表层, 较重的颗粒物质被收集储存在池底, 从而将悬浮物与水体分层; 水流流到池体顶部后, 可沉淀颗粒自由落下并由出口流道排放至污水管网收集。在排放之前, 出水通过自净化格栅排放至河道; 当溢流量超过设备的处理能力时, 超过部分通过泵站前池的超越管排放至现状污水管网收集处理。

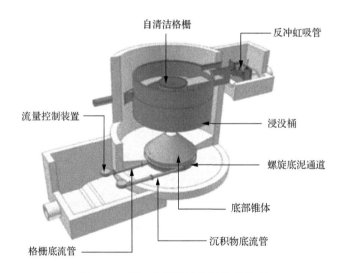

图 5-14　雨污合流溢流截污技术原理

2) 雨污合流溢流截污技术运行效果

(1) 中大雨时, 溢流水体的 SS 去除率可达 90% 以上, COD 去除率为 50% 左右, 其中溶解性 COD 去除率为 35%, 且一个小时后的出水各指标去除率能稳定在 80%~90%。

(2) 小雨时, 溢流水体的 SS 去除率为 70% 左右, COD 去除率为 30% 左右, 其中溶解性 COD 去除率仅占 9%。

(3) 阵雨时, 由于雨水量较小, 历时较短, 溢流水体与提升泵站集水池中原有的沉积水体混合，至旋流分离器处理，出水的 SS 浓度、COD 可能会比进水时要高，污染物去除效果不明显。

3）雨污合流溢流截污技术优缺点

雨污合流溢流截污技术的优点：无移动部件，无需外部动力；自启动，自清洁；低水头损失；对粒径大于 6mm 的悬浮物可全部去除，粒径为 200μm 以上的粗砂和沉积物可去除 95%，TSS 去除率大于 50%，BOD 去除率大于 30%；占地面积小；建设维护成本低。缺点：对小雨及阵雨处理效果不明显；仅为物理处理方法，对 COD、氨氮等去除率较低；沉积物的后续处理措施不完善；对行洪排涝的影响有待进一步观察。

5.2.4.3　雨水调蓄池

雨水调蓄池既能解决旱季污水排河的问题，也能解决雨季雨污漫流、初期雨水污染河道的问题[40]。具体功能如下。①截污溢清、动态调蓄：在污水直排口截流旱季排河污水及雨季初期雨水、雨污混流水，起到错峰调蓄、减少污染、保护受纳水体的作用；②提升功能：河道直排口标高大部分低于河道周边污水管道底标高，排出口末端截留后不能自流接入污水管，需设置配套设施提升直排口标高；③一定程度上能去除初期雨水和晴天污水中的污染物[40]。调蓄池对污染物的去除效果如表 5-5 所示。

表 5-5　调蓄池去除污染物的效果

序号	项目	去除率/%	序号	项目	去除率/%
1	TSS	50～70	5	TP	10～20
2	总氮	10～20	6	总有机物	20～40
3	铅	75～90	7	锌	30～60
4	烃类有机物	50～70	8	细菌	50～90

5.2.4.4　分散一体化生态廊道式截污系统

分散一体化生态廊道式截污系统是一种经济、高效和适用性很强的城镇和农村生活污水、地表径流截污及处理技术，系统由超深厌氧塘、廊道式人工湿地和干植草沟组成[41]。

1）分散一体化生态廊道式截污系统工作原理

污水首先通过管道流入溢流井，然后经第一进水管进入超深厌氧塘，在超深厌氧溏的重力沉淀作用下去除部分大颗粒物质，水解酸化作用将大分子污染物转化成更易分解的小分子污染物。利用超深厌氧塘内部的锥形过滤器，出水经过第二进水管联合第一穿孔布水管实现廊道式人工湿地第一级潮汐上行湿地的潮汐上行方式进水。廊道式人工湿地的第一级潮汐上行流湿地充满一段时间后，由带时间继电器开关的第二恒流泵抽干，污水通过溢流槽中的填料进行缓冲，溢流堰实现第二级水平潜流湿地的双向水平推流方式进水。廊道式人工湿地的第二级水平潜流湿地出水进入集水渠，一段时间后经由第三恒流泵，通过第二穿孔布水管均匀进入干植草沟，干植草沟底部出水由穿孔管排出，表面出水由第三出水口排出。第二级水平潜流湿地间歇进水操作时间与第一级潮汐上行流湿地相同，二者停水时间与排干时间处于交错状态，达到连续运行的目的（图5-15）。

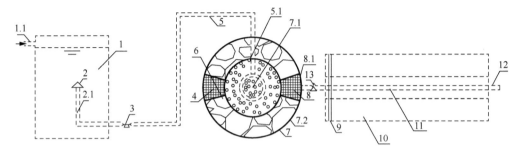

图 5-15　分散一体化生态廊道式截污系统结构示意图

1-超深厌氧塘；1.1-第一进水管；2-锥形过滤器；2.1-第一出水管；3-第一恒流泵；4-溢流槽；5-第二进水管；
5.1-第一穿孔布水管；6-填料；7（两个环整体）-廊道式人工湿地；7.1-第一级潮汐上行流湿地；7.2-第二级水平潜流湿地；
8-集水渠；8.1-第一出水口；9-第二穿孔布水管；10-干植草沟；11-穿孔管；12-第三出水口；13-第三恒流泵

2）分散一体化生态廊道式截污系统技术优势

（1）可以去除大分子有机污染物，提高污染物的可生化性和抗冲击负荷能力，设置锥形过滤器可以降低出水堵塞风险。

（2）廊道式人工湿地的第一级潮汐上行流湿地通过潮汐的方式，可以保证潜流湿地充氧良好，有机物去除率和硝化效率更高。

（3）第二级水平潜流湿地的溢流槽通过设置轴对称溢流堰，可以进行双向均匀推流式布水。

（4）设置集水渠，且与溢流槽呈中心对称布置，能避免第二级水平潜流湿地内部积水断流面造成的局部严重厌氧问题，同时能对廊道式人工湿地系统出水起到初步复氧效果。

（5）干植草沟底部设置了穿孔管，可以增加系统内部的充氧能力，从而强化污染物的去除能力，进而能够减轻暴雨冲刷及洪峰问题。

5.2.4.5　雨量型弃流井

雨量型弃流井主要用于雨污分流。在雨水收集利用系统中，雨水弃流设施关系到一次雨水收集的效率。如果雨水初期弃流设施没有设计好，部分携带高浓度、多种类污染物的初期雨水将进入雨水井或储水箱，不仅会加大后续过滤器的工作强度，还会造成过滤器堵塞；一段时间后，杂质会大量沉积在池底，给后期的清理工作带来不便，严重时会造成整个雨水收集系统崩溃停工。因此，要做好雨水收集利用系统，初期雨水的弃流设计至关重要。工程采用较多的弃流井体是现场开挖、砖砌后再安装设备，工期长、效率低。图5-16所示的雨量型弃流井采用一体化结构设计，克服了以往弃流井存在的问题，可较好地实现雨污分流[42]。

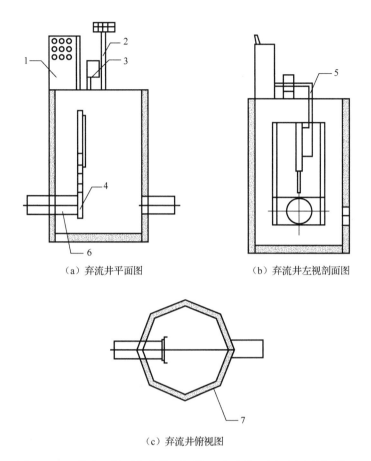

（a）弃流井平面图　　　　　　　　　　（b）弃流井左视剖面图

（c）弃流井俯视图

图 5-16 一体化雨量型弃流井三视图（平面图、左视图和俯视图）

1-智能控制柜；2-太阳能柜；3-雨量计；4-平底节流阀；5-液压油管；6-弃流井；7-井体

1）一体化雨量型弃流井工作原理

（1）降雨时，初期雨水通过雨水井及弃流管进入井体，此时平底节流阀为开启状态，初期雨水被弃流至污水管网或二级处理设施。

（2）当初期雨水量达到设定值（一般为径流 5mm 左右或降雨历时 10～15min）时，由雨量计发出信号，并由智能控制柜传达平底节流阀命令，使得节流阀关闭。此时，雨水通过雨水排放口进入外部水体。

（3）当降雨停止，根据汇水区块汇水时间确定平底节流阀开启时间（以保障降雨停止初期管网内雨水大量进入污水系统）。

（4）智能控制柜开启关闭信号通过全球移动通信系统模块在远程手持终端显示，也可由手持终端发送信息加以控制，及时了解、及时维护运行出现的故障。

2）一体化雨量型弃流井技术优势

一体化雨量型弃流井的井体和设备构成一体，安装现场简洁干净，安装过程高效便捷。采用一体化成型技术有效减少安装时间，使雨水收集效果好，安装简便，工作效率高。

5.3　城市河湖一体化水环境综合内源污染控制关键技术

城市河湖一体化水环境综合治理技术选择应按照"控源截污、内源控制、补水活水、水质提升、生态修复"五个方面的技术路线具体实施。控源截污是基础和前提，只有严格控制外来污染源，才能从根本上解决水体黑臭问题，避免黑臭现象反弹。内源控制是重要手段，通过采取相应的工程手段，有效削减内源污染物，达到显著改善水体水质的目的。补水活水和生态修复是水质长效改善与保持的必要措施，通过修复水体生态功能，改善河流水动力条件，增强水体自净能力[43]。

水环境治理技术的选择始终坚持"因地制宜、综合措施、技术集成、统筹管理、长效运行"的基本原则，结合不同水体所在城市的地域特点，根据水体污染程度、污染原因、水体水文水质特征等因素，筛选并优化治理技术，科学制订水体整治方案。城市河湖水环境的综合整治，应在点源、面源等污染源解析及成因分析基础上，系统调查与评估城市建成区内环境基础设施，贯彻实施海绵城市建设理念，按照源头减排、过程控制、系统治理提出综合整治方案。城市河湖水环境治理技术及措施选择，应结合城市的地域特点，"一河一策"，针对不同水体的主要问题，甄选及优化组合技术和措施[43]。

本节具体介绍内源污染控制技术体系及具体措施。

5.3.1　内源污染控制技术体系

完整的水体概念包括上覆水、底泥及周围的各种环境条件。底泥是水生植物生长的基质，也是底栖动物繁衍的场所，因此底泥是水体生态系统物质循环中的一个重要环节[44]。经济高速发展伴随着大量污染物向水体中排放，污染物进入水体后，经过水体颗粒物的吸附、絮凝、沉淀及生物吸收等多种方式，最终沉积到底泥中并且逐渐积累，因此底泥是水体中各种污染物的最终储存场所。在不断地积累富集下，底泥中的有机物、氮、磷、重金属等污染物的浓度往往比上覆水中高出几个数量级。由于城市河道水较浅、湖泊相对静止，污染物更容易沉积到河道或湖泊底泥中。底泥沉积物中的污染物主要有以下几种。

（1）底泥沉积物中的重金属。重金属具有易积累、难降解、毒性大等特征，其污染还具有长期性、隐蔽性和不可逆性的特点。底泥沉积物中重金属的释放方式主要有解吸、溶解和离子交换，释放过程受 pH、有机质含量、其他重金属存在时的竞争拮抗作用等多种环境因素的影响。当底泥环境（如温度、DO 浓度、扰动等）发生变动时，部分重金属会从底泥释放至上覆水中，造成浓度、形态和生物毒性变化。重金属不易被微生物降解且具有生物累积性，多数重金属能抑制生物酶活性，存在于水环境中会通过食物链破坏正常生化反应，进而对生物体造成危害[45]。

（2）底泥沉积物中的营养盐。进入水体的一部分氮、磷等营养盐，会以扩散、吸附、沉淀等方式沉积在底泥中。在一定条件（如水体 DO 浓度、温度、生物扰动等）变化时，营养盐将从底泥中释放出来，造成水体营养盐浓度增大，促使水体中的藻类大量繁殖，水体呈现富营养化。过量繁殖的藻类在生长和衰败的过程中消耗大量 DO，水体自净功能减弱，导致鱼类和其他水生生物因缺氧而死亡。厌氧状态还可进一步促进底泥中氮、磷等营养元素向水体释放，从而加重水体的富营养化程度，水环境呈现恶性循环，最终发黑发臭，生态系统崩溃。

（3）底泥沉积物中的有机污染物。底泥沉积物中的有机污染物可分为易降解有机物和难降解有机物。易降解有机物易被微生物吸收利用而得以降解，导致水体底泥中溶解氧浓度下降；难降解有机物可以在生物体内达到较高浓度并通过食物链进行生物富集，威胁人类健康。有机污染物主要来自农用活动，人们盲目大量使用农药和橡胶染料制品，使得大量的有毒化合物通过各种渠道释放到环境当中。随后，通过大气沉降方式回到地表水体的有机污染物最终被颗粒物吸附，沉降在湖泊底泥中。此外，垃圾焚烧及多氯联苯生产将难降解有机污染物带入环境。难降解有机物具有持久性强、生物积累性和毒性高的特点，易在生物体内富集滞留，导致人类和动物癌变、畸变、突变[45]。

综上所述，底泥中的污染物是在长期积累中形成的，对水质的影响比较持久，即使外界污染源消除，底泥也可能在很长时间中对上覆水的水质产生影响。底泥与上覆水之间不停地进行着物质和能量交换，底泥中的污染物与上覆水保持吸附与释放的动态平衡[38]，环境条件一旦有所改变，污染物就会通过解吸附、溶解、生物分解等作用，重新释放到上覆水中，产生"二次污染"，从污染物的"汇"变成污染物的"源"。尽管开展截污、污水深度处理等措施能够减少污染物输入水体，但是底泥污染物的释放从很大程度上减缓和限制了受污染水体的修复速度及修复效果。有报道认为，污染物的内源释放量甚至与外部进入的总量相当[46]。

排入河道的过量营养盐为水体藻类生长提供了良好的营养条件，造成藻类过量繁殖。进入衰亡期的藻类分解矿化会形成耗氧有机物和氨氮，导致季节性水体黑臭现象，并产生极其强烈的腥臭味道[47]。

内源控制技术体系包括底泥污染控制技术和控藻技术。底泥污染控制一般是把水体内受污染的底泥（通常为河床表层部分）通过清淤疏浚的方式挖掘出来。清淤疏浚技术通常有两种，一种是抽干黑臭水后清淤，另一种是采用水上作业方式直接从水中清除淤泥[45]。清淤底泥通过除杂、除沙、浓缩沉淀、干化等处置工艺，最终实现泥水分离。分离出来的尾水采用化学和生物方式进行处理，进一步降低水中污染物的浓度，满足排放标准后回排至城市水环境中。依据资源化原则，可对干化后的泥饼进行堆肥、回填和烧制等处置。

国内外污染底泥控制技术主要分为物理控制技术、化学控制技术和生物生态控制技术，在具体的实施过程中三种技术经常联合使用。美国国家环境保护局于 2005 年提出了三种主要方法，即监控下的天然恢复、覆盖、底泥去除[44]。按照底泥位置的不同，可分为异位控制技术和原位控制技术，5.3.2 小节和 5.3.3 小节将以该分类方式对污染底泥控制技术加以介绍。

水源与水厂有效控藻、除藻仍是目前亟待解决的重要问题。水源水治理应从源头着手，大力控制污染源对水环境造成的污染，有效控制氮、磷营养盐的排放。针对藻类快速暴发的重点污染水域，宜积极采取物理化学方法，快速有效去除水体中的藻类。长远考虑下，要结合生态工程实现生态修复，提高水体的自净能力，恢复水体的长久自然生态平衡。水厂净化应该注重提升各单元处理技术，在提高各处理单元水净化效能的同时开发高效除藻新工艺、深度处理工艺和联合工艺等，以保证安全卫生的供水。还应加强立法管控，严格监督治理高污染排放源，积极引导发展安全高效的水处理技术与工程。无论采取什么样的技术措施控制水体富营养化，都要综合考虑各种影响因素和负面效应，逐步调节生态系统结构与功能，建立完善的应急和综合治理体制，实现标本兼治[47]。

5.3.2　底泥清淤疏浚工程技术

5.3.2.1　清淤疏浚工程简介

底泥是沉积在水体底部的泥状物，具有明显的层序结构。表层为黑色浮泥层，含水率很高，粒径较小，以粉砂黏土为主，在水体中稍微搅动就能再悬浮，是底泥中最易污染上覆水体的部分，因此也称污染层。中间层为过渡层，含大量沉水植物根系及茎叶残骸，有机污染严重，一般含有大量重金属。底层为正常湖泊沉积层，一般保持湖区周围土壤母质的岩相特征，多为黏质夹粉质黏土，质地密实，污染少，含水率较低[48]。

底泥清淤疏浚是把底泥搬运到指定处理地点进行控制或处理的一种方法，是常用的底泥异位控制技术。

5.3.2.2　清淤疏浚适用范围与布置特点

1）适用范围

一般情况下，清淤疏浚适用于所有黑臭水体，尤其是重度黑臭水体底泥污染物的清理，可快速降低黑臭水体的内源污染负荷，避免其他治理措施实施后底泥污染物向水体释放。

2）技术要点

主要清淤技术有机械清淤和水力清淤。在实际工程中，清淤疏浚工程还要考虑城市原有黑臭水体的存储和净化措施。清淤前，须进行底泥污染调查，明确疏浚范围和疏浚深度；根据当地气候和降雨特征，合理选择底泥清淤季节；清淤工作不得影响水生生物生长；清淤后回水水质应满足"无黑臭"的指标要求[38]。

3）限制因素

须合理控制疏浚深度，过深容易破坏河底水生生态，过浅则不能彻底清除底泥污染物；高温季节疏浚容易形成黑色块状漂泥；底泥运输和处理处置难度较大，存在二次污染风险，需要按规定安全处理处置。

5.3.2.3　底泥的清淤方式

1. 干式清淤

干式清淤施工将河道分段并修筑围堰，之后利用水泵排干围堰范围内的河道积水，排干之后再进行清淤施工。常根据施工现场场地条件采用长臂式挖掘机开挖或人工开挖的方式沿河道两岸进行清淤[49]，干式清淤流程见图5-17。干式清淤的优点是清淤彻底，易于控制清淤深度，且容易观察清淤后的河底状态，污泥浓度高，运输成本低，因此工程成本相对较低。缺点是需要围堰排水，对两岸护坡安全有一定的影响，施工也会对两岸已建工程设施造成严重的损坏，对周边环境造成二次污染。由于施工需要对河道进行局部断流，因此干式清淤不适合在雨季及不宜断流的河道上进行，适合两岸具有一定空间且便于断流施工的小型河道清淤[49]。

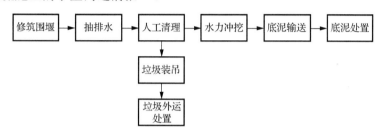

图 5-17　干式清淤工艺流程

2. 半干式清淤

与干式清淤类似，半干式清淤也需要将河道进行分段并修筑围堰，区别在于半干式清淤不需要将河道积水完全排干，而是排至足够搅拌深度即可。施工时采用高压水枪冲刷破坏河底淤泥，再采用泥浆泵将泥浆抽吸排至淤泥集中处理区[49]。对于河底无法冲刷破坏的渣土，可采用人工清理或长臂式挖掘机开挖的方式，吊运至运渣车外运处理。半干式清淤的优点在于清淤彻底，操作简便，搅泥、吸泥设备的体积小，运输、拆装都很方便，且便于穿过桥梁和其他河道障碍物，使用管道输送泥浆可避免运输途中的二次污染，减少对河道两侧居民的干扰[49]。缺点是高压水枪、泥浆泵、加压泵等设备耗电量大，人工费用高。在施工过程中，半干式清淤根据需要局部断流河道，因此也不适合连续流河道及雨季施工，较为适合便于断流施工的小型河道清淤，对两岸的操作空间也有一定要求[49]。

3. 湿式清淤

湿式清淤采用环保绞吸式清淤船，依靠船上吸水管前端围绕吸水管装设的旋转绞刀装置，切割和搅动河底泥沙，借助强大的泵力，输送到泥沙物料堆积场，是目前我国航道、河道、湖泊疏浚工程中最为常用的清淤方法。湿式清淤的优点是吸泥量大，易于操作，管道输送距离可达千米之外，对河床及水环境影响最小；缺点是环保绞吸式清淤船对河道水深有一定的要求，不同的船型要求河道至少需要有 1.2～1.5m 预留深度。若采用远距离管道输送污泥，需要泵送加压才能完成，所以耗电量较大。

湿式清淤不需要进行围堰排水，在带水环境下采用挖泥机械进行清淤施工[48]。根据工作装置、底盘和结构形式的不同，典型的小型湿式清淤机械有以下几类。

1）两栖反铲式清淤机

两栖反铲式清淤机具有陆用挖掘和水上挖掘双重功能。该清淤机以平底船作为机体，水上工作时采用浮箱增加浮力来承重，装有 4 支由液压油缸控制的带有沼泽轮的支腿，用于水下挖掘定位，同时自备螺旋桨用于移动。该方法挖掘出的淤泥通过泥驳外运。两栖反铲式清淤机的优点是操作灵便，机动性强，能自行出入水域，具有自航能力，可用于清除硬质河底障碍物。缺点是不连续工作，清淤效率低，对流态淤泥的清理效果较差，在施工过程中容易产生底泥扩散的现象。

2）小型绞吸式清淤机

小型绞吸式清淤机是近年来用于河底清淤最常见、使用最广泛的类型之一，采用水上抛锚作业的方式，利用铰刀旋转、切削底泥。在河底土质为硬质土层时，可选用斗轮进行挖泥，形成的泥水混合液由吸泥泵吸入排泥管，再通过管道输送到排泥点。它的优点是可以将挖掘、输送、排出和处理泥浆等疏浚工序一次性完成，连续作业、生产效率高，成本低，并且小型绞吸式清淤机挖掘工作面平整，易控制开挖边坡深度，施工质量好。缺点是排出泥浆需铺设管道，对河道通航具有一定的影响，自航能力差，挖掘深度有限，对水流和波浪较为敏感，在施工过程中产生底泥扩散的现象（需要通过设置保护罩进行控制）。小型绞吸式清淤机较适宜挖掘非黏性软质土，如各类淤泥、松散沙土、松塑黏土，可以应用于各类疏浚工程。

3）小型吸盘式清淤船

小型吸盘式清淤船采用高压射流切割水底淤泥，形成浓度较高的泥浆，再用泥浆泵通过吸盘吸取泥浆，进行尾排或边抛，达到清淤的目的。吸盘式清淤船的优点是经济性好，与常规挖泥船（绞吸式、耙吸式、链斗式）相比，造价降低 1/3～1/2，开挖成本也相应降低；实用性强，可作业于常规船难以作业的桥孔、船闸等特殊区域；自航性能好，不会堵塞河道。缺点是土壤适用范围小，局限于非黏性疏松砂土，对致密黏土层或固结砂夹层的清淤效率低，并且形成的冲刷面不规则，在施工过程中产生的底泥扩散现象需要进行控制。可见，小型吸盘式清淤船可应用于底泥较为疏松的河道清淤。

4）射流式清淤船

射流式清淤船利用射流泵吸取河水，通过喷嘴喷射淤泥，使形成的水-泥混合层不断移动至指定地点，完成清淤工作。优点是操作灵活，设备简单，清淤成本较低，且可以清理其他清淤船不易清除的区域，如边坡、河道建筑边缘。缺点是工作环境要求苛刻，只能应用于比较狭窄、具有一定深度的河道；对淤泥成分也有较高的要求，只能清理淤泥或细砂类土质，对中砂或更大的颗粒则没有明显清理效果；施工过程中要防止底泥扩散现象发生。射流式清淤船可应用于特定环境（狭窄、较深河道，边坡地带，淤泥细砂土质环境）的河道清淤。

5）气力泵式清淤机

气力泵式清淤机以压缩空气为动力进行吸排淤泥，利用真空泵筒吸泥，再利用压缩空气将泵筒中的淤泥排出，达到底泥清淤目的[50]。气力泵式清淤机的优点是清除有害层的过程中，不会对周边水体造成剧烈扰动，更不会形成悬浮类胶体状物质的再悬浮和扩散，从而能避免疏浚过程中的二次污染，起到保护生态的目的。缺点在于技术尚不成熟，只能用于局部清淤，不便于大规模地使用。

5.3.2.4　代表性清淤疏浚技术

底泥清淤疏浚包括工程疏浚和环保疏浚。

工程疏浚又称为常规疏浚，通过挖除表层的底泥起到增加水体容积、维持航道深度的作用，对控制底泥污染作用不大。工程疏浚方式的挖除深度大，对底部生态系统影响较大，难以保证疏浚后的生态重建效果。

环保疏浚又称生态疏浚，通过挖除表层的污染底泥控制和减少底泥污染物释放，以提升水质[44]。相对于工程疏浚，环保疏浚的疏浚精度高，可彻底去除污染底泥，挖除深度一般在 1m 以下，对底部生态环境影响小，甚至短期便可恢复原有生态系统。环保疏浚施工过程需防止二次污染，且疏浚后的污染底泥需妥善处理。表 5-6 列出了两种疏浚技术的区别。

表 5-6　河道环保疏浚与工程疏浚的区别

项目	环保疏浚	工程疏浚
生态要求	为水生植物恢复创造条件	无
工程目标	清除底泥中的污染物	增加水体容积，维持航行深度
边界要求	按污染土层确定	底面平坦，断面规则
疏挖深度	<1m	>1m，限制扩散
对颗粒物扩散限制	尽量避免颗粒物扩散及再悬浮	不作限制
施工精度	可达 50mm	200~300mm
设备选型	标准设备改造成专用设备	标准设备
工程监控	专项分析，严格监控，环境风险评估	一般控制
底泥处理	根据泥、水污染性质处理	泥、水分离后堆置
尾水排放	处理达标后排放	未处理
疏浚后河床修复	滩地结构改造、微生物再造和河床基质改良等	无要求

5.3.2.5　清淤设备发展趋势

面对复杂的清淤环境，如深水清淤、密闭空间清淤等，清淤设备正朝着大型化、自动化、标准化、专业化及新颖多样化等方向发展。

1. 发展趋势

1）清淤设备向大型化与集成化方向发展

大型化的清淤设备集成清淤、排泥、淤泥脱水、固化等功能，清淤对象主要为宽阔水域的江河湖库。部分大型清淤设备甚至包含脱水后的上清液处理工艺，可以大大减少淤泥的外运量，同时保证外排的脱水上清液不会对水体造成二次污染[48]。

2）清淤设备向自动化及智能化方向发展

清淤设备加装传感器，将水流速度、方向、风浪、船舶位置、船舶航向与航速、船舶的纵倾与横摇等参数实时输入计算机，可实现计算机对清淤设备的自动控制。全球定位系统动态定位、动态跟踪系统、疏浚轨迹显示系统的应用，使清淤设备能以极高的精度进行疏浚作业，完全沿着预定的疏浚线路施工，能有效避免漏挖、重挖、欠挖或过挖，提高疏浚效果[48]。

3）清淤设备向多样化方向发展

清淤设备不仅有大型的各类挖泥船，也有小型的清淤机，以适应我国多样的施工环境。有学者将污泥泵安装在可自动行走的履带或齿轮上，并仿照清淤船配置旋转绞刀头，实现了水下自动清淤功能。类似水下清淤机等多样化的发展使得清淤设备在形式上丰富起来，更加适应不同的施工环境及要求[48]。

2. 底泥疏浚存在问题及展望

沉积物疏浚太浅不能有效去除污染物，疏浚过深又会破坏沉积物中的原有种源和底栖水生生态环境。现有的工艺基本可以满足环境保护部 2014 年发布的《湖泊河流环保疏浚工程技术指南》中关于河道底泥疏浚的要求，但是工程实践中还存在一些问题与难点。

1）我国技术水平在一定程度上落后

我国有些河道的疏浚效果不明显，除了疏浚条件不成熟外（如在外源污染还没有得到有效控制情况下实施疏浚工程），还有疏浚不够精细化、疏浚设备落后，经济预算不够等多方面原因。通常以工程疏浚来代替环保疏浚，使用常规疏浚设备，垂直精度只能控制在 20cm 之内，疏浚后底部生态重建较为困难，容易再次淤积。

2）疏浚过程中细颗粒的悬浮问题

河湖底泥疏浚效果的影响因素较多，主要包括挖泥设备的精准度、人工操作的熟练度，以及外界工况条件，如风、水流、水下泥质。疏浚过程难免对河湖底部沉积物造成干扰，引起底泥表层细颗粒的再悬浮；开挖输送过程中输送管连接处泄漏，造成泥浆在水体中扩散。疏浚常用的绞吸式挖泥船，其挖掘能力与输送能力由船舶设备机械性能决定，当疏挖区域泥层土质松软且开挖量比较大时，输送能力的限制使部分开挖淤泥不能完全被吸入、输送，从而部分滞留泥浆在水体扩散，增加水体污染负荷。

3）疏浚后新生界面层的生物活化问题

疏浚结束后再悬浮到水中的沉积物和水体新生长的藻类等颗粒物开始回淤，加之疏浚中底泥漏挖，部分带有活性淤泥生态特征的原表层淤泥与疏浚后新形成的泥-水界面层交混在一起，为该层沉积物的活化提供接种和微生物物种保留的条件，使新生表层沉积物在较短时间内"接种式"地得到生物活化，疏浚后的表层沉积物很快地转变为与原来沉积物性质接近的状态[50]。此外，在风浪作用下，疏浚后新的表层沉积物可能会形成新的流塑态沉积物层。

4）对堆场设计、尾水处理、底泥回淤及疏浚底泥资源化重视不足

污染底泥堆场设计和余水排放是河道底泥生态疏浚的重要环节。由于观念和经费紧张等，我国城市河道底泥生态疏浚工程的堆场基本上沿用了工程疏浚堆场的设计方法和参数，对余水水质控制也很少采取必要的处理措施，往往容易造成二次污染。此外，疏浚底泥的无害化处理及资源化没引起人们足够的重视。疏浚结束后，风浪和水流作用引起流动，使得非疏浚区易悬浮沉积物（稀泥层）向疏浚区传输，形成底泥的回淤，严重时会导致疏浚不成功。如果外源污染没有得到有效控制，也可能引起疏挖区污染沉积物的再次累积[51]。

5）底泥生态疏浚方案研究不力且缺乏关键技术支持

我国城市河道底泥疏浚工程多单纯从内源污染控制角度出发，而很少考虑生态恢复

要求，对如何科学地确定疏浚方法和重要疏浚参数，存在认知上的误区且缺乏关键技术支持。

6）缺乏必要的生态风险评价指标体系与评价方法

目前，我国几乎所有的疏浚工程没有开展对疏浚区水体生态系统重建的影响研究，也未建立必要的生态风险评价体系，因此不能定量分析疏浚工程对生态环境的影响程度。

5.3.3　底泥原位修复工程技术

在有效控制外源污染后，从源头上切断污染源并改善河湖水体环境的关键是控制受污染底泥带来的内源污染。底泥疏浚易造成二次污染，工程量大、成本高，对原有河流水体生态系统造成一定的破坏，因此污染底泥原位修复工程技术逐渐被推广使用。底泥原位修复指的是在不进行疏浚的情况下，利用物理、化学和生物等技术在原地对受污染的底泥进行治理和修复的技术，可分成物理覆盖技术、化学控制技术和生物修复技术[51]。

5.3.3.1　原位化学修复技术

原位化学修复技术是向受污染的水体中投放多种化学药剂或酶制剂，可通过化学反应氧化有机物，或与底泥中的营养盐结合，形成较稳定的络合物或聚合物覆盖在底泥表面，以阻止底泥向上覆水释放营养物质，为后续微生物降解作用提供有利条件[52]。这种方法具有费用低、见效快等优点，但化学试剂可能对水生生物产生毒害作用等，会影响湖泊内部生态系统的平衡。从长期考虑，并没有从根本上解决污染问题，但原位化学修复技术发展较早，相对成熟，仍被广泛应用[45]。

工程应用较广的化学修复药剂有铝盐、铁盐、聚丙烯酰胺、过氧化钙、高锰酸钾、过氧化氢、硝酸钙等。其中，铝盐、铁盐、聚丙烯酰胺等应用于底泥稳定控制的技术比较成熟，通过絮凝沉淀等作用将污染物稳定在底泥中，对于磷的控制有较好的效果[53]；过氧化钙在潮湿空气或水中能放出氧气，Ca^{2+} 对游离态磷有很强的结合作用，但过氧化钙会导致水中 pH 明显升高，限制了它的应用[44]；高锰酸钾和过氧化氢对底泥释放磷的控制效果有限，不能稳定地降低底泥中的不稳定态磷和铁磷浓度，持续性效果较差；硝酸钙可以通过反硝化作用去除底泥中部分有机物促使 Fe^{3+} 的生成，进而达到控制底泥磷释放的目的，对底泥中有机物、磷和硫化物均有降解或抑制作用，但硝酸盐易溶于水，持续时间较短，同时会加剧底泥氨氮的释放，造成水中 pH 升高，因此利用硝酸钙相关技术进行污染底泥的处理须慎重。

5.3.3.2　原位物理修复技术

1）引水

建筑大坝、引水冲污是国际上常用的一种方法，成功的案例有东京隅田川、俄罗斯莫斯科河、德国鲁尔河的污染治理，效果良好。该方法工程量浩大、建设周期长、成本高。特别是在建坝时，需要统筹考虑筑坝的时序、地址安排、建坝改变河流流量和动力条件、影响内河航运等问题。此方法经常与疏浚技术结合使用。

2）掩蔽

掩蔽也称为覆盖，是通过在污染的底泥上放置清洁底泥、沙子或砾石等覆盖物，将污染底泥与水体隔离开，以阻止底泥污染物向水体中迁移的物理修复方法[53]。美国于1978年首先使用底泥原位覆盖技术，随后在其他国家得到推广，原位覆盖技术对阻止底泥中耗氧性物质、重金属污染物、持久性有机污染物等进入水体具有显著作用。原位覆盖技术适用于多种污染类型的底泥，成本低廉，便于施工，应用范围较广，但工程量大，需大量清洁泥沙，会增加底泥量，减小水体容积，一般不太适用于河湖底泥的治理。此外，水流速较快、水动力较强的区域也不适合使用原位覆盖技术[45]。国外底泥原位覆盖工程应用较多且效果显著。研究发现，在红土等矿物质中添加粉煤灰等材料作为底泥覆盖物，对底泥中氮磷的释放和藻类过量生长有明显的抑制作用[44]。

5.3.3.3　原位生物修复技术

原位生物修复技术是利用具有降解污染物能力的沉水植物，自然存在的或经人工专门培养的微生物等的生命活动对水体中的污染物进行吸附、转移、转化和降解作用，从而净化水体并重建水生生态系统的一种底泥修复技术[45]。原位生物修复通常分为微生物修复和植物修复两类，微生物修复具有特效性与针对性，一般一种细菌只能分解一种有机物，但可以通过组建高效菌群的方法形成一个完整的降解系统来降解不同种类污染物。植物修复直接利用植物对某些污染物的吸收累积，将受污染土地或水体中的污染物（如重金属、有机物等）移除、分解或围堵。原位生物修复技术不需要向水体投放化学试剂（可能对水体生态平衡造成破坏），它具有工程造价较低，修复效果较好，对环境影响小等优点，适用于大面积、低污染负荷底泥的生物处理，有利于水体生物多样性的恢复，是底泥原位修复技术的重要发展方向之一。有人认为水生植物虽然能修复底泥，但其死亡腐烂后释放出植物体内储存有大量氮、磷和其他有机质等营养物质，会进一步加剧水体污染，但可以采取定时收割水生植物的措施来控制。

1. 微生物修复技术

微生物修复技术多用来降解有机污染物。人工驯化、固定化微生物和转基因工程菌等能够成功降解底泥中的污染物，从而减少底泥中污染物向上覆水体的释放[53]。筛选针对污染物的强势微生物，在生物酶及微量元素的刺激下，强势菌群可在较差的水环境中迅速增殖，并利用水体及底泥中的有机污染物等作为自身生长繁殖的营养物质，从而净化污水、分解淤泥、消除恶臭。

吴光前等[54]将某种固定化微生物用于污染底泥中，发现底泥厚度、底泥和水体中COD均明显降低。徐亚同[55]利用某种水体净化促生液对上澳塘水体进行修复，结果表明，污染水体中的COD、BOD迅速下降，生物多样性逐渐增加。微生物通过氧化、还原和甲基化作用使重金属离子转化而失去毒性，但目前对底泥中重金属的微生物修复研究较少。影响微生物活性的因子较多，而且难以控制，要制成能大范围使用的生物修复产品，还需要更进一步的研究。

土著微生物的激活有助于提高原位生物修复技术的效果。使用土著微生物培养液与底泥生物氧化复合剂对受污染底泥进行处理，其修复效果较好，底泥中的有机碳含量显著降低，且底泥对上覆水体的净化能力得到极大提高[53]。

水体微生物修复技术主要有三种：原位微生物修复、异位微生物修复、原位-异位联合微生物修复。原位微生物修复技术不需要搬运或输送污染水体（包括底泥和岸边受污染的土壤），而是在受污染区域直接进行水体修复。异位微生物修复是指将被污染介质（土壤、水体）搬动或转移至其他地方进行的生物修复过程。相对于原位微生物修复，更强调控制和创造更适宜的微生物降解环境和条件。在实施原位生物修复时，如估计仅在原位进行修复有较大的困难，或者目标场所中污染物的浓度过高，甚至可能对引入微生物产生一定的毒害作用，这时可采用工程辅助手段，将实施修复场所中的部分污染物引出，然后将其转移到生物反应器或其他净化设施进行净化，称为原位-异位联合生物修复。整个过程必须保持原位修复的基本特征，即无须搬运污染介质，无须在实施修复的场所营造大型工程结构物。

2. 植物修复技术

水生植物对于水体水质的改善有着重要的作用，其应用成本较低、效果好、简单易行，在河道生态修复工程中得到广泛的应用。随着不断的工程实践和经验总结，水生植物在河道生态修复工程的应用技术不断成熟。水生植物之所以对水体和底泥中的污染物有较好的富集和降解能力，可能是因为修复河道，对本已遭受破坏的河流生态系统进行了重建，恢复了水生生物的栖息地，强化了河流生物多样性。

用植物修复污染底泥是目前比较理想的原位修复技术。某些沉水植物和挺水植物通过自身的生长代谢可以大量吸收底泥中的氮、磷等营养物质，一些种类植物还可以富集不同类型的重金属或吸收降解某些有机污染物。太湖流域的长荡湖，虽然输入水质为Ⅳ～Ⅴ类，入湖河口经常有死鱼、死虾、死蚌现象，但湖心区水质优良，长期维持在Ⅰ～Ⅱ类水质。分析认为，这主要归功于湖内大量的沉水植被和良好的生态系统。植物修复也有其不足之处，如生长周期长、需要定时收割等。

栽种去污能力强的沉水植物、浮水植物、挺水植物，其发达的根系既可以降解水体中的富营养物质，也可以为微生物提供生长繁殖的场所，有利于形成水生植物及微生物互利共生的微环境，加速水体及底泥中的污染负荷转移。沉水植物的根、茎、叶全部生长在水体的基质中，由于表皮细胞没有角质或蜡质层，能直接吸收水分、溶于水中的氧和其他营养物质，拥有强大的净化能力。沉水植物的茎叶增加了垂直方向上水生生物的栖息地面积，植物根部可以稳定底质，为攀爬类和营穴类底栖动物提供栖息地，同时为这类型底栖动物和小型鱼类躲避捕食者提供重要的避难所。

有学者研究了黑麦草对河道疏浚底泥的修复情况[56]。结果发现，种植黑麦草后底泥中的重金属存在形态和晶格结构发生了变化，且根部积累了大量重金属，表明黑麦草对重金属有较强的富集能力；黑麦草对底泥中有机污染物的降解率达到 72.6%，矿物油含量由原来的 4.86% 降为 1.56%，且大部分有机物被炭化为 CO_2 和 H_2O，部分难降解的大分子有机污染物被植物降解为小分子、易吸收的形态；种植黑麦草后底泥的多酚氧化酶和脲酶活性均得到提高，证明黑麦草是修复重金属-有机物复合污染的良好植物种。

在原位修复污染底泥方面，物理、化学和生物修复技术各有优缺点，相比之下，生物修复技术（微生物修复技术、植物修复技术）更具应用前景。

污染水体的修复是涉及污染治理、环境生态和水利水文等多学科的系统工程，治理水体污染必须从水体的功能定位、污染整治的目标和水体生态系统平衡的建立等多方面入手。生物修复与物理修复、化学修复相比，虽然有众多突出的优点，但只有与物理修复、化学修复等方法相结合，组成统一的修复技术体系，才能在治理水体污染方面发挥出最大的作用。为解决棘手的污染底泥问题，一定要根据不同底泥的特性、污染情况及水体自身状况，来优化修复方法，必要时几种修复方法联用，取长补短，以取得最佳的修复效果。采用的修复技术应兼具可行、经济和高效的特性。

总之，随着工业化进程加速，国内许多河流湖泊受到了严重的污染，许多河流湖泊的底泥成分复杂且污染物种类繁多。目前采用的污染底泥的修复技术各有优缺点，在实际操作中需要结合实际情况运用多种底泥修复技术，才能从根本上解决水污染问题。

5.3.4　清淤淤泥的处理与处置

5.3.4.1　淤泥常规处置方式及存在问题

水力冲挖、挖泥船或清淤机等通过管道输送而来的淤泥，成分极为复杂，除污泥外，还有大量生活垃圾、石块、絮状物、泥沙和水生生物（如植物、贝壳等），含水率高，通常达 90% 以上，为实现远距离输送，冲击负荷也很大。这些特点使得底泥处理处置成为黑臭水体内源清淤的难点[47]。

疏浚淤泥的方法主要有堆放、吹填和海洋抛泥等。单纯堆放而不采取其他控制措施，会存在占用大量土地的问题，或者由于雨水冲刷产生二次污染，而且其中有益成分不能得到充分利用，造成资源的浪费。吹填处理的最大问题是吹填用地，吹填地基一般非常软弱，后期开发使用时需要花费昂贵的地基处理费用。此外，吹填施工中泥水往往向围堰外部扩散，引起二次污染。海洋抛泥会直接造成渔场破坏，对海洋环境产生极大的潜在影响，很多国家已经立法禁止[47]。

淤泥处理处置的工艺流程如图 5-18 所示。

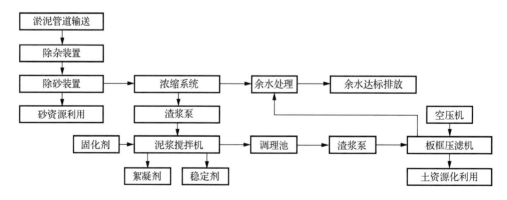

图 5-18　淤泥处理处置工艺流程

1. 除杂除砂

为减轻黑臭水体污泥中复杂成分给后续工艺带来的负荷，必须先对来浆进行除杂和除砂处理。

借鉴污水处理的经验，格栅与沉砂池结合是目前使用较多的黑臭水体底泥除杂除砂装置。黑臭水体底泥成分复杂，泥浆中夹杂的砖石等大颗粒物，形状不规则且自重比较大，会对格栅机造成比较大的冲击，齿耙极易损坏，使得格栅机不能正常运转；加之格栅栅条间距较大（若过小容易堵塞），进入沉砂池的成分仍比较复杂，沉砂池沉积物难以分级利用。

由盾构泥浆处理设备改造而来的泥浆净化器，采用振动筛结合水力旋流器的方式除杂除砂，工程实施效果明显，具体设备参数见表 5-7。底泥输送至该设备后，首先经预筛（不锈钢材质，筛孔直径为 3mm）将粒径 3mm 以上颗粒物筛分出来，粒径 3mm 以下颗粒随泥浆进入旋流筛分系统，粒径 0.02mm（分离粒度 D_{50}）以上颗粒经旋流和再次筛分后从泥浆中脱离出来。细颗粒物可通过多级旋流器进行多级分离，为后续的资源化利用提供了有利条件。筛分之后的渣料，根据粒径的不同，进行分级处理。生活垃圾、木块、贝壳等可送至就近填埋场填埋；较粗的石砾可用于填方；细砂可直接用于建筑材料。

表 5-7　泥浆净化器设备参数表

参数	取值
渣料含水率	≤30%
旋流分离粒度	20/μm
渣料筛分能力	40～100t/h
筛孔尺寸	3～20mm

2. 污泥浓缩

经除杂除砂设备处理后，泥浆含水率仍较高，必须先进行浓缩沉淀，以减少进入干化工序的污泥体积。在污水处理行业，重力浓缩、气浮浓缩和机械浓缩是目前主流的污泥浓缩工艺。在黑臭水体底泥清淤施工中，由于污泥泥浆量大、不稳定，实现连续生产是首要任务，因此能稳定运行的重力沉淀工艺是首选工艺[47]。重力沉淀又分为自然沉淀和混凝沉淀两种。自然沉淀不添加任何药剂，仅依靠重力作用，完成污泥悬浮物的沉降；能耗低、运行稳定，但需要较大的占地面积以满足连续生产，浓缩底泥的含固率也较低。混凝沉淀需要添加一定量的药剂辅助污泥进行沉淀，所需药剂成本较高，能耗也较自然沉淀高，但占地面积小，效率高，浓缩底泥含固率高，通常可达 20%～30%，可大大减小后续工艺的进浆体积，泥浆减量化明显。具体施工时可依据工程实际条件，综合考虑占地面积、药剂成本、人员设备投入等因素，选择最具经济效益和社会效益的工艺方案。

重力浓缩本质上属于压缩沉淀。活性污泥的相对密度为 1.000～1.005，处于膨胀状态时小于 1，因此活性污泥一般不易实现重力浓缩，污水处理厂中一般将初沉污泥和二沉污泥混合后进行重力浓缩，以提高重力浓缩效果。目前重力浓缩仍是我国城镇污水处理厂污泥浓缩的主要手段，占比达到 72%。重力浓缩技术成熟且趋于完备，重力浓缩过程中副产物的处理和利用是目前的研究重点。

气浮浓缩根据产生气泡方式的不同，可分为压力溶气气浮、生物溶气气浮和涡凹气浮。

机械浓缩包括离心浓缩、带式浓缩机浓缩和转鼓、螺压浓缩机浓缩等。相较于重力浓缩工艺，机械浓缩工艺占地面积小，卫生条件好，造价低；对于富磷污泥，可以避免磷的二次释放，提高污泥处理系统 TP 去除率，但仍具有运行费用（机械维修费用）高、经济性差等劣势。

3. 污泥干化技术

污泥干化技术利用热物理原理，去除污泥中的水分，从而达到干燥污泥的目的，经过干化处理后的污泥一般呈粉末状或颗粒状[57]。污泥干化的能量是净支出形式，干化过程中消耗能量的多少是评价干化技术优劣的关键标准之一，目前我国常用的污泥干化技术有以下几种。

1）传统污泥干化场干化技术

传统污泥干化场干化技术把污泥堆积在室外建设的专门干化场，通过自然通风和重力作用对污泥进行干化。这种干化方式的干化时间长，效率低，且容易受到天气和气候的影响，导致污泥干化处理不彻底。

2）污泥生物干化技术

污泥生物干化技术是一种新型的污泥干化技术，利用微生物高温好氧发酵过程中降解有机物产生的生物能，加上一定的控制措施，并配合强制通风，促进污泥中水分的蒸发去除，从而实现快速干化。污泥生物干化技术并不需要提供额外的热源，干化过程中需要的能量属于生物能，来自微生物的好氧发酵活动，符合经济节能的生产目标。同时，可以通过人为的控制，缩短干化周期，提高污泥干化效率。由于其造价较高，未能在我国广泛推行和应用。

3）污泥热干化技术

污泥热干化技术是目前主要的现代化污泥干化技术，其工作原理是通过外加热源蒸发污泥中的水分，从而干化污泥。这种污泥干化方式占地面积小，减量化明显，产品用途灵活。此外，污泥热干化技术可以根据传热的方式、设备的形式、干化设备进料方式等分为很多种，能够根据污泥的特性和实际成分选择不同的污泥干化技术。污泥热干化技术在实际应用过程中存在很多问题，如购买设备所需资金高，应用过程中需要的运行费用也比较高，设备运行的能耗高，具有粉尘爆炸安全隐患，其推广和应用受到限制。

4）太阳能污泥干化技术

污泥干化技术中能量是净支出形式，所以为了节省能源，可以高效利用太阳能进行污泥干化[57]。

4. 尾水处理

为保证浓缩池上清液和压榨清水满足排放标准，必须对尾水进行处理才能外排。尾水处理主要分为物理、化学和生物处理，包括混凝沉淀法、膜生物反应器（membrane biological reactor，MBR）技术、曝气生物滤池技术、生物接触氧化法等[58]。

1）混凝沉淀法

混凝沉淀法是常见的尾水净化处理法，去除对象为微小悬浮物，包括有机和无机杂质。处理后尾水色度、浊度降低，溶解性杂质浓度降低。该方法的混凝剂消耗量较大，脱氮效果不佳。

2）膜生物反应器技术

随着膜材料水平的提高，膜技术广泛应用于各行各业。膜生物反应器得到政府、科研部门及商业公司的广泛关注，成为污水厂深度处理工艺的核心技术。这一技术优势明显，但是也存在膜污染、投资高、能耗高等问题。此外，缺少设计规范和专业设备也是比较严重的问题[58]。

3）曝气生物滤池技术

曝气生物滤池技术的原理是填充大量直径小、表面粗糙的填料到滤池内，利用培养和驯化生成的高浓度生物膜降解水中的有机物，并截留悬浮物。随着运行时间延长，滤池的阻力损失增大，处理能力降低，必须进行硝化和反硝化作用来脱氮，才能保证氨氮达标。该技术成本较低，占地少，传输率高，动力消耗低，但是施工难度较大[58]。

4）生物接触氧化法

生物接触氧化法的原理是通过填料上附着的微生物来去除水中杂质和污染物，主要去除对象为氮和磷。该方法效率较高，成本较低，运行简便，使用广泛，并且易于维护，但水力条件较弱，更新较慢，在一定程度上影响其推广和应用[58]。

在工期紧、处理量大的实际施工背景下，混凝沉淀深度处理是比较符合需求的尾水处理方式。通过添加混凝剂，将尾水中的微小悬浮物（包括有机和无机杂质）去除，降低水的色度和浊度，减小水中溶解性杂质浓度，达到排放的要求。

在处理量大、场地小等更为严格的要求下，可在混凝剂中添加磁粉，使悬浮物、胶体物质、藻类、磷等形成可作用于磁场的微絮颗粒，然后通过磁力将其从水体中快速分离出来，这就是超磁净化分离法。该方法的停留时间短，可连续运行，占地面积小，处理量大，是黑臭水体尾水处理的一种方法[48]。

5.3.4.2　疏浚底泥资源化利用途径

20 世纪 70 年代以前，疏浚底泥通常作为机场、港口扩建和新建用土。这样的资源化应用填埋了海湾和河口，破坏了动物的栖息地，对环境极其不友好。如今，疏浚底泥资源化应用于更有利于环境的方面。本小节将对其中土地利用、制造填方材料和建筑材料方面的资源化利用进行初步探讨[59]。

1. 土地利用

将疏浚底泥应用于农田、林地、草地、湿地、市政绿化、育苗基质及严重扰动的土地修复与重建等处置方式，属于疏浚底泥的土地利用。土地利用能耗低，是适合我国国情的安全积极的处理方式。科学合理的土地利用可减少其负面效应，使疏浚底泥重新进入自然环境的物质、能量循环中。

1）土地利用的途径

（1）农业园林利用。疏浚底泥中含有有机质和植物所需的营养成分，具有化学肥料没有的有机质成分，具有比较均衡的肥料组分，含有的腐殖质胶体能使土壤形成团粒结构，保持养分作用，是有价值的生物资源。疏浚底泥施用于林地、园林绿地可促进树木、花卉、草坪植物生长，提高其观赏品质，并且不易造成食物链污染的危害。有学者[50]对京杭大运河（杭州段）疏浚底泥农业利用与园林绿化的可行性及生态影响进行了研究和比较。实验结果表明，土壤中大量掺入疏浚底泥对种子发芽率有一定影响，疏浚底泥用量在 $270t\cdot hm^{-2}$ 以下，对青菜的生长具有促进作用，超过 $270t\cdot hm^{-2}$ 对青菜产量有一定影响，底泥用量在 $1080t\cdot hm^{-2}$ 以下时青菜中 Cu、Zn 含量均未超过食品卫生标准，用量为 $1350t\cdot hm^{-2}$ 时均超过了该标准。与青菜相比，草坪草、园艺花卉对底泥用量有更大的耐性，表现出明显的促进生长现象。原状土柱淋洗实验发现，底泥用量在 $450t\cdot hm^{-2}$ 以下未造成地下水污染，这表明运河底泥直接土地利用较一般污水污泥堆肥的危害更小，园林投放比农田投放具有更大的可行性。

（2）湿地及栖息地建设。疏浚底泥还可用于建设湿地，进一步作为动物的栖息地。荷兰陆地平均高程低于海平面，最大可能地利用底泥抬高陆地高度和扩大陆地面积，多年以来一直具有重要的意义。例如，荷兰弗莱福兰岛的一部分就是用疏浚物质堆积而成的。巴拿马的盖拉德渠作为疏浚底泥的处置场所，在疏浚底泥上种植湿地植物，作为野生动物的栖息地。美国华盛顿州也利用疏浚底泥建造了岛屿，并在其上种植了海草，建设成为湿地。这种疏浚底泥资源化利用途径对生态环境的修复和建设有着极其重要的意义[60]。

（3）修复严重扰动的土地。严重扰动的土地是指采矿后残留的矿场、建筑取土废弃的深坑、森林采伐场、垃圾填埋场、地表严重破坏区等需要复垦的土地。这类土地一般已失去土壤的优良特性，无法直接植树种草，施入疏浚底泥可以增加土壤养分，改良土壤特性，促进地表植物的生长。疏浚底泥用于修复严重扰动的土地避开了食物链，对人类生活潜在威胁较小，既处置了疏浚底泥，又恢复了生态环境，是一种很好的利用途径。

我国城市垃圾处理量的90%以上采取直接卫生填埋，填埋场覆土封场所需黏土量很大。对于土地资源稀缺的城市，将疏浚底泥作为填埋场终场覆土是一个很好的疏浚底泥资源化利用途径。石正宝[61]对苏州河疏浚污泥用作填埋场封场覆盖防水材料进行了实验研究，结果表明，苏州河疏浚底泥通过适当的预处理，满足填埋场的防渗要求，土力学性能指标满足安全使用的要求，同时不会对周围环境造成二次污染。

纽约·新泽西港曾尝试在疏浚出的泥浆中混入灰分和石灰石，回填到宾夕法尼亚州的露天矿石场内，以消除原硫矿中的酸性浸出液，同时解决疏浚排泥和水系污染两个环境问题。

2）疏浚底泥土地利用的预处理

疏浚底泥的土地利用需要具备的一个重要条件是所含的有害成分不超过环境能承受的容量范围。由于水体接纳了含有不同成分的生活污水和工业废水，不可避免地含有一些有害成分，如有机污染物、重金属和各种病原菌等。污泥要进行土地利用必须经无毒无害化处理（一般采用高温堆肥）。若疏浚底泥中的重金属超标，则有可能对环境造成二次污染，需要采取一定措施对疏浚底泥进行预处理，再土地利用。可采用以下四种措施减轻重金属的危害。

（1）适量施用碱性物质（石灰、硅酸钙炉渣、钢渣、粉煤灰等）提高土壤的 pH。重金属活性易受土壤 pH 的控制，可使重金属形成硅酸盐、碳酸盐、氢氧化物沉淀，阻碍植物吸收，避免重金属进入食物链。

（2）在受重金属严重污染的疏浚底泥中种植抗污染且能富集重金属的植物（如柳属的某些植物），从而使重金属含量逐年递减。当底泥中的重金属含量降到一定值后，再种植可食性植物。在重金属的中污染区和轻污染区，不宜种植根菜类或叶菜类植物。应注意的是，收获植物时应连根拔起。

（3）增施有机物可提高土壤缓冲能力，降低土壤盐分浓度，从而阻碍重金属进入植物体，降低对植物的毒性，包括生物活性有机肥（动物粪便、鸟粪等）、生物惰性有机肥（泥炭、泥炭类物质）及其同各种矿物添加剂的混合物等。

（4）调节疏浚底泥的氧化还原电位。镉、铜、锌等重金属为还原态难溶性金属，对于中污染区、轻污染区的底泥，还田后可采用淹水种植的方法减小氧化还原电位，以降低污染程度。

2. 填方材料

在适宜条件下对疏浚底泥进行预先处理，先改良其含水率高、强度低的性质，使其满足工程要求，然后进行回填施工，作为填方材料使用。疏浚底泥预处理的一般方法通常包括物理方法（干燥、脱水）、化学方法（固化处理法）和热处理方法（烧熔处理法）。从工程应用出发，化学原理的固化处理法是最为灵活、适用范围广、造价较为理想的方法。固化处理后的疏浚底泥成为填方材料，可代替砂石和土料。与一般的土料相比，固化土具有不产生固结沉降、强度高、透水性小等优点，除了可以免去碾压、地基处理施工外，有时还可达到普通土砂达不到的工程效果，可用于以下工程。

（1）城市、港口建设中需要对低洼地区进行回填的工程。典型的工程有填海工程、码头新建工程、沿岸地带的开发工程和沿海城市的市政工程。工程实施地点与疏浚底泥发生地距离较近，是将疏浚底泥转化为填土材料进行使用的理想条件。

（2）筑堤或堤防加固工程。疏浚底泥经过固化后具有强度高、透水性小的特点，可以成为良好的筑堤材料。将其用于筑造江湖堤防和海堤，可满足边坡稳定、防渗和防冲刷的要求。结合江河、湖泊的堤防加固工程，对疏浚底泥进行固化处理，作为培土加高、加宽堤防，可提高堤防的抗洪能力。

（3）道路工程的路基、填方工程。使用经过固化处理的疏浚底泥可以完全满足工程的要求，而且得到的路基强度较高，在防止边坡失稳、不均匀沉降和雨水冲刷方面比较有优势。

3. 建筑材料

疏浚底泥可用于制造建筑墙体材料、混凝土轻质骨料和硅酸盐胶凝材料。砖瓦、水泥等行业对黏土有着大量需求，黏土资源的大量开采已影响到农村耕地的数量和质量，但当前黏土砖、混凝土等仍是大宗的墙体材料。因此，利用疏浚底泥替代黏土会缓解建材制造业与农争土，是疏浚底泥资源化利用的又一途径，在我国有着广阔的发展前景。

1）制作陶粒

苏州河底泥制作陶粒的研究结果表明，通过适当的成分调整，经高温焙烧能烧制出筒压强度达到 7MPa 的黏土陶粒产品。此外，底泥中的重金属大部分固熔于陶粒中，不会对环境造成新的污染。

2）制造砖瓦

城市生活污泥含有的大量有机物，在焙烧过程中产生微孔，可降低产品的体积密度，通过调节配方可以制得轻质砖。以苏州河底泥为添加剂的制砖试验表明，产品的物理特性基本上可以达到烧结普通砖的技术要求，砖的标号达到 50 和 75。重金属浸出浓度试验表明，原料中重金属的含量很高，焙烧后绝大部分重金属固化在成品中，成品中重金属的浸出率相对于原料大幅度降低，因此不会对周围环境造成影响。南淝河底泥制砖的试验结果表明，成品符合 MU7.5 级砖的等级要求，干容重为 1364kg/m^3，低于烧结普通砖干容重的 20%，导热系数为 1.44kJ/kg，比烧结普通砖低 53%，具有一定保温隔热性能。台湾省新竹市的研究小组对大坝沉积底泥掺加净水厂污泥进行了制砖实验，结果证明，最大掺加量可达 20%，提供了河道沉积底泥与净水厂污泥共同处置的新思路[60]。

3）制作瓷砖

纽约·新泽西港的疏浚底泥，运用威斯汀豪斯等离子玻璃化工艺将纽约·新泽西港的疏浚底泥无害化和资源化，经过脱水并添加助熔剂，等离子过程后转化为聚合玻璃态物质，可以用来制作瓷砖。该工艺制作瓷砖可以破坏疏浚底泥中的有机质并固定重金属，使疏浚底泥资源化且对环境不产生危害。总之，污泥回用于建材不仅能够达到河道污泥减量化、无害化、稳定化的目的，基本避免二次污染，还可变废为宝，获得经济效益，具有其他方法不具备的优势。同时，只有建材行业才能及时消纳数量如此之大的以无机物为主要成分的河道底泥，从而保证清淤疏浚工程的顺利进行。

5.3.4.3 疏浚底泥好氧堆肥化处理

好氧堆肥化是一种具有很大发展潜力的处理可生物降解固体废物的方法。由于底泥中富含钾、氮、磷、有机质等营养成分，污染严重的疏浚底泥适宜进行好氧堆肥化处理，这有利于稳定化、无害化、资源化利用疏浚底泥。研究表明，好氧堆肥化处理疏浚底泥可降解底泥中的污染物，实现底泥资源化利用。

底泥的好氧堆肥化处理可使其中的有机物矿质化、腐殖化和重金属稳定化，以实现对污染底泥的修复，主要是利用好氧微生物自身的生命活动和彼此之间的协同作用。最终的堆肥产品中富含提高土壤肥力的氮、磷和腐殖质等，可作为有机肥料用于农林业。

尽管底泥好氧堆肥处理时间长，但具有操作简单、成本低、资源化利用价值大等优点。底泥颗粒细小、含水率高、碳氮比小，其中大部分土著微生物属于厌氧菌。与其他堆肥化有机物料相比，存在如下问题：含水率高，水分不易蒸发，易黏结成块，通气性差；碳元素含量较低，易造成氮的损失；堆肥过程中温度上升速率较慢；堆肥化进程缓慢[62]。因此，底泥堆肥过程中，为了保证堆体系统具有适宜的水分、孔隙、碳氮比等，以及更好地满足好氧微生物对作用环境的要求，需要加入合适种类且适量的调理剂，如膨胀剂（刨花、稻壳、麦秆、花生壳、锯末、干草等）。适量的膨胀剂不仅能调节底泥堆肥过程中的水分，还能增加整个堆体的通气性，从而减少恶臭气体的产生；碳氮比调理剂有稻草、木屑、玉米秸秆等，合适的碳氮比有利于底泥堆体中微生物的繁殖与生命活动进行。同时，为了快速启动底泥堆肥过程和加快堆肥化进程，添加适量易于被微生物利用的起爆剂（葡萄糖、蛋白质、Fe、Mg 等），底泥堆肥初期微生物的活性大幅提高，有利于底泥堆肥过程的进行。接种合适的微生物菌剂能加速堆体升温并且延长高温期，可有效杀灭底泥中的致病菌；另外，添加的微生物菌剂与底泥中的有益土著微生物之间的协同作用，可加速堆体中有机物的降解、转化和钝化底泥中的重金属污染物，有利于提高堆肥质量。底泥中的重金属污染物限制了底泥的土地利用，堆肥过程中可考虑加入适量的重金属钝化剂（石灰、粉煤灰、沸石、生物炭等），使重金属的形态向氧化态和残渣态转变，以降低重金属的迁移性和生物有效性。

好氧堆肥化处理疏浚底泥具有很大发展空间。为提高底泥堆肥化对污染物的钝化效果和去除能力，提高堆肥质量，减少甚至消除底泥资源化利用的生态风险，未来需要进一步优化影响底泥堆肥的各项指标，同时聚焦于复合调理剂、复合微生物菌剂的开发，并选出最优配方和配比。

5.3.5　水生植物残体清理技术

受人类活动影响，我国部分湖泊曾富营养化严重，藻类水华暴发（藻型富营养化）或水草疯长（草型富营养化），导致大量藻类及水草碎屑堆积腐烂。水生植物残体分解会向水体释放大量 N、P 等营养物质，使水体营养盐浓度在短时间内达到较高水平。植物残体分解耗氧致使水体缺氧、水质恶化，同时在局部水域引起"黑水团""湖泛"事件，导致沉积物中磷的内源释放量增大。湖泛导致水体长时间处于厌氧还原环境，对湖泊水体及沉积物中敏感元素 Fe 的迁移转化过程影响极大，沉积物中 Fe 的氧化还原又对磷的释放具有重要作用。在大型浅水富营养化湖泊中，蓝藻水华易受风浪、水流等因素的影响，下风向的近岸区芦苇丛聚集，大量蓝藻水华和芦苇残体混合堆积、腐烂，对富营养化湖泊水环境质量和物质循环过程都有重要影响[63]。

5.3.5.1　水生植物水体净化机理

湖泊生态系统具有自净作用，通过生物化学过程、矿化分解过程及沉降过程等，将水体中的悬浮物、溶解物质等转化为生物资源、沉积物及气体等，使水体得到净化。大型水生植物和藻类等，能够通过生物过程将水溶性物质富集浓缩，然后转化为自身可利用的物质，提高利用率[64]。

利用生态工程措施，可恢复生态系统中的重要生物组分，提高整个水生态系统的净化能力。水生植物对于水体的净化机理包括同化吸收、根际效应和吸附作用。

1）同化吸收

水生植物会从水体和底泥中吸收氮、磷营养盐，转为自身的结构物质。在植物成熟或死亡后，通过收割的办法去除这部分营养物质，可以降低水体中营养盐的含量，降低水体富营养化程度。这种同化作用并非水生植物去除氮、磷的主要途径，植物对氮、磷的同化吸收只占全部去除量的 2%～5%[63]。

2）根际效应

微生物是生态系统中的分解者，可以有效促进氮、磷营养盐和其他养分的循环过程。

系统中微生物数量与净化效果有一定的相关性。根系微生物可以作用于周围环境产生根际效应[63]。在根际，水生植物能够将 O_2 从上部运输至根部，在植物根区和远离根区的沉积物中形成有氧和厌氧交替的环境，并形成各种微生境，有利于微生物的硝化与反硝化作用。

3）吸附作用

水生植物的茎、叶部分会从水体中吸收营养盐，通过选择不同的水生植被及其组合来适应不同的受污染水体，调控净化能力。沉水植物能够改变系统的物理化学环境，并抑制藻类的生长和改善水体质量[63]。

5.3.5.2　水生植物残体的分解过程

关于水生植物分解过程的研究很多，目前的研究主要集中在湿地枯落物的分解过程及其影响因素[63]。植物残体的分解过程十分复杂，且受到周围环境因素的影响，一般包括三个过程：可溶成分（如有机酸、蛋白质、糖类等）的淋溶过程、难溶成分（如纤维素、木质素等）的微生物降解过程、生物作用与非生物作用的破碎交替过程。

通常将植物残体的分解划分为两个阶段。第一个阶段为残体质量的快速减少阶段，与水溶性和易分解物质的快速淋溶、降解有关；第二个阶段为残体质量的缓慢减少阶段，主要是微生物将难分解的化合物转化为无机化合物的过程。武海涛等[64]研究发现，乌拉苔草、毛果苔草、小叶樟枯落物的分解速率具有明显的阶段性，实验前 41 天分解较快，后期分解速率逐渐下降。

植物残体的分解过程既受外界环境因素的影响，也受到自身化学组成的影响[65]。气候条件是影响植物分解过程最重要的因素，决定植物的分解速率和营养盐释放速率。大尺度的气候条件（寒带、亚热带、地中海区域等）对植被枯落物的分解速率影响明显；纬度或海拔变化引起的水热条件变化，对枯落物的分解过程具有明显的影响作用，高的温度和湿度能够加速枯落物的物质循环过程[63]。

残体质量是影响分解速率的内在因素，碳氮比和木质素含量被认为是最重要的影响因子。马元丹等[66]在研究不同时期的枯落物分解过程中发现，叶的分解速率与初始氮含量呈显著正相关关系，但与木质素含量和木质素含量/氮含量呈显著负相关关系。

目前，国内外对植物分解的研究大多集中在衰亡期植物体内氮、磷元素的变化过程及其影响因素上，且大多数研究只针对某一生活型的水生植物，而对不同生活型水生植物的对比研究较少。水生植物腐解过程及其水质效应可能因植物种类及残体总量而不同。卢少勇等[67]研究芦苇、菱草、水葫芦的污染物释放规律时发现，芦苇的总氮释放速率最小，菱草的总磷释放速率最小，水葫芦的总氮和总磷释放速率最大。

水生植物生长具有周期性，大量的水生植物腐烂分解后，氮、磷营养盐等释放到水体中，有可能导致湖泊水质恶化。国内外大量研究认为，将衰亡期的水生植物通过各种方法全部移出水面，是处理湖泊生态系统中衰亡期水生植物的一项有效手段。水生植物分解产生的有机质是湖泊内部碳源的主要供给者。碳源是反硝化过程中必不可少的物质，因为反硝化细菌在厌氧条件下以有机碳源为电子供体、以 $NO_x\text{-}N$ 为电子受体，进行反硝化作用，碳源是否充足直接影响系统内反硝化过程的进行。

在人工湿地放置适量的水生植物残体，可以利用植物分解释放的有机碳源，促进区域环境内的反硝化作用。

在处理高硝态氮的人工湿地中，随着温度的下降，水体内反硝化作用降低，但系统内存在碳源可以有效降低温度变化带来的影响。有机碳源对硝化作用有一定的影响，当有机碳源浓度较高时，系统中的异养氧化细菌会利用碳源进行生长，并消耗大量的氧气，抑制系统中硝化作用的进行；当有机碳源浓度太低时，又会妨碍反硝化作用的进行，影响整个系统的氮素去除。可见，有机碳源的量将影响硝化和反硝化作用的程度。

5.3.5.3　水生植物对水体水质的危害

水生植物是水生生态系统的重要组成部分，具有净化水质的作用。水生植物进入衰亡期后，植物体组织内大量的营养物质分解释放。有机物分解对水体的影响复杂，可造成水体的二次污染。大量水生植物腐烂后，除释放氮、磷等物质影响水体营养盐浓度之外，较为直观的影响是植物腐烂引起水体溶解氧浓度降低、水体黑臭，如部分浅水湖泊中茭草分解出现"茭黄水"现象，藻源性或草源性生物质厌氧分解引起"湖泛"现象，对水生生态系统产生不利影响。湖泊水生植物腐烂分解作为湖泊生态系统物质循环、能量流动的关键环节，是维持湖泊生态系统功能的主要过程之一。在自然条件下，太湖水生植物茎叶大面积凋落一般发生在 10～11 月，浮叶植物及沉水植物凋落物的腐烂分解基本在冬季寒潮侵袭之前完成。太湖流域是灾害风险频发区，洪涝、干旱、极端气象灾害（台风、风雹、低温冷冻）对本区影响较大。2015 年以来，影响太湖流域的台风数量较常年略偏多，无论是次数还是影响频率均远远超过常年。洪、旱引起水环境急剧变化，水位骤升或下降都会引起大量水生植物死亡，台风侵袭形成大量植物残体，在灾害消失的数天内，局部水草集中的水域易发生水草腐烂，甚至水体黑臭等次生生态灾害。植物快速分解过程导致局部水域水质急剧恶化，主要表现为水体氮、磷营养盐浓度迅速升高，水体溶解性有机污染物大量积累；植物体内及沉积物中产生大量的 H_2、N_2O、NH_3 等强还原性气体及恶臭气体，硫醇、甲硫醚、二甲基二硫醚、羰基硫、二硫化碳等硫化合物溶出并释放至水体，使湖水变黑变臭[68]。

絮凝沉降法作为一种经济廉价的水处理方法，在污水处理、饮用水处理、中医药方面获得广泛应用[68]。壳聚糖是一种天然有机高分子化合物，可被完全生物降解。适宜浓度的壳聚糖能够改善植物光合作用，增强沉水植物对胁迫环境的耐受能力，促进沉水植物的生长，增强细胞抗氧化酶活性，具生态友好性。聚合氯化铝（PAC）是一种无机高分子混凝剂，适应水性广泛，水温低时仍可保持稳定的沉淀效果。聚丙烯酰胺（PAM）是使用较广泛的有机絮凝剂，能与分散于溶液中的悬浮粒子架桥吸附。无机絮凝剂具有较好的絮凝沉淀效果，但对微量有机物去除效果甚微。无机-有机复合处理可加强对有机物的絮凝作用[68]。

5.3.5.4　水生植物残体资源化利用方式

水生植物残体是优质的生物质资源，有多种资源化利用方式，各种利用方式有其优缺点。水生植物残体可作为肥料、动物饲料、生物质能源燃料，食用或药用，作为编织物、造纸、调制香水等的原料，厌氧发酵生产有机酸，制备生物质炭，覆盖茶园等[69]。

1）肥料

水生植物体内含有较多的氮、磷、钾等矿物质元素和有机质，是一种天然的肥料来源。目前常用的肥料加工方式有厌氧发酵、沤制堆肥和粉碎成液体浆液肥料[70]。

2）动物饲料

水生植物富含各种蛋白质、氨基酸、矿物质等营养物，可作为畜禽和水产动物的饲料原料，如浮萍、眼子菜、伊乐藻、水葫芦等是重要的动物饲料。浮萍是良好的猪饲料、鸭饲料，也是草鱼的饵料，是禽类饲料的营养补充[70]。

3）生物质能源燃料

水生植物有机质含量高，是一种具有巨大开发潜力的资源[70]。大型水生植物作为能源燃料的途径主要有三种。①制备固体燃料：大型水生植物中含有木质素和纤维素，经过气化、高温分解和炭化后可制得木炭。②制备液体燃料：不同研究表明，水生植物发酵乙醇产量有一定的差异，但总的来说，与其他纤维素原料的产量相似。③生产气态燃料：沼气是有机物在厌氧条件下经过微生物发酵作用而生成的一种混合气体，关于利用水生植物生产沼气的研究很多，主要集中于水葫芦产沼气[70]。

4）食用或药用

许多水生植物具有食用或药用价值。例如，菱角含有丰富的淀粉、蛋白质、葡萄糖、不饱和脂肪酸及多种维生素，皮脆肉美，蒸煮后剥壳食用，亦可熬粥食；莲藕微甜而脆，可生食，也可做菜，而且药用价值相当高，用莲藕制成粉食用，能消食止泻、开胃清热、滋阴养性。

5）编织物、造纸、调制香水等的原料

香蒲、芦苇茎叶可用于编制蒲席、坐垫、提篮等，纤维含量高，极其适宜造纸。鸢尾花香气淡雅，可以调制香水。香根草油可用于制备香精、香水，也可用作生物杀虫剂。总之，水生植物作为一种宝贵的资源，具有很大开发利用价值[70]。

5.3.5.5 水生植物残体资源化利用优缺点

1. 水生植物残体资源化利用优点

水生植物体内含有较多的有机质、纤维素、蛋白质、氨基酸、矿物质元素，以及氮、磷、钾等元素。水生植物残体资源化利用具有以下优点。

水生植物残体制备的肥料在增加土壤有机质含量，提高作物的氮素利用率、产量、蛋白质的含量等方面均有良好表现，是一种优质的肥料；某些水生植物营养成分丰富，是常规饲料的有益补充；水生植物可制备固、液、气燃料，开发潜能巨大；某些水生植物在具有食用价值的同时，还兼有药用滋补作用；某些水生植物纤维含量高或具有特殊香气，适宜作为编织物、造纸、调制香水等的原料；某些水生植物发酵产生的有机酸，可以作为污水处理厂污水处理的补充碳源，以提高污水处理系统和人工湿地的脱氮效果；某些水生植物可制备成生物质炭，作为吸附剂去除水体中氮、磷等污染物；水生植物覆盖茶园可改良土壤理化性状，控制杂草，提高茶叶品质及产量[69]。

2. 水生植物残体资源化利用缺点

水生植物种类繁多,不同水生植物的组成成分差异较大。水生植物残体的资源化利用存在以下问题。

水生植物作为饲料,营养价值随纤维素、半纤维素和木质素的含量增加而降低;考虑水生植物对污染物的吸收、转化和富集作用,其能否达到食品、药品安全标准需要实验检测;利用水生植物进行单独发酵的研究大多处于实验阶段,木质纤维结构对其厌氧转化效率的影响较大。

以上资源化利用方式只适用于部分水生植物残体,应分别收获及处理,这会增加成本,大部分的资源化利用方式只能间接带来经济效益和生态效益。

5.4　城市河湖一体化水环境治理水质净化关键技术

城市化的迅猛发展,使城市人口越来越多,产生的废水和污水排放量大幅增加,不仅对城市河道造成非常严重的污染,而且危害人们的身体健康,损害城市的形象。因此,城市河道综合治理不仅关系到城市的基础设施建设,还关系到城市的形象建设。近几年,许多城市开始将城市河道治理作为重要的一项任务,并投入了大量的人力、资金。城市河道综合治理不但可以提高城市排水排污、防洪排涝的能力,而且能美化城市的环境。

城市河道综合治理不仅涉及交通、生物化学、环境科学、水利、河流景观设计等专业,还涉及人文、生态、经济、城市可持续发展和社会效应等多个方面,不仅要恢复河流的功能,还要满足人类生存生活的基本需求。因此,城市河道综合治理是一项综合性很强的系统工程。

水质净化是城市河道综合治理中成效显著的一种技术。水质净化技术主要包括生物浮岛技术、人工湿地技术、生物滤池、土壤渗滤等。其中,生物浮岛技术利用水生植物将水中的污染物全部吸附上来,对污染物进行合理利用,从而清除污染物。人工湿地技术主要采用浮水植物和沉水植物,通过过滤和截留形式将污染颗粒全部过滤掉,通过微生物作用处理水中有机污染物。

水质净化在河道综合治理中起到很大的积极作用。通过河道综合治理,可以改变水体发黑发臭、影响城市形象的情况,有利于建成环境优美的宜居环境,可以实现人和自然和谐共处、经济和环保持续发展的生态文明社会[71-72]。

5.4.1　净水(水质改善)技术体系

如果城市水体出现季节性或终年黑臭,会严重影响城市生态环境和居民生活和健康。针对城市黑臭水体的处理方法主要有物理法、化学法和生物法。过滤、曝气、气浮和离心等物理法处理水体的成本较高;化学法有絮凝、沉淀、电解和氧化等处理方法,成本高,容易二次污染;生物法有生物塘和人工湿地等,应用广泛,处理速度较慢[73]。

黑臭水体水质改善阶段的主要工作是通过一系列应急处理来缓解黑臭情况,以此减轻水体污染负荷，并且应用一些措施来净化水质。应用人工曝气充氧方式，能够使水体始终保持充氧状态，防止厌氧分解情况的发生，从而使水体中有机污染物能够快速分解，减少污染。对于封闭、半封闭及滞留型水体，必须对水中的氮磷进行控制，可通过向水中投加氮磷控制剂或者底质改良剂来降低内源污染负荷，并通过水生植物的净化作用来改善水质[71]。

常用于水体污染控制的水质净化技术主要包括人工增氧、絮凝沉淀、微生物强化净化及人工湿地。

1）人工增氧

人工曝气充氧技术可以用在水体的水质改善阶段，主要是通过通入空气、纯氧或臭氧等气体，来提高水体溶解氧浓度及氧化还原电位，避免污染物等厌氧分解情况的发生，加快水体中黑臭物质的氧化，减轻水体中的污染负荷，使河流的生态系统得到恢复，是一种效果最显著、成本低、见效快的技术，具有较好的应用前景。

2）絮凝沉淀

絮凝沉淀是向水中投加絮凝药剂，使絮凝药剂和水中污染物结合沉淀，以此达到去除污染物的目的。虽然在实际情况下，这种技术原位实施时可以较快地净化水质，但是污染物会沉入水底，无法实现水体中污染物的根本去除，很有可能会造成二次污染。该种技术不能对水体进行直接投放，而应该将水体取出之后进行水体外循环处理[74]。

3）微生物强化净化

微生物强化净化采用一些人工措施来强化微生物的降解作用，使微生物对污染物的分解速度更快，以此来提高水体自净能力。这种技术不适合用在大规模水体中，更适合用在小型的封闭水体中。

4）人工湿地

人工湿地通过土壤植物的生态系统净化作用，对被污染的水体进行净化处理，适合用在封闭型的水体之中[71]。

黑臭水体水质改善阶段可分为三个阶段[75]。

（1）阶段 1：应急阶段。可以往被污染的水中投加快速除污的药剂，来改善被污染的水体。目前，絮凝剂、微生物菌剂是应用最广泛、最普遍的药剂。为了避免对水体和水环境造成不良影响及二次污染，必须对药剂进行安全性评估。

（2）阶段 2：水体改善阶段。这个阶段处理水体污染的持续有效方法是防止水体底泥释放污染，或者通过人工曝气增氧的方法去除水体污染物。另外，可以构建土壤-微生物-植物生态系统，通过种植水生植物、建造人工湿地等，去除水体中的有机污染物和氮、磷等营养物质，进而恢复水环境生态系统，保证水体净水能力，保障水体稳定性。

（3）阶段 3：治理效果的维持阶段。为了避免黑臭水体再次对河流、城市水源造成污染，必须事先做好预防和控制工作。在完成黑臭水体治理和水体改善之后，要对黑臭水体周围可能再次引发污染的源头进行摸排和彻查，降低黑臭水体再次暴发的可能性，形成水源治理和保护的机制，保证水体改善的持续性。

5.4.2　人工曝气增氧技术

5.4.2.1　人工曝气增氧技术简介

大气复氧是空气中的氧溶于水中的气-液相传质、扩散过程,当耗氧量超过河流天然曝气产生的氧气时,应采用人工曝气增氧技术,否则会造成水体缺氧、水质恶化,严重时甚至发生水体黑臭现象。人工曝气增氧是河道综合治理非常有效果的一项技术[76],可以迅速氧化 H_2S、甲硫醇及 FeS 等致黑致臭物质,可以改善水体的发黑发臭状况,恢复水体生态系统。

人工曝气增氧对黑臭水体处理效果显著,使水体污染负荷大大减少,且无二次污染,是一种成本低、见效快的技术,应用前景广阔。该技术具有操作简单、适应性强的优点,成功应用在德国、美国等国家的河道治理中;但也存在一些负面影响,如果使用面积过大、使用的动力能耗过高时,会产生较大的噪声,影响附近居民区居民的日常生活[77]。

5.4.2.2　人工曝气增氧具体技术

1. 纯氧增氧系统

纯氧-微孔布气设备曝气系统组成部分包括氧源和微孔布气管,没有动力装置,运行可靠,不产生噪声污染。该布气管是一种特殊的大阻力橡胶微孔布气管,产生的微气泡直径大约 1mm,氧转移效率 15%/m。在水深较大(>5m)的河流中,该系统的充氧效率可达到 70%。

纯氧-混流增氧系统组成部分包括氧源、水泵、混流器和喷射器。这种系统的工作原理是将氧气通过水泵抽吸送到增压管上的文氏管,气泡被文氏管破碎和溶解,然后通过特制的喷射器进入水体中。这种系统的充氧效率较高,在 3.5m 水深时就可以达到 70%。该系统可以通过移动式水上充氧平台实现增氧,比如英国泰晤士河的充氧船、上海苏州河的充氧船等。

虽然纯氧增氧系统充氧效率高,但是液态氧运输和制氧制造成本较高,无法大规模投入使用。

2. 鼓风机-微孔布气管曝气系统

鼓风机-微孔布气管曝气系统组成部分包括鼓风机和微孔布气管,充氧效率能够达到 25%~35%(水深 5m)。它的主要缺点是布气管安置在河底,会对航运造成影响;布气管损坏之后维修起来困难;由于潮汐,河流水位变化较大,为了满足高水位时的风压,鼓风机须选风压大的,低水位时鼓风机动力较低;风机房一般建在地下,会使投资成本提高。因此,这种系统一般用在不通航的郊区河流,比如上海市徐汇区上澳塘河道。

3. 叶轮吸气推流式曝气器

叶轮吸气推流式曝气器组成部分主要是电动机、传动轴、进气通道和叶轮等,是一种被广泛使用的设备。它的主要原理是通过旋桨在进水处形成负压,使空气吸入并和水一起射入河水中。这种技术在韩国釜山港和我国北京清河、上海苏州河都有应用。

该系统的优点主要体现在安装方便，只需要把上浮筒的设备放在水面，用缆绳固定即可；维修简便；设备安装在河道内，除了电控设备，不需要占用多余空间；设备浮于水面，不易受水位影响。缺点是叶轮容易被水中的漂浮物缠绕，造成堵塞；设备浮在水面上可能会影响航运；在河水较深处，从水面向下抽吸的能力变弱，无法向深水处充氧；在河水较浅处，容易将底泥带出水面。

4. 水下射流曝气设备

水下射流曝气设备通过潜水泵吸入水，增压之后在出水管道水射器吸入空气，最后气-水混合液经水力混合后进入水体。

河道曝气复氧形式一般分为固定式增氧平台和移动式河道曝气复氧平台两种，可以充空气，也可以进行纯氧曝气。移动式河道曝气复氧平台不适合用于航运的小型黑臭河道，所以必须选择能耗低、成本低、简单操作的固定式增氧平台。其中，固定式增氧平台中包括水下射流曝气设备和水车式增氧设备，水车式增氧设备增氧效率高，有效去除有机物和氨氮，有助于建立河道菌-藻生态系统，相较其他增氧机，具有成本低、安装维护方便等优点。该种设备应用在朝阳涌、古廖涌等黑臭水体生物修复中，取得了不错的处理效果[78]。

为了加快有机污染物分解和氮磷等营养物质的去除，进行河道人工曝气增氧时，可以添加一些生物菌群来增强处理效果，或者将这种方法和生物修复技术结合起来，提高净化水质的效果[77]。

5. 强化耦合生物膜反应器污水处理技术

强化耦合生物膜反应器（enhanced hybrid biofilm reactor，EHBR）污水处理技术是一种将气体分离膜技术和生物膜技术结合起来的新型水处理技术[79]，处理原理见图5-19。EHBR包括中空纤维曝气膜和生物膜，生物膜附着在曝气膜上，曝气膜进行曝气充氧。通过浓差驱动和微生物吸附等作用使污水进入生物膜，再通过生物代谢消耗污水中有机物，使污染物被同化或分解成无机代谢产物，从而净化水质。

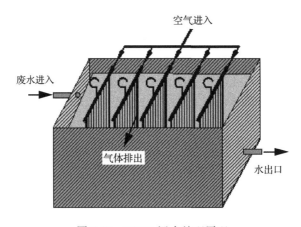

图 5-19　EHBR 污水处理原理

与传统污水处理技术相比，EHBR 具有投资少、运行成本低、效率高等特点，特别适合应用在河道综合治理中。

1）EHBR 的技术优势

（1）微生物附着生长的优势。EHBR 中的主要功能层是生物膜，生物膜附着在曝气膜的表面上，主要由微生物和细胞外聚合物组成，包括细菌、真菌、藻类、原生动物和后生动物。生物膜作为一种附着生长污水处理技术，具有特殊的生物层结构，复杂的生物群落和较长的食物链使 EHBR 具有特殊的优越性。

由于曝气膜的比表面积大，特别是中空纤维膜的比表面积达到 $5108m^2/m$，膜作为载体可以为微生物在很小的空间生长提供足够的黏附面积，增强抗冲击负荷能力。由于微生物的附着和生长，水力停留时间和生物滞留时间可以独立控制，生物膜上的微生物不会随着水流而流失，污泥滞留时间在理论上可认为是无限的，这为硝化细菌、反硝化细菌、聚磷菌和厌氧氨氧化菌提供了生长富集的可能性，为 EHBR 污水处理技术实现除磷脱氮创造了条件。同时，生物膜的分层结构可以使好氧过程和厌氧过程同时出现，从而在单个反应器中实现同步硝化反硝化和生物强化除磷[79]。

许多类型的微生物和复杂结构的生物膜对微生物具有保护作用，可以有效地降低水流的剪切力及有毒有害物质对微生物活性的影响，使其更适应不同的水体。因此，EHBR 污水处理技术可用于驯化特殊微生物，实现特殊污水的有效处理。

EHBR 污水处理技术具有较长的污泥泥龄（sludge retention time，SRT），因此高等生物可以存活和繁殖。原生动物和后生动物通常捕食微生物，这可以有效地控制生物膜厚度，减少活性污泥的产生并降低污泥产量。同时，高含量的胞外生物膜聚合物（extracellular polymeric substances，EPS）可以避免丝状菌的膨胀，使污泥沉降和固液分离。因此，即使生物膜在操作期间脱落，也可以通过简单的沉降过程去除，以确保出水的质量。

（2）EHBR 曝气方式的优势。当氧气通过曝气供给时，氧气通过膜丝直接被生物膜利用，而不经过液体边界层，大大降低了氧气的传质阻力，有利于提高氧气供给速度和氧气利用率；氧气和底物向相反方向转移，通过控制氧气供给可以使生物膜产生明显的分层，从而实现同步硝化、反硝化和去除有机物。膜曝气可用于处理含有挥发性成分的污水，不会吹掉挥发性有机化合物，避免传统曝气过程中挥发性物质带气泡进入大气造成的二次污染。曝气不会发生表面活性剂或微生物分泌物引起的泡沫问题。根据污水处理的要求，通过调节曝气压力来控制供氧，满足反应器的需氧量，避免气体挥发和浪费。在 EHBR 系统中，氧气向底物的反向转移使生物膜形成不同的氧气和有机物浓度分布，这不同于传统的生物反应器，如曝气生物滤池、生物转盘、生物接触氧化等。由于 EHBR 特殊的氧气与底物双向转移机制和生物分层结构，其具有许多不同习性、不同生活环境的微生物可以在 EHBR 中共存，同时起到去除有机物、磷和反硝化的作用[79]。

2）工程优势

EHBR 可以直接设置在河流和湖泊中。根据各种自然水体的特征和功能，可灵活调整 EHBR，设计成多种形式，适应水处理的外部条件。例如，对于流动的水，设计并设置固定幕式或水草式的 EHBR，河水在生物膜流动时，用微生物膜分解并除去污染物；针对不动或微动水体，设计和使用移动浮岛式 EHBR，在加氧分解污染物的同时带动水体流动，扩大 EHBR 的处理范围，优点是施工方便，不用清除泥浆和换水。

3）成本优势

EHBR 基于一个简单的过程，具有原材料的价格优势和明确的成本优势。在相同的污水、相同的处理效果下，与传统的生物处理方法相比，EHBR 污水处理技术至少节省了占地面积的 1/3、功率成本的 1/2（如果利用太阳能，则没有外部功率成本）和人工运行成本的 3/4，处理周期短，见效快。

4）运营管理优势

EHBR 易于使用和管理，自动化和无人值守大大节省了劳动力和管理成本。此外，可以根据河道的整体环境将 EHBR 设计成不同的景观，在控制河道时已成为流域整体环境中的一个有利位置，起到保护和协调整体环境的作用。

5）EHBR 污水处理技术特点

可直接将 EHBR 膜组件放置在河道内，不用土建池体施工，根据水质条件进行灵活调整；曝气效率高（氧利用率 50%以上），单位体积的曝气膜面积大，能源消耗量低；同时具有厌氧和好氧作用，同时清除 COD 和氮；在单一反应器内实现硝化脱氮，效率高，占地面积少；生物在膜表面高度浓缩，活性微生物不易流失，污泥产量少，不排泥；可实现设备一体化，设置简单，设置面积小；膜寿命长，不存在污染问题，不需要反冲等操作；去除效率高，系统耐水质冲击负荷能力强；综合工程投资少，动力能耗低，操作成本低[79]。

由于净化效果好、能够稳定运行、生态系统无风险、成本低、配置灵活，因此能够有效解决黑臭水问题，维持和改善水生态系统的生物多样性，提高自净能力和自修复能力，同时改善居住环境，提高城市可居住性。

6）EHBR 污水处理技术操作步骤

EHBR 处理黑臭水体包括以下步骤：①将组装好的 EHBR 置于水体中，连接管道；②开启风机，曝气 EHBR；③定期调整曝气压力和供氧，直至净水完成。EHBR 单元的核心部分由中空纤维膜组成，风机为 EHBR 单元提供气源和控制曝气压力。定期调整风机的曝气压力和供氧量，实现水体间歇曝气和溶解氧浓度的差异，有效降解各种污染物，完成净化。该方法不仅适用于非流动性水体的净化，而且适用于流动性水体的净化[79]。

6. 微纳米智能曝气+微生物模块组合技术

1）微纳米曝气技术原理及特点

微纳米曝气技术的微纳米气泡具有气泡尺寸小、吸附效率高、比表面积大、在水中上升速度慢等特征，可以大幅度提高溶解氧的效率，在人工曝气领域被广泛开发和利用。微纳米气泡在水中的滞留时间长，与水体的氧交换时间长，同时具有比表面积大的特性，在水中迅速溶解，大大提高了水体的增氧速度，近年来迅速发展。微纳米曝气增加氧的工序核心是解决水体溶解氧不足的问题，利用特制设备从水中进行大面积的曝气，在水中加入溶解氧，使微生物群活化，使好氧微生物的生存成为可能；利用微生物的新陈代谢作用迅速分解或移动水质污浊物质，短时间内大幅度减少水质污浊物质中的 COD、BOD、悬浮物质、氨氮含量，大幅度提高水体的透明度，恢复水体的自净能力及正常使用功能，维持水生态系统的平衡[80]。

微纳米曝气技术的原理：当微纳米曝气设备在缺氧水域被泵入微纳米气泡时，随着气泡中溶解氧的消耗，活性氧不断补充到水中，以迅速增加水中的氧含量；同时，将水中的有机颗粒分解成较小的颗粒，可进一步生化分解，减少污泥沉淀；微纳米气泡可大大增加氧气的供给，增强水体中有氧微生物、浮游生物和水生动物的生物活性，加速水体底泥中污染物的降解过程，实现水质净化的目的。

微纳米曝气技术将直径 0.1cm 的大气泡分散到直径 100nm 的微气泡中，能够使表面积增大 10000 倍。由于能够有效地增大微纳米气泡的表面积，因此能够大幅度提高氧溶解效率[81]。通过特殊的内部构造和气体发生机制，以往的微细气泡直径为 0.5～5mm，现在能够在水中产生直径数十纳米到几微米的气泡。巨大的比表面积和纳米气泡在水中的"弥散"运动大大提高了空气中氧的利用率。与传统的微孔曝气相比，纳米曝气技术具有很高的动力效率。研究表明[81]，微纳米曝气的氧利用率达到 60%～70%，是传统微孔曝气氧利用率的 4 倍。在河道的原位修复中采用微纳米曝气技术，可大幅度降低能耗。

2）微纳米曝气具体技术

（1）微纳米曝气综合技术。由上海同济环境工程科技有限公司研发的基于微纳米曝气的综合净化处理系统，是一种适用于城市黑臭河道的综合净化处理系统[82]，包括河岸生态菜畦、活性媒介浮动河岸、微纳米曝气装置和水体微生物活化系统。其中，河岸生态菜畦设置在河岸上，活性媒介浮动河岸设置在河道上，沿河岸设有若干个微纳米曝气装置，微纳米曝气装置上设有通向河道的曝气管；沿河岸还设有若干个水体微生物活化系统。该技术有效集成多种生态修复技术，充分利用河道空间，以改善河道水质，修复河道生态系统。微纳米曝气装置和微生物活化系统可发挥协同作用，微纳米曝气装置提供的溶解氧可促进水体微生物繁殖。

（2）基于太阳能微纳米曝气的复合人工浮岛水处理装置。太阳能微纳米曝气可应用于化粪池污水的处理[83]。太阳能微纳米曝气系统装置包括固定式生物处理单元、空气扩散器、空气提升泵、气泵（25W，可选装太阳能蓄电池，最大输出功率为100W），其系统整体结构见图 5-20（a）。太阳能微纳米曝气系统生物强化装置配有固定式生物反应单元和直立式曝气筒，生物反应单元可作为微生物附着生长的载体。将微纳米曝气系统装置投入化粪池中，通过曝气装置作用，生物反应单元内部形成氧气充足的好氧环境，整个化粪池系统通过内源式循环形成厌氧、好氧兼备的条件。此外，可将电能和太阳能交替使用，达到更加节能的效果。太阳能供电系统和微纳米曝气系统如图 5-20（b）所示。

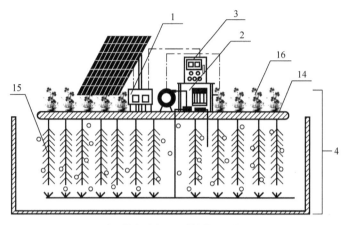

（a）太阳能微纳米曝气系统装置整体结构

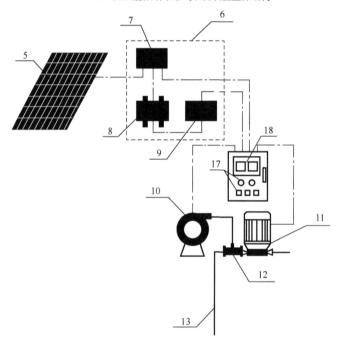

（b）太阳能供电系统和微纳米曝气系统

图 5-20　太阳能微纳米曝气的复合人工浮岛水处理装置[83]

1-太阳能供电系统；2-微纳米曝气系统；3-自控系统；4-复合人工浮岛系统；5-太阳能光伏板；6-蓄电设备；
7-控制器；8-蓄电池；9-逆变器；10-曝气泵；11-水泵；12-微纳米气泡发生器；13-曝气管路；14-浮岛；
15-生物填料；16-水生植物；17-可编程逻辑控制系统；18-远程水质监测系统

　　微纳米曝气系统生物强化化粪池利用生物降解原理，在有效去除污水中 85%的
BOD、TSS 的同时，能有效控制反应池内的水体扰动，避免发生渗漏、臭味、反应不彻
底等传统化粪池中常见的问题。通常，生物反应单元附着的微生物一周左右即可达到最
佳活性，使化粪池排水渗出场地（池）的污水中 TSS 含量显著降低，渗出场地的积水量
减少，水位明显降低，从而大大减少渗水池表面渗漏的风险。另外，该系统还能有效减

少大肠杆菌群的数目,去除效率比传统化粪池高出将近 50%。微纳米曝气系统生物强化装置结合专用工程菌剂,能进一步缩短系统启动的时间,强化系统的去除效能。

结构特点:①易组装、集成化运输方便;②可满足客户个性化需求;③保养简单,一年一次。

传统化粪池净化系统存在运行效果差、异味严重、有污染地下水风险等问题。生物强化净系统存在如下优势:①装置经久耐用,从长期维护角度看更经济实用;②创造好氧环境,可高效去除化粪池内的污染物及不良气味;③与传统方法相比,可更高效、彻底地去除污染物。

太阳能微纳米曝气的复合人工浮岛水处理装置可以应用在富营养化河流、湖泊、水库和黑臭水的原位水质净化领域。该装置包括提供电能的太阳能供应系统、微纳米曝气系统、提供曝气的自控系统、连接到自控系统的复合人工浮岛系统。采用太阳能发电方式向浮岛供给必要的电能,避免了"曝气增氧"技术中的高能量消耗量和运行管理不便等问题,实时控制曝气系统的运行条件和水质水量的变化状况,采用复合人工浮岛系统强化水质净化效果[83]。

7. 水体超饱和溶解氧增氧方法及增氧系统

1)基于微纳米气泡发生装置的超饱和溶解氧增氧系统

水体超饱和溶解氧的增氧方法及增氧系统通过微纳米气泡发生装置将携带在超饱和溶解氧水中的氧释放到微纳米气泡中,通过推动器使携带微纳米气泡的污水再次回流到水域中,实现黑臭水超饱和溶解氧的增氧处理[84]。

该方法包括以下步骤:①将压缩空气和污水（或净水）提取到溶气罐中,产生超饱和溶解氧水;②将超饱和溶解氧水输送到微纳米气泡发生装置,并将超饱和溶解氧水中携带的氧气通过微纳米气泡发生装置释放到微纳米氧气泡中;③将携带纳米氧气泡的污水放置在水面以下的多个推流器,返回水中,具体过程见图 5-21。

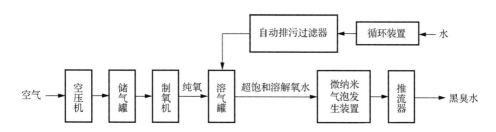

图 5-21　基于微纳米气泡发生装置的超饱和溶解氧增氧系统示意图[71]

2)细分子化超饱和溶氧-超强磁化技术组合工艺

通过应用超饱和溶氧-超强磁化高效有机物降解手段,形成高效、快速、长效的系统性、综合性的黑臭河道治理技术,创造出原位生态修复+优势平衡发展+恢复自净功能的三位一体生态修复理念[85]。细分子化超饱和溶氧-超强磁化技术组合工艺用潜水泵提升水体,经设备间的过滤器进入细分子化超饱和溶氧装置,水团被细化后,氧气超饱和溶解于水中;然后将细化的富氧水输送入强磁化装置,使水体磁化;细化、磁化、富氧后的小分子水沿着输水管道输送到布水系统，经布水管道均匀分布于水体中，形成"下游取水，上游布水"的生物流化床反应区。

细分子化超饱和溶氧-超强磁化技术通过改变水体分子团低阶状态，使超饱和溶解氧浓度达到 50mg/L，氧利用率提高至 95% 以上；再通过磁化作用将溶解氧转化成活性氧，增强水体中微生物活性，使微生物更容易吸收水中营养物质，从而加速水中污染物的分解去除。

该技术具有如下特点。

（1）水中最大溶解氧浓度可达 50mg/L，氧利用率可达 95%，相比自然水体中饱和溶解氧浓度 8mg/L、传统氧利用率 20% 提高 5 倍，能够大大提升反应效率、降低能耗，顺应国家节能减排大潮流[85]。

（2）与传统污水处理技术相比，该技术投资少，运营成本低，投资和能耗降低 90%，设备使用寿命长。

（3）体积小，质量轻，占地面积小。可利用湖岸现有条件施工，水处理站可建在护坡空地上，不影响城市发展，大大提高建设效率。

（4）施工难度小、周期短，施工过程对周围环境及居民生活无扰动。

（5）不影响泄洪，不改变水体原有功能，保护水体自然生态环境系统。

（6）为解决城市快速发展与基础设施建设不足、旧城区改造带来的问题之间的矛盾，提供了新的思路。

（7）处理工艺管理集中、操作简单、维护方便、运行安全可靠。

（8）处理效果明显，立竿见影，处理过程中不投入任何化学药品和生物制剂，无二次污染，不污染环境，无毒无害，完全保证城市地下水和居民用水安全。

（9）通过该处理，水中营养盐容易被吸收利用，促进原生水中的微生物、动植物的新陈代谢，促进好氧性动植物的呼吸作用，促进水生态系统中生物种类多样化，促进水生植物的生长，恢复水生态系统的平衡。

5.4.3 旁路治理技术

黑臭水体旁路治理技术可用于无法实现全面截污的重度黑臭水体和无外源补水的封闭水体治理[86]。旁路治理技术包括氧化塘、快速渗滤与人工湿地技术等。

5.4.3.1 一体化生物净化槽处理技术

1. 一体化生物净化槽处理技术简介

生物接触氧化方法是衍生自生物膜方法的废水生物处理方法，将一定量的填料填充在生物接触氧化罐中，填料表面附着的大量微生物形成生物膜，曝气系统向水中输送微生物所需氧气，生物膜吸附废水中的有机物，以达到纯化的目的[87]。

该过程将前缺氧段和后好氧段连接在一起，将污水中的可溶性有机物水解为有机酸，使大分子有机物分解为小分子有机物，不溶性有机物转化为可溶性有机物。蛋白质、脂肪和其他污染物被氨化为游离氨。好氧段有好氧微生物和自养菌（硝化细菌），其中好氧微生物将有机物分解成二氧化碳和水。在足够的供氧条件下，自养细菌的硝化作用将 NH_3-N 氧化为硝酸盐氮，通过回流控制回到缺氧段。在缺氧条件下，反硝化将 NO_3^- 还原为分子氮（N_2）完成（C、N、O）生态循环，实现污水无害化处理。高效生物接触氧化一体化净化槽工艺流程、内部构造分别如图 5-22、图 5-23 所示。

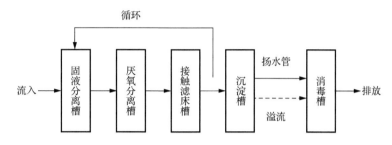

图 5-22　高效生物接触氧化一体化净化槽工艺流程

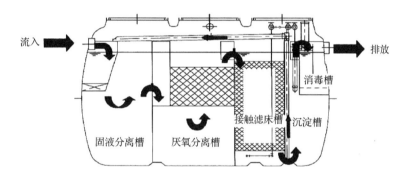

图 5-23　高效生物接触氧化一体化净化槽内部构造

2. 净化槽分散式污水处理工程设计

污水处理系统包括化粪池、净化槽，污水进入净化槽经处理达标排放。出水排入附近的沟渠或池塘、河道。净化槽分散式污水处理系统见图 5-24。

1）化粪池

化粪池是农村生活污水处理中常见的初级配套设施，作用是沉淀污水，使污水与杂质分离后进入管道；沉淀下来的污泥通过厌氧微生物作用得到降解，在代谢过程中形成一个相对的高温厌氧环境，从而杀死一些有毒的虫卵及致病菌等。化粪池一般能够去除30%～40%的有机物，可以减少污染，减少管道堵塞的概率。工程要求各家各户化粪池要符合标准，基本无渗漏，保证处理设施能收集到污水。

2）净化槽内部构造

厌氧池：厌氧池主要用于厌氧消化，对于进水浓度高的污水通常会先进行厌氧反应，提高高分子有机物的去除率，将高分子难降解的有机物转变为低分子易被降解的有机物，提高 BOD/COD。池内设置有填料。

图 5-24   净化槽分散式污水处理系统

接触氧化池：结构包括池体、填料、布水装置、曝气装置。在曝气池中设置填料，将其作为生物膜的载体。待处理的污水经充氧后以一定流速流经填料，与生物膜接触，生物膜与悬浮的活性污泥共同作用，起到净化废水的作用[87]。

生物接触氧化池由下至上包括构造层、填料层、稳水层和超高。填料下方布置曝气管，在平面上均匀曝气。

沉淀池：沉淀池设在曝气池之后，主要用于泥水分离。此外兼做土地渗滤系统的配水井之用，上清液进入土地渗滤系统进行深度处理[87]。

沉淀池内污泥排放至化粪池，增加化粪池净化功能。

尾水排放：经过污水处理站处理后的尾水就近自流排入沟渠、河道，管道出水口一般高于受纳河道的常水位。

净化槽工艺流程见图 5-25。

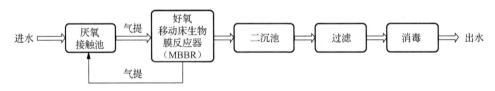

图 5-25   净化槽工艺流程图

3）净化槽分散式污水处理工艺特点

在选择处理工艺时需要兼顾当地的经济条件和环保要求，处理工艺具有以下特点：

（1）工程投资少，实施容易，便于分期建设，建设周期缩短，见效快，充分发挥建设项目的社会效益、环境效益和经济效益。

（2）处理效果稳定，工艺流程简单可靠，运行管理方便，系统运行完全实现自动化。

（3）先进的节能技术，降低污水处理系统的能耗及运行成本。

（4）充分利用现有地形，合理布局处理系统各部分，占地少，并且无噪声、无臭味，不影响周围环境。

（5）处理系统运行有较大的灵活性和调节余地，适应水质、水量变化。

5.4.3.2　塔式生物滤池处理技术

塔式生物滤池及跌水接触氧化类型、内部构造分别如图 5-26、图 5-27 所示。塔高一般 8～25m，直径为 0.5～3.5m，滤塔直径与高度之比为 1∶6～1∶8，内装质轻、比表面积大和孔隙率高的人工合成填料。污水自上而下滴流，空气自下而上流动，使得污水、空气和附着于填料上的生物膜三相充分接触，加快传质速度和生物膜的更新速度，从而提高单位体积填料承担的有机负荷。

图 5-26　塔式生物滤池及跌水接触氧化类型

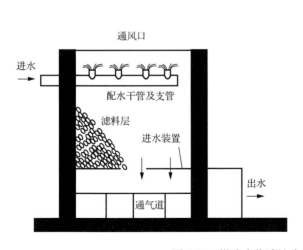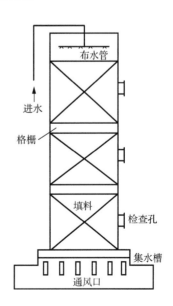

图 5-27　塔式生物滤池内部构造

工艺特点：

（1）塔式生物滤池主体结构包括塔体，滤料，配水设备，通风设备，回流和排水系统；

（2）一般采用环氧玻璃织物制成的蜂窝结构（或尼龙花瓣软滤料）作为滤料，单位体积表面可达 $80\sim220m^2$，可布置组合成多层结构，蜂窝结构按风机风量与废水量比值为（$2\sim5$）：1（生活废水）要求选用风机；

（3）有机负荷可达 $2\sim3kg$（普通滤池 $0.8\sim1.2kg$）；

（4）高落差，利用旋转布水器、废水淋洗使老化生物膜迅速脱落；

（5）塔的高度使塔内部生长不同的微生物群落。

5.4.3.3 生态氧化塘处理技术

生态净化系统的设计和构建的核心是依据生态原理形成多层次的水生生物系统，构建食物链，降解、固定或转移污染物和营养物，并通过这个过程净化水质，其原理见图 5-28。

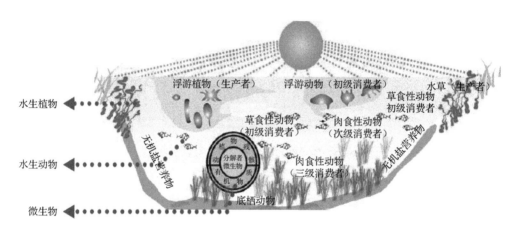

图 5-28　氧化塘原理

氧化塘法也被称为生物塘法、稳定塘法，是利用池中的微生物和藻类对污水和有机性废水进行生物学处理的方法，基本原理是通过池中的"藻菌共生系统"来净化废水。"藻菌共生系统"，是指把塘的细菌将废水中的有机物分解生成的二氧化碳、磷酸盐、铵盐等营养物质供给藻类，再将藻类光合作用生成的氧气供给细菌，形成共生的系统。不同深度塘的净化机构分为好氧塘、兼氧塘、厌氧塘、曝气氧化塘、田塘、鱼塘。好氧塘为浅塘，整体水层处于有氧状态；兼氧塘为中深塘，上层为好氧，下层为厌氧；厌氧塘为深塘，除表层以外大部分为厌氧性；曝气氧化塘是具备曝气装置的氧化塘；田塘即栽培水生植物的氧化塘；鱼塘是用来饲养鸭子、鱼等的氧化塘。在实际工程中往往采用多段式生态氧化塘进行水质净化处理，见图 5-29。

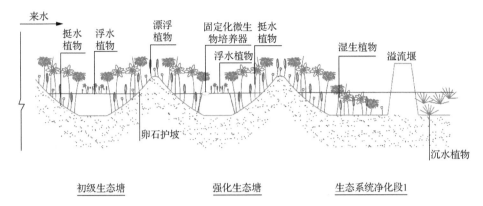

图 5-29　多段生态氧化塘示意图

5.4.3.4　人工湿地技术

人工湿地技术是主要用于城市污水、生活污水、湖沼富营养化水的生态系统修复等的生态系统工程技术。人工湿地系统利用基质、微生物和水生植物，通过物理过滤作用、生物吸收作用和微生物分解作用，有效去除污水中的悬浮物、有机污染物、氮、磷、病原微生物、重金属、藻类毒素等。由于人工湿地出水水质好，具有一定的生物安全性，清除污染物能力强，生态环境效果显著，可实现废水资源化，建设成本和运行成本低，运行管理方便等，目前已应用于黑臭河道治理的工程实践[88]。

根据水流方式的不同，人工湿地主要分为表面流人工湿地和潜流人工湿地（潜流人工湿地分为水平流和垂直流），其中潜流人工湿地是核心，应用较广。人工湿地系统是由湿地植物、基质、微生物三部分为主体构成的，这三个部分的复合作用进行污染物的去除和水质净化。王艳云[88]采用了以沸石、砂石及粉煤灰为基质的人工湿地技术，结果表明，人工湿地技术不仅能成功去除有机物、氮、磷，还能降低河水的氨臭味。

脱氮机理：人工湿地中的氮主要以有机氮和氨氮的形式存在。湿地微生物和湿地植物对氮的去除是湿地脱氮的首要因素。氨通过硝化作用被氧化成硝酸，然后通过反硝化作用将硝酸还原为 N_2O 和 N_2。

除磷机理：人工湿地中的磷类化合物可分为有机磷和无机磷酸盐两部分，每一部分都有可溶性和颗粒状两种形式。除磷可分为生物过程和非生物过程，生物过程主要包括植物吸收、微生物代谢和有机磷矿化，非生物过程包括磷沉积、固定、土壤吸收和水-土壤界面的磷交换，其中基质对磷的吸收是湿地除磷的主要因素[88]。

有机污染物的去除机制：湿地的有机污染物主要包括可溶性有机物和不溶性有机物。有机物质的去除主要有三种方法：①粒径较大的不溶性有机质通过物理沉降、基质过滤、植物截留等去除，小部分可以通过微生物的代谢来去除；②通过生物膜吸附和植物根部表面和基质填料表面的吸收以及微生物代谢来降解可溶性有机物质并除去；③植物收获和定期更换填料基质以从湿地中除去有机物。

去除重金属离子的机理：重金属不能分解，只能移动。重金属离子的去除通过植物修复、生物浓缩以及填料的吸附、共沉淀作用进行。其中，植物修复是通过植物对重金属的摄取、移动、降低或固定，达到净化水质的目的[88]。

应用于水体污染控制的湿地类型主要有复合人工湿地、活性炭生物转盘耦合人工湿地系统、曝气人工湿地等。

1）复合人工湿地

有机污染物进入河流是黑臭水体的主要原因，降低有机负荷是治理黑臭水体的关键。针对城市污染河流水质易波动、沿海地理环境比污水厂复杂的特点，采用复合人工湿地可以更高效地达到净化城市黑臭河流水体的目的。通过研究不同类型的复合人工湿地对高污染河流有机污染物去除的影响和规律，将不同单元的潜流人工湿地和表面流人工湿地在不同的水力负荷下结合起来，构建不同类型的复合人工湿地。

人工湿地黑臭水体治理项目从三个方面考虑：①人工湿地黑臭水体治理研究机制较少且不完善，需要更多的专家学者深入研究，得到更多的理论为项目实施提供依据；②在实际运行过程中，单一的人工湿地技术不能消除黑臭水体现象，需要与人工曝气等成熟技术相结合，充分发挥生态综合工程的优势；③合理设计人工湿地，因地制宜，选择适宜类型的人工湿地，合理设计各种运行参数，充分利用人工湿地的优势，通过人工湿地的长期运行分解黑臭水体中的有机和无机污染负荷，通过生态系统中复杂多样的生物生态过程恢复自净能力，平衡水质[88]。

2）活性炭生物转盘耦合人工湿地系统

活性炭生物转盘耦合人工湿地系统包括依次串联的活性炭生物转盘和垂直流人工湿地，其结构见图5-30。活性炭生物转盘以网状聚丙烯盘片为载体，表面负载片状活性炭；垂直流人工湿地的池体内从左至右依次设置进水室、水处理室、出水室，水处理室内从下至上依次铺设碎石层、陶粒层、粗砂层和光催化填料层，并且种植有水生植物，其中光催化填料层由钛酸铋/氧化铈复合材料负载在粗砂上构成。这一活性炭生物转盘耦合人工湿地系统结合钛酸铋本身很强的光催化特性与氧化铈较强的吸附性和稳定性，可显著增加对水体中污染物的吸附和降解能力，具有资源化、无害化、较高的净化效率和较大的污水处理量的特点，可适用于城市黑臭水体的净化处理[89]。

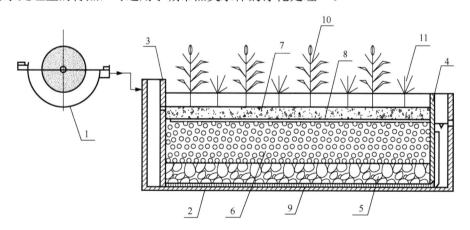

图 5-30　活性炭生物转盘耦合人工湿地系统结构示意图[89]

1-活性炭生物转盘；2-碎石层；3-进水室；4-出水室；5-粗砂层；6-陶粒层；7-光催化填料层；
8-通气管；9-承托板；10-挺水植物；11-水草

与传统污水处理工艺相比，该系统具有如下特点：

（1）通过活性炭生物转盘和光催化填料层协同作用对污水进行深度处理，能很大程度提高污水净化效率，出水的各项指标均可达标。

（2）活性炭生物转盘将片状活性炭固定在网状聚丙烯盘片上，有效增大了盘片的比表面积，并且结合活性炭较强的吸附性可有效提高生物转盘的挂膜率，有效提高污水中COD降解效率，更有利于后续处理。

（3）人工湿地中的光催化填料层采用钛酸铋/氧化铈复合材料负载在粗砂层上，钛酸铋本身具有光催化特性，经氧化铈改性后，光催化降解效果进一步提高。可利用自然光及防水灯光催化降解污水中的污染物，且氧化铈本身具有较强的吸附性和稳定性。因此，钛酸铋/氧化铈复合材料可显著增加对水体中污染物的吸附和降解能力，进一步将该复合材料负载在粗砂上，使其能稳定存于填料层，避免被水流冲刷而流失，可循环使用。

（4）该系统可适用于中小城市黑臭水体的治理，可实现废水的资源化与无害化，同时具有美化城市的效果。

3）曝气人工湿地

曝气人工湿地包括输水单元、好氧处理池、缺氧反硝化池和曝气复氧池[90]。好氧处理池与输水单元连接，其结构见图5-31。缺氧反硝化池与输水装置、好氧处理池连接。曝气复氧池与缺氧反硝化池相连，缺氧反硝化池处理后的黑臭水体溢流至曝气复氧池。曝气人工湿地能经济有效地处理黑臭水体，能消除黑臭，达到《地表水环境质量标准》（GB 3838—2002）中Ⅳ类或Ⅴ类标准。

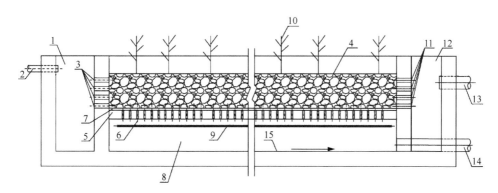

图 5-31　曝气人工湿地结构示意图[90]

1-配水区；2-进水总管；3-进水配水管；4-填料层；5-承托板；6-配气沉泥管；7-微孔曝气管；
8-排泥排水区；9-搅拌曝气管；10-湿地植物；11-排水管；12-出水池；13-排水总管；14-排泥管；15-存泥区

好氧处理池、缺氧反硝化池及曝气复氧池自地面沿垂直方向向下，依次包括植物层、砾石填料层、曝气管及防渗膜。曝气人工湿地设于河道漫滩上。

好氧处理池曝气黑臭水体，以硝化反应为主，减少黑臭水体中的COD、BOD和氨氮等污染物；缺氧反硝化池以反硝化反应为主，且输水装置输送河道内黑臭水体补充碳源而不加碳源，降低了处理成本，较为经济。

4）模块化人工湿地处理装置

模块化人工湿地处理设备是一种可移动的整体污水处理设备[91]，池体包括三部分：预处理室、过滤生物降解室和排水控制室。预处理室内设置过滤装置，设置在进水单元内。过滤装置外壁设有过滤孔，过滤孔的孔径为 $0.5 \sim 2.0cm$，过滤装置在过滤水输入过滤生物降解室之间设有预处理出水管。排水控制室下部设有出水单元。模块化人工湿地处理装置为移动式一体化污水处理器，布局不受场地限制。污水进入过滤孔后进入滤芯，可以防止大颗粒物进入系统，高效去除固体颗粒物，污水通过滤芯过滤进入系统后，再进入过滤装置和过滤生物降解室之间的填料进行过滤和生物降解，最后将处理之后的水排出。

填料有四层，自下而上依次为砾石层、砂层、固定化微生物层和种植土壤层。过滤生物降解室底部水平设置有排水管，在排水管的管体上开设漏水孔，水通过填料过滤后由漏水孔流入排水管，从而通过排水管流入排水控制室。排水管上设有多个贯穿填料向上延伸的通风管。排水控制室内垂直设置与排水管输出端相连的垂直管道。模块化人工湿地处理装置还包括溢流管，通过过滤生物降解室将预处理室与排水控制室连接，溢流管位于过滤装置上方。

5.4.4 物化水质提升技术

5.4.4.1 物化水质提升技术简介

针对城市水体的黑臭现象，迫切需要寻找技术或措施来有效控制和改善这一现象。黑臭水体修复技术包括物理修复、化学修复和生物修复，其中见效最快的是化学修复。

化学修复通常采用化学或生物反应，包括氧化还原、吸附沉淀、络合等，如将化学改性剂和药物改性剂添加到污染的河流中，以将污染物转化为无害或毒性小的物质。最常用的化学修复是原位化学反应技术[92]，可分为两类：生物-化学修复和凝固-稳定修复。生物-化学修复意味着原位添加微生物菌株或微生物生长促进剂以增强生物化；凝固-稳定修复则利用化学试剂和黏合剂使污染物转化为无毒或毒性更小的化合物，并固定在污染的地方。磷沉淀和钝化技术是典型的凝固-稳定修复，将硫酸铝加入水体，形成的磷酸铝被吸附在氢氧化铝絮状物的表面上并沉淀，从而除去磷[92]。化学修复不是永久性修复措施，对突发性水污染具有良好的控制和恢复效果。因此，化学修复通常用作河水生态修复过程中的辅助或应急措施。

添加微生物剂或微生物生长促进剂（称为抑菌法）进入污染的河流是一种近年来逐步被认可的水体修复方法。这种方法在投资方面相对经济，有效且易于操作。目前，探索性工程应用已经在我国许多地区进行，但实际效果仍然需要进一步的科学分析。我国的水体修复项目主要使用从国外购买的微生物剂，具有一定的生态风险，成为限制这种方法推广和应用的重要因素。另外，该方法通常受到水力条件和水温等因素的影响，难以维持较长的净化效果[92]。

5.4.4.2　物化水质提升具体技术

1. 人工水力循环技术

人工水力循环技术是使用工程措施来调整水和释放污染，以改善流体动力学条件的水质提升方法[93]。具体操作：以防洪和安全为前提，通过科学调度水利项目，启动泵站，调整城市河水体，增加水量，加快循环，增加稀释和自净化能力，使用河流的流体动力学特性分配水资源，并利用河流本身的自净化功能及生物净化功能，提高水质。

该技术是近年来控制河流污染的有效工程手段，可在相对短的时间内降低溶解氧水平，促进水体净化功能，减少水污染负荷，恢复河流生态系统。此外，可满足当地需求，占用区域小，节省投资，降低运营成本，不会对周围环境产生不利影响，并结合综合利用，同时获得环境效益和经济效益，促进长期项目的有效管理。

单独使用人工水力循环技术和曝气增氧技术处理污染的城市河道污水效果不佳，还需要结合生物处理技术、生物操纵恢复生态系统等，具体的治理措施应适应局部条件和"水"条件。此外，现有的水力循环和需氧水动力学模型具有一定的限制，因此必须建立更通用的反应动力学模型。

2. 化学絮凝法

化学絮凝法是一种快速分离固体和液体的有效水处理方法，成本低、使用方便，广泛应用于国内外各种废水处理。

黄敬东[94]研究了自制PD絮凝剂对黑臭水体的处理效果，结果表明，原水COD去除率最高可达80.95%，总磷的去除率最高可达96.95%，氨氮经沸石处理后去除率最高可达82.26%。由于絮凝物易于沉淀，沉淀后经简单过滤可以得到澄清透明无色无味的上清液，感官良好。经过PD絮凝剂处理后水质指标中pH、COD、总磷都达到地表水Ⅳ类水的标准，甚至可以达到Ⅲ类水的标准，且氨氮含量也小于8mg/L，不属于黑臭水体的范围。

3. 化学沉淀法

化学沉淀法去除水中的氨氮的原理是将 Na_3PO_4 作为 PO_4^{3-} 源、将 $MgSO_4$ 作为 Mg^{2+} 源，加入含有氨氮的黑臭水体中，使其与水中的铵根离子发生化学反应[95]：

$$Mg^{2+} + NH_4^+ + PO_4^{3-} + 6H_2O \rightleftharpoons MgNH_4PO_4 \cdot 6H_2O$$

在反应过程中生成的 $MgNH_4PO_4 \cdot 6H_2O$ 俗称鸟粪石，可以作缓释肥料（slow release fertilizer，SRF）。因此，化学沉淀法在脱除氨氮的同时还能将废物进行利用。

采用化学沉淀法去除含氨氮 300~1000mg/L 的高浓度氨氮废水[95]，表明化学沉淀法可用于处理各种浓度的氨氮废水，在高浓度氨氮废水处理中效果较好。最佳工艺条件：pH 为 9.0~10.5，反应时间约 20min，在常温（25~35℃）下进行反应，试剂添加比例为 $n(P):n(Mg):n(N)=1.2:1.2:1$ 或 $1.2:1.1:1$。

4. 投加化学药剂过氧化钙

CaO_2 能够抑制沉积物中氮、磷释放，降低沉积物中有机碳、有机氮和有机磷的含量。$Ca(NO_3)_2$ 能够降解和去除受污染沉积物中的油、多环芳烃和硫化物[96]。

CaO_2 优势及适用条件：①投加 CaO_2 能快速提高水体 DO 含量，同时降低水体中的总磷含量。②由于在开放流动水体中存在氧的流失，投加 CaO_2 后水体中 DO 含量维持时间较短，仅能维持 1d。③对不同人工增氧方式适用性的初步分析表明，投加 CaO_2 适于在相对封闭、静止的污染水体中使用，在开放流动的城市黑臭河流治理中须慎重使用。

CaO_2 修复原理：

（1）CaO_2 对黑臭水体沉积物中有机污染物的修复效果显著。在催化剂（Fe^{2+}、Fe^{3+} 等）存在下，CaO_2 发生反应产生·OH 和 OH^-，·OH 可促进难降解有机污染物的分解。CaO_2 将在间隙水中释放氧气，使氧气更集中在沉积物区域[97]。同时，CaO_2 缓释氧的特性可以为沉积物微生物的代谢提供氧气，加强微生物对沉积物的修复，为 CaO_2 在工程中的应用提供了更有效的证明，说明 CaO_2 不仅可以在水中产生羟基自由基氧化沉积有机污染物来净化水，还可以释放氧气促进微生物降解污染物，CaO_2 将化学修复与生物修复相结合，促进黑臭沉积物中有机污染物的原位修复及微生态系统的恢复和自净能力[97]。

（2）砷是土壤和沉积物中重要的重金属污染物，特别是 As^{3+} 具有很强的生物毒性。CaO_2 能将土壤和沉积物中的 As^{3+} 氧化成 As^{5+}，从而大大削弱了其毒性。在沉积物中加入 CaO_2，形成不溶性沉淀，如 $Ca_5(AsO_4)_3OH$ 与 $Ca_4(OH)_2(AsO_4)_2·4H_2O$ 等。CaO_2 不仅能有效地提高泥-水界面的溶解氧含量，并将 Fe^{2+} 氧化为 Fe^{3+}，而且能与水反应生成氢氧根离子，促进 $Fe(OH)_3$ 沉淀的形成，实现去除。可见，水中 CaO_2 的强氧化性和碱性通过改变重金属的形态或化学沉淀反应，降低重金属的生物利用性，以实现黑臭水体底泥重金属污染物的原位修复。

（3）CaO_2 产生强氧化羟基自由基，更有效地除去河底沉积物中的酸性挥发性硫化物。沉积物是污染物（如氮、磷和硫）在水体中的主要来源，同时是河流富营养化和水体黑臭的主要原因，也是河流生态恢复的关键。CaO_2 不仅可以抑制沉积物中的氮、磷和硫污染物的释放，也可产生活性羟基自由基，氧化和分解水中的一些有害组分，从而净化黑臭水，通过 CaO_2 分解产生的氧可以抑制厌氧微生物合成嗅味化合物。与此同时，CaO_2 通过其强大的氧化性能与水反应，分解氨氮和硫化物，这对河水质量的快速提高具有重要的实际意义[97]。

目前，CaO_2 不适用于黑臭水生态系统的恢复和处理，有必要加强对以下三个方面的研究：①研究 CaO_2 在黑臭水体中对各种污染物降解和转化的机制；②研发 CaO_2 复合释氧剂，结合释氧规律和现场试验确定最佳投加方式与投加量，以解决 CaO_2 反应快、瞬间释氧量大、氧气利用率低等问题；③CaO_2 可以在一定程度上恢复和明显改善黑水水质，但不能完全解决城市水域污染，需要与截污管网、微生物制剂、水生动植物等组合实施，才能获得良好的恢复效果。

研究发现[96]，尽管使用化学处理可以净化黑臭水体，但只能解决表面问题。在污水处理过程中，没有实验室理想的环境，在反应期内，城市污水和工业废水继续排放化学物质（如过氧化钙），这将不可避免地导致净化质量下降。在此基础上，建议通过行政法规限制行为，建立治理边界框架，实施具体的治理计划。地方可以分析和收集境内黑臭水体的基本情况，了解黑臭水体的总面积、分布、pH 和总体积，计算过氧化物总量，并完成准备工作；限制废水的不受控制排放，通过建立专业的废水和污水处理厂，使各种污染源的行为受到限制，并且在必要时施加行政处罚。

5. 石墨烯光催化氧化技术

石墨烯光催化氧化技术应用于黑臭河道治理，水质得到了很好的改善，氨氮、总磷、高锰酸盐指数的去除率达 70%。为了验证这项技术的长期有效性，邹胜男等[98]对黑臭河道进行了一年的跟踪，发现在撤走 2/3 的石墨烯光催化氧化网后，水质基本达到《地表水环境质量标准》（GB 3838—2002）中Ⅲ类标准。在外加污染源后，短暂出现水质恶化现象，在 15d 后逐渐恢复河道自净能力，恢复河道生态系统。

石墨烯/ TiO$_2$ 光催化氧化技术是一种适用于黑臭河道治理的全新技术。原理是将 TiO$_2$ 和石墨烯组合形成新的复合催化剂，通过石墨烯较大的比表面积和优异的电子传输性能，光吸收范围延伸到可见光区域，显著提高光催化性能。石墨烯作为电子受体，加速电子-空穴分离，使得空穴和电子与吸附在 TiO$_2$ 的表面上的 OH$^-$ 和 O$_2$ 反应，以产生 ·OH 和 O^{2-} 和其他自由基，这可以将吸附的有机污染物催化降解成二氧化碳和水[98]。该方法的过程简单，操作方便，彻底降解，无二次污染。石墨烯光催化氧化网可以重复使用，这大大降低了运营成本，为水生生态系统的连续治理和恢复提供了基础。

6. 磁加载和磁分离水质净化技术

磁加载和磁分离水质净化技术可在 20min 内快速有效地除去水漂浮固体、磷和其他污染物[99]。该技术设备安装区域小，运行方便，操作成本低，可以快速去除水污染物。磁加载和磁分离水质净化技术基于传统的絮凝沉淀过程，通过添加磁粉加载反应池、高剪切器、磁分离器和其他装置，其工艺流程如图 5-32 所示。

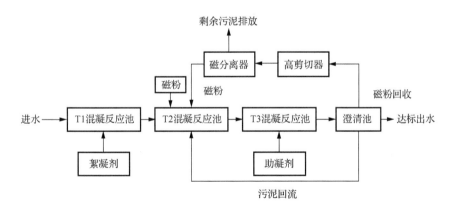

图 5-32　磁加载和磁分离工艺流程[99]

当使用该流程处理废水时，根据废水的水质特性，在调节 pH 后加入适当量的絮凝剂混合反应，然后加入载体磁粉增强絮凝反应。磁粉的相对密度为 5.2，有效地增加了絮凝物的总体相对密度，絮凝物在水中的沉降速度变得更快，从而增加了净化装置的表面负荷，减少了工艺技术占用的土地面积[99]。

由絮凝物和磁粉形成的污泥通过磁分离系统回收以进行再循环。由于负载磁粉的重力，澄清池底部的污泥有效地增厚。污泥浓度可以达到 1%且稳定性极高，不受水流的影响，不会导致污泥浮动并流出澄清池而影响流出水质。

无论是传统的絮凝还是磁絮凝工艺，适当的加药量和搅拌混合、合理的水力停留时间是保证出水达标的基本要求。磁絮凝工艺在提高沉降速度、提供优质出水、减少用地面积的同时去除总磷。

磁加载和磁分离水质净化技术具有以下优点：

（1）高度的系统集成、磁加载物投入可以使絮凝沉降速度变快，从而减少设备体积和整个系统的占地面积；

（2）沉降速度快，停留时间短，启动时间快，整个系统从进水到出水不到 20min，且处理效果好，能高效去除各种污染物，出水 TP 浓度小于 0.02mg/L；

（3）系统能耗低，维护方便，先进的磁分离回收设备使磁性材料可以完全回收，污泥回流系统有效地降低了试剂使用量，可有效降低投资成本；

（4）有很强的水质和水量的抗冲击能力，短时间的高峰流量可达 1.5 倍的平均流量，进口水质波动很大时，系统仍能保持较高的去除效率。

该技术的缺点是缺乏曝气和水力停留时间短，因此水中的氨氮去除效率很低。

5.5　城市河湖一体化水环境治理活水补水关键技术

城市水体综合治理是一个复杂的系统工程，城市水体治理技术的选择是以"适用性、全面性、经济性、长效性和安全性"原则为基础的。根据水体污染的成因、污染程度和治理目标，水体的黑臭现象能通过充分整合和科学实施有效的技术措施在短时间内消除。然而，困难在于在处理后长期改善和维持水质以确保水体黑臭现象不反弹[73]。因此，水体治理应从长远角度出发，明确目标，根据当地政策进行规范管理，以确保改善水质的效果的长期稳定性。

随着城市化进程的发展，多数河涌因为各种各样的原因沦为断头涌或者被房屋骑压，这在一定程度上会影响水体的流动，水体的调蓄能力会下降，导致水体复氧能力衰退，进而引发水体水质问题。活水技术可以调节水体水力停留时间、改善水动力条件、提高水体自净能力。为确保水质改善效果长期稳定，活水技术起至关重要的作用，它是改善黑臭水体水质的灵魂。

5.5.1　活水（生态引流）技术体系

根据水体污染的原因了解城市河湖的治理需求，有些水体缓流、滞留、断流，导致水体自净能力减弱甚至丧失，有些水体匮乏补充水、缺氧，生态流量不足，是城市水体自净能力差、污染的主要原因[100]。根据城市河湖治理需求，从调节水量、补水、活水等方面入手，对城市水体进行活水补水治理，城市水循环利用是解决城市生态系统用水和环境用水问题的最佳方法之一。通过合理调配水资源，加强流域生态流量统筹管理，逐步恢复水体生态基流，能在一定程度上解决黑臭水体的流量不足问题。因此，应当推进城市污水处理厂再生水及收集处理后的雨水等水资源用于生态补水，同时通过打通断头河，加速水体流动。

我国北方的河流属于季节性河流，常常出现缺水甚至断流的情况，这样的河流需要在计算水环境容量基础上确定生态基流[101]。因此，需要通过确定河道生态基流来判断河流实际径流量是否能够满足水生态需求[102]。生态基流是指为维持河流基本生态功能的河道内最小流量所应满足的最低要求，计算方法较多，其中比较常用的有以下几种。

（1）坦南特（Tennant）法。Tennant 法将生态环境与水文情势联系在一起，在分析河流水力断面参数与历史流量百分比的相关性基础上，以几个或一些特定的百分比年径流量作为河流生态基流的推荐值[102]。该法适用于流量比较大、水文资料系列较长的河流。由于不同河流和同一条河流不同断面之间环境和生态功能有差异，应根据实际情况选择合理的环境和生态目标，以确定流量百分比。

虽然 Tennant 法计算过程较为简便，但是在使用过程中具有一定的局限性，如该法计算过程中忽略了河流水深、流速等水文参数，河流的季节性差异及水生生物等因素的影响，因此该法对于流量较小的河流具有一定的局限性。

（2）最枯月流量法。最枯月流量法是一种水文学计算方法，通常将过去 10a 的最枯月平均流量作为生态基流，所需水文观测资料系列较短，通常用于计算河流纳污能力[103]。

（3）保证率法。保证率法是在 90%保证率下将最枯月平均流量作为生态基流，适用于水量较小、开发程度较高的河流，要求水文观测资料序列较长（≥20a）。该方法的优势在于计算出的生态基流能维持河道不发生断流，更接近实际的生态环境需求，但是该方法具有一定的局限性，未考虑水生态学方面因素的影响[103]。

活水补水技术体系即生态引流技术体系，主要包括水力调控技术、生态补水与生态活水技术。活水补水技术体系采取引水调水、稀释等一系列辅助措施，加速水体流动，使水体充分发挥自净功能，降低水体的污染程度，提高水环境承载力。引水的直接作用是促进水体的交换，缩短污染滞留时间，从而降低污染物浓度，改善水体水质。根据生态基流的计算结果，应向生态基流较低或几乎没有生态基流的水体进行补水，可采用地表水Ⅴ类以上水、再生水、经过收集处理的雨水等水资源进行生态补水[101]。对于缓流区、滞水区和需要改善水动力条件的区域，鼓励采用内循环或外循环等技术措施来实现水力调控，也可直接运用各种曝气增氧设备进行充氧，增加水体溶解氧。

对于城市水体无截污或截污不充分、黑臭水体严重的情况，可采用城市河道换水的方式进行处理，可分为外部水源换水、内外混合换水及内部循环处理换水三种形式，其区别如表 5-8 所示。

表 5-8　城市河道换水方式

分类名称	适用范围	外部可调入水资源情况
外部水源换水	临时	充足
内外混合换水	长期	不充足
内部循环处理换水	长期	很少

生态补水时的调水线路应根据输水形式、地形地质条件、地面建筑物分布情况，结

合受水区分布条件，通过综合工程占地、环境影响、输水安全、施工条件等多方面因素进行多方案技术经济比选确定。调水线路应尽量布置在地质条件较好、移民占地少、环境影响制约少的地区。调水工程应该充分利用城市的水系，调水路线尽量短而顺直。当采用明渠输水时，应该充分考虑施工的困难，调水路线应尽量避开施工困难的区域。

水力调控、生态补水、生态活水技术实施应符合以下要求。

（1）应制订切实可行的受纳水体的调水标准要求与调水量。严格按照取水许可制度，控制河道大流量取水而使河道流量减少，保证维持河道的天然流量，满足河道生态与环境需水量，保证水体自然净化能力，防止咸水入侵、河流断流、河道淤积、水质恶化等造成河道部分功能丧失。河道取水量较大或提供异地用水时，应进行科学论证，并应符合流域规划，控制取水比例和不同季节的取水量，保证河流维持和功能发挥所必需的水量。

（2）综合调水为从水质较好的水源实施调水，根据河道的有关规定组织实施。

（3）有条件的河道水体应可能实施河道活水通畅工程，通过桥涵等工程打通河道卡口，促进河网水体畅通有序波动，实现补水、活水，促进河网水体畅通有序流动，实现河道活水自流，达到持续改善河网水环境的目的。

5.5.2　水力调控技术

水力调控技术主要是通过人为措施有针对性地改善河流水体条件，增加水体流动性和溶解氧，从而提高水体自净能力[101]。水力调控技术主要包括引水换水、循环过滤、人工造流等[104]。水力调控措施虽然能在一定程度上改善黑臭问题，但是不能从根本上消除黑臭现象。因此，一般情况下水力调控措施常与其他技术措施联合来处理黑臭水体。

5.5.2.1　引水换水法

在水资源能够保证防洪排涝、满足居民生产和生活的前提下，充分结合水文条件和水工设施，将外部洁净水源引入水体中，在补充水量的同时，能明显降低水体污染物浓度，强化水体自净能力。

引水换水法适用于环境容量低的城市河湖。该方法显效快，可促进黑臭水体流动，提高黑臭水体复氧能力，恢复正常的水体净化作用。但是，该方法治标不治本，不能彻底去除水中的污染物，且工程量较大，对外界条件要求较高。

1. 河道引水换水方案

引水换水的运作理念是以水治水。引水换水改善河道水质的三大作用机理是稀释、自净和污染物输移。首先，将洁净水引入被污染的河流，被污染的河网水体会被稀释，污染物浓度大大降低；其次，外界引水增加了河道的过水流量，加速了水体流动，缩短了水体的置换时间；最后，水体自净系数会随流速的增加而增加。因此，引水换水可以提高水体的自净系数，加快河水中污染物的降解速度，提高水体的自净能力[105]，使原始水体由静态到动态，流速由慢到快，使大部分河流单向流动。

采用引水换水法活水的三个基本要点是活水路线、活水方式及活水水量。活水路线选择时一般遵循线路短、拆迁少、对交通影响小等便于施工的原则，以便洁净的水源能够合理分配到主要的河道。活水方式有两种类型：间断式活水和连续式活水。活水水量就是河流的引水规模，也就是为实现河流预期水质目标而需要引入的净水量。确定活水水量是引水换水工程技术中最关键的部分。

确定河道引水换水规模，一般需要根据河道的断面尺寸等基础资料计算河道不同水位下的蓄水量。在计算河网水量时，应根据不同调水分区科学合理调水，保证调水工程规模经济合理。根据水质监测资料及水环境质量评价结果，确定河流的主要控制污染因子，如高锰酸盐指数、BOD_5 和氨氮浓度，全面综合分析当前水质状况[105]。

1）间断式引水

首先应确定引水后河网允许纳污总量，为确保在引水工程后河网的水质得到明显改善，根据《地表水环境质量标准》（GB 3838—2002），确定污染物控制因子的上下限。引水完成初期，河道水质为相应水质标准的下限，经过一段时间后，河道水质为相应水质标准的上限。

虽然自净是引水换水改善河流水质的三大作用机理之一，但是当从外部引入的水体在河流中停留时间比较短时，自净的作用是非常有限的，稀释起主要作用。从外部引入的洁净水源进入受污染水体后，内河受污染的水体会受到推流扩散作用被稀释，水体流速增大，污染物沿河道纵向迁移，从而水体的污染物浓度降低。因此，水资源调度不仅会通过扩散作用使水体中污染物浓度降低，而且会通过推流作用促进水体中污染物的排出[105]。根据质量守恒定律，运用浓度控制法计算引水总量，即

$$Wc_k = W_0 c_0 + （W - W_0）c_x \tag{5-1}$$

经转化，得到

$$W_0 = \frac{c_x - c_k}{c_x - c_0} W \tag{5-2}$$

式中，W_0 为引水总量，万 m^3；W 为不同水位下河网现有水量，万 m^3；c_k 为引水后河网水质控制浓度，mg/L；c_0 为引入的外部水体污染物浓度，mg/L；c_x 为河网现状水体污染物浓度，mg/L。

间隔引水完成后，下次引水时结合当地要求确定控制水体水质的上限，引水间隔主要通过污染物的排入量和降解规律确定。

河流污染物衰减总量为

$$P = W\Delta c = W\left\{c_1\left[1 - \exp(-kt_1)\right] + c_2\left[1 - \exp(-kt_2)\right]\right\} \tag{5-3}$$

式中，P 为污染物衰减总量；Δc 为河流污染物衰减浓度变化量；c_1 为 t_1 时间段河流污染物初始折算浓度；c_2 为 t_2 时间段河流污染物初始折算浓度；k 为综合衰减系数；污染物衰减量与时间 t_1、t_2 有关，污染物衰减量和排入量都会随着 t_1、t_2 的增加而增加，因此 t_1、t_2 需经过试算确定。

2）连续式引水

连续式引水计算原理类似于间断式引水，经过一段较长时间连续运行，通过流量控

制、污染物入河量、降解量及引水水源本身污染物浓度共同维持河网水体污染物浓度的动态平衡。这一动态平衡需要利用河流水动力和水质模型中的一维模型进行模拟预测分析。

一维河流的水量控制微分方程是建立在质量和动量守恒基础上的圣维南（Saint-Venant）方程组。取水位和流量为研究变量，其表达式为

$$\frac{\partial Q}{\partial x} + \frac{\partial A}{\partial t} = q_L \tag{5-4}$$

$$\frac{\partial Q}{\partial t} + 2u \frac{\partial Q}{\partial x} + \left(gA + Bu^2\right)\frac{\partial h}{\partial x} - u^2 \frac{\partial A}{\partial x} + gA\frac{u|u|}{C^2 R} = 0 \tag{5-5}$$

式中，Q 为河道流量，m^3/s；q_L 为旁侧入流流量，m^3/s；A 为河道断面面积，m^2；u 为河道断面平均流速，m/s；g 为重力加速度；B 为河道宽度；x 为河流纵向距离；h 为河流水位，m；R 为水力半径，m；C 为谢才系数，$m^{1/2}/s$，可表达为

$$C = \frac{1}{n} R^{\frac{1}{6}} \tag{5-6}$$

式中，n 为粗糙系数。

计算过程中，结合河段的边界条件，可得到各计算河段水位和流量。对于非恒定流，应根据一维非稳态水质模型进行模拟：

$$\frac{\partial c_w}{\partial t} + U \frac{\partial c_w}{\partial x} = E \frac{\partial^2 c_w}{\partial x^2} + S_k + S \tag{5-7}$$

式中，c_w 为污染物浓度，mg/L；U 为沿水流方向的流速，m/s；E 为纵向分散系数，m^2/s；S_k 为综合衰减项，包括衰减、沉浮及释放等，$mg/(L·s)$；S 为漏源项，$mg/(L·s)$。

模拟 BOD_5 时的基本方程为

$$\frac{\partial c_{BOD}}{\partial t} + U \frac{\partial c_{BOD}}{\partial x} = E \frac{\partial^2 c_{BOD}}{\partial x^2} - \left(k_1 + k_3\right) c_{BOD} + S_r + S \tag{5-8}$$

式中，c_{BOD} 为河流中 BOD_5，mg/L；k_1 为 BOD_5 衰减系数；k_3 为 BOD_5 沉浮系数；S_r 为底泥释放 BOD_5 的释放项。

模拟 DO 时的基本方程为

$$\frac{\partial O}{\partial t} + U \frac{\partial O}{\partial x} = E \frac{\partial^2 O}{\partial x^2} - k_u c_{BOD} + k_r \left(O_s - O\right) + S_P + S \tag{5-9}$$

式中，O 为水中的 DO 浓度，mg/L；k_u、k_r 分别为 BOD_5 耗氧系数、复氧系数；S_P 为藻类光合作用的速率系数；O_s 为饱和溶解氧浓度，mg/L。

模拟其他污染物的基本方程为

$$\frac{\partial c}{\partial t} + U \frac{\partial c}{\partial x} = E \frac{\partial^2 c}{\partial x^2} - kc + S \tag{5-10}$$

式中，k 为综合衰减系数，s^{-1}。

2. 湖泊引水换水方案

湖泊引水换水是指通过一定的技术措施将周围的洁净水引入湖泊并使其混合,通过物理净化降低湖泊中营养物质浓度,从而提高湖泊的自净能力。杭州的西湖、南京的玄武湖和云南的滇池内陆水域均采用引清调水措施来改善湖泊水质。

湖泊引水换水的实质是充分利用城市湖泊的水动力特性,结合水体的自净功能,合理调度水资源,改善湖泊水质。在自然状态下,湖泊内部缺乏自然驱动力,湖水的流动性差,湖水交换周期长,导致湖泊水体的更新频率较低,延长了水体的停留时间,严重影响了湖泊尤其是人工湖的水生态质量和功能。湖泊引水换水的特点是利用现有水利工程体系,通过"以动治静、以清释污、以丰补枯"的方法和手段达到"水满、水活、水清"效果,进而改善水质。通过"以水制水"可以达到水质净化的多重目标,如稀释水体中污染物浓度、加速水体循环、减少死水区域、提高水体复氧量等[106]。湖泊引水换水的关键是确定引水换水时间。

对于湖泊水体,引水方法可分为整体替换和部分替换。整体替换是在湖泊水质严重恶化时向湖泊引入清洁的优质水,并将整个湖泊中的原有水排放出去。部分替换是当湖泊水体水质发生一定程度恶化时,将湖泊中的部分水体排出,从外界引入洁净水体进行补充[106]。

湖泊引水换水工程主要由三部分组成:水源工程、输水工程和排水工程。水源工程要保证不能破坏原始生态环境,尽量选择施工难度小、水质较好且距离较近的水源。输水工程要结合输送水体的水质要求,选择使用河道、渠道、隧道或者管道进行输送。其中,管道输送可以最大程度保持原始水体的清洁,减少输水路线景观的变更;水库清水可以通过管网进行直接输送,通常用于输水量较小的工程。排水工程的排水枢纽一般有闸门控制出流、管道出流、堰顶出流等。

湖泊引水换水工程确定最佳引水方案的数学模型原理如下。

1）水动力模型

水动力模型是基于求解沿水深积分的二维不可压缩雷诺时均纳维-斯托克斯(Navier-Stokes)方程和连续方程建立的,并服从布西内斯克(Boussinesq)假定和静水压力假定。模型控制方程[107]:

$$\frac{\partial h}{\partial t} + \frac{\partial h\overline{u}}{\partial x} + \frac{\partial h\overline{v}}{\partial y} = hQ_p \tag{5-11}$$

$$\frac{\partial h\overline{u}}{\partial t} + \frac{\partial h\overline{u}^2}{\partial x} + \frac{\partial h\overline{u}\,\overline{v}}{\partial y} = f\overline{v}h - gh\frac{\partial \eta}{\partial x} - \frac{h}{\rho_0}\frac{\partial P_a}{\partial x} - \frac{gh^2}{2\rho_0}\frac{\partial \rho}{\partial x} + \frac{\tau_{sx}}{\rho_0} - \frac{\tau_{bx}}{\rho_0}$$
$$- \frac{1}{\rho_0}\left(\frac{\partial S_{xx}}{\partial x} + \frac{\partial S_{xy}}{\partial y}\right) + \frac{\partial}{\partial x}\left(hT_{xx}\right) + \frac{\partial}{\partial y}\left(hT_{xy}\right) + hu_sQ_p \tag{5-12}$$

$$\frac{\partial h\overline{v}}{\partial t} + \frac{\partial h\overline{u}\,\overline{v}}{\partial x} + \frac{\partial h\overline{v}^2}{\partial x} = -f\overline{u}h - gh\frac{\partial \eta}{\partial y} - \frac{h}{\rho_0}\frac{\partial P_a}{\partial y} - \frac{gh^2}{2\rho_0}\frac{\partial \rho}{\partial y} + \frac{\tau_{sy}}{\rho_0} - \frac{\tau_{by}}{\rho_0}$$
$$- \frac{1}{\rho_0}\left(\frac{\partial S_{yx}}{\partial x} + \frac{\partial S_{yy}}{\partial y}\right) + \frac{\partial}{\partial x}\left(hT_{xy}\right) + \frac{\partial}{\partial y}\left(hT_{yy}\right) + hv_sQ_p \tag{5-13}$$

式中，$h = \eta + d$，η、d 分别为湖底高程、静水深，m；T 为时间；$\overline{u}$、$\overline{v}$ 分别为 x、y 方向上的平均流速；f 为科氏力系数，可表示为 $f = 2\omega \sin \varphi$，ω 为地球自转角速度，φ 为当地纬度；g 为重力加速度；ρ 为水的密度；ρ_0 为纯水的密度；P_a 为当地大气压强；S_{xx}、S_{xy}、S_{yx}、S_{yy} 为辐射应力分量；τ_{sx}、τ_{sy} 为水面风应力张量；τ_{bx}、τ_{by} 为河床底部应力张量；Q_p 为点源流量；u_s、v_s 为点源在 x、y 方向上的水流速度；T_{xx}、T_{xy}、T_{yy} 为水平黏滞应力。

2）水体交换模型

水体交换模型（TR）与水动力模型（HD）是动态连接的，可以模拟污染物在湖体中的扩散情况，进而分析模拟区域污染物的迁移扩散规律。质量运输对流扩散方程[93]：

$$\frac{\partial c_w}{\partial t} + \text{div}\left(\vec{V} c_w\right) = \frac{\partial}{\partial x}\left(D_H \frac{\partial c_w}{\partial x}\right) + \frac{\partial}{\partial y}\left(D_H \frac{\partial c_w}{\partial y}\right) \tag{5-14}$$

式中，c_w 为污染物浓度；$\vec{V}$ 为流体运动速度；D_H 为水平扩散系数。

3）模型应用

MIKE21 是丹麦水力研究所开发的系列水动力学软件之一，属于二维数学模拟工具，可以用于模拟河流、湖泊、水库、海洋、波浪、泥沙及环境。在模拟二维非恒定流时，该模型考虑了水下地形、密度变化、气象条件和潮汐变化等因素的影响。MIKE21 包括水动力、对流扩散、水质、泥沙传输、波浪等模型，主要用于解决水工程及水环境问题，包括水动力模拟，环境模拟，水资源分配模拟等，从而为流域管理机构和水行政管理机构制订政策提供科学依据[108]。

利用 MIKE 软件进行湖泊流场和浓度场的数值模拟预测，分析水循环过程中湖泊水体的流场分布，设定不同的进水口和出水口方案，包括引水方式、引水口的数量、位置等，然后对不同引水方案的换水率进行比较，最终选择最佳引水方案进行规划设计和调控。通过分配每个进水口和出水口的流量和时间，人为地控制调整各控制闸的启闭时间及进出水口的流量，以促进城市湖泊的水动力循环及改善水体中污染物的分布，从而达到修复湖泊水体的目的[107]。

引水换水法虽然能在一定程度上缓解水体的污染，但是并不能从根本上消除污染，尤其对于河流和湖泊等大面积的水体，从外界引水换水在一定程度上会导致水资源浪费，而且成本会很高。因此，该法更适用于小面积水体污染的处理。

5.5.2.2 循环过滤法

循环过滤法的工程设计基于景观水体的大小，设计配套的过滤砂缸和循环水泵，并且铺设用以循环景观水的管路[109]。通常在砂缸中放置一定量的石英砂，石英砂的尺寸和规格不同。在正常过滤过程中，水从砂的上层进入，从下层流出，通过砂缸后流入水体。使用过滤砂缸和循环水泵来改善水动力条件。如果处理大面积的景观水，则需要更长的过滤时间，并且该方法通常用作水体治理的辅助措施。如果单独使用，水质难以达到预期效果。

循环过滤法根据物理原理将景观水体的杂质与水体分离，使水体在一定程度上保持清洁。该方法通常使用会投入化学药剂与水中污染物一起形成沉淀，作为辅助。工程应用过程中，该法对于悬浮固体（SS）、泥沙含量多的水体具有良好的处理效果。对于面积较大的水体，过滤周期会延长，导致水质达不到预期的效果。此外，该方法对于有机物和藻类的处理效果不佳。化学药品的添加可能会造成水体的二次污染，因此该方法一般适用于小面积景观水体。

循环过滤法虽然能在一定程度上避免水资源的浪费，但是需要设置大量水泵和过滤设备保证水体循环，设备容易产生堵塞、短路等现象，需要专业人员进行维护管理，这会使此法后期设备日常运行产生的电能耗费、维修与更换过滤设备等日常维护费用大大增加。此法需要在水底铺设管网，同时需要建设特别机房安放砂缸，可能会对原有景观和管线产生影响。施工时间较长，占地面积较大。总之，由循环过滤法优缺点可知，该法在应用过程中需要和其他物理、化学、生物方法相结合[106]。

5.5.2.3　人工造流技术

人工造流技术在水下增设推流设备，形成人工造流，从而改善水动力条件。对于水流缓慢、自净能力差的水体，可以通过人工造流系统来改善水动力条件。人工造流系统的核心是潜流推进器。潜流推进器利用太阳能电池板提供的电能实现高速运转，促进水体向前流动，同时潜流推进器的搅拌功能促进氧气溶于水。人工造流系统集曝气、混合、推流的功能于一体。太阳能潜流推进器主要包括太阳能供电系统、控制系统、专用浮体、潜流推进器、连接框架、防护罩等[110]，如图 5-33 所示，潜流推进器的数量和位置可以根据水体的实际情况综合考虑多方面因素灵活布置。

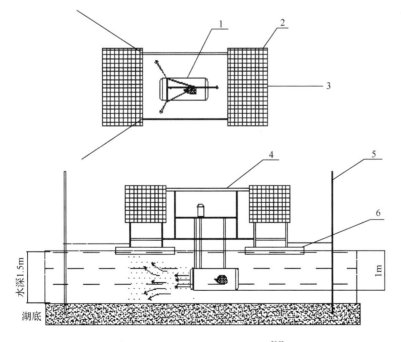

图 5-33　人工造流系统示意图[95]

1-潜流推进器；2-太阳能电池板；3-尼龙牵拉绳索；4-装置支架；5-固定桩；6-浮体

5.5.3　生态活水技术

对于目前城市河网水流不畅导致的问题，可以利用外加机械动力的方式促进水体循环，从而提高水体的自净能力，改善河道的水质污染现象。由于数条河流组成的河网复杂，仅凭经验很难机械驱动装置的优化布置。本小节主要介绍生态活水技术。

5.5.3.1　活水循环技术

活水循环技术通过联合控制闸堰和泵站，充分利用河流的调节和蓄水能力，使河流保持合适的水量水位，可将部分合流管道溢流水滞留在水体中，并且通过循环净化措施削减河道中的污染物；可通过机械动力循环，改善河道的水力状况，从而有效保障河流水质。非雨季时，利用已有资源（如水体周边的雨水泵站或管道）作为循环水回流系统；应注意循环水出水口的设置，以减少循环出水对河床或湖底的冲刷[109]。

活水循环适用于城市流速较缓的河流或水流不畅的坑塘等水体的污染治理，可以有效地增强水体的流动性。

活水循环部分工程项目需要铺设输水管渠，需要考虑初期的建设成本、工程实施难度及后期的运行维护问题；为了避免盲目使用此方法对水体进行污染治理，应该事先对治理对象进行生态风险评估。

活水循环技术的关键是"造流"和"循环"。"循环"的关键在于清水的补给及缩短水体水力停留时间；"造流"虽然能在一定程度上促进水体流动，提高水体复氧能力，但是对于解决黑臭水体污染效果有限。

城市水循环应当积极贯彻可持续发展理念，建立"生态循环、梯级利用"的新型城市生态水循环系统，优先利用再生水进行补给，以再生处理污水等水资源治理水环境污染和维系水生态健康。"生态循环、梯级利用"这一新型水循环模式，能达到"一石四鸟"的效果。

（1）清水补给：城市污水处理厂的尾水经过深度处理达到景观回用水质标准后，排入城市河湖。

（2）生态修复：再生水补给能在一定程度上缓解北方水体常见的缺流、断流问题，使水体能满足生态需求，有利于水体的生态修复。

（3）水质净化：城市污水处理厂再生处理污水排入健康的城市河湖中，由"工程再生水"转变为"生态再生水"，最终可以使公众对再生水的接受程度得到一定的提升[111]。

（4）促进循环：将接纳了再生水的城市河流和湖泊作为城市的第二水源，直接或经过适当的深度处理后用于工业、城市绿化、城市杂用和农业灌溉等，促进水循环利用，大大提高了城市节水水平。

从以上分析可以看出，"生态循环"和"梯级利用"相辅相成，形成了城市可持续水循环系统中必不可少的核心环节。该新型生态水循环系统适用于北方缺水城市及南方缺水、丰水滞水城市。

5.5.3.2　自流活水-活动溢流堰

自流活水：采取相应工程措施使整个区域只开闸，不开水泵就使水体自流起来[112]。水体有序流动是提升水质的有效手段，自流活水通过改善水动力驱动条件，实现河网水体持续自流，体现自然回归。

自流活水是在水动力学理论的基础上，人工设计水头差，使水体能够借助水势差内部实现盘活[112]。古时大禹治水就是利用自然趋势，采用"疏顺导势"的方法平息了水患，该技术是依靠活动溢流堰实现自流活水。

活动溢流堰是一种新型水工建筑物，它将上部绕底轴转动的薄壁堰和下部宽顶堰结合在一起。活动溢流堰的旋转结构上面装有橡胶护舷，可以在船舶靠岸时起到一定的缓冲作用，保护船体免受损坏。活动溢流堰可以控制束水高度，当溢流堰全部卧倒打开时为宽顶堰，计算流量时采用无坎宽顶堰的计算公式，当溢流堰闸门关闭时为薄壁堰，计算流量时采用薄壁堰的计算公式[112]。

自流活水利用了前人思想，通过在河上修建活动溢流堰抬高水位实现自流。活动溢流堰是一种新型的可调控溢流坝，由土建结构、溢流堰、驱动装置组成，适用于宽度10～100m、水位差1～6m的河道。活动溢流堰直立时挡水，卧倒时放水，溢流时形成人工瀑布，不仅具有景观效果，而且不会影响游船航行[113]。活动溢流堰简洁、坚固耐用、维修费用低；活动溢流堰叶围绕底轴心旋转；竖起或倒下时不受泥沙淤积影响；启闭时间一般不超过2min；对环城河水位调控敏捷，对防火基本没有影响。根据航行要求，在活动溢流堰上下游设置一定范围的游船减速缓行区、感应区、等待区、禁停区，并设有各类辅助通航安全设施。活动溢流堰卧倒放水和直立挡水分别如图5-34和图5-35所示。

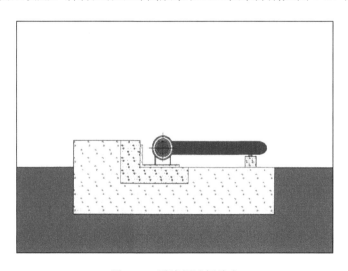

图 5-34　溢流堰卧倒放水

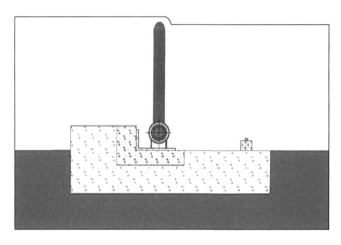

图 5-35　溢流堰直立挡水

　　活动溢流堰实际运行过程中，可以在不干扰游轮航行的情况下抬高水位以增加水位差。白天游船通航时全部卧倒，夜间关闭闸门，实现水体的自流活水。当水体水质较差时，活动溢流堰竖起，水体流量、流速接近于零，便于泥沙与悬浮物沉降，有利于水质改善；当水体水质较好时，自由调节水流的流速、流量，促进水体与外界水体交换，有利于维持较好水质，最大限度减少干预，维持水体功能。

5.5.3.3　断头浜连通治理新技术

　　"流水不腐，户枢不蠹"。断头浜一直以来都是黑臭水体整治工作中难啃的"硬骨头"，与河道水体不流动、易形成淤积等客观因素息息相关。断头浜存在水体不循环导致的自净能力差的问题，根据河道不同现状特性，按照基本技术路线并结合仿生态技术、箱涵清淤等综合措施开展河道整治工作，重点重构河道活水循环系统，恢复河道生态，减少断头浜对周边环境和后期管理造成的负面影响。

　　1. 断头浜原位隔离与泵闸组合连通技术

　　对于断头浜，可以采用原位隔离与泵闸组合连通的技术。原位隔离是在河流中间增加隔墙，隔墙能够将断头浜分成两条河，平板移动闸门控制分流比，使水体内部循环流动，设置的闸门拉开及启动泵能使断头浜与其他水系连通，以实现水体活水，如图 5-36 所示。

　　城区河网闸泵群采用智能调控技术，集成水动力-水环境物联网监测技术与水文-水动力-水质耦合模型，实现水动力优化与活水工程智能调控。

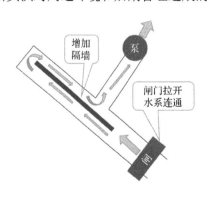

图 5-36　断头浜原位隔离与泵闸组合
连通示意图

2. 分级控制循环连通技术

分级控制循环连通技术将液压坝与微氧推流机相结合，能够兼顾水环境提升与河道行洪，适用于坡度较大的行洪河道，如图 5-37 所示。

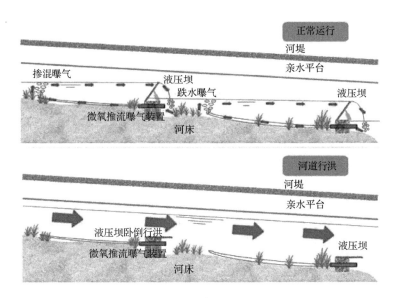

图 5-37　分级控制循环连通技术

液压坝是一种较为新颖的拦河坝，弥补了土石坝、挡水坝、橡胶坝几种坝体的不足，优点是低水头液压坝结构坚固可靠，使用寿命长，全生命周期成本低，自动化程度高，坝型美观，且可以人造瀑布。更具优势之处在于液压坝在塌坝时几乎与河底相平，不会在坝前形成淤积，不需要坝前清淤。

液压坝由坝面、液压杆、支撑杆、液压缸、液压泵组成，通过液压缸挤压拦水坝面背部，以实现液压升坝拦水、降坝行洪的双重功能。在活动拦水坝面背水面隔一定距离设置支撑杆，支撑杆起支撑活动坝背面的作用。降坝行洪时，启动液压系统将活动拦水坝面上升至高位，打开系统回油开关，活动拦水坝下降，同时可以通过系统内限位卡调节升降坝的高度[114]。

液压坝是一种新型拦河蓄水坝，在工程投资、结构稳定性、泄洪、操作管理及环境美化方面都具有一定的优势，其工程应用如图 5-38 所示。

液压升降坝采用混凝土结构，施工较为简单，成本低，组件耐用性高，后期维护管理较为经济，省时、省力、省钱；结构设计可靠，坝面升起会形成稳定的支撑墩坝结构，抗冲击能力强；相较于传统的水坝，过流能力强，因此具有一定的泄洪能力；操作管理方面，既实现了自动化控制，又可以采用手动开关控制，操作灵活方便；当坝体上游有漂浮物时，可通过降坝来保持水面环境，利用水流将漂浮物冲走；坝体顶部的结构更好，当水位较高时，溢流会产生瀑布景观[114]。

图 5-38　液压坝的工程应用

微氧推流曝气装置的微氧气泡利用水的表面张力，在水与空气混合时而生成。瞬间的剪切力可将气泡脱离，形成"含氧旋转微泡"。微氧产生可以通过机械作用、波的作用、振动作用等。通过在水体内布置微氧推流机，使水体循环流动，可以促进水循环处理。

5.5.3.4　人工水力循环与曝气复氧技术

人工水力循环技术根据水动力学原理，采用潜水泵提升系统和配水系统，以达到强制水体循环的目的。自然静态河水循环，以实现水体之间的交换和稀释，提高水体自净能力，使水质得到改善。人工水力循环的具体操作是在保证防洪安全的前提下，启动泵站调活水体，利用河流的水动力特性调度水资源，并利用河流本身的自净功能和生物净化功能来改善水质。

河流受到污染后处于缺氧状态，曝气复氧技术可以人工向水体充氧，弥补天然曝气的不足，加速水体的复氧，增强水体中好氧微生物的活力，逐步改善水体自净能力。向河流充氧不仅可以减缓底泥释磷的速度，改善水体的黑臭状况，还可以氧化或降解上层底泥中的还原性物质，水体中的有机物能在短时间内得到降解，从而使水环境得到改善。

人工水力循环与曝气复氧技术相结合，是近年来治理黑臭水体污染的有效工程措施。它可以在短时间内增加水体中的溶解氧，改善水体的净化功能，促进河流生态系统的恢复。人工水力循环技术因地制宜，占地面积相对较小、投资较少、运行成本低并且对周围环境基本没有不利影响。如果结合曝气复氧技术，还可以实现环境和经济效益的统一，有利于工程的长期管理，一般以水力循环与跌水曝气系统来实现。该系统主要由潜水泵和溢流堰组成，既具有促使河水循环流动的功能，又具有跌水曝气的功能。潜水泵首先将河水提升至高处，河水从高处跌落时会将一定量空气带入下层水体中，为下部水体复氧，同时利用潜水泵使跌水复氧后的水体进行循环，促进水体内部的交换和稀释，从而可以提高水体的自净能力。跌水曝气充氧如图 5-39 所示。

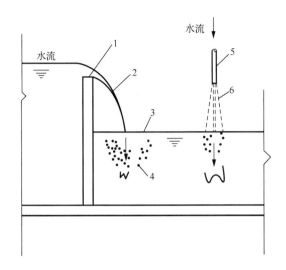

图 5-39　跌水曝气充氧示意图

1-跌水挡板；2-充气水流；3-消力池；4-气泡；5-喷淋管；6-含水气流

5.5.4　生态补水技术

生态补水技术利用工程或非工程措施调水到无法满足最低生态用水要求而受损的水生态系统中，实现水中污染物的稀释和分解，在一定程度上缓解水生态系统结构和功能的破坏，并且能逐步恢复水生态系统的自我调节能力[115]。生态补水的主要来源是回收利用的雨水、跨流域调水、水库调水及污水厂再生水，应尽可能使用再生水，以免过度浪费清洁水资源。本小节主要介绍生态补水技术。

5.5.4.1　清水补给

清水补给利用城市污水处理厂再生水、经过一定处理的雨水、较为清洁的地表水作为补水水源，改善滞留、缓流水体水动力和提高污染水体水环境容量。再生水水源应进行适度净化，雨水水源利用可以充分考虑海绵城市雨水收集再利用系统的作用，地表水水源的开发利用应注意不影响原有的水量平衡和生态系统功能[110]。清水补给适用于缺水城市或枯水期污染水体治理后的水质长效保持。

清水补给时，通常需要铺设管道；需要加强对补水水源的水质监测，明确补水费用分担机制；不建议通过远程调水进行清水补给。

再生水补给对于缓解水资源短缺和减轻水体污染具有重要意义，被广泛用于预防和控制水体富营养化，但是再生水水质需要达到一定标准。利用再生水进行补给，河流对污染物的容纳能力几乎不会改变，面对外界污染源，河流水质可能会进一步恶化。再生水补给措施使北方城市水体资源匮乏问题得到妥善解决，一定程度上保证了生态用水量，从而可以为后续的水生态系统修复工作顺利开展奠定坚实的基础。正常的水体在实际运行的过程中可以发挥一定的水质净化作用，使得再生水的安全性得到一定程度的提升，经由污水处理厂施行工艺措施,"工程再生水"演变为"生态再生水",最终使得公众对再生水的接受程度得到一定程度的提升[111]。

5.5.4.2　湖泊生态补水技术

对于城市湖泊,生态补水是指湖泊在除雨水外没有其他水量补给且水体相对封闭的条件下,湖泊由于各种原因遭到了严重破坏,需要在"堵源""控污"的基础上,从外部自然生态系统引入洁净水源进行补给,将湖泊与湖泊、河流与湖泊连通,使分割、封闭的水体循环起来,从而改善湖泊水质,恢复或维护生态系统。

湖泊生态补水是改善水质的重要措施,但是并不是万能的,主要从以下角度对其适用性进行分析。

(1)需要利用优质水源进行补水。必须保证补水水源的水质和水量。水质方面,必须达到目标水质标准;水量方面,补水水源水量应该是充足的,向外界补水不会对自身造成影响。

(2)引水通道应是安全、经济、可行的。城市湖泊的水源与湖泊之间距离较远或湖泊周围建筑密集,都可能会导致引水方案经济成本增加,并对周边环境造成不利影响[116]。

(3)在进行生态补水之前必须进行截污,若未进行截污,被污染水体会对其他地方造成影响。

因此,生态补水技术是具有一定的局限性的。对于无法采用生态补水的湖泊,只能考虑增加自身的生态容量或采用内部循环的方式进行生态修复。

1. 最低生态水位的确定

最低生态水位是保证湖泊生态完整性的最低水位,是确定生态补水方案的重要参数。确定湖泊最低生态水位的方法主要包括天然水位统计法、生态水位法、生物最小生存空间法和湖泊形态分析法,选取四种方法计算结果的最大值并结合实际水位数据,确定最低生态水位[116]。

1)天然水位统计法

天然水位统计法通过观察多年来湖泊生态水位的变化情况,得到适应天然情况下的最低水位即湖泊的最低生态水位。该法较为简单,但是需要较长系列的湖泊水位统计数据作为类比数据[116]。

2)生态水位法

生态水位法参照河流最枯月平均流量法及水文学的 Texas 法。结合我国的实际情况,湖泊最低生态水位计算公式为[116]

$$H_{\min} = \lambda \frac{\sum_{i=1}^{n} H_i}{n} \tag{5-15}$$

式中,$H_{\min}$ 为湖泊自然状况下的最低生态水位,m;H_i 为月平均最低水位,m;n 为统计年数;λ 为权重,反映湖泊历年最低水位的平均值与最低生态水位的接近程度,可采用水文统计法、反馈法和专家判断法来确定,取值范围为 0.65~1.55。

3）生物最小生存空间法

生物最小生存空间法将湖泊中的生物生存和繁殖所需的最低水位作为湖泊中的最低生态水位[116]。确定最低生态水位通常选择处于食物链顶端的鱼类作为指示生物。生物最小生存空间法计算公式为

$$H_{e_{\min}} = H + h_{鱼} \tag{5-16}$$

式中，$H_{e_{\min}}$ 为湖泊最低生态水位，m；H 为湖底平均高程，m；$h_{鱼}$ 为鱼类所需的最小水深，m。

4）湖泊形态分析法

湖泊形态分析法采用实测湖泊水位和湖泊面积资料，建立湖泊水位和湖泊面积减少量的 dF/dH 关系线，在此关系上，湖面面积变化率最大值对应水位即为最低生态水位[116]。

$$F = f(H) \tag{5-17}$$

$$\frac{\partial^2 F}{\partial H^2} = 0 \tag{5-18}$$

$$(H_{\min} - a) \leqslant H \leqslant (H_{\min} + b) \tag{5-19}$$

式中，F 为湖泊面积，m^2；H 为湖泊水位，m；a、b 为与湖泊水位变幅相比较小的一个正数，m。

2. 补水流量的确定

湖泊生态补水方案补水流量的确定，一般假设污染物入湖后均匀混合，选取某些目标污染物作为计算对象，分析不同补水流量对水质改善的影响，采用湖（库）均匀混合模型来计算，可表示为[116]

$$c(t) = \frac{u + u_0}{K_h} + \left(c_h - \frac{u + u_0}{K_h}\right) \exp(-K_h t) \tag{5-20}$$

式中，$c(t)$ 为计算时段 t 内的污染物浓度，mg/L；u 为污染物入河速率，g/s；u_0 为湖（库）中现有其他污染源的污染物入河速率，g/s；c_h 为湖（库）现状污染物浓度，mg/L；t 为计算时段长，s；K_h 为中间变量，L/s，可表示为

$$K_h = Q_L / V + K \tag{5-21}$$

式中，V 为设计水文条件下的湖（库）容积，m^3；K 为综合衰减系数，s^{-1}；Q_L 为湖（库）出流量，m^3/s。

3. 引水通道方案的确定

引水方案应根据引水通道起止高程确定是采用泵站还是重力引流进行生态补水。如果进口高程较低，采用泵站提水的方式，需要设置进水口泵站、渠道及出口防洪闸等建筑物。引水渠是其中最关键的部分，因为这部分投资占比通常最大，并且受地理位置和施工条件限制较多。为了实现工程的经济性，线路必须考虑地形、地质和周围建筑物的情况；对于必须穿越城区的情况，为了减轻干扰，可采取顶管施工[116]。当补水水源水质的某些参数不符合标准或水质不稳定且没有其他替代水源时，可以考虑在引水通道出口布置净化设施，如人工湿地、一体化水处理设备、砂砾石过滤床等。

5.5.4.3　河道生态补水技术

河道生态补水技术是指利用水利设施进行合理调度，在内河中引入水质较好的外部水源的技术，不仅能够增加河道径流，增加河流净污比，而且能够通过激活水流恢复水体生物多样性，使原有内河的水环境质量得到改善。河道生态补水技术是一种投资少、见效快、方便可行的生态修复技术。生态补水的宗旨是在保证流域水资源安全，生产、生活用水合理分配，且不受影响的条件下，根据退化河流水资源现状及生态环境需水量，对退化河流开展生态补水，以期恢复退化河流生态系统的水文条件，重建退化河流生态系统的结构与功能，保护河流生态系统生物多样性健康。

生态补水的原则如下。

（1）科学性。自然河流是生物与环境长期协调发展形成的具有自我调节功能、相对稳定的自然综合体，当生态系统达到动态平衡的稳定状态时，能够自然调节和维持自身的日常功能。生态补水要遵循河流生态学规律，补水过多或过少都会影响河流生态系统功能的发挥，影响生物多样性的健康。因此，需要根据当地气候、水文过程、河流基础功能发挥和生物多样性的正常需求等来科学核算生态补水量。

（2）目的性。受损生态系统很难恢复到最初的状态。因此，补水前应诊断退化河流生态系统受损的原因、结构与功能的受损程度，进而明确恢复目标，这是开展生态补水的基本原则。

（3）时效性。生态补水应关注时效性，即需要通过实地监测和评估（包括生物多样性、河流结构与功能、河流水质变化等指标）来确定退化河流生态系统的恢复效果。

（4）阶段性。河流岸边植物生长对水量的需求具有阶段性，不同生活阶段的水生生物生存对水量需求不一样，不同年份河流的水资源现状（包括大气降雨、地表径流）和污染情况也不相同，所以生态补水应综合考虑实际情况，分年份、分季节、分数量补给，才能保证补水的实效性。

（5）协调性与可持续性。生态补水需要考虑工业用水、农业用水、生活用水、养殖用水的协调，否则会影响居民生活和社会经济发展。同时要考虑到生态用水的必要性，保证河流生态系统的可持续性。

（6）区域性原则。不同区域气候、地形地貌、水文特点不一样，区域内河流生态系统的结构、功能及主要恢复目标也具有各自的特点，生态补水必须考虑地区差异。

（7）优先性原则。针对河道退化的主要原因及生物多样性恢复的主要目标，从当前最紧迫的任务出发，优先恢复水体流动性，提高水质等级和生物多样性。

（8）生物多样性原则。多样性决定了生态系统的稳定性，生态补水要考虑创造多样的地形和水文条件，保证多样的生物生存。

河道生态补水首先应明确需要达到的目标，界定生态补水区域的位置和范围；其次掌握生态补水河段的生态水文过程，评价补水河段的水资源现状，确定生态环境需水量计算方法和修订相关计算参数；最后界定补水时间，监测与评价补水效果。

1. 河道生态环境需水量的计算

1）水面蒸发消耗需水量

按选定的蒸发器型号统计所有选用站的实际年、月蒸发量并计算年、月蒸发量的多年平均值，再根据各种型号蒸发器与标准型蒸发器的年、月折算系数直接折算为标准E601 型蒸发器的年、月水面蒸发量，即

$$W_\text{w} = (E_\text{w} - p) A_\text{w} = (E_\text{w} - p)(B_\text{u} + B_\text{d}) \alpha L \tag{5-22}$$

式中，W_w 为水面蒸发消耗需水量；E_w 为实测水面蒸发能力，mm；p 为河道上的平均降雨量，mm；A_w 为水面蒸发折算函数；B_u 为河流上断面水面宽，m；B_d 为河流下断面水面宽，m；α 为考虑水面线形状对水流速度影响的修正因子：平原型河道水面线为梯形，$\alpha > 0.5$，水面线越接近矩形，α 越接近于 1，水面线越接近三角形，α 越接近于 0.5；L 为河长，m。

2）渗漏消耗需水量

与蒸发一样，渗漏也是河道水量自然损失的重要方式。当河道水位高于两岸地下水位时，河水渗透补给地下水，渗漏消耗需水量 W_u 的计算式为

$$W_\text{u} = k_\text{s} I H_\text{t} L T \tag{5-23}$$

式中，k_s 为含水层渗透系数，m/d；I 为地下水水力坡度；H_t 为含水层厚度，m；L 为计算河段长度，km；T 为计算时段长度，d。

3）河流湿地植物需水量

植物需水受气候状况、植被状况和土壤水分状况三种条件影响。河流湿地植物需水量 W_p 可通过植被蒸发量和河流湿地植被分布面积来计算：

$$W_\text{p} = E_\text{p} A_\text{p} \tag{5-24}$$

式中，E_p 为植被蒸发量，mm；A_p 为河流湿地植被分布面积，m^2。

4）河道基本需水量

生态基流是河流生态系统保持其基本生态功能的流量，能够维持河道水体流动、水生生物生存、繁殖所需水量。根据北方寒区河道水文条件、数据类型、生物多样性恢复原则，以生态用水为主要恢复目标，采用鱼类生境法计算河道基本需水量，计算公式为

$$W_\text{b} = u_\text{f} A_\text{i} T \tag{5-25}$$

式中，W_b 为河道基本需水量，m^3；u_f 为鱼类不同生存条件要求流速，m/s；A_i 为计算河道横断面的面积，m^2。

5）输沙需水量

输沙需水量与来沙量、淤积量和单位泥沙量的输沙用水量相关，输沙需水量为

$$W_\text{t} = Q_\text{s}(m_\text{s} - m_\text{z}) \tag{5-26}$$

式中，W_t 为输沙需水量，m^3；Q_s 为单位泥沙输沙用水量，m^3/t；m_s 为来沙量，t；m_z 为泥沙淤积量，t。

6）自净需水量

$$W_z = \left[(c_i \cdot Q_i)(1-r) / c_i' \right] - Q_i \tag{5-27}$$

式中，W_z 为规划所需水量，m^3；c_i 为污染物浓度年均值，mg/L；Q_i 为实测年均水量，m^3；r 为污染物削减率；c_i' 为污染物允许浓度，mg/L。

7）河道景观需水量

河道景观需水量主要为提供城市河段休闲娱乐、旅游摄影等需要的水量。景观需水量计算公式：

$$W_i = HA_i \tag{5-28}$$

式中，W_i 为河道景观需水量，m^3；H 为计算河道水深，m。

8）总需水量

河道生态环境总需水量为

$$W_R = W_w + W_u + \max\left(W_b, W_t, W_z, W_i\right) \tag{5-29}$$

2. 生态补水程序

1）生态补水河段的确定

根据河道自身水文特点和补水源选取问题等，综合考虑当前河流生态系统退化现状、区域位置等条件，确定进行恢复重建的生态补水河段。

2）补水河段的生态水文过程

生态补水要建立在大量模拟历史径流的基础上，河流水文周期、水化学特征与生物多样性、生物地球化学过程有密切的联系，如补水时间、水量大小、地表水与地下水相互联系。

3）补水河段生态环境需水量的计算

根据补水河段的长度，采用生态环境需水量的计算方法，通过修订相关参数，确定维持河流生态系统健康的生态环境需水量。

4）补水河段水资源量分析与评价

利用遥感数据、实地调查数据、结合水文水利局、气象局的监测统计数据，分析补水河段的水资源量现状，如水源、补水途径，流量分析等。根据生态环境需水量的计算结果和水资源供需平衡，确定生态补水量。

5）补水时间的确定

补水河段的水资源利用规律：①春季河流上游汇集的雪融水较充足，能够形成一定规模的水量，有效利用雪融水能对河流生态系统进行有效恢复；②夏季是降雨的主要季节，地表径流和大气降雨一般可以满足河流生态需求。补水时间的选择：①春季是雪融水的汇集的时段，可以利用雪融水进行脉冲恢复；②夏季降雨丰富，有足够的水量进行调控；③秋季根据水文状况补水，利用北方寒区冰封的特点，能够将水保存至来年春天，为春季初期河道缺水、植物生长和污染净化提供条件。

6）补水方式

以北方河流为例，河道生态补水实施的关键是补水水源，河道上修建的水库能发挥一定的调节功能。考虑到目前河道上水库的功能和库容，以及下游河道需要的生态补水量，建议考虑两种方案来进行北方寒区退化河道的生态补水。

方案一：若水库在保证维持库容和科学合理的生产、生活用水前提下，能够提供足够水量来满足生态补水，可采取开河期"连续放流脉冲"的方式，依据河道各月的生态补水量，使河流恢复健康水平。

方案二：若水库在同一时间无法同时达到多方面用水需求，无法避免侵占生态用水现象的情况下，也可采取"间歇放流脉冲"的方式恢复河道的基本功能，根据水库能够提供的水量，每个季节集中放流一次或多次。具体方式如下。

（1）春季脉冲。依据北方寒区特点，冬季降雪会积存到来年 4 月中旬开始融化。因此，每年 4 月中旬可利用河道上水库"桃花水"汇入增加的库容量，确定放流的水量和持续时间。春季脉冲的生态学意义不仅是可使污染物稀释，更重要的是为生物的生长甚至繁育提供必要的水文条件，对物种多样性的恢复极为有利。

（2）夏季脉冲。如果北方 6 月末进入雨季，6～8 月的降雨量达到全年的 60%以上，利用这一时段库容量较大的有利时机，对河道实施"小流量、长时间"的放流脉冲，而不采取通常的"泄洪"脉冲方式将是更科学的，这有利于水质改善，生物种类的增加和河流动力学过程的实现。

（3）秋季脉冲。如果库存量允许，在秋末或河流冰封前再实施一次放流脉冲是非常必要的。这会使河道得到清洁，并具有抬高水位、美化景观及利于河道内生物越冬的多种作用。

5.6 城市河湖一体化水环境治理生态修复关键技术

水体生态修复技术是在物化治理法的基础上演变而来的黑臭河道治理技术，其具有良好的水体修复效果，能够改善水体富营养化，修复生态环境。经过多年的技术实践，在黑臭河道中运用水体生态修复技术，能够全面提升水体净化的质量，促进黑臭河道生态环境的修复，从而为城市居民提供一个更加健康舒适的生活条件，推动我国可持续性发展的进一步部署。

5.6.1 生态修复技术体系

城市水体可看作为一个开放的生态系统，在水体的治理过程中，往往需要结合生态修复的措施。生态修复技术，是通过对河道自身的自净能力与物质循环规律进行强化，以实现人与自然和谐相处为治理的最终目的[117]。该技术通过利用生态学原理和技术，加强对黑臭河道水污染的控制，水量与水流的调节，河道河底和岸坡形态与生态结构的改造，实现河道生物的多样性，重建河道生态系统所具备的功能，使其实现良性的自然生态平衡。生态修复技术具有清洁性、投资成本低、效率高、方便运行及发展潜力大等优点，在治理黑臭河道中使用较为广泛。生态修复是一个系统的工程，结合河流生态恢复，采取岸带和河道护坡修复、生态浮岛、水生生物修复技术等一系列的举措，对改善水质、提高水体环境容量、实现长治久清有非常明显的效果。

5.6.1.1　岸带、河道护坡修复

城市水体的岸带是城市水陆生态系统进行物质交换、能量流动、信息交换的一个重要交互界面，具有明显的环境生态因子交换过程和植物群落梯度，是控制陆地和水域生态平衡的关键系统，经过修复建设后的岸带，可为生物构建良好的生存条件[118]。河道护坡修复，综合了工程力学、土壤学、生态学和植物学等学科的基本知识，通过植物种植，利用植物根系与岩土、土壤的锚固作用对边坡的表层进行防护和加固，使之既满足边坡的稳定性要求，又能恢复被破坏的自然生态环境，是一种非常有效的护坡、固坡手段。生态护坡技术又可分为植物护坡和植物工程复合护坡两类。植物护坡主要通过植被根系的深根锚固和浅根加筋作用，以及降低孔口压力、削弱溅蚀和控制径流的水文来固土、防止水土流失。利用植物护坡的方式，在满足生态环境需要的同时，还可以进行景观造景。植物工程复合护坡技术以铁丝网与碎石复合或利用土木材料、水泥作为种植基，在此基础上进行生态种植。人工护坡的运用，既满足了河道护坡的功能，又有利于恢复河道护坡系统的生态平衡[112]。

5.6.1.2　生态浮岛

生态浮岛运用了生态学原理，能够有效降低水体中有机物和氮、磷的含量，同时大幅度提高水体透明度，进而改善水质[117]。生态浮岛的净化机理包括：植物根系和人工载体附着的生物膜对水质的净化作用；浮岛植物直接或间接地吸收利用水体中的溶解性氮、磷等营养物质，满足于植物自身生长，将其转化为无毒作用的中间代谢产物并贮存在植物细胞中；浮岛植物根区的菌根真菌与植物形成共生作用，有其独特的酶途径，用以降解不能被细菌单独转化的污染物；浮岛植物光合作用过程中，茎叶和根系向水体中释放大量氧气，能够提高水体溶解气含量、促进污染物的净化；生态浮岛能为水生动植物及鸟类提供良好的栖息地，有利于增加水体生物多样性，促进水体的生态环境改善和生态恢复[117]。生态浮岛对水质净化最主要的功效是利用植物的根系吸收水中的富营养化物质，使得水体中的营养得到转移，减轻水体由封闭或循环不足带来的水体腥臭、富营养化现象。

5.6.1.3　水生生物修复

水生生物修复包括水生植物修复和水生动物修复两大类。水中生活的植物、动物通过吸收、吸附、转化分解、吞食水中的藻类物质及营养元素，达到降低污染、缓解黑臭的效果。生物修复主要考虑的是维持生物的多样性、食物链的完整性。水生植物、动物的选择是水生生物修复技术中的重要环节，不仅需要考虑各物种之间空间上的分布，还要考虑水生动植物的种类及搭配，种类搭配的多样性决定其净化功能的多样性。浮水植物用于清除水体表层悬浮固体，水生动物是水体中的营养物质的主要消耗者，根据水体状况适度投放水生动植物可以达到延长食物链、提高水体净化能力的目的[117]。

5.6.2　岸带、河道护坡修复技术

经过生态修复建设后的城市水岸带，可为生物构建良好的生存条件，必然激活动植物物种种源，提高生物多样性、生态系统的生产力和河流的自净能力，对于控制非点源污染、治理水土流失、稳定河岸、调节区域气候、美化环境、开展休闲旅游和文化活动、产生城市水岸带生态联动效益均具有重要的现实意义，可以此拉动城市经济、社会的可持续发展，促成生态城市的形成[118]。本小节对代表性岸带修复技术和其他类型岸带修复技术进行介绍。

5.6.2.1　代表性岸带修复技术

1. 生态护岸技术

在边坡形态稳定的基础上，生态系统能够自我运行并可自我修复。生态型河流护岸具体内涵如下[119]。

（1）首先在满足防洪排涝要求的基础上，保证岸坡的稳定，防止水土流失；

（2）生态护岸是由生物和生境结构组成的开放式系统，与周围生态系统密切联系，并不断与周围生态系统进行物质、信息与能量交换；

（3）生态护岸是动态平衡的系统，系统内生物之间存在着复杂的食物链，并具有自组织和自调节能力；

（4）生态护岸是河流生态系统与陆地生态系统的一个自然过渡带，是整个生态系统的一个子系统，并与其他生态系统之间相互协调、相互补充[119]。

生态护岸工程是河道治理的新型手段，相较于传统的治理手段来说具有明显的优势。在实际应用的过程中，需要根据河道的实际情况及治理要求选择合适的生态护岸工程，如植被护坡、生态混凝土护岸、生态格网护岸及生态袋护岸技术等，能够同时达到防护和生态的目的[120]。

1）植被护坡

植被护坡能有效控制水土流失问题，加强土壤稳定和加固，这对水质净化和河道生态恢复来说都具有重要的作用。在开展植被护坡的过程中，最关键的就是植物选择[120]。木本植物的根系比较发达，能够更加深入达到岸体土层的深处，进而固定土质。虽然草本植物的根茎较浅，但加筋作用比较明显，草根和边坡土体相互之间能够形成复合材料。当整体的表皮土体表面全部被草皮植被覆盖之后，可避免雨水及地表水流对边坡造成的土壤流失和侵蚀，同时还能够有效地抑制地面径流。相对于其他工程措施来说，植被护坡工程的成本比较低，但是在实际应用的过程中，还存在着一定的缺陷和不足，主要表现在以下三个方面：①如果河道护岸的抗洪要求比较高的话，植被护坡的效果并不是十分显著，如果冲刷的水流比较大的话，边坡的稳定性会受到影响，一般冲流速需要控制在 2m/s 的范围之内；②在工程初始阶段，植被护坡的作用力比较差，随着植被的逐渐生长，根系进入到土体深层之后，护坡作用才会增强，因此在短时间内的效果并不显著；

③植被护坡的作用具有一定的局限性，一般植物的根系深度在 1.5m 以内，在更深层次的河岸中不能发挥出有效的作用。

2）生态混凝土护岸

生态混凝土是一种特殊级配的胶凝和集料材料，其强度比较高。由于其是多孔连续结构，具有较好的透气、透水性能，在混凝土中植物也能够正常生长，增强整体结构的稳定性。生态混凝土具有的盐碱能够与其他复合材料之间发生反应，为植物的生长提供营养物质。生态混凝土表面积大、孔径小，具备较强的过滤能力和吸附能力，可有效净化水质，微生物能够在多孔结构中生长良好并形成生物膜，强化水中污染物的降解效果[120]。

3）生态格网护岸

生态格网是通过机械将钢丝加工成各种形状的网片，再根据工程需求将其拼接成挂网、网垫及网箱等，然后将碎石等材料填充于网格当中，相互之间形成整体之后，抗冲刷能力和稳定性都比较强。制作生态网格的材料多是铝-锌稀土合金镀层钢丝或低碳镀锌钢丝，耐磨损、抗腐蚀、强度高。水体能够从空隙中自然流动，与土体之间实现有机交换，为微生物和水生物提供生存环境，实现生态建设和恢复，自净能力比较强。格网能够自由组合，因此各种景观需求都能够得到很好的满足，结构造型设计的灵活性比较强。此外，生态格网施工方便，通过砌垒网箱就能够直接建设成护坡和挡土墙，透水性能良好，地下水位能够得到有效降低，在岸坡下和墙体后的地下水压力也随之降低。抗风浪袭击和抗冲刷的能力都比较强，而且造价成本低，特别是在软基上，地基处理费用成本大大降低。

4）生态袋护岸技术

生态袋护岸技术使用的是透水不透土的材质，属于柔性护岸结构，具有零污染、耐腐蚀、抗老化、耐高低温的特点，是一种新型的河道治理方式。其优点就是能够根据坡形和地形的特点灵活变动，尤其是在一些特殊地形中，生态袋护岸技术的工程效果更加显著，在实际施工的过程中可以就地取材，不需要大型的施工机械，施工简单，且抗震性能好，变形能力大，与其他工程相比具有明显的优势。在施工过程中，会出现生态袋变形、垮塌等问题，因此在选择生态袋的时候，尽可能选择抗老化性能好、韧性高、强度高、透水性强、透土性差的生态袋[120]。

2. 蜂巢约束系统

随着我国对中小河流综合治理的重视程度的加强，中小河流治理项目专项投资逐年增加。中小河流治理主要包含防洪工程、各种形式的岸坡防护工程、河道清淤疏浚及各种穿堤、跨堤建筑物工程等。项目实施效果较好，但也存在一些问题。当前运用最多的岸坡防护工程主要有两大类：护坡式岸坡防护和挡墙式岸坡防护。护坡式岸坡防护是目前运用较多的一种岸坡防护形式，具有施工方便、景观效果好等优点，其缺点在于工程占地面积较大，运行年限较短，一般 3~5 年内坡面就会出现一些破损，具体表现形式为护坡塌坡、起鼓、杂草丛生；挡墙式岸坡防护工程是一种相对运用较少的岸坡防护形式，具有提高土地利用率高、运行年限较长等优点，其缺点在于实施后景观效果差，需要灯光、绿化等配合才能达到更好的景观效果，工程投资大，日常管理、维修困难。针对上述问题，一种新型的岸坡防护工程逐渐兴起，那就是目前最先进的土壤稳定恢复技术，用以解决土地稳定等一系列难题，即蜂巢约束系统护坡。

蜂巢约束系统护坡的开发灵感来自于昆虫界的蜂巢结构形式的特殊性。天然蜂巢具有相当的结构稳定性及机体的连续性，可以用相对少的材料量来实现结构效能的最大化，减少80%左右的主要建材量来实现原材料的结构效果。这种结构形式早期被运用于航天科技及军事方面，随着科学技术的进步，这种适用性很强的科技成果开始向民用化倾斜，广泛运用于一些自然状况下的边坡及路基稳定方案的解决。它是一种最先进的土壤稳定恢复技术，可解决地基稳定等一系列难题。蜂巢约束系统护坡技术可以提供环保、高性能、可持续发展、方便工程运用、减少施工成本的解决方案。蜂巢约束系统经过几年的运行，效果非常好，明显优于传统的护坡型，还兼顾着城市景观环境，得到广泛好评[121]。

3. 驳岸生态技术

驳岸即河道护坡，主要是指沿河地面以下建造的构筑物，对河岸起着重要的保护作用。生态驳岸指具有生态价值的驳岸，目前主要有生态袋挡墙、自嵌式挡墙及石笼挡墙三种生态驳岸。这三种生态驳岸在河道治理中各具优劣，在实际应用中，只有结合河道工程实际及治理要求合理运用，才能实现河道工程经济效益与生态效益双重目标[122]。

1）自嵌式挡墙

自嵌式挡墙面板由规格相同的混凝土自嵌块构成，加筋材料以土工格栅为主，属于柔性挡土结构，其挡土作用的发挥主要是借助筋带和土体摩擦，以及筋带和面板之间的拉结力。

生态景观挡土墙是由砌块体通过混凝土剪切件或机械扣件连接组成的新型挡土结构（在砌块间没有涂抹层），干砌混凝土块的制作可以使用预制或现浇产品。生态景观式挡土墙独有的干垒互锁形式，兼具重力与柔性的特点，刚柔并济的装配结构用于挡墙驳岸，更具有透水滤水功能，使河道及河岸高边坡可呼吸自净，突显自然生态。挡土墙具有独特的植栽腔，形成强大挡土功能的同时，实现直面绿化全覆盖，配备自动滴灌系统，利于植物根系的生长，且不破坏挡土墙的基本结构；同时，可恢复土壤净化污染物能力，提高水体生物生存能力，避免硬化河道二次污染现象，可植草绿化，保护生态。高边坡生态化如图 5-40 所示。

图 5-40　高边坡生态化

2）石笼挡土墙

石笼挡土墙是一种基于力学性能设计的驳岸，借助孔隙来实现河流调节和分配。从运用实际情况来看，石笼挡土墙优势主要有：①可以调节和分配河流水，透水性能好，利于土体水分的排出，从而减小地下水压力；②可以更好保持水流稳定性，这主要是因为侵入墙后土体的地表水可以通过砌体排出；③在应对河道土体下沉情况方面，结构能够根据土体沉陷情况进行自我调节，从而避免对生态驳岸产生大的干扰与破坏[122]。

石笼挡土墙也存在缺点：①在河水的长期冲刷下，性能稳定性难以保障；②为确保工程整体强度和质量，在石笼网片制作过程中需要涂膜热镀锌低碳钢丝，虽然低碳钢丝具有的完整性及适度变形性可以有效降低使用过程中钢丝断裂对整体墙体结构的影响，但是在石头的摩擦下网格容易出现破裂，从而影响结构功能；③石料填充方式提升防护效果时，对石块的硬度、粒径及体积等有较高的要求，如果不能满足有关填充要求，在长期的水流冲刷中，石块就会通过石笼网孔而流失。

此外，在石笼挡土墙应用过程中会用到较多的石料，再加上对石块要求高和运输难度大等问题，导致这种驳岸方式受地域影响较大，在石料丰富的地区其优势才能得到更大发挥。相比于其他生态驳岸而言，石笼挡土墙是河道和护坡中应用较为普遍的一种，但是从生态的角度考虑，其对植物生长环境的破坏较为严重。因此，要达到更好的生态景观效果，就需要采取一定的补救措施，如通过对石笼进行覆土或缝隙填充处理，以借助微生物作用来提高表土的松软度及营养成分，从而改善植物生长环境。另外，设计人员可基于挡土墙上部后面土体的性能和优势考虑设计和种植攀缘植物，使其以挡墙为载体进行攀缘，从而实现在满足河道治理要求的基础上，达到提升生态景观效果的目的[122]。

3）生态袋挡墙

生态袋挡墙是一种利用网肋型结扣单体进行砌合连接而形成整体的护坡结构，属于重力式挡墙，受外部环境要素影响小，可以有效防止病虫害及酸碱盐的侵蚀，在微生物分解方面也有一定优势。生态袋挡墙的缺陷，主要体现在结构变形方面：

（1）在设计阶段中，由于袋内土体固结程度不够，在雨水的作用下会相应固结，产生在竖直方向位移。

（2）由于生态袋本身具有一定的透水性，对网格有较高的规格要求，如果孔径过大，土体在长期雨水及河流冲刷中就会流失严重，进而影响结构力学性能，甚至导致坍塌；如果袋体的孔径过小，又容易出现土体堵塞而影响生态袋的透水性及质量。

（3）在边坡静水压力增加情况下，水透出困难而使固有受力结构受到影响，进而导致柔性边坡结构稳定性发生变化。生态袋挡土墙结构性能的局限性，限制了其应用范围的拓展，因此目前这种生态驳岸仅在河道护坡应用[122]。

5.6.2.2 其他岸带修复技术

1. 沟渠生态化改造技术

生态沟渠仿照自然环境中的湿地形态，由水、底部基质、微生物和植物组成，能够通过截留泥沙、基质吸附、植物吸收、微生物降解等一系列作用，减少水土流失，降低进入地表水中氮、磷的含量，减少面源污染。生态沟渠常设置在农田排水集中及山体地表径流区域，可沿河岸边建设，起到小型人工湿地的作用，对农田及山体流水进行营养过滤，见图 5-41。

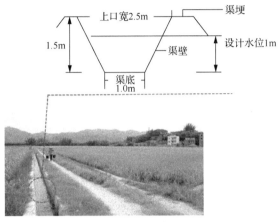

（a）生态沟渠具体尺寸

（b）生态沟渠实景图

图 5-41　生态沟渠结构图

生态沟渠特点：①促进流水携带的颗粒物沉淀，吸收和拦截沟壁、水体和沟底中溢出的养分，加速氮、磷界面交换和传递，加速污水中氮、磷的浓度削减；②收割植物解决二次污染问题，沟渠中水生植物对污水中的氮、磷有很好的吸收能力，水生植物能被农民收割，解决了二次污染问题；③建造灵活、无动力消耗、运行成本低廉。

2. 生态植草沟处理技术

生态植草沟是种有植被的地表沟渠，可收集、输送、渗透和排放径流雨水，并具有一定的雨水净化作用，可局部替代雨水管渠，包括转输型植草沟、渗排型植草沟等。生态植草沟可将大量固体悬浮物拦截在绿地内，其中部分污染物可转变成植物的营养物质。

生态植草沟的形式多种多样，可建设为一条狭长的浅沟，也可建设成大面积的低洼地。浅沟可以是天然的，也可由人工挖掘而成。主要通过渠道的护肩和底部种植的茂密的植被来降低降雨径流速度，并通过捕获雨水径流中的颗粒物和增加径流的入渗量，降低径流的流速。生态植草沟具体结构如图 5-42 和图 5-43 所示。为提高生态植草沟的拦截、渗滤、净化功能，在生态植草沟内种植草皮。

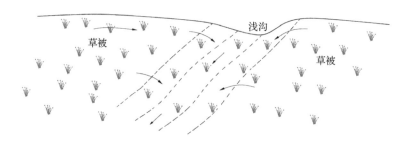

图 5-42　生态植草沟（浅沟）示意图

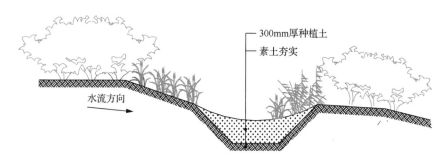

图 5-43　生态植草沟结构示意图

5.6.3　人工浮岛技术

5.6.3.1　人工浮岛技术概述

　　人工浮岛（又称人工浮床、生态浮床、生态浮岛）技术是德国 BESTMAN 公司研发的技术，后经日本的科技公司引入并推广，将人工浮岛技术全面应用于地表水体的污染治理和生态修复之中。我国虽然引进技术较晚，但经过科研人员不断的技术攻坚，人工浮岛技术得到了广泛的应用。在实践过程之中发现人工浮岛技术更加适用于富营养化水体污染较为严重的地区，能够作为先锋技术使水生动植物得到自然的恢复。人工浮岛技术的应用形式较多，按照功能进行区分，分为消浪性技术、水质净化性技术及栖息地提供技术等多个种类。浮岛的外观建设也是多种多样，有正方形、三角形、长方形等多个外观种类[123]。人工浮岛技术的要点在于以水生植物为主体，采用无土栽培的技术原理，同时引入高分子材料作为植物生长的载体，利用物种之间互利共生的关系修复河道的生态环境，从而能够打造一个适宜河道内动植物生长的人工生态环境，进一步削减水体制中的污染负荷[123]，具有有效利用水体水面面积的天然优势。人工浮岛净化作用的主要原理在于能够利用表面积较大的植物根系在水中形成一个浓密的网状结构，从而将水中存在的悬浮物有效吸附，并在植物根系的表面形成生物膜，利用生物膜吞噬水中污染物，再经过微生物的新陈代谢，形成植物生长所必需的营养物质，促进植物快速生长[123]。当植物生长到一定程度，可以通过收割植物的方式来减少水中的营养盐，从而平衡河道内部的生态环境体系，促进河道之中生态体系的不断完善。人工浮岛技术与人工湿地技术在应用过程之中，其技术的净水效率可以比人工湿地技术的净水效率高出 70%以上。

基于人工浮岛技术的黑臭水体治理方法选用无土草坪。这类植物的适用性很强，能够净化水体，同时抵抗大风、大雨及大浪，确保在任何条件下都能使用。治理后的生态景观浮岛在水面上的景观十分整齐，无论是在南方还是在北方都能很好地生存下去。南方人工打造的浮岛四季常绿，北方冬季浮岛会冰冻，第二年春天再次返青。同时，无土草坪具有很好的浮力，可以人工使用剪草机大面积地去除多余的草本植物，方便管理。

人工浮岛技术建立的生态浮岛巧妙地将绿化技术和漂浮技术结合到一起，组成部分包括浮岛框架、浮床架构、固定装置和水表植被（图 5-44）。通常采用自然材料做固定框架，如竹子、木条、藤蔓等，浮体采用的材料必须要满足质量轻薄、耐用性好的条件，陆生植物和湿生植物要根据黑臭水体受污染状况而定。目前比较常用的浮岛植物有荷花、芦苇、水葱等。选用的浮岛边长为 1～5m，受污染程度大的水体需要的浮岛面积更大。此外，还要考虑是否易于搬运、易于施工，最为常见的浮岛结构为边长 2～3m 的四边形，三角形和六边形也较为常见。浮岛与浮岛之间用绳索连接，有效减少波浪造成的撞击，降低构建景观的造价，净化水质。人工浮岛技术中的水下固定是最重要的环节之一，如果固定不好，浮岛和浮岛之间就会互相碰撞，一旦风浪很大，浮岛会被冲走。浮岛的本体和水体通常会有一个或多个小型的浮子并列在水中，提高浮岛的稳定性。

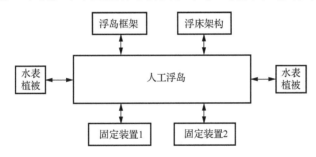

图 5-44　基于人工浮岛技术的黑臭水体治理结构

5.6.3.2　人工浮岛技术治理流程

就目前我国城市黑臭水体现状来看，南方多于北方，一个城市的发展速度越快，经济越发达，黑臭水体现象往往越严重。黑臭水体治理专家很早就提出了要采取有效措施治理水体黑臭这一问题，然而尝试了多种治理方法都没有取得预期的效果，甚至还会出现越治理越严重的现象。归根结底，就是治理时缺少系统的规划和长期的治理计划，治标不治本。因此，应根据设计的治理框架进行治理工作，流程如图 5-45所示。

城市水体黑臭已严重破坏人们的生活环境，影响居住环境，降低居民生活质量，如果不采取有效的治理措施，难以保

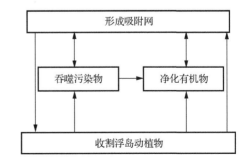

图 5-45　基于人工浮岛技术的黑臭水体治理流程

证人们的基本健康。治理黑臭水体成为国家重点关注的问题，需要从根源上解决黑臭水体问题。

传统的化学和物理治理手段需要花费很高的成本，效果并不明显，只能解决应急和突发性污染问题。生物技术在众多治理技术中因具有超低的成本、超高的效率脱颖而出。人工浮岛技术不仅能够快速高效地治理被污染水体，同时能够美化生活环境，对于水体治理有重要的指导意义。污染物的种类、浓度和存在形式都会影响人工浮岛治理技术，污染物不同，治理投资也不同。绝大多数有机污染物可以被降解，但是也存在一些污染物难以使用浮岛技术治理，需要进一步研究和探讨新的解决方法[123]。

人工浮岛可以利用植物根系形成一个浓密的吸附网，将水体中多余的悬浮物吸附到网中，形成多种生物膜，不断地吸附和吞噬水中的污染物，将其净化成有机物，转化到植物中，形成促进植物生长的有机物，再利用光合作用成为植物细胞成分，最后利用人工手段收割浮岛植物和收获鱼虾，增加水体中的营养盐。基于人工浮岛的黑臭水体治理方法能够将截污、调水、清淤连接到一起。建立浮岛的过程会加深河床，清除河床淤泥，减少河流臭味[123]。河道曝气的生态系统主体为水生生物，在人工模拟生态处理系统中降低水体的污染负荷，改善水质。浮岛能够遮挡住水面的阳光，减少水中各类水藻的光合作用，延缓植物的生长速度，抑制"水华"现象的发生，提高水体透明度[123]。人工浮岛不仅能够治理黑臭水体，同时也能为鸟类和鱼类提供更加丰富的生存环境。人工浮岛技术属于生物修复技术，根据微生物和植物对污染物进行消除，修复环境。此技术具有环境友好、生态节能的优点，因此发展前景良好。

基于人工浮岛技术研究的黑臭水体治理方法可以备选的治理材料十分丰富，且这些材料的成本很低，具有很强的抗氧能力，使用过程不会产生污染，不易受到腐蚀，容易使用。浮岛结构类型多种多样，结构新颖，制作和搬运起来很容易，不会形成多余的淤泥，不会受到水位限制，易于管理，清理起来十分方便，减少人工资源，降低维护成本。同时，该技术能够将我国水域面积广阔这一优点充分利用起来，在修复水体的同时美化景观。

基于人工浮岛技术的黑臭水体治理方法投资成本低，工作效益高，操作过程简单，必然会取代传统的物理治理手段和化学治理手段，成为未来最主要的污水治理方法。

5.6.4　水生生物修复技术

随着人口增长和经济的快速发展，大量的生活、生产废水及固态垃圾排入河道，造成河流水体被严重污染，加之部分河道位于水系末梢，难以引水冲污，使长期以来受污染的河水溶解氧浓度降低，导致河水黑臭、鱼虾绝迹、河流生态系统遭到破坏，污染河流失去了资源功能和使用价值，严重破坏周围环境景观，并造成重大经济损失，甚至危害周围居民的健康[124]。因此，黑臭河流治理迫在眉睫。近年来，生物修复技术以其经济、环保、高效持久的优势得以迅速发展。研究与应用结果表明，在黑臭河流治理中，采用生物修复技术可以使水质得到根本性改善并可使一部分水生生物得以自然恢复。本节对水生生物修复技术进行介绍。

5.6.4.1　水生生物基础性修复技术

1）微生物强化净化

微生物强化净化技术已在欧美国家和日本等发达国家大规模推广和应用，并取得了成功的实践。用于黑臭水体治理的微生物修复技术主要有三类：①直接向污染河道水体投加培养筛选的一种或多种微生物菌种；②向污染河道水体投加微生物促生剂（营养物质），促进"土著"微生物的生长；③生物膜技术。

2）水生植物净化

水生植物净化法利用水生植物的自然净化原理，达到净化污水、降低污染负荷的目的。利用水生植物净化水质就是利用其消化吸收污染物、承受一定环境胁迫的能力实现的，但水生植物有其自身的承受极限，若水质过度恶化、超过极限，则水生植物不能生存。在黑臭河道治理中，水质条件极为恶劣，在选择植物种类时要进行一定的预培养试验[124]。

5.6.4.2　代表性水生生物修复技术

1. 水体微生物活化技术

传统的水处理工艺如底泥疏浚、河道曝气技术、生物菌种投加技术、水生植被恢复工程等，均具有工程量较大、技术难度大、周围环境影响较大、费用较高、动力消耗大且持久性差等诸多缺点。采用水体微生物活化技术，改变传统水体净化采用的旁通水处理工艺，通过激活水体本土微生物，用水体本身代替传统的有限生物反应器，大大释放了微生物生长空间；充分发挥微生物大量繁殖过程中对水体中污染物（C、N、P）产生的强大分解能力；提高微生物的有效生物量和功能性；重组、完善和优化水体微生物生态系统；促使水体生态系统恢复自净能力，以期达到水体生态修复目的，解决水体富营养化的问题[124]。

微生物系统是水体生态系统的核心和枢纽，是水体具备自净能力的关键因素。水体微生物活化技术通过激活本土微生物，使微生物数量呈几何级数增长，突破了传统封闭单元处理观念，释放了微生物的生长空间。投加生物活化剂至水体微生物活化系统设备，系统可采用微纳米曝气系统，利用超高压气-水混合方法，在超饱和状态下产生大量微米、亚微米级氧气泡。微纳米气泡增加了空气和水的接触面积，氧分子易溶入水的原子团间隙中。空气中约有 85%的氧可充分溶解于水，使水中的溶解氧达到过饱和，水中的有机物易发生氧化还原反应而被分解。

水体微生物活化技术对水体的修复效果显著，极大地改善了水体富营养化的现象。传统水处理工艺如生物膜法、微生物制剂法等，虽然被广泛应用，但是脱氮除磷效果并不显著。水体微生物活化技术具有诸多优势，可强化脱氮效果，系统内载体负载的生物活化剂可以有效活化特异性微生物，特别是硝化反硝化细菌活性提高，利于总氮的去除；同时可激活有益菌种，系统内载体负载生物活性剂，可以调控细胞的生长发育，实现刺激细胞的快速生长，并进一步通过调整微生物之间互生、共生及拮抗关系，使有益细菌逐步成为优势菌群，产生优势主导现象，从而重组、完善和优化了微生物的生态系统，增强系统的生物活性，提高微生物的有效生物量和功能性。此外，具有可实现原位修复、生物清淤、适用于极端环境且投资和运行费用低等优势。水体微生物活化技术激活的有益菌种大量繁殖，也有可能会吞噬水体中原有的有益生物，从而降低生物多样性，甚至给水处理带来负面效果。因此，在应用水体微生物活化技术时，还应进行大量的实验进一步摸索研究其可能出现的弊端[125]。

2. 微生态活水直接净化工艺

"直接净化"一词来自日语，是指直接在河床、湖泊里或其附近采取的就地治理净化措施。我国使用"原位净化"这个词，广义上意义一样，指在污染水体原来位置直接进行的净化措施，投撒微生物菌剂、投放水生动物、种植水草、水体曝气、人工浮岛都算是原位净化措施。这些原位净化措施的治理效果并不相同，也不是简单地叠加，如何构筑一个效果优异、体系完善的原位净化系统才是关键。微生态活水直接净化技术是在以微生物为基础的生态系统、水体为流动状态情况下的一种直接净化技术。它通过特制的专用设备"超大流量造流曝气机"一边曝气一边营造庞大水流，将特种生物载体作为微生物的巢穴，大量培养微生物。庞大的水流携带曝气机的溶解氧向远处扩散，使庞大的河湖水体溶解氧均匀分布，避免出现缺氧区域，同时也使污水、溶解氧与生物膜充分接触，提高氧气的传递效率。最终，大量的好氧微生物将水中和底泥中有机污染物迅速分解，使水体自净化速度远远大于污染速度，从而让水体变得越来越干净，实现良性自净循环[126]。

3. 生物生态处理系统技术

生物生态处理系统技术采用温室无土栽培模式进行污水资源化利用。生物生态处理系统拥有高活性的生物膜，其中包括植物、具有氮磷吸附能力的多孔填料、具有毛细管效应的人造根系生物模块。整个系统装在一个无臭运行的环境中。此技术大大减少了物理占地面积，与传统活性污泥相比，运营和建造成本也显著降低。

生物生态处理系统采用串联推流式构造，每个分区都配有专门设计的生物模块，根据每个分区的微生物群落组成而有所不同，使整个反应系统更好地适应递减的营养物浓度，在生物池底部设微曝气系统（可选装太阳能系统），如图5-46所示。

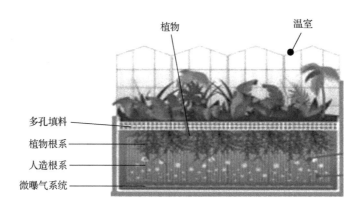

图 5-46 生物生态处理系统示意图

建设一座双层阳光板温室大棚，作为保温措施，以保证湿地系统冬季的稳定运行。温室顶部覆盖材料是外层防紫外线、内层防结露的聚碳酸酯中空板，四周墙体按照常规要求为聚碳酸酯中空板或玻璃，北墙体可采用保温复合板，还可以安装推拉窗，增加温室通风面积。温室大棚内部如图 5-47 所示。

图 5-47　温室大棚内部示意图

4. 涵水生物净化床

1）涵水生物净化床工艺简介

涵水生物净化床通过功能性生物复合填料吸附水中的氮、磷、重金属等污染物，然后利用植物、微生物的生物、化学协同作用，转化水中的污染物，从而实现水质净化作用的自然水体净化工艺。

2）植物选择

植被对维护浅滩、滩地湿地生态系统功能起着重要作用。按水生植物的生长环境和生活习性，可以将其分为浮水植物、浮叶植物、挺水植物和沉水植物四类。植物是湿地生态系统最重要的组成部分之一，选择生长快、生物量大、净化强的耐水性草本、水本植物，如香蒲、芦苇等，可丰富湿地生物多样性。

水生植物不仅自身能吸收同化污水中氮、磷等污染物，还能提高整个水生态系统微生物数量，调整其组成结构，促进生态系统的硝化和反硝化作用的进行，强化其净化能力，部分植物还有克藻效应。挺水植物和浮水植物这两类主要植物，不仅具有以上功能，还有拦截、过滤污染物的作用，是构建人工湿地和恢复水生态植被系统的重要组成部分。

挺水植物和浮水植物是水生植物的重要成员，不仅具备以上功能，而且是水生系统中生产者的重要组成部分。它们或花色艳丽、花形奇特，或株形高大、直立挺拔等，具有很高的观赏价值。在水体中加以配置应用，可增加水景的动感和美感，在保存生物多样性、美化水体、固坡护岸、湿地生态恢复等方面发挥重要作用。

芦苇为多年生草本水生植物，在全球广泛分布。利用途经新疆温宿县含有生活污水、工业废水和含有大量 N、P 等元素的农业灌溉退水灌溉苇田，不仅可以取得大幅增产的效果，而且水中含有的大量有机质沉于地表，改良了土壤的通透性，增强了土壤的肥力，降低了土壤的含盐量；芦苇充分吸收污水中的各种养分，不但净化水质（可养鱼、虾），而且还促进芦苇生长。污水中的部分有毒物质，由于氧化、还原、吸附和微生物分解等作用，被降解成不危害芦苇生长的元素，而且大量的有机物转变成芦苇所需的养分。污水灌溉的苇田比不施肥的淡水灌溉区增产 20%，可见含有污水的渠水是一种很适合苇田的灌溉水源，值得推广。

在疏通和规划苇田的水系和湖塘时，应注意提前进行深翻，耙平底土，以利灌溉。栽培的芦苇应根据实际需要选择适宜当地的品种，种植区需光照充足，水深 0～50cm，水位稳定。

生态净化床内种植的芦苇株密度不大于 20 株/m²。芦苇具有很高的经济价值，是一种优良的造纸原料，还可以作为编织、建房材料。芦苇的地下茎可药用，有健胃、镇呕、利尿等功效。芦苇的嫩茎叶含大量的蛋白质和糖分，是各种家畜的重要饲料。芦苇还具有园林绿化、治污、护堤、改善气候环境之效用。

5. 涵水生物吸附净化带工艺

1）涵水生物吸附净化带工艺概述

涵水生物吸附净化带工艺是一种专门用于河道生态环境修复及污染源截留治理的高新技术，主要用于生态系统脆弱、水环境恶化、黑臭等水体的治理与修复。该技术具有施工方便、适用范围广、后期维护量小等特点。特别是在海拔较高、河水流速较快、生态系统脆弱地区，通过配套建设涵水拦水坝，涵水生物吸附净化带有非常强的适用性，是目前河道治理工艺中较为成熟领先的技术。

2）组成及作用

涵水生物吸附净化带的组成可归纳为"三层、两区、一带"的结构特点。

"三层"指在竖直方向由下至上分为过滤层、吸附层、生物净化层；"两区"指在垂直于水流方向分为面源隔离区与原位修复区；"一带"指顺河流方向铺设，由此形成涵水生物吸附净化带，其剖面如图 5-48 所示。

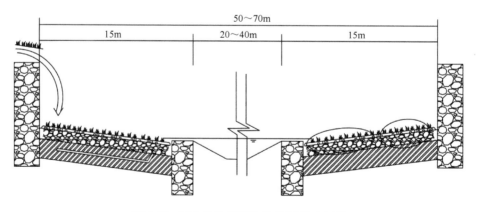

图 5-48 涵水生物吸附净化带剖面示意图

（1）过滤层。过滤层为"净化带"的底层，与有河床或河底相接触，过滤层主要由粒径为 20～40mm 的级配砾石组成，通过过滤层的截留过滤作用，将河道外面源污染及河道内源污染中的悬浮物截留下来，从而起到降低河水悬浮物浓度、增加河水清澈度的作用。

（2）吸附层。吸附层为"净化带"的中间层，主要由经过特殊配比的功能性填料组成，这种功能性填料对水中的有机物、NH$_3$-N、磷等污染物均有非常好的吸附作用，通过吸附层的吸附，将水中的主要污染物从水中吸附出来，并固定在吸附层中，固定下来的污染物作为养料供给生物净化层的生物。

（3）生物净化层。生物净化层为"净化带"的顶层，也是关键层，主要由生态矩阵、固块微生物、滨水植物及植物种植土组成。生态矩阵由经过特殊力学设计的中空混凝土砌块组成，砌块由钢索连接组成矩阵，矩阵的主要作用是固土和防冲刷，从而给微生物及植物提供良好的生存环境。固块微生物及滨水植物都是通过自身对污染物的吸收及消耗，最终将水中的大部分污染物降解为无害物质。

生态矩阵工艺机理：①生态矩阵系统为柔性结构，可以保留江河湖泊原有的自然形态，保留或恢复河道蜿蜒性或分汊散乱状态。②高开孔率渗水型柔性结构铺面能够降低流速，减少流体压力，提高排水能力。③块体间留有生物巢孔，为微生物生长发育提供栖息地，以发挥河流、土壤、植被的自净化功能。④为植被的生长创造有利的条件，保持河流侧向连通性。⑤土工复合材料可有效抑制河流湖泊淤泥的形成，与植被协同吸收水体中过剩的营养物质，对水中浮游藻类（蓝藻等）具有相互克制的作用，控制浮游藻类生长。

生态矩阵的技术特点：①生态环保（植草）。开孔式生态矩阵护坡为植被提供完善的环境。采用低碱水泥加木质醋酸纤维来改善混凝土的植生环境，生态矩阵护坡的开孔结构为微生物的构建生长发育提供栖息地，为草和小灌木提供更快的成长以及更加稳定的生存环境。植被可以在矩阵孔隙中生长，吸附在地面，这样增加了矩阵的混凝土块的吸附力。②灵活性好。防浪护土矩阵用钢索互联，相邻块之间有很大的灵活性。土块的切面被设计成两面对切，这样，块与块间吻合良好，且不失灵活性。③渗透性好。通过放置滤网状织物或分级的过滤垫，来增加护岸系统的渗透性，从而削弱流体对边坡的压力，系统减少土壤流失，浸出的底土不能通过系统，这样铰接式护坡防护系统更加稳定。

（4）面源隔离区。"净化带"靠近河岸一侧称为面源隔离区，面源隔离区的主要作用是将河水与初期雨水及农田退水等面源污染隔离，使面源污染无法直接进入河道，通过"净化带"各层的吸附、过滤、降解作用，将面源污染中的污染物含量大大降低。

（5）原位修复区。"净化带"靠近河水一侧称为原位修复区，原位修复区的主要作用是吸附、过滤、降解河水中原有的污染物。面源隔离区与原位修复区并没有明显的分界线，根据河水水位及面源污染水量的不同，两区范围自由变换或同时作用，从而起到既隔离面源污染又修复净化原河水的作用。

（6）涵水拦水坝。涵水拦水坝的主要作用是保证"净化带"的涵水，使微生物及植物能够健康生存。涵水拦水坝设置在"净化带"下游，由混凝土坝及两侧的排沙闸门组成，根据河道的坡降大小，拦水坝一般设计高度为 30～80cm，不会对河道行洪造成影响。为防止拦水坝前泥沙堆积，在拦水坝前中间位置向两侧设置 1%左右的斜坡，使泥沙在两侧堆积，当泥沙到达一定量时，开启排沙闸门，泄掉泥沙。

3）涵水生物吸附净化带工艺技术特点

（1）适应能力强。涵水生物吸附净化带由多层设计组成，过滤层及吸附层的级配砾石及特殊化学物质组成可以对各种复杂的污染源起到过滤吸附作用，生物净化层的生态矩阵设计，可以在河水有较高流速甚至在发生洪水时保证植物及微生物的生存环境不被破坏。通过对微生物菌种及植被的选择，"净化带"在高寒、高海拔地区均表现出非常强的适应能力，目前在我国东北地区已有较多成功应用案例。

（2）施工方便快捷。涵水生物吸附净化带各部分组成均可做到模块化安装，施工时可做到单模块建造，也可实现多模块串并联建造。"净化带"的主要层中生态矩阵为柔性结构，可以保留江河湖泊原有的自然形态，与原有地形有非常强的贴合度。因此，"净化带"的施工周期相对较短，土方工作量较少，对环境影响较小。

（3）结构安全稳定。为适应高流速及复杂河道环境，涵水生物吸附净化带设计时对结构稳定性进行了充分考虑，并针对本项目进行软件计算模拟，模拟结果如图 5-49 所示。

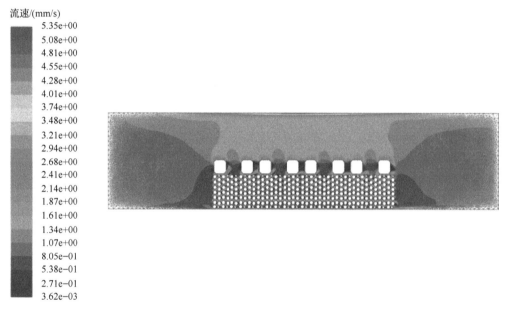

图 5-49　生态矩阵软件模拟结果（见彩图）

由模拟结果可知，水流在流经过滤层及吸附层时流速较低，在流经净化层时流速较高。根据这个特点，"净化带"的过滤层及吸附层原有空隙率满足河水过流条件。针对流速较高的净化层，设计起防冲刷及固定作用的生态矩阵时，考虑矩阵是由尺寸为 598mm×443mm×120mm 统一规格的各单元块组成的，每个单元块组合到一起时，可实现完美贴合，进而达到更稳定的结构形态，中间开孔式如图 5-50 所示。

矩阵单元块顶部设置少量凸起，当水流经过时，在每个单元块边缘处水流会被抬起，使水流本来水平的力被分解，能充分减少水流对植被及微生物生存环境的冲刷。为植被生长、微生物繁殖提供适宜的流速条件。为保证矩阵自身的稳定，钢绞线的承重安全系数一般为 1∶3。例如，矩阵单元重 2t，钢绞线的抗拉能力一般考虑为 6t。按国际产品标准，使用年限在一百年。

图 5-50　中间开孔式生态矩阵（598mm×443mm×120mm）

为保证矩阵在河道内的稳定，矩阵的外部固定考虑岸边连续固定，河道内由间隔设置的锚杆桩固定。通过实验及工程实践确定，"净化带"可适应的流速在 4～6m/s。

（4）去污能力显著。涵水生物净化带并不是单纯的过滤吸附装置，而是通过"多层、分区"的设置组成一套生态系统，"多层"的设置对水中的污染实现吸附、固定、最终降解的作用。"分区"的设置可保证河水的各个污染源均得以净化。由于功能性填料及净化层植被及微生物群的存在，截留在吸附层的各种污染物不断被降解取出，最终达到吸附与降解的平衡，保证水质维持在稳定水平。

4）敷设施工

涵水生物净化带根据河道宽度、自然条件及污染程度分为河底满铺及两侧铺设两种方式。也可根据需要单模块建设或多模块组合建设。

（1）施工准备。为方便涵水生物吸附净化带的施工，保证"净化带"的牢固稳定，确保"净化带"的净化效果，在"净化带"施工前需要进行河底清淤、河底整平、施工围堰等工作。

（2）生态矩阵施工。为提高施工精度和速度，一般在生产厂或就地把生态矩阵块用钢索连接成适合本工程大小的联锁铺面，并利用起重机和专用展延栅一次性安装到已施工完成的吸附层上。边坡上铺在顶部时必须把一部分矩阵块埋入土内并其系索锚固在系排梁内，底部则可以挖壕沟把一部分联锁块埋进土内或者一定长度的联锁铺面摊铺在河底表面上。采取有效的起吊方法，联锁铺面也可在水下摊铺。河道弯曲的地方铺时采用预先做好的联锁块，也可以先让两块联锁铺面搭接定位后把搭接部分的块体拿掉并且重新设立系索。接缝处小于 5cm 的缝隙可以忽略，但如果缝隙过大，必须用渗水性混凝土填缝，其铺设方法见图 5-51。

（3）填缝。经受波浪冲击的边坡铺好后，空隙内填满级配碎石，可大大提高铺面系统的稳定性。正常水位以下的生态矩阵孔内也最好填充级配碎石。

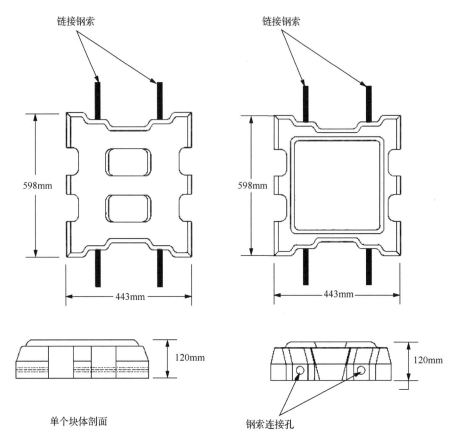

图 5-51　生态矩阵铺设方法

（4）生物槽填充。在砌块孔中填充与菌剂混配好的沙土。

（5）植被种植。正常水面以上联锁块体孔隙可以摊铺一层天然土，然后种植适合当地气候环境的花草。"净化带"植被生长方式见图 5-52。

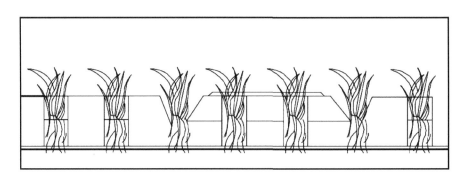

图 5-52　"净化带"植被生长方式

5）防洪影响评价

根据工程实践及计算模拟结果，"净化带"的过滤层及吸附层内的水流速较小，所以洪水时对行洪的影响较小，该方案主要评价净化层对洪水影响。生态矩阵由混凝土预制而成，对于全断面采用混凝土护砌的河道，糙率一般取值为0.014～0.015，而天然河道糙率一般为0.033。若单纯采用生态矩阵进行水环境治理，有利于河道行洪。

生态河流的突出特点是植物群落的多样化与密集化，植物群落改变了原有河道的水力条件与周围环境，植物对河道的阻力、泄水能力、宽度调整、滩槽与堤岸稳定等均产生一定影响，改变了河床阻力效应，影响河道行洪，对河道的水力设计和防洪标准提出了更高的要求。不同植物特性引起的河道阻力不同：淹没性柔性植物在水流作用下可以假定为一流线型结构体，直接导致拖曳系数显著减小；非淹没性刚性植物不易变形，对水流作用强劲，其等效阻力可表示为单株植物水流拖曳的复合影响[127]。

植被对河道水流阻力影响体现在糙率上，不同糙率对河道防洪计算有很大的影响，结合自然界中植物的实际生长状况，研究在同一坡度，不同流量条件下，生态矩阵上形成的植被特性（植被密度、植被高度及植物的排列方式）对河槽流速分布的影响[128]，可得出矩阵糙率特性，以避免在进行生态恢复的同时影响河道的防洪功能。

（1）生态矩阵防洪影响评价的理论基础。在河道的同一断面中，不同部分的水流运动特性有着较大的差别。一般根据漫滩水流的运动特点，将复式河道的横断面分为三个区域，即主槽区（1区）、滩槽交互区（2区）和滩地区（3区）。区域划分见图5-53。

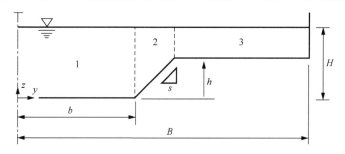

图 5-53　河道断面子区域划分示意图[128]

H-水深；*s*-水面比降；*b*-滩地宽度；*B*-河槽宽度

对于充分发展的二维均匀紊流，垂线流速分布可以采用如下方程表示[128]：

$$u^+ = \frac{1}{\kappa} \ln y^+ + C \tag{5-30}$$

其中，$u^+ = \dfrac{u}{u_*}$，u_*为局部摩阻流速；$y^+ = \dfrac{yu_*}{\upsilon}$，则

$$\frac{u}{u_*} = \frac{1}{\kappa} \ln \frac{yu_*}{\upsilon} + C \tag{5-32}$$

沿水深方向积分可得

$$\frac{U}{u_*} = \frac{1}{\kappa} \ln \frac{z_P u_*}{\upsilon} + C \tag{5-33}$$

式中，u为测点流速，m/s；u_*为局部摩阻流速，m/s；U为垂线平均流速，m/s；κ为卡门常数；z_P为测点到床面的距离，m；υ为运动黏性系数。

令 $u_* = a(y)u_A$，式（5-33）变为

$$\frac{U}{a(y)u_A} = \frac{1}{\kappa}\ln\left[\frac{z_P a(y)u_A}{H(y)\upsilon}H(y)\right] + C \tag{5-34}$$

式中，$H(y)$ 为位于 y 处测点的局部水深，m；u_A 为断面平均流速，m/s。

令 $C = a(y)/\kappa$，

$$D = a(y)\frac{1}{\kappa}\ln\left[\frac{a(y)u_A}{\upsilon}H(y)\right] + a(y) \tag{5-35}$$

则式（5-34）变为

$$\frac{U}{u_A} = C\ln(H_r) + D \tag{5-36}$$

式中，$H_r = \dfrac{z_P}{H(y)}$，为相对高度，主槽区 $H_r = \dfrac{z}{H}$，主槽边坡区 $H_r = \dfrac{z - (y-b)/s_m}{H - (y-b)/s_m}$，$s_m$ 为滩地放坡系数，滩地区 $H_r = \dfrac{z-h}{H-h}$。

通过分析，若滩地没有植物，流速满足对数分布。在断面的不同位置，系数 C、D 近似为常数。

（2）生态矩阵形成植物群落后对水位的影响。河道内形成植物群落前后，水深变化显著。植物群落形成后，河道水位明显升高。进入植物群落带后，水位在植物带首部产生壅水，同时产生水流归槽现象植物带中部水位逐渐降低，至植物带尾部一部分，水位恢复至之前水位。水位的变化未影响水流归槽[128]。

河道内形成植物群落后，滩地水位的变化也与植被密度有关，植被密度加大，滩地水位深度的下降幅度逐渐增大。滩地植物种植带内水深明显降低，其原因是滩地形成植物群落后，滩地湿周增大，水力半径增大，过流能力明显减小，水流阻力增加。不同的植被密度对水位变化影响明显不同，植被密度越大，水流阻力越大，水位变幅也越显著。植被密度较稀疏，水流阻力较小，水位变幅较不明显。植被密度大小不影响水流归槽现象。水流归槽长度主要与滩宽、植被密度、漫滩水深等因素有关，因此植被密度的大小对水流归槽长度有一定的影响[128]。

（3）植被密度对流速的影响。复式河槽滩地无植被时，主槽、滩地及滩槽交界处垂线流速等自床面沿垂线逐渐增大，流速在水表面达到最大，整个床面流速趋势没有明显变化，流速均满足对数分布，主槽流速大于滩地流速[128]。

对于形成植物群落的复式河槽，整个床面流速分布基本不满足对数分布。不同的植被密度对流速分布的影响不同。在滩地有植被后，水流分为三个区域：主槽区、滩槽交互区、滩地区。主槽区流速明显增大，由于滩槽受交互区水流影响较小，流速分布近似于对数分布；离滩槽交互区越近，受其影响越大，流速越趋向 S 形分布；在滩地区，随着密度的增加，滩地流速明显减小，水流阻力有所增加，过流能力减小，其流速服从 S 型分布较为明显。流速增加或减小的程度与植被的密度和水深有关，滩地流速减小程度

实际反映植物密度对水流阻力大小。同种植物，不同种植密度对水流的阻力是不同的。总体而言，密度越大，流速变化越明显，S 型分布越明显。

（4）植被高度对流速的影响。植被高度小，滩地流速相对较大。同一植被高度，种植密度越大，流速出现转折点的位置越靠近床面；对于相同植被密度而言，不同植被高度，流速出现转折点的位置也是不相同。植被高度大，流速出现转折点的位置越靠近床面。不同植物密度对流速的影响也是不同。

（5）植被排列方式对流速的影响。在滩地植被密度相同而植被排列方式不同的情况下，当滩地植被沿河道的横向间距小于纵向间距时，在植被首部产生较高的壅水，通过植被区时流速较小一些，在横向受到来自植被的更大阻力，并且在较短的距离内水流逐步归入主槽；滩地植被的纵向间距小于横向间距时，滩地相比流速较大一些，在横向受到的阻力小于在纵向的阻力，水流在比前者更长的距离内逐步归槽[128]。

综上分析，流速的增大或减小受植被密度、高度和排列方式的影响，水流阻力随植被密度、高度和排列方式的变化而变化。植被密度对水流影响较为明显，流速随植被密度的增加而增大；植被的排列方式对水流阻力的影响次之，受横向方向的水流阻力要大于受纵向方向的水流阻力。

对于生态矩阵而言，在河底植物群落形成前，生态矩阵对河道断面削减不大，局部突起仅 20cm，形成壅水长度小于 20m，基本对防洪无影响；植物群落形成后，设计应严格控制植物密度，避免对河道水位及流速产生较大影响。

矩阵内种植芦苇，株密度小于 25 株/m² 时，不会对水位及流速产生较大影响，此时糙率计算约为 0.035，基本与天然河道糙率相近。

由于河道具有行洪功能，生态修复未引进乔木树种。生态矩阵布置后，提高河道自身环境容量，亲水性植物以自我生长为主，其他需要补种植物主要为芦苇。

（6）浅水区植物净化。浅水区植物净化是对水体氮磷等污染物去除的重要环节，一般布设挺水植物、浮叶植物、漂浮植物和沉水植物等，引入耐污能力较强的土著微生物等达到净化水体的目的。浅水净化区处理污水过程中，基质、植物和微生物三者相互联系，形成一个共生系统，利用基质-微生物-植物的物理、化学和生物的协同作用，通过过滤、吸附、共沉、离子交换、植物吸收和微生物的降解等来实现对污水的深度净化和处理。

浅水区植物在生长过程中可以吸收水和基质中的大量营养盐（如水体中的氮、磷等）以满足自身生长的需要，同时水生植物发达的根系吸附颗粒固体污染物后，成为微生物活动频繁的场所，对颗粒污染物进行降解和利用，最终达到净化水质的作用。磷是植物的必需元素，污水中的无机磷在浅水区植物的吸收和同化作用下，合成 ATP等有机成分，促进植物生长。植物在生长过程中将磷富集在植物体内，从而将磷从水迁移到植物体内。

浅水生态净化区脱氮的途径主要包括水生植物的吸收、微生物的硝化和反硝化作用、基质的吸附和离子交换作用。由于植物需吸收无机氮作为自身的营养成分，用于合成植物蛋白等有机氮，同时植物根部附近能够形成好氧-缺氧-厌氧的微环境，有利于硝化细菌和反硝化细菌的共存，从而增强微生物的硝化和反硝化作用，提高污水中氮的净化效率。

浅水区水生植物通过对环境因子 DO、pH 和氧化还原电位的改变来提高底泥对水中氮磷的吸附效率，从而达到净化水质的效果。

6. 人工湿地技术

人工湿地是利用自然生态系统中基质、水生植物与微生物之间的物理、化学和生物的三重协同作用来实现自然净化污染水体的一种技术。湿地植物的选用和配置是人工湿地建造的重要考虑因素，植物需处理效果好、成活率高，有特殊净化需求的可通过实验筛选出特定植物进行栽植。人工湿地处理污染水体的运行成本较低，且湿地具有良好的景观及生态价值。人工湿地在冬季运行效果不佳，温度过低会减慢反应，且湿地植物在冬季死亡或休眠，微生物的活跃程度降低，整个系统效率较低，尤其脱氮效果不佳。此外，人工湿地填料或基质堵塞也影响系统运行。目前，基质反冲洗技术可改善人工湿地堵塞现象，尤其利用气-水联合反冲洗能使人工湿地运行效果恢复到其运行初期程度；在人工湿地系统中投加蚯蚓、泥鳅等亦能有效缓解堵塞现象。利用太阳光，将光能转变为热能，配合上控制器，对湿地加热，可增加人工湿地中部分水生动物和微生物的活跃程度，有利于促进污染物的分解吸收；将太阳能转化为电能可对水体进行增氧并反冲人工湿地的基质，是未来水体污染控制的技术趋势。

5.6.5　河湖生态系统仿真技术

"河湖生态系统仿真"是根据水力学、生态学、生态环境学，遵循相似原理，依照河湖原生态系统组成和特点，科学配置湖泊物种及种群数量，构建可复现自然生态系统现象、反映自然生态系统本质的仿真生态系统。生态系统是在一定空间范围内，各生物群落与其环境通过能量流动、物质循环、信息传递而相互作用、相互依存，形成的一个多层次、多因子、多变量的非线性生态学单位。

基于生态系统的复杂性和可变性，仿真模拟对掌握生态系统基本规律意义重大。随着科技的发展，系统建模耦合仿真技术为研究生态学问题提供有力支撑，相比传统研究手段，其优势如下。①节省人力物力及时间：系统建模仿真可通过调整变量及控制变量，进行多方案、可重复仿真实验，取代无法进行的一些现场实验，为制订生态管理决策提供科学依据。②时空影响较小：系统仿真可将抽象的生态学特征以动态直观方式展现，并在短时间内预演或重现生态过程，提供生态学研究对象的大量数据。③揭示生态学规律：生态系统仿真过程可记录生态系统内部组分相互作用及涌现特征，为揭示生态学机制提供科学理论基础。

5.6.5.1　建模与仿真的总体框架

河湖生态系统建模与仿真参考和运用系统科学的理论与方法学，以解决复杂系统问题。

朱建刚[129]参考美国工程师霍尔提出的知识维-逻辑维-时间维三维结构，赋予其新的内涵，使之成为生态系统建模与仿真可遵循的总体框架（图 5-54）。

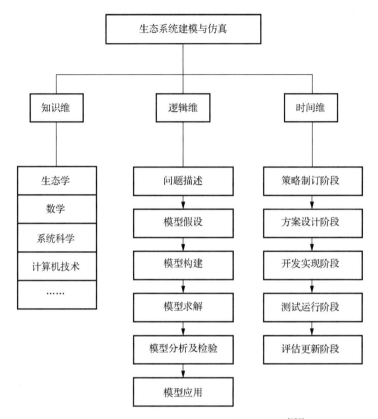

图 5-54　生态系统建模与仿真的总体框架[129]

从生态系统建模与仿真的总体框架中,可见逻辑维和时间维的小项均有各自的内容、目标、技术和方法,它们相互影响、彼此联系,形成了一个有机整体。为达到最优效果,各项尚需要反复进行,直至满足需求。生态系统建模与仿真的总体框架能够为开展具体案例研究提供必要的指导。将这一概念性的总体框架应用于复杂生态系统建模与仿真过程,对于提高建模与仿真的效率、减少建模与仿真过程中的失误等具有一定的指导意义。

5.6.5.2　建模与仿真实现的思路与途径

对于简单系统,可获得整体的数学描述。生态系统大多具有复杂的等级结构,从整体到整体的思维方式无法刻画其系统属性。因此,建模过程中应该将整体论与还原论结合考虑。

复杂生态系统建模与仿真分为单一核心层次的建模与仿真和多个核心层次(多尺度)的建模与仿真两种情形。

单一核心层次的建模与仿真,主要任务是模拟和刻画单一核心层次上涌现的系统属性。这种情形下关注的核心或目标层次只有一个,但需要在对关联的其他层次进行分析和综合的基础上来完成。根据等级理论,建模时一般至少需要考虑 3 个相邻层次,即核心层次、其上一层次和下一层次。

多个核心层次(多尺度)的建模与仿真同时模拟和刻画多个核心层次上涌现的系统

属性，并重点关注层次之间的关联与转换。多尺度建模与尺度转换研究，既是当前生态学研究的热点，也是难点。尺度转换（或尺度推绎）包括尺度上推与尺度下推。尺度转换既可以是不同时间或空间尺度的转换与推绎，也可以是不同组织层次的转换与推绎。

多个核心层次的建模与仿真可以有多种实现途径，下面列举两种最具代表性的实现思路与途径。

（1）逐级涌现途径，即利用单一核心层次的建模方法，自下而上逐级模拟、多次涌现形成多个核心层次，进而刻画多个核心层次上的系统属性。从本质看，能够实现单一核心层次模拟的自下而上建模途径是尺度上推的一种形式，即通过底层组分的相互作用涌现生成核心层次的系统属性；多个核心层次的建模与仿真需要将这种自下而上建模途径逐级运用，通过不断控制和改变模型的粒度来实现。

（2）固有关系途径，即利用各层次上均适用的固有关系式，对多个核心层次上的系统属性进行刻画。复杂生态系统各个层次是相互关联的，从表观看，这种关联可能会以某种方式呈现，如系统各个层次符合自相似性等；从内在机制分析，这种关联可能符合某种固有的关系式[129]。

5.6.5.3 建模与仿真实现的平台与工具

面对复杂生态系统的高度复杂性和非线性，对其系统属性的刻画需要借助日益成熟的现代建模与仿真技术，更需要相对稳定、高效率、可重用的计算机软件平台作为支撑。在自下而上建模的主流模式背景下，以下两类软件平台尤其值得参考和利用。

（1）相对专门的主题类建模与仿真平台。该类平台围绕某个主题设计了专门的建模与仿真环境，用户不需要进行底层开发，可直接借助其实现自下而上的建模策略，具有很强的针对性。当前流行的软件平台包括：①适合基于个体或基于 agent（主体）进行建模与仿真的平台，比较成熟的如 Swarm、Repast、NetLogo、StarLogo、MASON 等，其中 Netlogo 近年来备受推崇[130]；②适合基于格网或地理栅格进行建模与仿真的平台，多用于构建空间显式模型，如各类 GIS 环境等。

（2）较为基础的通用类科学计算环境，如 MATLAB、MAPLE、Mathematica、R 软件等。该类软件为用户提供了较为自由的开发环境，具有相对完整的工具箱与软件包，集成了人工神经网络、模糊逻辑、遗传算法等软计算方法，非常适用于复杂生态系统的建模与仿真。

在上述建模与仿真平台的支撑下，针对不同对象建立系统模型，并实现模型的开源共享、继承更新和耦合集成，必将极大地推动现代生态学的发展[113]。

5.7 城市河湖一体化水环境治理管理技术

5.7.1 水质目标管理技术

20 世纪 70 年代起，我国相继开展了有关水环境容量、水功能区划、水质数学模型、流域水污染防治综合规划及排污许可证管理制度等的研究，将总量控制技术与水污染防治规划相结合，逐步形成了以污染物目标总量控制技术为主、容量总量控制和行业总量控制为辅的水质管理技术体系，为我国水环境管理基本制度的建立奠定了基础[131]。"九五"和"十五"期间，污染物排放总量控制的理论及应用技术不断得到深化与拓展，"九五"期间污染物排放总量控制指标的确定，标志着我国污染控制由浓度控制进入总量控制阶段。基于该技术体系，我国分别制订了三河三湖、南水北调、三峡库区、渤海等区域的水污染防治规划。该措施对于我国水污染物排放控制和缓解水质急剧恶化的趋势有积极有效的作用。由于实施的技术基础是一种基于目标总量控制的水质管理方法，没有在真正意义上将水质目标与污染物控制紧密联系起来，难以满足我国未来水环境管理的需求。

在过去几十年里，许多发达国家也针对本国水污染状况相继开展了水质管理技术的研究，如欧盟莱茵河总量控制管理，日本东京湾、伊势湾及濑户内海等流域的总量控制计划，美国最大日负荷总量（total maximum daily load，TMDL）计划等。其中以美国 TMDL 计划最具代表性，该计划经过 20 多年的改进和发展，逐步形成了一套完整系统的总量控制策略和技术方法体系，成为美国确保地表水达到水质标准的关键手段[131]。建立有效的、基于水质目标的总量控制技术体系，是决定我国未来发展的关键。与国外水质管理技术体系相比，我国的目标总量控制技术研究在一些方面仍然薄弱，且以行政区域为基本单位的水质管理体系无法解决行政跨界污染纠纷问题，表现出与未来水质管理要求不相适应的缺点，严重制约着我国水环境管理工作的进一步发展。因此，亟须在借鉴国外先进经验的基础上，开展符合我国国情的水质管理技术研究，实现从目标总量控制向基于流域控制单元水质目标的总量控制技术的转变。

5.7.1.1　国内外水质管理技术的内容与特点

1. 美国 TMDL 的框架与技术特点

1977 年美国颁布实施了《清洁水法》，并着手实施基于技术和水质的点源污染物排放控制措施，削减了大量污染物。以排放标准为核心的污染控制并没有考虑到非点源以及多个点源在流域内累积效应作用，致使仍有大量水体无法满足相应水质标准，严峻的污染状况和沉重的环境治理压力催生了 TMDL 计划。根据美国 1985 年修订的《清洁水法》要求，如果各州的不达标水体在基于技术和水质的控制措施条件下，仍未能满足相应的水质标准，那么美国国家环境保护局（USEPA）就要求州政府对这类水体制订并实施 TMDL 计划。为了促进美国境内水体尽快全面达到水质标准，USEPA 于 1997 年制订了 TMDL 计划实施的技术指南，其中对当前完善 TMDL 计划遇到的问题进行了分析。美国许多州已对各自行政区域内的水质受限水体实施了 TMDL 计划，仅在 2005 和 2006 年，被批准或实施的 TMDL 计划每年超过 4000 个，其数量在 1996～2006 年已达 22000 多个[131]。

TMDL 是指在满足水质标准的条件下，水体能够接受的某种污染物的最大日负荷量，包括点源和非点源的污染负荷分配，同时要考虑安全临界值和季节性的变化，从而采取适当的污染控制措施来保证目标水体达到相应的水质标准。TMDL 计划的目标是识别具体污染控制单元及其土地利用状况，对单元内点源和非点源污染物的排放浓度和总量提出控制措施，从而引导整个流域执行最好的流域管理计划。TMDL 的实施步骤主要包括识别水质目标限制水体是否仍需要实施 TMDL，对水质限制水体进行排序，确定 TMDL，通过控制行动执行 TMDL 及评价控制行动是否满足水质标准，主要包括以下三个要素。①污染负荷核算：非点源部分采用流域非点源数学模型进行模拟计算获得；②安全余量：考虑到可允许排放负荷的不确定性，要求预留一定比例的负荷作为安全余量；③排放分配：将排放负荷分配到各污染源。

TMDL 技术包括五个方面的特点。①TMDL 计划的立足点是基于水体生态环境功能确定相应的污染物管理策略，即在综合考虑水环境功能、生物活动的影响及地域差异的基础上确定水质标准值；②TMDL 计划从问题水体的识别、水质指标的确定，到污染控制措施的制订、实施与评估，对每一个技术环节都做了详细而具体的规定和解释，并将其纳入法律框架，使其在执行过程中有法可依；③TMDL 计划是一个对流域水环境的全面分析过程，其中充分考虑了不同类型污染源的贡献，要求建立流域非点源排放负荷模拟体系，并且在确定安全余量的基础上进行点源与非点源负荷的分配，建立非点源控制的最佳管理技术研究；④充分考虑了不同季节、不同用途水体的水质标准要求，考虑不同季节是为了在满足水质标准下充分利用水体自净能力，允许其在一年内不同季节的排污量有所变化，可根据水量、水温和 pH 等因素在各季节的差异来确定；⑤更加合理地分配日最大负荷，确定更加有效的污染控制方案。美国提出了 20 多种污染物公平分配方法，要求各州根据实际情况进行合理的分配[131]。

2. 欧盟《水框架指令》

欧盟的水污染控制技术体系是通过《水框架指令》体现的，该指令于 2000 年颁布实施，其核心思想是要求欧洲的所有水体在 2015 年都要达到良好的水生态状况或水生态潜力，要求为此采取和实施一系列的管理和技术措施。该指令的水污染防治相关条款中，针对地表水体的污染特点，明确了点面源联合治理的方法，并且要求成员方最迟于 2012 年按照最佳可行技术、相关排放限值、最佳环境实践等综合方式控制进入地表水体的污染物，执行新颁布的污染物排放控制标准，同时欧洲议会和理事会要采取措施，防止某种、某类污染物对水体的污染或危害，避免其对饮用水的威胁；并且要不断削减这些污染物，逐步停止或淘汰优先控制危险物质的排放[131]。因此，欧盟水污染控制技术体系的实质是一种基于最佳技术的总量控制方法。

3. 我国的总量控制技术

我国的总量控制技术体系包括目标总量控制、容量总量控制及行业总量控制三种类型。其中，目标总量控制是把允许排放污染物总量控制在管理目标规定的污染负荷范围内，即目标总量控制的总量是基于源排放的污染不能超过管理上能达到的允许限额[131]。该技术具有目标制订简单、便于操作和易分解落实的特点，能在短期内有效减少污染物排放量，是我国目前采用的总量技术方法。容量总量控制把允许排放的污染物总量控制在受纳水体设定环境功能确定的水质标准范围内，即容量总量控制的总量指基于受纳水体中的污染物不超水质标准确定允许排放限额。该方法的主要特点是强调水体功能及与之对应的水质目标和管理目标的一致性，通过水环境容量计算方法直接确定水体纳污总量。行业总量控制从行业生产工艺着手，通过控制生产过程中资源和能源的投入及控制污染物的产生，使排放的污染物总量限制在管理目标规定的限额之内，即行业总量控制的总量是基于资源、能源的使用水平及少废、无废工艺的发展水平。

在上述国内外水污染控制技术体系中，TMDL 计划经实践证明是一种先进的、有效的水环境管理技术，充分体现了恢复和维持水体的物理、化学及生物完整性，注重对水生态系统健康保护的目标要求，是国际水环境管理技术的发展趋势。我国的容量总量控制技术与 TMDL 计划相比仍然存在一定的不足。①我国总量控制是以满足水资源的使用功能为主要目标，更多地关注水污染物的削减，缺乏体现水生态系统保护目标，水质目标与水体保护功能关系并不明确；②技术手段仍然不够完善，尚未建立基于水生态系统分区体系，以及体现水生态系统健康保障的水质基准与标准体系，不能对面向水生态安全的总量控制技术提供支持。为了适应未来流域水环境管理的发展要求，我国在推进目标总量控制向容量总量控制转变的过程中，要立足于彻底改变流域水污染现状，创新水环境管理理念，探索新的理论方法，构建基于水生态系统健康并符合我国国情的流域水质目标管理技术体系。TMDL 计划的管理思想和技术精髓值得我们借鉴。

5.7.1.2　我国控制单元的总量控制技术研究

流域水质目标管理技术是一种在原有总量技术体系上发展而来，强调以追求人体健康和水生态系统安全为水环境目标，在分区、分级、分类、分期水环境管理模式指导下，以先进的、规范的技术方法体系为支撑建立的一种以水质目标为基础的水环境管理技术体系，具有如下特点。

1）强调水生态与水安全有机结合

更加强调以水生态安全和人体健康保护为最终目标，将流域污染负荷削减和流域水质与水生态安全有机结合，从而实现在流域尺度水生态系统结构与功能评价的基础上制订污染控制总体方案。其中，水生态分区及基于分区的水质标准体系是该总量控制技术体系的基础，也是建立水体功能与保护目标的主要依据；环境容量则是总量控制方案制订的出发点，通过确定区域污染物的限定排放量，制订出流域水污染物削减技术方案，完善排污许可证制度。

2）遵循分类、分区、分级、分期的水污染防治原则

分类是指明确流域的优先控制目标污染物，针对不同类型污染物分别制订污染控制方案；分区是指基于流域水环境生态系统的特征差异，有针对性地制订水环境保护方案；分级是指基于水体功能差异性及与其相适应的水环境质量标准体系，实施水环境质量的不同目标管理；分期是指通过分析水污染防治与社会经济技术发展水平的适应性，实施与社会经济发展同步的污染防治阶段控制策略。

3）强调流域尺度的总量控制技术体系的建立

在流域尺度下，建立统一的污染物总量控制技术体系，不仅要求充分考虑点源的控制，而且要考虑非点源污染负荷的削减。非点源污染负荷模型存在不确定性及可移植性、参数难以确定等问题，使得非点源污染负荷模拟及污染控制方案制订技术还不够成熟，这已成为我国流域尺度总量控制技术体系构建的制约因素之一。

4）强调污染负荷分配的合理性和公平性

分配允许排放量实质上是确定各排污者利用环境资源的权利，确定各排污者削减污

染物的义务，即利益的分配和矛盾的协调。应在科学、公平、效率、经济的原则下考虑采用新的分配方法，并经过严格合理性检验后制订污染负荷削减措施，要充分考虑经济、资源、环境、管理方面存在的区域差异性和总量控制系统中的不确定性，包括点源、面源之间及点源之间的污染负荷分配。

我国学者提出的控制单元的总量控制技术体系[131]包括流域水环境生态功能分区、流域水环境质量基准与标准体系建立、污染负荷计算控制、环境与污染源监控等（图 5-55）。其中，水环境生态功能分区、水环境质量基准与标准是总量控制的基础，为问题水体识别和水质目标确定提供依据；控制单元划分明确了水质目标管理的实施单元；水环境污染负荷计算与分配制订日最大负荷，并分配到各种类型污染源；污染负荷削减技术方案是对水质目标管理的实施进行污染负荷控制；环境与污染源监控是对水质目标管理的实施进行监管。

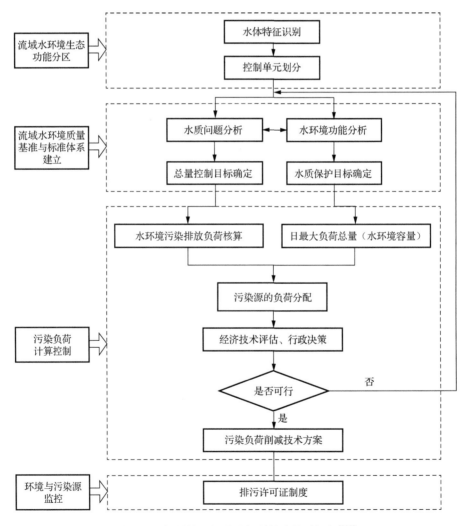

图 5-55　控制单元的总量控制技术体系框架[131]

5.7.2　水质安全评估与预警技术

"流域水质安全评估"可定义为针对流域水质安全状况及其退化、恶化态势的评估；主要是针对评估对象特征和评估需求采取一定的评估模式和方法，提供量化的评估结果，从中识别主要问题、安全程度和影响因素[132]。"流域水质安全预警"是针对水质安全状况退化与恶化的及时报警，主要是针对水质安全状况及演变趋势进行预测预判，提前发现和警示水质安全恶化问题及其胁迫因素，从而提出缓解或预防措施[132]。

5.7.2.1　海洋水质安全评估与预警技术

1. 海洋水质安全评估方法

海洋水质评估的主要内容是分析海域水质，确定主要污染因子，以建立相关的预警机制，保障海洋水质安全。海洋水质涵盖了 pH、DO、浊度、叶绿素、营养盐、TP、TN、COD、BOD 等相关要素[133]。海洋水质等级是衡量海洋水质状况最直接的指标。随着科技的发展、现代检测技术与设备的不断更新，海洋水质监测方法和技术手段呈现多元化特征，如在线监测系统，可以通过实时数据传输更精准地掌握海洋水质动态变化情况。以在线监测为基础，建立海洋水质在线评估方法，可以实现水质状况的实时分析与报告，提高在线监测数据的使用效率[133]。在线评估软件中，通过对比实际测量数值与标准值实时显示海洋水质等级，也可通过与规定的水质等级对比确定水质的达标情况[133]。

1）海洋水质等级

海洋水质等级是衡量海水质量最常用的指标，对此国家有相应的标准，其污染程度划分如表 5-9 所示。

表 5-9　各污染指标污染程度划分

环境质量指数	<0.50	0.50~1.00	1.00~1.50	1.50~2.00	>2.00
污染程度	允许	影响	轻污染	污染	重污染

$$P_i = c_{实} / c_S \tag{5-37}$$

式中，P_i 为污染物的环境质量指数；$c_{实}$ 为污染物浓度的实测值；c_S 为污染物浓度的评价标准值。

当 $P_i \leqslant 1.0$ 时，海水质量符合标准；当 $P_i > 1.0$ 时，海水质量超过标准。在特定站点中，选取污染最重的污染物水质类别为该站点代表海域的水质类别[133]。

2）富营养化指数

海水中氮、磷等物质超标容易造成水体的富营养化，因此考察水体的富营养化指数具有重要意义。

$$E_{in} = COD \times 无机氮浓度 \times 活性磷酸盐浓度 \times 10^6 / 4500 \tag{5-38}$$

当 $E_{in} > 1$ 时，表明水体呈富营养化状态。E_{in} 越大，水体富营养化程度越严重。

3）有机污染物指数

有机污染物指数（OPI）是表征水体有机物污染程度的参数，表示为

$$OPI = COD_j/COD_s + DIN_j/DIP_s - DO_j/DO_s \tag{5-39}$$

式中，COD_j 为 COD 的实测值；DIN_j 为无机氮浓度的实测值；DO_j 为溶解氧浓度的实测值；COD_s 为 COD 的海洋水质标准值；DIP_s 为活性磷酸盐的海洋水质标准值；DO_s 为溶解氧的海洋水质标准值。

4）营养状态质量指数

营养状态质量指数（NQI）是目前我国海水质量检测使用较多的评价方法。

$$NQI = COD_j/COD_s + TN_j/TN_s - TP_j/TP_s \tag{5-40}$$

式中，TN_j 为总氮浓度的实测值；TP_j 为总磷浓度的实测值；TN_s 为总氮的海洋水质标准值；TP_s 为总磷的海洋水质标准值。表5-10为不同营养状态质量指数对应的营养等级和营养化状态。

表 5-10　营养状态质量指数对照表

数值	营养等级	营养化状态
NQI≤2	Ⅰ级	贫营养化
2＜NQI≤3	Ⅱ级	贫营养化
NQI＞3	Ⅲ级	富营养化

2. 海洋水质预警技术

1）海洋污染事件监测预警系统

调查典型海洋生态环境，获取本底数据，构建海洋环境数据库系统，收集潮流、潮汐、流场、风场等水动力参数。结合海洋生态环境本底数据，基于海洋流体动力学基本原理和有限差分技术、粒子扩散概念、物质输运扩散方程等建立二维潮流数值模型、溢油漂移扩散动态跟踪模型。使用客户端/服务器（C/S）架构、VB+MapX 技术构建可视化展示平台，可实现溢油漂移过程的可视化展示，基于"3S"（遥感、地理信息系统和全球定位系统）技术构建重大海洋污染事件监测预警系统[134]。

2）赤潮预警系统

赤潮是全球性的海洋灾害之一，赤潮预警一直是海洋水质研究的热点，开展赤潮预警预报对保护海洋环境至关重要。我国赤潮的监测主要依靠常规船舶监测，同时辅助航空和卫星遥感监测。船舶可以获取各种环境因子监测数据，包括气压、气温、风速、风向等气象数据，水温、pH、盐度、DO 浓度、磷酸盐浓度、硝酸盐浓度、叶绿素 a 含量、微量金属铁和锰浓度等多种理化数据及海况等，也可以进行赤潮生物监测，还可以进行赤潮毒素分析。

遥感监测通过对卫星数据的处理提取监测海域的卫星图像，同步提取海表温度（sea surface temperature，SST）、海表温度梯度、归一化植被指数（normalized difference vegetation index，NDVI）、浮游植物细胞密度和叶绿素 a 含量等参数。航空遥感数据主

要是赤潮高光谱数据、微波辐射计数据、可见摄录像照相数据及赤潮的分布范围等。生态水质浮标在赤潮监测预警中可提供实时、连续监测数据，进行浮标数据分析，获取赤潮影响因子的变化和异常状况，以此进行赤潮的预警预测[135]。浮标在线监测系统可以实现对赤潮的快速、自动、连续在线监测，是赤潮监测预警中较好的有效手段。此外，可通过赤潮暴发前出现的一些前兆进行预警，通过水质参数指标（pH、DO 浓度、叶绿素a 含量等）分析，判断是否出现异常现象，据此进行赤潮的发生情况的判断，进行预警预报。

5.7.2.2　河流水质安全评估与预警技术

1. 河流水质安全评估方法

河流水质安全评价方法主要分为物理化学参数法和生物学评价法两大类。物理化学参数法利用较多，常见的物理化学参数法有单因子评价法、内梅罗指数法、综合指数法等[136]，广泛应用于河流水质评价。生物学评价法则主要是用生物对水质急性毒性评价。

1）单因子评价法的计算

采用单项标准指数法（最差的项目赋予全权，又称一票否决法）确定水质类别，并以评价水质标准值为界限，给出是否超标、主要超标物及超标倍数等[137]。单因子超标倍数的计算公式为

$$p_i = \frac{c_i - c_{io}}{c_{io}} \tag{5-41}$$

式中，p_i 为 i 评价因子的超标倍数，当 $c_i / c_{io} < 1$ 时，$p_i = 0$；c_i 为 i 评价因子的实测值；c_{io} 为 i 评价因子的评价标准。

2）内梅罗指数法

内梅罗指数法是以单因子评价法为基础对水体中的各种指标参数进行水质评价的方法[137]，具有运算简单、过程方便的优点，评价水质的具体步骤如下。

（1）首先对水质的单项组分进行评价，以《地表水环境质量标准》（GB 3838—2002）为依据，划分所属类别，然后按表 5-11 对各类别单项组分进行评分。

表 5-11　内梅罗指数法水质指数污染等级划分标准

内梅罗指数	<1	1~2	2~3	3~5	>5
水质类别	I 类	II 类	III 类	IV 类	V 类

（2）利用内梅罗指数计算公式，计算综合评分值 F_{in}：

$$F_{in} = \sqrt{\frac{F_{ave}^2 + F_{max}^2}{2}} \tag{5-42}$$

$$F_{in} = \frac{1}{n} \sum_{i=1}^{n} F_i \tag{5-43}$$

$$F_i = c_i / s_i \tag{5-44}$$

式中，F_{in} 为综合评分值；F_{max} 为单项组分 F_i 的最大值；F_{ave} 为各项组分评分值 F_i 的平均值；n 为项数；s_i 为第 i 类评价因子的Ⅲ类水质标准浓度。

3）综合指数法

水质状况指数一般分为一般污染物指数和有毒污染物指数等，分为 5 个等级，分别以指数 1、2、3、4、5 表达。指数为 1、2、3 时认为水质是安全的，指数为 4 或 5 时认为水质是不安全的。有毒污染物指的是对人类健康有害且难以去除的一类污染物，其指数评价采用最差项目的单因子指数，即对最差的项目赋予全权；除有毒污染物外其他一般理化指标或细菌学指标对人体健康影响较小，可通过净水厂传统处理方法去除，这一类指标归纳为一般污染物，其指数评价采用等权重综合评价。在计算得到的一般污染物指数和有毒污染物指数的基础上，按权重进行综合评价计算[138]。

（1）一般污染物指数计算的具体步骤如下[139]。

① 计算单项指标指数。当评价项目 i 的监测值 c_i 处于评价标准分级值 c_{iok} 和 c_{iok+1} 之间时，有

$$I_i = \left(\frac{c_i - c_{iok}}{c_{iok+1} - c_{iok}} \right) + I_{iok} \tag{5-45}$$

式中，c_{iok} 为 i 指标的 k 级标准浓度；c_{iok+1} 为 i 指标的 $k+1$ 级标准浓度；I_{iok} 为 i 指标的 k 级标准指数值。

② 计算综合指数（WQI）。综合指数是各单项指标指数的算术平均值，即

$$WQI = \frac{1}{n} \sum_{i=1}^{n} I_i \quad (i = 1, 2, \cdots, n) \tag{5-46}$$

式中，n 为单项指标项数。

WQI 等级分类见表 5-12。

表 5-12　WQI 等级分类

等级	水质指标	WQI
1 级（安全）	1	<1.0
2 级（安全）	2	1.0~2.0
3 级（安全）	3	2.0~3.0
4 级（不安全）	4	3.0~4.0
5 级（不安全）	5	>4.0

（2）有毒污染物评价项目指数计算。单项指标指数的计算与一般污染物项目指数计算相同；有毒物污染物综合项目指数采用最差项目赋全权法进行计算，取各单项指标指数的最大值作为有毒污染物评价项目指数，即采用水质项目评价最差的作为有毒物项目的评判结果[138]。

（3）水质状况综合指数。河流型水源地水质状况综合指标=0.3×一般污染物指数+0.7×有毒污染物指数。

（4）水质急性毒性评价。水质急性毒性评价反映水源的生物安全性，因此应该将生物毒性纳入水质控制指标。水质急性毒性检测方法中发光细菌法具有快速、灵敏、廉价的特点，且测试结果与鱼类、藻类毒性测试结果相关性较好，故目前常利用发光细菌法进行饮用水质量监测及某些有毒有机污染物和重金属毒性的监测[136]。

2. 河流水质预警技术

1）水质的多维多尺度预警技术

我国城市水源具有水质波动剧烈、有时会发生突发性污染等特点。因此，构建不同时空尺度的水质预测预警技术，尤其构建典型渐变性水源水质预警算法库和竞争性算法优选策略十分重要[140]。典型渐变性水源水质预警技术研究的核心工作如下。

（1）调研分析饮用水源地的重要污染源和潜在污染源，确定需要重点关注的预警因子。

（2）建立渐变性水质预测模型库，提出基于概率性组合预测原理的模型选择决策方法。先将每一个预测方法的结果加权获得确定性预测结果，再根据历史预测值和历史监测值的统计得出水质指标区间的预测概率和估计值，最后得出概率预测结果；将该结果添加到历史预测数据中，作为权重计算和概率预测结果的依据[140]。该选择决策具有可扩展性和自动寻优能力。单一水质模型的预测效果将随着预测数据的积累而提高。基于概率性组合预测原理的模型选择决策方法流程如图 5-56 所示。

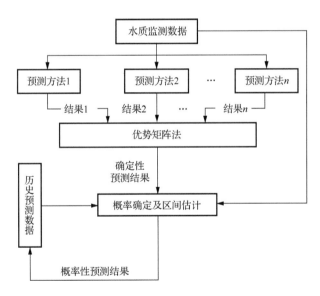

图 5-56　基于概率性组合预测原理的模型选择决策方法流程

（3）对未来水质的变化趋势进行评价，得出未来水质的安全等级。
（4）对未来水质的安全性以及变化趋势进行预测、预警和报警[140]。

2）河流突发性水污染事故预警系统

河流突发性水污染事故预警系统可以根据收集到的监测数据，对河流突发性水污染事故进行评估和分析，并预测确定水质变化趋势[141]。此系统可提供监测数据动态展示、水质评估、水质预测预警以及水质管理等服务，为相关水质监管部门采取处置措施提供决策支持[141]。

近年来，水质预警系统的研究和建设日益受到关注。世界各国建立的水质预警系统的经济社会效益已经越来越显著。各种水质预警系统具有以下特点：

（1）系统大都实现了监测及报警等基本功能；

（2）将水质模型与"5S"（遥感、地理信息系统、全球定位系统、专家系统、三维分析可视化）技术与 Web 技术相结合，为处理突发性环境污染事故提供有效帮助，是目前水质预警系统技术实现的发展趋势[141]；

（3）将生物监测与预警系统耦合，利用藻类、寄生虫、大型蚤、鱼类等水生生物对环境中污染或环境变化的反应程度反映环境污染状况，这种方法既可以实现连续监测，又可以预测水质变化，并且应用较为广泛。

动态数据驱动的河流突发性水污染事故预警系统架构的总体技术路线：首先，在采集的河流突发性水污染事故现场信息的基础上，构建预警数据库和模型库，对污染物在河道中的迁移扩散过程和趋势进行建模分析和预测预警；其次，利用实测信息对初始预警模型的参数或预测结果进行校正，减小预测值与实际值之间的误差；最后，利用预警结果对应急监测点的选取和布局进行优化，从而建立污染物迁移扩散预测预警过程和水质变化过程之间的信息反馈与自动校正机制[141]。动态数据驱动的河流突发性水污染事故预警系统架构如图 5-57 所示。

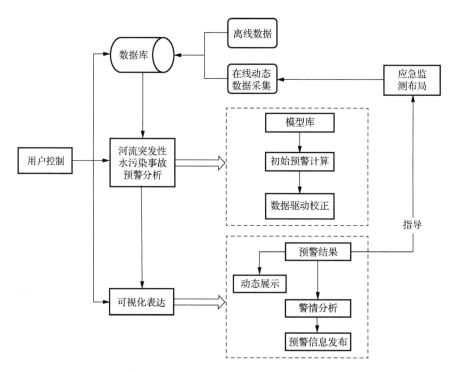

图 5-57　动态数据驱动的河流突发性水污染事故预警系统架构[141]

各核心功能模块如下。

（1）数据采集和多源信息集成。在河流突发性水污染事故发生后，获取污染水域的基础水文信息、地理信息、污染物的泄漏信息及自身特性信息等，为构建预警模型提供数据基础。利用日常监测站点和应急监测站点获取的实测水文和水质信息，进行多源异构信息数据融合，完善预警数据库。

（2）河流突发性水污染事故预警分析。该部分为动态数据驱动的河流突发性水污染事故预警架构的核心。主要包括以下两个方面：①构建模型库和预测预警：针对各类河流突发性水污染事故的预警要求建立预测预警模型，以模型库的方式存储并管理，通过一定的调用机制进行模型选择及调用。根据事故类型特点和预警需求选择合适的预警模型建立预警任务，并将预警任务纳入任务队列进行调度管理，同时进行预测预警计算与分析[142]。②预测预警模型校正及应急监测点布局优化：在进行预警任务时，利用水污染事故的现场信息对模型参数或模型结果进行反馈校正，使得模型的预警结果更符合实际状况。同时参考污染物扩散的预警结果，对应急监测站点的布局进行动态调整[141]。

（3）可视化表达：利用地理信息系统等信息技术手段，实现预警结果的可视化展示，以动画、表格等方式展示河流突发性水污染事故的预警结果。

（4）用户控制：借助技术进行人机交互，实现对数据库的管理和预警分析过程的控制（包括维护模型库，预警需求，模型修正控制等）以及预警结果的分析。

5.7.2.3　湖泊流域水质安全评估与预警技术

近年来，全国多地水质污染事件时有发生，尤其是在一些重点湖库水域，突发性水污染事故威胁到当地居民的正常生活用水，造成巨大的经济损失，通过水质实时监测、评估和预警，就可以尽早地预测预报并有效预防水质污染事件。

湖泊水质安全评价要收集分析水质监测数据，整体分析水体污染情况。常用的水质评价方法有单因子评价法、模糊评价法、综合污染指数评价法、灰色评价法、人工神经网络评价法等。湖泊水质预警是指在一定的时间范围内，对湖泊水体进行监测、分析和评价，并根据水质监测和分析报告评价湖库的水质变化规律和发展趋势，同时结合流域内人类活动和生态环境状况，构建水质预警模型，对未来某时期流域内的水质发展状态进行预测，并制订完备的应急预案，预防可能发生的水质污染事件，为相关决策部门提供理论依据[143]。

1. 湖泊水质安全评估方法

1）湖泊水质类别标准的确定

在湖泊中布设具有代表性的监测点，对各点水体水质进行多频次有规律的监测后，按照时空序列计算各监测点水质评价指标浓度的算术平均值，根据"断面水质评价"法进行评价，称为"平均水质类别法"[143]。湖泊水质评价按照国家《地表水环境质量标准》（GB 3838—2002），湖泊根据水域功能类别，选取相应类别评价标准。

2）水质评价方法

（1）污染物分指数单因子评价法。单因子评价法就是依据评价时段内该断面参评的指标中类别最高的一项来确定。计算方法同河流水质评价法，可用式（5-41）计算，详见 5.7.2.2 小节。

（2）综合污染指数法。为了加强数据的对比性，通常按照湖库水质等级标准来计算综合污染指数。根据湖库水体水质一般污染特征，除特别指明项目外，参与水质综合污染指数计算的项目有《地表水环境质量标准》（GB 3838—2002）标准表中除水温、pH、总氮、DO、粪大肠菌群之外的共 19 项指标[124]。

综合污染指数计算方法：

$$p = \sum_{i=1}^{n} p_i \qquad (5\text{-}47)$$

$$p = \frac{\sum_{i=1}^{n} p_i}{n} \qquad (5\text{-}48)$$

式中，n 为参与计算综合污染指数的项目数。

定性评价：地表水质状况依据《地表水环境质量评价办法（试行）》的要求统一来执行，在表述评价水质类别时，可以使用"劣于"或者"符合"等词语，如表 5-13 所示。

表 5-13　水质定性评价表[143]

水质类别	水质状况	表征颜色	水质功能类别
Ⅰ～Ⅱ类水质	优	蓝色	饮用水源地一级保护区、珍稀水生生物栖息地、鱼虾类产卵场、仔稚幼鱼的索饵场等
Ⅲ类水质	良好	绿色	饮用水源地二级保护区、鱼虾类越冬场、洄游通道、水产养殖区、游泳区
Ⅳ类水质	轻度污染	黄色	一般工业用水和人体非直接接触的娱乐用水
Ⅴ类水质	中度污染	橙色	农业用水及一般景观用水
劣Ⅴ类水质	重度污染	红色	除调节局部气候外，使用功能较差

3）湖泊富营养化程度

评价湖库营养化的指标包括叶绿素 a 含量（chla）、TP 浓度、TN 浓度、透明度（SD）、高锰酸盐指数（COD_{Mn}）。根据《环境质量综合评价技术导则》[144]，湖库水体综合营养状态指数计算公式：

$$\sum TLI = \sum_{j=1}^{m} W_j \cdot TLI(j) \qquad (5\text{-}49)$$

式中，$\sum TLI$ 为综合营养状态指数；W_j 为第 j 种参数的营养状态指数的权重；$TLI(j)$ 为第 j 种参数的营养状态指数。

将叶绿素 a（chla）作为基准参数，第 j 种参数的归一化相关权重计算公式为

$$W_j = \frac{r_{ij}^2}{\sum_{j=1}^{m} r_{ij}^2} \qquad (5\text{-}50)$$

式中，r_{ij} 为 chla 和第 j 种参数的相关系数；m 为评价参数的个数。

湖泊的 chla 与其他参数之间的相关系数 r_{ij} 和 r_{ij}^2 见表 5-14。

表 5-14　湖泊部分参数与 chla 的相关系数 r_{ij} 和 r_{ij}^2

参数	chla	TP	TN	SD	COD$_{Mn}$
r_{ij}	1	0.84	0.82	−0.83	0.83
r_{ij}^2	1	0.7056	0.6724	0.6889	0.6889

注：引自《中国湖泊环境》[145]，r_{ij} 来自我国 26 个主要湖泊的调查结果。

营养状态指数计算公式为

$$TLI(chla) = 10(2.5 + 1.086 \ln chla) \tag{5-51}$$

$$TLI(TP) = 10(9.436 + 1.624 \ln TP) \tag{5-52}$$

$$TLI(TN) = 10(5.453 + 1.694 \ln TN) \tag{5-53}$$

$$TLI(SD) = 10(5.118 - 1.941 \ln SD) \tag{5-54}$$

$$TLI(COD_{Mn}) = 10(0.109 + 2.661 \ln COD_{Mn}) \tag{5-55}$$

式中，chla 为叶绿素 a 含量，mg/L；SD 为透明度，m；其他指标单位为 mg/L。

在同一营养状态下，数值越高说明水质越差，营养程度也越高。湖泊营养状态分级详见表 5-15。

表 5-15　湖泊营养状态分级

分级标准	富营养状态
$\sum TLI < 30$	贫营养（oligotrophic）
$30 \leqslant \sum TLI \leqslant 50$	中营养（mesotrophic）
$\sum TLI > 50$	富营养（eutrophic）
$50 \leqslant \sum TLI \leqslant 60$	轻度富营养（light eutrophic）
$60 < \sum TLI \leqslant 70$	中度富营养（middle eutrophic）
$\sum TLI > 70$	重度富营养（hyper eutrophic）

2. 湖泊水质预警

湖泊水质预警流程：利用传感器实时监测水质，当发现监测数据异常时，经过综合分析，排除仪器故障等因素后马上上报；通过现场采集样品并带到实验室进行比对分析，经检查，确定水质异常，马上发布警报，启动应急预案，进而排除隐患；最后对灾害进行复核评估。

1）水质自动监测站

水质自动监测站能够对数据进行统一的收集、管理和使用，同时也能实时监控设备、仪器和系统的实际运行状况。具体满足以下要求：①使用发展成熟、效率高的信息采集和传输技术，并通过上位对应的数据管理平台做到数据的统一管理和应用；②为更加安全高效地管理与应用数据，采用标准化体系与开放技术框架进行项目指导，规范化管理异构系统、异构接口以及异构数据，从而保证数据完整准确；③充分利用现有的设备和现有系统的有关成果，保护现有数据和现有系统；④能够兼容各种自动站仪器设备和其他各类基础设施；⑤有良好的扩展性，能适应此后对各种自动监测系统进行拓展的需要；⑥具有较高的安全系数，在用户管理、系统角色权限管理以及系统配置管理上进行统一处理，避免非法或者越权使用的情况发生[143]。

水站监控系统可以抽象数据接入层、数据中心层和应用服务层三个层次，这样的框架结构，在纵向上具有非常好的层次性，在横向上又具有非常好的扩展性。

数据接入层：是整套监控系统的基础以及核心。通过采集数据，组织并转发数据包，同时接收数据包，并将其解析入库，最终实现远程的反向控制。

数据中心层：统一管理环境监测的数据。其中心数据库由环境监测业务数据库、环境监测仪器数据库、系统数据库、用户数据库这几个部分组成。

应用服务层：由四个服务主题构成，分别为自动监控平台、信息交换平台、信息发布平台和移动管理平台。其中，自动监控平台包含业务逻辑层、业务支撑层以及用户界面层，使环境管理的业务应用与数据应用层面得以满足；信息交换平台可实现系统之间的数据交流；信息发布平台将环境数据以图形和报表等形式上报给环境部门或将其发布给相关媒体；移动管理平台用于工作人员移动办公或运维考核。

2）人工巡视

依据湖库水体 TP 和 TN 等水质指标的浓度、水体的富营养化情况，在进行在线监控的同时，需要通过对湖体、沿岸区域、主要出入湖河道、饮用水源地等进行人工巡查监测，掌握湖泊水域的水质及蓝藻发生状况，确保湖泊的安全。另外，巡视需要由监测站和街道管理部门交叉进行，做好记录并对违规行为及时制止。

3）应急预案

应急预案需要确认污染源、污染物的扩散和发展趋势，在此前提下提出有效的防控措施。要建立起这样一套系统，首先需要一支常备检测团队，他们能够在突发性水污染发生的时候，利用检测仪器快速地分析出污染物的类型、浓度和范围，并判断其可能产生的危害，为之后的行动提供科学依据。其次，需要一支专业应急抢险团队，在水污染事故发生后，能迅速利用完善的抢险防护装备和丰富的实战经验对污染水域采取应急抢救措施。

4）信息共享

充分利用现有监测系统，组建市、区两级监测站网，建立区域水环境信息共享平台，统筹规划规划区监测站网，分级建设，分级管理。

5）预警管理

（1）异常数据的判断。针对湖泊水源地的水质特点，制订以下几条常用的异常数据判定原则：常规指标，设定当常规参数的监测瞬时值超过某一限值时，即判定为异常。通常取该限值为某取水点三天内该项指标平均值的一半。毒理学指标，如果连续 3 天以上其相对发光率都保持在 70%以下，判定为异常。设定一定区间内的值，如果出现负值或者重复一定次数发出报警时，判定为异常。

（2）异常数据确认。工作人员来到现场后，首先需要确认监测设备的实际运行状况，若发现仪器出现故障，则需要在 48h 内对仪器进行检修或者更换，保证设备能够重新正常运行。在这段检修时间内，监测需要采取人工采样的方式暂时替代，并保证每天每隔

6h 报送数据一次。其次，若发现不是监测设备发生故障，而是水质监测数据异常，此时应立即采集水样到实验室进行比对分析，若比对结果合格，则立刻启动应急预案。

（3）质量控制要求。质量控制的管理办法，要把握"仪器运行率"和"数据有效率"两个关键要素，通过对相关项目打分来完成量化考核，并将考核结果与能够获取的经费相关联，从而提高工作人员的工作积极性。此外，采用盲样考核，标准溶液核查等方式来提高数据的准确性。

（4）预警等级设定。根据异常数据出现的数量与频次进行分级，以此来区分异常数据的重要性，比如，按照颜色划分为三个级别。

一级报警等级显示为黄色，代表只有 1 个主要因子（NH_3-N、COD_{Cr}、TN、TP、pH、DO 等）数据异常，频次为 1 次。当生物毒性在线仪的数据连续 3 次出现相对发光率小于 70%以上时，显示一级报警。

二级报警等级显示为橙色，代表 2 个及 2 个以上主要因子数据异常，频次是 1 次；或者系统显示 1 个主要因子数据异常，其频次超过 1 次。当生物毒性在线仪的数据连续 3 次出现相对发光率小于 50%以上时，显示为二级报警。

三级报警等级显示为红色，则代表 2 个及 2 个以上主要因子数据异常，其频次大于 1 次。当生物毒性在线仪的数据连续 3 次出现相对发光率小于 30%以上时，显示为三级报警。

针对不同的预警等级，预警平台会采用短信或其他信息形式来提醒相关用户做好预警。

通过建立预警系统以及相关的预警体系来保护我们的饮用水源地，将大大提高突发污染发生时我们的应变能力。这一系统的建立为我国的水源水质处在安全状态提供保障，减少因为水污染而带来的相关危害，将在人民生活、社会稳定和经济建设等领域发挥巨大的作用。

5.7.2.4　水库型流域水质安全评估与预警技术

水质安全评估和预警具有先觉性与预见性，能够为流域持续发展提供决策支撑。从国际上来看，美欧发达国家较少谈及流域水质安全，其相关研究主要与生态风险评估和水污染事故预警等紧密联系，无法有效剥离。而我国在流域水质安全评估和预警领域的理论、方法与实践仍处于起步阶段，尚无适合国情并可以借鉴的成熟经验。李虹等[146]根据在三峡水库的案例实践研究，针对大型水库型流域常态发展条件下的水环境压力，着眼水质安全内涵和特征，提炼、梳理并系统性提出水库型流域水质安全评估与预警的技术框架。

安全评估与预警技术框架是协助开展水库流域水质安全评估与预警的统领性技术工具。在水质安全概念辨析、水质安全评估与预警特征及技术需求分析的基础上，提出以水库"水质安全"为核心，涵盖"问题与需求分析—压力源影响识别—水质安全评估—水质安全预警"等技术环节的水库型流域水质安全评估与预警技术框架[146]，如图 5-58 所示。

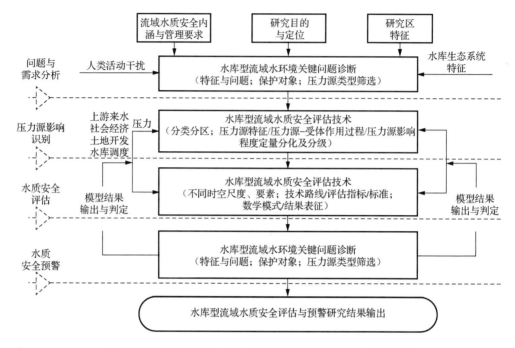

图 5-58   水库型流域水质安全评估与预警技术框架示意图[146]

1. 水库型流域水质安全评估与预警技术要点

1）水环境问题诊断

水库型流域水环境关键问题诊断的主要内容是基于研究区的流域水环境要素（水动力、水质、污染排放及输移）特征，识别水环境关键问题，结合管理实际，凝练水质安全评估与预警的需求，明确主要保护对象（具有代表性的河段或断面）与风险防控的主要压力源（上游来水以及区间点源或面源）。水环境关键问题诊断定位于流域水质安全评估与预警的"前提"，决定了整个研究的"基调"。历经多年的开发建设，水库型流域水环境问题比以往任何一个阶段都更为复杂，必须准确研判水环境问题，科学认识河湖演变过程及相关机制，抓准问题的来源及关键矛盾，为水质安全评估与预警后续研究步骤奠定基础。

2）压力源识别

水库型流域水质安全压力源识别的主要内容是针对所筛选的压力源类型，构建流域压力源与水质安全相互作用关系的概念模式，逐一开展压力源特征及其影响的研究，识别对于空间上不同受体/断面、在不同时间段的主要压力源，并尽量对其安全程度予以定量化评估。水库调度作为一类特殊的压力源，影响到水库水质安全的多方面，一般建议作为压力背景与其他单个压力源耦合考虑。压力源识别定位于流域水质安全评估与预警的"基础"，追根溯源，保障水体水质安全最终是要做好压力源的防控。压力源识别技术要点如下。

（1）综合考虑水库生态系统特殊性和完整性。水库型流域的压力源包括上游来水、流域社会经济（产业化、城市化）和水库调度影响等方面，充分考虑不同类型压力源作用方式及时空尺度差异，充分关注同一流域不同区域自然条件、经济发展、水环境特征差异；强调对压力源自身状态和变化的警示判断，评估对象重点在压力源而非受体（水质），压力源识别和分级的终极目标是保障水质安全，核心则在于控制压力源的污染输出风险，在于"源头"的风险防控。

（2）压力源识别原则。压力源识别和分级并不一定要落到水质要素层面，不一定要求与水质本身建立严格的定量化响应来约束，应综合考虑数据可得性、方法应用的时间效率等，从压力源与水质安全相互作用关系过程中，筛选合适的研究边界。应面向水质安全，甄别较敏感的关注区域、关注时段、关注行业等，针对胁迫最显著的压力，选择最为敏感的指标对其压力状况判定和分级，要明晰和揭示压力源胁迫对水质受体的影响过程、效应范围，厘清两者之间的作用关系。

（3）压力源分级原则。着眼于水质安全评估与预警"前瞻性"与"警示性"的初衷，遵循状态与动态兼顾原则，反映压力源（如土地开发）对于水质安全所造成的固有压力和新增压力；遵循指标少而精的原则，压力源分级重在快速判断并发出警示信号，不要求进行全面的评估，着重反映与水质影响相关压力源最敏感的状态和最不利的变化[146]。

2. 水库型流域水质安全评估

水库型流域水质安全评估的主要内容是从水体状态、历史演变趋势等角度，提出适用于研究区的一套评估技术方法，包括建立评估指标、评估标准、评估数学模式、分级及结果表征，从而评估水质自身的安全性。水质安全评估是水库型流域水质安全评估与预警的核心步骤，是整个技术框架的"中枢"；既承接压力源识别成果，又为水质安全预警技术路线的选择提供基础，为未来模拟预测结果的判定和警示级别划分提供依据。其技术要点的关键在于如何结合流域特征和管理需求，合理确定评估尺度和评估对象，继而提出适宜的评估方法。考虑水质安全的动态性与系统性，可从三个层面构建评估方法。

（1）基于水质超标状况的水质安全评估技术。重点解决短时段内（年内或月内）水体本身的安全状况评估需求，侧重于状态评估，以水质超标特征来衡量是否安全。

（2）耦合水质状态与趋势的水质安全评估技术。重点解决长时段内（年际）水体本身的安全状况评估需求，兼顾评估时段内的状态与趋势，以不利的变化幅度和不达标的当前状态来衡量是否安全。

（3）兼顾压力源－受体（水质）的综合评估技术。适用于长时期综合管理决策中，避免"就水质论水质"的局限，综合考虑压力源和受体两者的状况，以压力源、受体的不利状态来共同警示水质的安全状况。

3. 水库型流域水质安全预警

水库型流域水质安全预警的主要内容是对于不同时间尺度、宏观决策或特定问题的管理需求，设定预警技术路线，选择预警工具（机理或非机理模型等），开展设定情景下的水质安全预警[132]。获得相关模拟参数的预测结果后，结合压力源识别、水质安全评估的相关判定标准，形成预警判断，明确预警要素或指标，提出预警级别。

水质安全预警是流域水质安全评估与预警技术框架的"关键"步骤，在整个技术框架中是最具应用价值并体现成果水平的关键环节，承接了前述所有分析的成果、综合提炼形成具体的预警需求。是否能够对未来水质安全问题和趋势有效把控、是否能为流域水质安全管理提供前瞻性支撑，均取决于该步骤。水质安全预警在实际操作过程中，最重要的是根据预警需求，合理确定预警分析的时间空间尺度、明确预警的技术路线。长时间尺度，着眼于长时间尺度的水质退化风险宏观管理决策需求，建立基于压力-驱动效应的水库型流域水质安全趋势预警技术方法；短时间尺度，着眼于短时间尺度的水质异常波动风险快速应对需求，建立基于受体敏感特征的水库型流域水质安全状态响应预警技术[146]。对应于两个层面的预警技术，研发面向不同需求的预警模型、模型变量设置、预警结果判定、预警指标识别及预警信号表征等。技术要点如下。

（1）突出水库流域特征。考虑水库不同调度运行期，将水库调度背景贯穿水质安全预警过程，突出"水库型流域"特征。

（2）建立预警综合模型。针对长时间尺度预警需求的预警技术，强调长期趋势性预警，涉及多种、组合压力源与受体之间的复杂作用关系，主要考虑正向情景模拟预测预警方式来实现，一般需要建立基于流域-水体作用全过程的预警综合模型（如 S-LL-W 模型），可集成包括社会经济，土地利用，负荷排放及水动力水质等多个模块[146]。

（3）强调短期响应预警。针对短时间尺度预警需求的预警技术，强调短期响应预警，重点考虑单一或特定压力源与受体之间的作用关系，主要考虑反向响应敏感特征识别的短期预警，一般需要建立功能相对单一、计算快捷的预警模型，以便保证短期预警的目的需求，采用可模拟不确定性响应关系的贝叶斯网络模型。

5.7.3　水环境数值模拟与预测技术

水环境数值模拟是在研究河流、海洋、湖库水质变化规律基础上，建立反映污染物和其他因素间相互联系的模型结构，是水资源规划和管理、水环境影响评价及水污染综合防治等工作中的有效工具和不可缺少的基础工作，在水环境管理中扮演着非常重要的角色[147]，通常使用水环境数学模型来进行模拟预测。

水环境数学模型主要分为两类，即源代码经过封装的商业软件和开放源代码的绿色软件。相比于后者，商业软件的界面友好，经过培训后一般人员即可掌握和使用，但是其功能比较固定，不易进行二次开发，使用中出现问题难以解决；开放源代码的模型界面虽不够友好，且使用人员需要具备一定的专业知识，但是方便调试和进行二次开发[147]。

水质模型对水环境模拟预测而言不可或缺，是一组用于描述物质在水环境中混合、迁移、转化过程的数学方程，即描述水体中污染物浓度与时间、空间的定量关系，通过描述可获取水动力学特性及水体中污染物随空间和时间迁移转化规律，可定量反映水质状况与污染物排放之间的响应关系，从而为水质评价与预测、污染控制方案比较以及水质标准制订和污染排放规定提供可靠的依据[147]。因此，本节将着重对水环境模拟常用水质模型进行介绍。

5.7.3.1　水环境数学模型研究现状

20 世纪 20 年代中期开始，国内外学者研究污染物输移扩散规律的数学模型，经过近百年的探索和研究，取得了显著的进展，相继出现了一大批功能强大、通用性好、准确可靠的综合水环境数学模型。

　　水质模型发展的历程可分为五个阶段：第一阶段（1925～1960 年）构建了最早且使用最为广泛的斯特里特-费尔普斯（Streeter-Phelps，S-P）水质模型，描述河流中好氧过程与复氧过程之间的耦合关系，是水质模型发展的基础，随后在 S-P 水质模型基础上成功地发展了 BOD-DO 耦合模型，并应用于水质预测等方面；第二阶段（1960～1965 年）在 S-P 模型的基础上，引进了空间变量、动力学系数，温度作为状态变量也被引入到一维河流和水库（湖泊）模型，水库（湖泊）模型同时考虑了空气和水表面的热交换，并将其用于比较复杂的系统；第三阶段（1965～1970 年）在不连续的一维模型附加了一系列的源和汇，这些源和汇包括氮化合物好氧作用、光合作用、藻类的呼吸以及沉降、再悬浮等，此阶段计算机的成功应用使水质模型的研究取得了突破性的进展；第四阶段（1970～1975 年）水质模型已发展成相互作用的线性化体系，初步将生态关系耦合至水质模型中进行研究，同时在模型算法上也有了进一步发展，如有限元技术用于二维体系，有限差分技术应用于水质模型的计算；第五阶段（1975 年至今）水质模型研究范围日益扩大，状态变量增多、网格量几何增长，学者开始研究模型的可行性和评价能力，利用多学科交叉融合的优势，将理学、生态学、地理信息学等学科理论耦合至水质模型中，如对如模拟预测不确定性的研究，构建基于人工神经网络的包括水生食物链在内的多介质环境生态综合模型，研究模糊数学在水质模型中的应用，将水质模型与"3S"技术结合，构建以水质为中心的流域管理模型等[148]。

　　随着水环境污染日趋严重，人们逐渐认识到水环境治理的重要性，且随着数值计算技术的发展和对水质变化规律认识的深入，国内学者在水质模型方面做出了大量卓有成效的工作[149]。

　　申满斌等[150]针对三峡库区主要污染物，建立了考虑泥沙吸附污染物和泥沙冲淤对污染物输移扩散影响的岸边排放污染物浓度场计算的三维浑水水质模型，并模拟了三峡库区涪陵磷肥厂排污口附近的总磷浓度分布。通过与传统清水水质模型的计算值及实测值之间的对比发现，浑水水质模型的计算结果比传统清水水质模型更接近实测值，更准确地反映了污染物浓度沿水深方向的分布特征。

　　朴香花等[151]应用三维水质模型对大连湾中 NH_3-N 的行为进行了模拟，对 NH_3-N 浓度的时空变化规律及其影响因素进行了研究，并对主要的模型参数进行了灵敏度分析。浓度分布显示，大连湾 NH_3-N 浓度高值区主要集中在排污口附近区域；灵敏度分析显示，在排污口区水体的扩散能力对 NH_3-N 浓度的影响较大。由季节变化模拟结果可知，在湾顶部的排污口区，NH_3-N 浓度表现出明显的季节变化趋势；在湾中部和潮海边界的湾口区，NH_3-N 浓度较低，变化平缓。

　　郭磊等[152]建立了水动力、水体污染物输运及底泥污染物输运数值模型，采用有限差分与有限体积相结合的方法，对北大港水库氯离子进行数值模拟，模拟水库在不同蓄-供水方案下的流场及水体和底泥氯离子浓度动态变化，分析了流速、水体氯离子浓度与底泥氯离子浓度差对底泥氯离子释放速度及释放总量的影响。

　　国峰等[153]采用数值模拟的方法，研究了杭州湾金山嘴污水排海工程对纳污海域水质的影响，对无污水排放、放流管深海正常排放、岸边紧急排放和直接深海排放 4 种不同排放方式对污染物输运扩散的影响进行了模拟分析。

从百年前的简单氧平衡模型逐渐发展到今天的多介质环境综合生态模型，水质模型在河流、湖库、海湾水环境污染模拟及水质改善中扮演着越来越重要的角色。

5.7.3.2　利用 EFDC 模型进行水环境模拟预测

EFDC 模型由美国国家环保署资助开发，适用于湖泊、水库、海湾、湿地和河口等多种水域。该模型由水动力学模块、水质模块组成，能够计算各种平面和垂向空间尺度下的流速、水位、盐度、温度、泥沙、污染物、生物量的分布，可以模拟水体污染物和泥沙的相互作用、水体富营养化进程、近场浮羽流等现象[148]。水动力学和水质模块结构分别如图 5-59 和图 5-60 所示。

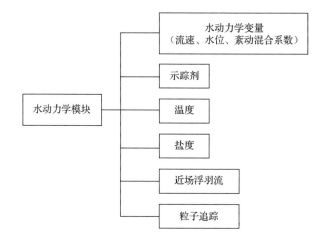

图 5-59　水动力学模块结构

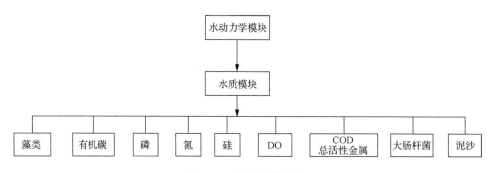

图 5-60　水质模块结构

由于 EFDC 具有先进性和可靠性，被美国及其他国家和地区广泛应用于数百个不同水域的水动力学、水质、泥沙和污染物研究，如美国的切萨皮克（Chesapeake）湾、佛罗里达大沼泽地等。

我国对于 EFDC 模型的应用研究正逐步开展。中国水利水电科学研究院水力学研究所应用该模型，对全国范围内水电建设中的水库进行了水质预测及富营养化分析，对火、核电站冷却水工程在河道、水库、河口、海岸等受纳水体的温排放和低放射性废液排放等水环境问题进行了二维、三维模拟研究[148]。由于 EFDC 模型自身具有应用范围广、功能完善、代码公开适于二次开发、同 GIS 联合应用且可操作性强等优点，近年来已成为国内外水环境模拟和预测研究中应用最广的模型之一。

5.7.3.3　流域水文水质模型 HSPF

HSPF（hydrological simulation program-FORTRAN）模型于 1981 年由约翰松（Johanson）（HSPF 模型之父）提出，起源于 1966 年斯坦福模型（Stanford watershed model，SWM），是将数学方法应用于水文计算和水文预报形成的流域水文模型。HSPF 模型是半分布式水文模型（也称松散耦合分布式模型），主要特点是在每一个水文模拟的小单元上应用概念型集总式模型来计算净雨，再进行汇流演算，计算出流域出口断面的流量过程。HSPF 模型不仅能长时间模拟水文系列，也能模拟流域面源污染和点源污染[154]。HSPF 模型经多次修订和改进，现已发展为 HSPF12.0 版本。

HSPF 模型内嵌于 BASINS（better assessment science integrating point and non-point sources）系统平台，该系统由 USEPA 于 1988 年开发完成，目前最新版本为 BASINS4.1 系统。BASINS 系统由 4 个重要部分组成：①GIS 集成分析工具（BASINS GIS）；②工具分析软件（WDMUtil、HSPFParm）；③流域水文模型（WinHSPF、AQUATOX、PLOAD）；④决策支持分析工具（GenSen）[154]。

5.7.3.4　MIKE 模型

丹麦水利研究所（Danish Hydraulic Institute，DHI）致力于健康与水环境领域的多项研究，并具有前沿的技术和相关软件[155]。MIKE 软件是 DHI 多位专家共同研发的应用于与水相关工程实际问题的模拟软件。MIKE 系列软件在业界具有较高的应用率和认可度，该软件可应用于众多水环境和生态系统模拟，维度从一维到三维，如城市和流域降雨产流过程、河流河口模拟等，同时兼具功能强大、界面友好、模拟计算快速准确等特点。

该系列软件包括 MIKE 11、MIKE 21、MIKE FLOOD、MIKE URBAN、MIKE BAISIN、MIKE SHE 等，在城市内涝和流域水环境污染模拟等多个领域广泛应用。MIKE 11 是一维水模拟软件，其在水质、水流和泥沙的输运等问题中都有较多应用，能够为水利工程的设计研究与管理等工作提供帮助[155]。MIKE 21 模型是二维水模拟软件，常被用于模拟河流、河口及海洋的泥沙、水流及环境场，为工程应用及规划提供所需的设计条件和参数。MIKE URBAN 是城市地表产汇流和管网模拟软件，有全面的供排水管网模型，可以用来计算有压和无压管道水流情况。MIKE FLOOD 包括完整的一维及二维洪水模拟引擎，基于 FLOOD 平台可以将 MIKE 11 或 MIKE URBAN 与 MIKE 21 三种模型进行耦合，实现模拟城区排水在管网中和在地表可能出现的积水处水流情况，及对洪水、海洋、风暴和堤坝决口等问题的模拟。MIKE BASIN 适用于流域或区域尺度，基于 GIS 进行水资源规划和管理的工具软件，用以解决地表水产汇流及水质模拟等问题。MIKE SHE 能够模拟水文循环的许多过程，常应用于流域管理、洪泛区研究、环境评估、地表水和地下水的相互影响等。

MIKE 模型发展至今已经是较为成熟的模型，并在城市及流域水资源、水环境、水生态及水安全等研究方面有成功应用,在实际工程的应用中有相对成熟的经验可供参考借鉴。在模型运用过程中也存在局限性,有诸多方面需进一步优化[155],主要有以下几点:

(1)MIKE 模型在我国的应用和研究起步较晚,且模拟应用较多,研究开发较少。因此借鉴国外经验进行模型研发是目前国内的一个重点工作;

(2)MIKE 模型常需要结合 GIS 技术进行数据的前期处理,但其模型自身并不具备此功能,只是将 GIS 作为分析处理工具,因此将 GIS 内嵌到 MIKE 模型之中将是一个发展趋势;

(3)国内基础数据比较缺乏,因此对参数的地域适用性还须深入探讨,获取针对我国具体情况的实测参数,使参数得到优化,从而推进 MIKE 模型在我国的应用;

(4)我国的实测数据资料不够完善,而使用 MIKE 模型进行区域模拟时对数据资料的要求较高,因此无充足资料或无资料地区数值模拟的研发是模型进一步发展的方向。

5.7.3.5 SWIM 模型

SWIM(soil and water integrated model)模型由德国波茨坦气候影响研究所在 SWAT 模型和 MATSALU 模型基础上开发,该模型整合了流域尺度内的水文、植被、侵蚀和养分输送等多个方面,具有良好的物理基础。相较于 SWAT 模型,SWIM 模型能实现日尺度的模拟,在流域空间上划分为多个子流域,结合适当的水资源管理数据等,数据需求适中,这是该模型的重要优点[156]。SWIM 模型综合了流域尺度的水文、侵蚀、植被以及氮/磷的动态变化等过程,并以气候数据和农业管理资料作为模型的外部驱动因子。其中,水文模块以水量平衡方程为基础,考虑了降雨、蒸(散)发、渗透、地表径流和各层土壤的壤中流等因素[157]。

有学者研究得出,SWIM 模型的模拟在中国淮河流域、黑龙江流域等均具有较好的适应性,适合气候变化背景下的水文过程研究[156]。SWIM 模型在我国尚未得到广泛应用,目前我国对于 SWIM 模型的研究仍然有限,主要集中在研究模型的尺度效应问题,探讨模型在不同区域的适用性,利用模型研究下垫面对水文过程的影响,水文要素对气候变化的响应等,但对模型参数的率定大多基于经验进行,率定过程的科学性有所欠缺[156]。

5.7.3.6 SWAT 模型

由降雨或融雪在地表或地下运动而形成的径流易引发非点源污染,随着径流的运动,污染物最终沉积在河流、湖泊及海洋中,其起源分散、随机性强、成因复杂、潜伏周期长且防治困难,因此在径流模拟中还需分析非点源污染运转和转移路径。SWAT 模型可以从水文循环的角度分析非点源污染的时空分布特征与规律,是进行非点源污染模拟的有效工具[158]。

SWAT(soil water and assessment tools)模型是由美国农业部(U.S. Department of Agriculture,USDA)农业研究中心(Agriculture Research Service,ARS)开发的长时段、中等流域尺度的分布式水文模型,常应用于模拟复杂流域的径流、泥沙和化学污染物等转移途径。该模型是基于 SWRRB 模型开发的长时段流域分布式水文模型,具有强大的物理基础，可以集成地理信息系统（geographic information system，GIS）、遥感（remote sensing，RS）和数字高程模型（digital elevation model，DEM）于一体，模拟 100 年内流域的降雨、土壤、土地利用和管理对径流，对径流量、营养元素负荷、泥沙流失量等长期的影响。该模型具有良好的用户界面，较强的空间数据管理、组织、分析和表达能力，在数量众多的非点污染源模型中脱颖而出；但不能进行单次降雨的影响模拟。20 世纪 90 年代初正式问世以来，随着需求和技术的提高，模型不断更新，研究内容越来越广泛，包括径流模拟、非点源污染、模型输入参数和气候变化的水文效应以及模型的改进等诸多方面[158]。

SWAT 模型因其功能强大，可模拟流域范围的物理过程众多而广泛推广。随着学者研究不断深入，对 SWAT 模型功能、精度需求越来越高，将 SWAT 模型和各种 GIS 软件或其他模进行集成，提高模拟精度和适用流域范围。目前比较成熟的 SWAT 模型集成系统主要有 AVSWAT、ArcSWAT、BASINS 和 MulinoDSS 等。AVSWAT 和 ArcSWAT 是分别基于 SWAT 模型的 ArcSWAT 和 ArcGIS 模型开发扩展的图形用户界面，增强了用户界面体验，有效提高了 SWAT 模型数据。

尽管 SWAT 模型应用广泛，但欲提高的模拟结果精度、扩大应用领域，仍有诸多改进之处。目前 SWAT 对非点源污染模拟多针对 N、P 上，在细菌迁移模拟上较欠缺。随着 GPS、RS 遥感技术、GIS 技术逐渐成熟，提取数据方法更多及更成熟，高精度的 RS 技术与 GIS 技术相结合可提取较高分辨率的数据，因此 SWAT 模型与 3S 技术的结合是今后的发展方向之一[158]。

5.7.4　水环境管理的智慧决策技术

5.7.4.1　智慧流域理念

蒋云钟等[159]借鉴"智慧地球"的理念，提出了"智慧流域"这一重要概念。智慧流域是在新一代信息技术的支持下，以流域应用服务平台为核心，把专业应用与决策支持作为目标的高度数字化、高度仿真、高度智能化的流域[159]，其核心是利用信息化技术和更加智慧的方法来改变政府，企业和人民之间的互动方式并提高互动的明确性、效率、灵活性和响应速度。智慧流域为政府、企业和人民作出更明智的决策提供了依据。

5.7.4.2　智慧流域物联网建设

物联网是一种通过信息交换和通信来实现物品与互联网链接，集智能化识别、定位、跟踪、监控和管理于一体的一种网络。在流域中将感应器安装到水质监测断面、输配水系统、给排水系统、大坝和水文测站等各类水利设施或物体中，利用互联网将其连通起来，形成了"流域物联网"[160]。

流域智能信息监测技术目前主要是传统监测设备的智能化和智能监测设备的研发两方面。

（1）传统监测设备智能化。升级传统监测设备，支持物联网传输/互联协议。智能水位计可以自动校准水位监测数据，水位预警自动加密监测，水位监测数据质量分析等；

智能传感器拥有自检、自校、自诊断功能、数据处理功能、组态功能、信息存储功能、数字通信功能。

（2）智能监测设备研发。研发智能监测设备，丰富检测手段。如智能安全帽集成了定位、摄像、通话、静电感应等功能，实现人的工作状态数字化监控。厂房内平缓行进的巡检预警机器人时不时调整视角，通过识别现场图像、声音、震动、温湿度等环境信息，将观察到的一切实时信息回传监控平台。

5.7.4.3　智慧流域大数据平台建设

大数据技术是一种目前对于大量复杂含有意义数据进行提取并进行专业化处理，获得用户所需的资料的主流技术。对于智慧流域研究，大数据的大量、多样、高速、价值的特性体现在四个方面：一是大量实时或非实时采集的各种信息以及众多数据的历史积累量，如地理信息、野外观测数据、云图、水文信息等；二是智慧流域的研究与建设涉及的数据类型繁多，如各类水资源数据等；三是对复杂的数学模型进行各类数据的处理、分析、仿真等处理具有高速性；四是其需要提供有价值的结果数据或者提炼出用户所需要的分析数据等[161]。

5.7.4.4　智慧流域大脑建设

流域大脑可以实现智能预测预警、智能问题诊断、智能调度决策、智能智慧控制等功能。

1. 流域智能预测预警技术

传统的关于气候变化下的数值天气预报技术 WRF 模式七大物理过程均包含多套参数化方案，各方案气象条件适应性不同，各方案均有数十个参数，率定难度大。智能预测预警模型是基于数值与智能方法相结合的中长期径流预测技术、人工智能与传统模型耦合的水位、水质预测技术。

2. 流域智能问题诊断技术

通过现场试验数据、实时监测数据等海量数据资源，提取健康状态敏感特征参数，建立机组健康样本数据库及健康曲面模型，并确立机组不同运行工况与健康状态之间的映射关系，从而可以实现对机组全寿命周期的健康状态动态评判与预警，可有效指导运维人员预先进行针对性检修。

3. 流域智能调度决策技术

流域智能调度决策技术是一种通过对流域调度中出现的突发性灾害事故进行诊断与预测，运用智能计算方法形成可行的调度方案，并利用仿真技术对多种调度方案模拟，实现对方案的跟踪管理的技术。对高风险区域，事先制订应急调度预案。对于没有发生在高风险区的事件，可以参考邻近位置应急调度预案集，生成可行的应急调度方案；也由感知系统获取的数据实时传递给智能仿真系统和智能诊断与预警系统平台，判断突发事件的类型，计算其影响程度，制订实时的解决方案，最后对解决方案的实施效果进行评估、调整与改进[162]。

4. 流域智能控制和指挥技术

流域智能控制技术就是对各个子系统的应用信息搜集、分析，以便优化不同类型控制构筑物和设备的自适应控制算法，并建立相应的控制模型。进一步地利用各个模型直接的联系性，形成区域内的联合控制，实现了对系统运行数据和设备状态的智能化监控。

流域智能综合指挥技术就是在分析流域调度需求的基础上，利用智能感知、仿真、诊断、预警、调度、处置、控制先进技术，形成流域调度智能综合指挥平台，对流域调度中的紧急安全事件做到及时发现、智能诊断、迅速响应、合理调控、仿真辅助演示调控过程和结果，从而将供水安全事件的影响控制在较小的范围[163]。

参 考 文 献

[1] 张琳, 刘佳, 黄翔峰, 等. 基于人工诱导自组织生态修复技术的城市滨水带景观设计——以南京市三江河示范段为例[J]. 城市建筑, 2018, 18(23): 9-11.

[2] 孙金华, 王思如, 顾一成, 等. 坚持科学治水推进生态河湖建设[J]. 中国水利, 2019, (10): 8-10.

[3] 范蔚文, 张清. 智慧河长信息管理平台的应用与探讨[J]. 中国管理信息化, 2019, 22(17): 197-201.

[4] 唐慧慈, 李建平. 德州市智慧河湖长信息平台建设研究[J]. 山东水利, 2018, (10): 32-33.

[5] 蔡雪磊. 平舆县智慧水生态监管系统构建综述[J]. 治淮, 2019, (5): 57-58.

[6] 徐剑乔. 海绵城市建设中黑臭水体整治的技术[J]. 建筑工程技术与设计, 2018, (3): 1308.

[7] 曹高明, 杜强, 宫辉力, 等. 非点源污染研究综述[J]. 中国水利水电科学研究院学报, 2011, 9(1): 35-40.

[8] 魏翔, 伍永钢, 林冬红, 等. 农村地区非点源污染控制技术进展[J]. 广东化工, 2018, 45(11): 173, 176.

[9] 秦攀, 雷坤, KHU S T, 等. 我国城市非点源污染特征及其模型应用探讨[J]. 环境工程技术学报, 2016, 6(4): 397-406.

[10] 李蕊言. 海绵城市建设协同城市黑臭水体治理应用研究[J]. 环境与发展, 2019, 31(5): 225, 227.

[11] 胡云进, 应鹏, 郜会彩. 不同类型透水铺装基层结构对雨水径流量控制效果研究[J]. 中国农村水利水电, 2021, (6): 69-72, 77.

[12] 刘文, 陈卫平, 彭驰. 城市雨洪管理低影响开发技术研究与利用进展[J]. 应用生态学报, 2015, 26(6): 1901-1912.

[13] 王伟. 低影响开发及应用成果初探[J]. 绿色科技, 2018, (10): 193-196.

[14] 罗红梅, 车伍, 李俊奇, 等. 雨水花园在雨洪控制与利用中的应用[J]. 中国给水排水, 2008, 24(6): 48-52.

[15] 罗贤达, 李翠梅. 城市雨水低影响开发研究进展[J]. 安徽农业科学, 2014, 42(16): 5203-5206.

[16] LI H, LI K, ZHANG X. Performance evaluation of grassed swales for stormwater pollution control[J]. Procedia Engineering, 2016, 154: 898-910.

[17] 王博娅, 刘志成. 基于植草沟设施构建的水陆两栖花境的研究[J]. 中国城市林业, 2019, 17(2): 6-11.

[18] 刘章君, 郑志磊, 洪兴骏, 等. 城市雨水径流生态处理研究现状与进展[J]. 海河水利, 2011, (3): 6-11.

[19] 吕家展, 农喻佳, 杨正委, 等. "生态浮岛+"对黑臭水体的净化效果与机制研究[J]. 环境污染与防治, 2019, 41(5): 547-550, 571.

[20] 向速林. 鄱阳湖区域非点源污染控制技术研究[J]. 安徽农业科学, 2009, 37(3): 1292-1293.

[21] 金熠, 张奇澜, 陶星名. 人工湿地对雨水径流的净化及微生物作用机理[J]. 中国科技信息, 2023, (2): 102-104.

[22] 肖海文, 代蕾, 任莉蓉, 等. 海绵城市雨水湿地的滞蓄容积设计与工程实例[J]. 中国给水排水, 2018, 34(18): 53-57, 65.

[23] 姚澄宇, 王志杰, 陈建宏, 等. 砾间接触氧化法在污水处理厂尾水深度净化中的应用[J]. 给水排水, 2016, 52(1): 50-55.

[24] 王毅琪, 韩文彪, 陈灏, 等. 畜禽养殖废弃物无害化处理技术及其应用[J]. 中国家禽, 2016, 38(24): 66-70.

[25] 罗长健. 畜禽粪便好氧堆肥处理技术探讨[J]. 河南农业, 2019, (18): 46-47.

[26] 夏玉秀, 庞力豪, 徐榕雪, 等. 沼渣生产商品化有机肥料的可行性研究[J]. 中国沼气, 2019, 37(6): 60-64.

[27] 王华楠, 宗刚. 厌氧发酵在处理工业废水中的应用与发展[J]. 广州化工, 2020, 48(6): 33-35.

[28] 李艳苓, 耿兵, 朱昌雄, 等. 畜禽养殖业面源污染微生物发酵床控制技术应用与防治建议[J]. 中国猪业, 2017, 12(7): 25-29.

[29] 王书敏, 于慧, 张彬. 生物沟技术在城市面源污染控制中的应用研究进展[J]. 安徽农业科学, 2011, 39(3): 1627-1629, 1632.

[30] 李祖鹏, 白廷洲. 一种道路绿化带下渗雨水的净化及综合利用系统: CN108661151A[P]. 中国市政工程西北设计研究院有限公司, 2018-10-16.

[31] 滑曙光, 谢斌, 姚虎. 一种集收集、储存、净化、转输一体化初期雨水净化系统: CN106592734A[P]. 安徽绿绵环保设备制造有限公司, 2017-04-26.

[32] 李习洪, 马佳, 汤杰. 一种快装式多级处理雨水过滤器: CN205516766U[P]. 武汉美华禹水环境有限公司, 2016-08-31.

[33] 李依洋. 河道治理工程中生态治理措施的应用与探讨[J]. 工程技术研究, 2020, 5(6): 98-99.

[34] 钟友兵. 多级生物接触氧化反应器在农村生活污水处理中的应用[J]. 低碳世界, 2017, 7(15): 10-11.

[35] 李有馥, 张书涛. 地埋式生活污水处理装置的新技术应用与研究进展[J]. 城镇建设, 2019, (3): 101.

[36] 汪连丽. 水污染防治中的问题及控制技术优化研究[J]. 环境与发展, 2019, 31(7): 49, 51.

[37] 田忠艳, 王国锋, 曹翠翠, 等. 一种适用于河道岸侧污水原位净化的 EHBR 处理系统: CN109336340A[P]. 天津海之凰科技有限公司, 天津海之凰环境科技有限公司, 2019-02-15.

[38] 蒋磊, 李乡花, 解晓娟, 等. 城市黑臭水体清淤疏浚与底泥处理处置技术分析[J]. 内蒙古水利, 2021, (2): 38-39.

[39] 张显忠. 黑臭水体原位修复技术试验研究与工程示范[J]. 中国市政工程, 2017, (1): 23-25, 91-92.

[40] 韦舒, 陈大地, 王阳. 广西沿江某市饮用水水源保护区污水直排口点源污染分析及治理措施研究[J]. 中国资源综合利用, 2019, 37(3): 62-66.

[41] 王龙涛, 洪军, 邓博, 等. 一种分散一体化生态廊道式截污系统: CN205773931U[P]. 葛洲坝中固科技股份有限公司, 2016-12-07.

[42] 苏民民, 金东君, 刘克贞. 用于雨污分流的一体化弃流井: CN206859378U[P]. 安徽汉威环境科技有限公司, 2018-01-09.

[43] 刘晓玲, 徐瑶瑶, 宋晨, 等. 城市黑臭水体治理技术及措施分析[J]. 环境工程学报, 2019, 13(3): 519-529.

[44] 乔丽丽, 于野, 范博渊, 等. 疏浚河道底泥资源化研究进展[J]. 海河水利, 2022, (S1): 26-30.

[45] 吴军伟, 赵俊松, 钟先锦, 等. 底泥污染物及其原位修复技术研究进展[J]. 中国多媒体与网络教学学报, 2018, (4): 106-107.

[46] 唐俊. 河道底泥污染治理及资源化利用分析[J]. 天津建设科技, 2022, 32(S1): 60-63.

[47] 张翀, 赵亮, 张莹, 等. 藻类暴发危害及其控制技术研究进展[J]. 环境保护科学, 2015, 41(3): 107-112.

[48] 彭秀达, 陈玉荣. 城市黑臭水体清淤疏浚及底泥处理处置技术探讨[C]. 2016年第四届中国水生态大会, 海宁, 2016.

[49] 连炜, 李杰, 贾海涛. 浅谈河道清淤及淤泥处理技术[C]. 中国水利学会 2021 学术年会, 北京, 2021.

[50] 郑好, 徐民主, 季立, 等. 河湖底泥处理处置现状及系统性处理路线建议[J]. 能源与环境, 2020, (5), 94-96.

[51] 张绍华, 蒋昌波, 胡保安, 等. 新时期疏浚工程的特点及其发展方向[C]. 第十六届中国海洋(岸)工程学术讨论会, 大连, 2013.

[52] 王超, 陈亮, 廖思红. 受污染底泥原位修复技术研究进展[J]. 绿色科技, 2014, (11): 165-166.

[53] 钱丹, 张金鹏, 王宏丽, 等. 河道底泥处理技术成效分析[J]. 水利科学与寒区工程, 2018, 1(7): 46-48.

[54] 吴光前, 刘倩灵, 周培国, 等. 固定化微生物技术净化黑臭水体和底泥技术[J]. 水处理技术, 2008, 34(6): 26-29.

[55] 徐亚同. 农村水环境保护和治理对策的思考与建议[J]. 净水技术, 2017, 36(1): 1-6.

[56] 张蕾, 李红霞, 马伟芳, 等. 黑麦草对复合污染河道疏浚底泥修复的研究[J]. 农业环境科学学报, 2006, 25(1): 107-112.

[57] 虞向峰, 王庆海, 曾贤平. 污泥干化技术的现状及发展方向[J]. 轻工科技, 2016, 32(5): 106-107.

[58] 曾惠森. 污水处理厂尾水处理工艺研究[J]. 科学之友, 2013, (8): 41-42.

[59] 张旭东, 祁继英. 疏浚底泥的资源化利用[J]. 北方环境, 2005, (2): 48-50.

[60] 朱广伟, 陈英旭, 周根娣, 等. 疏浚底泥的养分特征及污染化学性质研究[J]. 植物营养与肥料学报, 2001, 7(3): 313-317.

[61] 石正宝. 苏州河底泥疏浚关键技术研究[J]. 人民长江, 2013, 44(20): 85-88.

[62] 卢珏, 何苗苗. 河道底泥好氧堆肥化处理研究进展[J]. 浙江农业科学, 2017, 58(8): 1456-1461, 1464.

[63] 马杰, 许晓光, 徐晓光, 等. 太湖近岸带草藻残体分解对水质的影响[J]. 农业环境科学学报, 2018, 37(2): 302-308.

[64] 武海涛, 吕宪国, 杨青, 等. 土壤动物对三江平原典型毛果苔草湿地枯落物分解的影响[J]. 生态与农村环境学报, 2006, 22(3): 5-10.

[65] 许策, 赵玮, 于秀波. 湿地植物残体分解及其影响因素研究进展[J]. 生态学杂志, 2020, 39(11): 3865-3872.

[66] 马元丹, 江洪, 余树全, 等. 不同起源时间的植物叶凋落物在中亚热带的分解特性[J]. 生态学报, 2009, 29(10): 5237-5245.

[67] 卢少勇, 张彭义, 余刚, 等. 菱草与芦苇与水葫芦的污染物释放规律[J]. 中国环境科学, 2005, 25(5): 554-557.

[68] 孙淑云, 古小治, 张启超, 等. 水草腐烂引发的黑臭水体应急处置技术研究[J]. 湖泊科学, 2016, 28(3): 485-493.

[69] 杜佳姚, 李立雄, 年正, 等. 异龙湖水生植物残体资源化利用研究[J]. 环境科学导刊, 2018, 37(S1): 22-25.

[70] 杨柳燕, 张文, 陈乾坤, 等. 大型水生植物的资源化利用[J]. 水资源保护, 2016, 32(5): 5-10, 28.

[71] 王维新. 城市黑臭水体治理与水质长效改善保持技术分析[J]. 环境与发展, 2018, 30(10): 85, 87.

[72] 周珺. 城市黑臭河道治理的措施分析[J]. 工程技术研究, 2019, 4(15): 255-256.

[73] 胡洪营, 孙艳, 席劲瑛, 等. 城市黑臭水体治理与水质长效改善保持技术分析[J]. 环境保护, 2015, 43(13): 24-26.

[74] 郑毅. 基于城市黑臭水体治理与水质长效改善的技术分析[J]. 资源节约与环保, 2015, (12): 187.

[75] 刘海臣, 李建军. 浅析城市黑臭水体治理与水体改善长效性技术[J]. 资源节约与环保, 2018, (3): 32.

[76] 李开明, 刘军, 刘斌, 等. 黑臭河道生物修复中 3 种不同增氧方式比较研究[J]. 生态环境, 2005, 14(6): 816-821.

[77] 刘晓海, 高云涛, 陈建国, 等. 人工曝气技术在河道污染治理中的应用[J]. 云南环境科学, 2006, (1): 44-46.

[78] 谢海文, 沈乐. 河流曝气技术简介[J]. 水文, 2009, 29(3): 59-62, 27.

[79] 郁片红. 磁混凝/强化耦合生物膜工艺用于河道水质提升[J]. 中国给水排水, 2019, 35(18): 83-89.

[80] 段相锋, 吴风华, 杨学喜. 新型微纳米曝气机治理黑臭水体的研究[J]. 河南科技, 2018, (31): 153-155.

[81] 贾紫永, 刘强, 伍灵, 等. 微纳米曝气技术在黑臭河道治理中的应用研究[J]. 化工管理, 2017, (36): 106.

[82] 钟鸣扬, 沈昌明, 鲁骏. 一种适用于城市黑臭河道的综合净化处理系统: CN208292736U[P]. 上海同济环境工程科技有限公司, 2018-12-28.

[83] 罗南, 谢涛, 刘锐, 等. 一种基于太阳能微纳米曝气的复合人工浮岛水处理装置: CN206232485U[P]. 中科宇图科技股份有限公司, 2017-06-09.

[84] 胡明明, 孙阳, 胡云海, 等. 一种水体超饱和溶解氧增氧方法及超饱和溶解氧增氧系统: CN105621643B[P]. 无锡德林海藻水分离技术发展有限公司, 2018-11-13.

[85] 罗南, 谢涛, 许新宣, 等. 我国城市黑臭水体治理实践与探索——以北京市通惠河水环境治理为例[C]. 中国环境科学学会, 厦门, 2017.

[86] 范波, 秦少波. 城市黑臭水体旁路治理技术[J]. 科技视界, 2019, (12): 99-100.

[87] 张俊, 周航, 赵自玲, 等. 一体式生物接触氧化/土地渗滤系统处理农村污水[J]. 中国给水排水, 2012, 28(24): 57-59.

[88] 王艳云. 人工湿地技术在治理黑臭水体中的应用[J]. 商品与质量, 2018, (21): 122-123.

[89] 李珂, 李玉鹏, 周秉彦, 等. 一种活性炭生物转盘耦合人工湿地系统及其在城市黑臭水体中的应用: CN109354305B[P]. 盛世生态环境股份有限公司, 2021-06-15.

[90] 罗颜荣, 袁挺, 李火均, 等. 曝气人工湿地: CN205953657U[P]. 广东开源环境科技有限公司, 2017-02-15.

[91] 郭天鹏, 赵雪峰, 樊婷婷. 模块化人工湿地处理装置: CN104743674B[P]. 苏州市清泽环境技术有限公司, 2017-07-07.

[92] 钱璨, 黄浩静, 曹玉成. 河道水质强化净化与水生态修复研究进展[J]. 安徽农业科学, 2017, 45(34): 44-46.

[93] 唐继张, 周维博, 安保军, 等. 基于 MIKE21 的西安昆明池(试验段)换水能力特征研究[J]. 水资源与水工程学报, 2020, 31(1): 58-63.

[94] 黄敬东. 混凝沉淀法对城市黑臭水体的净化实验研究[J]. 广东化工, 2019, 46(8): 85-86.

[95] 楚广, 童应, 罗翊文, 等. 用化学沉淀法去除黑臭水体中氨氮工艺研究[J]. 湖南有色金属, 2017, 33(5): 54-57, 70.

[96] 梅宝中. 采用过氧化钙对黑臭水净化的效果分析[J]. 中国资源综合利用, 2018, 36(12): 11-13, 17.

[97] 李亮, 武成辉, 陈涛, 等. 过氧化钙在城镇黑臭水体修复中的作用[J]. 化工进展, 2016, 35(S2): 340-346.

[98] 邹胜男, 严晓立, 许亮, 等. 石墨烯光催化氧化技术在黑臭河道综合整治中的应用[J]. 环境保护与循环经济, 2018, 38(6): 24-26.

[99] 廖江福, 张海平. 磁加载和磁分离水质净化技术在河涌黑臭治理工程中的应用[J]. 广东化工, 2017, 44(6): 125-126.

[100] 赵越, 姚瑞华, 徐敏, 等. 我国城市黑臭水体治理实践及思路探讨[J]. 环境保护, 2015, 43(13): 27-29.

[101] 朱韻洁, 李国文, 张列宇, 等. 黑臭水体治理思路与技术措施[J]. 环境工程技术学报, 2018, 8(5): 495-501.

[102] 李扬, 孙小平. 汾河下游河道生态基流分析计算研究[J]. 山西水利科技, 2018, (1): 1-4, 38.

[103] 孟慧颖. 河流生态基流的计算方法及其适用性分析[J]. 科技传播, 2013, 5(9): 135, 127.

[104] 李亚, 梅荣武, 孔令为, 等. 黑臭水体治理案例与启示[J]. 环境与可持续发展, 2018, 43(1): 57-60.

[105] 于珊, 李一平, 程一鑫, 等. 调水引流工程对平原河网水动力调控的效果[J]. 湖泊科学, 2021, 33(2): 462-473.

[106] 陈叶华, 李志威, 沈小雄. 芭蕉湖-南湖连通工程的连通性评价[J]. 长江流域资源与环境, 2019, 28(3): 731-738.

[107] 冯丹, 田淳, 吴月勇. 引水方案对人工湖内换水率影响的数值模拟[J]. 人民黄河, 2019, 41(5): 71-76.

[108] 路洪涛, 路洪波, 刘金光, 等. 基于MIKE21的城市湖泊人工水循环流场数值模拟[J]. 环保科技, 2013, 19(2): 44-48.

[109] 陈晨. 黑臭水治理活水循环技术分析[J]. 大众标准化, 2021(4): 153-155.

[110] 刘辉. 生态水利设计理念在城市河道治理工程中的应用探讨[J]. 山东工业技术, 2017, (23): 69.

[111] 余铭铨. 黑臭水治理活水循环技术研究[J]. 城市建设理论研究, 2017, (2): 159.

[112] 李凌云, 野博超, 刘心愿. 河道生态护坡技术研究现状[J]. 水运工程, 2022, (7): 205-210, 245.

[113] 乌景秀, 范子武, 费香波, 等. 活动溢流堰在苏州古城区自流活水工程中的应用[C]. 2013年水资源生态保护与水污染控制研讨会, 哈尔滨, 2013.

[114] 魏绿英. 河道修复工程中液压坝结构设计与优化[J]. 地下水, 2022, 44(6): 244-245.

[115] 孙欣, 唐思. 城市黑臭水体治理技术探讨[J]. 再生资源与循环经济, 2018, 11(11): 42-44.

[116] 罗希, 刘亮, 张宗伟, 等. 城市湖泊生态补水方案技术要点分析[J]. 环境科学导刊, 2019, 38(1): 36-40.

[117] 沈阳, 甘雁飞, 张建国. 我国城市黑臭水体一体化治理技术研究[C]. 2018(第六届)中国水生态大会, 南京, 2018.

[118] 江晓锋, 文科军. 城市水岸带的生态修复与生态城市构建[J]. 天津建设科技, 2007, 17(1): 41-43.

[119] 李朝晖, 秦建桥. 南方城市受污染河道的生态修复技术研究现状与展望[J]. 安徽农业科学, 2014, 42(24): 8319-8322.

[120] 胡廷忠. 河道治理中生态护岸工程的应用[J]. 居舍, 2017, (20): 92.

[121] 闫峰. 浅谈蜂巢约束系统护坡在中小河流域治理工程中的运用[J]. 林业科技情报, 2014, 46(2): 64-65.

[122] 洪钦敏. 河道治理工程中生态驳岸的优劣性比较分析[J]. 科技风, 2018, (29): 101.

[123] 陈鸥, 徐子令, 段育慧. 基于人工浮床技术的黑臭水体治理试验研究[J]. 水利技术监督, 2018, (5): 38-40, 97.

[124] 吴涛, 白伟. 运用生态修复技术治理黑臭河流的探索[J]. 江苏水利, 2014, (5): 44-45.

[125] 陈忠林, 杨丽丽, 杨敏, 等. 微生物活化技术对沈阳北陵公园水体修复效果的研究[J]. 辽宁大学学报(自然科学版), 2017, 44(2): 157-161.

[126] 胡争上. 微生态活水直接净化工艺[N]. 中国水利报, 2016-5-25.

[127] 李树慧, 张银华, 蔡怀森. 河岸刚性植被缓冲带对水流阻力的影响[J]. 水电能源科学, 2020, 38(9): 32-35.

[128] 夏威夷, 高新新, 赵晓东, 等. 含植被河道水流阻力系数试验研究[J]. 水运工程, 2020, (7): 34-40, 93.

[129] 朱建刚. 复杂生态学系统建模与仿真的策略探讨[J]. 生态学杂志, 2012, 31(2): 468-476.

[130] RAILSBACK S F, LYTINEN S L, JACKSON S K. Agent-based simulation platforms: Review and development recommendations[J]. Simulation, 2006, 82: 609-623.

[131] 孟伟, 张楠, 张远, 等. 流域水质目标管理技术研究(I)——控制单元的总量控制技术[J]. 环境科学研究, 2007, 20(4): 1-8.

[132] 李伟伟. 流域水环境安全预警预测方法研究[J]. 资源节约与环保, 2016, (11): 143.

[133] 李燕, 杜军兰, 程长阔, 等. 海洋水质在线评估可行性分析[J]. 海洋技术学报, 2016, 35(6): 50-53.

[134] 潘琦, 刘丽东, 马静武, 等. 卫星遥感监测人类活动所致海洋环境污染研究进展[J]. 海洋通报, 2022, 41(6): 722-736.

[135] 陈旭阳, 刘保良. 海洋在线监测浮标在赤潮监测中的应用研究[J]. 热带海洋学报, 2018, 37(5): 20-24.

[136] 张静, 文婷, 高娜, 等. 地表水环境质量评价方法研究[J]. 中国资源综合利用, 2022, 40(5): 132-134.

[137] 倪宝峰, 岳卫峰, 滕彦国, 等. 傍河型渗渠取水水质安全评价研究——以海浪河水源为例[J]. 环境科学与管理, 2018, 43(5): 158-162.

[138] 刘佳, 王兵, 李雪凌, 等. 凤阳县饮用水水源地安全评价及保护对策研究[J]. 治淮, 2017, (1): 15-17.

[139] 王雨辰, 徐磊, 叶雪平, 等. 综合水质标识指数法在衢江渔业水域水质评价中的应用[J]. 安徽农业科学, 2023, 51(2): 60-63.

[140] 张宏建, 张光新, 侯迪波, 等. 水质安全评价及预警关键技术研发与应用示范[J]. 给水排水, 2013, 49(6): 23-27.

[141] 嵇晓燕, 杨凯, 姚志鹏, 等. 地表水水质预警方法研究综述[J]. 环境监测管理与技术, 2022, 34(3): 10-14, 63.

[142] 王佳怡, 李红华, 鱼京善, 等. 流域水环境质量监测与预警系统建设研究[C]. 2016中国环境科学学会学术年会, 海口, 2016.

[143] 中华人民共和国环境保护部. 地表水环境质量评价办法(试行)[EB/OL]. (2011-03-09). https://www.mee.gov.cn/gkml/hbb/bgt/201104/W020110401583735386081.pdf.

[144] 环境保护部, 生态环境状况评价技术规范: HJ 192—2015[R/OL]. https://www.cnemc.cn/jcgf/qt/202009/P02020092558692727911.pdf.

[145] 金相灿. 中国湖泊环境[M]. 北京: 海洋出版社, 1995.

[146] 李虹, 王丽婧, 刘永. 水库型流域水质安全评估与预警技术框架[J]. 水生态学杂志, 2018, 39(6): 1-7.

[147] 张维. 河流水质模拟研究进展[J]. 水利科学与寒区工程, 2022, 5(12): 26-29.

[148] 李一平, 施媛媛, 姜龙, 等. 地表水环境数学模型研究进展[J]. 水资源保护, 2019, 35(4): 1-8.

[149] 姜云超, 南忠仁. 水质数学模型的研究进展及存在的问题[J]. 兰州大学学报(自然科学版), 2008, 44(5): 7-11.

[150] 申满斌, 陈永灿, 刘昭伟. 岸边排放污染物浓度场三维浑水水质模型研究[J]. 水力发电学报, 2005, 4(3): 93-98.

[151] 朴香花, 周集体, 项学敏. NH$_3$-N 在大连湾的水环境行为模拟研究[J]. 海洋环境科学, 2006, 25(2): 24-57.

[152] 郭磊, 高学平, 张晨. 北大港水库水质模拟及分析[J]. 长江流域资源与环境, 2007, 16(1): 11-16.

[153] 国峰, 张海平, 李阳, 等. 金山污水排海对纳污海域水质影响的数学模拟[J]. 海洋学研究, 2007, 25(4): 81-85.

[154] 罗娜, 李华, 樊霆, 等. HSPF 模型在流域面源污染模拟中的应用[J]. 浙江农业科学, 2019, 60(1): 141-145.

[155] 穆聪, 李家科, 邓朝显, 等. MIKE 模型在城市及流域水文——水环境模拟中的应用进展[J]. 水资源与水工程学报, 2019, 30(2): 71-80.

[156] 高超, 陆苗, 姚梦婷, 等. SWIM 水文模型在王家坝地区的适用性评估[J]. 水土保持通报, 2018, 38(1): 152-159.

[157] 李岑, 杨昆. 基于 SWIM 模型的洱海流域产流模拟研究[J]. 安徽农业科学, 2012, 40(11): 6905-6906, 6920.

[158] 黄奎. SWAT 模型研究进展[J]. 珠江水运, 2019, 19: 34-35.

[159] 蒋云钟, 冶运涛, 王浩, 等. 智慧流域及其应用前景[J]. 系统工程理论与实践, 2011, 31(6): 1174-1181.

[160] 沈宏. 智慧型流域建设探讨[J]. 治淮, 2015, (12): 49-51.

[161] 闻琛阳, 姚娟. 智慧流域研究的云平台支撑[J]. 中国新通信, 2015, 17(5): 80-81.

[162] 蒋云钟, 冶运涛, 赵红莉, 等. 智慧水利解析[J]. 水利学报, 2021, 52(11): 1355-1368.

[163] 蒋云钟, 冶运涛, 王浩. 基于物联网理念的流域智能调度技术体系刍议[J]. 水利信息化, 2010, (5): 1-5, 10.

下篇　实践与应用

第6章 国内外典型城市河湖综合治理案例

河湖是连接陆地和海洋生态系统的纽带，以丰富的、流动的水资源哺育着动植物，支撑着人类社会的生产和发展。随着科技的进步和发展，大量工业废水和生活污水进入河流湖泊，在一定条件下引起水体富营养化，藻类及其他浮游生物大量繁殖，更严重时，给人类健康带来风险。世界上一些城市河湖正面临日益严重的干涸危险，包括亚洲的湄公河、恒河和印度河，欧洲的多瑙河，非洲的尼罗河和维多利亚湖。城市河湖污染带来的水环境问题不仅严重制约经济发展，更威胁居民健康和城市生态安全，引起了国内外的高度重视。20世纪60年代起，世界发达国家逐渐开始治理污染严重的城市水系，如英国泰晤士河、德国莱茵河、韩国汉江等[1]。我国90年代末开始加大力度治理水环境污染，在借鉴国外水污染治理案例的基础上，在城市河湖污染治理方面开展了大量工作，取得了一定的经验和教训。

本章在查阅大量文献的基础上，梳理部分国内外经典河湖治理案例，供读者参考。

6.1 国外典型城市河湖综合治理案例

6.1.1 泰晤士河治理

6.1.1.1 泰晤士河流域概况

泰晤士河被称为英国的"母亲河"，发源于英格兰南部，向东流经牛津、伦敦等大城市，全程346km，流域面积1.5万km²，年平均流量67m³/s，多年平均径流量18.9亿m³，多年平均降雨量约700mm[2]。流域地理位置西经2°08′～东经0°43′，北纬51°00′～52°3′。冬季时洪水容易泛滥，而夏季又容易出现枯水。特丁顿坝有记录的最大流量为1050m³/s（1894年），最小流量为0.91m³/s（1934年）。泰晤士河常年水位稳定，冬季一般不会结冰，水网情况较为复杂，支流众多，主要支流有彻恩河、科恩河、科尔河、温德拉什河、埃文洛德河、查韦尔河、雷河、奥克河、肯尼特河、洛登河、韦河、利河、罗丁河及达伦特河等。

6.1.1.2 泰晤士河流域的主要环境问题

随着工业化的快速发展，大量未经处理的生活污水和工业废水直接排入河内，此外河流两岸堆置了较多垃圾废物，泰晤士河成为伦敦城市的"污水池"。泰晤士河作为当地主要的水源地，其水质条件极大影响了人们的生活品质。1858年夏天，泰晤士河发生了著名的"恶臭"事件。由于饮用水体被严重污染，工厂排放的二氧化硫、氮氧化物等有毒有害气体混合在浓雾中，伦敦突然暴发了霍乱并发生了震惊世界的伦敦烟雾事件[3]。

进入 20 世纪后，随着城市人口增加及工业的进一步发展、合成洗涤剂的广泛使用，大量生活污水排入河道，对河水水质造成巨大影响。1950 年，泰晤士河水体达到完全缺氧的程度。贝肯顿和克罗斯内斯两大污水库日平均流量分别为 90 万 m³/d 和 45 万 m³/d，BOD_5 高达 240mg/L 和 80mg/L；伦敦桥下游 40km 的河段中，水体溶解氧浓度几乎为零。

流域污染的主要成因如下：

（1）大量未经处理的生活污水和工业污物是泰晤士河污染的关键原因，河岸两边发电站排放的冷却水对河流造成了热污染，使得水体温度上升，导致溶解氧浓度下降[2]；

（2）泰晤士河感潮段附近污水处理厂尾水的排放对河流水质有较大的影响；

（3）管网排污制度不合理，雨污合流问题是高强度降雨时期水质变差的主要原因。

在此背景下，英国政府逐渐重视泰晤士河的治理问题。

6.1.1.3　泰晤士河流域主要实施的治理措施

泰晤士河的治理历程有百年之久。总而观之，泰晤士河的治理分为两个阶段：首次治理时间为 1852～1891 年，规划并修建两大排污系统，初步确定了泰晤士河污染治理规划；1955～1975 年开展第二阶段治理，即对泰晤士河全段进行治理，包括河流生态系统的修复。1975 年起为泰晤士河流域修复巩固时期[4]。

1）第一阶段

在第一阶段的治理中，主要采用的措施为截污。有关部门修建了截留式地下排污系统和与泰晤士河平行的下水道，但该方法并没有达到改善伦敦水体污染的目的，仅仅将城内的污染转移至河流下游入口处。基于此，政府又规划了纳污池以收纳污水，待河水退潮时将污水与河水一起排入水体。1887～1891 年，排污口采用氧化钙和铁盐等化学药剂对污染进行沉淀处理，以达到处理污水的目的。这是污水处理的开始，该方法在当时已足够彻底处理污染废物[5]。

2）第二阶段

在第二阶段的治理中，主要采取的措施如下。

（1）健全立法，依法治污。制订水资源保护、污染源管控、水环境管理及水质监测等相关的法律法规和排放标准。

（2）设置专属的治理委员会。设置专属的治理委员会和泰晤士河水务局，对泰晤士河流域进行统一规划与管理，提出水污染控制政策法规及标准，有足够的治理资金[2]。

（3）构建区域性水污染防治体系。区域性水污染防治主要分为工程治理和生态防治两种措施。①工程治理措施：污水和废水处理系统在区域性防治的特征为不再以分散的污染源为个体建立污染治理系统，而是选择建立统一的城市污水和废水处理体系，这是当前世界各地最常见的城市河流污染防治工程治理手段。②生态防治措施：芦苇床废水处理系统是一种人为种植芦苇的湿地污水处理手段，其原理是利用芦苇发达的根系和优异的水土气交换能力等生态能力，达到污水流经芦苇床而自然净化的目的。1985 年 10 月，在泰晤士河流域的沃尔顿建造的芦苇床湿地是英国使用最早的湿地，此后又陆续设置 23 个芦苇床湿地系统，最大的芦苇床占地 1750m²，生活污水日处理能力为 224m³/d[2]。

（4）建立市场机制，产业化发展。建立市场机制，实现产业化管理，推行"污染负责制"，发展河岸两边风景旅游区和休闲娱乐区，增加收入来源，提高经济效益。产业化既可以解决城市河流污染治理经费匮乏的问题，又可以推进城市的文化发展。

（5）暴雨期污水排放的控制。通过曝气的方式对河流进行人工复氧，来提高暴雨期间水体溶解氧的浓度，降低暴雨对河流水质造成的不利影响。该方法运行成本低，水质提升效果好[5]。

（6）实现鲑鱼回归。实现鲑鱼回归分为三个过程。过程一（7年）：人工繁育鱼苗；过程二（5年）：继续人工繁殖计划，同时鼓励支持在泰晤士河主干及支流中进行自然繁殖，对挡水建筑物等进行改造，修建适宜鲑鱼洄游的通道；过程三（5年）：鱼类总量的评估。成功实现鲑鱼回归象征着泰晤士河生态系统已完全恢复。

3）修复巩固阶段

1975年至今，修复巩固阶段的主要措施如下。

（1）污水处理设施的技术改造。持续采用新技术，改造污水处理设施，包含膜电极监测溶解氧浓度、遥测技术等。

（2）加强污水排放管理体系，控制污染源。制订工业污水排放标准，加强对企业的监管，严防偷排滥排。规定生产产生的废水必须经过严格处理达到标准后才准许排放。随着国家产业模式的变化，原有重污染型企业逐渐改型或关闭，污染源的减少极大降低了泰晤士河的污染负荷，河流水质得到改善[5]。

6.1.1.4　泰晤士河治理成效

经过系统治理，泰晤士河的溶解氧浓度逐渐增加，水体中COD、氨氮及有毒有害物质的浓度迅速降低，泰晤士河重新回到世界上最清洁的城市河流之列。

泰晤士河治理的成功，主要原因并不是先进处理技术，而是开展了大胆的体制改革和科学管理，被欧洲称为"水工业管理体制上的一次重大革命"。尤其在第二阶段的治理过程中，对河段实施了统一规划与管理[6]，将全河段划分为10个区域，将200多个管理部门统一建立为一个新水务管理局——泰晤士河水务管理局，按照工作性质明确分工，并严格执行[4]。采用传统的截流排污、生物氧化、曝气充氧及微生物活性污泥等常规手段对河道污水进行处理，经处理的再生水用于水产养殖、景观、灌溉等，其优越性主要表现如下：

（1）集中统一管理，与自然和谐共处，采用合理、有效的方式对自然水源加以利用和保护，减少水资源的污染和破坏，增加水的重复利用率；

（2）建立统一的管理部门，共同协作，防止"踢皮球"型解决问题的情况出现，提高工作处理效率；

（3）水资源利用产业化，从污染的产生到污水处理厂，再到中水回用于水产养殖、园林浇灌、城市防洪、水流域生态补给等一条龙体系，使各个环节合理配合。

如今的泰晤士河重新出现了往日的波光粼粼，正如英国杂志《水》中所描述的一般：这一条工业河流曾经遭受到极其严重的污染，以致于被人们视为死河。今天它已经恢复到接近未受污染前的那种自然状态，在世界上这是前所未有的第一回[4]。

6.1.2　莱茵河治理

6.1.2.1　莱茵河流域概况

莱茵河是欧洲最重要和最著名的河流之一，发源于瑞士境内阿尔卑斯山，自南向北流经瑞士、奥地利、德国、法国、卢森堡、比利时和荷兰，流入北海。莱茵河全长 1320km，流域面积 22 万 km²。流域内人口高度密集，工业化程度高，干流沿岸有多个世界闻名的工业基地，是欧洲乃至世界重要的化工、食品加工、汽车制造、冶炼、金属加工、造船工业中心[7]。沿岸人口和工业高度集中，产生大量生活、工业污水，其中耗氧物质、重金属、有毒污染物浓度较高，部分污水未经处理直接排入河流，极大地污染了莱茵河水体[2]。

6.1.2.2　莱茵河流域的主要环境问题

莱茵河的水质破坏大部分由工业废水排放引起，工业废水中含有大量难降解的重金属。水体中氮磷浓度高，极易引起水体的富营养化问题。阿尔卑斯山脉附近矿山开采过程中会产生大量的采矿废水，含有大量的 NaCl，废水未经处理直接排入水体使水中氯化物浓度过高，从而导致荷兰境内部分土壤高度盐碱化。19 世纪末，流域内居民数量增加且工业经济迅速发展，导致莱茵河水体污染逐渐加重。20 世纪初，德国鲁尔工业生产区排放的废水含有大量苯酚，未经处理直接排入莱茵河，导致下游河水污染加重。20 世纪中期，河流水质恶劣。第二次世界大战之后的欧洲百废待兴，在积极的重建过程中，莱茵河流域慢慢成为欧洲经济的主角，以鲁尔工业区为代表的多个工业区沿河两岸分布。莱茵河不仅为这些工厂提供生产用水，还作为排污河承担极大的污染负荷。此外，莱茵河还是重要的水上交通渠道，水上交通工具的穿梭也给河流带来了较大的污染。工厂生产需要劳动力，导致大量人口定居于河流两岸，居民日常生活起居产生的废水和垃圾急剧增加。在这样的环境下，莱茵河一度被称为"欧洲下水道"[8]。

6.1.2.3　莱茵河流域主要实施的治理措施

1）成立专门的跨国管理和协调组织

保护莱茵河国际委员会（International Commission for the Protection of the Rhine，ICPR）是全面处理莱茵河流域保护问题的国际管理和协调机构，于 1950 年 7 月 11 日在瑞士巴塞尔成立，成员国包括瑞士、法国、德国、卢森堡和荷兰等[2]。该机构的主要任务包括：①按照设定目标，策划国与国之间的流域治理手段及行动方案，开展莱茵河生态系统调查研究；对各手段或行动方案提出合理有效的建议；协调河流沿岸各国家的预警计划；综合评价河流沿岸国家间行动计划效果等。②按照行动方案的规划，作出科学有效决策。③向莱茵河流域各国家提供年度评价报告，并向公众通报莱茵河的环境污染现状和治理成效[7]。

2）重建生态系统

除改善水质外，流域生态环境的恢复主要依靠"莱茵河行动计划"的"鲑鱼 2000

计划"。莱茵河流域沿岸各国家为鲑鱼能够成功上溯繁殖采取了以下措施。①高莱茵河段自 1996 年划定溯游障碍以来，改造高莱茵河支流威斯河、比尔河和埃戈尔茨河中的 8 处障碍。②上莱茵河段从依费茨海姆到巴塞尔共 164km 的法、德河段建设有十座拦河坝。法、德以及河岸两边水电站的经营商共同出资，在依费茨海姆水坝修建了一条鱼道，以便于鲑鱼在繁殖期间能够成功洄游。③下莱茵河段重新规划，降低鲁尔河、乌珀河和齐格河支流水系的堰坝，规划建造实验性设备以避免鱼类在洄游过程中受涡轮伤害。④1996～1999 年中莱茵河段，圣巴赫-布鲁克斯水系成功改造六座河堰。⑤2008～2012 年，莱茵河三角洲地区哈灵水道打开一定数量的泄水闸，累克河在拦河坝旁新修建了三条水道。

3）促使公众参与

1994 年德国制定并颁布《环境信息法》，该法划定了公众参与保护环境的详细途径、方法及程序，在立法上确保民众具有参与和监督的权利。民众参与水资源利用及保护的方法包括听证会制度、顾问委员制度以及通过媒体或互联网获取监测结果等公开信息，确保流域管理措施能够真切地贴合广大公众的利益。公众的环保意识高涨，以一己之力自发地保护莱茵河的环境，成为流域一体化管理的主力军。

4）谁污染谁买单

1976 年德国颁布了《污水收费法》，排污者要先缴纳一定费用方可排放污水，政府对产污排污企业征收生态保护税，用于修建处理废水的构筑物。同时，有关污染企业无法得到银行的贷款支持，连带企业的荣誉和形象都会受到一定影响[9]。

5）增强有关部门领导能力，避免污染事件发生

德国目前执行的环境法规中，风险预防原则规定社会应当通过认真提前计划及阻止潜在有害行为来寻求避免对环境的破坏。1975 年，德国颁布《洗涤剂和清洁剂法规》，规定了洗涤剂和清洁剂中磷酸盐的最大浓度，又在 1990 年明文禁止含磷洗涤剂的使用，有效避免了含磷洗涤剂和化肥的过量使用，抑制了莱茵河的富营养化。

6.1.2.4　莱茵河流域治理成效

20 世纪 60 年代，莱茵河水体溶解氧饱和度低于 40%，经治理后大面积河段溶解氧饱和度维持在 90%。50 年代起，水体中 BOD_5 慢慢升高，70 年代升至最高点，之后开始逐步降低，至 80 年代后期已降至 3mg/L 以下，90 年代后河流水体中 BOD_5 维持在 2mg/L 以下[2]。20 世纪 60 年代中和 70 年代初，氨氮浓度出现两次污染峰值，最高超过 3.3mg/L。21 世纪之后，河流水体中氨氮浓度维持在 0.1mg/L 左右。TP 浓度从 1973 年的 1.10mg/L 减少到 2000 年的 0.16mg/L，削减率约为 85.5%。20 世纪 50 年代中期到 70 年代早期，大型底栖动物种类急剧下降，从初始的 165 种减少到 27 种，减少了 83.6%[7]。河流治理保护至今，莱茵河水体中可迁移大型底栖动物高达 150 种，甚至消失了 30 多年的蜉蝣类动物也重回河流之中。

20 世纪 50 年代，由于水体污染和水库水坝修建等，莱茵河再也看不见鲑鱼的踪迹。经努力治理，莱茵河水体水质发生了极大改善[7]，有关部门建造了一些鱼类洄游上溯通道。20 世纪 90 年代初，大西洋鲑鱼又再一次回到了锡格河（莱茵河支流之一）。

6.1.3　美国密西西比河流域生态健康修复

6.1.3.1　密西西比河流域概况

密西西比河流域全长 6062km，其长度仅次于非洲的尼罗河、南美洲的亚马孙河和亚洲的长江，是北美大陆的第一长河。流域北面源于五大湖，南面止于墨西哥湾，东面与阿巴拉契亚山脉相连，西面到达落基山脉，流域汇水面积 322 万 km²，大约为北美洲面积的八分之一，占美国总面积的 34%，覆盖了东部和中部广大地区。流域汇集了约 250 多条支流，与东岸支流相比，西岸支流既多又长，汇合成庞大的不对称枝状水系。密西西比河水量丰富，流域年平均降雨量为 1257mm，靠近河口处的年平均流量可达 1.88 万 cm³/s，河口平均年径流量为 5800 亿 m³（包括阿查法拉亚河），年均输沙量 4.95 亿 t[10]。

密西西比河拥有丰富多样的能源与矿产资源，成为工业化高度集中的经济发展动脉。河流中上游的肯塔基州、西弗吉尼亚州、伊利诺伊州、密苏里州、印第安纳州等拥有丰富的煤炭资源。河流下游的路易斯安那是美国三大石油主要产地之一。流域水电装机容量达 1950 万 kW，水能资源利用程度达 70%。密西西比河中上游的密苏里州、俄克拉何马州和堪萨斯州等，是美国最大的铅锌矿区，全球广泛分布的"密西西比河谷型"（简称"MVT"型）铅锌矿床的命名源于此。明尼苏达州、威斯康星州、密苏里州和田纳西州是美国重要的有色金属产地。肯塔基州、伊利诺伊州等高品位的铁矿石资源，造就了以匹兹堡为代表的一批钢铁工业城市[10]。密西西比河逐渐成为世界上最繁忙的商业水上交通道路之一。

同世界许多其他河流一样，密西西比河流域也经历了过度开发形成的生态环境恶化阶段。经过一百多年的综合治理，曾经是美国十大濒危河流之一的密西西比河，如今河水透明清澈，已基本成为一条人工控制的输水输沙廊道和航运大动脉，成为美国国家级文化及旅游休闲佳地，一系列有效做法值得我国大江大河流域治理借鉴[10]。

6.1.3.2　密西西比河流域的主要环境问题

密西西比河流域是美国至关重要的经济、人口发展聚集地，密西西比河曾过度开发，造成水污染、泥沙淤积等生态系统问题[11]。

1. 水质恶化，水污染事件暴发，富营养化严重

过去，流域各地将大量未经处理的农药、工业废水及生活污水直接排入密西西比河，河流水质迅速恶化。大量建造的水库水坝等水工建筑物改变了河流的水文条件，导致河水的流动和分配发生变化，营养物质及有毒有害物质在水体和沉积物中的吸附-解吸过程改变，水体自净能力下降[10]。20 世纪后期，密西西比河水体污染问题已十分严峻，尤其是氮磷富集导致的富营养化问题。虽然美国政府十分重视治理，但规划不够全面，执行不力，问题未得到根本解决。此外，密西西比河曾发生两次较为严重的水污染。第一次发生在伊利诺伊州，由于该州玉米和大豆处理工业快速发展，大量的氮和磷流入密西西比河，水污染逐渐严重；特别是随着大量新型工业的兴起，该州人口飞速增加，大量的生活污水及工业废水未经处理直接排入河中，加重了河水污染，河水含氧量几乎为零[12]。

密西西比河的第二次水质恶化非常严重，导致密西西比河口周边的地区被称为"死区"。由于当地的废水处理厂将大量废水排入河流，河流污染物滋生了大量的藻类，河流处于中等富营养状态从而夺走了水中的氧气，大量生物死亡，给当地数百万居民的生活和身体健康带来了严重威胁。每年河水裹挟着数百万吨污染物流入墨西哥湾口，制造了臭名昭著的"死区"。20 世纪 90 年代，这条河每年向下游排放超过 1 亿磅的有毒物质[13]。这两次水污染事件，给密西西比河水生态造成了致命打击。

2. 湿地消失迅速，河流系统遭破坏

三角洲湿地不断消失是密西西比河流域的第二大生态问题。18 世纪 80 年代到 20 世纪 90 年代的 200 年间，大面积土地开发等原因导致密西西比河干流沿岸 67% 的湿地消失。湿地消失的主要原因有三角洲沉积循环、相对海平面上升、海水入侵、地面沉降、大规模冬季风暴和飓风袭击、啮齿类食草动物对湿地的破坏及履带车的使用等[10]。

3. 泥沙沉积不均，上游过多而中下游不足

来源于山地农田、居民区、商业区和高速公路建设的泥沙不断汇入，造成密西西比河上游水库回水区和湿地沉积过多泥沙；中下游沉积物供应不足，导致河床下降，三角洲面积不断缩小[10]。

4. 洪水灾害频发，保护预警工作不力

历史上，密西西比河发生洪灾的频率较高，记载中最早发生的洪水在 1543 年，1927年河流下游发生洪灾造成堤防溃决，造成 58 万 hm^2 土地被淹，200 多人死亡，60 多万人流离失所，工农业瘫痪，经济损失高达 20 亿美元[12]。1972 年，南达科他州发生洪水，1h 内便造成拉皮德城 236 名居民丧命；1976 年，科罗拉多发生洪水，2h 内导致 139 名居民丧命。1993 年 6～7 月的一场大洪水袭击了密西西比河上游和密苏里河下游，直接和间接造成损失 180 亿美元。1996 年 7 月，一场大暴雨袭击伊利诺伊州北部，24h 降雨量便超过了 400mm，1 小时内便淹没 1.6 万 km^2 的土地和芝加哥市 1/3 的城区，造成的损失高达 6.5 亿美元。1997 年 3 月初，俄亥俄河遭遇了一场大规模的早春汛，其影响波及了 5 个州，是密西西比河自有纪录的 1936 年洪水以来最严重的一次[14]。洪水期的高强度降雨不仅严重侵蚀土壤，还造成地表水资源污染，严重破坏了水体环境且造成了极大经济损失。

5. 工程建设不合理，严重影响生物物种生存

密西西比河属于游荡性河流，可以在谷底自然摆动游荡。在洪水汛期，溢出河岸散布泥沙，形成肥沃的田野和沼泽，为众多鱼类和野生动物提供丰富食物。密西西比河流域上游是美国生态系统最富饶的地区之一，北美洲 40% 的水禽利用河谷作为他们的迁徙通道；河流养育了 241 种以上的鱼类。为了减轻洪水灾害，美国政府对密西西比河实施治理，大规模发展水利事业，修建船闸和大坝。到 1970 年，密西西比河已完全是一条受到约束的河道，河道两侧受到限制，输送的泥沙不可能沿着海岸线沉积，淹没了过去的湿地栖息地造成大量从支流冲刷流入的泥沙沉积在河口，最富饶的天然河流严重退化[10]。2010 年 9 月，路易斯安那州靠近墨西哥湾的水域发生了严重的生态事件，造成死鱼之海

的主要原因可能是英国石油公司采油平台发生原油泄漏，藻类、无脊椎动物、海鸟、哺乳动物急性死亡，且动物体内细胞色素 P450 水平严重超标。原油泄漏后残留的有毒物质浓度长期处于亚致死量水平，即便经长时间的降解，依旧会危害生态环境。

此外，管理政策难统一，流域规划不协调，也是流域环境问题治理过程中存在的问题。

6.1.3.3　密西西比河流域主要实施的治理措施

针对密西西比河流域的污染状况，美国采取了高度集中的全流域污染治理模式，将供排水、污水的控制与处理、防洪抗灾、渔业等完美结合。治本为主，标本兼治是密西西比河流域治理的成功经验之一。第一步将城市污水排放管道迁移到下游，着重改善城市水质。第二步采取高度集中的全流域治理模式，严格监控流域内的污水排放，积极地在全流域开展建设废水处理厂工作，采用先进的污染监测系统进行监测。经过长时间不断的综合治理，密西西比河的水体污染治理效果十分显著，流域逐渐恢复了原貌[12]。

1. 密西西比河流域实施的工程措施

密西西比河流域干支流的污染治理手段类型之全、数量之多，在世界河流整治历史上是领先的。主要的工程措施有拦蓄工程、泄洪工程、整治河道[10]。治理手段的关键是清理上游河段的暗礁、堵塞支汊、修建梯级闸坝与渠化河道；在中游修建防洪堤、丁坝群、护岸，以及采取疏浚的手段达到缩窄河道的目的，提高航深；在干流河段下游修建防洪堤、分洪区、分洪道、采取裁弯取直的方式，并辅以护岸、丁型坝及疏浚等办法稳定河岸河床；河口位置建造导流堤、治理拦门沙水道等；各支流河道采取综合利用、水库为主的治理手段[11]。

1）梯级闸坝与水库

1930～1940 年，在密西西比河流域建造了一系列梯级闸坝，保证洪水期间水流流速不会太大，但在枯水期间水位依旧可以维持在 2.7m 左右。干流上游和主要支流河段采取连续渠化手段，建造一系列梯级闸坝[11]。例如，在圣路易斯河及其上游约 750km 的河段上建造了 30 个闸坝，上游河段圣安东尼船闸到开罗的 1360km 河段间建有 29 个梯级闸坝。支流俄亥俄河从匹兹堡到开罗的 1579km 河段，水位落差有 170m 之高，建有 19 个梯级闸坝。由于没有控制性很好的水库，已经建造和计划修建的水库以防洪为主要目标的不多。俄亥俄河流域仅在田纳西河支流上建设有以防洪为主要目的的水库，且控制面积不大。密苏里河上已建 7 座大型水库，大多以发电为主要目的。

2）护岸工程

密西西比河在许多河岸不稳定的河段实施护岸工程。干流河段的护岸大多由混凝土预制块砌筑而成，混凝土预制块体尺寸已逐渐形成标准，约为 7.6m×1.2m×0.08m，采用钢筋将块体捆扎连接成混凝土"排"（mattress），取代了以往老旧的沉排方法[11]。混凝土块体下部铺设一层尼龙编织布作为反滤层，铺设工作均采用机械施工。

3）丁坝工程

为了控制水量、束窄河道，以维持足够运行的航运水深，密西西比河的凸岸及过渡段河段建造了大量丁坝。丁坝的结构以桩式坝及堆石坝为主。1961 年之后修建了很多堆石丁坝，该类型丁坝完全由块石堆筑而成，坝顶宽度为 1.5～3.0m，坝顶高程维持在中水位线以下；坝坡坡度通常在 1∶1.25～1∶1.5，呈下挑形式，角度 15°～45°，丁坝的间距与坝长之比为 1.5～2.5。密西西比河下游河道治导弯道曲率半径通常在 3～4km，最大的 10km。据 1974 年统计结果，圣路易斯至老河口下游共修建丁坝 1445 座，累计长 457km[11]。

4）疏浚工程

密西西比河的疏浚工程开始于 1895 年。为了维护内河航道及港口航道，密西西比河的上中下游都进行过疏浚。圣路易斯以上 193km 至墨西哥湾 2093km，年疏浚量 0.76 亿～0.92 亿 m³，占全美疏浚量的 40%～50%。疏浚一般可以分为水力疏浚和机械疏浚两种。水力疏浚是利用沙坝等水工建筑物控制水流特性，利用水流自身的能量进行疏浚；机械疏浚是采用拉铲式挖掘机等机械设备进行疏浚。通常使用机械或液压吸泥船，也有采用绞刀式或链斗式吸泥船。在疏浚过程中，经常建造各种类型的沙坝，引导水流方向或能量，使其能够按照设计要求疏浚河道或控制河流宽度，有时也可用于封堵串沟或者回水河道[11]。

5）裁弯取直

20 世纪 30 年代开始，密西西比河下游河段系统性地采取人工裁弯手段。1929～1942 年，下游孟菲斯至安哥拉颈缩裁 16 处，弯道长度由 321km 减至 76km。1932～1955 年进行陡槽裁弯 40 处，缩短流程 37km。裁弯及其他治理手段的实施，初期效果很显著，河湾归顺，缩短航程，降低洪水位[14]。

6）堤防工程

密西西比河中下游河段防洪的关键手段之一是堤防工程。主要堤防自开罗下游到河口处，总长约 3350km。堤防大部分为土堤，城镇及其附近区域为混凝土材质的防洪墙。堤身高度约 7.5m，个别堤段高约 12m。堤顶高程依照采取暴雨组合法计算的"设计洪水"及分洪计划推算的水面线加超高量确定。堤坡坡度根据堤顶高程和施工中根据是否有碾压步骤[11]，采用临河 1∶3.5～1∶4.5，背河 1∶4.5～1∶6.5。

7）分洪工程

密西西比河的洪水来源主要有上游河段及支流俄亥俄河和密苏里河河段，洪灾则主要发生在下游地区。分洪工程包括分洪道工程和回水临时蓄洪区。后者用于防御一般性洪水，在发洪水时期则用来临时蓄洪。

8）河口导流堤

密西西比河每年向墨西哥湾逼近 150m，为了避免水流分叉和泥沙淤积，在河口处建造导流堤，让水流定向流入海湾深处，顺水流将泥沙搬运进深水区域。在治理拦门河沙时，采取双导堤工程束流的手段，结合疏浚，以得到所需水深，并使拦门沙航道轴线适当偏移，绕开墨西哥湾由东向西的沿岸水流造成的泥沙严重淤积区域[11]。

9）河床垫层

稳定密西西比河河床的规划，从 1890 年开始实施。初始采取的措施是柳条编织而成席垫，依靠石头沉入河底的重量来抵挡湍急的水流，以稳定河床[11]；1917 年开始应用混凝土垫层系统。

10）水生态修复

支持自然水利基础设施，保护和恢复红树林，修复流域生态。主要有密歇根湖和密西西比河的调水引流工程、反硝化技术截污治污、河道清淤、生物控制等措施修复水生态、恢复脆弱的湿地生态系统。

2. 密西西比河流域实施的非工程措施

美国有关部门在对工程技术手段不断创新的同时，也很关注河流治理软环境方面的研究和探索，正是这两种处理手段的协同和配合，密西西比河的保护治理才能取得闻名世界的成效。

密西西比河非工程措施的成功实施主要体现在管理、立法保障、防洪保护及对科学研究的关注等几个方面[11]。

1）设立防洪管理机构

1879 年，美国国会决定设置密西西比河委员会。该委员会关键任务是研究密西西比河的开发治理规划，包括防洪和通航方面。1928 年颁布的《防洪法》明确，由美国陆军工程兵团负责全国防洪和航道整治管理。通过实施综合的治理和保护手段，同时统筹规划长久治理，有助于对密西西比河进行统一的管理和规划，有助于已制订目标的落实和实现。

2）重视依法治水，依法防洪

早在 1928 年，美国政府就颁布了《防洪法》，并在后期应用过程中多次修订和补充。1936 年，美国国会通过了防洪总法案，在 20 世纪 60～80 年代初期，先后颁发了《全国洪水保险法》《水资源规划法》《洪水灾害防御法》《灾害救济法》《美国的洪水及减灾研究规划》等法律法规。

3）多渠道筹集资金

防洪堤的修建在一开始完全由联邦政府出资，但后期就改由联邦政府和州政府共同出资。1986 年，国会通过的水资源开发法案，明确州政府分担 25%～50%的资金。用于修建堤防的取土或退建占地的资金，由地方政府自行解决，联邦政府不再承担任何费用[12]。防洪堤的管理和维护资金从地方政府的税收和征收的防洪费中解决。

4）实施防洪保险

虽然美国建造了较多防洪设施，但仍不能完全避免发生洪灾且造成损失的情况；随着河流两岸经济的迅速发展，洪灾造成的损失也越来越多。因此，防洪保险手段是美国实施的一个重要的非工程手段之一。

5）重视科技研究

美国陆军工程兵团拥有健全的科研团队和实验设施，各种重要的水利工程设施都要先经过模型试验研究。设置在维克斯堡的水道试验站拥有世界最大的内河模型——密西西比河水系整体模型，占地面积达 4000hm^2，以模拟手段研究防洪方案和河势规划。模型能够重现历史上的大洪水，计算出可能发生的更大洪灾，优化防洪方案，确定全流域的防洪方案。在各项工程的规划和实施中，将最新的科学研究成果运用于治理实践，最大程度地优化治理方法[12]。

　　6）动态周密的自然资源调查与监测

　　动态周密的自然资源调查与监测是成功治理的基础，其目标是为密西西比河多用途大型河流生态系统的管理和治理提供信息和决策支撑。主要有四个任务：①深入了解密西西比河的生态系统及资源；②监测河流生态系统的资源变化；③寻求替代方案以更好地管理密西西比河系统；④提供适当的监控信息管理。

　　主要监测内容如下。

　　（1）地质灾害调查与监测。通过对美国路易斯安那州沿海区域和密西西比河下游平原区域进行详细的地质填图，查清可渗透和不可渗透沉积岩以及断层情况，服务于沿海区域的开发规划，最大程度减少土壤流失、滑坡灾害等。在密西西比河沿岸的地质灾害易发区，开展侧扫声呐和高分辨率地震记录分析，揭示水下滑坡塌陷机理，做好预警预防[12]。

　　（2）水位与水质监测。在水位变化与河岸变迁方面，通过水深测量、高程数据采集、插值合并水深测量和河床高程数据等，生成等值线数据，进行河床三维数字建模，用于洪水监测预警。在水质监测方面，标准化的监测目标是跟踪所选参数的状态和趋势。所得数据部分为现场数据自动采集软件实时测量数据，部分由实验室分析得出。

　　（3）土地覆盖遥感监测。覆盖数据可用于评价人类活动对洪泛平原的影响，以及流域内植被分布、生态系统变化、土地利用情况。

　　（4）生物资源调查与监测。

　　（5）地理信息系统建设与服务。

　　美国建立了密西西比河流系统数据服务系统，提供环境管理程序开发的地理信息数据和其他来源的相关数据，面向社会提供信息化服务[12]。

　　3. 密西西比河流域治理成效

　　曾备受沿途工业废水和生活排放污水污染的密西西比河，如今水质得到了明显改善。经过了几十年的努力，取得了很大的成绩，不仅将洪水控制住，还充分地利用了这个天然的巨大水源。如今密西西比河与之前相比，发生了巨大的变化，河的两岸是充满生机的绿色，朝气蓬勃的城镇、工厂等遍布附近，河内的运输船舶来往繁忙，充满活力。

6.1.4　多瑙河的修复与治理

6.1.4.1　多瑙河流域概况

　　多瑙河全长 2850km，流经德国、奥地利、斯洛伐克等 10 个中欧及东欧国家，最后从多瑙河三角洲注入黑海，是世界上干流流经国家最多的一条河流。包括黑海在内的整个区域面积约 8 万 km²，共涉及 18 个国家，主要包括匈牙利全境，奥地利、克罗地亚、罗马尼亚、塞尔维亚、黑山、斯洛伐克等国的大部分领土，波斯尼亚、黑塞哥维那、保加利亚、捷克共和国、德国、摩尔多瓦、乌克兰等国的主要流域，还有阿尔巴尼亚、意大利、波兰、瑞士等国的一小部分领土，是一个典型的跨国河流。水资源系统呈现高度的自然性、连续性、完整性，在整个流域内发挥着灌溉、渔业、水利、给排水、旅游等多种功能[15]。

多瑙河流域处于温带气候区，为温带海洋性气候向温带大陆性气候的过渡区域。流域西部和东南部空气湿度适宜，雨量充沛。河口地区则具有草原性气候特性，受大陆性气候影响，整个冬季比较寒冷。流域内降雨主要出现在 6～9 月，降雨分布极不均匀。上游地区年降雨量较大，为 1000～1500mm；中下游平原地区年降雨量为 700～1000mm；流域内年平均降雨量为 863mm。高山地区的冬季降雪占全年降雨量的 10%～30%。洪水主要由夏秋季暴雨或长时间连续降雨、春季高山积雪融化和冬季冰凌形成引起，有以下两个特点：①全流域极少发生特大洪水，大部分洪水只出现在局部河段；②全年各个季节随时可能出现洪水，但是并不在同一河段。

在雨、雪、洪水相互补充及上、中、下游河段洪水错峰出现的条件下，多瑙河的水位和流量过程线比较均匀，但在时空上仍存在分配不均匀的情况。多瑙河水位在 11 月至次年 2 月达到最低值，7～8 月也较低，低水位时甚至会影响通航。河口附近河段在寒冷的冬季会出现 40 天左右的结冰现象，冰块融化大约需要两周。多瑙河主要控制断面的多年平均流量分别为乌尔姆（控制面积 75780km^2，多年平均流量 114m^3/s）、林茨（控制面积 79490km^2，多年平均流量 1479m^3/s）、布拉迪斯拉发（控制面积 31290km^2，多年平均流量 2050m^3/s）、布达佩斯（控制面积 184767km^2，多年平均流量 2360m^3/s）、贝尔格莱德（控制面积 51.28 万 km^2，多年平均流量 5320m^3/s）。河口多年平均悬移质含沙量 0.34kg/m^3，年均输沙量约为 6760 万 t。

6.1.4.2 多瑙河流域的主要环境问题

多瑙河曾经孕育了古老而强盛的欧洲文明，是中欧和东南欧重要的商业水道，也是沿岸国家水资源、水能资源、水产资源的丰富产地，在中东欧社会经济发展中的地位至关重要。

1）战争频发对下游地区生态造成威胁

由于流域具有重要战略地位，战争频发，对下游经济发展及环境造成巨大影响。

2）区域经济发展不平衡，排污制度不协调，水体污染显著

沿岸国家工业化、城市化发展，大量企业将磷酸、硝酸、油渣、汞和杀虫剂等未经处理排入多瑙河及其支流。下游人口密度大、农业压力大，农业面源污染严重。城市排污管道将生活废水直接排进河内，废水的滥排滥放导致传染病肆虐，包括猪瘟、乙型肝炎和霍乱，为多瑙河带来严重的环境问题，其环境和生态系统曾一度遭受严重破坏。

3）发生多次有毒废水泄漏灾害

2000 年 1 月 30 日，罗马尼亚境内一家金矿加工企业污水处理系统的沉淀池，积水暴涨发生漫坝，导致 10 多万升含有高浓度氰化物、铜和铅等重金属的污水溢流进入多瑙河支流蒂萨河，顺流南下，迅速汇入多瑙河向下游扩散，造成水体的严重污染，河内大量鱼类的死亡，河水不可再饮用。匈牙利、南斯拉夫等国受到很大的影响，国民经济和居民生活都遭受一定的影响，该次事件严重破坏了多瑙河流域的生态环境，还引发了国际诉讼[16]。

2010 年 10 月，匈牙利一家铝厂有毒废水泄漏，泄漏的有毒泥浆流入多瑙河干流。事故发生后，匈牙利有关部门通过向泄漏废水中添加乙酸和石膏粉，中和废水中的碱性物质，加剧下游环境风险。

4）多瑙河外来物种入侵，对生态造成危害

多瑙河的生态系统中存在的外来生物数量过多会导致多瑙河的生态系统被破坏。由于特殊的地理环境，多瑙河格外容易受外来物种入侵，这会带来许多问题。原产于里海地区的"杀手虾"能削减多瑙河原生物种的数量，中华绒螯蟹能传播一种令欧洲原生淡水螯虾致命的病菌。还有极具侵略性的亚洲蛤，这种蛤每天能产出多达 2000 只幼体，一天繁殖出的幼体总数超过 10 万只。这些外来生物的大量繁殖，对原生态系统造成极大破坏。

6.1.4.3　多瑙河主要实施的治理措施

针对多瑙河出现的环境问题，进行跨国界全流域管理综合治理，开发了一套综合性的河流治理和开发体系，在传统河流治理措施的基础上综合防洪、治污、经济开发多个领域，凸显"生态治理"的观念。

1. 健全流域跨国管理法律体系

随着流域沿岸各国家的经济发展，污染凸显，生态破坏严重。为加强流域管理及沿岸各国合作，明确各国权利和义务，1958 年以来，多瑙河流域沿岸各国相继签订了一系列公约或行动计划。20 世纪 80 年代中期提出《布加勒斯特宣言》，以双轨制持续多年实施流域管理。1994 年成立了多瑙河保护国际委员会（International Commission for the Protection of the Danube River，ICPDR），确保《多瑙河保护与可持续利用合作公约》的顺利实施和流域层次合作顺利进行。表 6-1 为多瑙河流域水污染防治相关的法律法规，这些法律法规从流域层面上，以改善多瑙河流域的水生态环境为根本目的，涉及水利、林业、船舶、环保等多领域，为流域综合治理工作的顺利开展打下坚实的基础。

表 6-1　多瑙河流域水污染防治相关的法律法规

时间	名称	签署成员国	主要内容
1958 年	《关于多瑙河内捕鱼公约》	罗马尼亚、保加利亚、南斯拉夫、苏联	要求各缔约国采取有效措施，制止未经处理的污水造成污染和危害鱼类
1985 年	《布加勒斯特宣言》	8 个多瑙河沿岸国家	沿岸国家达成了防止多瑙河水污染并在国界断面进行水质监测的共识和协议
1992 年	《多瑙河环境保护计划》	—	建立了多瑙河环境事故紧急报警系统、跨国监测网络、分析质量控制系统
1994 年	《多瑙河保护与可持续利用合作公约》	多瑙河 11 个沿岸国及欧盟	建立环境影响评估监测系统，解决跨界污染的责任问题，定义保护湿地栖息地的指导大纲，为多瑙河流域的保护指明方向
2000 年	《水框架指令》	欧盟	消除主要危险物质对水资源和水环境的污染，保护和改善水生态系统和湿地，减轻洪水和干旱的危害，促进水资源的可持续利用
2000 年	《联合行动纲领》	ICPDR	促使多瑙河国家的政府履行承诺，为多瑙河及其支流的水环境改善起到积极作用
2009 年	《多瑙河流域管理计划》	多瑙河流域 19 个国家	持续到 2015 年，配合欧盟《水框架指令》执行

2. 建设监测预警系统

搭建基于公共国际情报中心（Public International Alter Center，PIAC）的多瑙河流域信息平台，主要处理 PIAC 部门以及流域间信息交换。1996 年投入使用的多瑙河跨国监测网络（transnational national monitoring network，TNMN），已覆盖多瑙河干流及支流的重要控制断面，实时监控多瑙河全流域的地表水质及部分跨国界的地下水质。

1997 年 4 月投入使用的多瑙河事故应急预警系统（the Danube accident emergency warning system，DAEWS）在流域内主要国家建立了 12 个国际警报网络中心，主要目标是在发生突发性环境污染事件时能迅速向下游地区和部分有需要的上游地区发布事故信息，有助于及时制订应急预案，有效应对污染事件。

3. 全流域规划管理

多瑙河流域面积大，流经国家多，水体及管理状况非常多样。针对这样的流域，搭建《多瑙河流域管理规划》协调机制，从国际层面、全流域级别制订顶层协调机制，各成员国制订各国的国家级规划，建立国家层面或亚流域层面的协调机制。国家内管理单元具体实施规划内容，构建良好的规划协调机制。各成员国综合考虑水体的物理性质、海拔高度、地质特征、水域大小、排污情况、抽取利用情况等因素，将整个多瑙河流域划分多个子水体单元，对单个水体开展有针对性的监测和治理策略，避免水质状况以偏概全造成的风险遗漏，增强管理的灵活性和河流治理的实效性。通过该规划的实施，多瑙河水质及水生态状况得到改善。

此外，ICPDR 自 2001 年开始每隔 6 年抽样调查多瑙河全流域进行水质及污染情况，对流域干流及支流水、底泥、悬浮颗粒及水生生物等进行取样测评，获取水质及环境数据，并以此数据为基础构建世界上最先进的河流数据库。这些数据有助于多瑙河沿岸国家在水体污染控制及生态恢复工作中作出正确决策，以推进多瑙河流域的欧盟成员国开展合作。

4. 沿岸各国实施水污染控制与保护

为了恢复多瑙河生态，沿岸各国开展多瑙河综合治理。例如，奥地利多瑙河基于"亲近自然河流"的概念和"自然型护岸"技术建设生态河堤，恢复河岸植物群落和储水带；优化水资源合理配置和使用，修建水电站，防洪减灾；控制点源污染，对城市/工业污水进行集中处理达标排放，严格控制和审批多瑙河的工业企业数量。

5. 公众参与机制

多瑙河沿流域各国以 2000 年欧盟颁布的《水框架指令》纲领性文件为基础，出台了详细的水污染保护及治理法律，ICPDR 制订了《公众参与的 2003～2009 年多瑙河流域管理战略计划》及执行计划。多瑙河流域机构及各国相关主管部门制订的规划、行动计划等信息都向社会公开征询意见和建议。此外，多瑙河流域的民间环保组织（non-governmental organizations，NGO）以观察员的身份监督各国流域的治理工作，并通过司法等渠道实际参与到流域的环境保护治理工作中来。

6.1.4.4　多瑙河流域治理成效

通过全流域综合管理，多瑙河逐渐恢复往日生机，像一条蓝色带子贯穿中欧诸国，"蓝色多瑙河"成了沿岸各国讴歌的素材。多瑙河在黑海入海口形成了巨大的扇形三角洲，是欧洲现存湿地中面积最大的，具有世界上最大的芦苇区。这吸引了除非洲外最大量的鹈鹕"移民"。多瑙河三角洲拥有超过 300 种鸟类，有 45 种淡水鱼类生活在密布的湖泊和沼泽中，被称为"欧洲最大的地质、生物实验室"。

6.1.5　德国伊萨尔河的自然化修复

6.1.5.1　伊萨尔河流域概况

伊萨尔河位于奥地利蒂罗尔州和德国巴伐利亚州境内，全长 295km，起源于卡文德尔山脉，流经慕尼黑等重要城市，最终向北注入多瑙河。伊萨尔河是一条典型的阿尔卑斯山脉河流，有大面积的卵石岛屿、石滩及不断变道的河床[17]。

6.1.5.2　流域存在的主要环境问题

19 世纪中期，慕尼黑河段全年经常发生洪水灾害，河道裁弯取直以提高过水量，政府采用堤坝、洪泛平原、防洪墙、拦河坝的水工构筑物和修建运河，极大地开发运用水利资源。过度的水利开发利用让伊萨尔河的水位一直走低，直接导致慕尼黑地区航运发展衰落。20 世纪以后，慕尼黑市内河段像是一条硬质化的水渠，使伊萨尔河变得难以亲近，渐渐无人问津[17]。1995 年，巴伐利亚州水务局制订了"伊萨尔河计划"，调研 8km 流域沿河两岸防洪能力、景观娱乐需求及流域内动植物资源，并着手治理。

6.1.5.3　伊萨尔河主要实施的治理措施

针对伊萨尔河的主要环境问题，结合现场踏勘和民意调查结果，"伊萨尔河计划"的治理目标是：①提高防洪能力；②重现自然化的河流景观；③提供优质的娱乐休闲场所。全程规划平面图见图 6-1。

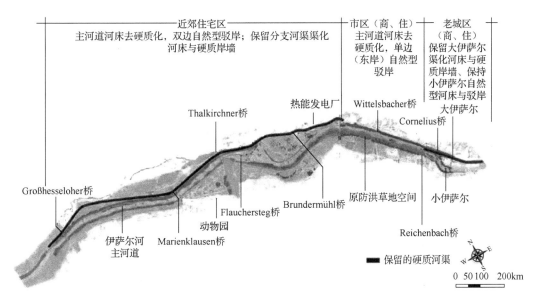

图 6-1　"伊萨尔河计划"全程规划平面图

规划体现流域分段治理。①针对城市河段：重点在优化土地利用的娱乐功能，城市密集区域的防洪，提高对游客的吸引力；②针对半城市河段：注重生物多样性和珍稀物种，防洪，宽阔的河床和砾石浅滩，优化土地利用。

具体工程措施包括河床改造、河道重塑、河堤加固、水质改善。

1）河床改造

（1）河床去硬化。为使渠化的河段恢复自然化，全面考虑各河段的区域特征后，对河床进行合理的自然化河道复原处理。将主河道河床水泥硬化的梯形河道凿开并除去混凝土保护层，中断河床扩张，河道过水断面从 50m 加宽到 90m，增加堤坝高度，泄洪能力得以提高。

（2）跨河缓坡设计。将原本硬化的滚水堰改建为跨河缓坡，坡道的底部由直径为 40~60cm 的石头和粗糙的碎石过滤层组成。为提高缓坡体系的稳定性，在此基础之上，分列放置边长为 0.9~1.3m 的石块，组成像蜂巢一样的结构互相支撑，以防止河床被深度侵蚀。出现的小型洼地有利于鱼虾的栖息繁衍，甚至起到鱼道的作用，增强鱼类洄游的能力。

（3）引入水体沉积物及阻流因素。由于修建上游大型水工建筑物，水中泥沙无法输送到下游，导致下游河道内水体缺少自然沉积物，对河流结构的发展造成影响。为此，在伊萨尔河引入自然水体泥沙等沉积物，放置人造砂石，为下游河床的形成提供材料。泥沙沉积物形成洪水草甸，接近自然的河岸设计[17]。

设置大型石块和朽木作为阻流因素，在小范围内使水流方向发生偏移，形成小岛和浅水区，以形成稀有昆虫的居所，保留自然山脉河流。

2）河道重塑

全面考虑各河道的可利用空间和两侧城市的建设情况，对驳岸进行分段河岸线塑造。南端城市边缘至 Braunauer Eisenbahn 大桥区段主河道两侧、城市近郊至中心城区防洪草地东岸进行自然型河岸改造，挖去、铲平前滩，为洪水创造宽阔的过水断面。老城区保留原有硬质岸墙和自然河岸。为保护新型自然化河岸线，在河岸覆盖一层尺寸为 10~40cm 的石块，同时在前滩后方挖防护沟，沟内放置尺寸为 20~60cm 的石块并覆土，种植植被或进行道路铺装，以防止覆土被洪水冲走，构建一条"隐形防护带"。用石头铺筑的台阶取代石滩，着重加固河岸部分区域。

3）河堤加固

为提高堤防安全性，且不影响树木，对具有安全隐患的河堤进行加固。局部河堤采用水泥土混合墙体加固的形式进行填充加固，重型钻机从堤坝顶部向下钻出裂缝，再用水泥-膨润土灰浆混合土壤实施加固，可有效防止堤坝破裂，同时保留河堤的老行道树。

4）水质改善

对沿河污水厂进行升级改造，建立污水处理厂出水紫外消毒系统，对水体实施粗放型管理，允许其自然发展。同时，合理配置水资源利用，调节河水利用量以维持水体的动态造型。

5）非工程措施

非工程措施主要是增强公众参与力度的措施。公众信息系统包括州政府、慕尼黑市、规划设计人员、NGO、社会团体。

6.1.5.4　伊萨尔河治理成效

"伊萨尔河计划"改造从 2000 年 2 月～2011 年 6 月持续 11 年，实现了自然化河道修复的目标。项目建成后，河道防洪能力得到极大提高。改造之后，流域的发展趋向自然化，水体慢慢恢复调节能力。硬化的河床得到延长，河岸缓坡入水和石滩、卵石岛屿、洼地使河道发展具有自然特征；流经河道的水量大幅提高，水体水质已恢复至娱乐水体的标准，当地动植物的栖息地和生物多样性得以恢复，曾经消失的植物和昆虫在河流水质恢复后重新生长繁衍。如今的伊萨尔河，因"城市中的自然"已成为慕尼黑的地标，实现了城市景观和内部自然生态环境的完美融合，增大市民休闲空间的面积。

6.1.6　韩国清溪川流域综合治理

6.1.6.1　清溪川流域概况

清溪川全长约 11 公里，自西向东流经首尔市，位于首尔市中心，贯穿南北。1394 年之前首尔还没有成为首都，清溪川还是自然河川。群山环绕的地理特征，使水流自然汇聚于地势较低洼的首尔。未对城区河道进行修整时，现存自然河流流淌。清溪川是横穿城市中心的河流，作为城市中心河，清溪川便成了下水道。后期的清溪川，全长约 5.8km，由西向东汇入汉江。在季风的影响下，雨水较少的春秋两季，大部分时间清溪川会出现干涸的现象[18]，相反，在雨水充沛的夏天，一降雨河道就会出现溢流现象。由于清溪川位于城市中心，周边商店和建筑物密集，洪水泛滥房屋会被淹没，桥梁损毁。受污染已逾百年的清溪川，经过三次重大的改造，已经从城市交通道路发展为一个集合观光、休闲、游憩、餐饮、运动、集会、节庆、娱乐、展示等多种功能的城市公共空间。

6.1.6.2　清溪川流域的主要环境问题

20 世纪 40 年代，随着城市化进程和经济的高速发展，大量的生活污水和工业废水未经处理直接排入河道[19]，设计了河床硬化、砌石护坡、裁弯取直等方案，严重损坏了河流的生态环境，导致河道水体流量变小、水质变差，基本生态功能已经丧失。此外，河道两岸随意支起的棚户及直接排放的废水严重污染了河道水体。朝鲜战争结束后，许多为了能够生存下去的难民涌入首尔。这些居民大多居住在清溪川周边，一部分人在陆地，一部分人在水上建起木棚艰难度日[19]。河岸两边形成的脏乱差的木棚村和生活废水加快了清溪川污染的步伐，大量的污水流淌于市中心，发出的恶臭令周边居民痛苦不堪，城市的整体形象也受到了损害。

20 世纪 50 年代，政府采用长 5.6km、宽 16m 的水泥板封盖河道，让其长期封闭，河道逐渐沦为城市的下水道。70 年代，政府在河道封盖上规划了公路，并修建了四车道的高架桥，一时间成为首尔现代化的标志[20]。清溪川两岸的木棚村也被拆除，建起了现代化的商业大厦。高架桥在提高城市交通运输能力的同时也给环境带来许多难题，汽车尾气排放物及扬起的灰尘对周边地区产生了严重污染，高架桥的巨大体量破坏了首尔传统的街道结构，切断了城市中心区内部的联系[21]，桥体年久失修给市民和环境都带来安全隐患，复原河道是对于市民和环境最安全的保护方法。

6.1.6.3　清溪川流域主要实施的治理措施

21 世纪初，政府决心开展综合治理和水质调理工作。在全面考虑清溪川属性特征后，依各河段不同区域的发展状况和功能需求，结合自然形态进行规划，主要规划了三方面的改进措施。①疏浚清淤。2005 年，总投资 3900 亿韩元（约 3.6 亿美元）的"清溪川复原工程"完工，主要工程内容为拆除河道上的高架桥、去掉水泥封盖、河道底泥清淤、重现河道的自然景观。②彻底截污。河道两岸铺设截污管道，将生活废水统一收集输送至污水处理厂，并分类收集降雨初期的雨水。③维持水量。每日从汉江中取水 9.8 万 t，通过水泵管道输送到河道内，外加 2.2 万 t 净化处理后的城市地下水，总输水量为 12 万 t，使得河流维持 40cm 水深[22]。

主要修复思路如下。

（1）修复河道。河道总长较长，可分为三段处理，并规划不同的主要修复方向，由西至东主要方向分别为历史、现在、未来。

（2）恢复历史古迹。对于遗迹保存价值较高的地方及堆积层保护完整地区，进行勘探调查，维持原状。恢复方案由市政府、公民委员会、文化遗迹等方面的专家，确定意见后再行决定。

（3）桥梁规划。清溪川的特质之一是桥梁，在恢复后的清溪川上分布了 22 座桥，主要为人行桥和人车混行桥。设计中提出了三个桥梁标准：①首选可以最大程度导通流水阻碍的桥梁式样；②文化与艺术融合的场所；③成为地方标志性建筑，打造成兼并造型美和艺术性的桥梁。

（4）景观设定。护堤空间是景观设定的关键，如鱼类飞禽栖息地的生态化设定，设计和布置人行道、便利服务点和导游信息发送点[17]，设计墙面壁画和一些地标。

设计指导原则及主要措施如下。

（1）截污补水，保证水质清洁。对河道水体进行修复，新建完善的污水处理系统，对于原来汇入清溪川的各类污水进行彻底截污；抽取经处理的汉江水、地下水和雨水及中水利用为清溪川提供水源，以保证水量，维持河流的自然性、生态性和流动性。

（2）强调亲水性。建造大量的亲水平台赋予建筑文化底蕴，有以曲线为主的，有根据"洗衣石"的样式规划的。更重要的是，地势西高东低的限制条件需要解决，设计者通过多道跌水降低高差来处理。在水势缓的河段下游部分，每两座桥的间隔设一道或两道跌水；在接近上游的陡峭河段处，两座桥之间设置多道跌水[22]。

（3）提高堤岸空间的使用率。建造适宜行人游览的小道、休憩空间和墙面装饰[23]，在接近河道两边的道路干道规划休养空间（咖啡店等）。河道总体规划为复式断面，划分为 2～3 阶台阶，步行道靠近水体，以此来满足亲水需求，河岸中间部分为台阶，顶部台阶即为永久性车道路面。为降低水的渗漏损耗及水渗透对两岸建筑物稳固性的隐患，河道底部防渗层的黏土与砾石混合，厚度为 1.6m，在河岸接壤处修造一道厚度为 40cm 的垂直方向防渗墙[24]。

（4）掩埋裸露管渠，改善景观。

（5）降低堤岸坡度。较为缓和的堤岸坡度对提升堤岸利用率和建立亲水感有益，着重于生态保持。不仅可以提高绿化程度，而且有助于恢复整体生态格局，如确保鱼类、两栖动物、飞禽的栖息地，栽培绿植从而给鸟儿提供食料，修造鱼道等作为鱼类避险及排卵场地[25]。

（6）强化公众参与力度。河流生态恢复是关键的民生项目，政府应积极邀请有关专家、企业组织、市民团体等社会各方面力量参与，建立完整的决策队伍，保证决策的准确性、科学性及工程进展顺利[25]。

6.1.6.4　清溪川的治理成效

清溪川的治理为三段式景观设计，西部城市金融中心采用现代化设计；中部城市商贸区打造滨水休闲带；东部城市商住混合区保留自然生态特点。治理保护和加强总体山水布局的连贯性。修复河流城市生态廊道的功能，并借此带领相关生态系统的效能运转，保证城市的综合进步；维持和改进河道和滨水地带的自然结构，建造城市绿色基本设备。着重发挥河流生物保护、涵养水源、调蓄雨洪、遗迹保护等作用，保持和重新建造城市良性的水文系统和生物栖息地；关注景观建造，改善服务效能。把河岸沿路打造成城市公园、散步和骑车旅行的景观内容，将城市绿植景观和人行道路有机配合，在创造精神和美学价值的同时方便通勤、休憩、健身与娱乐，使河流作为城市关键景观和生态组成部分的全面服务效能得以发挥。漫步清溪川，处处都能感受到人水和谐、生态和谐[25]。

从环境效益看，清溪川发展为关键的自然景观，除 COD 和 TN 两项水质指标，其他各项水质指标满足韩国地表水排放一级标准。由于生态环境、人居环境改良，周围房产价格上涨，旅游收入增加，具备良好的经济效益、社会效益和生态环境效益[20]。

治理工作尚存在的问题和不足，还需要持续管理和恢复[24]。

（1）生态环境改善不彻底。在河道生态和连续经营等方面，存在欠缺考虑的问题，河道部分河床底部与两侧存在防渗层，抑制了生物的生长，河流水体自身净化能力也没有得到更好的恢复。

（2）定期维护花费较高。清溪川 80%的水是由汉江提升产生的，定期的人工维修成本昂贵。

（3）对于本地所蕴含的历史文化内涵挖掘不充分。清溪川地区有着六百余年的悠久文化，在河道附近残留着大量历史文化遗迹，对其充分挖掘需要大量时间，但上级领导要求在两年多的工期内完成工作，这会使遗迹中历史文化的发掘工作并不完整。

6.1.7 日本鸭川治理

6.1.7.1 鸭川流域概况

日本鸭川是京都的母亲河，鸭川源自京都西北部山麓，从京都北部自北向南流经京都中心，最终汇入日本的一级河流桂川。鸭川干流全长约 31km，流域面积约 210km²，从发源地向南于鞍马川汇流，贯穿京都盆地，在京都城北出町柳车站附近，与源自东北部的高野川汇集，从京都市中心部分流经，向西南方向而去。鸭川的落差约为 1/200，在京都周边是落差较大的河流[26]。

陪伴着京都的兴衰与成长，鸭川走过了数千年的岁月，早期河水泛滥成灾，影响民生，被日本称为"天下三不如意"之一，后来江户时代开启治理水灾工程。1936 的重大水灾造成 12 人死亡，毁坏了 137 户房屋和数座大桥。之后京都市开展了大规模、全方位的鸭川河道改善和堰堤修葺[27]。为解决季节性洪水的问题，京都政府在河岸上修筑河堤，但断绝了市民们亲水的愿望。2010 年，京都市政府颁布了鸭川整治计划，并着手对鸭川河道进行整治。

6.1.7.2 鸭川流域的主要环境问题

污染、洪水和内涝是鸭川面临的几大环境问题。鸭川落差较大，上、中、下游特点明显，上游段为溪平流，平均落差为 1/100，上游土地开发利用造成泥沙淤积；中游段为普通型，平均落差为 1/350，为经济发达地区，居住人口较多，形成中心区，污染严重，水质较差，1970 年前后年平均 BOD 高达 40mg/L；下游段属于地上河，平均落差达 1/600，防洪防涝能力不足，靠堤防保护两岸房屋不被水淹；需加强行洪能力和雨水综合利用开发。

6.1.7.3 鸭川主要实施的治理措施

鸭川治理理念是人与自然的和谐。水环境的治理不仅仅是治污和景观工程的实施，而是一项综合工程。具体措施如下。

1）筑坝防砂

针对上游溪平流泥沙淤积严重的情况，实施筑坝防砂，同时限制河流周边区域的土地开发。

2）水质提升工程

河道中游经济发达，人口众多，水质恶化严重。对此加强合流管道调蓄能力，增设垃圾过滤装置，减少合流管溢流，河流 BOD 从 40mg/L 降到 1mg/L。同时，扩大河断面，调整改善雨水渗透的设施数量，进行雨水调蓄。

3）防汛排涝工程

鸭川的下游部分是地上河，其主要问题是防汛及排涝。扩展从七条大桥至桂川合流点约 7.6km 的河道，规划海绵城市基础部件，增强河流的管道调整作用。

4）亲水河岸整治工程

（1）设计河堤多层台阶断面。考虑人与自然的亲近，日本京都的鸭川设计了经典的多层台阶式样的断面形状（图6-2）。在保持水系连通的前提下，在中部台阶上放置了可供游览人群休憩放松的座椅、人行道等景观设备，为周围居住者开辟了休闲的地方[28]，主要设施有沿岸慢跑健身路（下游段工程长 27.8km），野外自然环境学习据点和野鸟观测点，下游绿色回廊工程（御池大桥至鸟羽大桥长约 10km，主要由原石护岸和草木等绿色植物构成），下游亲水回廊工程（鸟羽大桥至桂川合流处长约 3km），下游自行车专用道等整修工程。

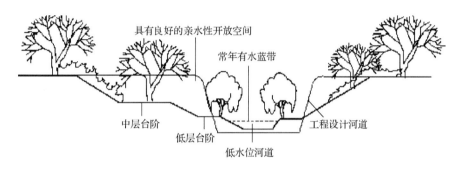

具有良好的亲水性开放空间

常年有水蓝带

中层台阶

低层台阶

工程设计河道

低水位河道

图 6-2　鸭川多层台阶断面结构示意图

（2）调换位于河岸上的堤坝防护工程设施设备。京都市政府将之前位于河岸上的有轨电车转移到地底运行，将最开始使用明沟排涝的琵琶湖输水和疏浚工程改为暗沟，便于机动车行驶。对堤岸的一部分进行削减，开辟成亲水景观廊道，供市民利用。为了解决鸭川的季节性涨水问题，在河岸采取了双重人行道系统。在枯水时期，市民可通过处于较低处的滨水步道行走、游玩；在水量丰裕的季节，水位上升，位于低层的人行道被水吞没，这种情况下市民可使用较高处的步道，做到防洪、亲水两不误。

5）鸭川治理实施的非工程措施

《京都府鸭川条例》中对危险行为有严格的法定禁止，如自行车停放处的禁令等，同时加大监管力度。

6.1.7.4　鸭川治理成效

经过综合治理，鸭川成为京都市民的"纳凉床"，河流穿过京都中央，河流水质较好，两侧干净整洁，无垃圾堆砌，沿岸风景优美，生物种类繁多。野鸭子及各种鸟类盘旋河上，各种鱼类在河流穿梭。鸭川旁的绿色回廊是京都最重要的一条休闲大道，真正实现了人与自然亲近和谐。

6.1.8　日本斧川河道整治

1. 斧川流域概况

日本斧川是流经宇都宫市的市内河道，发源于宇都宫市野泽町平地林，属于利根川流域一级支流田川的一条支流，是栃木县关键的一级河道，从北至南途经宇都宫市城区，入田川，总长 8.94km，城区段河道总长度 2.2km[29]。

2. **斧川流域的主要环境问题**

洪水暴发频次高是斧川流域最大的环境问题，曾于 1980～1982 年接连 3 年出现了 6 次洪灾，整个城市洪水受淹。污染物被地表径流带入河道，造成流域污染负荷增大、水质恶化；洪水期河道水位暴涨暴落、河面宽、滩地大，生态系统也遭受影响。

3. **斧川流域实施的主要工程措施**

斧川整治以人与河和谐相处、互融互通为主旨，通过分洪与整治并重的方法，树立了安逸和使人心旷神怡的河堤风尚。同时，给市民提供了培养传统文化内涵、集会和交流的地方[30]，让宇都宫市变成一座生机勃勃的城市。

1）分洪改道工程建设

斧川上游部分洪水通过改道分洪进入田川，分洪道的形式为无压通道，可分为矩形、马蹄形、卵形 3 种形式，全部长度为 1601.25m。斧川流经宇都宫市区的河段总长 2.2km，市区中心 1.9km 河段采用上下两层结构断面形式（图 6-3），河道宽度为 3～6m 进行规划建造，主要用来排走市区内积雨，设计降雨量为 70.3mm/h。枯水期通过上层小断面河道过水[29]；丰水期利用下层大断面河道排泄洪水。出口段 300m 河道采用矩形断面设计建设，设计行洪流量为 43m³/s。

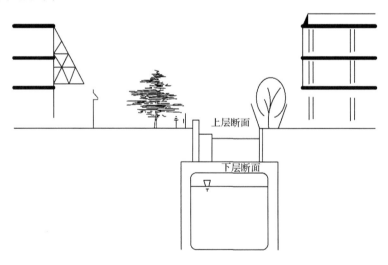

图 6-3　斧川绿化亲水岸线示意图

2）植被和亲水项目修建

河堤路两边种植花卉、绿树，开辟步行道、机动车道，布设路灯、雕塑；提高河道空间利用率，修筑戏水池、喷水池、瀑布、藤棚、钟楼、凉亭等建筑物；上游河道水深度控制在 2.8m 以下。另外，水体中放置了各种当地特色的鱼类[29]。

4. **斧川流域治理成效**

日本斧川道整顿治理项目，使用分洪与整治并重的方法，提高河床空间利用率，凸显"以人为本、归回自然"的河道修复理念[29]。这不仅改善河道周围的环境、增强河道的行洪作用，还创建了一条深受市民喜欢的自然型河道，提高了街道沿岸的生机和活力，加深了城市的内涵，实现人与自然和谐共处的目标。

6.2　我国典型城市河湖综合治理案例

随着经济的增长和城市化进程的加快，作为重要水资源和城区景观水体的城市河湖水系遭受严重影响。为体现河湖在城市化发展过程中的服务功能，城市化建设中不可避免地对河湖实施城市化措施进行改造，如河道裁弯取直和渠道化使河道失去延展性；河床部分岸边工程材料质地硬化、不渗水，阻断自然物质交换；河道形式太过简易、单一化，河网主干化，河湖水系连通作用丧失，地表水和地下水之间断档，水源功能丧失；工程建设扩张滥用泄洪设施，透水地面下垫面发生变化，面源污染汇集、城市点源污染控制不当造成河道纳污负荷加大，城市河体自我净化能力降低，生态环境作用减弱，生物多样性降低。湖泊土地利用格局改变，湖滨带遭受破坏，同时水资源分配和利用不均，导致河、湖阻隔，河道生态失衡。加之河湖管理机构和能力不足，水体水质恶化甚至发黑发臭，有的甚至出现水危机和水灾害，给当地居民的生产生活造成严重影响。

早在公元前 28 世纪，我国就开始了河道水体生物环境改良技术。近年来，市区经济提升对河流整顿要求推进产生了影响，我国大部分城市已经逐渐启动对部分城市河湖水环境开展规模壮观的整治，如上海苏州河、云南滇池、浙江"五水共治"[31]、新疆博斯腾湖等，以期恢复正常的水生态系统。本节在查阅大量文献的基础上，梳理了我国具有代表性的河湖治理案例，供借鉴参考。

6.2.1　上海市苏州河治理

6.2.1.1　苏州河治理前概况

苏州河又称吴淞江，起源于太湖瓜泾口，从位于上海市区的外白渡桥周边流入黄浦江，是上海的母亲河。苏州河总体长度 125km，平均河面宽度 40～50m。上海范围内，苏州河从赵屯到河口与黄浦江交汇处共 53.1km，从西到东横跨了 8 个行政区。市区河段平均河宽 50～60m。历史上的苏州河清澈见底，水产丰富，具有泄洪、输水、航运和灌溉等作用，作为连接上海与江苏南部的主要水上运输线，同时是上海市区内的关键航道。

近代工业的繁荣发展对苏州河产生了严重污染。20 世纪 20 年代，苏州河沿岸人口迅速增加，纺织、印染、面粉、粮油制造、机械化工等大量工厂在苏州河汇集，众多工人沿河而居，人口密度高度集中。大规模没有得到处理的工业污水和生活废水直接输入苏州河，生活垃圾、废物弃于岸边，严重污染河水，水质日益下降。随着污染的不断加剧和扩散，到 20 世纪 50 年代，苏州河城区河段及重点支流常年发黑和产生异味，到 70 年代，全线遭受污染和生态系统破坏，严重影响岸边居民的生活和当地可持续发展。以位于苏州河武宁路桥断面为例，1992 年关键水质参数 COD、BOD_5、NH_3-N（氨氮）、DO 浓度分别是 158.36mg/L、62.43mg/L、19.93mg/L、1.31mg/L[32]。地处外滩的苏州河与黄浦江汇集交融的地方"黑黄分明"[33]。上海大厦曾关闭所有面向苏州河的窗口，沿岸住户夏天不敢打开窗户通风，以免恶臭和蚊虫侵扰[34]。过去黑臭的苏州河影响上海市建设现代化国际大都市、可持续发展的进程[35]。

苏州河水环境污染的主要原因如下。

（1）苏州河水系统污染源头多，具有严重的污染负荷。苏州河上游部分遭到农业面源侵染；下游河水遭受工业和生活污（废）水影响；沿途还受轮船航运、码头拆卸的影响[36]。

（2）苏州河水流形式为潮汐往返流，水动力不足，污染物来回游荡，下泄通量小[34]。

（3）苏州河为城市排涝河体，接收沿河37座市政泵站排洪，污染风险较大。

6.2.1.2 苏州河整治工程

苏州河的治理可以追溯到 20 世纪 80 年代底，图 6-4 为苏州河综合治理思路及总体框架。1988 年，按照"以治水为中心，全面规划，远近结合，突出重点，分步实施"的方针，本着"标本兼治、重在治本"的原则，苏州河一期工程开始实施。1993 年 12 月，消耗 16 亿元的污（废）水合流一期整治项目建成通水，缓解了苏州河的污染负荷。由于苏州河的环境情况十分杂乱，黑臭、脏乱等显著缺陷没有得到妥善处理。为彻底解决苏州河污染，从基础上改善苏州河的水质和生态面貌，通过论证提出整体规划综合整治方案，对苏州河进行生态全面治理，以彻底解决苏州河生态环境问题[36]。1999～2011 年，上海市开展了三期苏州河生态全面治理，取得了明显效果，苏州河从臭河浜转变成景观河。这一举措为苏州河水自然环境的改良和恢复奠定了基础，同时加快了上海全市中小河道的整治步伐[34]。

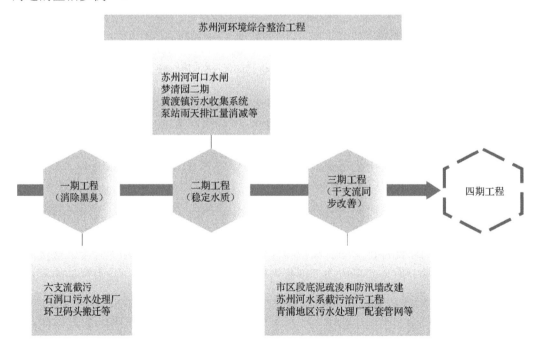

图 6-4　苏州河综合治理思路及总体框架

1. 苏州河环境综合整治一期工程及成效

1999 年底～2003 年 1 月为实施苏州河生态全面治理一期工程阶段，总成本约 70 亿元，采取水环境整体治理思路，治理目的为解决苏州河主干流黑臭以及与黄浦江汇流处"黑黄"界面、整顿沿河两边脏乱情况，改良滨河风貌[32]。在该阶段，实施了将建设水利、防汛、市政排水及截污治污等工程项目一体化的综合整治工程。

1）主要实施的工程

（1）支流截污工程。针对苏州河市区段彭越浦、真如港、新泾港、木渎港、申纪港、华漕港六支水质劣于干流的支流，开展流域截污工程，在苏州河北区、南区各自建造截流管路，共铺设 209.7km，新兴泵站 12 座，改建泵站 57 座，同时关闭养殖场 36 家，消除输入苏州河市区支流的直排点源污染。

（2）污水处理厂建造项目。建设西干线和石洞口污水处理厂项目，服务范围为西干线服务区域、苏州河六支流截流污水等地区，水处理能力提升至 40 万 m^3/d。

（3）综合调水工程。利用苏州河河口启闭时引起的水位差控制水流流向和净泄量[32]，改变吴淞路闸桥运转方法，涨潮时闭闸挡潮，落潮时开闸泄水，实现河流回荡往复向单向流动的转变。

（4）支流闸门控制工程。在位于木渎港和上游的西沙江、小封浜、老封浜、黄樵港、北周泾、顾港泾 6 条支流河口建造闸门，拦截污染的支流，以控制支流进入苏州河干流的污染物总量，降低苏州河干流污染负荷。

（5）苏州河底泥疏浚工程。在苏州河上游及部分支流约 85.7km 的河道开挖疏浚底泥约 310 万 m^3，增加河道输移容量及过水断面。

（6）河道曝气复氧工程。利用曝气复氧船对苏州河北新泾至河口的 17km 河道进行曝气，以提高水体溶解氧浓度。

（7）环卫码头搬迁及水面保洁工程。搬迁长寿路桥以东环卫码头，建设垃圾焚烧厂、粪便预处理厂和水域保洁系统等配套设施，削减传统生活方式的特定污染。

（8）防汛墙改造工程。加固改造现有防汛墙，新建防汛墙 41km，建设沿岸景观型绿地 10.8 万 m^2，改善河岸景观。

（9）虹口港水系整治工程。搬迁苏州河中心河段 19 处货运和专用码头，拆除废弃码头，新建滨河林荫道及绿地。

（10）陆域环境综合整治工程。实施河岸绿化工程，在长寿路桥向东河岸修建滨河林荫路，开拓岸坡公共绿化用地，改善苏州河市中心段滨河景观。

2）工程实施后取得的阶段效果

苏州河生态全面治理一期工程完成后，基本解决了苏州河干流的黑臭问题，位于外滩的苏州河至黄浦江合流汇流界面消失，滨河景色改观，河岸房地产价值快速提高。苏州河干流河底栖动物生物量显著增多，市区段可看到成群的小型鱼类，苏州河展现生态恢复趋势。水面漂浮垃圾基本消除，航运井然有序，河岸大幅增加的绿地及滨水景观使市容、人居环境大幅改善[32]。

苏州河水质总体改善，但主流水质仍表现出不稳固性，支流污染仍十分严峻，尤其是城郊的支流，脏、乱、差现象极其严重，河道成为天然垃圾场，不仅污染河体，而且堵塞河道，极大地破坏了上海城市风貌和沿线居民日常生活[32]。

2. 苏州河生态全面治理二期工程及效果

2003～2005 年为苏州河生态全面治理二期项目工程阶段，目的是巩固一期实施效果并改善存留的环境问题，进一步提升苏州河干支流水质，提高苏州河水系生态作用及改善沿岸环境。该阶段实施了截污治污、两岸绿化、环卫码头搬迁等 5 类 8 项工程措施[36]。

1）二期工程实施的具体措施

（1）初期雨水调蓄工程。苏州河干流沿岸建造 5 座雨水调蓄池，改造 3 个分流制排水工程，降低初期雨水对苏州河干流的污染负荷[32]。

（2）截污纳管工程。在下游三门、闵行、嘉定、普陀、闸北、虹口等区域开展分流制地区雨水、污水混合和雨水泵站的回笼水汇集等截流方式，共截流污染源 1050 个，直排河道的污（废）水纳管总量 4.76 万 m³/d；在上游地区建设污水泵站 2 座，铺设污水管道 27km，截除污染源 36 个，直排水纳管总量 0.8 万 m³/d[32]。

（3）河口水闸建造项目。建造河口 100m 宽液压倒卧式翻板闸门，为开展苏州河"西引东排""东引南北排"的全面调水提供技术保证。

（4）城市水生态处理系统示范。建造梦清园公共绿植和城市水生态处理系统示范项目，将原啤酒厂罐装楼改为苏州河展示中心。

（5）两岸绿化建造项目。建设周桥公园等大规模公共绿植区域，面积 23 万 m²，建成滨河景观廊道；改建西藏路桥，改良两岸环境风貌。

（6）环卫设施建造和改造项目。改造苏州河中上游沿岸垃圾简易堆场 10 处；建造黄浦区垃圾中转站，管控生活污染；建立市容环卫执法管理和保洁维修基地。

2）苏州河综合整治二期的阶段效果

2005 年，苏州河干流水质得到大幅提升，干流上下游间水质差异逐渐减小。干流上游关键水质指标 COD、BOD_5 稳定达到《地表水环境质量标准》（GB 3838—2002）Ⅳ类水标准，下游平均值达到Ⅳ类标准；上游 DO 浓度平均值达到Ⅳ类标准，下游平均值低于Ⅴ类标准。重点支流中心城区大体消灭黑臭。新修建滨河景观绿植 23 万 m²，内环线内初期建成滨河景观廊道。

苏州河环境综合整治二期实现了预期目标，但是水质稳固的维护机制还很不牢靠，苏州河自我净化作用的恢复也受到限制，两岸陆地环境风貌还未得到综合和彻底的改良，制约了苏州河水质的更深一步改良和水生态系统的恢复[36]。

3. 苏州河环境综合整治三期工程及成效

2006～2011 年为苏州河水环境综合整治三期工程阶段，总投资约 31.4 亿元。经过两期工程实施，苏州河干流水质明显改善，基本消除黑臭，但河流还未恢复本身的自净能力。为实现彻底整治苏州河的目标，整体达到苏州河环境综合整治目标，夯实环境综合整治一期、二期工程的成效，不断改良苏州河干支流水质。三期工程将治水设定为主旨，突出治源治本[35]，重点加强截污治污，实施底泥疏导，加快防汛墙及两岸景色塑造，主要实施以苏州河支、干流水质同步改善、下游水质与黄浦江水质同步改善为目标的整治项目[37]。

1）苏州河环境三期综合整治工程具体措施

（1）市区段底泥疏浚和防汛墙改建项目。在河口至真北路桥约 16.7km 的城区段进行底泥疏浚和防汛墙改造[38]。疏浚底泥采用吸淤船和抓斗式挖泥船作业，总疏浚土方量约 130 万 m³，开挖土方原状外运，进入堆场填埋。防汛墙加固改造长度约 26.3km，沿岸防汛墙采用直立式挡墙，河口水闸内河段防汛墙防洪标准为 50 年一遇。沿岸防汛墙建设与周边景区相适宜，在确保防汛安全的前提下注重景观水系建设，成为中心城市重要的生态景观带[32]。

（2）水系截污治污工程。建造 4 座雨水泵站截流设备，改进完备支流排涝泵站污水收集管网，改良水系水质。

（3）青浦地区污水处理厂配套管网项目。建设青浦区华新镇、白鹤镇的白鹤和赵屯地区污水收集管网。

（4）长宁区环卫码头搬迁项目。在长宁区建设长宁区生活垃圾转运站、长宁区粪便预处理厂和城市污泥处理厂，迁至长宁区苏州河万航渡路 3 处环卫（市政）码头[36]。

2）苏州河综合整治三期的阶段效果

苏州河水环境综合整治三期工程实施完工，苏州河支流水质、干流水质、干流下游水质与黄浦江水质同时得到改良，逐步实现水的良性循环，水生态逐步恢复，水环境明显改观，为生态系统恢复创建了前提。苏州河仍存在一些需要解决的问题。

（1）苏州河干流仍有安全问题。苏州河真北路以西段堤防大体不满足标准；市区段暴雨期间苏州河水位很高，雨水泵站被迫关机和雨水倒流问题还未彻底处置。苏州河干流的抵御能力与流域抗洪、区域防涝和城镇排水的现代标准有可见的差异。

（2）苏州河沿岸仍出现脏乱差问题。苏州河综合整治一期、二期、三期的关键在真北路以东的中心城区段，其他区段还未得到有效根治，仍存在脏乱差问题。苏州河两岸环境景色与"全球城市"发展目标的要求还有巨大差异。

（3）苏州河干支流水质还未达到 V 类水标准。苏州河沿线雨水泵站放江、未达标污水处理厂尾水滥排、上游段污水直排等对河道的冲刷、支流污染输入、上游来水水质不稳定等因素同时产生效果，苏州河干支流水质仍未满足 V 类水标准。点源污染慢慢得到有效控制，径流污染成为水环境质量改善的限制条件。每年汛期的 7～9 月，平均每月有 600 多万 t 初期雨水溢流输入苏州河，造成苏州河水质不稳固、雨天黑臭。

4. 苏州河环境综合整治四期工程

为更深层次提高苏州河干支流水质和城市防汛作用，加强苏州河综合效能，着力建成"一江一河"世界级滨水区，2018 年全面开展苏州河环境综合整治四期工程，总投资达到 250 亿余元。具体目标：①到 2020 年，争取全面消灭劣 V 类水体，干流堤防工程全部达标，航运功能得到优化，生态景观廊道基本完成，尽力把苏州河改变成为"城市项链、发展名片、游憩宝地"[36]。②到 2021 年，支流全面消灭劣 V 类水体，干流堤防工程整体达标，航运功能得到优化，生态景观廊道基本建成，形成大都市的滨水空间示范区、水文化和海派文化的开放展示区、人文休闲的自由活动区，为最终达到"安全之河、生态之河、景观之河、人文之河"的目标奠定基础[38]。

第四期工程从河道水质、防汛能力、综合作用及管理层次四个方面进行综合整治，整治范围主要为北至蕴藻浜、南至淀浦河、西至沪苏边界、东至黄浦江，涉及 4 片 11 区 855km² 的 1611 条河道，主要措施如下[36]。

（1）点面并重，标本兼顾，提高河道水质。以水质达标为要点，以污染控制为抓手，坚持"水岸联动、点面结合，标本兼治、综合施策"。

根据"五违四必"领域环境生态整顿，采用污染源截污纳管、初期雨水拦蓄处理、污水处理厂提标改造等方法，同时开展支流及周边环境改善，达到区域污染综合治理[36]。对苏州河两翼 2012 条（段）中小河道（含主要支流）进行针对性整顿，形成苏州河水系内 11 个区"一河（镇）一策"支流整治思路。在加速推动虹桥污水处理厂新建工程的同时，完成尾水排入苏州河支流的安亭、华新、白鹤和青浦第二污水处理厂的升级改造及扩建工程，提升污水处理厂尾水水质。对疏浚底泥进行生态处理，降低对河岸及水质的污染（图 6-5）。

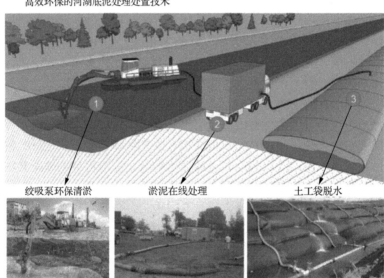

图 6-5　高效环保的河湖底泥处理处置技术

（2）蓄排结合，统筹兼顾，提升防汛能力。考虑流域工程，更深层次完备苏州河水系防洪治涝格调，提高苏州河的防洪治涝排水效能。①完善防洪系统。依据吴淞江工程，拓宽苏州河蕴藻浜以西段河道，建造两岸堤防，显著降低苏州河两侧区域的涝灾隐患。②提高排水作用。增强苏州河沿线 25 个排水系统的排水效能，将设计暴雨标准提高到 5 年一遇，防汛墙高度增加到 5.2m，有效抵抗 100 年一遇强降雨，大幅提高苏州河的防洪排涝能力。③底泥疏浚。底泥疏浚量为 172 万 m³，可增大河道过水断面，提高河道行洪能力。

（3）注重生态，水岸联动，提升综合功能。践行"绿色、开放、共享"的整治主旨，多部门合作，积极推动苏州河两岸城市升级及用地转型，整顿两岸陆域，连通滨水通道，拓宽滨水空间，打造水陆景观，提升生态质量，打造世界级滨水区[38]。①整治陆域。苏州河中心城区 42km 公共岸线的空间连通拓展，提升多功能复合的滨水空间。②建造生态景观。营造自然景观与人文景观，提高滨河公共服务作用，打造"生态、休闲、运动、文化"品牌，迎合市民健康生活和精神文化追求。③修补生态岸线。因地制宜对苏州河堤防进行生态改善，水绿联合，改善环境质量，提高景观质量，促进生态廊道与生活功能的完美互补融合。防汛墙的设计依托区域景观需求，在保障防洪的同时，成为与周边环境有机融合的一道风景。④提升综合作用。考虑苏州河对城市功能的整体效能；合理安排沿河码头、航运设施，提高苏州河防汛、航运、景观、人文、公务等综合效能[39]。

（4）市区联手，条块联动，提升管理水平。以苏州河综合整治为模范，营造市区联手、条块联动、协同整治、建管并举、良性互动的体制系统。①奠定协调推进机理。考虑河长制，阐明市、区两层面的责任与分工，确定具体工程项目与责任主体。②改善调度运行管理。确定污水处理厂、输送干线、市政泵站、截流设施构成的优化调度方法，遏制泵站溢流放江污染。③提高环境监测效率。打造苏州河水系监测、预警数据平台，更深层次改进苏州河两翼水环境预警监测系统。④增加执法监督监管。增强对排（污）水企业的监管，实行河湖动态监管，增大执法力量。

6.2.1.3　苏州河综合整治效益评价

苏州河经过 20 余年的治理，水环境得到明显改观。

1）黑臭消除，水质提升

自 2003 年苏州河一期工程实施后，干流完全消除黑臭，水质关键指标平均值达到国家规定的景观用水标准；二期工程实施后，中心城区支流消除黑臭；2011 年三期工程的实施使苏州河干流支流水质同步改善，主要断面水质保持基本稳定[40]；四期工程自 2018 年开始实施，水质进一步提升。

2）生态系统逐步恢复

苏州河三期工程水质提升后，水体生物多样性发生明显变化。一期工程实施过程中发现为以耐污种为主的底栖动物群落；二期工程实施后苏州河发现了浮游动物 56 种，9 种底栖动物；三期工程实施后，鱼类增多，曾经消失的水生生物重新回归。随着四期工程的进行，苏州河生物多样性不断提升。

3）水环境得到明显改善，经济可持续提升

苏州河三期治理工程完工，使得整体面貌焕然一新，改变了长达半个世纪"脏、乱、臭"的形象，水环境质量和水生生境得到改善，人居环境有了改观。凭借其独特的江南秀美人文水景，吸引了世界各地游客，开发了旅游经济效益。

4）苏州河的治理带动了上海中小河道治理，吴淞水系水环境得到提升

在苏州河环境综合整顿的推进下，采用截污治污、沟通水系、调活水体、营造水景等有效方法，河道整顿从中心城区向郊区拓展延展，从单条河道向流域水系整治深入，先后实施了中心城区河道整治、近郊黑臭河道整治、郊区骨干河道整治和"万河整治"行动、"一河一策"中小河道整顿等行动[32,39]。吴淞水系水质大大提升，水环境容量增大，水生态系统得到较好的恢复。

6.2.2　滇池治理

6.2.2.1　滇池流域概况

滇池属长江流域金沙江水系，地处昆明坝子中央，位于长江、红河、珠江三大水系的分水岭地带，属断陷构造湖泊，是昆明的"母亲湖"。自古以来昆明依湖而建、因湖而兴，是云南省人口最密集、人类活动最频繁、经济最发达的地区。滇池南北长约40.4km，东西平均宽约7km，水面面积为309.5km²，总蓄水量15.6亿m³，是云贵高原最大的淡水水体[41]。流域面积2920km²，流域径流6.961亿m³/a，湖面降雨约2.72亿m³/a，共约9.68亿m³/a，地下水补充较少。湖水蒸发作用大，平均达4.5亿m³/a[42]。

1996年建造了船闸以后滇池水域就被分成内外两部分。海埂以南称为外海，是滇池的主体部分，面积约289km²，占据了滇池总面积的97.2%；海埂以北称作内海，又名草海，面积约10.65km²。滇池是经典的浅水湖水，平均深度约5m，最深的地方8m左右，北部草海较浅，只有1米多深。草海、外海各有一人工掌握出口，向北经螳螂川、普渡河后，汇入金沙江。滇池入湖河流29条，属12个河系，除流过昆明市区的6条纳污河，其余起源于流域北部、东部和南部的山地，以及滇池上游的水库和龙潭等水源地。其中7条河流流入草海，22条河流输入外海，这些入湖河流流过人口多的城镇、乡村以及磷矿区，最后形成心形进入滇池[41]。

滇池是世界关心的高原湖水，是长江上游生态安全部分的重要组成因素，也是国家重点治理的"三湖"之一。滇池流域总面积占昆明市的13.8%、云南省的0.78%；聚集了昆明市57%、云南省8%的人口，创造的生产总值分别为昆明市的80.9%、云南省的25%，对昆明经济社会发展和宜人气候形成起着关键作用，承担着云南省和昆明市经济、社会发展的重责。昆明是我国面向南亚、东南亚的辐射中心，是建设"一带一路"的关键城市[43]。

6.2.2.2　滇池流域的主要环境问题

1）经济的发展，点源无序排放，滇池污染日趋严重

20世纪50年代之前，滇池流域人口稀少，几乎没有工业企业，滇池湖水清澈透明，可作为饮用水水源。60年代，随着滇池流域经济的快速发展，人口向城区汇集，工业在近郊区布局，生活污水和工业废水直接进入滇池，流域森林植被被大量砍伐，覆盖率逐年降低，生态环境开始变差，但仍在滇池的自净能力范围内[42]。至70年代，滇池水质指标可维持在《地表水环境质量标准》（GB 3838—2002）III类标准范围内。自20世纪80年代，滇池周围建设了一批磷肥厂、冶炼厂、印染厂、造纸厂、制革厂、电镀厂等乡镇企业，流域内工业企业达5000多家。废水的无序排放导致滇池污染越来越重。1988～2015年，滇池流域点源污染产生总量呈现不断上升的趋势，增长了约4.6倍[44]。

2）面源污染严重

20 世纪 80 年代开始，在滇池沿岸和领域农村，为提高农作物产量，大规模进行农药施肥，滇池海口以上流域内每年投加农药 450t、化肥约 11000t。大量未吸收、未降解的农药、化肥经地表径流进入滇池后，使滇池水中的有害物质浓度剧增。伴随着滇池流域农业布局和结构的调整改善，尤其是"全面禁养""测土配方"、秸秆资源化利用及农村污水处理设施建设等措施的开展，滇池流域农业面源入湖量有所降低。截至 2015 年，滇池流域农业面源 COD、TN、TP 和氨氮的入湖量分别为 3132t、845t、166t 和 432t，较1988 年减少了约 39%[45]。

滇池流域是昆明市政治、经济、文化的关键，20 世纪 80 年代之后，流域人口连续高速增加。"十二五"末期，滇池流域人口达 430.4 万人，流动人口也常年保持在 100 万人左右。城市面源入湖量表现出显著的逐年提高势头。截至 2015 年，滇池流域城市面源COD、TN、TP 和氨氮的入湖量分别为 20815t、1039t、89t 和 298t，较 1988 年增加了约2.5 倍[42]。污染负荷大规模入湖，加深了滇池水质恶劣程度。

3）资源利用不合理，涸水谋田，水质污染，生态破坏

滇池水的大量再次使用，水资源利用率达到 161%，已远远超出水资源的承受能力[46]，导致水质恶劣，蓝藻暴发频繁且强度逐渐提高，成为国家重点治理的"三湖"之一[44]。在过去"涸水谋田"思想下，滇池水面降低，容量减少，造成湖体的自然净化效能的弱化。过去，流域森林遭受破坏，林地占地面积逐年下降，造成水土流失严重，雨季大量营养盐在泥沙的携带下随河道进入滇池，进一步加快了滇池富营养化[44]。

6.2.2.3 滇池流域实施的主要治理措施

20 世纪 80 年代至今，滇池水污染防治经历了四个阶段[42]。

治理启动阶段（1988～1995 年）：滇池水污染防治的启动阶段始于"七五"期间。1988 年，昆明市颁布实施了《滇池保护条例》，随后印发了《滇池综合整治大纲》，初期开展滇池的保持和治理任务。此阶段主要是对流域点源污染实施控制，投产建设城市污水处理厂。1991 年第一污水处理厂投产运转，处理规模为 $5.5 \times 10^4 \text{m}^3/\text{d}$[45]。

综合治理阶段（1996～2005 年）："九五"以来，滇池被列为国家重点整治的"三湖"之一，治理力度逐渐增大。1999 年实施了达标排放"零点行动"，对流域关键工业企业进行拉网式排查，工业污染被有效管控；逐渐实施农村面源污染整治、内源污染防护及生态建造与恢复工程；先后建成了第二、三、四、五、六污水处理厂，呈贡县（现为呈贡区）和晋宁县污水处理厂，北岸截污泵站，使入湖污染负荷进一步降低[45]。

治理的提速阶段（2006～2013 年）："十一五"以来，实施了滇池治理"六大工程"（环湖截污、农业农村面源治理、生态修复与建设、入湖河道整顿、生态清淤等内源污染治理、外流域引水及节水），使流域污染得到了有效控制[47]。2010 年，新建了第七、八污水处理厂，部分污水处理厂处理能力提高，处理工艺进一步优化，流域污水处理规模达到113.5 万 m^3/d，污水处理厂出水均达《城镇污水处理厂污染物排放标准》（GB 18918—2002）一级 A 标（除 TN），污水处理厂出水大体满足《地表水环境质量标准》（GB 3838—2002）Ⅳ类标准，入湖污染负荷大量降低。

治理的全面提速新阶段（2014年至今）："十三五"期间，滇池进入全面提速的新阶段，在"科学治滇、系统治滇、集约治滇、依法治滇"思路的指导下，进一步完善水体污染控制体系，对工业污染源、城市污水垃圾处理、城市面源污染及农村环境进行综合整治[43]；合理配置水资源利用，完善健康水循环体系；强化饮用水源地环境保护，开展入湖河道支流沟渠综合治理，提升湖滨湿地生态环境功能。

"九五"以来，共实施滇池治理工程234项。具体实施措施主要有：污水处理工程、环湖截污工程、农村面源治理工程、入湖河道治理工程、环湖生态修复工程、内源治理工程和外源引水及节流工程。

1）污水处理工程

截至2015年底，滇池流域共建造22座城市污水处理厂和11个集镇污水处理站，设计处理量达200万 m^3/d，新增工业园区污水处理规模13.36万 m^3/d，出水水质综合达到《城镇污水处理厂污染物排放标准》（GB 18918—2002）一级A标的国家排放标准，部分水质指标高于一级A标[47]。

2）环湖截污工程

截污工程主要包括排水管网工程、滇池北岸截污工程、环湖截污等。滇池截污治污系统大体建造，滇池及其水系周边已建成97km的截污主干渠、22座水质净化厂、17座雨污调蓄池，入湖污染物大量减少，点源污染物入湖量减少了70%[42]。

（1）排水管网工程：重点建成城市排水管网工程、东郊污水处理厂配套管网、西郊污水管网系统、呈贡污水处理厂配套管网、晋宁污水处理厂配套管网等[42]。

（2）滇池北岸截污工程：将船房河和大清河接纳的城市污水，通过泵站、输水管线从西园隧洞输出到滇池以外的螳螂川。

滇池环湖截污工程共建成97km环滇池截污主干管渠和342.7km雨（污）水管网、昆明主城雨污分流次干管及支管配套建设工程。

3）农村面源治理工程

在流域范围内综合取代了规模化畜禽养殖，完成1.8万养殖户的680万头（只）畜禽禁养；农业产业结构转变面积为1.1万 hm^2，累计开展配方施肥14.9万 hm^2，秸秆径直还田3.4万 hm^2，降低化肥施用量约9万 t；建成885个村庄生活污水收集处理设施；建立农村垃圾"村收集、乡运输、县处置"的运转机制[43]。

4）入湖河道治理工程

截至2015年底，基本完成了35条主要入湖河道整治项目，滇池入湖河道综合整治工程成效显著，铺设改造截污管道1300km，完成河道4100多个排污口的截污及雨污分流改造，清除淤泥101.5万 m^3，河道水质和生态景观显著提升。

5）环湖生态修复工程

主要实施湖滨环湖"四退三还一护"（通过退塘、退田、退人、退房，实现还湖、还林、还湿地和护水）生态建设，开展滇池湿地恢复与治理工作；完成湖滨退塘退田

3000hm²，退房 152.1 万 m²，退人 2.5 万人，拆除防浪堤 43.14km，新增加滇池水域面积 11.51km²，建成湖滨生态湿地 3600hm²。初步构建了一条平均宽度约 200m、面积约 33.3km²、区域内植被覆盖率大于 80%的闭合生态带[42]。

6）内源治理工程

滇池泥沙淤积情况严重。大量泥沙随着河水、雨水进入滇池，滇池内淤泥逐年增加。到 20 世纪末，滇池中的淤泥存量已达 8500 万～1.2 亿 m³。不断增厚的淤泥造成沉水植物无法生长，破坏水体生态链，富含的氮和磷导致蓝藻暴发。内源治理工程主要包括底泥疏浚工程及蓝藻清除工程。在滇池草海、外海北部及主要入湖河口实施底泥疏浚工程，截至 2017 年 4 月，已疏挖出 1517 万 m³污染底泥，清除了滇池水体中 2 万余吨氮磷；利用"食藻虫"控藻技术；Phoslock 锁磷技术除磷、除藻；放养鲢鳙鱼控制蓝藻；采取投加生化药剂、机械清理蓝藻等技术实施生物治理和蓝藻清除等内源污染整顿工程，滇池内源容量污染持续降低。

生态清淤、蓝藻清除工程等内源整治效果显著。

7）外源引水及节流工程

治理以来，共建成 520 座分散式和 9 座集中式再生水取用设施，日处理总规模 29.67 万 m³，积极建立国家节水型城市；牛栏江—滇池补水工程建好通水，每年可向滇池外海和草海补水 5.66 亿 m³。

牛栏江—滇池补水工程主要由德泽水库水源枢纽工程、干河提水泵站工程及输水线路工程组成。在德泽大桥上游 4.2km 的牛栏江干流上修建坝高 142m、总库容 4.48 亿 m³的德泽水库；在距大坝 17.6km 的库区建设装机 9.2 万 kW、扬程 233m 的干河提水泵站；建设总长为 115.6km 的输水线路，由泵站提升水体输入到输水线路渠首，输水线路落点在盘龙江松华坝水库下游 2.2km 处，使用盘龙江河道输水到滇池。设计引水流量为 23m³/s，多年平均向滇池补水 5.72 亿 m³[48]。

6.2.2.4　滇池治理成效

昆明市依据"以水定城，量水发展，科学治理，系统治理，严格管理，全民参与"的规则，环绕滇池治理实施关键工作[43]。入湖污染物量得到控制，水质得到改善，滇池湖体富营养化问题显著减少，蓝藻水华显著减少，流域生态环境明显得到改善。滇池的治理推动了城市经济成长，具有良好的环境效益、生态效益和社会经济效益[47]。

1. 滇池水质得到改善，蓝藻得到控制

经过几十年来的治理，滇池降低污染能力不断提升，污染物入湖总量占产生总量的比例连续降低，由 1995 年的 95%下降至 2005 年的 50%，2013 年达到了 30%以下，治理效果明显[45]。滇池治理阶段性成效如图 6-6 所示。2020 年，努力实现滇池外海水质稳定达到《地表水环境质量标准》（GB 3838—2002）水质指标Ⅳ类标准；草海稳定达到Ⅴ类；主要入湖河流稳定达到Ⅴ类以上。

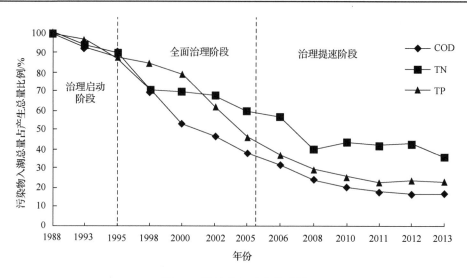

图 6-6　滇池治理阶段性成效

2. 生物多样性提高

进入全面提速治理阶段后，水质改善带来了新的生命力，生物多样性得以提高。同时，滇池形成了闭合的湖滨生态带，滇池湖滨湿地植物一共 290 种，较 2012 年增多了 49 种，并在滇池南岸发现了喜清水性的苦草、海菜花等品种。截至 2016 年，滇池有鱼类 23 种，土著鱼类 5 种，濒危物种滇池银白鱼和金线鲃等重现。现有鸟类 138 种，较 2012 年增加了 42 种，国家二级重点保护鸟类 7 种。2017 年 1 月，在滇池南岸湿地出现了 10 只我国一度绝迹的珍稀鸟类彩鹮。每年冬春季，大概有 4 万只红嘴鸥居住在滇池，已经变成昆明的特殊"市民"，吸引了国内外游客和大批市民前来观鸥。红嘴鸥栖息于滇池周边湿地、林地，甚至顺着河道进入城区搭建自己的安乐窝[43]。

3. 湖滨自然景观获得改良

经过治理，滇池周边环境形成了一个闭合的湖滨生态带，创建了滇池湖滨沉水、挺水、湿生到陆生的植物群落，令滇池湖滨生物多样性和生态作用初步好转，湖滨自然景观得到明显改良[43]。昆明市将滇池鸟类繁衍、迁徙场地，鱼类产卵场及土著水生植物生长的区域划定为重点保护区，并收录入已出台的《昆明市环滇池生态区保护规定》。湿地公园、岸边成为昆明市民、中外游客赏景放松的好地方，生态文明的潜质逐步彰显出来。

牛栏江引水工程形成的城市景观瀑布成为昆明城市一景，是市民游乐休憩的好去处。捞鱼河是昆明市有悠长历史的一条河，考虑到这一特色，昆明市政府打造了开放式的捞鱼河湿地公园，是昆明市民休闲娱乐的重要场地，且已成为滇池湿地建设中的标志性项目[43]。

4. 带动经济发展

滇池流域的整治为昆明市经济转型与增长带来了新的机遇。未来，昆明市将大力发展生态文化旅游和休闲度假体验。滇池具有独特的自然风光，大山大水浑然天成、湖光山色相得益彰，周边历史文化深厚，是古滇文化的发扬地及数千年滇中历史文化最重要的汇集区。在保证生态优先的条件下，通过科学设计、精心布局和合理开发使用，滇池及周边沿湖地区已具备打造成为具有高原湖滨生态城市面貌的生态文化旅游区、休闲度假体验区、城市生态文明新窗口、城市创新文化新载体、城市综合旅游新标志的潜力[43]。

6.2.3　浙江省"五水共治"

6.2.3.1　浙江省"五水共治"的治水背景

浙江位于我国东南沿海长江三角洲南翼，东临东海，南接福建，西与江西、安徽毗连，北与上海、江苏为邻，素有"七山一水二分田"之说。全省陆域面积 10.38 万 km²，其中山地和丘陵占 70.4%，平原和盆地占 23.4%，河流和湖泊占 6.4%。海域辽阔，岛屿众多，因水而名，因水而美，因水而兴。浙江是我国改革开放的前沿阵地，经济发达。经济发展的同时带来了一系列环境问题，程度最深最迫切的就是水环境问题，主要体现在以下几个方面。

1. 水体污染严重

浙江河流众多，从北到南有苕溪、运河、钱塘江、甬江、椒江、瓯江、飞云江和鳌江等八大主要水系[49]，基本自成体系独立入海。八大水系除水库蓄水和主要河流上游等水体水质较好外，中下游河段及支流水质较差，劣V类水体河段众多。在城镇周边、沿海、平原等人口集聚区域，印染、造纸、制革、化工和电镀等产业，产值占全省工业总产值的比例不高，但污染物排放量占比极高，曾导致水体呈现"垃圾河""七色河"等，污染严重制约了水资源的利用，出现了严重的结构性水源短缺问题[31]。水环境质量恶化，影响人民群众生命健康和生活质量。水体污染加剧了水资源的供需矛盾，优质水源短缺，污染导致污染型缺水，曾出现"江南水乡没水喝"的局面；生态环境严重破坏，人民群众健康受到严重威胁。

2. 洪涝灾害频发

浙江水系发达，八大水系独立入海，源短流急；上游山区面积大，降雨期间来水集中；海岸线较长，受潮汐顶托；河口和河谷聚集浙江省主要的人口和产业，是浙江省河流的主要特点。受气候影响，浙江降雨呈现集中、强度大、种类齐等特点，地区分布不均；年中 70%以上的降雨集中于梅雨、台风两季，单日、单场降雨量可达 1000mm，小流域局地暴雨、流域性大范围暴雨、长历时高强度梅雨、高强度台风是浙江省降雨的主要类型。每年发生在春末夏初的梅雨型降雨持续时间长、范围广、总雨量大，是浙江北部杭嘉湖地区和钱塘江流域的主要成灾雨型；台风型暴雨洪水历时短、降雨强度大，全省范围内均受影响，浙东南沿海地区受灾最严重。降雨导致潮位上涨，沿海的潮位和杭嘉湖平原的下游水位有逐年抬高的趋势，对排水不利，这是导致城市内涝和洪水灾害频发的外因。城市内涝的内因归根结底是人在发展过程中与自然的矛盾。随着城市化进程加快，土地利用需求大，下垫面情况变化（洪水归槽、水面率降低、产流模式改变、潮位抬高），地面沉降；骨干排水河道输水能力不足，平原口门排涝工程能力不足，受保护的范围增大，排涝标准提高，泵站强排，圩区外河道水位升高。

洪涝交替，大风、洪水和高潮的不利组合，加上地域性差异过大、防御难度大、人口和产业集中等特点，浙江洪涝频发且受灾损失惨重，严重影响经济社会的健康发展。

3. 水资源配置不均，结构性缺水严重

总体上，浙江在全国属水资源丰沛地区，单位土地水资源量居全国第四。经过 60 年多年的努力，建成水库 4300 余座，水库总库容达到 450 多亿 m^3，人均水库库容量接近欧美发达国家水平，有效保障了全省供水和灌溉。由于气候、工程和经济布局等因素，全省地域性缺水、季节性缺水、品质性缺水等结构性缺水仍然存在，特别是污染导致的水资源问题突出[50]。

（1）降雨时空分布不均。地区间降雨不平衡、年际间差异大、年内不均匀（70%~80%集中在梅雨、台风雨季，以洪水形式注入大海）。

（2）人均水资源量少，水资源分布与经济发展布局不匹配。浙江多年平均水资源量为 955 亿 m^3，人均水资源量 1760m^3，舟山人均水资源只有 700m^3，丽水人均水资源量达到 8000m^3。沿海人口、产业集聚地区，人均水资源量少，远低于全国和世界平均值，总体上接近"警戒线"。

（3）资源型、工程型、污染型缺水兼而有之，河流、地下水污染制约了资源利用，"江南水乡"饮水困难的问题在沿海、岛屿、山区呈多发之势；各大城市供水面临威胁；干旱缺水造成的农业绝收减产、工厂停产曾时有发生。

4. 用水粗放，节水意识薄弱

浙江省总体上水量较丰富，过去对水资源匮乏的认识不足，节水意识较薄弱，用水总体上显粗放。浙江产业用水效益总体上在全国处于中上水平，2012 年每立方米水资源创造 GDP 为 156 元（天津市 2011 年水资源创造的 GDP 达 476 元/m^3），差距明显，与发达国家间差距更大。省内各市用水效率差异较大，用水效率与区域水资源禀赋关系密切，舟山产业用水效率均居全省榜首，宁波紧随其后，衢州、丽水则较低[51]。

环境问题严重制约了经济发展，水资源影响经济与社会的进步，在工业化进程、城市化进程加速推动下，浙江人与水资源、经济与环境的矛盾突出；同时，水资源污染的问题影响社会稳定发展，水环境突发应急事件十分容易导致连锁反应的发生，如果解决处理不恰当，可能会导致社会的不稳定发展。21 世纪以来，浙江省陆续作出建设绿色浙江、建设生态省、建设生态文明示范区、建设"两美"浙江等决策部署，始终坚持以水环境整治为突破口，探索开辟"绿水青山就是金山银山"的发展道路。努力把浙江省建设成一个美丽的大花园，是全省人民群众的一个"生态梦"，整体宏观决策促使浙江省"五水共治"的规划实施[52]。

2013 年，"菲特"强台风正面袭击浙江，余姚等地发生了十分严重的洪涝灾害事件[31]，促使浙江"以点带面、统筹共治"，推进"五水共治"，明确治水必须治污水、防洪水、排涝水、保供水和抓节水[53]，以治水倒逼发展理念转变，倒逼生产方式转型，倒逼生活方式改进，才能从根本上解决水的问题。2013 年 11 月，浙江省委十三届四次全会部署"五水共治"，将治水作为推动浙江经济转型升级的突破口，是改进优化环境惠民生的重要措施[53]。

6.2.3.2　浙江省"五水共治"的总体规划

"五水共治"主要任务是治污水、防洪水、排涝水、保供水和抓节水[54]。

治污水主要抓好清三河、两覆盖、两转型，重点整治黑河、臭河、垃圾河，实现城镇截污纳管、农村污水处理、生活垃圾集中处理基本覆盖，推进工业转型，加快电镀、造纸、印染、制革、化工、蓄铅等高污染行业淘汰落后和整治提升[55]；抓农业转型，坚持生态化、集约化方向，推进种养殖业的集聚化、规模化经营和污物排放的集中化、无害化处理，控制农业面源污染[56]。

防洪水：重点推进强库、固堤、扩排三类工程建设，强化流域统筹、疏堵并举，制服洪水之虎。保供水：重点推进开源、引调、提升三类工程建设。保障饮用水源水质安全，提升饮水质量。排涝水：重点推进强库堤、疏通道、攻强排，打通断头河，开辟新河道，努力使易淹易涝片区消失[57]。抓节水：重点推进改装器具、减少漏损、再生利用和雨水收集利用示范，合理利用水资源[31]。

"五水共治"的目标[58]：三年（2014～2016 年）要解决突出问题，明显见效；五年（2014～2018 年）要基本解决问题，全面改观；七年（2014～2020 年）要基本不出问题，实现质变。

6.2.3.3　浙江省"五水共治"实施的主要措施

1. 清污水的主要措施

采用"中西医结合"治理污水[59]，清淤截流，控源减污，构建生态修复长效机制。

1）清淤截流

清理黑河、臭河、垃圾河，将长期沉积于水体的污染物打捞上岸进行无害化处理，建立河道清淤保洁长效机制。

2）控源头、减污染，点源面源一起治理

提升工矿企业整治标准，实施重点行业水环境治理。按照"关停淘汰一批、整合入园一批、规范提升一批"的治理原则，坚持"以治促调、有保有压、腾笼换鸟"，深入推进重污染行业水环境整治提升工程。重点要开展电镀、化工、印染、造纸、酸洗、制革、食品加工等涉水重污染行业整治工作[60]。实施雨污分流，敷设排水管网，新建改建城镇生活污水处理厂，基本覆盖 90%以上的建制镇，新增城镇污水收集管网，加速推动现存污水处理设施的提标改造，提高中水回用率，结合各级河道"一河一策"治理方案和各项治水强基工程，强化截污纳管工作。对农村垃圾进行清运集中处理，收集农村生活污水，采用人工湿地处理后排放；规模化养殖，合理使用农药化肥，控制农业面源污染。河道整治水体净化工艺如图 6-7 所示。

3）建立生态修复长效机制

建设生态河道，保护河道，以恢复正常功能。增强河湖水系连通，增加水动力和流通性。实施生态补水工程，增加环境容量，改善水质。对滨河水生态、湿地进行保护和修复，恢复"水体生命力"，提高水体自净能力。实施跨区域引调水工程，包括曹娥江至慈溪引水工程和舟山大陆引水工程，保护供水，改善水环境等，构建水环境生态修复的长效机制。

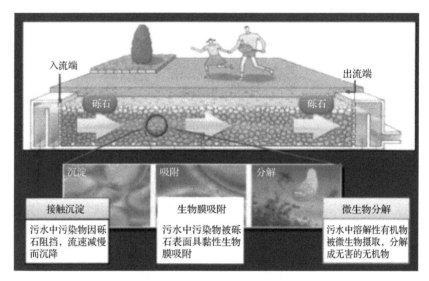

（a）砾间水处理工艺

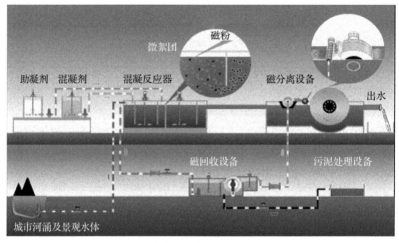

（b）超磁分离水体净化工艺

图 6-7　河道整治水体净化工艺

2. 防洪水的主要措施

防洪水的重点是推进强库、固堤、扩排，强化流域统筹，疏堵并举。重点实施"五原扩排""六江固堤""千塘加固"三类防洪水工程建设，进一步完善"上蓄、中防、下排"的防洪排涝工程体系，提高流域、区域整体防洪排涝能力[61]。主要实施的工程如下。

（1）强库工程：建设南岸、钱江源等防洪水库 11 座，总库容 8.21 亿 m³，防洪库容 2.61 亿 m³，提高钱塘江上游、好溪、楠溪江等干流的防洪能力[61]，确保完成 600 座病险水库除险加固，将水库年病险发生率控制在 3%以内。每年除险加固 100 座水库，加固 500km 海塘河堤。

（2）固库工程：新建加固海塘河堤 3500km，其中海塘 200km，干堤 1000km，中小河流堤防 2300km，整治圩区 280 万亩（1 亩 ≈666.67m²），高标准海塘配套完善。

（3）扩排工程：新增扩大外排口门 30 个，口门宽度增加 20%，拓浚排洪河道 2000km，新增外排泵站 33 座，增加向外海和河口强排能力 2000km³/s，增强沿海滨湖主要平原排洪能力。建设完成十大蓄水调水排水骨干型枢纽工程，余姚姚江扩大北排工程、杭嘉湖扩大南排工程（防洪水扩排项目）、浙东钦寸水库、台州朱溪水库、永嘉南岸水库 3 个开源工程，杭州第二水源千岛湖配水、舟山大陆引水三期 2 个引调工程，苕溪清水入湖河道整治工程（保供水）列入其中。

3. 排涝水工程

实施"固河堤、疏河道、新开河、畅管网、除涝点、强设施"六大工程，加固、疏浚城市河道，打通断头河，建设雨水管网 5000km，提标改造标准偏低的管道 3000km，分流改造雨污合流管网 3500km，清淤现有 22500km 管网，改造强台风"菲特"及强降雨造成的积水点 784 处，增加应急设备提升抽水能力 40 万 m³/h[62]。

4. 保供水工程

以需求为导向，围绕全省社会经济的发展和布局，合理开发、调整配置水资源，重点推进"十库蓄水""八大引调""双百万节水供水"三类保供水工程建设，进一步提高城乡供水安全和农业灌溉保障水平，多源供给、联网联调的水资源保障格局基本形成，主要包括开源、引调、提升工程[31]。

开源工程：建设浙东钦寸、台州朱溪等供水水库 68 座，总库容 12.89 亿 m³，年供水量 12.21 亿 m³，重点提升宁波、台州等沿海地区，缙云、磐安等江河源头县城及主要城镇供水水源的保障能力[63]。杭州闲林水库建成蓄水，使杭州市主城区备用水源规模、抗咸能力大幅提升；慈溪郑徐水库投入使用，每年可从曹娥江引水 2.4 亿 m³，应急备用水源工程新增年供水量 6800 万 m³，江河源头县城及嘉兴地区供水保障能力得到了提升[31]；建成浙东钦寸水库，年可供水量 1.5 亿 m³/a，进一步提高宁波地区供水保障能力；建设台州朱溪、松阳黄南、龙游高坪桥、三门东屏等水库，进一步提高各地供水保障能力[62]。

引调工程：建设杭州市第二水源千岛湖配水、嘉兴市太湖取水、舟山大陆引水三期等引调工程 29 项，建设引水隧洞 1260km，年供水量 43.0 亿 m³，使杭州、嘉兴等城市饮用水品质得到了十分大的改善[63]；开展宁波市水库群联网联调（西线）、永康北部水库联网、嘉善太浦河取水二期、江山市峡口水库引水工程，嘉兴市域外配水工程（杭州方向）、台州市三期供水工程、玉环县（现为玉环市）楠溪江引水工程[31]，提高浙东、浙中等地区的水资源配置能力。

水质安全及节水灌溉提升工程：实施大中型灌区续建配套和节水改造，小型农田水利重点县等节水灌溉提升工程，新增和改善灌溉面积 300 万亩，新增高效节水灌溉面积 140 万亩，全省灌溉水有效利用系数提升至 0.6[63]。

5. 节水工程

实施"减少渗漏、再生利用、雨水示范、改装器具"四大工程，建设大型雨水示范工程 10 个，建设屋顶集雨等雨水收集系统 1.5 万处，改造节水器具 30 万套，"一户一表"改造 25 万户，全面推进超计划用水累进加价和城镇居民用水阶梯水价制度[31]。

6. "五水共治"非工程措施

1）全面推行河长制

从河流水质改善领导督办制、环保问责制衍生出来的水污染治理制度河长制，要求各级党政主要负责人担任河长，负责辖区内河流的污染治理。采用互联网大数据等技术手段，推出大数据智慧治水平台，开通河长制管理 APP 和信息平台，构建信息公开、投诉建议、社会评价、河长办公、业务培训、工作交流"六位一体"管理平台[64]。2017 年，伴随着河长制相关工作的进行，浙江省共编制了 11720 个"一河一策"的治理方案和 16000 多个微小水体"一点一策"的方案，省、市、县、乡、村五级共有河长 57353 名[65]。

2）增大社会参与力度

在顶层设计、社会参与、市场支撑、长效机制等方面做了创新性的安排，强化组织领导，明确部门责任，防止"九龙治水"、各自为战。形成整体合力，并将人大法律监督、政协民主监督、公众监督、媒体监督有机结合，奏响了政、企、民协同治水的"三重奏"，体现了环境管理理念从传统保姆式管理向合作多元治理模式的转变，呈现"从管理到治理""管理与治理并存"的新状态[64]。各级政府积极搭建治水社会参与平台，充分发挥"两代表一委员"和企业、媒体、知识界、公益力量的作用；企业家把治水视为一种社会责任，大力推进清洁生产治污，还采取商会抱团捐赠、个人名义捐赠、村企结对等形式；各地成立"五水共治"专家技术服务团、治水律师团、治水公益联盟、行业协会治水联盟等，为治水提供专业支撑；建立媒体参与监督执法、公开曝光等工作机制，更好发挥媒体的监督作用。地方还邀请"两代表一委员"、行政执法监督员参与监督水环境执法，从而实现政府、行业（企业）、媒体、专家、公众等多方联动。

3）多元化资金筹措

建立多渠道资金筹集机制，以地方财政为主、省级财政为辅，明确各地每年将 3%～5%的土地出让收入用于治涝，除从水利建设基金中安排一部分外，省级财政设专项资金"以奖代补"鼓励地方加大治水工作力度[65]。

6.2.3.4 "五水共治"治理成效

2013 年提出"五水共治"目标以来，短短几年便取得了显著的成效，基本恢复江南水乡景色。截至 2017 年，取得的成效如下。

1）治污水成效

截至 2016 年底，全省水质达到或优于《地表水环境质量标准》（GB 3838—2002）Ⅲ类标准的断面占 76.9%，其中Ⅰ类占 10.4%，Ⅱ类占 36.6%，Ⅲ类占 29.9%。共消灭"垃圾河"6500km，整治"黑臭河"超过 5100km，启动改造生活污水处理厂 33 个，启动新建镇级污水处理设施 69 个，新建污水管网 3130km。

2）防洪水成效

截至 2017 年 4 月，全省水利投资 160.5 亿元，年度完成率 29.7%；其中，百项千亿防洪排涝工程完成投资 71.8 亿元，年度完成率 33.4%。河道综合治理超过 3234km。

3）保供水成效

已建成"水资源保障百亿工程"20 项重点水库和引调水工程项目，增加总库容
12.1 亿 m^3，防洪库容 3.53 亿 m^3，新增年供水能力 23.5 亿 m^3，基本解决全省取水水源
不符合国家规定要求或区域性缺水的 35 个市（县）城乡供水问题。集中式饮用水水源地
达标率超过 90%[63]。

4）排涝水成效

实施城市河道综合整治工程累计 200 项（包含打通 37 条断头河）；实施中河、东
河等河道清淤工程，累计完成清淤 1011 条（段）、1531km、1446 万 m^3；改造易淹易涝
片区 243 片，排水管网清淤约 1.5 万 km，城市内涝应急强排能力提升，城市内涝明显
改善。

5）抓节水成效

截至 2016 年底，全省 50 万亩的新增改善农田灌溉区域已经完成，高效节水灌溉面
积 20 多万亩，"一户一表"改造完成近 20 万户，高耗水高污染行业造纸、纺织和非金属
矿物制品业用水量比上年分别下降 5.7%、5.6%和 3.9%，单位工业增加值用水量比上年
下降 5.8%。

经过几年治理，浙江八大水系水质得到改善和提高，水生态系统逐渐恢复，碧波荡
漾，水清鱼现，江南水乡重现。截至 2017 年底，全面消灭劣V类水，比国家"水十条"
提前 3 年、更高水平地实现水环境改善目标。河长制领跑全国，垃圾分类全国示范，
农村治污效果全球点赞……"五水共治"为全国水环境治理提供了更多的实践经验。
区域经济得到良性可持续发展，通过关停整治产能过剩企业，产能削减的同时产业保
持增长；"三改一拆"铲除低小散产能企业，提升城乡环境，腾出发展空间；"五水共
治"对污染企业釜底抽薪，对落后产能猛药去疴，修复江河湖溪生态；浙商回归，大力
引进新产能[66]，乡村旅游业得到发展。"五水共治"产生了良好的生态环境效益、经济
效益和社会效益。

6.2.4　博斯腾湖治理

6.2.4.1　博斯腾湖流域概况

博斯腾湖位于新疆博湖县境内，处于天山南麓。塔克拉玛干沙漠北缘、焉耆盆地的
东南的博斯腾湖，是我国目前最大的内陆淡水湖泊，灌溉着孔雀河流域的万顷良田，被
喻为巴音郭楞蒙古自治州的"母亲湖"。该流域的人口主要集中在盆地平原区，山区人口
以畜牧业、工矿业为主，有蒙、汉、维、回、藏、哈萨克等十余个民族。湖区人口少，
是新疆主要社会经济发展区之一，以农、牧、渔业为主，有丰富的食盐、芦苇、蒲草等，
是新疆最大的渔业产地[67]。

博斯腾湖上游开都河，出口孔雀河，是两河之间的一个巨大的"调节阀"。博斯腾湖
是第三纪末新构造运动形成的断陷湖，由大湖区、小湖区、湖滨湿地三部分组成。小湖
区有 16 个小湖泊，主要分布在大湖西南的苇沼中，面积约 390km²，水面面积约 45km²，
水深 2～4m，蓄水量约 88 亿 m^3。受河流淤积的影响，开都河河口处湖水较浅，东南部

较深。在水流冲击下湖周边形成沙堤，把湖湾分割为不同类型的潟湖。湖滨平原宽度较小，地势低平，大多为芦苇湿地或盐碱滩。湖底沉积物土质，南岸为松散的粉砂亚粉砂土层，北岸有古湖遗迹，东北岸古湖为较明显的湾底微倾斜地形，与现今近湖岸湖底地形相似，周围无阶地。根据钻孔结果，地层主要为第四系全新统地层，地层岩性粉土层1.8～3.1m，勘探深度内没有发现粉砂土。

博斯腾湖区深居欧亚大陆中心，光照充足、热量丰沛、空气干燥、降雨量少、温差较大、蒸发量大，为典型大陆性荒漠气候。盆地年平均气温 8.0～8.6℃，博斯腾湖区多年平均降雨量为 68.2mm，湿润系数仅为 0.025～0.032，日照时数 3074～3163h。

博斯腾湖主要水系包括开都河、黄水沟、清水河和孔雀河等河流，开都河为主要补给河流，也是唯一一个常年补给博斯腾湖的河流，补给量达 84.7%。开都河发源于萨阿尔明山，分水岭最高点海拔 4800m，流域面积 2.2 万 km^2，平均年径流量约为 34 亿 m^3。博斯腾湖上游经小尤尔都斯盆地，向西约 60km，经巴音布鲁克，该河段主要由地下水、冰雪融水补给，水量丰富。中游段自呼斯台西里至拜尔基，全长 164km，河谷平均宽度200m，水面宽 50～80m，由降雨和融雪水混合补给，汇流较快，水流湍急[67]。

博斯腾湖及周边湿地中的水生生物和湿生植物共有 152 科 17 种。博斯腾湖大湖区的水草总覆盖率小于 1%，小湖区的水草覆盖率则较高。芦苇和香蒲是这一地区分布最广、数量最多的水生植物。博斯腾湖及其周边湖滨自然湿地经过长时间的自然净化、自然杂交和环境筛选，形成了不同的芦苇群落。博斯腾湖的芦苇可分为四种，水生型芦苇群落、沼生型芦苇群落、湿生型芦苇群落、旱生型芦苇群落。

6.2.4.2　博斯腾湖水环境

博斯腾湖孔雀河是焉耆盆地唯一的地表径流。1983 年前，湖泊水位下降，自出流困难；1982 年，修建了西泵站和扬水输水干渠；2007 年，又建东泵站，与西泵站同时调节大湖水位，改善水环境。博斯腾湖被列入国家首批的 8 个"生态环境保护试点"湖泊之一。巴州前后开展了生态保护工程项目、工业企业污染防治项目、污染源治理项目、环保监测监察能力建设等 13 个投资项目。博斯腾湖水环境污染日益严重，富营养化趋势明显，水体矿化度波动较大。

博斯腾湖生态环境恶化。博斯腾大湖和小湖之间有一道天然隔堤，当大湖水位下降时，隔堤露出，大湖小湖分开。根据水功能区划分，小湖主要是水产养殖业和芦苇原料生产区，大湖为蓄积开都河来水，以保持博斯腾湖良好的生态环境。小湖区位于大湖区西南，由于小湖区的水位调节不当，不能及时换水，其生态环境发生了恶性变化，湖水水质变差，水中盐碱增多，水下有毒有害气体积存，芦苇根系及芦苇的产量出现严重萎缩。绝大部分苇区死水沉积时间过长，对水生生物产生了有毒危害，也使湿地植物芦苇面积逐渐萎缩，部分变成毛苇区或盐碱地。博斯腾湖的湿地生态系统过去遭受到了严重的破坏，有恶化的趋势[68]。

6.2.4.3 博斯腾湖主要实施的治理措施

1. 污染源控制、入湖沟渠氮磷削减工程

1）"源头治理＋生物降污"绿色治污工程

在农业用地红线外的盐碱滩上，开挖一个荷花池建"生物污水处理厂"自然氧化塘，从源头上降低化肥、农药使用量。农业废水经过荷花池降解后，进入人工育苇区，处理后中水进行绿化回用。

2）环湖污染控制工程

博斯腾湖农副产品食品加工企业退城入园，以减轻工企业废水排放造成的污染负荷；对博湖、焉耆、和静、和硕四县生活污水处理厂实施一级 A 提标改造工程；集中治理黄水沟，拆除三道闸，封堵排渠的污水，改道流进人工育苇区净化。

2. 自然湿地保育和生态修复工程

实施小湖区入湖口湿地修复和治理工程。合理利用示范区内地形，挡水围堰，建设部分挡水围堰和水闸，构建生态缓冲带，修复湿地植被系统，净化排渠来水，改良工程区盐碱化土壤，增加西南小湖区生物量及生物多样性，改善鱼类养殖和鸟类栖息地生态环境。主要功能取向：①尽量修复生态缓冲带内的水生植物，以芦苇为生；②增加示范区的生物量及生物多样性，改善鱼类繁育和鸟类栖息地生态环境；③净化示范区内的排渠来水，改善滩地土壤盐碱化结构。主要进行基底清理、围堰建设、水闸建设和生态修复，建设湖滨生态缓冲带，并同时对进入缓冲带的水体进行净化。

1）基底清理

在工程区进行土地平整，对高坡等削坡，清理垃圾，创造适宜该区域地形局部改造和生态恢复的各项条件，为局部地形变动、改造及土方开挖等做好基础准备。土地平整挖土方直接用于挡水围堰的修整和维护，对区域内的垃圾进行清理外运。

2）挡水围堰建设

根据工程区内地势，考虑湿地植物生长、收割、运输等方面的需要，对现有挡水围堰进行修整并加高，并在湿地内新建部分挡水围堰，方便于人工调控水深，使水深保持在适宜植物生长的范围。新建挡水围堰根据地形变化灵活布置，土方取自平整土地挖方。

3）水闸建设

示范区内原有挡水围堰有部分过水涵管，水流可以通过涵管进入示范区，但不能控制水量水位。为保证通过调节阀有效控制水流，在现有和新建挡水围堰上均设置调节闸。

4）生态修复工程

根据工程的地形、地质、自然环境等条件，采用人工修复与自然恢复相结合的方法。在示范区内芦苇长势较好的区域，以植被保育为主、人工修复为辅的方式，建立一个健康的生态缓冲系统，有效控制示范区周边的入湖面源污染，修复示范区生态缓冲带系统，增加西南小湖区湖湾滩地物种多样性，降低进入小湖区的污染负荷[69]。

6.2.4.4 博斯腾湖治理成效

博斯腾湖地区实施的综合性治理及生态修复工程项目，对湖泊水环境质量有一定改善效果。污染控制措施的实施降低了 TN、TP 及主要污染区域的污染物浓度，湖泊水质得到净化提升；采取自然湿地保育和生态修复治理措施，有效将流域内污水的氮磷固定在土壤及植物根茎中，达到削减水体中氮、磷的浓度和减少沉积物中氮磷释放等目的。

此外，湖滨自然湿地的修复提高了水生生态系统的生物多样性，湖内拥有 198 种鸟类几十万只；鱼类品种 32 个，通过国家有机食品认证的有乌鳢、鲢鱼等十个水产品种，是全国最大的有机鱼和新疆最大的渔业生产基地；环湖芦苇湿地面积高达 60 多万亩，年芦苇储备量可达 20 多万吨，是我国四大芦苇产区之一。

6.2.5　福州市金山片区水系综合治理

6.2.5.1　金山片区水系综合治理项目概况

福州是一座历史悠久的文化名城，一面临海，三面环山，城市内河纵横交错。福州"水中有城、城中有山"的独特地形地貌，造就了多样的河道类型，包括靠近北部山区的山地急流型、中心城区的水乡型、闽江结合部的感潮型等。历史上福州内河干净清澈，河水可淘米洗菜，沿河古树、古桥星罗棋布。马可·波罗曾到过福州，称福州是中国城市中"桥最多的美丽水城"[70]。随着城市化的快速推进，伴随着大量垃圾、污水的排放，内河得不到有效的补水来源，一些内河河道黑、臭及周边环境脏、乱、差，严重影响城市景观，使得城市的品质大打折扣，市民们的生活也受到一定的影响。

项目区金水片区台屿河总长 5.3km，北接洋洽河，南连流花溪；以东岭路为界分南北两段，北段向北汇入洋洽河，南段向南汇入流花溪。系统治理的台屿河南段过去是福州市城区 43 条黑臭水体之一，流域面积 3km²，河道长度 1.86km。设计河底高程 2.32～3.30m，河宽 26m，常水位 5m，设计涝水位 5.54～5.85m，驳岸顶高程 6.50m。

6.2.5.2　金山片区水系水环境

金山片区水系存在以下几个问题。①内河水环境质量问题严重：水质整体低于 V 类，黑臭河段长 13.72km，其中金港河、浦上河、洪阵河、飞凤河、台屿河（南段）列入全国地级城市黑臭名单。台屿河当时水体封闭，河道淤塞，水动力不足，受沿线原状雨污混流排口影响，垃圾污水横流，水体黑臭严重，沿河环境脏乱。②污水管网系统混接漏损，治污系统有待提升：污水管网未完全覆盖，局部破损渗漏严重，存在污水错接、散排、溢流现象；金山污水处理厂已满负荷运行，污水处理能力不足，且出水水质标准偏低，是片区水网潜在点源。③面源、内源污染未得到有效控制：城市初期雨水未妥善截流净化，污染贡献比逐年上升；部分河道淤积严重，底泥平均厚度 0.5～2.3m，且成分复杂。④部分水网片区水动力条件不佳：片区水网水体流动性差，金港河、台屿河、浦上河河道断头，台屿河南段、浦上河北段河道淤积严重，缺乏稳定的补水与流域性调度系统。⑤生态景观无法满足城市需求：河道驳岸大部分为浆砌石挡墙，生态多样性与观赏性不足，无法有效承载福州市历史文化。

6.2.5.3　金山片区水系环境治理项目区治理思路、目标及主要措施

1. 治理思路及目标

针对项目区存在的水环境问题，以城乡统筹、城乡一体、产城互动、节约集约、生态宜居、和谐发展为基本特征开展治理，核心是贯彻落实创新、协调、绿色、开放、共享的新发展理念[59]，在治水的基础上开展城市修补、生态修复工作。以控源截污、清理内源为基础，科学调控闸泵，利用闽江潮汐运行规律和势能差激活内河水系，确保 2017 年底消除 90%黑臭水体。同时，通过流域统筹建设，确保运营期水质考核全面达标。

根据项目总体目标，在研究分析金山片区水系环境现状和关键问题的基础上，强化源头治理，完善污水收集管网，全面控制水环境的点源污染；加强初期雨水收集处理、城镇垃圾收运系统完善、水土流失等面源污染的治理；开展河道清淤疏浚、垃圾清理工作以消除内源污染；通过建设城市海绵体系、建立生态驳岸、构建河流生态多样性、水系的涵养循环补充，恢复河流的生态自净能力，从根本上改善水系的水环境质量。在上述治污技术措施的基础上，打造河流沿线的绿色生态景观、亲水公共设施、民族特色文化，进而挖掘沿线的经济发展潜力点，强化长效管理机制，按统一治理规划分步实施，逐步形成水清岸绿、内涵丰富、经济繁荣的水环境带，最终实现福州市水环境"标本兼治、长治久清"的目标，具体修复技术路线见图 6-8。

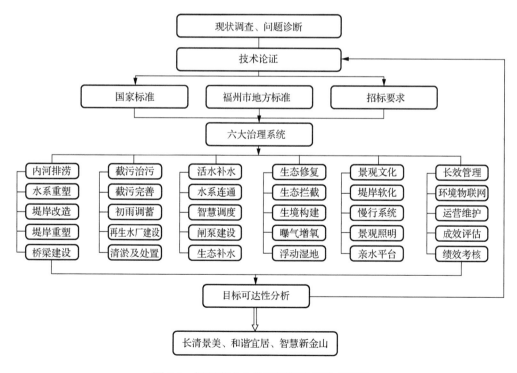

图 6-8　福州市金山片区河道修复技术路线

2. 主要实施措施

根据总体目标及现状分析，项目具体治理措施结合除黑臭、长治久清两大目标，台屿河工程项目分为两个治理阶段。

一期治理工程以消除河道黑臭为根本目标，采取"打通断头、内源清淤、全面截污、垃圾清理"四大治理措施。

1）打通断头

在旧有 400 多米河道的基础上，新开挖河道 1800m。开挖后，台屿河总长达 5.3km，连通洋洽河与流花溪。

2）内源清淤

采用干塘清淤工艺，内河清淤 1.03 万 m^3，削减内源污染。

3）全面截污

通过雨污水管线摸排，查清混接位置并进行源头改造。新建沿河截污管道 1km，将污水引入市政污水干管；新增一套一体化处理设施，处理沿河污水，处理规模为 3000m^3/d，处理后的污水可作为生态补水回补河道。

4）垃圾清理

集中清理河面、河底及沿河堆放垃圾，沿河设置垃圾桶，设河道日常保洁队伍进行日常维护。

河道二期治理工程主要以实现水质根本改善为目标，包含内河驳岸、永久截污、生态修复、景观建设、水系调度及长效管理等内容，修复总体策略见图 6-9。建设驳岸约 3.6km，河底高程 2.32～3.30m，河宽 26m，实现河道完全贯通；新建沿河直径 0.4～1.4m 的截污管约 2.45km，截流沿线污水及初期雨水；结合河道驳岸及截污管网建设，进行生态修复及景观建设。

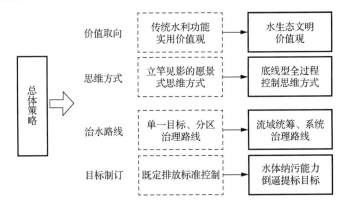

图 6-9　福州市金山片区河道二期修复总体策略

6.2.5.4　金水片区台屿河治理成效

台屿河治理通过建立河道水力模型、水质模型，科学调度现有生态补水设施，未新建任何补水设施，恢复河道自净能力，进一步减少生态补水量。结合福州市的区域特点，台屿河治理设置了初期雨水调蓄处理设施，旱季污水进入污水厂处理，雨季初期雨水经调蓄处理后排入河道,减小溢流污染[71]。经过上述针对性的治理后,河道水质及生态系统恢复良好,整体得到有效改善。

6.2.6　福州市鼓台片区 PPP 黑臭河道治理

1. 福州鼓台片区黑臭河道治理项目概况

福州水多,共有 107 条内河,七大水系。鼓台区是福州市政治、经济、文化中心区域,有 28 条河道,其中重度黑臭河道 8 条,轻度黑臭河道 15 条,轻度污染河道 5 条[72]。河道总排污口 2524 处,其中雨水口 2054 处,污水口 120 处,合流口 350 处。此外,该区域地势较为平坦,河道水动力不足,水体流动性差,缺乏水流分配控制构筑物,河网水量分配不均,存在多条断头河。过去,大部分河道生态破坏严重,几乎丧失自净能力[72]。

2. 鼓台片区水系治理实施的主要治理措施

治理目标分两个阶段:第一个阶段,2017 年底,要按照无黑臭的指标进行治理;第二个阶段,运营期内达到《地表水环境质量标准》(GB 3838—2002)的 V 类标准。总体思路是"控源截污、内源削减、清水补给、活水循环、水质净化、生态修复、分步实施、阶段见效"。

该项目根据"沿河截污、内河清淤、管网清淤,把水引进来、让水多起来、让水清起来"的治河理念,坚持"一河一策"。经过梳理,技术路线分为五大处理系统,分别为截污治污系统、防洪排涝系统、引水活水系统、生态景观系统、智慧管理系统。

1)构建水环境模型

在工程实施之前进行河道水质模拟,通过构建水环境模型,依据治理前后污染源情况、河道受到闽江潮位的影响、活水设施运行情况等不同条件,分析不同情景下鼓台片区水系水质情况现状,由于存在点源、面源、内源等污染源,项目范围内河道受闽江潮位的影响,污染物难以排出,目前只有小部分河道水质较好(COD<40mg/L),大部分河道水质一般(COD 为 50~80mg/L),仍有一部分河道是属于重度污染。根据模拟结果,将污染源截污 70%后引入活水,大部分河段的 COD 去除比例达到 70%~80%,黑臭消除完成。

2)设置截流设施

鼓台片区的主要工程量集中在三类调控系统,一是出水口底高于河道常水位,二是出水内底低于常水位 0.8m 以内,三是出水内底高于常水位 0.8m。由于福州处于典型南方地区,水利治理存在河水倒灌的风险。选择不同的调控方式,控制河水倒灌系统。截流系统能否高效运转,主要依靠防倒灌设施,传统为拍门和鸭嘴阀等,存在密封不严、不能随河道水位变化进行调控等问题。根据排口尺寸、河道水位等参数,选择下开式堰门、旋转堰、上开式闸门等不同截流设备,保证河道液位变化、降雨量变化等情况下截流系统正常运行。为了有效运行截流系统,在 4 条水体里面建立泵闸一体设施,主要功能是增加平缓河道的水动力系统,当内河水位高于外部水位的时候启动泵闸系统,增加水流供应,雨天时开放所有泵闸。

3）设置泵闸

在整个河道片区，河道之间互连互通，水利条件相互影响。茶亭河、陆庄河等河道平坡或受到相连河道的水力影响，整体水动力条件差。经过相关调研及数据资料分析，在当前水力条件下建立水力模型，确定设置泵闸的相关参数和方案[72]。实行泵闸集水闸于一身的水利设施建设，实现对水量的调配。

4）智慧水务管理

建设一个控水中心，实现智慧水务，对水安全需求、水环境需求及运维管控需求进行全程智慧监控。在防洪排涝、水质水量、水动力、水资源分配上实现主动化、科学化、精细化管理，全面提升河道水环境质量。

6.2.7 台湾省大沟溪生态治水

1. 大沟溪流域概况

大沟溪是在台北市"综合治水"理念下规划建设的，体现了"上游保水、中游减洪、下游防洪"的理念。大沟溪位于台北市内湖区大湖公园上游，是一条自然保有生态环境的溪沟，自白石湖山区、经大湖山庄街的箱涵下水道汇入大湖公园，全长约3500m，集水面积约340hm²；上游两岸多为次生林，下游则以农业利用为主。台北市内湖区的大湖山庄街曾饱受大雨威胁，大沟溪也常因大雨而洪水宣泄不及，造成溪沟沿岸冲刷，带来泥石流灾害，居民怨声载道[73]。经过12年综合治水策略"治疗"后，该地不仅摆脱淹水梦魇，更成为地区标杆。在大沟溪修建调洪沉砂池，并打造结合防洪、治水、亲水的大沟溪生态治水园区，成为众多城市治水学习的范本。

2. 大沟溪治水实施的主要治理措施

1）以生态工法修建

大沟溪以生态工程为例，采用天然石块作表面多孔化处理并植生绿化，以避免工程构造物对环境造成冲击及破坏。另外，利用跌水工程、固床工程等构造物来降低河床落差，减缓溪水流速，保护两岸护岸基脚并蓄积溪水，营造水域生物生存繁衍的栖息空间[73]。

2）兴建滞洪池

台风造成上游汇水区水流量迅速上升，下游雨水下水道未能及时宣泄，给附近居民的生命财产造成损失。为了解决水灾，台北市拟在大湖山庄街底北端大沟溪与地下箱涵衔接处，兴建大沟溪滞洪池，以达到山区防洪、缓洪积沙的功能。该区域规划包含亲水活动区及防洪调节区，除了有能带来效益的调洪沉砂外，还能提供一个生态亲水空间用来休闲和娱乐，设有亲水步道及分洪水道。大沟溪滞洪池水路与下游大湖公园滞洪池连接，形成一个功能完备的滞蓄洪系统，其具备自动蓄水、退水机制，可以有效降低台洪时期的河川尖峰流量。

3. 大沟溪治理成效

大沟溪经过"近自然工法"整治后，区域内具有急、缓、深、浅等流水形态，地理位置处于上游，水质清澈，污染物少，栖地较为多样化，滨溪植被保存了多样化及完整性，栖地环境相对较为自然；孕育了丰富的生态系统，吸引野鸟、蝴蝶停留，提供居民凉爽休憩亲水空间。

6.2.8 扬州市小运河黑臭水体整治

6.2.8.1 扬州小运河黑臭水体整治项目概况

扬州依水而建，因水而生，水催生了扬州的数度繁华，孕育了扬州的悠久文化。小运河水系是贯穿扬州东部生态科技新城杭集镇的重要南北主干水系，曾为杭集"南水北调"主干线，是纵贯杭集的"母亲河"，全长 4.85km；4 条支流严桥河、刘庄河、丁家口河、工业园河长约 4.5km；总流域面积约 72.75km^2，既是区域内重要的防洪排涝通道，又是科技新城重要的生态景观载体。

对扬州小运河黑臭水体调研后，发现存在以下污染问题。小运河沿线存在工业企业、居住小区、城中村、商铺等，大量污水进入河道，加上常年被违章建筑非法侵占、缺乏疏浚管护、过水涵闸断面狭小等原因，河道淤积严重，河水严重发黑发臭。小运河相关支河污染也比较严重，整体质态不容乐观。经实地调查，小运河及其支河沿线共有排口294 处，其中 106 处有污水下河，具体有污（废）水直排口 71 处（生活污水排口 55 处、工业污水排口 16 处），雨水管道混接排污口 26 个，雨污合流排污口 9 个。根据公众调查和水质检测情况，认定小运河属于城市建成区内重度黑臭水体。

6.2.8.2 扬州小运河黑臭水体整治实施的主要治理措施

根据市委、市政府"治城先治水"战略理念，以"清水活水"为抓手，按照"系统筹划、分步实施、水岸共治、标本兼治"的原则，统筹推进清淤疏浚、控源截污、环境整治、生态修复。2016 年开始，分段实施小运河一期、二期、三期整治，确保 2019 年全线整治完成，消除小运河水系黑臭现象，大幅提升科技新城水生态环境。小运河整治工程作为扬州市"清水活水"工程的重要项目之一，由扬州市生态科技新城管理委员会规划建设局组织推进。一期工程具体由新盛投资发展有限公司结合曙光路同步建设，总投资约 5000 万元，2015 年 10 月开工，2016 年 6 月底竣工，主要对老宁通以北段约 1.1km进行清淤疏浚、截污纳管、景观提升，同步建成小运河体育休闲公园；二期、三期工程具体由杭集镇人民政府负责建设，总投资约 2.5 亿元，主要采取清淤疏浚、控源截污、景观提升等措施，其中二期工程包括小运河主干河 1.8km 及刘庄河 1.27km、严桥河1.27km 等支流综合整治，工程已于 2017 年 10 月开工建设，计划于 2018 年 6 月竣工；三期工程包括小运河主干河 1.95km 以及丁家口河 1.27km、工业园河 2.3km 等支流综合整治，工程计划 2018 年 10 月份开工建设，2019 年全面完成。

在河道修复整治过程中，采用以下方案进行治理。

（1）以"全畅通"为标准，突出"拆与疏"，恢复河道自然肌理。针对小运河主干河道及支流存在不同程度的建筑侵占问题，将拆除非法建设作为整治"第一战役"，全面清理干支流沿线所有侵占河道非法建筑。在先期全面排查、摸清违建底数的基础上，完成沿河 160 户的拆迁拆违工作。在"拆"的同时，加大"疏"的力度，实施全线彻底清淤和水系沟通，确保小运河干支流水系和外围水系之间的连通，并根据小运河不同部位、不同断面的现状，启动阻水桥梁和涵闸改造，保障行洪排水通畅安全，使小运河达到"全畅通"的标准，恢复其自然肌理，还原其本来面貌。

（2）以"全流域"为范围，突出"控与截"，解决河道黑臭核心。针对小运河及支河沿线居民生活污水和少量企业生产污水直排入河问题，把控源截污作为河道整治的核心工程，提出"全流域"的概念，将小运河流域所有产生污染源的区域全部纳入整治范围。已完成小运河干流、支流沿线区域，以及三笑国际花苑、牙刷城、琼花路、曙光路南延区域等小运河流域的污水管网建设工程，累计建设管网 9.8km。在推进管网建设加强"控"的同时，严格做好"截"，对河道沿线排污口进行全面排查，对所有排口实行"一口一策"，对排污口坚决封堵，共整治大小排污口 70 多个，对 27 家企业、23 家商户、200 多住户实施接管，做到污染源全面控制，不让一滴污水直排入河，实现控源截污全流域、全覆盖。

（3）以"全生态"为目标，突出"绿与管"，彰显河道自然之美。河道之美在于河水与绿化景观的有机协调。按照打造高标准景观河道的要求，整治中突出做好"绿"的工作。水面以下保留足够的水底绿化空间，河底种植纯水生植物，在常水位之上 20cm 处河道两侧各设计约 60cm 宽的水陆两栖植物生长空间，既美化河道又净化水质；水面以上河岸除部分节点空间限制外，尽量采用自然放坡，减少硬质化驳岸，增强生态性。景观打造充分贯彻人文、生态、休闲等理念，一期沿线实施"海绵城市"景观，二期打造"曙光杭集、记忆杭集、新象杭集"三部分，努力将小运河打造成集生态与历史人文相统一的杭集"母亲河"。在"绿"的同时强化"管"，不仅创新引进专业代建公司严格把关工程建设质量，还认真践行河长制，引进市场化管理机制，强化日常管护。通过打造全生态的河道，保持全生态的状态，最终实现全生态的河道自然之美。

6.2.8.3 扬州小运河黑臭水体整治治理成效

小运河一期（四通路以北段）整治完成后，开展了两轮公众调查评议。2016 年底，杭集镇水利站对小运河（四通路以北段）组织了第一次公众评议，调查结果满意度为 92%，达到初见成效要求；2017 年 12 月，由第三方专业评估单位组织开展第二次公众评议，评议结果满意度提升到 97%。结合第三方实施的 2017 年 6～12 月连续水质监测结果和对工程竣工验收及政策机制建设方面的评估情况，项目整治后已达到长治久清要求，消除了黑臭现象，提升了环境质量，整治效果明显并获得了公众高度认可。

小运河整治一期运用海绵城市理念，分层生态泊岸线型丰富，曲折迂回，在泊岸与河面交界处设有浅水区，栽植水生植物；泊岸上留有水沟空隙，可以将水滞留，促进雨水资源净化利用和生态循环保护，打造"会呼吸的驳岸"。小运河二期工程将在一期工程的基础上延续海绵城市理念，合理确定二期工程开发利用布局，大力实施生态型、清洁型、综合型的河道工程，同时挖掘小运河沿线历史文化元素，打造具有文化特色的河道景观。以实施黑臭河道整治为契机，促进河道治理常态化、制度化、规范化，将小运河与曙光路共同打造成扬州市江广融合区又一集生态、交通、休闲、文化为一体的绿色廊道。

6.2.9 宿迁市马陵河黑臭水体整治

6.2.9.1 马陵河黑臭水体整治项目概况

宿迁市水系发达，坐拥洪泽湖、骆马湖两大湖泊，中运河、淮河等 9 条流域性河道，古黄河、西民便河等 14 条区域性河道，六塘河、利民河等 39 条骨干排涝河道，水生态已融入宿迁市民的生活。马陵河是宿迁市老城区一条重要排涝河道，1974 年人工开挖而成，全长 5.2km，汇水面积 11.6km², 居住人口 13.85 万人，河道水质长期处于黑臭状态，严重影响周边居民日常生活，被称为宿迁的"龙须沟"。陵河综合整治之初，用时近半年从河道两侧所有排水口向上溯源，详细摸排周边地下管网及污水来源，累计排查 28 条市政道路、68.6km 雨污水管网、42 个住宅小区、37 个单位庭院、1687 个沿街商铺，找准找全了马陵河黑臭成因。①污水收集能力缺失：马陵河由北向南成为天然的污水收集系统，但污水收集管道不仅标准偏低、破裂较多，而且埋设在河道中，长期与河水贯通，丧失污水收集能力。②老城区雨污混流严重：马陵河两岸共有 144 个排水口，其中 9 个排水口一直有污水直排河道；老城区范围内 70% 以上的小区、60% 以上的单位庭院及大片棚户区未实行雨污分流，处于雨天混流、晴天排污状态。③河道先天不足：马陵河是人工开挖的排涝河，上无源头活水、下无自然出路，又处于城市中心地带，开挖之初就成了排污河道。

6.2.9.2 马陵河黑臭水体整治实施的主要治理措施

根据马岭河水环境问题，按照"治水先治污、治污先治管""控源截污、面源治理、雨污分流"的整治理念，提出了"截污、水清、岸绿、路通"的工作目标。

马陵河综合整治工程主要实施雨污水管网、初期雨水调蓄池、污水提升泵站、桥涵、道路、闸坝、河道扩挖、景观绿化等工程。

（1）截污纳管工程。对整个片区排水系统进行全面排查并制订方案，着力完善管网配套，提升污水收集能力，累计铺设污水主干管 8.6km，补建和改造雨污水支管 13.3km，新建、改造 2 座污水提升泵站。

（2）片区改造工程。结合城市发展，推进两岸棚户区改造，退地还河、退地还绿，实现雨污分流，累计完成小区改造 28 个，新建雨污水管网 28km 以上，棚户区征收拆迁 3.66 万 m²。

（3）源头湿地工程。沟通马陵河与中运河，配套建设源水生态湿地，通过自然净化，为马陵河提供清水补给，日补给量可达 2 万 t。

（4）清淤疏浚工程。加强河道内源治理，清除淤泥，拓宽河岸，增加水面，设置堰坝，保持生态基流，累计清淤 10 万 m³，扩挖河道面积 4 万 m²。

（5）生态修复工程。栽植生态修复能力强的水生植物，布设增氧设施，采用生态挡墙，全面提升水体自净能力和生态修复能力。

（6）景观交通工程。应用海绵城市理念，新建沿河公园，铺设人行步道，结合路网状况，打通两岸交通道路，建成南北大通道，累计增加绿化面积 14.5 万 m²，新建道路 6.2km，最终将马陵河打造成一条"生态河、景观带、南北大通道"。

在马陵河黑臭水体整治中采用以下创新的措施。

（1）初雨污染控制。①铺设沿河雨污水干管，其中雨水干管扩大指标设计，沿线点状布设 3 个初雨调蓄池，实现非雨天污水全截流，初雨水全收集；②合理确定溢流堰高程，实现 25mm 及以下降雨时雨水截流，解决了 70%以上降雨天污染入河问题；③溢流口采用石笼墙设置调蓄空间，结合海绵手法解决了溢流水污染少入河问题；④对棚户区外排水采用二次截流设计，增加调节能力，提高截流精准度，降低雨天对污水干管的冲击，减少初期雨水入河量；⑤系统开展雨污水收集系统优化技术，在现状污水系统及设计截流系统资料收集、信息集成的基础上，通过 ICM 软件，利用 GIS 技术构建雨水、污水管网水力模型。以新建截流井和调蓄池的运行工况为研究重点，进行整个雨水、污水排水系统的模拟计算，分别对旱季和雨季的污水过程、截流井和调蓄池的运行特征及污水厂负荷进行分析，综合评估工程系统的调蓄能力和截污效果。

（2）绿色建筑技术应用。在管网窨井、箱涵（管廊）、河道挡土墙、道路桥梁等工程中，积极应用装配式技术，采用双面叠合板技术形成的扶壁式挡墙结构产品，形成了设计、生产、安装的全过程实用成果；实施的箱涵工程是公共管廊产品的微缩版，确定了该技术的应用可行性。实现了有效的资源节约，装配式产品在工厂预制成形、现场安装，解决了传统工艺难以避免的模板缝、对销螺栓孔、墙面排水水渍、斜立面接头漏浆甚至蜂窝麻面等问题；节约了脚手架、模板、钢筋绑扎等带来的资源浪费，也减少了人工、机械等费用，大大降低工程实施的成本；缩短了工期，减少了因施工围挡对城市交通影响时间，其中挡土墙施工现场施工工期缩短达 60%，箱涵、窨井工程工期缩短 50%。环境保护成效明显，装配式挡土墙的实施，避免了现场钢筋焊接、砼振捣、模板加工安装等的施工噪声影响，减少了模板拆除、螺栓孔封堵、砂浆抹面等形成的扬尘影响，是实现绿色建设理念的有效实践。

（3）调蓄池冲洗技术创新。初期雨水调蓄池的冲洗方式是一项新课题，我国大多借鉴国外的一些创意方法，主要有真空、门式冲洗两种，两种方案各有优势。马陵河整治工程采用河道水直接冲洗方式，通过管道、控制阀门的系统设计和布置，实现冲洗出水流态由孔口出流变为有压管恒定流，达到更优的冲洗效果。

（4）海绵理念运用。海绵城市是一项系统工程，坚持把工作的重点放在排水体系的竖向控制和构建，强化平面的布局和消纳。①严格按照海绵城市试点规划确定的指标体系，以整治红线为边界，逐一复核边界条件，明确区间工作条件；②优化灰色系统设计，以管网、调蓄池、溢流堰、缓冲区设计为核心，大力提高灰色系统的效用；③强化海绵手法的应用，高度融合园林、生态技术的应用，提高海绵系统成效；④依靠技术支撑，推进海绵管家服务、海绵成果评估技术管理体系，提高项目实施的可靠性和技术支撑能力。海绵或其他生态手法应用主要采取透水铺装、石笼挡墙、下凹式绿地、雨水溢流池、雨水花园、水体增氧、生态浮岛、水生植物、砂卵石、生物洄游通道等。

6.2.9.3　马陵河黑臭水体治理成效

随着马陵河综合整治的不断推进，河道水质日益改善。从感官上看，黑臭变清澈，鱼虾成群，孩童戏水，市民垂钓，一片人水和谐景象；从水质参数上来看，全线从治理前的重度黑臭逐渐变成Ⅴ类、Ⅳ类水质并稳定，同时污水处理厂的进水 COD 从治理前的 70mg/L 增至 400mg/L，有力证明了马陵河整治的成效；从社会舆论上来看，无论是新闻媒体的报道，还是自媒体宣传，以及随机采访河边居民或行人，都对马陵河给出高度的评价和赞誉，被评为 2017 年江苏省环保十大新闻之一[74]。

6.2.10　北京市马草河综合治理

6.2.10.1　马草河综合治理项目概况

马草河位于北京丰台区境内，流经丰台高科技园区、南四环、怡海花园、六圈等，还穿过京开公路后沿南三环、在洋桥东侧便汇入凉水河，是凉水河支流中最大的一条支流，全长12.2km，控制流域面积33km²。

随着城市的发展，马草河沿河城区污水未经处理全部直排入河，造成河水恶臭，两岸垃圾常有，蚊蝇滋生，严重影响了周边地区人民群众的正常生产和生活，过去是众人皆知的"臭牛奶河"。

马草河河道为硬质化驳岸，硬质河底。由于补水水质差，沿岸居民生活污水直排，底泥释放，雨水等地表径流汇入等，水体黑臭浑浊，黑苔暴发，富营养化严重。河道水质为劣Ⅴ类水。此外，由于马草河为人造河流，河中各种水生生物品种单一或绝迹，生态系统不完善，没有形成完整的群落，不利于水体的自净。

6.2.10.2　马草河综合治理实施的主要治理措施

1）筑坝隔离

在上游及中游水流变道处设置坝体，并在坝体处设置隔离网，让水流在坝顶溢流，减缓水体下部的流速和对底质的冲刷，并截留表面污染物，增加水体表面的氧交换。同时水体溢流过坝时还有可以曝气增氧。

2）投加有益微生物

由于马草河常年黑臭，底泥淤积，大规模清淤工程复杂，严重影响水生态自然的恢复。于是，在坝体构建完毕后投放微生物，分解黑臭底泥，消除内源污染，为沉水植被栽植创造底质条件，同时部分分解水体氮、磷物质。

3）栽种沉水植被

栽种沉水植被，构建水下生态系统。冷暖季沉水植被分区栽植，成片分栽。冷季型沉水植被主要栽植在深水区及河道南侧；暖季型沉水植被主要栽植在浅水区及河道北侧。冷季型沉水植被主要有伊乐藻、狐尾藻、龙须眼子菜等；暖季型沉水植被主要有苦草、轮叶黑藻、竹叶眼子菜等。

4）生态浮岛技术

利用漂浮栽培技术在被污染的水体中种植挺水植物和陆生植物，植物直接吸收水体中的氮、磷等营养元素，在植物根系形成生物膜，微生物的分解和代谢作用有效去除水中的有机污染物和其他营养元素[75]。

5）对排污口进行预处理

河道排污口排放的污水是河道污染物的主要来源之一，使得原本污染严重的河道水质更加恶化。为了提高河道综合整治效果，确保各类治理技术的有效发挥，需要对排污口排放的污水进行有效的预处理。在马草河的治理过程中，对零散的排污口污水进行预处理，是各项治理技术优先发挥的重要保障。

6）运用解层式太阳能曝气技术

应用上海欧保环境科技有限公司研发的解层式太阳能曝气技术（图 6-10），节省大量人工和电费。解层式太阳能曝气机以太阳能为动力源，利用水体溶解氧、温度等自然分层的原理，实现水体解层、增氧和纵横向循环交换三重功效，最大程度地将表层超饱和溶解氧水转移到水体底层，增加底层水体溶解氧，消除自然分层，提高水体自净能力。

图 6-10　运用解层式太阳能曝气技术修复河道

6.2.10.3　马草河治理成效

马草河经过水生态修复整治后，较大程度上解决了中水水质差、内外源污染导致的河道黑臭浑浊、底泥泛滥、水体富营养化问题，水质逐渐好转。

6.3　国内外河湖其他治理措施

6.3.1　日本琵琶湖"四个保水"治理措施

20 世纪 50 年代以来，赤潮频频暴发。1972 年起，日本政府全面启动了"琵琶湖综合发展工程"，实施几十年，促使琵琶湖水质由地表水质五类标准提高到三类标准。琵琶湖"四个保水"治理措施：①机制保水，从国家、地方市政到直辖县，制定了有关法律，如《水污染防制法》《琵琶湖富营养化防治条例》《湖沼水质保护特别措施法》等。琵琶湖所在地滋贺县的工业污水排放标准比国家标准严格。②科技保水，成立琵琶湖研究所、水环境科学馆、琵琶湖博物馆等科研机构，国际上设立国际湖泊环境委员会和国际环境技术中心。③工程保水，针对污染源的控制和治理，重点实施了污水处理、湖岸保全、防洪和水利用等相关工程。④管理保水，综合考虑入湖河流及流域下游地区，并分别制订对策[76]。

6.3.2　欧洲康士坦茨湖跨区域合作治理

　　欧洲康士坦茨湖流域横跨德国、瑞士、奥地利和列支敦士登四国。20 世纪 50 年代以来，湖区生态环境开始恶化。经过多国联合治理，到 21 世纪初，欧洲康士坦茨湖的水质基本恢复到污染前水平。治理过程中注重多国合作：①成立国际湖泊管理机构，成立了康士坦茨湖生态委员会、保护康士坦茨湖国际委员会等一系列组织，强化国际合作。②共同制定湖泊管理法律，先后颁布了康士坦茨湖保护协定、流域土地利用规划、流域生物多样性保护计划等一系列政策法律，促进了流域生态环境恢复。③控制重点面源污染，禁止随意排放生活污水，广泛采取物理、化学及生物方法修复生态，改变营养元素循环，利用大型沉水植物净化水体[77]。

6.3.3　德国埃姆舍河水生态治理与修复

　　埃姆舍河全长约 70km，位于德国北莱茵-威斯特法伦州鲁尔工业区，是莱茵河的一条支流；流域面积 865km^2，流域内约有 230 万人，是欧洲人口最密集的地区之一。该流域煤炭采集量大，导致地面沉降，河床遭到严重破坏，出现河流改道、堵塞甚至河水倒流的情况。19 世纪下半叶，鲁尔工业区的大量工业废水与生活污水直接排入河流，河水遭受严重污染，埃姆舍河成为欧洲最脏的河流之一。主要的治理思路与措施如下。①雨水污水分流改造和污水处理设施建设。流域内城市拥有悠久的历史，排水管网基本实现了雨污合流。一方面进行雨水和污水分流改造，将污染较重的城市污水和河流水输送到两个大型污水处理厂进行净化处理，减少污染的直接排放；另一方面建设雨水处理设施，单独处理初期雨水。此外，建设了大量分散式污水处理设施、人工湿地以及雨水净化厂，全面削减入河污染物总量。②采取"污水电梯"、绿色堤岸、河道治理等措施修复河道。"污水电梯"是在地下 45m 深处建设提升泵站，将历史上堆积在河床的垃圾和污水输送到地表，进行不同类别的处理和处置。绿色堤岸是在河流两侧种植大量的绿色植物并设置防护带，既改善河流水质，又改善河道景观。河道治理是配合景观与污水的处理效果，拓宽、加固已清除的河床，并在两岸设置雨水、洪水蓄滞池。③统筹管理水环境水资源。为加强河流防治工作，当地政府、煤矿和工业界代表，于 1899 年成立了"埃姆舍河治理协会"，独立调配水资源，统筹管理排水、污水处理及相关水质，专职负责干流及支流的污染治理。治理资金 60%来源于各级政府收取的污水处理费，40%由煤矿和其他企业承担。河流治理工程预算为 45 亿欧元，已实施了部分工程，预计还需几十年时间才能完工，流经多特蒙德市的区域已恢复自然状态[78]。

6.3.4　杭州市西湖打造中国最美湖泊

　　近年来，杭州市投入了大量资金开展西湖综合保护工程，西湖景区的水生态环境和水质得到了显著改善。具体措施如下。①控制水土流失，在西湖周边大力拆除违章建筑，种植绿树绿草，拆迁还绿，大幅提高土地绿化率，增强土壤固着力。②严格控制污染源，拆除违法、不美观、无保护价值的西湖周边建筑，实施沿线截污纳管等重点工程，实现沿湖单位污水全部纳收。③实施引水工程，修建西湖引水工程，年引水量完成 1.2 亿 m³，保证西湖水生态系统的良性发展。④实施底泥疏浚工程，完成疏浚量 342.5 万 m³，疏挖面积 5.5km²，湖区平均水深由 1.6m 加深到 2.5m。⑤完善湿地系统，保护流域自然植被，调整流域农业生产方式，在水陆交错带内建立良好的湿地系统，维持氮、磷等营养元素在土地中的循环与转化。

6.3.5　深圳市宝安区治水八策

为更好修复深圳市宝安区黑臭水体，结合"一河一策"思路，确定了五项治水措施，分别从正本清源、建管纳污、河道初级整治、河道高级整治和水环境系统完善实行整体修复。水污染治理是一项系统工程，依据上述思路，提出了符合治水规律和宝安实际的治水技术路线——"治水八策"。

（1）建管纳污。以流域为单元，以河为中心，加强源头控制，加快排污口整治、雨污分流管网建设，将所有居民家中的污水全部纳入污水管网，确保污水不进入河流。

（2）正本清源。强化源头控制，坚持"雨污分流、污废分离、废水明管化、雨水明渠化"的基本原则，实施雨污管网进村入户，提高雨污分流水平，实现源头排水彻底分流。

（3）初雨弃流。重视初期雨水径流污染的回收，在雨洪水系统末端设置适当的初期雨水径流弃用或储存装置，从而有效减少因非点源污染造成的河流水污染。

（4）多源补水。通过城市再生水、城市雨洪水、湖库塘水、清洁地表水补给实现四大片区河流多源补水，增强水体流动性和水动力交换，进一步改善河流水质[79]。

（5）生态修复。在实现全面截污的基础上，因河施策，削减内源污染，恢复河床与护岸的自然生态，合理干预和构建水生食物链网，调控生物多样性，逐步增强河流的自净能力，恢复河流生态平衡。

（6）排水管理。全面开展小区内排水纳管审核，核实后发放排水许可证，建立长期有效的管理台账机制及定期复查机制；"以证促治"，确保生活污水预处理达标[78]。

（7）监管执法。规范强化固定污染源监管，坚持实施"全面监管、巡办分离、智慧管控"，实行"四个一"制度，严厉打击各类违法排污、排水行为，巩固治水成果。

（8）宣传引导。开展多层次、全方位的宣传，充分发挥街道、社区基层组织作用，形成社会共治、全民参与的治水新形式。

为解决清淤底泥去向问题，宝安区建成总规模为 150 万 m³/年的茅洲河 1 号、3 号底泥厂，对淤泥进行无害化处理处置，部分用于制作陶粒、透水砖等海绵性建材，在底泥资源化利用方面走出了一条新路子。为重构排污排水管网脉络，减少初期雨水的面源污染，全区还改变原有小区的错接乱接、雨污混流、污废不分等现象，从源头上落实雨污分流，管控污水排放，全面实施 2650 个排水小区正本清源改造，新建雨水管（渠）912.6km，污水管 1314km，建筑立管 2460km。紧盯"十三五"期间 2345km 雨污分流管网建设目标，全区上下攻坚克难、抢抓时间，建成市政雨污分流管网 1034km，全面补齐缺口，提前两年实现全部建设的目标。同时，加快着重梳理新建雨污分流管网与现状干管、不同实施主体的管网项目及沿河截污管之间的有效衔接问题，打通"断头管"、激活"僵尸管"、修复破旧管，检测清疏，接驳完善，编织纵横交错、连接顺畅、调度可控的"主干管-次干管-支管-小区毛细管"系统。

深圳市宝安区治水的最大特点是正本清源和建管纳污。在这个区域做的都是分流的设施，对污染区域进行了改造，使之完全雨污分流。将原有建筑合流系统改为污水系统，直接入市政污水。新建建筑雨水立管及小区内部雨水系统，接入市政雨水系统[80]。实行雨污分流以后，应做初雨弃流及初雨集蓄池系统。建立分流制系统，同时启动雨水分流系统里面的雨水管和弃流井。采取黑臭水体治理措施、再生水补水、水库补水、清洁基流补水，结合海绵城市建设，最终达到整个区域的黑臭水体综合整治。

6.4 河湖水环境治理案例的启示

城市河流已经是我国水环境中污染最为严重、生态系统破坏最为深刻、河流功能下降最为显著的水体，其程度与城市环境密不可分。河湖综合治理是一个世界性难题，综述国内外经典治理案例，对于城市河湖治理，有如下启示。

1）城市河湖治理应该是多目标的生态恢复治理

传统城市河流的治理是以某种功利价值的功能为目的开展工程设计的，例如行洪、排水等，只把河道作为工程本身而不是城市公共空间，几乎不考虑城市的整个生态系统、人的心理生理需求。这种传统的治理河道方法安全、快速，但违背了生态原则。单纯地考虑对景观的影响，将不可避免地导致更多的生态问题。近年来，建设生态河堤已成为国际大趋势。提出"生态"这个词以来，进行河流生态恢复时应从多角度出发，以治水为基础，综合考虑自然生态、景观、历史、文化等多种因素，使河流成为延续承载的地方，成为有生命的河流。

2）城市河湖治理应与城市规划同步

城市河流贯穿城市，是一个与人类密切相关的环境。城市的发展离不开河流，在整治和修复中保持和延续河流的活力，是对城市的一种贡献。河道整治工程应该恢复河流的自然生态系统，打造环境友好型城市，凸显城市河道的功能。建设休闲娱乐空间，建设城市文化中心；重建河流两岸商业环境，体现河道治理与城市规划的紧密联系，通过河道治理，促进城市的全面发展，提升城市的整体价值。河流治理不单单是河流本身的问题，更是城市规划的问题，应该将防洪、治污、河流水体景观建设等作为城市规划设计的重点，更加宏观地看待河流治理[81]。

3）河湖治理应分区域恢复和建设

河流生态恢复是一个多目标综合治理的工程，设计理念一定是多元化的。几个地区根据城市地形的特点划分，充分考虑河流周围的地形特征，包括人文、历史等，可以较好地反映河流的特点并发挥其功能。在节省大量人力、财力资源的同时，使河流和城市融为一体，不仅满足人类的需求，也考虑恢复生态系统[81]。

4）河湖恢复是一个系统工程

在河湖治理和恢复的过程中，需要经过前期调查—设计—建设—管理维护这些阶段，要多学科、多部门的参加和合作。在河湖修复的过程中，不仅要注意施工过程，还要注意早期勘查和后期维护管理，只有这样才能达到河湖恢复的最优化。如何在恢复河湖自然特征的同时协调城市文化与市民需求，已成为城市河湖生态恢复的难点。健康的城市河湖不仅需要满足治水要求，更要达到与城市融合的效果，把河湖治理纳入城市规划，将城市河湖生态恢复视为一个系统工程，进行多目标修复，实现河湖与人和谐相处的目标。

5）治理过程中遵循的原则

（1）坚持以人为本、生态优先。环境是生产力，是发展的最大资源、最大效益和最高目标，牺牲环境的增长是不可持续的。吸收借鉴国内外河湖治理经验，必须坚定地建立"生态环保优先"的理念，把人放到第一位，把生态环境保护作为经济和社会发展的重要支持和提高城市竞争力的重要手段，大力推进生态建设示范区域建设，创建生态宜居的环境[76]。

（2）坚持综合统筹、重点突破。河湖治理是一项系统工程，必须坚持综合统筹、科学推进、重点突破。借鉴国内外城市河流湖泊治理经验，坚持统筹兼顾、突出重点、多管齐下，必须坚持经济、社会、生态三管齐下，江河湖泊、流域区域并重；实现河道（湖泊）治理保护和治理全流域转变，从专项治理向系统、综合治理转变，从以专业部门为主向上下配合、各级各部门协同治理转变[75]。

（3）坚持全民参与、政民互动。河湖治理既要发挥政府主导作用，又要发挥公众主体作用，形成政府与公众合力治污良性互动的良性情况。国内外治理经验要求既要大力发挥政府在制订计划、加大投入、谋划项目、强化保障等方面的作用，又要完善各项参与机制，充分发挥媒体的作用，引导群众和民间组织，进一步唤起广大民众的高度自觉，确保公众的知情权、参与权和监督权，提高全社会生态环境意识和污染治理能力[75]。

（4）坚持立足长远、久久为功。城市河湖治理是一个长期而艰巨的过程，不可能一蹴而就、立竿见影，必须长远谋划、久久为功。从国内外城市水体污染治理情况来看，无论是拥有先进治污技术、公众环保意识普遍较高的日本，还是经济发达、治污投入力度最大的我国太湖流域，都经历了漫长的治理过程，也未能取得理想中的效果。这就要求对河湖治理的长期性、艰巨性和复杂性有足够的清醒认识，坚持长远谋划，要一步一个脚印，不断积少成多，坚决杜绝浮躁心理。

（5）坚持改革创新、不断激发创新动力。推动城市河湖治理开发进程，必须不局限于传统的思维模式和传统手段，以改革创新的理念和举措，实现治理模式的突破。必须突破部门、行政区域划分的弊端，持续推动体制机制的改革；重点围绕制约工程推进的有关障碍，深入推进政策、投融资、用地和工程建管等模式的领域创新；围绕关键技术突破的瓶颈，着力开展科研攻关，推动综合技术集合创新；探索建立流域生态补偿机制，促进全流域可持续发展；推进干部考核制度改革，形成有利于科学发展的考核评价机制。

参 考 文 献

[1] 吴湘玲, 叶汉雄. 国内外湖泊治理典型案例与启示[J]. 中共贵州省委党校学报, 2013, 5: 77-81.

[2] 由文辉, 顾笑迎. 国外城市典型河道的治理方式及其启示[J]. 城市公用事业, 2008, (4): 16-19.

[3] 朱月娇. 生态史观在历史教学中的运用——以工业革命为例[J]. 教育教学论坛, 2014, (10): 73-74.

[4] 许建萍, 王友列, 尹建龙. 英国泰晤士河污染治理的百年历程简论[J]. 赤峰学院学报(汉文哲学社会科学版), 2013, 34(3): 15-16.

[5] 柳絮. 泰晤士河的治理启示[J]. 中国农村科技, 2014, (8): 74-76.

[6] 张贵祥, 曹磊, 武于非. 国外城市节能节水经验及其对北京市的启示[C]. 转变经济发展方式奠定世界城市基础——2010城市国际化论坛, 北京, 2010.

[7] 涂海峰, 聂真, 李媚. 莱茵河流域发展研究[J]. 四川建筑, 2016, 36(1): 10-13.

[8] 赵崇强. ICPR: 河流治理的欧洲经验[J]. 河南水利与南水北调, 2011, 3: 42, 47.

[9] 李艳茹, 薛涛. 水环境综合治理付费模式推演[J]. 城乡建设, 2019, (2): 25-27.

[10] 肖春蕾, 郭艺璇, 贾德龙. 密西西比河流域监测、修复管理经验对我国流域生态保护修复的启示[J]. 中国地质调查, 2021, 8(6): 87-95.

[11] 后立胜, 许学工. 密西西比河流域治理的措施及启示[J]. 人民黄河, 2001, 23(1): 39-42.

[12] 王福振. 密西西比河流域水污染治理对太子河流域水污染治理的启示[J]. 水资源开发与管理, 2017, (7): 36-38, 49.

[13] 江年. 墨西哥湾"死亡区域"又有所扩大[J]. 中国环境科学, 2003, 23(1): 1.

[14] 严黎, 吴门伍, 董延军, 等. 浅谈密西西比河水灾治理及其经验[J]. 人民珠江, 2009, 30(2): 20-23.

[15] 陶希东. 欧洲多瑙河-黑海区域水污染跨国治理经验——以全球环境基金为例[J]. 创新, 2018, 12(3): 1-6, 127.

[16] 张旺, 万军. 国际河流重大突发性水污染事故处理——莱茵河、多瑙河污染事故处理[J]. 水利发展研究, 2006, 6(3): 56-58.

[17] 谢雨婷, 林晔. 城市河流景观的自然化修复——以慕尼黑"伊萨河计划"为例[J]. 中国园林, 2015, 31(1): 55-59.

[18] 刘婷. 城市内河水环境综合整治经验与启示——以韩国清溪川复兴实践为例[J]. 重庆建筑, 2021, 20(8): 27-29.

[19] 王军, 王淑艳, 李海燕, 等. 韩国清溪川的生态化整治对中国河道治理的启示[J]. 中国发展, 2009, 9(3): 15-18.

[20] 张显忠. 国外黑臭河道治理典型案例与技术路线探讨[J]. 中国市政工程, 2018, (1): 36-39, 42, 97.

[21] 李涛. 从清溪川复原看我国城市环境治理[J]. 今日苑, 2008, (20): 36-37.

[22] 何远航. 清溪川复原工程的方法和内容及得到的启示[J]. 广东建材, 2011, 27(6): 188-190.

[23] 刘轶佳. 首尔清溪川以生态环境为主导的城市复兴工程[J]. 山西建筑, 2008, 24(33): 41-42.

[24] 程方. 韩国清溪川生态修复研究及启示[J]. 水利规划与设计, 2022, (3): 67-70.

[25] 张蕊. 韩国清溪川是怎么复归清溪的?[J]. 中国生态文明, 2016, (3): 85.

[26] 朱伟, 杨平, 龚淼. 日本"多自然河川"治理及其对我国河道整治的启示[J]. 水资源保护, 2015, 31(1): 22-30.

[27] 吴毅. 日本京都鸭川河冬季的鸟类与保护现状[J]. 广州大学学报(自然科学版), 2011, 10(1): 37-41.

[28] 张蔷, 陈佳楠, 张万荣. 城市河道生态景观营建问题与技术探讨[J]. 山西建筑, 2017, 43(27): 179-181.

[29] 董福平, 董浩. 日本栃木县斧川河道整治工程的几点启示[J]. 浙江水利科技, 2002, 30(3): 24-25.

[30] 朱玲. 绍兴市城区河道整治工程若干问题初探[J]. 浙江水利科技, 2006, 34(2): 42-43, 46.

[31] 张蔷. 浙江省"五水共治"水利工作三年(2014—2016年)治水成效分析[J]. 江西农业, 2018, (14): 59-60.

[32] 赵敏华, 龚屹巍. 上海苏州河治理20年回顾及成效湖治理[J]. 中国防汛抗旱, 2018, 12(28): 8-41.

[33] 朱锡培. 上海苏州河综合整治的主要经验[J]. 城市公用事业, 2008, (4): 9-12.

[34] 徐祖信. 上海城市水环境质量改善历程与面临的挑战[J]. 环境污染与防治, 2009, 31(12): 8-11.

[35] 朱坤, 吴莹, 齐丽君. 上海城市内河中有机碳含量的时空变化及影响因素分析[J]. 华东师范大学学报(自然科学版), 2020, (1): 150-158.

[36] 赵敏华. 从上海河道水系的主功能变化看"人居与水"[C]. 2018 世界人居环境科学发展论坛, 北京, 2018.

[37] 张郁琢. 上海市黄浦江和苏州河生态绿色堤防建设经验及思考[J]. 中国水运, 2021, 21(7): 92-93.

[38] 季永兴, 刘水芹. 苏州河水环境治理 20 年回顾与展望[J]. 水资源保护, 2020, 36(1): 25-30, 51.

[39] 上海市水务局. 苏州河环境综合整治四期工程总体方案[Z].

[40] 陈怡. 30 年坚持治理, 让苏州河良好生态普惠民生[N]. 上海科技报, 2022-09-23(001).

[41] 孙金华, 曹晓峰, 黄艺. 滇池水质时空特征及与流域人类活动的关系[J]. 湖泊科学, 2012, 24(3): 347-354.

[42] 刘瑞华, 曹暄林. 滇池 20 年污染治理实践与探索[J]. 环境科学导刊, 2017, 36(6): 31-37.

[43] 杨枫, 许秋瑾, 宋永会, 等. 滇池流域水生态环境演变趋势、治理历程及成效[J]. 环境工程技术学报, 2022, 12(3): 633-643.

[44] 施凤宁, 胡涛, 刘帮波. 滇池主要污染河流污染物现状及治理对策[J]. 人民长江, 2013, 44(S1): 129-131.

[45] 何佳, 徐晓梅, 杨艳, 等. 滇池水环境综合治理成效与存在问题[J]. 湖泊科学, 2015, 27(2): 195-199.

[46] 张卓亚, 刘晨阳, 朱昱泽, 等. 1990—2020 年滇池水质时空变化特征及评价[J]. 西南林业大学学报(自然科学), 2023, 43(4): 1–11.

[47] 李森, 何佳, 徐晓梅. 滇池流域河道整治的发展与展望[J]. 环境科学与技术, 2016, 39(S1): 131-136.

[48] 郑冲泉, 白致昆. 牛栏江—滇池补水工程水源区与输水区水环境保护思考[J]. 水利水电技术, 2020, 51(S2): 342-345.

[49] 彭周锋, 冯蕾磊, 伊成良. 土石坝常见险情抢护技术的探讨[J]. 浙江水利科技, 2020, 48(2): 33-35, 38.

[50] 金勇兴. 水生态文明视域下温州"五水共治"的战略思考[J]. 温州职业技术学院学报, 2015, (3): 14-17, 35.

[51] 范波芹, 陈筱飞, 刘志伟. 浙江水资源规划引导空间均衡发展的实践思考[J]. 水利发展研究, 2014, 14(9): 33-38.

[52] 浙江省水利厅. 浙江省"五水共治"防洪水实施方案[Z/OL]. https://zjjcmspublic.oss-cn-hangzhou-zwynet-d01-a.internet.cloud. zj.gov.cn/jcms_files/jcms1/web2980/site/attach/0/1404101059025367236.pdf.

[53] 朱绍东, 朱伟堂, 孙国金. 智慧治水平台在浙江"五水共治"中应用探析[J]. 浙江化工, 2022, 53(1): 30-34.

[54] 浙江省人民政府办公厅. 浙江省人民政府办公厅关于深入推进"五水共治"加快实施百项千亿防洪排涝工程的意见 [EB/OL]. (2016-11-28). https://www.zj.gov.cn/art/2016/11/28/art_1229017139_56463.html.

[55] 夏宝龙. 以"五水共治"的实际成效取信于民[J]. 政策瞭望, 2014, (3): 4-6.

[56] 彭佳学. 浙江"五水共治"的探索与实践[J]. 行政管理改革, 2018, (10): 9-14.

[57] 夏宝龙. 践行新理念续写新篇章把"五水共治"全面推向"十三五"[J]. 政策瞭望, 2016, (4): 4-10.

[58] 浙江省发改委. 省发展改革委 省水利厅关于印发浙江省水利发展"十三五"规划的通知[EB/OL]. (2016-07-22). https: //www.zj.gov.cn/art/2016/7/22/art_1229540818_4666980.html.

[59] 朱法君. 治水中的"中西医结合疗法"[J]. 今日浙江, 2014, (10): 41-42.

[60] 徐畅成. "五水共治"治污先行 重现宁波江南水乡美景[J]. 宁波通讯, 2014, (11): 27-28.

[61] 方子杰, 柯胜绍. 对新常态下坚持"系统治理"破解复杂水问题的思考[J]. 中国水利, 2015, 6: 8-10, 27.

[62] 马以超. 五水共治及水环境综合治理对策[C]. 第九届中国(国际)水务高峰论坛, 北京. 2014.

[63] 张扬, 程玉祥, 刘立军, 等. 浙江省保供水工程布局与供水保障水平分析[J]. 浙江水利科技, 2016, 44(6): 34-37.

[64] 虞伟. 五水共治: 水环境治理的浙江实践[J]. 环境保护, 2017, 45(Z1): 104-106.

[65] 许光建, 卢允子. 论"五水共治"的治理经验与未来——基于协同治理理论的视角[J]. 行政管理改革, 2019, (2): 33-40.

[66] 邓国专. "美丽中国"的浙江样板[J]. 科学 24 小时, 2017, (9): 14-19.

[67] 孟忠, 王坤, 康国胜. 气候变暖对博斯腾湖水域生态环境的影响探究[J]. 南方农业, 2020, 14(23): 177-178.

[68] 常玉婷, 麦尔哈巴·尼亚孜, 尤斌, 等. 新疆博斯腾湖"十三五"期间水环境质量变化分析[J]. 干旱环境监测, 2023, 37(1): 28-32.

[69] 王军政, 郭攀攀. 基于新时期治水方针对博斯腾湖流域治理的思考[J]. 水利规划与设计, 2021, (1): 10-12, 23.

[70] 张帆. 福州生命-生病-生态的水系蜕变[J]. 城乡建设, 2013, (6): 58-61, 98.

[71] "美丽中国 网络媒体生态行"以台屿河为例的城市内河整治——可复制可推广的福州经验[EB/OL]. 中国环境新闻网, (2018-11-14). https://www.cfej.net/ztzl/mlzg/201811/t20181114_673715.shtml.

[72] 王翔宇, 于秀华. 福州市鼓台区水系黑臭水体综合治理技术探讨[J]. 中国水土保持, 2022, (4): 26-28, 41.

[73] 施上粟, 陈章波. 台湾河流、湿地治理的思路、技术和问题[J]. 水资源保护, 2015, 31(1): 8-15.

[74] 昔日"龙须沟"今日"生态河"[N]. 宿迁日报, 2017-08-22.

[75] 黎明, 蔡晔, 刘德起, 等. 国内城市河道水体生态修复技术研究进展[J]. 环境与健康杂志, 2009, 26(9): 837-839.

[76] 余辉. 日本琵琶湖的治理历程、效果与经验[J]. 环境科学研究, 2013, 26(9): 956-965.

[77] 朱喜, 胡明明, 金雪林, 等. 河湖生态环境治理调研与案例[M]. 郑州: 黄河水利出版社, 2018.

[78] 尹文超, 卢兴超, 薛晓宁, 等. 德国埃姆歇河流域水生态环境综合治理技术体系及启示[J]. 净水技术, 2020, 39(11): 1-11, 15.

[79] 麦婉华. 水污染治理攻坚的"宝安模式"[J]. 小康, 2019, (35): 70-73.

[80] 孙继广. 关于深圳市罗湖区小区排水管网改造设计体会浅析[J]. 天津化工, 2018. 32(4): 59-61.

[81] 高大明, 张年玺. 河湖生态环境治理的国际比较启示[J]. 中国发展, 2022, 22(6): 80-85.

第7章 平原河网区城市河湖水环境
综合治理案例

我国平原河网区具有河流众多、河网密集、航运便利、降雨丰富且降雨期长、河水径流量较大，流域面积广等特点[1]。水环境特征如下。

（1）水体流动性差且流向多变[2]。平原河网河底高程和水力坡度小，来水量小，流速缓慢；河道水体流动通过水闸控制，河网水域存在水流流向多变特征，上下游混乱，河道水质动态变化较大；由于建设原因，城区内部分河流变成断头河，存在滞流、倒流现象，导致排入污水在某一水域长时间滞留，形成重污染区。

（2）污染负荷高。平原河网流域人口居住较为集中，城市用水量大，废水排放量大，而污水收集处理基础设施建设与城市建设不匹配，生活污水处理效率低，大量碳水化合物、蛋白质、脂肪等有机物排入城市河流，在微生物分解过程中消耗大量溶解氧，产生大量发黑、发臭污染物，导致城市各类排水输送的河流污染负荷日益增加[3]。

（3）河岸、河道开发利用不当，垃圾成堆，淤积严重。由于对河道治理不够重视，河道垃圾堆积较多，城镇及城郊两侧存在大量违建建筑，侵占河岸及河道，影响水系流通。

（4）面源污染突出。平原河网土地利用率高，农村面源污染量大面广，污染物输移路径较短，河道、沟渠纵横交错且流向不定[4]，降雨时短期内径流携带大量污染物进入河道。此外，城市化程度高，下垫面结构变化，导致雨水初期径流污染突出[5]。

（5）河流水生态系统退化严重。基于平原河网水系结构特点，河道防洪排涝是建设重点[2, 6]。河岸硬质化程度高，阻断了生态系统物质循环的交流，污染加重，水质恶化，生物多样性降低，水生态系统遭到破坏。

综上所述，平原河网水环境综合治理存在污染负荷大、环境容量小、自净能力低的难题，中小河流的整治显得尤为迫切[4]。本章梳理了天津市政工程设计研究总院有限公司、上海市政工程设计研究总院（集团）有限公司、中节能国祯环保科技股份有限公司等提供的平原河网水系规划与综合整治案例，突出治理的理念、相关技术、治理方案及成效等内容，以期为平原河网水系水体污染控制、环境治理提供参考和借鉴。

7.1　阜阳城区水系综合整治项目

7.1.1　阜阳城区水系综合整治项目基本概况

7.1.1.1　阜阳城区概况

阜阳，别名颍州、汝阴、顺昌，位于黄淮海平原南端、淮北平原的西部，安徽省西北部，地跨东经 114°52′～116°49′，北纬 32°25′～34°04′，西部与河南省周口市、驻马店市相邻，北部、东北部与亳州市毗邻，东部与淮南市相连，南部紧靠淮河与六安市的霍邱县隔河相望[7]。阜阳是皖西北重要的门户，是淮海经济区重要组成部分。漯阜、商阜、徐阜、阜淮、阜九、阜六六条铁路交会于此；阜阳市有对外公路九条、二级民航机场一处，水陆空交通发达。阜阳市区位于市域中部，淮河主要支流颍河自西北向东南流经市区，泉河自西向东注入颍河，将城市自然分割成颍西、颍东、泉北三大分区，城水相依，自然环境十分优美。阜阳市域面积约为 9775km^2，约占安徽省的 7%。截至 2016 年底，全市常住人口 799.1 万人，比上年末增加 9.0 万人，城镇化率 40.24%[8]。全年地区生产总值 1401.9 亿元。

阜阳市属暖温带半湿润季风气候。主要气候特点：季风明显，四季分明，气候温和，雨量适中，光照充足，无霜期较长，光、热、水资源比较丰富[7]。阜阳市地理位置决定了其在气候方面的过渡性与变异性，降雨年内变化大，旱涝灾害较频繁，霜冻、干热风、冰雹、大风及连阴雨等灾害性气象时有发生。年总日照时数为 4429.2h，由于阴雨及云层遮蔽，全年实际日照数平均为 2109.06h。光能资源较为丰富，在全国范围内属光能较丰富带。年平均气温为 15.7℃，冬季 1 月均温 1.3℃，夏季七月均温 27.8℃，年极端最高气温 41.4℃（1953 年 6 月 20 日）；极端最低气温-20.4℃（1969 年 2 月 5 日）。历年日平均气温稳定大于 5℃的积温 5231.3℃，全年无霜期为 179～237d，年平均 222d。土壤最大冻结深度 0.31m。多年平均降雨量为 933mm，其中汛期（5～9 月）降雨量占全年的 69.2%，夏季降雨量占年降雨量的 51.2%，春季占 22.1%，秋季占 18.1%，冬季占 8.6%。市区年平均蒸发量为 1632.9mm（20cm 蒸发器观测），平均相对湿度为 73%[7]。

随着经济的发展及开发园区转型升级的步伐加快，阜阳市高速发展。与突飞猛进的城市发展相比，污染治理进程相对滞后，河湖空间管理和控制能力相对薄弱，水流不畅、水岸杂乱、水景不佳、水体黑臭等水环境问题日趋恶化，内涝等水安全问题日益凸显，成为经济社会和生态环境协调发展的制约因素[9]。

该项目为阜阳市城区水系综合整治（含黑臭水体治理）标段二 PPP 项目，涉及七里长沟、七渔河、华桥沟、莲花沟、金桥洼沟、中清河、八里台河、六里河、东清河、白龙沟、泉南沟、舒园沟、二道河、阜临河、双清河、窦棚沟、一道河、三道河、二里井河、南城河、东城河、西城河、老西清河、南北河、五道河、阜颍河、西清河、芦桥沟共 28 条河道的水体整治，主要工程内容包括排涝工程、河道治理工程、水环境治理工程及水景观提升和水文化打造工程等，项目工程内容如图 7-1 所示。

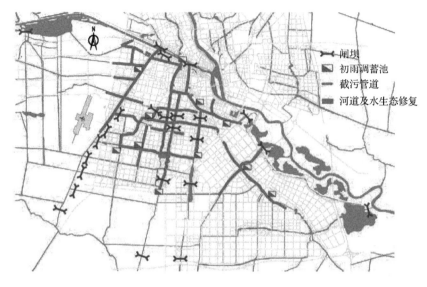

图 7-1　项目工程内容示意图

7.1.1.2　阜阳城区水系概况

1. 外河水系

阜阳市境内河流均属淮河水系,分为颍河、泉河、茨河、茨淮新河、西淝河、小润河六大水系。与颍西片区有关的主要是颍河水系、泉河水系及小润河水系。

1）颍河水系

颍河又名颍水、沙河,是淮河的最大支流,发源于河南省外方山及伏牛山区,北靠黄河,西毗黄河支流伊洛河和汉江支流唐白河,南接淮河支流洪汝河,东邻淮河支流涡河。跨河南、安徽两省,流经平顶山、漯河、周口、阜阳等四十个市县,于安徽省颍上县沫河口汇入淮河,长 619km。50 年代初颍河流域总面积 39877km^2,后安徽省对沿颍支流水系进行了调整,减少面积 232km^2,1980 年茨淮新河通水后,颍河北岸支流黑茨河（流域面积 2994km^2）截入茨淮新河,现颍河流域总面积为 36651km^2。颍河流域地形由西北向东南倾斜,沙河干流漯河以上三面环山,峰岭重叠,为伏牛山脉和外方山脉。颍河周口以上流域呈扇形,两岸羽状河系发育,支流众多;周口以下特别是省界以下流域呈带状,少有支流汇入。颍河在阜阳市境内长度 63km,流域面积 339.6km^2,在阜阳市区内的主要支流有泉河、华桥沟等[10]。

2）泉河水系

泉河又名汾泉河,上游称汾河,是颍河的主要支流,发源于河南省郾城区召陵岗,流经商水、项城、沈丘,于豫皖交界处的武沟口进入安徽省临泉县境,至阜阳城北注入颍河。泉河全长 249km,流域面积 5403km^2,在阜阳市境内长度为 41.5km,流域面积 516.2km^2。泉河在阜阳市区的主要支流有老泉河、七鱼河北段、西城河、东城河、中清河北段、东清河北段等。

3）小润河水系

小润河发源于阜南县李楼，流经徐家湖、小湾子，至阜阳市刘大庄、桥口、众兴寺，再入阜南运河集，最后注入润河，全长 31.2km，流域面积 216.6km²。其在阜阳市区内主要支流有七鱼河南段、西清河南段、中清河南段、东清河南段等。阜阳市外河水系图如图 7-2 所示。

图 7-2　阜阳市外河水系图

2. 内河水系

阜阳市区内水系纵横交错、湖塘星罗棋布。据调查，阜阳市规划城区范围内共有内河 70 条，主要为城市排涝河道。近期治理范围 205km² 内共有城市内河 44 条，规划水系 47 条，其中颍西片区近期治理范围内共有 24 条，见表 7-1。阜阳市区地形平坦开阔，地形总趋势为西北高、东南低，内河河道纵坡约为 1/10000～1/7000，河道断面以单一梯形断面为主，边坡 1：1.75～1：2.50。

表 7-1　颍西片区内河河道参数一览表

编号	河道名称	起止点	长度/km	流向
1	七里长沟	红旗中学—颍河	3.8	颍河
2	华桥沟	滁新高速—颍河堤坝	12.6	颍河
3	白龙沟	杨步沟泵站—白龙沟泵站	6.6	泉河
4	七渔河	跃进沟—泉河	11.9	泉河、小润河
5	西城河	南城河—泉河	2.3	泉河
6	东城河	南城河—泉河	1.9	泉河
7	南城河	西城河—东城河	1.2	泉河
8	老西清河	一道河—跃进沟	8.1	泉河、小润河

编号	河道名称	起止点	长度/km	流向
9	中清河	南城河—滁新高速	12.7	泉河、小润河
10	东清河	二里井—滁新高速	11.4	泉河、小润河
11	二道河	西湖路—东清河	3.5	华桥沟
12	阜颍河	二道河—芦桥沟	14.1	华桥沟、芦桥沟
13	五道河	七渔河—东清河	6.9	七渔河、华桥沟
14	阜临河	西湖—七渔河	8.9	七渔河
15	窦棚沟	泉源—西城河	9.9	七渔河
16	双清河	人民河—南京路	8.5	七渔河
17	西清河	南城河—刘沟	6.9	泉河、小润河
18	六里河	七渔河—三道河	2.5	七渔河
19	二里井河	东城河—东清河	1.6	颍河
20	莲花沟	莲花东路—七里长沟	0.6	颍河
21	一道河	师院—东清河	3.7	颍河
22	三道河	五里路—柳林路	3.2	华桥沟
23	八里台河	六里河—七渔河	2.8	七渔河
24	金桥洼沟	华桥沟—芦桥沟	8.5	颍河

3. 地下水

阜阳市地下水类型为单一的松散岩类孔隙水,根据地下水的埋藏条件、水力特征及其与大气降雨、地表水的关系,自上而下划分为浅层地下水和深层地下水。浅层地下水赋存 50m 以上的全新世、晚更新世地层中,与大气降雨、地表水关系密切,按上下关系可称其为第一含水层组(浅层);深层地下水赋存于 50m 以下的地层中,与大气降雨、地表水关系不密切。根据水文地质结构和目前开采情况,将深层地下水划分为两个含水层组,即第二含水层组(中深层,埋深 50~150m)和第三含水层组(深层,埋深 150~500m)[11]。

20 世纪 80 年代后期,由于缺少取水规划,地下水开采布局极不合理,在颍河西与河东形成两大高强采水区,同时出现深层地下水水位持续下降,中层地下水形成了水位降落漏斗区,诱发了地面沉降等环境地质问题。以开采中层地下水为主并逐步转变为以开采深层地下水为主,致使中层地下水位仍在下降,地面沉降现象也随之加剧[11]。城区中心水位最大埋深已达 89m。深层地下水水位埋深大于 20m 的降落漏斗范围大于 550km²,水位埋深大于 10m 的降落漏斗范围大于 1200km²。

7.1.1.3 水利工程情况

颍河干流阜阳市境内已建有耿楼闸、阜阳闸、颍上闸三个枢纽,支流泉河上建有杨桥闸枢纽。通过统计颍西片区工程范围内河道参数（表 7-2），可知颍西片区工程范围内河道的排涝能力仅能达到 10～20 年一遇。

表 7-2 阜阳市境内颍河、泉河水利枢纽概况

工程名称	工程地址	建设年份	闸底高程/m	闸孔数×单孔宽/m	闸门最大开高/m	最大过闸量/（m³/s）
耿楼枢纽	阜阳市太和县旧县镇耿楼村	2009	24.5	12×7.5	18.5	3910
阜阳闸	阜阳市三里湾	1958	浅 20.8 深 20.5	浅 8×12 深 4×10.6	浅 13.5 深 1.8	3000
颍上闸	阜阳市颍上县城关镇颍上闸	1981	19	24×5	11.5	4200

根据工程范围内河道的详细踏勘及勘测资料，虽然颍西片区水系众多，但大部分河道断面狭窄且破坏较为严重，部分被填埋，存在不少断头河，河道不成体系，水系不连通，造成水体不流动，汛期排涝也不畅通。同时，部分河道河底淤积严重，垃圾侵占河床，且缺乏有效的蓄水工程，河底朝天，河道生态功能难以维持。河道水利工程主要存在以下几大问题。

（1）河段过流被阻碍。工程范围内部分河段被繁茂生长的水草、违章建筑挤占，过流摩阻过大。

（2）水质较差。排水管网雨污混流，沿岸垃圾成堆，造成水质污染较为严重，水环境日趋恶化。

（3）生态布局不合理。城区水系两岸植被较稀疏，绿化比较杂乱，总体生态布局不合理。

7.1.2 阜阳城区治理前水环境及问题

7.1.2.1 排水体制及排污口

过去阜阳市排水为雨污合流制和分流制并存，就近排入河道。颍西的老城区为合流制，并且逐步改造成截流式合流制。新建城区均采用分流制，但是分流制区域的分流效果不理想，仍存在着雨污混接现象。颍西片区水环境污染严重，部分水体已发黑发臭。七里长沟、七渔河、西城河、东城河、南城河等河道水质均为劣 V 类。

经实地踏勘调查，共发现颍西片区入河排污口 908 个，其中排水污口共 652 个，每条河道污水排口统计数和总污染源数详见表 7-3。

表 7-3 颍西片区污水排口及污染源统计表

序号	名称	污水排口数/个	管径/mm	总污染源数/个
1	一道河	43	150～600	112
2	西清河	29	100～1000	98
3	二道河	30	150～300	43

续表

序号	名称	污水排口数/个	管径/mm	总污染源数/个
4	三道河	4	100～400	8
5	五道河	14	100～300	14
6	六里河	5	100～300	13
7	七渔河	31	400～800	37
8	窦棚沟	8	100～800	32
9	双清河	3	100～300	3
10	老西清河	30	100～500	30
11	保丰河	46	100～300	46
12	刘沟	51	100～300	51
13	西城河	22	150～800	122
14	南城河	5	300～400	9
15	东城河	36	300～600	140
16	中清河	43	150～1000	82
17	二里井河	39	150	60
18	七里长沟	66	150～400	199
19	莲花沟	10	100～300	20
20	东清河	72	100～800	123
21	阜颍河	59	150～1000	164
22	华桥沟	6	150～400	22
	合计	652		1428

污水排口主要包括工业污水排口、生活污水排口、商场、菜市场、城中村等。

工业污水排口：分别为颍州区七渔河阜阳市植物油厂排污口、颍州区七里长沟安徽锦辉药业有限公司排污口和开发区阜颍河建材市场排污口。

工业污水和生活污水混合排口：主要分布在开发区阜颍河和七里长沟，分别有医药大市场排污口和颍南污水处理厂排放口。

生活污水排口：污水主要来自周边企事业单位、住宅小区和沿河居民区。其中，混有生活污水的雨水排污口，个别排污口位置虽无明显排污口，但有周边居民生活污水直接排入，如颍泉区慧湖周边、华桥沟与阜颍路交接处等。

7.1.2.2　重点排污区域情况

调查发现，城区重点排污地块 72 处，地块内污水直排入河道或错接至雨水管，最终汇集至河道，对河道水质造成严重污染。颍西片区总体污染源空间分布见图 7-3。

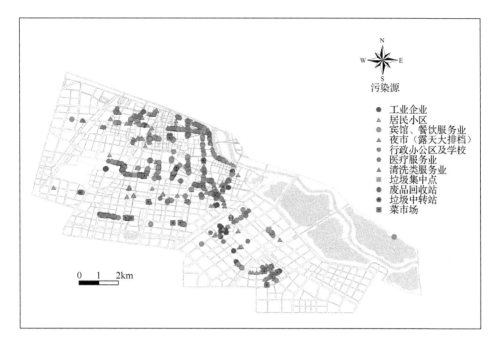

图 7-3　颍西片区总体污染源空间分布（见彩图）

7.1.2.3　入河污水量及水质

1. 入河污水量

通过对区域各河道主要入河污水量进行测定（表 7-4），得到颍西片区入河污水量为 4.52 万 m^3/d。

表 7-4　颍西片区入河污水量

河道名称	入河污水量/（m^3/d）
窦棚沟	3.54
一道河	422.58
西清河	194.88
二道河	2641.14
东城河	3483.84
西城河	2465.94
南城河	46.62
中清河	419.16
二里井河	441.36
七里长沟	9241.02
中清河	6.42

续表

河道名称	入河污水量/（m³/d）
东清河	8221.02
阜颍河	16397.76
华桥沟	209.88
合计	44195.16

2. 入河水质状况

根据入河水质检测结果（表 7-5），入河水质较差、污染较重。COD 和氨氮、TN、TP 的浓度分别为 381.1mg/L、32.4mg/L、47.5g/L 和 3.6mg/L。

表 7-5 入河排口水质 （单位：mg/L）

河道名称	水质指标			
	COD	氨氮浓度	TN 浓度	TP 浓度
一道河	161.0	20.0	33.3	2.1
西清河	111.0	62.6	78.0	6.1
二道河	668.1	17.2	62.0	2.4
东城河	250.9	38.9	48.8	4.2
西城河	1146.8	76.2	96.9	7.8
南城河	215.0	27.5	35.6	1.9
中清河	437.4	37.4	51.4	4.6
二里井河	727.0	21.7	35.5	2.4
七里长沟	644.5	58.8	83.3	7.8
东城河	219.0	28.1	34.8	4.1
中清河	461.0	20.9	34.2	3.1
东清河	236.1	32.1	54.2	2.0
阜颍河	31.8	6.7	9.4	1.2
华桥沟	26.4	5.1	8.0	1.3

7.1.2.4 河道水质及底泥

1. 水质

河道水质见表 7-6。项目区部分河道水质较差，符合《地表水环境质量标准》（GB 3838—2002）V 类水体，如阜颍河等；部分河段水面有漂浮物，在有桥的河段有部分垃圾堆积。颍西片区一道河、西清河和东清河水质较差。

表 7-6　河道水质　　　　　　　　　　　　　（单位：mg/L）

编号	河道名称	取样位置	COD	氨氮浓度	TP 浓度	TN 浓度	是否为黑臭	水质类别
1	华桥河	华桥东路	49.8	4.81	0.37	6.19	轻度黑臭	劣Ⅴ类
2	阜颍河	纬三路桥	23.6	3.80	0.40	6.13	重度黑臭	劣Ⅴ类
3	七渔河	七渔河—人民路桥	23.3	1.59	0.28	4.22	轻度黑臭	Ⅳ类（除 TN 外）
4	阜临河	104 乡道 102 省道交会附近	17.8	1.56	0.22	3.25	是否黑臭可研未作说明	Ⅳ类（除 TN 外）
5	双清河	双清河 014 乡道	68.9	1.18	0.26	4.26	是否黑臭可研未作说明	劣Ⅴ类
6	七渔河	七渔河上游黄庄附近	25.0	5.31	0.79	10.30	轻度黑臭	劣Ⅴ类
7	八里台河	八里台河卜子东路处	318	6.38	0.82	9.47	是否黑臭可研未作说明	劣Ⅴ类
8	六里河	八里台河与六里河交汇附近	127	17.10	1.99	20.30	重度黑臭	劣Ⅴ类
9	老西清河	老西清河卜子东路处	123	26.90	2.85	32.40	重度黑臭	劣Ⅴ类
10	东清河	东清河淮河路桥	216	18.60	2.86	20.10	重度黑臭	劣Ⅴ类
11	东城河	东城河南城河交汇附近	45.1	3.12	0.39	5.92	重度黑臭	劣Ⅴ类
12	西城河	西城河颍河路桥	165	3.58	0.50	7.52	轻度黑臭	劣Ⅴ类
13	一道河	一道河阜王路桥	19.90	2.23	0.28	5.37	重度黑臭	劣Ⅴ类
14	七里长沟	颍南污水厂出水	17.40	3.47	0.32	9.66	轻度黑臭	劣Ⅴ类
15	窦棚沟	窦棚沟西湖北路桥	83.10	15.8	1.67	21.5	重度黑臭	劣Ⅴ类

2. 底泥

由底泥取样结果（图 7-4、图 7-5）可知，整体样本底泥的 TP 浓度在 2g/kg（0.2%）以下，底泥的肥力较低。取样底泥有机质含量为 1.37%～27.00%，表明河道底泥受到一定

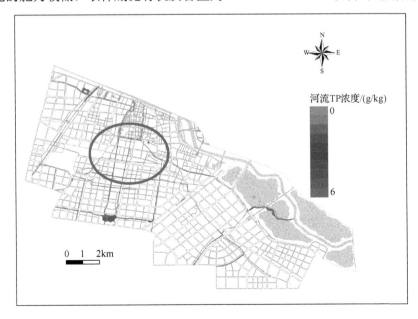

图 7-4　颍西片区总磷污染状况（见彩图）

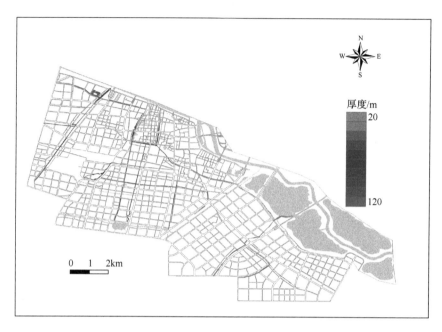

图 7-5 颍西片区河道淤泥厚度分布（见彩图）

程度的有机污染。经调研，底泥有机污染主要来源于生活污水和工业废水。底泥重金属污染检测指标表明污染物主要为镉（Cd），说明阜阳市河道底泥受到不同程度的有机污染和重金属污染。颍西片区西城河、南城河底泥厚度较大，在 80～120cm；老西清河、西清河（一道河—南城河）、中清河（二道河—南城河）、东清河（二道河交口附近）泥层较厚，在 60～80cm。

7.1.2.5 管网运行及雨污收集

1. 管网及运行

在颍河西路、颍上路、经二路和纬二路进行了管道潜望镜检测，共计 5.72km，未发现管道结构性损坏，管网结构状况良好。由于缺乏科学管理，管内垃圾、泥沙淤积堵塞较为严重，管道轻度腐蚀，且商业餐饮业聚集区污水乱排现象严重，垃圾渗滤液直排现象较为普遍。

2. 污水收集

颍西片区共有两座污水处理厂（颍南污水处理厂和颍州污水处理厂），设计规模为 10 万 t/d。以华桥沟为界，分为南北两个部分。华桥沟以北区域的污水通过管网收集，最终进入颍南污水处理厂；华桥沟以南区域的污水最终收集进入颍州污水处理厂。华桥沟以北部分共有七座现状污水泵站和一座规划中的老西清河泵站。泵站分别为设计规模 1.66 万 t/d 的颍西路泵站，1.25 万 t/d 的七渔河泵站，1.42 万 t/d 的南城河泵站，2.36 万 t/d 的东城河泵站，14.36 万 t/d 的玻璃厂泵站，9.79 万 t/d 的东清河泵站和 7.08 万 t/d 的阜颍路泵站。华桥沟以南区域有一座设计规模 14 万 t/d 的港口路泵站（图 7-6）。

（a）颍州污水处理厂汇水管道示意图

（b）颍南污水处理厂汇水管道示意图

图 7-6　污水处理厂汇水管道示意图

　　阜阳城区污水干管随道路建设,一方面因道路拆迁,列入投资计划的道路多年未能实施,污水干管未贯通;另一方面,道路建设时序与污水干管系统不匹配,道路未修建而导致污水干管未贯通。这两种因素造成城区还存在部分路段的污水干管未贯通,从而使城区部分建成区的污水未能得到收集。

　　3. 雨水排放总体情况

　　颍西片区水系发达,水网密布,区域内雨水多就近排入河道。区内主要排水通道有西城河、东城河、南城河、西清河、东清河、中清河、一道河、二道河等,通过城区各条水系间连通后最终汇至颍河。颍西片区整体雨水排放状况相对良好,但是在河滨路段和文峰幼儿园段存在积涝点（图 7-7）,原因是此部分地势是区域内最低,易在雨季降雨时短时间内排水不畅。此外,颍上路、颍河西路和经二路三条道路上雨水管网,共存在管道沉积缺陷 3 处,污水错接 19 处,管道破裂 7 处、淤泥及垃圾堵塞 14 处,堵塞量约 $200m^3$。

　　7.1.2.6　沿河景观

　　1）河道概况

　　该工程内河道景观涉及的范围包括七里长沟、七渔河、窦棚沟、东清河、华桥沟、二道河、阜颍河、六里河、一道河、南北河、阜临河 11 条河道，总设计面积约为 119 万 m^2。
河道周边以居住区、农田、工业建筑区为主。

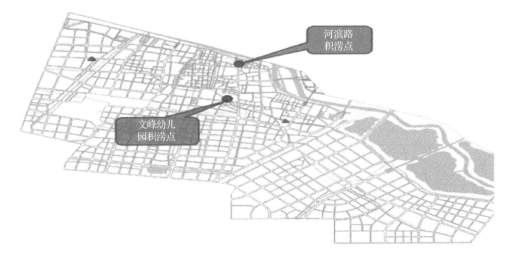

图 7-7 颍西积涝点分布点

2）已实施绿化景观部分河道概况

已实施绿化景观的河道包括七渔河和一道河等，植物长势较好，沿河设置有园路及
休憩空间（图 7-8）；未实施绿化的景观河道两侧乡土植物长势良好（图 7-9），局部河道
外用地范围较窄，河道坡度较陡，绿化种植的局限性较强。

图 7-8 已实施绿化河道两侧景观

图 7-9 未实施绿化河道两侧景观

　　3）周边用地性质为农田、工业建筑用地河道概况

　　河道两侧无序构筑物较多,堤岸乡土植物长势良好,河道岸线较为杂乱,水生植物分布无序,缺乏整体与周边环境协调的设计(图7-10)。

图 7-10　河道两侧农田、工业建筑用地景观

　　4）周边用地性质为居住用地河道概况

　　局部河道两侧分布有一些乡土植物,长势一般,河道污染较为严重,两侧建筑形式较多,对整个景观影响较大,缺乏统一的规划治理(图7-11)。

图 7-11　河道两侧居住用地景观

7.1.2.7　河道水生生态

　　规划治理范围内黑臭河道的水生态系统曾受到严重破坏,水中挺水植物和湿生植物以水体维管束植物为主,浮游植物以淡水壳菜等为主,原生动物以底栖动物为主。治理范围内河流水生植物种类单一、数量较少,鱼类种群结构趋于小型化、低龄化,生产力水平较低。河道生态系统退化,生态功能逐步丧失,生物多样性锐减。

　　1）浮游植物

　　根据测样调查结果,黑臭河道内的浮游植物主要为浮游藻类,共6门43属,其中绿藻门13属,甲藻门10属,蓝藻门9属,硅藻门5属,裸藻门和隐藻门各3属。藻类平均数量为300万个/L,绿藻种类最多,蓝藻数量最大。微囊藻为浮游植物群落的优势种群,占总数的97%。

2）浮游动物

规划区河道内的浮游动物主要有原生动物、轮虫、枝角类、桡足类等。砂壳虫、似铃壳虫为原生动物的优势种，龟甲虫为轮虫类优势种，枝角类以秀体蚤、裸腹溞为优势种，桡足类以广布中剑蚤为优势种。

3）底栖动物

底栖动物是指示水环境的微生物指标之一。为此，对规划区黑臭河道内的底栖动物进行采样分析，发现该区域底栖动物的数量和分布都较少，以水丝蚓、淡水壳菜等为主，这说明本区域的污染物已经有明显的积累，并影响了底栖动物的生长代谢。

4）水生植物

从现场踏勘调研来看，规划区域水生生态系统和生物多样性已经遭到了严重破坏，部分地区甚至污泥裸露。该区域水生植物主要有芦苇、竹叶眼子菜、黑藻、苦草等耐污品种。

5）鱼类

鱼类以耐污泥底栖类为主，如鲫鱼、鲢鱼、鲤鱼等。

7.1.2.8　阜阳城区水系水环境问题

调研污染源、重点排污区域、河口水质及底泥、管网运行情况、河道，项目区主要存在以下水环境问题（图7-12）。

七里长沟污水直排　　　　　　　三道河被垃圾侵占

东清河污水溢流　　　　　　　西城河污水混入雨水管道

图7-12　颍西片区水环境污染情况

（1）城区河道塑形不足，淤积严重、排涝能力不足。①部分河段堤岸未进行整治，处于自然土坡状态，与周边环境不协调；②部分河段断面较窄、河底淤积严重，排涝能力不达标；③部分河段内水草丛生，违章建筑挤占、填占河道，严重阻碍过流。

伴随着城市的发展，人们对生活环境要求的提高，淤泥的清运、河道的拓宽、岸线的整治迫在眉睫。

（2）点源和面源污染威胁河道水质。①部分片区污水管网不健全，导致污水收集率不高；②城区内合流制管道污水截流能力不足，存在污水溢流入河或直排入河现象，淤积合流制溢流严重影响城区河道水质；③管道错接、漏接的现象严重，导致雨污分流地区出现"混流"情况，污水通过雨水管道直排入河；④城市高速发展，初期雨水对河道水质污染严重；⑤垃圾到处散落在河道旁边，随着雨水的冲刷进入河道，最终污染河道。如何合理构建一套稳定有效的截流系统，及截流后污水的处理去向，是该工程的核心问题。

（3）河道生态系统退化。根据河道生态调查成果，河浮游植物以蓝绿藻占绝对优势；浮游动物以耐污型的轮虫和原生动物为主，对环境要求相对较高的枝角类含量较低；底栖动物仅存少，且以耐污品种霍甫水丝蚓占绝对优势；大型维管束植物尤其是对水质要求高的沉水植物在本次调研中基本未发现。河道水生态系统已经遭到严重破坏，水生生物多样性低，生态系统不稳定且脆弱。如何因地制宜构建合理的水生态体系，是该工程的重点内容。

（4）活水调度不足，部分河段水体流动缓慢。阜阳城区内河道交织，目前颍西片区有四个补水点，补水水体主要沿流程较短的河道流出，部分河道形成死水区，水体流动性不足，活水效果较差[12]。如何充分利用现有闸坝并通过新建部分工程，对阜阳市的城区河道水流进行合理高效合理的调度，是该工程需要解决的关键问题。

7.1.3　阜阳城区水系整治主要问题及需求分析

7.1.3.1　水系整治项目的问题分析

1）水源补给问题

颍西片区河道主要的功能为防洪排涝，现补水主要以排污水和降雨为主，平时流量小，暴雨后水位立即上涨，暴涨暴落，由于淤泥和垃圾堆积，水流缓慢、滞流。由于平时没有稳定、优质的水源补给，加上沿途污水直排，造成旱时水量小、水质差。雨时水位高，污染大。水体"活力"较低，进而影响水系水质的提升与水环境、水生态综合质量提升。根据对阜阳城区河道的现场调研及初步分析，阜阳河道分布较密，河网纵横交错，但河道总体水体流动性较差，活水效果不佳，主要存在以下问题：

（1）受泉河、颍河水位及水质影响，河道引水保证率不足，根据阜阳闸上水位分析，颍西片区自流引水的保证率为58.8%，颍东区自流引水的保证率为79.1%。按照生态用水保证率不低于90%要求，阜阳城区内河仅依靠外河的自流补水是不能满足生态用水保证率要求的。

（2）引水活水点较少，存在河道死水区，阜阳城区内河道交织，引水不足，导致水体流通性差。颍西片区有两个补水点，颍东区仅有一个补水点。

2）水体流动性差

阜阳城区水系大，且都没有充足、稳定的生态补水，大部分时间是相对静止的蓄水状态，是近似死水环境，水的流动性差，水体复氧能力衰退，自净能力衰弱，无法达到流水不腐的一个良好状态。

3）管理问题

项目区的水系流经城市主要商圈和城中村，多头管理、管理体制不顺、责任分工不明、维护管理不到位等原因，造成出现管理死角，部分河段垃圾占用河道现象严重，城中村生活污水直排，沿岸工业企业偷排漏排现象严重，水系连通性不强，导致水质恶化严重。

4）大雨期合流污水

大雨期间，再多的污水处理厂也接纳不了海量的雨污合流水，导致大量的合流污水直接排入河道水体。大雨期合流污水流入水系后如果没有强力净化措施在水体内部降解污染的话，前期花费代价实施的截污、清淤、初期雨水净化，在几场大雨过后水体就会恢复污浊，甚至再次变成黑臭。治理大雨期合流污水的唯一途径就是提升水体的自净能力，使城市人工水体中几乎丧失殆尽的自净能力大幅提升，打造水体自身的强大免疫系统，让入河污水消失于无形。

5）初期雨水及地表径流影响

初期雨水冲刷地面将大量垃圾和溶解物带入河道，据有关资料，城市初期雨水中的 TP 浓度一般为 0.038~0.250mg/L，氨氮浓度约为 0.11~4.90mg/L。该污染源以面源污染的形式每年持续将 COD 和主要富营养元素氮、磷等带入水中溶解，从而进一步影响现有水质，水体在一定程度上受到污染。

6）清淤后污染底泥的重新出现

根据景观水治理经验，新开挖的住宅小区人工湖、不管湖底是卵石、干净土壤还是水泥砖头，灌入自来水水源的情况下，一年之后水底就会出现淤泥层。河道的周边环境水源条件比人工湖差很多，这种现象会更严重。对于颖西片区水系而言，后期淤泥层的主要来源有：①大气降尘、秋冬季树叶枯草大量沉于水底，腐烂后形成有机质淤泥；②雨水地表径流带来的周边土壤夹带有机物形成淤泥；③藻类大量生长死亡后形成的有机质淤泥；④大雨时期合流污水带来的污染物沉降形成淤泥。

清淤的红利期很短，成本高，若管理不善，很可能导致大规模黑臭水体治理行动之后水质大范围恶化。

7）藻类滋生影响

项目区气候适宜，为藻类滋生提供良好的条件，藻类在适宜环境下滋生速度很快，周而复始，死掉的藻类残骸沉积在水底成为重要的内源污染源。河道周边环境复杂，更易滋生藻类。

7.1.3.2　阜阳城区水系治理需求分析

基于上述对颖西片黑臭水系治理重难点分析，黑臭水体治理及生态修复工作必须要解决如下问题。

（1）必须提高水体水动力，流动的自然水体才不至于恶化，同时需使水体自净能力大大提升,靠自净能力消化降解大雨期间的合流污水、地表径流、大气降尘等携带的污染。否则一旦合流污水等污染物进入水体积累,就会再次污染,前期巨大投资前功尽弃。

(2)必须具备对后期重现的黑臭底泥的原位降解能力,避免出现新的内源污染源,以此代替每年反复的清淤。否则黑臭底泥很快重现,再次污染水体。

(3)必须对藻类暴发进行强力控制。黑臭水体污染重时表现症状是发黑发臭,黑臭消除之后主要污染症状就是藻类泛滥,水体发绿浑浊。所以后期改善河水水质的工作就是长期与藻类的斗争。如果没有有效的控藻措施,河水不可能真正清澈。

7.1.4　阜阳城区水系综合治理设计目标与原则

7.1.4.1　设计目标

该建设项目以充分发挥城市水系综合服务功能、消除城区黑臭水体、恢复河湖生态环境、促进城市水系系统循环、创建生态文明城市、打造"皖北魅力水城、生态宜居家园"为目的,制订了详细的治理目标。

1)河道工程治理目标

通过疏浚、扩挖、水体连通等工程措施,进一步优化水系布局,建立一个满足水安全、水生态、水景观需求的河网水系,形成以主干河道为主、分支河道为辅,连接湖泊、湿地水流畅通的水系格局,整个城区排涝能力提高到 30 年一遇。

2)活水工程目标

活水工程的水源根据水源形式分为外水水源和中水回用水源。其中外水水源作为主要补水水源,根据阜阳水系格局及城市分区特征进行确定。阜阳市中水资源较丰富,通过中水的深度净化,形成河道的稳定补水水源,提高河道补水保证率,以维持健康河湖水生态系统。

3)水环境工程治理目标

完善城区污水系统,畅通污水干管,完善污水支管,扩建污水处理厂,解决污水管网不通和污水厂处理规模不够的问题。结合河道拓宽疏浚工程,对沿河两侧的排口进行截流设计,对雨水管道中污水管错接、混接等现象导致河道污染的旱流污水和初期雨水进行同步截流。通过污水系统完善,初期雨水调蓄处理等工程措施改善河道水体环境。近期水体水质消除黑臭,远期达到四类水(总氮除外)。

4)水生态修复工程治理目标

该生态修复工程遵循生态修复的基本原则构建城区生态河道,恢复城区河道生态环境。

7.1.4.2　设计原则

设计遵循尊重自然、河湖连通、统筹协调、生态修复的基本原则。针对不同河道,遵循以"目标为向导""问题为向导"的原则。

7.1.5 阜阳城区水系综合治理设计方案

7.1.5.1 水系综合治理设计路线

该工程共包含河道 28 条，河网复杂，河道与河道之间边界条件差异较大，需要对河流特征、水质、水量、生态环境等进行详细的现场调研和资料分析。分析河流功能，进行多种适用技术的比较与筛选，最终确定最优的总体设计方案用于工程实践，技术路线如图 7-13 所示。

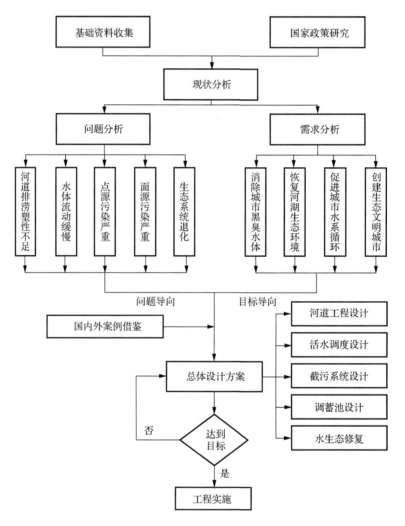

图 7-13 阜阳城区水系治理技术路线

7.1.5.2 阜阳城区水系综合治理总体设计方案

1）河道工程

该项目河道工程共整治 24 条河道，分别为七里长沟、七渔河、西城河、东城河、窦棚沟、白龙沟、南城河、阜临河、二里井河、莲花沟、老西清河、中清河、东清河、西清河、华桥沟、二道河、六里河、双清河、金桥洼沟、阜颍河、一道河、五道河、南北河和芦桥沟，总长 81.62km，包括拓宽疏浚 69.59km，清淤 8.2km，新开、改线河道 3.83km。河道水利工程设计断面采用生态挡墙与自然护坡相结合的形式。挡墙采用阶梯式生态砌块。常水位以上挡墙顶部设栏杆，墙顶以上迎水坡为绿地，坡比 1∶3～1∶5，与原地面相接。部分景观浅水区降低墙顶高程。

2）活水工程

活水工程的水源根据水源形式分为外水水源和中水回用水源，其中主要补水为外水水源，颍西片区补水水源为泉河；该工程暂不考虑中水回用水源。颍西片区活水线路主要通过沿泉河右侧堤防的永丰河涵、七渔河涵、西城河涵和东城河涵等自流引水，经永丰河、白龙沟、七渔河、西城河、东城河等河道自南向北纵向补水，并通过七渔河东岸的六里河闸、八里松河闸、五道河闸、保丰河闸、刘沟闸及跃进沟闸的控制调度，利用颍西片区的蓄水水位差，实现补水自西向东的横向流动，确保区域内河道的水体流动性。修建三段连通工程，解决部分断头河河道无法流动的情况，以实现整个城区的活水连通[13]。

3）截污及调蓄工程

结合河道拓宽疏浚工程，对除芦桥沟以外的 27 条河道沿河两侧的排口进行初期雨水截流设计，见图 7-14。

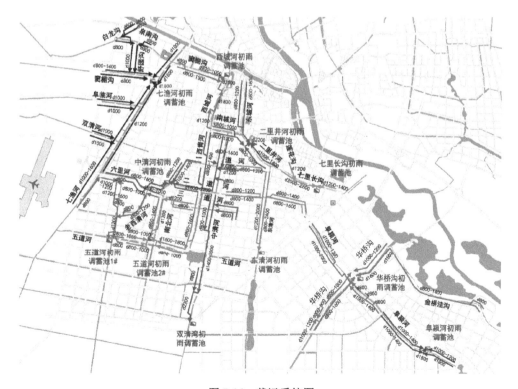

图 7-14　截污系统图

4）水生态修复工程

工程采取的水生态修复技术主要包括水生动植物体系构建、复氧曝气、原位生态修复、强化耦合生物膜等措施相互结合，生态修复总规划详见图 7-15。

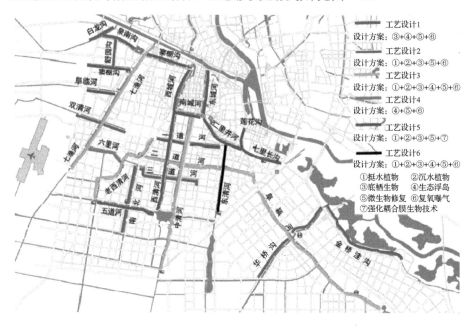

工艺设计1
设计方案：③+④+⑤+⑥
工艺设计2
设计方案：①+②+③+⑤+⑥
工艺设计3
设计方案：①+②+③+④+⑤+⑥
工艺设计4
设计方案：④+⑤+⑥
工艺设计5
设计方案：①+②+③+⑤+⑦
工艺设计6
设计方案：①+②+③+④+⑤+⑥

①挺水植物　②沉水植物
③底栖生物　④生态浮岛
⑤微生物修复　⑥复氧曝气
⑦强化耦合膜生物技术

图 7-15　生态修复总规划图（见彩图）

7.1.5.3　阜阳城区水系重要节点设计

1. 河道堤岸设计

从安全性、生态性、自然性出发，充分考虑结合河道现状、河道主导功能、征地拆迁等因素，河道设计断面以清淤疏通为主，保证排涝体系畅通，结合沿岸景观绿化要求综合考虑，河道堤岸设计总体遵循以下原则。

（1）结合河底高程情况，适当进行清淤疏挖，设计河底纵坡尽量放缓，减小开挖深度和放坡占地面积。

（2）河道断面以满足过流为基本要求，适当结合景观要求扩大常水位水面宽度。对老城区建设空间狭窄段，宜采用矩形断面，通过直立生态挡墙进行护砌；对河道两岸用地富裕的河段，宜采用复式断面，通过自然缓坡与现状地面衔接。

（3）河道上口线依据总规、控规对河道蓝线、绿线宽度的界定，以减少征地、避免拆迁为原则，同时结合沿河两岸道路、跨河桥梁等设施进行布置。

按照上述原则，采用自然放坡和阶梯式生态砌块护岸两种堤型设计。

（1）自然放坡。部分河道位于规划城区范围外，两岸为荒地或农田。在满足排涝要求下，只对现状河道进行适当疏浚和边坡修整，河道断面采用自然放坡的复式断面，便于种植水生及陆生植物，在满足城市快速排涝的基础上，美化绿化城市河道，如图 7-16所示。

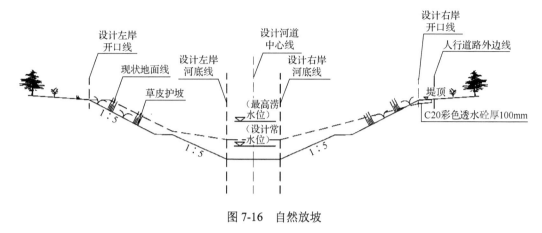

图 7-16　自然放坡

（2）阶梯式生态砌块护岸。生态护岸是指恢复后的自然护岸或具有自然护岸"可渗透性"的人工护岸，可以充分保证护岸与河道之间的水分交换和调节功能，同时具有一定抗冲强度[14]。对于规划城区内的河道，为了减少征地拆迁，节约宝贵的土地资源，同时保证城市排涝和景观要求，尽量扩大常水位水面，采用阶梯式生态砌块护岸，墙顶以上采用缓坡与地面相接。

阶梯式生态砌块护岸如图 7-17 所示。由于生态砌块为预制产品，施工速度快，质量容易控制，抗冲能力强，稳定性好，近年来广泛应用。该类型砌块透水性强，便于墙后土体与水体之间的交换；砌块内有孔洞，便于水中小型鱼类栖息，同时利于水生植物及湿生植物生长，满足城市景观需求，生态效果显著。

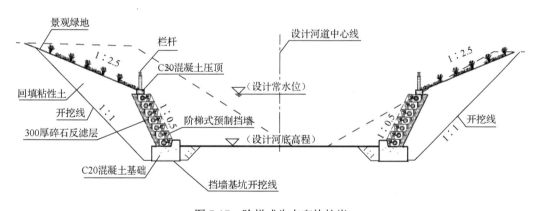

图 7-17　阶梯式生态砌块护岸

通过分析筋带、抗拔验算、滑动稳定性验算、倾覆稳定性验算、地基应力验算、基底压应力、整体稳定验算等，对护岸结构稳定进行计算。应用生态砌块挡墙的河道（如七渔河和阜临河）的挡墙高度相近（3.8m），基础均坐落在粉质黏土层，因此选择典型断面进行计算，计算模型见图 7-18。经计算可知，挡墙稳定安全系数、地基压应力、不均匀系数均满足规范要求。

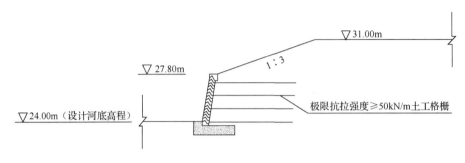

图 7-18　护岸挡墙稳定计算模型

2. 清淤工程设计

1）清淤方式设计

工程清淤疏浚按作业形式可分为干法作业和湿法作业。干法作业先将工程区域范围内的水体全部排出，使底泥充分暴露于环境当中，然后通过人工或机械清挖的方式将底泥清除，此法通常被用于河道断面较小或水面面积不大且河道两岸作业面较大的底泥清淤疏浚工程。技术特点：①出泥含水率较低，疏浚底泥量较小；②底泥充分暴露于空气中，会有恶臭气体散发，对环境影响较大；③须设置拦水和降雨的工程设施。

该工程采用干法作业进行清淤疏浚，具体清淤方式分为机械干挖和水力冲挖两种方式[15]。

（1）机械干挖。作业区排干水后，大多数情况下采用挖掘机进行开挖，挖出的淤泥直接由渣土车外运或者放置于岸上的临时堆放点。

（2）水力冲挖。采用水力冲挖机组的高压水枪冲刷底泥，将底泥扰动成泥浆，流动的泥浆汇集到事先设置好的低洼区，由泥泵吸取、管道输送，将泥浆输送至岸上的堆场或集浆池内。

环保清淤设备：绞吸式环保清淤方式通过带齿的机械绞头将河底淤泥绞松，与水混合成泥浆状态，然后通过绞头处的泵管抽除泥浆，通过泥浆管外运。与挖掘式清淤相比，绞吸式环保清淤在清除表层悬浮状污泥方面有较大优势，但绞头只能清除河底表层浮土，无法开挖河底硬土，采用两边抛锚方式可以调整作业方向。

2）淤泥处理方案

清挖后的底泥含水率较高，若直接外运处置，底泥量太大导致运输费用很高，而且未脱水的底泥不便于清理及堆放，运输过程中还存在二次污染风险。为了对河道底泥进行有效的后续处理处置，需要把底泥的含水率降下来。底泥脱水技术有自然脱水法、传统机械脱水法、滤袋脱水法、电渗析法和投加固化剂法[16]。

该项目清淤量约 80 万 m^3，采用机械脱水法、滤袋脱水法、电渗析法和投加固化剂法成本较高，根据技术经济比选结果，采用沿河堆放自然晾晒的方式进行淤泥脱水。

3）淤泥处置方案

淤泥经过自然干化脱水之后，剩余淤泥量约为 57 万 m^3。淤泥去向主要有两种。优先出路是作为绿化景观用土，绿化范围内 30～40cm 表土混合 10cm 厚干化处理后的淤泥土，并掺拌 5cm 厚的腐熟有机肥，混合均匀后人工翻耕，精细平整表土后进行种植施工。处理后的土满足种植土技术要求，具体指标参考规范《绿化种植土壤》（CJ/T 340—2016）。剩余的干化后淤泥运往指定场地进行填埋处理，填埋场地处理须满足相关规范要求。

3. 雨污截流系统设计

通过沿河新建截流管道，截取两岸的旱季污水和初期雨水，实现旱季污水零排放、雨季控制面源污染入河量。截流系统截取的旱季污水通过污水泵站提升转输至污水处理厂处理，截取的初期雨水进入调蓄池储存，而后在 2～3d 内部分输送至污水处理厂处理，部分就地处理，有效控制面源溢流污染（图 7-19）。

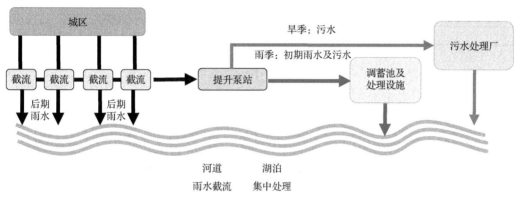

图 7-19　截流系统原理图

1）截流井设计

截流井设计为截流系统设计的重要组成部分。为实现精细化截流，本工程针对不同出流方式、不同管径、不同区域的管道进行了详细的截流井设计。截流井共分为五类，见表 7-7。

表 7-7　截流井分类设计表

分类	雨水口形式	针对情景	截流方式	推荐截流井类型
槽式截流井	非淹没出流	下游溢流管底高于洪水位	无须考虑倒灌问题，因此在低处设置截流管就可以满足旱季污水和初雨的截流；当雨水管道管径较小时，不考虑流量控制问题，管径较大时采用无动力限流器控制流量	图 7-20（a）
堰式截流井	非淹没出流	下游溢流管底高于常水位，低于涝水位	只考虑涝水期的倒灌问题，因此设置溢流堰阻挡一部分涝水；低处设置截流管就可以满足旱季污水和初雨的截流，当雨水管道管径较小时，不考虑流量控制问题；管径较大时采用无动力限流器控制流量	图 7-20（b）

分类	雨水口形式	针对情景	截流方式	推荐截流井类型
防倒灌截流井	淹没出流	下游溢流管底低于常水位且排口不重要,不进行流量控制	采用鸭嘴阀防倒灌,同时在低处设置截流管截流旱季污水和初雨,同时雨水管道管径较小不考虑流量控制问题	图 7-20(c)
限流截流井	淹没出流	一般性排口,下游溢流管底低于常水位,空间充足且需截流雨水口管径大于等于 DN800	采用鸭嘴阀防倒灌,同时在低处设置截流管截流旱季污水和初雨,由于管径较大,采用无动力限流器来控制截流量	图 7-20(d)
自控截流井	淹没出流	重要排口,下游溢流管底低于常水位,截流雨水口管径大	采用鸭嘴阀防倒灌,同时在低处设置截流管截流旱季污水和初雨,由于管径很大,采用更高级别的电动调流阀来控制截流量	图 7-20(d)

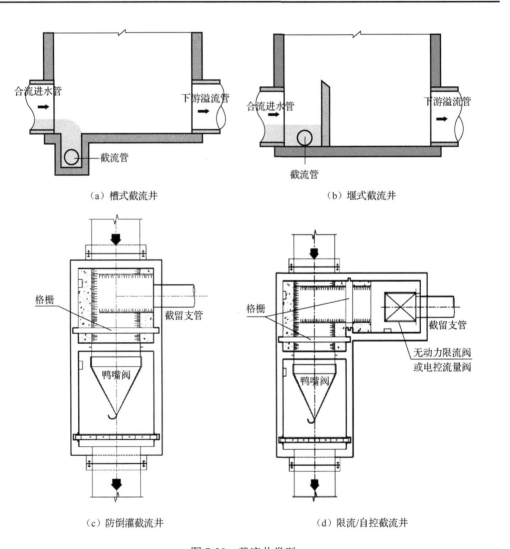

（a）槽式截流井　　　　　　　　　　（b）堰式截流井

（c）防倒灌截流井　　　　　　　　　（d）限流/自控截流井

图 7-20　截流井类型

2）管道冲洗

阜阳地区地势平坦，河网密布。截流管道的坡度小，过河倒虹的部位多，极易产生管道淤积。因此，需要设置管道冲洗装置（图 7-21），在不需要外部水源和动力的前提下，利用管道自身蓄水，自动、定时对管道进行冲洗，从而降低管道维护的成本和人工维护的危险性。

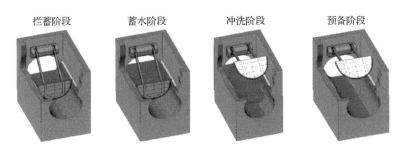

　　拦蓄阶段　　　　　　蓄水阶段　　　　　　冲洗阶段　　　　　　预备阶段

图 7-21　管道冲洗示意图

3）雨污调蓄池设计

初期雨水和旱季污水通过沿河截流管道汇入调蓄池，经过调蓄池的储存与处理后排入自然水体，减少了排放至水体污染物的总量，减轻了市政污水处理厂的处理负担。相比于传统的雨水调蓄池和初期雨水调蓄池，该工程调蓄池除了具备调蓄功能以外，还兼具污水处理功能。

经截流管道收集的初期雨水先进入调蓄池进行储存，而后通过提升泵进入污水厂进行处理，处理工艺流程见图 7-22。

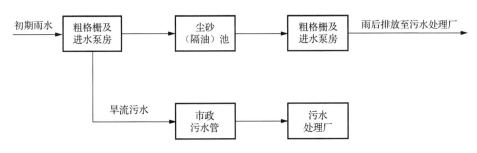

图 7-22　雨污调蓄池工艺流程

调蓄池采用门式冲洗系统，其优点是无须电力或机械驱动和外部供水，控制系统简单；调节灵活，手动、电动均可控制；电控液压驱动，能耗低；运行成本低、使用效率高。缺点是进口设备的初期投资较高；适合于方形调蓄池；维护及检修不方便；冲洗距离控制在 120m 之内。调蓄池中存储的初期雨水在三天之内通过提升泵提升至后续处理工艺。结合阜阳市雨水水质特点，在比选初期雨水处理工艺的基础上[17]，提出该工程初期雨水处理采用生物催化反应池工艺——高效耦合裂变脱氮除磷一体化工艺（图 7-23）。工作原理：初期雨水经过提升泵提升后进入混合反应器，与特定浓度催化物质混合均匀，并曝气激发催化酶；投加催化酶的水进入絮凝池与螯合剂充分混合；经过混凝反应后，实现微絮团与水体的分离；进入催化反应池，快速降解氨氮等污染物，出水直接排放或回用；污水进入生物滤池由下向上或由上向下经表面长满生物膜的滤料时，污水中有机物及氮被孔隙内生长的微生物降解。

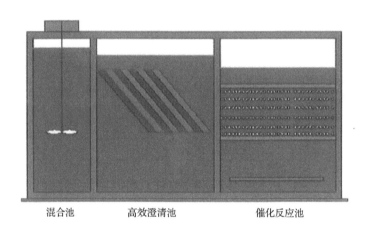

混合池　　　　　　　　高效澄清池　　　　　　　　催化反应池

图 7-23　生物催化反应池工艺示意图

4. 活水调度工程设计

为提高景观河道水位，并通过水体流动改善流域内水环境，该工程考虑利用现有泵站、水闸等水利工程，科学调水补水对流域内河道水体进行补充，并使工程范围内的河网水系形成单向流，使全流域的水体流动起来，水体循环作用增强，进而提升流域内河道水体的流量及流速，降低水体污染物浓度，减少淤积，增加水体自净能力，将进一步改善流域内河道水体水质，同时提升河道景观效果。

阜阳闸位于阜阳城区颍河上，闸上蓄水位为 28.0～28.5m。通过阜阳闸的蓄水，泉河、颍河水位高于城区内河 26.0～27.5m 的水位，形成自流的补水条件，因此阜阳城区的外水活水水源选择泉河和颍河。该工程可供选择的外河补水水源为泉河，过境水量丰富，年均过境水量约 43.8 亿 m³，水质较好，年均水质指标可达《地表水环境治理标准》（GB 3838—2002）Ⅲ～Ⅳ类，满足城区生态补水要求[13]。根据阜阳水系格局及城市分区特征，该工程所在的颍西片区补水水源为泉河，工程范围内活水河道共 33 条，包括七里长沟、华桥沟等，河道总长度为 191.52km。该工程控制调度闸坝 25 座，其中已建或者规划建设的闸坝 24 座，须新建控制闸坝一座，新建控制闸为窦棚沟控制闸，该闸主要作用为实现活水的分流调度。各闸坝位置如图 7-24 所示。

活水方案考虑将上述 25 座闸坝分为三大类，即引水闸、出口闸及控制闸。引水闸为起引水作用的闸，出口闸为水流出去的闸，控制闸为水系内部控制开启的闸。通过闸的控制改变水的流向，具体活水路线如图 7-25 所示。

图 7-24　阜阳市颍西片区各闸坝位置示意图

图 7-25　活水路线图

根据近远期实施计划和治理范围，该项目采取中水补水，主要是通过对颍西片区的颍南污水处理厂和颍州污水处理厂的中水进行回用。颍南污水处理厂尾水通过提升泵站输送到凤凰湿地经净化后，由管道沿滨河路—莲花路—清河东路—西城墙路，输送到西城河，向老城区补水；颍州污水处理厂尾水排入东部湿地，通过东部湿地净化后，经提升泵站加压后利用管道沿外环路—阜颍路，输送到华桥沟，向阜阳经开区和阜合产业园补水。为了对颍南污水厂和颍州污水厂尾水加以利用，成为中水补水水源。利用3座提升泵站，将颍南污水厂尾水提升至凤凰湿地，再将经凤凰湿地净化后的尾水经提升泵站加压后向老城区补水；利用提升泵站将东部湿地处理过的水加压输送至华桥沟，进行生态补水。依据《阜阳市城市排水（污水）工程规划（2015—2030）》，颍南污水处理厂可以回用补充河道生态用水的规模为 10万 m^3/d，综合考虑水体净化过程中的蒸发渗漏等损失为1万 m^3/d，故可用于回用补水量为9万 m^3/d，补水规模达到1.04 m^3/s；颍州污水处理厂可回用中水规模为20万 m^3/d，综合考虑水体净化过程中的蒸发渗漏等损失为1万 m^3/d，故可用于回用补水量为19万 m^3/d。补水规模达到2.20 m^3/s。

5. 水生态恢复

根据城区水系功能、地形地貌、水深流速，景观效果等实际情况，结合净化、休闲、文化、商务等多种功能，遵循水生态系统构建的基本原则，建立"净化-绿化-美化"三位一体、"动静"结合的自然生态系统。

该工程水生态修复设计思路：提升水动力，让整个水系内部水体活化起来，提高水体的自净能力；正常情况下不对水体进行加药，减少药物对于水生动植物的影响；减少对于原有水体景观的破坏，减少施工量；保留并增强原有水系中有利于水体自净的措施，并增加水体溶解氧；创造适宜河道内水生生物生存的生态环境，形成物种丰富，合理的生态系统组织结构和良好运转功能；对长期或突发的扰动能保持着弹性、稳定性以及一定自我恢复能力。主要采取的措施包括以下几方面。

1）挺水植物系统构建

挺水植物系统具有净污效果好、抗暴雨冲刷拦截等作用[18]，主要布置于水深小于0.5m的浅水区域和水陆交错区。挺水植物的种植要考虑景观效果，突出水面景观并与湖滨岸上景观相容，雅致互映[19]。挺水植物选择与初步设计保持一致，主要有水生美人蕉、常绿鸢尾、千屈菜、花菖蒲、黄菖蒲、花叶芦竹、香蒲、芦苇、雨久花及睡莲 10种（图7-26）。所有植物均按种类成片种植或片、点结合种植。

2）沉水植物系统构建

一般水体沉水植物可以在水深 0.5～2.0m 内生长良好，水深 2.0～3.0m 内，只有水体透明度足够高，才能生长[19]。因此，沉水植物设计在水深 0.5～2.0m 内的水域范围内，具体的种植种类、群落结构与布局实行冷、暖季种类结合，增加常绿种类，以实现植被群落多样性并适应项目河道的生长环境，并形成"水下森林"景观特色。

图 7-26　挺水植物配置

　　阜阳市各条河流即使实现了截污，也难以避免偷排及地下污水渗透等现象，同时各条河流均有活水工程，水体具有一定的流速。根据阜阳各河道的特点并结合工程经验，发现大茨藻与竹叶眼子菜属于清水型藻类，不耐污；金鱼藻不耐冲刷，易断；菹草易泛滥，形成单一疯长趋势；因此根据河道水体特点及藻类特点，该设计主要选择苦草（包含矮生耐寒苦草）、轮叶黑藻、狐尾藻（包含穗状狐尾藻）和篦齿眼子菜（耐污且耐冲刷）（图 7-27）。

图 7-27　沉水植物配置

3）水生动物系统构建

底栖动物种群的恢复主要结合沉水植被的恢复进行。通过在沉水植被恢复区放养大型软体动物（如螺、蚌和河蚬），丰富功能摄食类群，增加物种多样性，从而构建完善的水生生物食物链，为恢复健康稳定的水生态系统打下坚实的基础[20]。

4）微生物原位修复

土著微生物是构建整个生态系统的基础，激活土著微生物是必须采取的措施[21]。拟采用底质改良剂来激活原有底泥环境中土著微生物，同时引入多种特效微生物及其生长所需的营养来提高生物活性，可在原地快速分解底泥中积累的多种污染物，进一步减少底泥内源污染。底质改良剂是一种载体化的微生物，投入水体后，沉入水体底部，附着在水体底泥上，不断向水体释放有益微生物来分解水体中及底泥中的污染物，只需一次泼洒即可；并且可对新开挖的底泥有改良作用，为后续水生态构建奠定良好的条件。

如果运行期间河道水质不佳，采用水质修复剂来提高水体自净能力，水质修复剂采用土著微生物化扩培而成，能有效降低水体中N、P含量，降低水体富营养化程度，保障水体稳定，提高水体水质安全性。

5）生态浮岛

高效生态浮岛技术是基于人工生态浮岛技术，融合生物接触氧化技术的新型浮岛技术，通过增加有益微生物的附着面积，加强对有机污染物的分解，并利用浮岛上的植被吸收氮磷营养元素，从而高效、全方位地净化水体[22]。高效生态浮岛利用浮岛浮体下悬挂碳素纤维生态草作为生物填料供微生物附着，从而扩大生物膜生长面积，利用微生物的分解和代谢作用有效去除水中的有机污染物和其他营养元素，微生物的去除效果远高于植物系统，因此，高效生态浮岛在一个浮岛内既构建植物系统又构建微生物强化了对污染物的去除效率，将有利于对黑臭水体的净化，利用生态浮岛进行水生态修复的断面布置见图7-28。

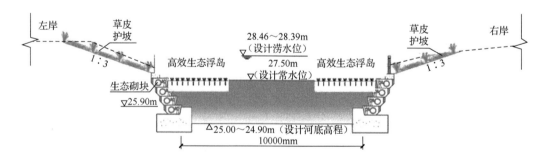

图7-28 利用生态浮岛进行水生态修复断面布置图

6）复氧曝气工程

河道曝气工程的实施可有效增加水体溶解氧，提升水体的自净能力[23]。该工程河道充氧设备以纳米曝气机为主，以推流曝气机为辅。推流曝气机主要起到扩散纳米气泡、改善水体微循环的作用，复氧曝气如图 7-29 所示。

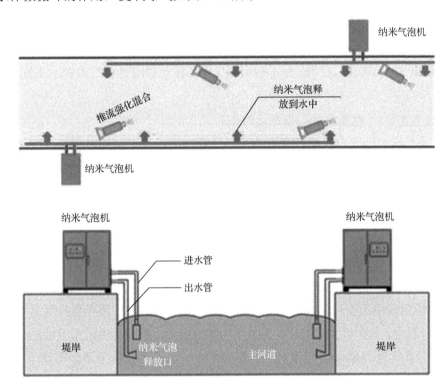

图 7-29　复氧曝气示意图

7）强化污水处理

阜阳城区部分城区建设用地属于农田，未进行有效开发。通过模型分析，降雨后农业面源污染对河道水质影响较大。此区域如果采用截流方式进行面源污染控制，投资较大、效果不佳，因此现阶段设计中采用生物强化工艺提高水体自净能力，来解决雨后水质问题。经过技术经济比对，该项目选用强化耦合膜生物反应器（enhanced hybrid biofilm reactor，EHBR）对截流污水进行处理，这一技术将气体分离膜和生物膜的处理有机结合[24-25]，是一种新型高效的污水处理技术。工艺原理：微生物膜附着生长在透氧中空纤维膜表面，污水在透氧膜周围流动时，水体中的污染物在浓度差驱动和微生物吸附等作用下进入生物膜内，经过生物代谢和增殖被微生物利用，使水体中的污染物同化为微生物菌体固定在生物膜上或分解成无机代谢产物，从而实现对水体的净化，是一种人工强化的生态水处理技术，能使河道水体形成一个循环的具备自我修复功能的自净化水生态系统。

7.1.5.4　阜阳城区水系综合治理创新设计举措

1. 基于水动力-水质耦合模型的水系整治工程措施布局及系统优化

通过建立水动力-水质耦合模型,分析为达该工程水质治理目标必须削减的污染物总量目标,根据削减目标制订相应的污染物削减措施、水体自净力提升工程技术措施,再利用模型计算得到工程措施的污染物削减量,分析工程措施实施的水质目标可达性。此外,基于水动力-水质耦合模型,分析影响本工程目标治理河道水质的输入性外源污染的分布、污染程度,制订有效的管控措施。

1) 基于水动力-水质耦合模型系统的建立

小区降雨径流过程中的地表污染物产生过程与河道内部水动力-水质过程被视为两个相互独立的过程,分开研究,但现实情况是小区地表径流过程、污水排放过程与河道水体的活动存在交互互动:河道沿线小区降雨过程中产生的初期雨水、地块内因截流不彻底而直排入河的污水将对河道水质-水量造成影响;河道水位的波动上升将对沿岸小区的雨污水排放造成顶托,影响地块雨水入河过程。基于流域大尺度的河道模拟或许可以忽略城市活动对河道水动力-水质过程的影响,但随着城市地表开发程度的加深、人类活动对天然河道形态的塑造越来越强烈,城市降雨地表径流、污水排放已经成为影响河道水动力-水质过程中的不可忽视的因素[26]。该工程通过将地表径流模型与河道水动力-水质模型进行耦合,构建以工程范围内地块、河道为重点,兼顾河流水系流域的综合模型,模拟结果可真实准确描述河道水动力-水质过程。该工程设计采用暴雨洪水管理模型(storm water management model,SWMM)进行模拟和计算。目前,在河道水动力-水质模拟领域应用最广泛、影响最大的模型为 MIKE 系列模型[27],该工程即采用 MIKE 11 模型进行河道水体的模拟。

前期开展了系统化的污染源调查,对河道、排口、排水管网、底泥以及区域内的产业布局做了详细的调查研究,构建了基于 GIS 的区域内污染源空间数据库。该工程为了将城市面源污染与点源污染对河道水质影响统一纳入水质达标分析范围,首先利用 GIS 内源污染空间数据库建立起 SWMM 模型,再通过 SWMM 降雨径流污染模型和 MIKE11 一维河道水动力水质模型耦合。耦合模型可模拟分析不同初期雨水截流调蓄规模和治理工程措施工况条件下,河道水质变化特征及达标的可行性,并综合考虑水质达标率、经济性等因素,确定河道水质在满足水质目标和功能区划要求条件下,选择最为合理的综合治理措施。

河道水动力-水质耦合模型构建及应用技术路线见图 7-30。首先,根据区域现状和规划排水管网、排涝泵站等,构建雨水管理 SWMM 模型,结合区域用地性质、降雨数据和径流系数等参数,模拟典型降雨过程的初期雨水污染特征,分析全年降雨条件下,初期雨水的污染控制率，确定最优的初期雨水截流调蓄规模。随后，将 SWMM 模型的输出结果作为输入条件，结合河道的地形数据、水文监测数据和污染物降解系数等参数，构建 MIKE 11 一维河道水动力、水质模型，考虑旱季污水排放情况下，模拟分析不同初期雨水截流工况对河道水质影响程度和补水、生态修复等工程措施实施后河道水质达标的可行性。

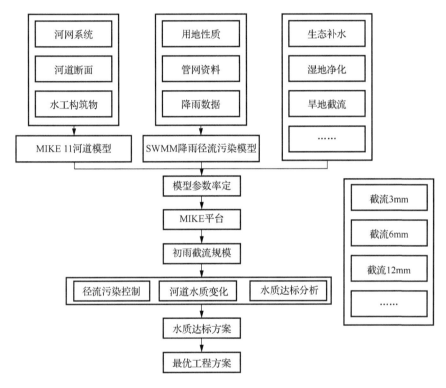

图 7-30　河道水动力-水质耦合模型构建及应用技术路线

2）基于模型的工程实施方案制订

通过河道水动力-水质模型对该工程河道水系状况进行评估，根据河道调研情况并结合模型评估结果，分析影响该工程范围内河道水动力及水质的主要因素，制订相应的河道水系整治工程措施，最后利用模型评估实施河道整治工程后的治理效果，分析该工程所采用工程技术措施的水质目标可达性。基于利用河道水动力-水质耦合模型，首先计算得到本工程范围内地块产生的初期雨水面源污染入河量，结合现场调研获得的河道点源污染入河量以及河道底泥内源污染入河量，汇总计算得到入河污染物总量。其次，利用河道水质模型计算本工程范围内河道的水环境容量，两者相减，得到为达水质目标必须削减的河道污染物总量。最后，以河道污染物削减目标为导向，制订标本兼治的水系整治方案，水质达标治理技术路线如图 7-31 所示。

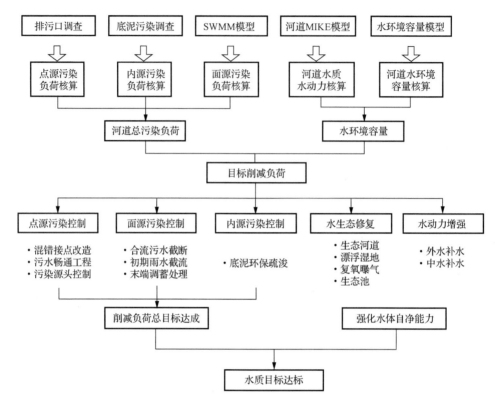

图 7-31　水质达标治理技术路线

通过模型计算入河点源、面源和内源，得到该工程范围内污染物入河量，见表 7-8，污染物年入河量为 COD 12189.9t/a、氨氮 920.1t/a、总氮 1852.6t/a、总磷 76.3t/a。

表 7-8　阜阳城区水系治理工程范围内城区河道污染物入河量统计表

来源	污染物入河量/（t/a）			
	COD	氨氮	总氮	总磷
点源	8257.0	824.0	1338.5	31.6
面源	3877.0	86.3	449.8	36.6
内源	55.9	9.8	64.3	8.1
合计	12189.9	920.1	1852.6	76.3

基于河道水动力-水质耦合模型的对河道水环境容量核算本工程水系环境容量，COD 8900.3t/a、总氮 1660.3t/a、总磷 41.6t/a、氨氮 708.6t/a。对比本标段工程范围内入河污染物总量与河道水系环境容量，可以看到该标段范围内城区入河污染总负荷量远超其环境容量，污染负荷削减量=入河污染负荷-环境容量，由此可以得到为达水质目标需要削减的污染物的量。

3）水质达标治理工程技术措施方案

该工程目标治理河道水体均为《地表水环境质量标准》（GB 3838—2002）中的劣Ⅴ类水体，24 条目标治理河道中有 17 条为黑臭水体，为达到近期（2020 年）满足住建部发布的《城市黑臭水体整治工作指南》要求，消除黑臭，远期（2020 年以后）城区水质主要指标达到地表Ⅳ类水标准的水质目标，该工程遵循标本兼治的原则，制订了污染物削减达标与水系自净能力提升两方面的工程方案。首先对目标治理河道进行污染物的源头治理、面源截流、内源整治，实现污染负荷削减目标，其次采取水生态治理、水动力强化、水环境容量措施，从本源上提升水体自净能力，保证水体水质的持续稳定达标。通过以上两方面工程措施的协同作用，实现水质达标。根据技术措施，利用模型对水质达标治理工程污染削减目标进行可达性分析。

（1）污染削减量计算。①点源污染负荷削减量。通过前期污染源调查和污染负荷解析发现近期入河点源污染主要来源于管网错接漏接、棚户区（城中村）直接入河的城镇生活污水和河道周边的垃圾污染。该工程源头对错节漏接进行改造，并实施沿街经营场所污水直排口改造；支管完善工程，提高污水管道全线畅通末端旱季污水与初期雨水实现同步截流；同时开展垃圾收集处置专项行动。经计算，通过这些措施，可以达到至少削减点源污染负荷分别为 COD 2987t/a、氨氮 205.4t/a、TN 554.3t/a、TP 18.7t/a 的目标。②面源污染负荷削减技术及削减量。项目近期入河面源污染主要来源于城市地表径流污染。针对面源污染，该工程在雨水管网、合流制管网系统末端沿河设置了截流干管，对城区旱季污水及初期雨水进行调蓄处置，共建设了管径为 DN1000～DN2400 的初期雨水截流管 145km，新建初期雨水调蓄池 11 座，调蓄容积 37 万 m³。模型模拟结果显示，通过工程措施的实施，面源污染得到有效控制，可完成削减点源污染物污染负荷分别为 COD 2073t/a、氨氮 47.3t/a、TN 153t/a、TP 15.4t/a。③内源污染负荷削减技术及削减量。通过污染源调查和污染负荷解析发现该项目研究区近期入河内源污染主要来源于污染底泥的释放。该工程对拓沟成河的河道采取环保疏浚清淤，对三道河等不清淤的河流采用原位修复技术。经计算，通过以上内源污染治理工程的实施，可达到至少削减内源污染物污染负荷 COD 23.1t/a、氨氮 4.3t/a、TN 25.3t/a、TP 2t/a 的目标。对比该工程措施实施所带来的河道污染物削减量和河道污染物削减目标量可知，通过污染物削减技术的实施，目标污染物削减量能够完全实现。

（2）污染物削减工程实施后不同降雨条件下雨后河道水质模拟分析。采用模型模拟采用以上点源污染治理、面源污染截流、河道内源污染整治等污染物削减工程措施后，现状河道在不同降雨条件（12mm、18mm 及 1 年一遇降雨）的水质达标情况。

① 12mm 降雨情况下的河道水质达标情况分析。模拟在 12mm 降雨条件下，降雨三天后，河道水质污染情况如图 7-32 所示。在发生 12mm 降雨时主要是七渔河下游段、中清河中游段、五道河下游段、新韩沟上游段、东清河下游段及芦桥沟中游段存在水质超标的情况。模拟结果表明，在发生 12mm 降雨情况下，河道水质指标会在短时间内急剧增高，但是随着降雨的继续，雨水的持续稀释作用使得水体污染物得到一定程度的稀释。

由于现状河道水体污染物自净能力有限，无法在三天之内将超标污染物削减至目标值，且各个河道受农排污染及城区合流制溢流污染影响程度不同，水质指标超标程度互有差异，其中，TN 污染物输入量大，超标程度也较大。

图 7-32　12mm 降雨条件下污染河道位置示意图（见彩图）

　　② 18mm 降雨情况下的河道水质达标情况分析。模拟在 18mm 降雨条件下，降雨三天后，河道水质污染主要是芦桥沟上游段及七里长沟存在主要污染物超标的情况，如图 7-33 所示。发生 18mm 降雨时，河道主要污染物浓度在短时间急剧增高，随着降雨的继续，雨水的持续稀释作用及河道的流动使得水体污染物得到一定程度的稀释并向下游转移。由于现状河道水体污染物自净能力有限，无法在三天之内将全部超标污染物削减至目标值。与 12mm 降雨相比，降雨强度的增大使部分超标河道已降解至目标值，但 18mm 降雨已超过调蓄池设计截流能力，导致位于城区合流制区域的七里长沟受到严重污染。

　　③ 1 年一遇降雨情况下的河道水质达标情况分析。1 年一遇降雨情景下的河道水质达标模拟如图 7-34 所示。经过污染物削减本工程有效实施之后，大部分河道不会发生污染物超标（地表水Ⅳ类标准）情况，但是七渔河下游、七里长沟污染物浓度超过地表水Ⅳ类标准的现象。在发生 1 年一遇降雨时，河道水质指标会在短时间急剧增高，随着降雨的继续，雨水对水体污染物有一定程度的稀释，农业面源污染区影响河道基本可以在三天内达标，但现状河道水体污染物自净能力有限，城区合流制区域影响河道仍无法在三天之内将污染物削减至目标值。

图 7-33　18mm 降雨条件下污染河道位置示意图（见彩图）

图 7-34　1 年一遇降雨条件下水质超标河道位置示意图（见彩图）

　　综上，仅仅通过污染物削减工程的实施，一定程度上控制住了河道点源、面源污染物的进入，但是输入性污染和部分溢流污染仍然会进入河道，由于河道自净能力有限，仍无法实现在雨后的规定时间内（雨后三天）完全实现水质达标；在小雨情况下，对河道水质造成影响的主要是城区面源污染、合流制溢流污染以及农业面源污染，部分合流制溢流污染由于截流系统的存在，水质超标程度较轻；在大雨情况下，由于雨水的稀释作用，大部分受污染河道可以实现目标水质，仅七里长沟污染情况较为严重，造成这部分污染的主要原因是城区面源污染及合流制溢流污染，且七里长沟无上游来水，自净能力较差。这部分污染造成的水质超标情况波动大，超标程度较重。因此，还需要进行水体自净能力提升工程。

4）水体自净能力提升工程

通过目标污染物削减工程的实施，将有效控制河道污染物的输入，截断了部分河道水体外部污染物来源，但输入性污染和雨后溢流污染无法控制，进入河道的污染量超过河道现状自净能力。为使河道水质快速好转，并实现水质的长期稳定达标，在控制城市点源、面源污染物的基础上，还需修复受损的水生态，改善停滞的水活力，扩大水体环境容量，全方位提升河道水体自净能力。为此，该工程制订了提升水体自净能力的工程措施，包括水生态修复技术、水体污染物强化处理技术、活水工程和水系连通工程，模拟结果显示通过这些措施可以达到目标削减量控制效果。

5）基于模型的河道输入性外源污染分析及控制措施优化

在发生较大降雨时，影响河道水质的主要因素是输入性外源污染，这部分污染物的总量巨大，控制困难，因此必须对其分布、来源、污染负荷总量、输入通道等进行系统梳理分析，制订有针对性的防控措施。

（1）输入性外源污染区域分布。经过现场调研，颍西西堤、南堤及泉河左堤合围形成的防洪圈以内、该水系整治工程范围之外目前存在三片农排区域，以下简称农排区1#、农排区2#、农排区3#（图7-35）。农排区1#面积为16km²，农排区2#面积为36km²，农排区3#面积为13km²，对工程范围内河道水体存在潜在的输入性污染威胁[13]。

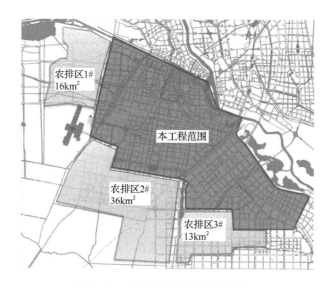

图7-35　工程范围外农排区分布图

通过 GIS 地形分析，农排区 1#地形走势为由西向东倾斜，水系总体走势与地形走势相同，这表明在降雨条件下，该区域农排污染必然会随着水系向城区流动，对工程范围内水体形成输入性污染。农排区 2#和农排区 3#所在位置地势较低，结合《阜阳市城市水系规模（2013—2030）》的成果，农排区 2#和农排区 3#所在地区沿五道河、东清河、新韩沟沿线为该地区水系的分水岭，分水岭以北区域水系由南向北流动、以南区域水系由北向南流动，但是河道纵坡小、淤积严重，在强降雨条件下，城区东城河、西城河等排涝泵站开启时，此两个区域的河水均会往城区流动，因此存在农排区污染输入该工程范围河道的风险[13]。

① 基于模型的输入性外源污染负荷评估。该工程通过 SWMM 模型与 MIKE 模型的耦合来模拟农排区污染物产生过程，确定通过模型模拟得到农业面源污染产生量，进而分析不同降雨条件下河道受外源污染的影响情况。该工程范围外农排区在不同降雨条件下产生的主要污染负荷，即 COD、氨氮、TN 和 TP，具体如图 7-36 所示。

该工程范围外围农排区将产生总量巨大的污染物。工程范围与农排区同时被防洪堤防工程封闭于同一区域，在降雨情况下，在地势及水系的共同作用下，将对工程范围内河道产生输入性污染。

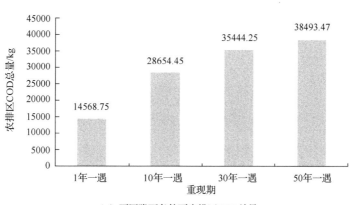

（a）不同降雨条件下农排区 COD 总量

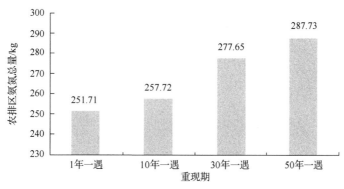

（b）不同降雨条件下农排区氨氮总量

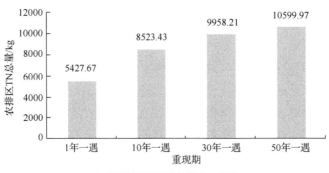

（c）不同降雨条件下农排区TN总量

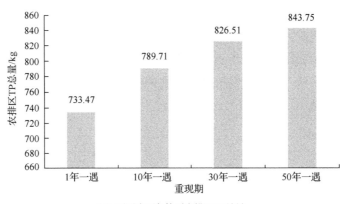

（d）不同降雨条件下农排区TP总量

图 7-36　不同降雨条件下农排区污染物总量

② 输入性外源污染控制措施优化。为应对该工程范围内河道水质的输入性污染风险，需根据各个农排区的现状水系特点制订控制措施，外源污染物控制图见图 7-37。

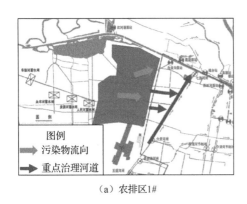

（a）农排区1#

（b）农排区2#/3#

图 7-37　不同农排区外源污染控制示意图（见彩图）

农排区 1#输入性面源污染工程措施：①雨季优化调度。当发生超标降雨事件时，开启永丰河、泉源河及人民河蓄水闸，降低该区域水系水位，降低该区域雨季地表径流的输入量，在减少输入性污染的同时也减轻城区排涝压力。②强化输入性污染重点河道治理。根据水系流向分析，农排区 1#水系通过阜临河、窦鹏沟进入七渔河下游，最终进入泉河。因此，阜临河、窦鹏沟以及七渔河是输入性污染重点治理河道，为保证水质达标，必须对这几条河道进行强化治理措施布局。具体可采取强化复氧曝气、移动应急处理设施、生物菌剂投加等手段强化雨后水质治理。

农排区 2#主要采用的优化措施：调整老西清河、中清河河底纵坡；优化片区新建蓄水闸的调度，在发生超标降雨时开启七渔河、老西清河以及中清河蓄水闸，降低该区域河道水系水位，防止该区域河道水倒灌，让农排区面源污染随河道水流自北向南排向城区外围，达到"污染不入城"的目的。

农排区 3#采用的措施：调整华桥沟河道底纵坡；强化输入性面源污染重点河道的水生态治理。采取复氧工程、膜生物技术、原位生态修复技术等水生态治理措施强化该区域的水系治理。

（2）水质目标可达性分析。通过对点源、面源、内源、外源污染的控制，以及对水体进水自净能力的提升，针对项目区域分别采用 6mm、12mm、20mm、1 年、5 年一遇五种降雨情况进行水质模拟。以 20mm 降雨为例，模拟结果见图 7-38。降雨 72h 后，项目检测单位确定的监测点位的水质变化曲线模拟结果显示，经过污染源控制及水质提升工程实施，COD、NH₃-N、TP 等水质指标均能满足项目要求。

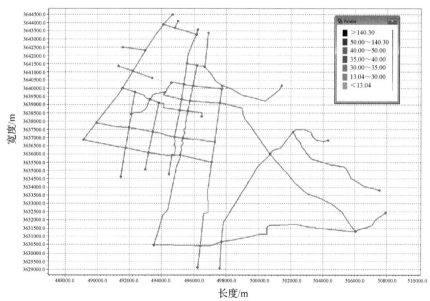

（a）降雨72h后COD分布

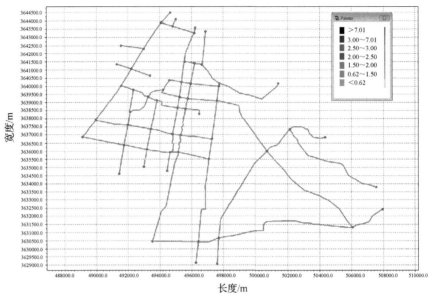

（b）降雨72h后NH₃-N浓度分布

（c）降雨72h后TP浓度分布

图 7-38　20mm 降雨 72h 后水质模拟（见彩图）

2. 防倒灌系统设计

据调研，阜阳大部分的合流制管道入河为淹没出流，且末端未考虑防倒灌措施，河道水回灌进入合流制管道，并通过与合流制管道连接的截流管道流入污水管道，最终流入污水处理厂，造成污水厂进水水量增加及水质下降[28]。因此，在合流制及雨水排口末端设置防倒灌设施十分必要。

目前我国常用的防倒灌设施包括拍门、浮箱式可调堰、下开式堰门、旋转式堰门及鸭嘴阀[29]，通过从防倒灌效果、控制方式、是否需要用电、占地、运维难度及产品造价等六个方面进行比较，该工程使用鸭嘴阀作为防倒灌装置。

鸭嘴阀具有如下优点：①当阀门内管线压力大于阀门外背压时，管线内压力迫使鸭嘴阀自动打开排放；当鸭嘴阀外部压力大于阀门内管线压力时，鸭嘴阀自动关闭杜绝任何倒灌；②以优质的橡胶为原料，通过不同的橡胶配比可以适用于各种介质，施工年限可达到 20 年以上；③安装方便，节省电源，不涉及机械设备，运维难度小，成本低；④鸭嘴阀为 100%全橡胶结构，安全防腐蚀；⑤弯嘴式鸭嘴阀即使被固体物质或岩屑瓦砾等固体杂物围绕，通过包裹的方式仍能关闭。

鸭嘴阀也存在缺陷：①橡胶制品的原材料质量和加工工艺缺乏相应标准，各品牌产品质量良莠不齐；②对于管道内的杂质虽然弯嘴式能够采取包裹方式克服关闭困难的问题，但是如果杂质较多，仍然会影响关闭。

解决方案：①短期内建议采用国外相关先进标准来控制产品质量；②鸭嘴阀来水前段设置格栅，拦截垃圾。水环境工程一般对垃圾入河有着严格要求，设置格栅虽然增加清掏的工作，但是其解决了部分垃圾入河问题，同时保护了鸭嘴阀的稳定运行。

3. 可控截流

截流井设计是整个截流系统的核心工程，而截流量的可调控制，是截流井设计的重点和难点。根据 SWWM 和 MIKE 11 模型模拟，该工程若要达到地表准Ⅳ类水的目标，应在老城区截流 12mm 的初期雨水，新城区截流 6mm 的初期雨水。降雨是一个复杂的、不可控的过程，如何确保降雨发生时，系统收集"有效初期雨水"，即较远处的初期雨水能进入截流系统，较近处的后期雨水能溢流入河是本工程设计和运维阶段的重中之重。

传统的截流设计中不考虑液位变化产生截流量变化的差异，图 7-39 为不同截流管径在不同液位差情况下的截流量。

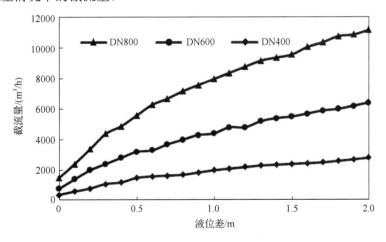

图 7-39　截流量与液位差关系

以 DN600 截流管道为例，管道满流状态下过流量为 698.4m³/h。如果不控制截流量，当截流井内水位上升时，管道进入压力流状态。当液位差为 0.6m 时，过流量提高到 3491.3m³/h，液位差为 1.0m 时，过流量提高到 4507.3m³/h，两种液位差下过流量较管道满流状态下过流量分别提高了 5 倍和 6.5 倍。从而可以看出，如果不控制截流量，截流系统上游的截流井将过度截流雨水，导致远处真正应该截流的初雨雨水没有出路而产生溢流，降低了系统的截流效果。

该工程通过在截流井中设置电控调流阀和无动力限流器来控制进入系统的初期雨水流量。电控调流阀通过水位监测系统对上下游水位进行监测，监测数据传输到控制系统，从而计算出水流速。通过执行单元调流阀门位置，可准确将阀门调控至预设径流量相对应的开启度，从而保证恒定的国阀流量，现场不需要对设备进行复杂的校准，可控误差范围在±5%以内。无动力限流器旱季时，闸板处于闲置位置，孔口完全畅通，位于限流器潜水罩里面的浮球同样处于孔口上方的闲置位置。雨季浮球的上升导致闸板下降，因此减少孔口的横截面面积。随着截流井内水位的变化，罩内的浮球由于上方的密闭压缩空气提供给浮球向下的压力，浮球不需要移动相同的距离，以确保闸门不会完全关闭。

考虑经济成本，该工程一般截流井采用无动力限流器，DN1800 以上雨水口采用电控调流阀。可控调流系统的使用，为整个截流系统的高效运行提供了保障。

4. 管道冲洗系统

阜阳地区河网密度高，本工程又位于老城区，管道反复穿越河道的情况难以避免。管道穿越河道会出现倒虹的情况，根据工程经验，倒虹位置的管道易出现管道淤积、堵塞。因此，在每个倒虹管道下游均设置了一处拦蓄盾用于管道的清洗，原理见图 7-40。管道清洗时，须将拦蓄盾降下，蓄积上游的来水，当液位达到一定高度时，打开拦蓄盾，上游蓄积的水在重力作用下，会快速向下游倾泻，从而将倒虹段的沉积物冲出，定期冲洗确保截流管道稳定运行。

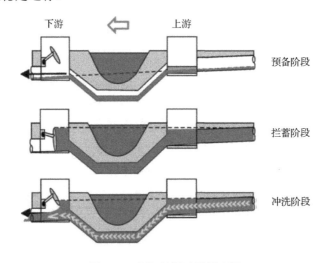

图 7-40　倒虹管道冲洗原理图

5. 水体流量综合调度

该项目活水工程主要包括两部分。第一部分是活水调度工程，利用已建闸坝工程，通过分区、分功能、分序的优化控制，不同闸坝优化调度的合理组合，实现活水的科学调度，在有限水资源条件及水利工程设施基础上，发挥最佳的活水效果，有效提高水资源利用率，提升运行管理效率。第二部分是活水连通工程，通过新建二里井河—七里长沟连通工程、窦鹏沟—七渔河连通工程、六里河—七渔河连通工程，可有效改善部分断头河的活水条件，使整个阜阳市的水系连通起来。

活水工程作为水环境治理的措施之一，通过饮水、活水，改善水体流动条件，增强水体的自净能力及纳污能力，能够促进水系水环境改善[30]。同时，阜阳市地处平原河网区，非降雨期河道无外水补入，流动性差，通过活水工程，定期补水，维持河道必要的生态流量和稳定的蓄水水位，同时有助于促进水体流动，营造健康生态水体，结合河道的综合整治，能够有效提升河道景观，改善城市面貌。

6. 非工程措施创新设计

1）构建水质监控体系

构建完善的水质监控-预警体系是本工程水质确保达标最重要的非工程措施，通过完善的监控体系，可了解污染物的迁移过程，便于运维单位有针对性采取高效措施。将长期的监测数据用于率定水质模型，有利于提高模型模拟的准确性，为运维单位的科学决策提供第一手资料。该工程在河道进入二标工程范围边界点位设置水系水质关键监测点（图7-41），设置水污染浓度阈值，当水污染物浓度超过浓度阈值时进行报警，在下游河段提前采取强化和应急措施，提前提高自净能力，应对水质超标情况。在工程范围区域内主要河道的关键点位设置监测点，实施污染物动向追踪，寻找污染源，采取分段防控体系，及时处理超标河段的水体，确保水体稳定达标。同时根据水质状况合理调控生态补水量，节约水资源。

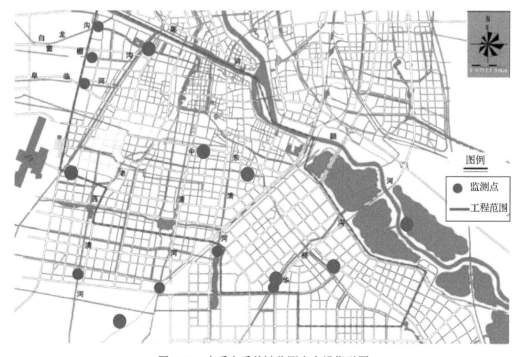

图7-41 水系水质关键监测点布设指引图

2) 水体调度、决策和预警系统

在运维期构建基于水动力-水质学模型的全流域调度、决策和预警系统。根据分布于全区的水质监测网络，对模型进行常规性率定，确保模型模拟结果真实可靠。基于模型模拟结果，发出水质预警消息，便于运维单位提前准备应急措施，在雨前提前采取措施强化身体自净能力，同时强化活水工程，确保水体水质快速恢复到降雨前的水平。同时调度决策支持系统网络，集中对各子系统的原始数据进行采集，分析、存储及处理，并实现与现状阜阳市相关水文系统、水情系统的网络连接，数据交换、存储及处理。

7.1.6 建设及运行效果

2018 年，该工程处于第一阶段，即初见成效阶段，整治前后河道水质对比如表 7-9 所示。初见成效阶段主要完成的工作是河道清淤、污水截流、曝气充氧、岸线整治、垃圾清运等。

表 7-9 整治前后河道水质对比分析表

序号	河道名称	整治前水质					整治后水质				
		透明度	溶解氧浓度 / (mg/L)	氧化还原电位/mV	氨氮浓度 / (mg/L)	等级	透明度	溶解氧浓度 / (mg/L)	氧化还原电位/mV	氨氮浓度 / (mg/L)	等级
1	西城河	50.6	2.10	46	3.30	轻度	63.7	4.30	101	1.00	优于轻度
2	东城河	29.0	2.40	158	16.10	重度	47.0	2.90	133	1.80	优于轻度
3	西清河	43.0	1.60	227	1.50	轻度	59.3	2.90	96	5.00	优于轻度
4	中清河	42.2	3.50	150	18.30	重度	52.9	2.70	135	4.20	优于轻度
5	东清河	39.0	1.97	278	4.30	轻度	47.0	2.90	133	2.10	优于轻度
6	二道河	39.0	1.97	278	4.30	轻度	47.0	2.90	133	1.80	优于轻度
7	老西清河	24.0	1.29	-233	18.36	重度	51.0	3.10	64	7.14	优于轻度
8	七渔河	31.7	2.00	250	6.40	轻度	47.8	3.80	112	5.30	优于轻度
9	六里河	17.0	1.37	-114	20.18	重度	51.0	6.50	121	0.05	优于轻度
10	窦棚沟	36.0	1.60	29	38.70	重度	53.0	3.00	128	1.50	优于轻度
11	七里长沟	42.3	2.30	-194	6.10	重度	54.1	3.40	141	0.30	优于轻度
12	华桥沟	48.0	1.90	232	4.60	轻度	47.0	3.30	138	2.50	优于轻度

工程第二阶段"长治久清"工作主要工程内容包括河道拓宽疏浚、初期雨水截流、调蓄池建设、生态修复、活水调度等。

7.1.7 工程后期运行维护及管理

该项目后期运维管理采用信息化和集约化的手段，通过基于污染源空间数据库、监测系统和大尺度流域模型的大数据平台，打造企业的物联网系统，及时预警、合理调度，优化运营（图 7-42）。通过与政府同步实施的智慧水务有效衔接，配合政府建立流域治理的综合长效机制，实施有效的流域污染总量管制，为公众打造开放的信息化平台，实现流域的可持续发展。

在管理上以数字化、智慧化平台为依托，以集团体系化、标准化管理体系为基础，围绕阜阳市海绵城市建设、河道生态治理项目，建立流域长效管理机制，保障流域水生态、水安全，提升城市品牌影响力，提高群众满意程度，推动地方经济建设（图 7-43）。

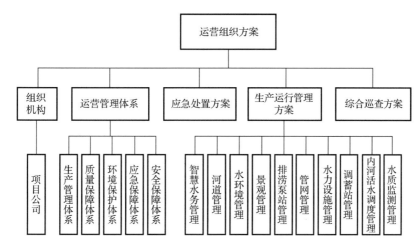

图 7-42　运营组织方案结构图

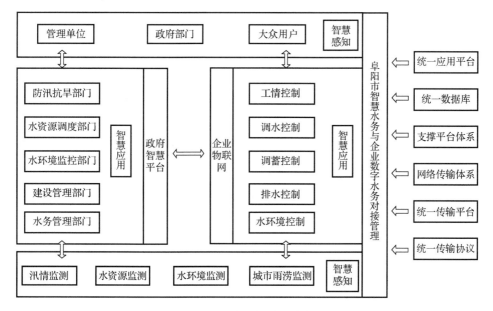

图 7-43　企业物联网系统

7.2 铜陵市黑砂河综合整治项目

7.2.1 铜陵市黑砂河流域基本概况

铜陵市位于安徽省南部、长江下游南岸，距省会合肥市约 130km。黑砂河发源于铜官山丘陵地带，是一条穿主城区的主干排水河道，从东郊大转盘起，沿长江路穿越市区后，至滨江大道黑砂河通江涵闸入长江。黑砂河总长约 6km，其中铜官大道胜利桥上游为箱涵，长 3.22km；胜利桥下游为敞开河道，长 2.80km。黑砂河流域总汇水面积为 15.21km²，黑砂河干流汇水面积为 10.54km²，支流新光渠和爱国渠汇水面积分别为 1.53km² 和 3.14km²。流域上游主要为工业用地，中下游主要为居住用地。

7.2.2 黑砂河治理前水环境及问题

1. 污水直排现象严重

根据铜陵市住建委和环保局提供的 2015～2016 年黑砂河水质检测指标分析，黑砂河水体水质指标氨氮、COD 超出《地表水环境质量标准》（GB 3838—2002）劣 V 类标准，且为重度黑臭水体。

经现场调查（图 7-44），上游主要污染源为工业废水，排放量约为 9200m³/d，污染强度大。中游主要污染源为直排生活污水，黑砂河暗渠生活污水排口约 46 个，生活污水直排量为 8000～12000m³/d。下游河道主要污染源为新民污水厂尾水排放及五公里泵站前池。

图 7-44 黑砂河照片

2016 年 8～10 月的晴天，在黑砂河主要河道断面和排口进行取样分析。黑砂河污水直排现象严重，旱流污水水质为劣 V 类，其中 COD、TP 指标超标（图 7-45）。

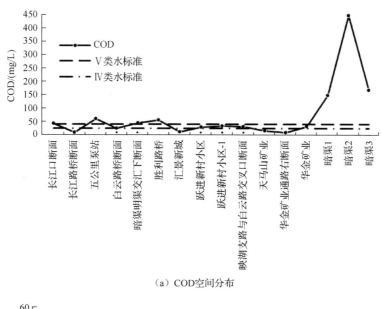

（a）COD空间分布

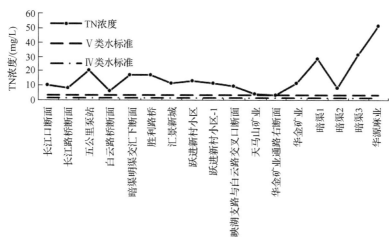

（b）TN空间分布

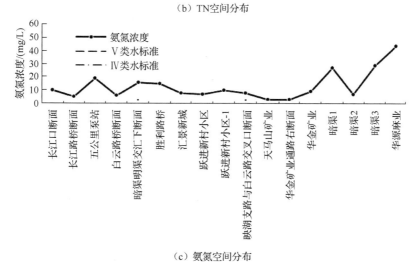

（c）氨氮空间分布

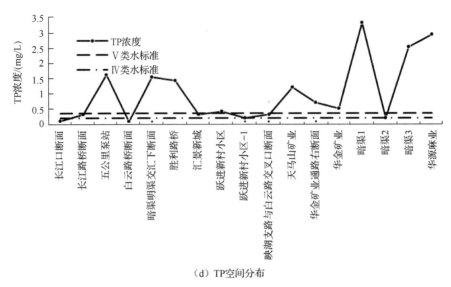

（d）TP空间分布

图 7-45 黑砂河 2016 年 8～10 月晴天水质空间分布

对铜陵市黑砂河流域入河污染负荷总量进行核算，得到 COD、氨氮和 TP 的入河量分别为 1504.8t/a、129.5t/a 和 14.8t/a。

2. 初期雨水污染严重

对于初期雨水，分别检测了 2016 年 11 月 7 日和 12 月 21 日两次降雨过程（图 7-46）。黑砂河流域面源污染冲击负荷大。根据远期氨氮和 TP 考核指标，各监测点氨氮超过 V 类水体的 2～5 倍，TP 超标 3～10 倍。根据 2016 年 12 月 21 日雨水流量检测分析，胜利路桥断面 17mm 降雨过程最大流量为 39460m³/d，降雨 8mm 时流量约为 31000m³/d。

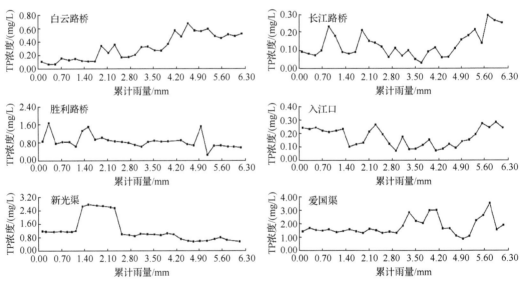

图 7-46 黑砂河雨天 TP 浓度变化情况

3. 河道底泥淤积严重

受雨水和生活污水的影响，河道中淤积泥沙严重，部分渠道和生活污水管道中也出现严重淤积，淤积深度高达 2.5m。参考《全国河流湖泊水库底泥污染状况调查评价》[31]，在黑砂河 5 处取样点（图 7-47）的泥质指标中，总氮、总磷指标均达Ⅳ级断面标准；有机物指标除长江口断面为Ⅲ级断面，其他几个断面达Ⅳ级标准；白云路桥汞元素指标超Ⅲ级标准。在厌氧等不利环境条件下，底泥存在污染物释放风险。

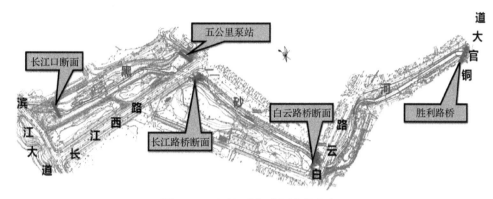

图 7-47 黑砂河底泥监测点位分布

4. 生态系统破坏严重

上游企业排放废水是旱季河道的唯一源头水源，由于水量较小无法满足河道正常生态功能，缺乏生态基流。黑砂河生态岸线较窄，两条支渠为暗涵或三面硬化，植被破坏，垃圾污染。河道水生植被退化，水生动物种类少，水生态系统结构严重失衡，自净能力差。

7.2.3 黑砂河的问题与需求分析

7.2.3.1 黑砂河存在的问题分析

黑砂河污染源主要由点源、面源、内源组成。点源污染主要包括工业企业排放的污（废）水、直排生活污水。面源污染主要包括城市地表径流及由于径流冲刷排入河道的雨水口、雨水管网中存积的污染物。内源污染主要是黑砂河底泥和水体中各种漂浮物、悬浮物，岸边垃圾、未清理的水深植物和水华藻类等形成的腐败物。

据《农村环境连片整治技术指南》（HJ 2031—2013）[32]《第一次全国污染源普查城镇生活源产排污系数手册》[33]等相关指南手册和国内外相关文献报道，结合现场实际调查情况，对铜陵市黑砂河流域污染负荷入河量进行核算（表 7-10）。

表 7-10 污染负荷量及入河量计算

污染源种类	污染负荷量/(t/a)			入河系数	污染负荷入河量/(t/a)		
	COD	氨氮	TP		COD	氨氮	TP
工业企业	182.5	3.2	1.80	0.9	164.3	2.9	1.62
城镇生活污水	922.9	125.1	11.30	0.85	784.5	106.3	9.61
城镇面源污染	616.5	22.3	3.80	0.9	554.8	20.1	3.42
内源释放	1.2	0.2	0.16	1	1.2	0.2	0.16
合计	1723.1	150.8	17.06	合计	1504.8	129.5	14.81

从污染负荷入河量的来源组成来看，总体上以城镇生活污水为主，城市面源及区域内工业企业的污染物排放也占有较大比例（图7-48）。

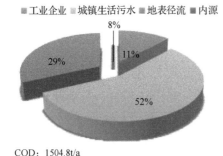

COD：1504.8t/a

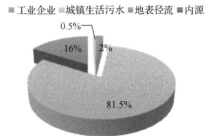

氨氮：129.5t/a

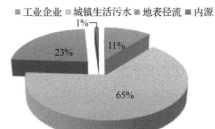

TP：14.81t/a

图7-48　黑砂河流域主要污染负荷入河量（见彩图）

7.2.3.2　黑砂河治理需求分析

黑砂河承载着防洪排涝等功能，沿河区域地表径流污染负荷波动性大，入河率高，极易造成区域水体富营养化，甚至发黑发臭。黑臭水体给周边居民带来极大的困扰，降低了河道景观、文化等功能品质。因此该工程的实施对于黑臭水体整治，削减污染物总量，恢复区域内水体的生态系统，实现河道水清、岸绿、景美，不仅重要而且非常迫切。

黑砂河为小型河流，采用河流零维模型计算纳污能力。黑砂河水环境容量具体计算公式如7-1所示[34]：

$$W = \sum_{j=1}^{n} \sum_{i=1}^{m} \alpha_{ij} \times W_{ij} \tag{7-1}$$

式中，α_{ij} 为不均匀系数，$\alpha_{ij} \in [0,1]$，河道越宽、水面越大，α_{ij} 越小；W_{ij} 为计算中的最小空间计算单元和最小时间计算单元的水环境容量。水环境容量计算时设计流量采用近十年最枯月平均流量。

根据确定的水文边界条件和水质目标，利用研究区域河网水环境数学模型，计算出研究区域最小空间单元和最小时间单元的水环境容量，再根据公式计算出各控制单元的水环境容量[35]（表 7-11）。

表 7-11　水环境容量计算结果

因子	COD	TP	氨氮
水环境容量/(t/a)	386.3	5.298	26.49

污染负荷削减量=污染负荷入河量-环境容量。为使黑砂河水质到治理目标《地表水环境质量标准》（GB 3838—2002）Ⅳ类水标准，COD、氨氮、TP 的削减比例分别为 74.3%、79.5%、64.2%。

此外，黑砂河生态系统严重受损，自我维持能力减弱。通过多渠道科学人工措施，恢复生态系统，增强河流内生动力，提升水体自然净化能力，是实现水环境持续改善的急迫之举。

7.2.4　黑砂河治理的设计目标与原则

1. 黑砂河治理设计目标

该工程实施进度分近期目标和远期目标。

近期目标：消除黑臭，按照城市黑臭水体污染程度分级标准，工程近期目标为透明度≥25cm，DO 浓度≥2.0mg/L，氧化还原电位≥0mV，氨氮浓度≤8.0mg/L；同时确保有效控制泥沙淤积，建立黑砂河监控管理系统，监测河道水质，建立黑砂河智慧运营平台。

远期治理目标：明渠段 COD、BOD、TP 等主要指标达到《地表水环境质量标准》（GB 3838—2002）Ⅳ类水标准，其余部分指标考虑未来河道生态功能确定如下：COD≤30mg/L，TP 浓度≤0.3mg/L，BOD≤6mg/L，DO 浓度≥5mg/L，氨氮浓度≤5mg/L 等。建立水污染治理应急处理机制。

2. 黑砂河治理设计原则

1）总量控制，污染削减

针对黑砂河水体纳污能力，因地制宜应用截污改造、内源治理等措施，削减入河污染量，全面消除黑臭，改善人居环境。

2）生态优先，远近结合

以城市生态文明建设理论为指导，以水环境改善、水生态恢复确定治理目标，全面提高黑砂河水环境质量。近期消除黑臭水体，远期提升河道水生态环境，近远结合，实现长治久清。

3）智慧监管，长效监管

构建全方位、多层次、立体化的生态环境监测网络，实现环境保护智慧化。科学分析，预测评估，为长效监管打下基础。

7.2.5　黑砂河流域综合治理设计方案

7.2.5.1　黑砂河流域综合治理设计流程

该工程总体上采用"控源截污、内源治理、生态修复、活水保质、长治久清"的综合治理思路。具体采用"点""线""面"多空间结合，综合实施黑砂河水质综合整治，从"点"上对上游工业废水进行截流处理和应急调蓄；从"线"上对沿河排口截流；从"面"上，截流初期雨水调蓄净化。通过以上点、线、面的系统治理和上游、中游、下游的过程处理，实现"旱季污水零排放和雨季溢流次数控制率达到 80%"。通过构建河道水生态，提升河流内生动力，这是河道稳定达标的保障。通过智慧化运营监控，促进黑砂河流域经济发展与水环境保护的可持续发展，具体设计路线见图 7-49。

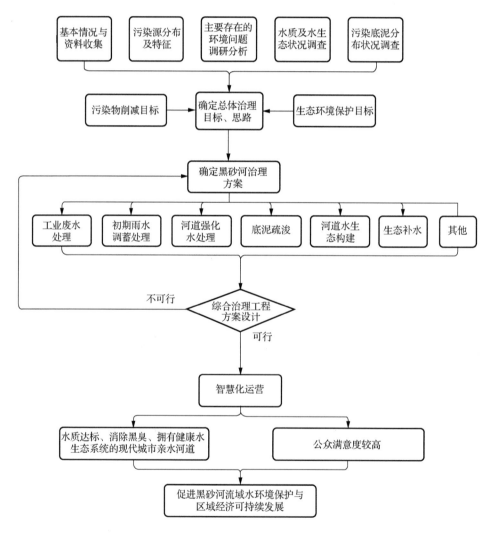

图 7-49　黑砂河流域水环境综合治理设计路线

7.2.5.2 黑砂河流域综合治理总体设计方案

根据黑砂河水系治理近、远期目标及工程实施实际情况，将工程分成近期工程和远期工程。

点源控制：①新光渠初期雨水调蓄池（调蓄规模 20000m³）（远期工程）；②工业企业应急调蓄工程。

面源控制：①三孔涵超磁处理站（处理能力 50000m³/d）（近期工程）；②新光渠初期雨水调蓄池（调蓄规模 20000m³）（远期工程）。

内源治理：①垃圾清理（明渠段全段）（近期工程）；②箱涵和明渠清淤（合计约 6.5 万 m³）（近期工程）；③暗渠段冲洗门设置（4 台）（远期工程）；④沉砂槽设计（1 座，尺寸为 16.1m×12.0m×2.5m）（远期工程）。

生态修复：①水生植物恢复（挺水植物、漂浮湿地）（近期工程）；②曝气增氧设计（6 台）（近期工程）；长江口蓄水坝（近期工程）；生态补水（预留补水管道，补水能力 10000m³/d）（近期工程）。

其他措施：在线监测工程（近期工程），智慧运营管理（近期工程）。

工程方案总平面布置如图 7-50 所示。

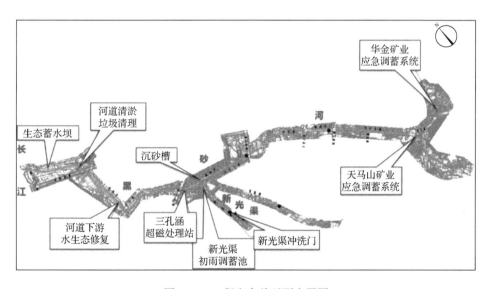

图 7-50 工程方案总平面布置图

7.2.5.3 黑砂河综合治理详细设计方案

1. 点源污染治理工程

2017 年，铜陵市实施黑砂河截污工程，该工程完成后，基本解决了黑砂河生活污水直排的问题，因此工程不予考虑。点源污染治理工程从工业废水排放整治入手，一方面在暗渠末端对工业废水进行截流，通过末端超磁处理站进行处理，另一方面应对上游工业企业突发污染事件，通过应急调蓄工程进行处理。

1）点源污染处理工艺流程

黑砂河上游的工业废水主要来自天马山矿业和华金矿业等上游企业。将对上游矿企业产生的废水实时监测，发生严重污染状况时，对两个主要排口进行截流，分别进入废水调蓄池，经车载超磁处理系统处理后排入黑砂河。

2）设计规模及调蓄池选址

工业企业应急调蓄设计规模为 8h 内应急调蓄，根据天马山矿业和华金矿业的排口流量监测，调蓄池设计规模见表 7-12。

表 7-12　应急调蓄池设计规模

编号	所在分区	位置	调蓄池规模/万 m^3	超磁处理规模/（万 m^3/d）
1	华金矿业	华金矿业尾水入箱涵口	0.2	0.2
2	天马山矿业	转盘西南角绿地	0.2	0.2

2. 黑砂河面源污染治理工程

1）截流规模与选型

根据考核要求，监测断面来水流量大于 8万 t/d 导致的水质不达标免责期限，原则上累计不超过 20d。根据 2001～2015 年的 15 年雨量资料，当截留量为 15mm 时，满足要求。该工程调蓄容积为 3 万 m^3，包括一座 20000m^3 调蓄池和 10000m^3 调蓄塘。地下封闭式调蓄池的 COD、氨氮、TP 削减量分别为 443.9t/a、16.0t/a、2.74t/a。

综合考虑投资造价、周边环境、运行维护、实际应用情况及周边环境等因素，新光渠调蓄池推荐选用地下封闭式调蓄池收集，5km 调蓄塘利用现状水池设置成敞开式调蓄塘。

2）工艺流程

黑砂河上游主要为合流制管道，错接、漏接现象普遍，故该工程初期雨水调蓄采取末端截污，通过下游暗涵内设置截流槽，进泵站提升至调蓄池，晴天时分三天输送至超磁处理站处理，工艺流程见图 7-51。

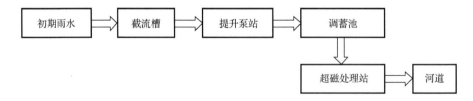

图 7-51　新光渠调蓄站工艺流程

3）新光渠调蓄池设计

设计进水泵站进水流量为 3.50m^3/s。地下式调蓄池深度为 10.0m，有效水深 7.3m，占地面积为 5734m^2。

除臭系统：调蓄池内产生的臭气由风机及管道输送至离子除臭处理系统进行除臭。
电气设备控制：泵站、调蓄池均设置一套 PLC 控制系统、厂设置一套视频安防监控系统。

3．内源污染治理工程

1）黑砂河暗渠泥沙冲洗

黑砂河暗涵内的冲洗水通过冲洗门冲到沉砂槽内，通过设置的污泥压缩机进行脱水，泥饼外运进行处理。

（1）沉砂槽设计。为预防下游集水井及蓄水坝前淤积，在新光渠入黑砂河口处箱涵底部设置沉砂槽，上游汇集的泥沙通过沉砂槽内收集处理，泥沙通过气提装置直接进入车载脱水分离机进行脱水，脱水后泥沙外运处理。

（2）新光渠冲洗门设计。黑砂河支流新光渠坡度较小，使得泥沙淤积情况严重，为改善新光渠黑臭状况，采取水力渠道冲洗的方式。新光渠冲洗门冲洗水量约为 $60m^3/s$。

2）黑砂河清淤

黑砂河内源污染治理包括下游河道清淤和黑砂河支渠新光渠泥沙冲洗。

该工程底泥疏浚根据实测的底泥厚度，按照现状断面对淤泥进行部分清淤，胜利路桥—长江西路清淤厚度 2.0～2.5m，总清淤量为 6 万 m^3。对暗涵段进行人工清淤，清淤量约为 $5000m^3$。五公里泵站前池年久失修，淤泥淤积，因此采取池底加固及清淤措施，对前池加以改造，经核算，清淤量约 $1500m^3$。底泥清淤工程实施后，COD、氨氮、TP 削减量分别为 0.96t/a、0.16t/a、0.13t/a。

4．河道生态修复

1）水生植物群落恢复

挺水植物种类选择要与景观相协调，以土著种和易维护为原则。挺水植物主要布置于水深小于 0.5m 的浅水区域，选择香蒲、黄菖蒲、再力花等（图 7-52），布置面积约为 $4614m^2$。

图 7-52　黑砂河挺水植物示例

黑砂河下游水位变幅大，水生植物无法正常生长，设置漂浮湿地约 $1000m^2$（图 7-53）。

2）增氧曝气

为加快河道自净效率及保证植物群落的成活率，该工程在铜官大道至白云路段，年均水深大于 3m 的天数小于 7d，且水深小于 1.5m 的区域，配以曝气机增加河道溶解氧。该工程物理增氧需求约为 $500kg\ O_2/d$，共设置 6 台纳米曝气机。

图 7-53　漂浮湿地建成状况

3）生态蓄水坝

黑砂河长江西路-滨江大道段枯水期水位较低，不能满足生态蓄水要求，该工程拟在黑砂河末端入江口上游约 100m 设置蓄水坝，为满足生态蓄水要求，考虑景观效果，河道壅水分析结果，入江口蓄水坝的坝顶高程为 8.50m，选用景观堆石坝。

4）生态补水工程

针对黑砂河自然条件下常年旱季水量较少情况，对其河道进行生态补水。经计算：保证河道基本保障，日生态需水量为 2.11 万 m³；为达到目标生态环境需水量要求，最大日补水量为 3.52 万 m³。

三孔涵超磁处理站中水质满足生态用水需求，水量巨大、稳定、不受气候条件和其他自然条件的限制，可以作为黑砂河补水水源。三孔涵处平均补水量约为 1 万 m³/d。

河道生态修复措施布局详见图 7-54。

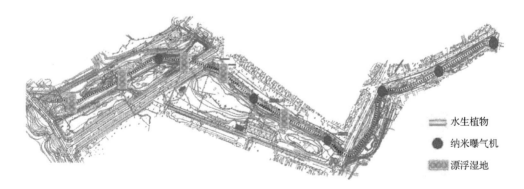

水生植物

纳米曝气机

漂浮湿地

图 7-54　河道生态修复措施布局

5. 在线监测工程

黑砂河流域的管理体系中建设在线监控管理系统，实时监控河道水质、水情、重要工程节点工况等，制订专家库和预警预报机制，紧急响应突发事件的处理能力，为管理者提供科学的决策依据。

1）视频监控系统

视频监控系统由监控点和监控中心组成。根据该工程实际情况，主要对监控点调蓄站、蓄水坝、冲洗装置、曝气设备及水质监测站进行监控。

2）安防监控系统

该项目在黑砂河沿岸布设了大量自动化设备，为保证系统的正常运行，考虑设备的安全性，监控中心需配置一套安防监控系统，对沿河的信息化设备的安全进行安防监控和远程入侵报警，保证系统的安全运行。

3）水质在线监测系统

水质监测站主要改造有采水系统、配水系统、水样预处理系统、水质分析单元、系统清洗。该工程水质监测共设四个监测断面和四个监测断点，采用全参数水质监测站。

7.2.5.4 黑砂河治理重要节点设计

根据黑砂河暗渠检测报告以及现状实施条件，在暗渠末端对工业企业排放废水进行截流，通过末端超磁处理系统进行处理。该工程选择在三孔涵明渠口处建设超磁处理站，总用地面积 2917.4m²。

1. 超磁处理系统工艺流程

超磁处理站设计主要包括超磁处理系统、进水泵站、集水井、蓄水坝、监控中心，具体处理工艺流程见图 7-55。

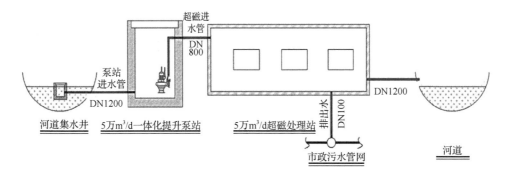

图 7-55 超磁处理系统工艺流程

超磁处理系统的工作原理：污水与磁性物质混合，在混凝剂和助凝剂作用下，形成微磁絮团；污水中的颗粒经过混凝反应后，在超磁分离设备高磁场下，实现微磁絮团与水体的分离[36]。磁性物质回收再利用，污泥进入污泥处理系统，出水排入河道，处理系统见图 7-56。

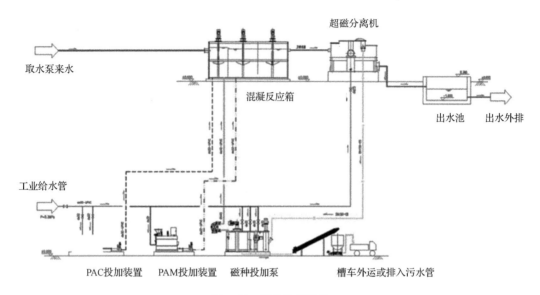

图 7-56　超磁处理系统

2. 设计规模及效果

设计超磁处理站处理水源为工业废水、新光渠调蓄站初期雨水、长江补水量和混流污水，综合考虑项目变化系数及超磁处理系统进出水水质要求，设计规模为 5 万 m³/d。进出水水质见表 7-13，超磁处理站可以降低 TP 浓度、COD，削减量分别为 1.3t/a、131.2t/a。

表 7-13　超磁处理站进出水水质

类别	COD/（mg/L）	SS 浓度/（mg/L）	TP 浓度/（mg/L）	pH	色度	溶解氧浓度/（mg/L）
进水水质	≤200	≤300	≤4.0	6～9	—	—
出水水质	≤30	≤30	≤0.3	6～9	≤30	10%

3. 平面布置

站房和河道周边绿化提升，梳理现状黑砂河两侧的植物，美化现状挡墙，站房周边选择香樟、榔榆、三角枫等季相变化丰富的园林绿化骨干树种，结合中层观花灌木，打造"春华秋实"的景观效果，见图 7-57。

7.2.5.5　黑砂河综合治理的创新设计举措

1）定量分析与总量控制

采用污染物耦合模型将城市面源污染与点源污染对河道水质影响统一纳入水质达标分析范围，通过 SWMM 降雨径流污染模型和 MIKE 11 一维河道水动力水质模型耦合，模拟分析不同降雨规模和治理工程措施工况条件下河道水质变化特征及达标的可行性；并综合考虑河道水环境容量，对进入黑砂河的污染物总量进行约束，分析水质达标率、经济性等因素，根据水质目标和功能区域要求，选择最合理的综合治理措施。

图 7-57　超磁处理站鸟瞰图

2）系统治理与智慧监测

运用"点""线""面"多空间结合，系统实施黑砂河水质综合整治思路。强调水环境治理，水生态修复，水资源保护，水灾害防治以及水景观提升并举的设计内容，以流域为单元，全面开展厂网河湖岸一体化系统治理。

采用智慧监测管控措施，工程利用现代化信息技术，如计算机自动控制技术、网络技术、通信技术、遥测传感技术、多媒体技术等，基于高度集成的自动化、智能化和网络化方式，建立一个以信息采集系统为基础、以高速安全可靠的计算机网络为手段，以 3S 技术和决策支持系统为核心的现代化流域在线监控管理系统。

3）生态优先与资源循环

黑砂河的综合治理突出生态优先的理念。该工程对水生植物群落的恢复进行设计，不仅具有景观功能还能提供更多的栖息生境，营造生态多样性；考虑黑砂河下游水位变幅大，水生植物正常生长困难，从生态和景观角度考虑构建漂浮湿地；结合水景观进行生态蓄水坝的建设，提升周边景观品位。

废弃物的无害化、减量化、资源化利用一直是环保领域的重点及难点，该工程中超磁装置产生的磁性污泥再经磁粉回收设备，实现磁粉与污泥的分离；分离后的磁粉可以继续回用，参与下一次的絮凝过程，达到循环利用。分离后的污泥含水率较低，可直接送至脱水系统进行脱水。脱水后的泥进可以进行进一步的资源化利用以及无害化处置。

7.2.6　黑砂河治理工程建设及运行效果

1）黑砂河治理的工程造价

工程资金来源为政府投资，工程总投资 15133.73 万元，其中建安费 12272.00 万元，其他费 902.98 万元，预备费 658.75 万元，三年运营费 1300 万元。

2）黑砂河治理的运行效果

该工程针对水环境污染、生态系统退化等问题，结合流域污染源分布、排放特征、区域防洪排水、生态系统功能定位，根据市政、环保、交通、水利等规划成果，形成了黑砂河综合治理方案，建设后对流域产生积极效果：

（1）河道水质提升；

（2）扩充河道水环境容量，有效减轻水质污染损失和对区域生态冲击；

（3）增加岸线和生物多样性，扩大水环境容量；

（4）修复河道水生态系统。

超磁污水处理系统进水 COD 为 29mg/L、TP 浓度为 0.74mg/L，出水 COD 为 22mg/L、TP 浓度为 0.41mg/L（数据获取时间为 2019 年 2 月 27 日）。TP 的削减效果好，出水接近《地表水环境质量标准》（GB 3838—2002）V 类水指标。2018 年 5 月～2019 年 6 月，黑砂河断面自动监测数据统计显示，黑砂河全年有将近 4 个月氨氮指标达到 V 类水标准。河道水体的氨氮浓度、DO 浓度、氧化还原电位如图 7-58 所示。

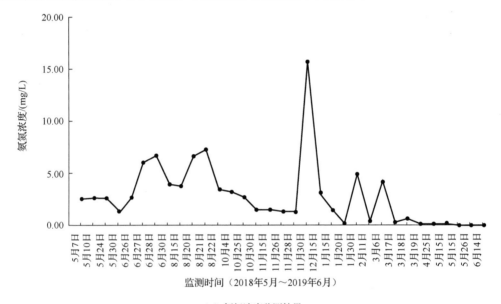

（a）氨氮浓度监测结果

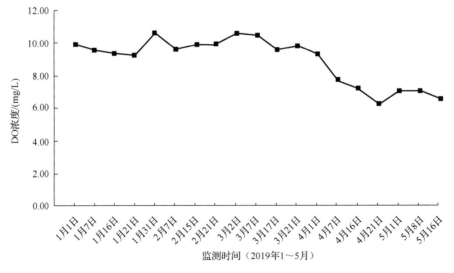

（b）DO 浓度监测结果

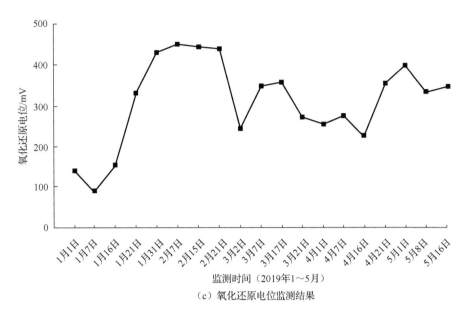

监测时间（2019年1～5月）

（c）氧化还原电位监测结果

图 7-58　工程实施后黑砂河断面水质监测结果

3）黑砂河综合治理工程的效益分析

黑砂河综合治理工程的实施对改善区域水生态环境具有积极意义。预计 COD、氨氮和总磷的削减量分别为 1203.8t/a、116.5t/a 和 13.3t/a；显著提高河道水质，扩充河道水环境容量，有效减轻水质污染损失和对区域生态冲击；修复河道水生态系统，提高区域环境质量，改善人居环境，提升地块价值，对于拓展铜陵发展空间、支撑区域性城市建设有积极重要的作用，具有显著的生态效益、环境效益、经济效益和社会效益。

7.2.7　黑砂河流域治理工程后期运行维护与管理

黑砂河流域水系治理工程内容主要包括工业废水处理、初期雨水收集与处理、河道生态修复、生态补水工程、在线监控系统等内容，合同采用的建设运营模式为 EPC+O（设计、采购、施工及运营维护一体化），施工运营单位为中节能国祯环保科技股份有限公司，管理单位为铜陵市住房和城乡建设局。

黑砂河的运营管理将通过"全方位监控、手机 APP 监管、在线监测与云平台、预警机制、人工巡视、公众参与"等方式来实现，确保黑砂河运行稳定的长效管理机制。

建立统一运行预警机制，包括设备运行预警、突发性事件预警、人员安全预警。河道管理人员按照管理要求，携带相关工具沿河道两岸定期巡视检查。对巡视过程中发现的一般性问题，现场就地解决；若有重大影响水体水质安全问题则通过监管平台及时上报。

在主要的沿河两侧的休闲广场、亲水平台及科教走廊，设立公众参与河道维护管理的宣传指示标牌，引导公众自觉爱护、保护水体环境，提倡公众对人为因素破坏生态环境各类现象进行监督、发现、举报、制止。

该工程黑砂河流域在线监控管理系统的建设为保障流域工程安全提供技术支撑，实现数据采集智能化、闸站控制多级化、信息传输网络化、办公自动化的目标。

7.3 合肥市滨湖新区塘西河水质治理工程

7.3.1 塘西河水质治理工程项目基本概况

塘西河位于安徽省合肥市西南郊，是巢湖水系的一条支流，上游兼有人工湖泊南艳湖，由西北向东南流经合肥市经济技术开发区和包河区的滨湖新区，在义城镇附近汇入巢湖，是合肥市西南部主要行洪通道之一，塘西河自南艳湖至入巢湖口全长 11.53km，流域面积 50.0km²。塘西河流域从行政区划上可以划分为两段，自巢桥以上河段位于经济开发区，长度约 1.53km（其中明渠长约 0.7km），流域面积 24.95km²，为塘西河上游；自巢桥以下河段位于包河区，河道长度约 10km，流域面积 22.6km²（包河区面积 20.18km²，经济开发区雨水转输面积 2.39km²），为塘西河下游。河道平均坡降 6.14‰，河底高程为 6.5～13.2m，地面高程在 15.8～8.0m。塘西河横埠以上为丘陵岗地区，以下为圩区。2015 年以前，塘西河入巢湖口段有部分民房，分布在塘西河口以上沿河 100m 范围内，因生产生活污水排放和缺乏水源补给，塘西河水体污染严重，河流生态环境较差[37]。塘西河水质部分指标过去长期性处于劣Ⅴ类水质，水体呈黑臭状态，降低了河道景观、文化等功能品质，给周边居民带来生活困扰。塘西河水质治理工程总体为南北走向，北起京台高速橡胶坝，南至徽州大道闸坝，总长约 3.0km，如图 7-59 所示。

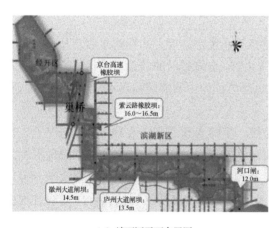

（a）塘西河平面布置图　　　　　　　　　　（b）项目工程范围图

图 7-59　塘西河平面布置图及项目工程范围图（见彩图）

7.3.2　塘西河治理前水环境及问题

7.3.2.1　塘西河河道

塘西河河口位于十五里河以西约 2.5km，属巢湖左岸直接入湖一级支流。在塘西河包河大道以东区域建有人工湖泊方兴湖，总占地面积约 2500 亩，中心湖面面积约 0.84km²。合肥市拟将方兴湖建成一座集生态、休闲、旅游于一体的湿地公园，目前方兴湖内的生态建设工程尚未开工。塘西河河道坡降较大，为保证河道水深及景观要求，塘西河全线设置了四道拦水设施，分别为紫云路橡胶坝、徽州大道闸坝、庐州大道闸坝、河口闸，与京台高速桥上游的橡胶坝联合，分段将水位控制在 16.0～16.5m、14.5m、13.5m 和 12.0m（吴淞高程）。

7.3.2.2　塘西河水质及污染源解析

在塘西河沿线（宿松路—徽州大道坝）设置 19 个检测点进行取样检测，分别为京台高速排口（1#）、峨眉山路西侧排口（2#）、峨眉山路西侧排口上游 100m（3#）、峨眉山路西侧排口下游 100m（4#）、长沙路桥排口（5#）、长沙路桥排口上游 100m（6#）、长沙路桥排口下游 100m（7#）、徽州大道东排口（8#）、徽州大道东排口上游 100m（9#）、徽州大道东排口下游 100m（10#）、徽州大道桥排口（11#）、徽州大道桥排口上游 100m（12#）、徽州大道桥排口下游 100m（13#）、洞庭湖路桥北侧排口（14#）、洞庭湖路桥北侧排口上游 100m（15#）、洞庭湖路桥北侧排口下游 100m（16#）、洞庭湖路桥南侧排口（17#）、洞庭湖路桥南侧排口上游 100m（18#）、洞庭湖路桥南侧排口下游 100m（19#），检测结果如图 7-60 所示。项目区河段基本呈劣 V 类，在峨眉山路西侧排口处，COD、氨氮浓度、TN 浓度、TP 浓度严重超过 V 类标准。

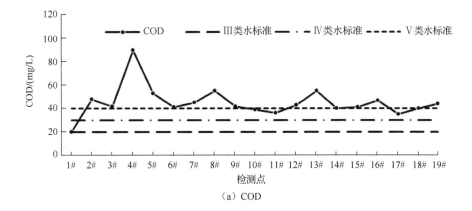

（a）COD

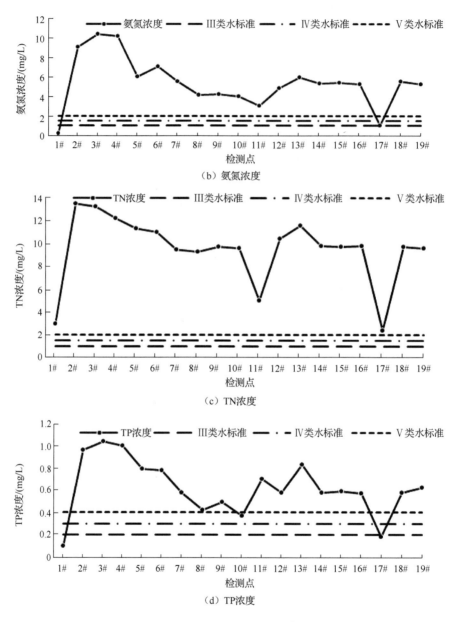

图 7-60　塘西河水体污染物空间分布

　　根据流域情况，对污染排放情况进行调查，具体内容包括城镇污水厂尾水、生态补水厂补水带来的污染、城镇生活直排等点源污染以及城市面源等污染源。其中城镇生活直排污染是管道错接漏接等原因导致直排生活污水带来的污染；城市面源即降雨形成的地表径流带来的污染物[28]。调查结果显示，污染来源主要为塘西河再生水厂、城镇生活污水直排、城市面源，对于 COD、氨氮、TN、TP 来说，城镇直排均为流域最大污染源；对于氨氮、TP 来说，城市径流为第二大污染源（图 7-61）。塘西河生态补水厂出水 COD、TP 可达到《地表水环境质量标准》（GB 3838—2002）Ⅲ类标准，氨氮可达Ⅳ类水标准，从水质上相对于塘西河Ⅴ类水质目标来说属于清水来源；据 2015 年实际出水水质，塘西河再生水厂出水中 COD、TP 可达地表水Ⅳ类标准，而氨氮为劣Ⅴ类，对于氨氮指标来说，塘西河再生水厂尾水属于污染来源。

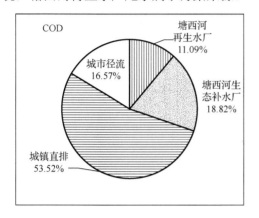
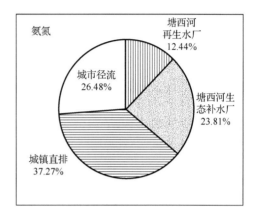
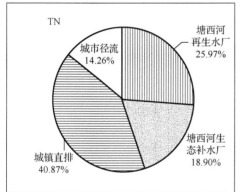
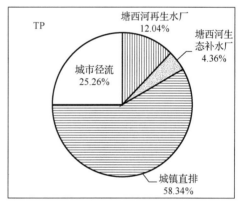

图 7-61　各污染源贡献比例分配

7.3.2.3　塘西河底泥

在宿松路桥、玉龙路桥、峨眉山路桥、长沙路桥、徽州大道桥、洞庭湖路桥、中山路桥、塘西河终点大坝设置 8 个采样点，对塘西河水体底泥中有机物及重金属进行取样检测，详见表 7-14 和表 7-15。分析检测结果，重金属指标均达二级土壤标准；泥样指标完全符合农用污泥控制标准。总氮指标基本达二级断面，总磷为二级断面；有机物指标均达四级标准。根据河道测量结果，结合河道设计河底高程可知，河道淤泥淤积平均厚度为 0.8m，最深处约 1.3m，河道淤积厚度较大。

表 7-14　塘西河水体底泥重金属浓度（2017 年 3 月）　　　（单位：mg/kg）

位置	汞	砷	铜	铅	铬	锌	镍
徽州大道桥	0.31	0.65	3.25	10.15	44.00	27.40	10.70
长沙路桥	0.28	0.72	7.95	8.10	61.85	67.45	10.05
玉龙路桥	0.33	0.61	17.50	12.65	48.70	65.85	14.25

续表

位置	汞	砷	铜	铅	铬	锌	镍
峨眉山路桥	0.38	0.84	37.80	11.50	65.60	91.65	11.05
宿松路桥	0.32	0.62	8.75	8.50	56.05	41.20	8.95
中山路桥	0.26	0.55	2.50	6.35	46.30	34.15	10.25
洞庭湖路桥	0.38	0.67	7.24	11.28	46.57	55.26	11.21
塘西河终点大坝	0.32	0.82	3.18	10.05	42.85	30.05	10.80
二级土壤标准	1	20	100	350	350	300	60
农用污泥控制标准	≤15	≤75	≤500	≤1000	≤1000	≤1000	≤200

表 7-15　水体底泥有机物指标

编号	位置	有机质含量/%	断面级别	总磷浓度/（mg/kg）	断面级别	总氮浓度/（mg/kg）	断面级别
1	徽州大道桥	4.54	三级	466	一级	1382	二级
2	长沙路桥	6.30	四级	599	一级	704	一级
3	玉龙路桥	6.42	四级	753	二级	2196	四级
4	峨眉山路桥	6.80	四级	1156	三级	844	一级
5	宿松路桥	11.4	四级	461	一级	1116	二级
6	中山路桥	5.38	四级	462	一级	662	一级
7	洞庭湖路桥	5.78	四级	824	二级	759	一级
8	塘西河终点大坝	4.68	三级	705	一级	1247	二级

7.3.3　塘西河水质治理工程的问题与需求分析

7.3.3.1　塘西河的水环境问题分析

根据现场调研、水质及污染物分析，总结塘西河水体水环境较差及水体污染的主要原因。

1. 规划建设问题

流域管网建设不完善。初期雨水及旱季污水截流不彻底，存在截流井旱季外溢现象，大量外源污染进入河道。塘西河包河区段排水体制建设标准为雨污分流，但通过排水管网普查发现，雨污管网错接、漏接、混接现象比较普遍，使得部分生活污水进入到雨水管网，通过沿河雨水排口直排河道。流域内商业街、餐饮、夜市大排档、清洗类服务业、菜市场等零散点源无序排水，一定程度上增加了沿河排口旱流污水量。沿河雨水排口旱流污水是造成河道水质污染的主要原因。

此外，上游河段存在私接污水管道现象，部分截流管道不通畅，拍门闭合不严。

2. 水质及水生态问题

塘西河水质总体较差,主要是城市点源污染、面源污染、内源污染及水生态系统不完善等原因严重影响主城区内各河流、水体水质,使塘西河水生态环境恶化。

1) 点源需要控制

城市污水厂建设运营不当,处理后尾水水质不稳定,造成污染。流域内建有塘西河再生水厂一座,设计规模 3 万 t/d,处理工艺为 A^2O（厌氧-缺氧-好氧）+MBR,出水达到《城镇污水处理厂污染物排放标准》一级 A 标准。2011 年再生水厂正式投运以来,处理工艺中的膜处理单元一直不能持续稳定运行,致使污水厂或停产减产,或出水无法稳定达标。膜组件更换问题一直未能得到解决,再生水厂日处理能力仅为 5000t/d,流域内产生的生活污水几乎全部通过天津路泵站转输到了十五里河污水处理厂。十五里河污水厂处理能力仅有 10 万 t/d,早已超负荷运行,无法消纳的污水则溢流至十五里河污染十五里河水质。

2) 城市面源污染严重

城市面源污染主要由降雨径流的淋浴和冲刷作用产生,通过排水系统排放,径流污染初期作用十分明显。特别是在暴雨初期,降雨径流将地表的、沉积在下水管网的污染物在短时间内突发性冲刷汇入受纳水体造成水体污染,甚至一场短时暴雨之后,河道水质会下降一个级别。污染来源主要为屋面建筑材料、建筑工地、路面垃圾、城区雨水口的垃圾和污水、汽车产生的污染物、大气干湿沉降等,主要污染物为有机物、SS、石油类和 N、P 等[38]。分析流域入河污染负荷结构可知,流域城市面源 COD、TP 占总污染负荷的 25%左右,氨氮和 TN 占总污染负荷的 15%左右。虽然城市面源占总污染负荷比例不占主导,但城市面源随降雨集中大量入河,对河道水质短时冲击影响较大。

3. 管理维护问题

由于塘西河维护管理不到位等,存在淤塞和侵占现象,落叶等漂浮物不能及时清理,腐烂后加重水体富营养化。

7.3.3.2　塘西河水质治理工程的需求分析

塘西河承载着合肥西南部的防洪排涝等功能,沿河区域城市地表径流污染、点源负荷高,水体污染严重。该工程的实施以城市生态文明建设理论为指导,遵循"源头削减、过程控制、系统治理"的原则,在水环境现状调查及污染源解析基础上对河道污染削减任务进行分类,以水环境改善、水生态恢复确定治理目标,全面提高塘西河水环境质量的任务非常迫切。

7.3.4　塘西河水质治理工程的设计目标与原则

1) 塘西河的治理目标

通过该工程建设,达到以下目标。

主要水质指标:TP 浓度≤0.3mg/L、COD_{Mn}≤10mg/L、氨氮浓度≤1.5mg/L（每年必须有 8 个月能够达到标准,其他 4 个月达到 V 类水标准）。

感官上要求水体清澈，水体透明度≥1.2m，水体无异味，无藻类聚集，无垃圾漂浮物。

水生态系统构建后，建设初期水域非硬化底质区域的沉水植被覆盖率达30%以上，后期运营维护期逐年提升，运营期满要求非硬化底质区域的沉水植被覆盖率达60%以上，四季都有绿色的沉水或浮水水生植物，形成优美的水下景观，完善水体生态系统的食物链，形成全面稳定的生态平衡，并建立后续生态平衡维护保养系统。

2）塘西河水质治理工程设计原则

结合塘西河的自然环境特点、水文特征、人文社会环境条件和区域经济发展水平，兼顾近远期目标，该水环境治理工程的设计原则如下。

（1）明确目标，整体设计。科学识别水体污染形成机制与变化特征，结合污染源、水系分布和补水来源等情况，合理制订整治目标、总体方案和具体工作计划。

（2）因地制宜，标本兼治。针对城市水体污染成因、当地自然人文环境条件和地区经济发展水平，综合应用控源截污、内源治理、生态修复等措施，提高水质，改善人居环境质量。

（3）生态改善、长效保持。改善水动力条件，修复水生态系统，提升水体自净能力，实现城市河湖水环境持续改善。

（4）技术理念先进，工艺经济可行。采用先进的工艺及技术理念，工程设计中，在确保实现工程目标的前提下，合理采用新工艺、新技术、新设备和新材料，降低后期运行管理成本，提高其经济效益和社会效益。

（5）淤泥集中处理。妥善处置淤泥，避免二次污染，对清淤淤泥进行集中处置，减少排放，保护环境。

7.3.5 塘西河水质治理工程设计方案

合肥滨湖新区塘西河（宿松路橡胶坝至徽州大道闸坝）水质治理工程由合肥市滨湖新区建设投资有限公司投资建设、中节能国祯环保科技股份有限公司承建，项目采取"EPC+O"模式，即设计、采购、施工及管养一体化。中节能国祯环保科技股份有限公司作为项目中标方，负责项目的勘察、设计、采购、施工及后期管养工作，对项目的进度、质量、安全等全面负责。该模式较好地避免了设计与施工、材料、设备采购及后期管理等环节脱节的矛盾，设计在建设过程中能充分发挥主导作用，充分考虑建设及管养综合成本，优化整体方案，使得项目设计更加易于施工操作，更经济合理。

7.3.5.1 塘西河水质治理工程的设计路线

塘西河项目采取流域综合治理的思路，以"外源减排、内源清淤、清水补给、水质净化、生态恢复"为治理措施，采取截留外源性污染、河道清淤、微生物强化、河道补水及种植苦草、轮叶黑藻、再力花、旱伞草、睡莲等植物，保持河道和沿岸湿地四季常绿，构建新的水生态系统。具体工程设计路线如图7-62所示。

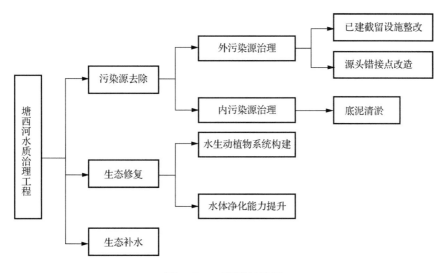

图 7-62　工程设计路线

7.3.5.2　塘西河水质治理工程的总体设计方案

该项目结合塘西河水体污染特点，制订了以下总体技术方案。

1）控制下水的污染负荷

对直排入河湖的污水进行截污，削减外源污染负荷；塘西河已建成初期雨水截流及处理设施，截至 2017 年初，该截流存在渗漏、堵塞及拍门闭合不严等问题，因此需修复该管道工程。补水水源为巢湖水，水体含氮磷等营养物质较多，对该补水工程进行提标，提标工程结束，补水水源将达到Ⅲ类水水质，满足本工程需要。

2）控制内源污染

内源污染主要是黑臭底泥，根据河湖特点分别采用清淤或者底质改良技术对黑臭底泥进行清理或分解、改良，控制内源污染。

3）提高水体净化能力

当入河污染量波动较大时，容易出现污染负荷高于系统净化能力的情况，因此采用生物强化处理提高系统的净化能力。

4）重构水生态系统

从微生物系统、沉水植被群落系统、挺水浮叶植被群落系统、水生动物系统四个方面恢复重建健康、平衡、稳定的水生态系统，完善物质流链条，恢复水体自净能力，长久保持河湖不黑不臭、水质良好、水体清澈、水景秀美。

5）提高水体流动性

根据塘西河自身特点设置水体循环补水设施，提高水体流动性，改善水景观。

6）实施科学管理措施

针对流域特点，提出以下管理措施。

（1）加强塘西河再生水厂运营监管。规范城市排水行为，严格落实《合肥市城市排水管理办法》各项要求，在市排办技术指导下，强化源头雨污分流建设和整改，加强城市排水设施的管理与维护，定期开展管网普查，建立长效管理机制；加强环保部门、水务部门、住建部门等部门联动和信息沟通；加强城市节水管理。

（2）大力推动区域建设节水防污型社会，牢固树立节水和洁水观念，切实把节水贯穿于经济社会发展和群众生产生活全过程。在城市节水方面，要加快城市供水管网技术改造，减少"跑、冒、滴、漏"，全面推广使用节水型器具[39]；按照《水污染防治行动计划》要求，单体建筑面积超过 2 万 m² 的新建公共建筑，应安装建筑中水设施；流域内使用公共供水的单位和个人应严格遵守《合肥市城市节约用水管理条例》的各项要求，相关部门加强城市节约用水管理。

（3）加强污水的资源化利用，加强污水再生利用设施建设。

（4）包河区人民政府、各行业行政主管部门和各用水单位，应当深入开展节约用水宣传教育，提高公众节水意识，创建节水型社会，促进区域可持续发展。

7.3.5.3 塘西河水质治理工程的重要节点设计

1. 生态修复设计方案

1）外源污染处理

（1）生态滞留净化区（排水口）。构建生态滞留净化区（高性能接触材料净化床+河道自动水处理生化反应器+框架浮床），详见图 7-63，使污水口排入的污染负荷削减 21.5%（以氨氮削减为主要参考指标），再排入河道，河道内再通过强化处理措施与全食物链生态系统进行净化。

图 7-63　生态滞留净化区（排水口）示意图

（2）河道内强化措施。①自动水处理反应器：塘西河徽州大道段排水口较多，在徽州大道段进行加强布置自动水处理反应器。②多功能净化生态漂浮湿地：考虑河道水体流动性，设计形状主要为圆形、椭圆形、长方形（图 7-64），减少对水的阻力。多功能漂浮湿地面积共 1600m², 生态浮岛主要布置于紫云路段与徽州大道段, 以提升景观观赏性。

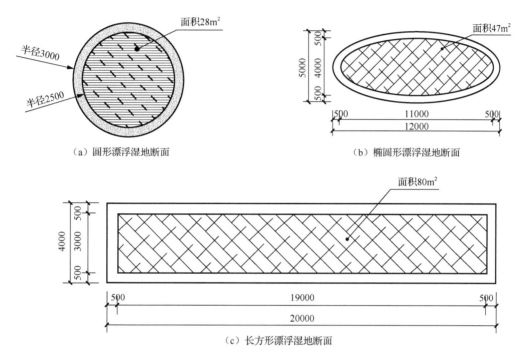

（a）圆形漂浮湿地断面　　　　　　（b）椭圆形漂浮湿地断面

（c）长方形漂浮湿地断面

图 7-64　多功能净化生态漂浮湿地平面形状（单位：mm）

2）预处理

（1）水下地形整理。该方案根据现场地形情况, 计算土方平衡共 33000m³, 地形整理共 75000m²。

（2）底质预处理。投入底质预处理剂, 能有效分解水底有机物, 从而降低氨氮和亚硝酸盐氮等含量, 使利用率大大提高。该方案设计底质预处理共 11600kg。

（3）初次进水水质改良。水质改良可快速、彻底降解水中有害氨氮、亚硝酸盐、硫化氢等有害物质；高效分解水中有机污染物, 增加水中 DO 浓度, 改善水质；稳定水体 pH, 补充微量元素, 促进水中正常菌群和有益藻类活化生长, 保持水中益生菌和浮游生物比例平衡, 抑制有害藻类的繁殖生长；在使用改良剂后使用本产品, 还可重新调整受破坏的水体环境。该方案初次进水水质改良剂共 4500L。

3）全食物链生态系统

（1）微生物投放。生态系统构建初期, 沉水植物生长量较小, 投放有益微生物形成优势种群, 提高生态系统净化能力；生态系统构建完成后, 投放复合微生物进行全生态系统平衡调节, 维护生态系统的稳定。调试期及运维期, 出现水质恶化等应急情况时, 采取投放微生物制剂净化水质。该方案设计微生物投放量共 9000L。

（2）净水型沉水植物系统。根据计算, 水下草坪种植面积占水域面积的 18%, 水下森林种植面积占水域面积的 50%。该方案设计水下草坪共 15121m², 水下森林共 42806m²。

根据物种多样性与研究表明[26]，该方案所选品种均为净化能力强的植物，其中氮磷去除综合能力强的为苦草、金鱼藻、伊乐藻，黑藻、刺苦草较强，微齿眼子菜、篦齿眼子菜次之。

根据水深及植物净化能力，将沉水植物划分为四个群落（表 7-16）。

表 7-16　沉水植物群落及种类

序号	群落名称	群落种类
1	群落一	黑藻：金鱼藻：伊乐藻：竹叶眼子菜=3∶2∶2∶1
2	群落二	苦草：刺苦草：伊乐藻：篦齿眼子菜=3∶2∶2∶1
3	群落三	苦草：黑藻：刺苦草：微齿眼子菜=3∶2∶2∶1
4	群落四	水下草坪

（3）景观型挺水植物系统。根据塘西河功能总体布局，宿松路至玉龙路段水质相对下游段好，且驳岸一侧为生态驳岸，可构建自然式挺水植物种植带；玉龙路至徽州大道闸坝段河道多为硬质驳岸，且沿线几处有木栈道，因此挺水植物布置结合硬质景观为主，适当点缀，提升岸线景观。

该方案设计挺水植物面积为 2583m²，浮叶植物面积为 498m²。

（4）水生动物系统。水生动物（包括生物操控型鱼类系统与噬藻型浮游生物系统）的投放量根据水中营养盐的含量及初级生产者的能量传递效率计算投放水生动物的总量。

据计算，水生动物放养量约为 17770kg。

4）曝气循环增氧系统

（1）喷泉曝气机。喷泉曝气机主要布置于徽州大道沿线桥的两侧，在应急情况发生时开启，起到迅速增氧的效果，同时兼具景观喷泉效果。该方案设计喷泉曝气机共 10 台。

（2）射流曝气机。射流曝气机主要布置于雨水排口处，在应急情况下开启，迅速增氧的同时起到推流增加水循环的功能。该方案设计射流曝气机共 10 台。

2. 源治理

1）塘西河清淤方式

为防止内源头污染，对塘西河进行清淤疏浚。塘西河地处城区段，居民活动较为密集，两岸景观绿化已整体完善，对于清淤过程污染的要求相对较高，同时淤积底泥的清除也要彻底。通过比选设计采用排水后的干挖清淤，通过中转泵将淤泥输送至淤泥堆场处理，转输距离较长段时，分级提升转输。现场自然沉淀，上清液就近排至污水管道。机械要求低，工作性能可靠，同时对周围环境影响相对较低。

2）塘西河淤泥处置

该工程设计根据污泥检测报告，污泥重金属不超标，可满足农林使用，建议采用晾干后利用。淤泥经过固化、晾晒、粉碎后用于苗木基础肥料。

根据河道及场地条件，并综合清淤工程特性和沿线地块要求，经过现场踏勘，该工程设计淤泥堆场选址位于玉龙路与锦绣大道交叉口滨湖 1 号弃土场。

3）清淤工程量

清淤深度、宽度按实测横断数据计算，清淤长度 3110m，采用干式清淤，本次设计清淤量总量为 5.84 万 m³，其中淤泥 4.09 万 m³，土方 1.75 万 m³。

7.3.5.4　塘西河水质治理工程创新设计举措

在总技术线指导下，根据塘西河水质情况、植物系统耐污能力及水质要求，提出科学合理的净水思路，在排水口出构建生态滞留净化区对雨污混流水进行初步处理，河道内采取强化措施进行强化处理，与全食物链生态系统共同实现水质净化。

7.3.6　塘西河水质治理工程建设及运行效果

1. 塘西河水质治理工程造价

该项目投资 3988.1 万元，其中工程建设费 3242.1 万元，运营费 746.0 万元。

2. 塘西河水质治理工程运行效果

治理后，河道水质可达到地表Ⅳ类水标准，如表 7-17 所示。水体清澈，透明度≥1.2m，水体无异味，无藻类聚集，无垃圾漂浮物（图 7-65）。塘西河目前感官已得到明显改善，鸟语花香，野鸭成对，成为滨湖新区重要的滨水开放空间和景观廊道。

表 7-17　治理后水质检测结果

检测指标	单位	徽州大道桥西侧	徽州大道桥东侧	紫云路桥北侧	玉龙路桥西侧	沪蓉路桥东侧
氨氮浓度	mg/L	0.14	0.23	0.08	0.05	0.05
高锰酸钾指数	mg/L	4.61	4.94	3.87	2.35	2.64
总磷浓度	mg/L	0.04	0.08	0.03	0.02	0.01
透明度	cm	123	125	121	126	128

（a）治理前的塘西河

（b）治理后的塘西河

图 7-65　塘西河河道治理前后对比

7.3.7　塘西河河道治理工程后期运行维护及管理

该项目实施多种形式的生态浮岛,浮岛植物的维护管理是工程后期运行管理的重点。

1)浮岛植物收割、补种及维护方案

随着季节的变化或者水体矿质元素变化水生植物也会出现快速生长或者枯萎等变化,因此后期的维护极为重要。

(1)收割。利用水生植物生长吸收氮磷营养盐,于生长期人工或使用水草收割设备收割水生植物,以水生植物残枝的形式将氮磷营养盐从水中提取出,一般的植物收割时间为上半年3~5月和下半年的9~11月。

(2)补种。对一些裸露的区域,也可以种植合适的水生植物进行补种,一般春季进行植物补种。

(3)维护方案。①及时清理死苗,并在两周内补植回原来的种类并力求规格与原来的植株接近,以保证良好的景观效果。②及时做好病虫害的防治工作,以防为主,精心管养,使植物增强抗病虫能力。采取综合防治、化学防治、物理人工防治和生物防治等方法防止病虫害蔓延和影响植物生长。③根据各河段水生植物的习性和生长时期合理控制入水深度,在萌芽幼期,水不宜深,幼嫩芽叶要微露水面,随着植株的生长,逐步增加水体水量,提高入水深度。

2)雨季、旱季及冬季维护方案

雨季时,暴雨天气过后,水位大涨,大量植物被淹,部分根茎植物被淹死;旱季,挺水植物因高出水位线太多,大部分根茎暴露在外面,最终被旱死。因此,因地制宜地根据当地的环境变化、水位线变化选择种植植物是很重要的[40]。

夏季,植物生长速度比较快且生长较旺盛,需要对河道进行及时地清理,实现平均两次收割;冬季,植物多处在败落期,应该在即将衰败而又没有完全衰败的时候收割,及时清理枯死、倒伏的水生植物,保护根系安全过冬。

3)非工程措施的工程运营保障

为保证工程后期运行,应加强非工程措施的工程运营保障机制。

(1)健全考核机制,强化责任主体。继续实施河长制,明确河长责任。以流域污染物排放量为考核内容,以水质达标为考核目标,每季度进行考核,相关目标指标纳入区政府领导干部政绩和奖励考核要素。对于因决策失误造成工程未实施或延误的领导干部和公职人员,要追究相应的责任。

(2)成立领导小组,加强组织保障。为确保方案的组织实施,成立以区长为组长,分管区长为副组长,区相关部门及政府领导组成的领导小组,形成分级管理的工作机制,积极推动方案的实施。

(3)建立信息公开,推动全民参与。建立环境信息共享与公开制度,实现污染源、流域水文和人群健康资料等有关信息的共享,并由政府及时发布信息,让公众及时了解流域与区域环境质量状况。政府通过设置热线电话、公众信箱、开展社会调查或环境信访等途径获得各类公众反馈信息，及时解决群众反映强烈的环境问题。依靠科学技术和环境宣传教育，加强环境科学知识宣传教育，普及环境保护知识，提高全民环境保护意识，增强全社会责任意识，倡导节约资源、保护环境、绿色消费的生活方式。

7.4　合肥市许小河水质应急提升项目

7.4.1　许小河水质应急提升项目基本概况

许小河位于合肥市东南部，为十五里河中游的支流，属于城市内河。发源于合肥市市区南部望江东路，自西北流向东南，流经王岗、望湖城、合宁高速、包河区政府、包河工业园、骆岗镇等，穿汪春圩、蝴蝶圩，流域面积 22.34km²，主河道全长 8.2km，在大板桥下 1.5km 处汇入十五里河。许小河为雨源型内河，旱季无雨水汇入时河水流动性差、河水黑臭，局部段落河床裸露。2015 年，旱季某小区片区漏接的生活污水、下游建设工地的生活污水和生产废水、部分地下渗水未经处理直接排入许小河，水体污染严重，岸坡杂草丛生，部分河段淤积堵水严重，严重影响沿河居民生活。针对许小河的水环境问题，中节能国桢环保科技股份有限公司承建许小河水质应急提升工程，项目采取"EPC+O"模式。项目地理位置见图 7-66。

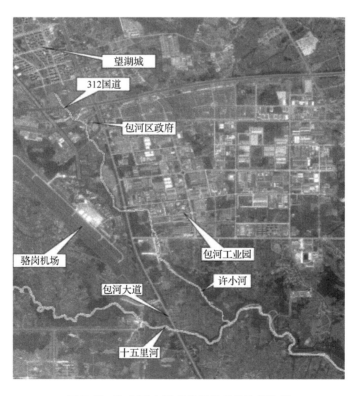

图 7-66　许小河水质应急提升项目地理位置

7.4.2 许小河治理前水环境问题

经现场调研，许小河的水环境存在以下问题。

（1）污水截流存有隐患，影响河道水质。河道沿线的污水截流不够彻底，部分企业单位未严格按照排水体制执行，污水混接入雨水管道中直接排入河道，河道水质污染问题严重。

（2）河道缺乏养护管理，垃圾成堆，淤积严重。河道长期污染管理养护，岸边垃圾随意堆放，河道中淤积泥沙严重，部分渠道和生活污水管道中也出现严重淤积。同黑砂河一样，河道底泥、水体的漂浮物、岸边垃圾及水生生物生长代谢形成的腐败物构成了其河道主要的内源污染。在厌氧等不利环境条件下，底泥存在较大的释放风险。

（3）实测河道水质指标高。根据三年（2015～2017 年）实际水质检测数据，COD检测数据最高为 88.8mg/L，平均为 34.8mg/L；氨氮浓度检测数据最高为 15.4mg/L，平均为 6.01mg/L；总磷浓度检测数据最高为 2.05mg/L，平均为 0.66mg/L。

（4）河道水量小，主槽不流畅。根据监测资料表明许小河旱季流量在 3000～7000m³/d。部分河段河道主槽内有枯树、涵管、老箱涵等阻水物，现有防洪通道不完善。

7.4.3 许小河的问题与需求分析

根据十五里河水环境治理工作要求，其工程措施为支流水质达标工程，项目具体目标为许小河水质消除劣 V 类水体，处理后可起到减轻对国控断面水质的影响。因此，许小河水质应急提升项目的建设非常必要。

7.4.4 许小河水质提升设计目标与原则

1）许小河水质提升治理目标

消除河道黑臭现象，保障十五里河断面水质达到《地表水环境质量标准》（GB 3838—2002）IV 类水中的 COD≤30mg/L、NH₃-N 浓度≤1.5mg/L、TP 浓度≤0.3mg/L 的标准。

2）许小河水质提升项目设计原则

（1）认真贯彻国家环境保护的方针和政策，使设计符合国家的有关法规和规范，净化后的尾水水质符合国家和地方的有关排放标准和规定。

（2）选择工艺合理，技术先进，对水质水量适应能力强，出水水质稳定。

（3）工艺流程的选择应遵循技术合理、经济合理，运转稳定，管理简便的原则。

（4）工艺装置尽量设备化，便于拆装转移。

7.4.5 许小河水质提升设计方案

7.4.5.1 水质提升设计流程

该项目工艺流程如图 7-67 所示。

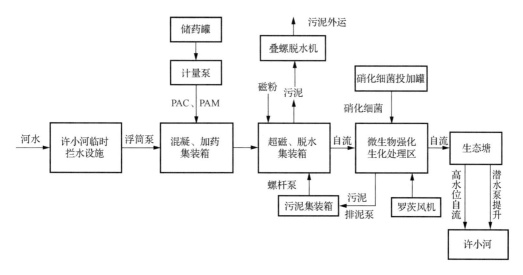

图 7-67　许小河水质提升工艺流程

许小河河道水经临时拦水设施蓄水后，采用浮筒设计理念直接从河体中取水，取水位置设置在河体中央，取水深度在有效水深的中下部，可以有效避免浮渣和砂粒对后续工艺设备的影响，河水可由浮筒式潜水泵直接提升至超磁分离水处理成套设备进行净化处理，通过在混凝系统内投加磁种和混凝剂（PAC 和 PAM），使悬浮物在较短时间内形成以磁粒为载体的"微絮团"。混凝系统出水进入超磁分离机将微絮团吸附打捞，进行固液分离净化[41]。

超磁分离水处理成套设备出水再重力自流进入微生物强化生化处理区，微生物强化生化处理区是对现状水塘进行改造，通过人工增氧、生物填料构建微生态强化一体综合处理区（好氧区和沉淀区组成），有利于好氧微生物生长并发挥净水作用，主要对氨氮进行降解，同时在沉淀区去除部分 SS。

微生物强化生化处理区出水自流进入生态塘，生态塘对出水水质起到进一步保障作用。达标尾水最终排放形式：当许小河水位较低时，重力排放尾水；当许小河水位较高时，不能满足重力自流或雨季内涝时，加压泵送至许小河。

微生物强化生化处理区产生的污泥通过超磁分离成套设备的污泥系统排出。

超磁分离机吸附打捞出来的磁性污泥进入系统内磁分离磁鼓机，通过磁鼓机的高速分散装置进行磁粒与污泥的分离，分离出的磁种投加至混凝系统前段循环使用，非磁性污泥经污泥泵送入叠螺脱水机进行脱水处理，干泥输送至污泥贮罐，由运泥车外运至北涝圩污水厂集中处理。

7.4.5.2　许小河水质提升总体设计方案

1）设计规模

设计许小河污水处理规模 Q=5000m³/d。

2）设计水质

污水处理设计进、出水水质指标见表 7-18。

表 7-18　许小河污水处理工艺设计进、出水水质指标

水质指标	进水水质	出水水质
COD/（mg/L）	≤80	≤30
氨氮浓度/（mg/L）	≤15	≤1.5
TP 浓度/（mg/L）	≤2.5	≤0.3

3）设计处理工艺

经过工艺比选，处理工艺采用超磁分离水处理成套设备+微生物强化生化处理区+生态塘；污泥处理采用叠螺脱水机工艺。

具体实施工程实景见图 7-68。

图 7-68　工程实景

7.4.5.3　许小河水质提升重要节点设计

该工程设置了河宽 L 为 18.0m 临时拦水设施，取水措施为一套浮筒，采用两台潜水泵（一用一备），设计流量 Q 为 210m³/h，扬程 H 为 12m，功率 N 为 11kW。

1）超磁分离水处理成套设备

超磁分离水处理成套设备为该处理工艺的核心单元，其功能是提高的河水透明度、降低色度、提高感官效果，同时对 SS、COD、TP 有很好的去除效果。该成套设备设计成为集装箱模式（可移动式），设计流量：Q=208.3m³/h，设计数量为两套，混凝系统、加药系统设施置于一套集装箱中；超磁分离设备、污泥脱水系统集成在另一个集装箱内。

2）污泥池

污泥池功能：带磁种的污泥经过磁分离磁鼓分离，磁种回收重新利用，污泥则排入污泥池。设计污泥池 1 座，其结构为钢结构，尺寸为 3.0m×2.0m×2.0m，主要设备配置包括污泥螺杆泵、潜水推流搅拌器。

3）微生物强化生化处理区

该工程对现状水塘进行改造，通过人工增氧、生物填料，构建微生态强化一体综合处理区，由生化区和沉淀区组成。

（1）生化区构筑物（现状塘改造）。生化区构筑物设计规模 $Q=5000m^3/d$，设计尺寸为 40.00m×27.50m×3.5m，坡度为 1∶2.5，底部宽 10m，水力停留时间 HRT=10h，气水比 6∶1，有效水深 3.0m。

（2）主要设备及材料。①悬挂链曝气系统：含水面输氧浮管、曝气器、悬挂链等；②曝气风机；③生物填料：含配套支架、紧固件等；④硝化细菌投加设备。

4）生态塘

为进一步去除 COD 和氨氮，使得尾水能够稳定达标，设计生态塘，为现状水塘改造，水力负荷为 0.15m³/（m²·d），有效水面面积 30000m²，有效水深 1.5m，设计停留时间 9d，塘内坡度 1∶2.5，长宽比 3∶1~4∶1。

生态塘主要构建的物种如下。①沉水植物：竹叶眼子菜、轮叶黑藻、矮生苦草等；按照 25 丛/m² 种植，具体见表 7-19。②按照 1 尾鱼/t 水，投入生物操控作用的鱼类，如鲢鱼、鳙鱼、麦穗、青鱼等，生态塘内底栖生物主要有梨形环棱螺、三角帆蚌、褶纹冠蚌等。③浮游生物以大型滤水型枝角类轮虫类为主，如象鼻蚤和裂足轮虫等。

表 7-19　植物配置一览表

序号	沉水植物品种	规格
1	竹叶眼子菜	10~15 株/丛，25 丛/m²
2	轮叶黑藻	8~10 株/丛，25 丛/m²
3	矮生苦草	6~8 株/丛，25 丛/m²

7.4.5.4　许小河水质提升工程的创新设计举措

利用物理分离+生物/生态组合工艺的方法快速消除黑臭，提高水体透明度，保障出流断面主要水质指标达到考核标准。

7.4.6　许小河水质提升工程建设及运行效果

该项目总投资 870 万元。水质提升工程实施后，沉水植物生长状况良好，"水下森林"构建完成，水体自净能力得到恢复，生态塘清澈见底（图 7-69），出水达到Ⅳ类水标准，明显改善了许小河水质状况（表 7-20）。

（a）"水下森林"　　　　　　　　　（b）整治后的景观

图 7-69　水质提升后的许小河

表 7-20　许小河河道水质处理前后对比表　　　　（单位：mg/L）

检测阶段	COD_{Cr}	氨氮浓度	TP 浓度	TN 浓度
处理前	60.50	17.30	1.58	21.70
初始阶段	42.30	3.15	0.20	10.90
中间阶段	25.00	0.71	0.14	6.30
完成阶段	17.60	0.24	0.05	4.80

7.4.7　许小河水质提升工程后期运行维护及管理

1. 工程日常运营管理

为了掌握设备设施及工艺的运行状态，及时发现异常和缺陷，运行人员应定期认真巡视检查。

运营机构将根据内部管理规范及工程运营现场实际情况，制作现场巡视牌，对巡视值班人员设置具体要求，并制订巡视规程。

2. 许小河水生植物养护

1）杂草清除管理

由于水生态系统内的水热条件好且富含营养，杂草极易生长。应控制杂草，使栽种的水生植物成为水体水域内的优势品种，杂草采取春季淹水和人工拔出的方法去除。

杂草清除主要包括水域及岸边生长的杂草以及水体中容易疯长的沉水植物。以维持水域及沿岸的基本景观，避免外来物种的入侵，影响水生植物的生长。

2）水位管理

水生植物生长习性不同，对水深的要求也不同[42]。①湿生植物：保持土壤湿润、稍呈积水状态，控制最适水深为 0.5～10cm。②挺水植物：茎叶挺出水面，要保持一定的水深，控制最适水深在 50～100cm。③浮水植物：除浮水类中的漂浮植物仅需足够的水深使其漂浮水面外，其他浮水类水位高低要依茎梗长短调整，使叶浮于水面，呈自然状态，控制最适水深为 50～300cm。④沉水植物：水位必须超过植株，使茎叶自然伸展，控制最适水深在 100～200cm。

3）水生植物补植

受季节变化影响，水生植物越冬可能会导致水生植物出现死亡现象，需要及时进行水生植物补植，减小水生植物对环境及水体水质的影响。

当出现大面积水生植物死亡时，及时打捞去除水体水生植物，以消除植物死亡释放的氮、磷等营养物质对水体产生二次污染。

水生植物残体打捞后集中清运至清运站，防止植物残体影响景观水体的环境功能。可购置指定水生植物品种进行补植。

4）水生植物病虫害防治

根据水生植物的生长习性和立地环境特点，加强对有害生物的日常监测和控制[43]。根据不同水生植物种类、生长状况确定有害生物重点防治的对象。禁止使用菊酯类等对鱼虾敏感的农药。提倡以生物防治、物理防治为主的无公害防治方法。

参 考 文 献

[1] 李昊洋, 曹菊萍, 姚俊. 平原河网地区河流健康评估研究——以太浦河为例[J]. 水利水电快报, 2018, 39(11): 24-29.

[2] 祝新明, 李莉, 王翡, 等. 平原河网地表水空间分布特征——以嘉兴市为例[J]. 安徽农业科学, 2021, 49(2): 38-41.

[3] 马迎群, 曹伟, 赵艳民, 等. 典型平原河网区水体富营养化特征、成因分析及控制对策研究[J]. 环境科学学报, 2022, 42(2): 174-183.

[4] 赵健, 籍瑶, 刘玥, 等. 长江流域农业面源污染现状、问题与对策[J]. 环境保护, 2022, 50(17): 30-32.

[5] 顾培, 沈仁芳. 长江三角洲地区面源污染及调控对策[J]. 农业环境科学学报, 2005, 24(5): 1032-1036.

[6] 李卉, 苏保林. 平原河网地区农业非点源污染负荷估算方法综述[J]. 北京师范大学学报(自然科学版), 2009, 45(5): 662-666.

[7] 刘业添. 阜阳市深层地下水水化学特征及水质评价[J]. 安徽建筑, 2022, 29(12): 73-75.

[8] 阜阳市统计局. 2016 年阜阳市县级常住人口调查主要数据公报[R/OL]. (2017-04-12). https://tjj.fy.gov.cn/content/detail/5c37fd7d52550d9a67adaf88.html.

[9] 阜阳市住房和城乡建设委员会. 阜阳市城区水系综合整治(含黑臭水体治理)项目环境影响报告书[R]. 2018.

[10] 樊孔明, 汪跃军, 王聪聪, 等. 沙颍河流域地下水资源量评价研究[C]. 中国水利学会 2019 年学术年会, 宜昌, 2019.

[11] 杨则东. 安徽省阜阳市地下水开采利用现状及其引发的地质环境问题[J]. 安徽地质, 2007, 17(2): 134-139.

[12] 董胜男, 张龙卯. 阜阳市颍西片区活水工程方案研究[J]. 工程与建设, 2019, 36(6): 913-914, 917.

[13] 熊东芳. 阜阳市城区水系综合治理项目重难点分析及问题研究[J]. 理论与方法, 2017, (10): 197-188, 190.

[14] 赵首创, 庄新军. 水源地生态保护措施研究[J]. 陕西水利, 2021, (7): 133-134, 137.

[15] 朱晓峰. 城市河道底泥污染及清淤治理研究[J]. 陕西水利, 2021, (7): 149-150, 158.

[16] 杨昉, 任伯帜. 湘潭市爱劳渠低排渠流域黑臭水体现状分析及治理思路[J]. 广东化工, 2022, 49(3): 153-155.

[17] 王斑. 城市初期雨水处理技术路线探析[J]. 中国资源综合利用, 2018, 36(5): 31-32, 46.

[18] 陈照方, 陈凯, 杨思嘉. 水生植物对淡水生态系统的修复效果[J]. 分子植物育种, 2019, 17(13): 4501-4506.

[19] 李燕. 水生植物修复富营养化水体研究[J]. 生物化工, 2019, 5(4): 152-154.

[20] 梅静梁, 李鹏翔, 桂和荣. 典型城区水系生态修复工程设计与实施——以杭州塘河水系为例[J]. 宿州学院学报, 2021, 36(3): 47-51.

[21] 王鸿迪. 土著微生物强化造粒原位修复城市黑臭河道底泥技术[J]. 城市建筑, 2020, 17(24): 132-133.

[22] 董怡华, 张新月, 陈峰, 等. 生态浮岛的构建及其修复校园富营养化人工湖水试验[J]. 环境工程, 2021, 39(3): 90-96.

[23] ONGLEY E D, ZHANG X, YU T. Current status of agricultural and rural non-point-source pollution assessment in China[J]. Environmental Pollution, 2010, 158(5): 1159-1168.

[24] 王幼鹏. 一种用于河道的 EHBR 强效生物耦合模水质净化装置: CN113429068A[P]. 安徽川清清环境科技有限公司, 2021-09-24.

[25] 李曼, 邓柏松, 杨大新, 等. EHBR 膜处理系统技术在长江流域城市河湖治理的实践和思考[C]. 青岛: 第十五届青岛水大会, 2020.

[26] 孔宇, 孙巍, 李小龙, 等. 河道海绵建设中 SWMM-MIKE 11 耦合模型的构建及应用思路[J]. 水资源保护, 2021, 37(6): 74-79.

[27] 汤维明, 付晓花, 王盼. 基于 SWMM 和 MIKE11 的城市河流水质动态模型构建及应用[J]. 西北水电, 2023, (1): 6-12.

[28] 崔忠超. 城市水污染的现状及治理措施分析[J]. 资源节约与环保, 2022, (11): 74-77.

[29] 常杉, 秦炜, 王建强, 等. 沿海城市黑臭水体治理中防倒灌措施的应用研究[J]. 市政技术, 2022, 40(7): 271-278.

[30] 高进, 李德浩, 姜海波, 等. 河湖连通工程及其水环境影响评估方法研究[J]. 环境生态学, 2022, 4(9): 95-102.

[31] 周怀东, 郝红, 王雨春, 等. 全国河流湖泊水库底泥污染状况调查评价[R]. 2017.

[32] 环境保护部, 农村环境连片整治技术指南: HJ 2031—2013[R/OL]. (2013-07-17). https://www.mee.gov.cn/gkml/hbb/bgg/201307/W020130726461701914946.pdf.

[33] 国务院第一次全国污染源普查领导小组办公室. 第一次全国污染源普查城镇生活源产排污系数手册[Z]. 2008.

[34] 李昊璋, 张民曦, 袁静, 等. 平原河网湖荡区水环境容量分析: 以嘉兴北部地区为例[J]. 华北水利水电大学学报(自然科学版), 2020, 41(1): 44-51.

[35] 胡开明, 娄明月, 冯彬. 江苏省水环境容量计算及总量控制目标可达性研究[J]. 环境与发展, 2021, 33(1): 103-111.

[36] 汤炜峰, 黄天寅, 王怡文, 等. 超磁分离技术在河道应急处理中的应用[J]. 水处理技术, 2021, 47(5): 130-132, 136.

[37] 匡武, 吴蕾, 王翔阳. 巢湖小流域污染源解吸及对策措施研究——以十五里河为例[J]. 环境保护科学, 2015, 41(5): 67-72.

[38] 孙少江. 南方平原河网地区农业非点源污染治理的展望[J]. 农业工程与能源, 2018, (6): 186.

[39] 陈雷. 新时期治水兴水的科学指南——深入学习贯彻习近平总书记关于治水的重要论述[J]. 治黄科技信息, 2014, (15): 1-3.

[40] 金卫兴. 水生植物在河道绿化及造景中的作用[J]. 绿色科技, 2017, (9): 72-73.

[41] 胡天媛, 孟令鑫. 河道异位处理工程的设计与应用[J]. 工业用水与废水, 2019, 50(2): 65-67.

[42] 陆福元. 湿地水生植物栽培管理[J]. 上海农业科技, 2010, (1): 114-116.

[43] 赵玉来. 水生植物在水环境治理工程中的应用分析[J]. 工程与建设, 2022, 36(4): 1145-1146, 1200.

第8章　西南山区城市河湖水环境综合治理案例

我国西南山区河湖多为大江大河源地，其水源多为地势较高的山部地下水或冰雪水雨水[1]，落差大水流急，水面窄，水深，水能丰富，坡降大；降雨年际变化大[2]，具有连续丰水、连续枯水长周期变化的特点[3-4]。西南山区水环境特征如下。

（1）水位流量变化大。山区河湖多为雨源型河湖，水量水位受季节影响较大。汛期和融雪期高峰流量大，水位高，流上形成洪峰集流时间短，冲刷力强。非汛期河道基流小，旱期时有发生[5]。

（2）水土流失，河床侵蚀严重[1]。山区河湖两岸山坡多为岩土结构，由于人为破坏与暴雨或持续降雨，山区水土流失严重，大量的泥沙和石块被冲下山体汇入河流，防洪压力增大，且对生态系统造成了严重的危害[6]；山区河流坡度大、产汇流时间短、流速大，产生河道冲刷强、河道形态和植被单一、河床侵蚀严重等生态破坏现象。

（3）洪灾频发。山区河流多为季节性河流，降雨年际变化较大；汛期和融雪期水流峰高量大，不仅洪灾频发，威胁下游堤防安全，造成水资源严重浪费；非汛期水资源极度缺乏，水力连通性差，不利于植被及微生物的生存，破坏了生态系统的稳定性[7]。

（4）污染负荷高。在汛期和融雪期，山区径流污染产生时间短、发生面积广，农业养分流失大，导致山区河流面源污染严重，由于地形地势原因，控制难度较大；随着人口增加及城市化进程加快，生活、工业污水排放量增加，而配套治理速度远远滞后于污染速度，粗放型排水导致水质恶化严重。

（5）水利设施开发对环境造成影响。山区河湖因地势高，坡降陡，水利设施开发较多，引起水流急速变化，拦河坝工程等的建设，造成河道形成明显落差，坝前淤积严重，过流断面减少，同时对河湖水生生态也造成一定影响[8]。

（6）资源开发利用不当，生态破坏严重。采石开矿，乱砍滥伐、垦荒种植等明显破坏了植被，天然林降低；农业、工业粗放型用水导致水资源无节制过度开发，湖泊、湿地萎缩，河流生态环境多样性、生态系统的功能和生物群落多样性下降[1,9]。

综上所述，西南山区河湖水环境综合治理存在污染负荷大、控制难度大、生态破坏严重的难题，山区河流和高原湖泊的整治显得尤为迫切。本章梳理了由中恒工程设计院有限公司提供的贵州南明河流域综合治理和大理洱海环湖截污工程案例，突出山区河流和高原湖泊治理思路、主要治理方法及成效等内容，以期为山区河流和高原湖泊水体污染控制、环境治理提供参考和借鉴。

8.1 贵阳市南明河流域综合治理项目

8.1.1 南明河流域综合治理项目基本概况

1. 南明河流域概况

南明河为长江流域乌江的支流，发源于贵州省安顺市平坝区白泥田，全长118km，流域面积6600km²，自西向东贯穿贵阳市区，其中在贵阳市境内约100km，城区段（花

图 8-1 南明河上游河流水系图

溪水库至乌当区新庄）36.4km，南明河三江口至新庄二期污水厂主干线全长约27km。上游汇聚了花溪河、小黄河和麻堤河等3条支流；中游城区核心段汇集小车河、市西河和贯城河等3条支流，是流经贵阳市区最大的一条河，水利资源丰富，是当地工业、生活用水和农田灌溉的重要水源，也是贵阳市重要的泄洪通道[10]，其主要支流、汇水口及汇水区域如图8-1所示。

20世纪以来，贵阳市切实加大河道治理力度，持续实施河道排水设施建设、沿岸景观改造及清淤、疏浚等治理工作，经过多年的建设改造，南明河及其支流的排水系统初步建成，污水收集、处理能力大幅提升，排水设施和河道的行洪能力显著提高，城市内涝水患减少。由于工业化、城市化快速推进，沿河流域人口急剧增加，虽然治理力度不断加大，但南明河城区段污染状况仍比较严重，在不同季节时段、不同河段出现了河水水质下降、浑浊发黑等现象，尤其越是河道下游，污染越严重[11]。河道上游水质尚好，随着南明河流经范围扩大，注入的支流及排水干线增多，河面上漂浮着大量垃圾草丛，到河道下游新庄水厂附近，河水散发臭味，河道水质整体处于劣V类水平，极大影响了城市环境质量的提高。

为了实现南明河的水质净化与提升，根据《水污染防治行动计划》"全力保障水生态环境安全"的要求及《地表水环境治理标准》关于水域功能和标准分类的规定，结合南明河的功能性，根据南明河上游流域水系特征，从全局出发，中恒工程设计院有限公司承建南明河流域综合治理项目，涉及一条干流（南明河）和五条主要支流（花溪河、小黄河、麻堤河、市西河、贯城河）的治理。

南明湖治理范围：南明河自三江口至新庄二期全长为27.0km的河段；花溪河自花溪水库坝下至三江口长度为14.0km的河段；小黄河自陈亮村至三江口长度为10.4km河段；

麻堤河自折返站至三江口长度为 6.7km 的河段；市西河自三桥至两河口长度为 4.5km；贯城河自贵州医科大学至入河口长度为 3.2km 河段。图 8-2 为项目治理范围示意图。

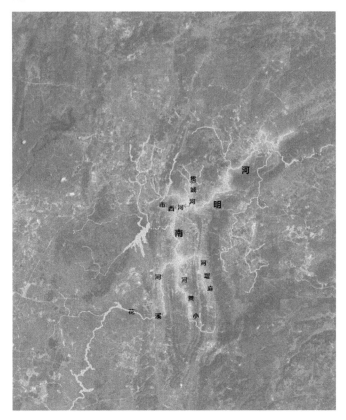

图 8-2　南明河综合治理范围示意图

2. 南明河综合治理区水系概况

项目实施区地处东经 106°07′～107°07′，北纬 26°11′～26°55′。东南与黔南布依族苗族自治州的瓮安、龙里、惠水、长顺 4 县接壤，西靠安顺市的平坝区和毕节市的织金县，北邻毕节市的黔西市、金沙县和遵义市的播州区。沿线汇集小黄河、麻堤河、市西河等支流。

花溪河位于南明河上游，发源于广顺，自龙山峡入境，流经螃蟹井、平坝上桥、放鸽桥、扶风桥、董家堰，流入中曹司，下游为四方河。河宽 20～35m，河岸周边布满农田和村庄和湿地，生态丰富。

小黄河发源于贵阳市花溪区孟关苗族布依族乡，流经陈亮堡、翁岩等地，在小河区三江口汇入南明河，是南明河一级支流，全长 20km。该地是丘陵为主的丘原地貌，类型复杂多样。地质结构差异较大，东、北及南部位于丘陵盆地，西部为泥质灰岩层结构。地下水资源丰富，水质较好，乡境内大小溪流 6 条，全部汇入南明河。境内溪流为雨源型河流，地处分水岭地带，河道源短流急，在境内滞留时间短。春季河道基流小，易造成春旱，汛期山洪常造成洪涝灾害。下游是国家级高新技术产业开发区，沿河开发大道为小孟工业园。城市基础设施完善，工业发达，是贵阳市重要的工业基地。

贯城河是南明河一级支流,是一条由北向南纵贯贵阳市主城区的河流,于六洞桥汇入南明河,流经云岩区和南明区,紧邻北京路、黔灵东路、延安东路、中华南街等主要城市干道,全长3.3km,水源主要为盐务排水干管的清水管、茶店排水大沟的清水管入河,水量1.07万m³/d。

麻堤河发源于南明区二戈寨片区摆郎村,流经摆郎、贵阳南站、在花溪区三江口汇入南明河,全长7.8km,麻堤河是二戈寨片区的泄洪通道,平时水量小,随季节性变化大。

市西河发源于小关湖雅关片区,流经小关湖、黔灵湖,在二桥与来自三桥的支流汇合,经头桥在贵阳市筑城广场汇入南明河,全长约12km。由于三桥片区污水管网建设不够完善,周边居民污水大量汇入。

南明河水系为典型的山区河流,坡度大、流速快,为雨源型河流,下雨有水、无雨缺水,具有季节性差异;上下游高差达100多米;排水系统混乱,河道沿线布满排水口;排水系统以合流制为主,混流严重;河流已成为纳污、排洪通道[12]。

8.1.2　南明河治理前的水环境及问题

南明河自古是贵阳居民的直接饮用水,两岸风光旖旎,是贵阳市的一条景观河。20世纪70年代开始,河水逐渐变黑发臭,2004~2014年,贵阳的经济快速发展,人口大幅增加,GDP增长6倍,达到近2500亿元,但带来严重的污染。沿岸近百个生活污水和207家工业企业排污口,每天向河道排放45万t生活污水和工业废水;煤灰垃圾及破烂的棚户区遍布河道两岸,河水水质严重恶化,鱼虾绝迹,市区河段更甚,变成藏污纳垢的黑臭水体[13]。

关于治理南明河,历届省市领导高度重视[10]。

(1)1985~1986年,南明河清淤治理取得了很好的治理效果。

(2)2001~2004年,贵阳市委、市政府提出"南明河三年变清"的目标,到2004年4月完成了南明河截污沟、堤岸、景观治理整治,项目已见成效。

(3)2010~2012年,推动开展南明河整治工作。

(4)南明河水环境综合治理项目2012年开始,一直延续到2016年,项目分为两个阶段。①2012~2013年,以救急为主消除黑臭,主要实施截污、清淤疏浚等救急措施,基本消除了南明河干流黑臭[14]。②2014~2016年:在一阶段基础上治本,实施截污系统完善、污水厂建设、清淤、生态修复等工程。

水环境问题具体如下。

1)截污不完善,污水处理量大

项目区排水设施不完善,排水系统复杂陈旧(图8-3),经过几十年的排水管网建设,排水管渠已基本覆盖整个贵阳市城区。新建及改造基本上是按照雨、污分流的原则配套建设排水系统。城市主、次干道的排水系统相对较为完善、健全;但支路、小街小巷、老街坊和旧城区排水系统仍以合流制为主[10]。由于贵阳市的排水管网污合流的状况难以在短时间内得到明显改善,城市截污干管(渠)排水具有"清水不清、污水不污"的特点[15]。城区排水管网属于较为完善的合流制排水系统,雨污混流,截污沟污水横溢(图8-4),污水处理总体能力不足,流域设施布局不均衡,不能满足实际需求。随着城市的迅速发展，污水量逐渐增大，沿河分布排污口众多，原有截污管网不能满足现有污水收集需要，汇入支流两岸生活污水大量溢流甚至直排[12]（图 8-5），以花溪河、小黄河、市西河和贯城河排水沟汇入污染负荷为最高；污水再生利用程度低。

图 8-3　污水入河方式

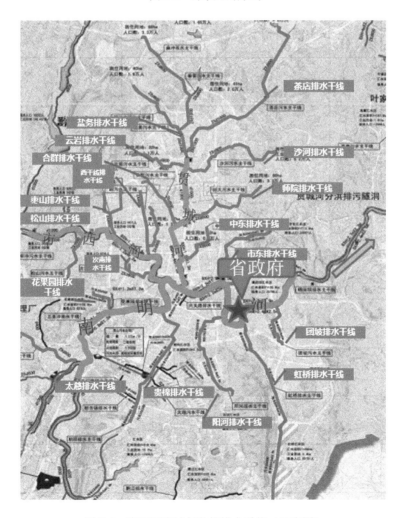

图 8-4　南明河流域复杂的排水系统（见彩图）

图 8-5　治理前南明河各支流情况

2）污水处理厂过度集中

治理前南明河沿线仅有 4 座污水处理厂（图 8-6），污水处理厂处理规模见表 8-1。最大的新庄污水处理厂在南明河下游；规模仅考虑污水忽略混合污水的现状，沿河已建截污沟，从上游到下游输送距离 27km，沿途污水溢流严重（图 8-7）。

表 8-1　治理前南明河污水处理厂处理规模

序号	污水处理厂名称	污水处理厂处理规模/（万 m³/d）			
		2014 年	2020 年	2030 年	合计
1	花溪污水处理厂	8.0	0.0	0.0	8.0
2	小河污水处理厂	16.0	—	—	16.0
3	二桥污水处理厂	8.0	—	—	8.0
4	新庄污水处理厂	25.0	25.0	—	50.0
	南明河流域总计	57.0	25.0	0	82.0

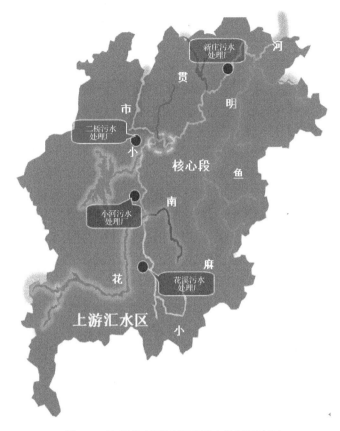

图 8-6　治理前南明河流域污水处理厂布局

图 8-7　治理前南明河截污沟大量污水外溢

3）面源污染控制难度大

流域内大量城市改造建设，城市道路建设导致下垫面结构变化，高浓度污染的初期雨水在短时内迅速排入河道，污染水体；建设过程中，施工单位管理不善，侵占河道建设，土方堆放无序，造成施工污水和地表径流混合排入河道，未经预处理的生产建设污水也直接排入河道，造成大量泥沙和固体废弃物污染下游水体并造成河床底泥堆积严重；大量农村面源污染固体废弃物直接抛入河道，造成下游河道污染负荷加重；村寨及散户居民区雨污未能分流，生活污水直接排入河道，造成河道水质下降[15]。南明河流域主要污染物的入河量 COD 为 20655.23t/a、NH₃-N 为 2912.3t/a，纳污能力 COD 为 2444.1t/a、NH₃-N 为 191.1t/a，主要污染物的入河量严重超出流域纳污能力。

4）内源污染严重

南明河底泥有机质含量较高，黑臭底泥在厌氧环境中向水体释放污染物，是造成水体恶化的原因之一；此外，由于项目区地处亚热带温和湿润气候区，气候宜人，四季如春，雨量充沛，为藻类滋生提供了良好的生境。藻类生长繁殖及其残体，也是内源污染的主要来源。河道两岸垃圾入河，造成河道淤积（图 8-8），内源污染严重。

图 8-8　治理前南明河河道淤积、河面垃圾漂浮

5）生态补水机制不健全

季节性河流，汛期水量较大；非汛期水流不足，缺乏有效洁净水源补给，水动力不足。

6）水生态系统崩溃，水体自净能力差

污染的加重，加之不同阶段治理导致人工硬化河段河道自净能力及多样性丧失，植被破坏，垃圾污染，鱼虾绝迹，水生动物种类少，水生态系统结构严重失衡。

8.1.3　南明河综合治理问题与需求分析

8.1.3.1　南明河综合治理问题分析

南明河流域存在的问题是长期缺乏系统的治理，也是流域治理的重点难点，治理主要存在以下问题[15]：

（1）全民环保意识缺乏，没有有效的监督管理，违法成本低，造成污水乱排垃圾乱放；

（2）多头治水，重水利轻水质、重景观轻生态，缺乏统筹带来后遗症；

（3）排水规划滞后，污水厂过度集中于下游，远距离传输，溢流风险大，回用成本高；

（4）对初雨带来的污染严重性认识不足，雨水重快排轻资源化利用；

（5）雨污错接混接、污水散排、漏排、混排现象严重，忽视混流制下的有效截流措施；

（6）污水厂规模专注于污水，忽略初期雨水解决措施，大量混合污水溢流入河；

（7）垃圾入河、水土流失、农业耕种带来的面源污染入河，造成河道淤积，内源污染严重；

（8）流域过度开发，水源涵养功能丧失，生态净化功能缺失；

（9）缺乏有效洁净水源补给，水动力不足，污染富集，水质持续恶化；

（10）重建设忽略管理维护，造成治理后河道问题的反复。

8.1.3.2　南明河治理需求分析

南明河是贵阳城区的一条重要河流，是贵阳市人民的母亲河，针对南明河污染情况，各级政府领导对此高度重视强调要采取"救急"措施，确保南明河水质迅速得到改善，又要谋划治根办法，科学制订近期、中长期治理举措，确保南明河水质稳定好转，真正实现长治久清。

8.1.4　南明河综合治理的设计目标与原则

针对南明河流域存在的问题，从城市发展和流域治理的全局出发，中恒工程设计院有限公司对南明河流域进行顶层规划和设计，近远结合，提出分步实施方案，通过科学系统、合理有效的手段实现南明河"标本兼治、长治久清"的目标。

1）南明河治理目标

近期目标：2012～2016 年，项目实施完成后南明河主要断面主要指标达到Ⅳ类水体标准，具备稳定的生态体系。

远期目标：2019～2030 年，南明河稳定保持Ⅳ类水体标准，具备健全的生态体系。

2）南明河治理原则

（1）"统一规划，分步实施"；

（2）以水质改善为核心，从源头着手系统治理；

（3）对外源、内源、点源污染全面控制；

（4）确保水环境安全，实现综合治理的可持续性；

（5）结合已实施和在实施的工程，科学分析，合理布局；

（6）污水厂布局与河道生态补水相结合，遵循"适度集中，就地处理，就近回用"的原则；

（7）加强"生态体系"及"海绵城市"建设，实现再生水及雨水综合利用，提高水资源的利用效率；

（8）建设智慧水务、构建大数据信息系统平台，突出科学运行、系统监控、高效管理的价值和重要性。

8.1.5　南明河流域综合治理设计方案

8.1.5.1　南明河治理设计流程

通过截污、清污、治污、资源化等基本手段控制南明河水环境污染，并将生态元素、景观元素、文化元素、经济元素巧妙地融入南明河带区域，打造清净的、生态的、开放的、文化的、繁荣的南明河[14]。以围绕黑臭消除、水质达标的根本目标，短期应急与长期稳定达标相结合，通过流域统筹、系统治理，实现长治久清，具体流程见图8-9。

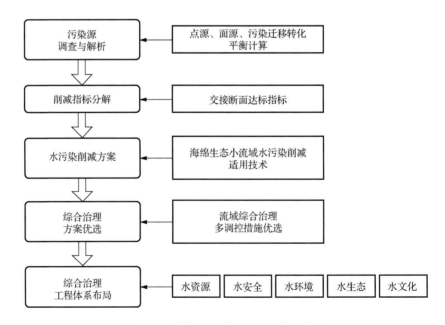

图 8-9　南明河水环境综合治理设计流程

流域统筹：统筹"水资源、水安全、水环境、水生态、水文化"[16]，考虑"上下游、左右岸、区内外"，构建健康自然循环体系，保障流域水安全，恢复流域的水环境。

系统治理：以控源截污和消除黑臭为基础，以智慧调配和活水补水为保障，以生态修复和景观文化为提升，与城市规划相融合，因地制宜构建"分流、阻隔、调蓄、处理与回用"四道污染拦截与削减防线，构建河道健康生态系统。

长治久清：依托环境物联网，打造智慧水环境，发挥专业运维水平，保障项目全生命周期服务质量，实现片区水环境长治久清。

流域综合整治按照统筹治理理念及思路，确定适宜的技术路线，强化工程可操作性，明确实施任务和目标，以确保项目目标的实现。

8.1.5.2 南明河水环境综合治理的技术路线

南明河水环境综合治理的技术路线如图8-10所示。根据南明河水环境综合治理目标，在分析其现状和关键问题研究的基础上，通过污水收集管网的完善、污水处理厂的建设、污水处理厂提标改造全面控制治理水环境的外源污染；加强初期雨水的收集处理、城镇垃圾收运系统的完善、水土流失等面源污染的治理；河道清淤疏浚、垃圾清理消除内源污染的产生和积累；通过建设城市海绵体系、建立生态驳岸、构建河流生态多样性、水系的涵养循环补充，恢复河流的生态自净能力，从根本上改善河流水环境质量。

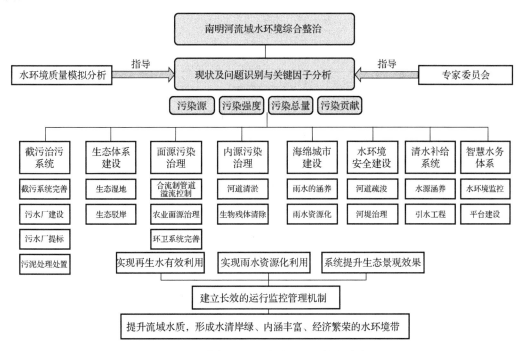

图 8-10 南明河水环境综合治理技术路线

南明河治水线路的核心是污水的收集处理，以"分散治理为基础，集中处理为保障，生态修复为目标"的基本原则，按照统一规划分步实施的原则，采取"污水收集系统一体化、污水处理分散协同化、建设模式集约化、污水资源化"的总体布局，使污水能有效收集处理，并实现污水的资源化，为南明河提供丰富的生态补水。

8.1.5.3　南明河水环境治理总体设计方案

该项目结合南明河水体环境中截污不完善、污水处理能力低、发黑发臭底泥释放大量污染物、面源污染难以控制、生态补水机制匮乏、水生态系统破坏等环境问题特点，制订了以下总体技术方案（图8-11），具备包括完善治污、河道清淤、初雨蓄净、生态补水及生态修复五个方面的工程措施。

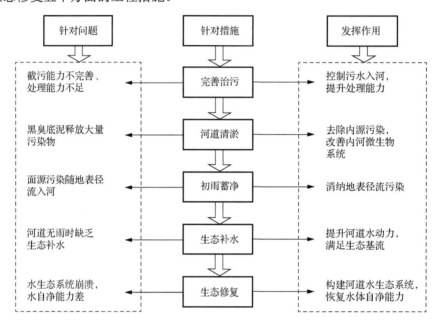

图 8-11　总体设计思路

1）完善治污

对直排入河湖的污水进行截污，削减外源污染负荷；完善管网系统；控制污水入河，提升污水处理能力。

2）河道清淤

根据河流特点进行黑臭底泥清淤工程，控制内源污染，改善内河微生物系统。

3）初雨蓄净

针对初期雨水污染较大问题，进行初雨蓄净；同时控制农村面源污染，消纳地表径流造成的污染。

4）生态补水

根据南明河自身特点设置水体循环补水工程，满足生态基流，提高水体流动性，改善水景观。

5）生态修复

从微生物系统、沉水植被群落系统、挺水浮叶植被群落系统、水生动物系统四个方面构建河道水生态系统，恢复水体自净能力。

根据南明河水系治理近期、远期目标及工程实施实际情况,将工程分成近期工程和远期工程。

近期工程实施内容:新建(扩建)污水厂 14 座共 64.5 万 m³/d;污水厂提标改造 15 座共 111.0 万 m³/d;新建污泥深度处理中心 4 座共 822t/d;小黄河、麻堤河、贯城河、市西河、南明河干流下游段新建截污沟共约 12.5km;小黄河、麻堤河、贯城河、市西河、南明河干流排水管道完善共约 27.2km;小黄河、麻堤河清淤共约 6km;市西河与南明河干流下游段排口改造 25 个;南明河干流及 3 条支流生境完善及生态修复工程,总长约 48.6km;小黄河上游控砂生态前置库 1 座及尾水深度净化设施 3 座;南明河干流及支流水环境质量模拟及预测模型构建 1 套;海绵城市示范 3 处,面源污染控制示范 2 个区域;生态环境物联网系统 1 套。

远期工程实施内容:结合新城区建设和旧城改造逐步完善雨污分流系统;生境完善和生态修复;面源污染系统治理;海绵体系构建;水土流失治理。

8.1.5.4　南明河水环境治理的创新设计举措

1. 污染源的治理

1)污水治理技术路线

通过源头分流、过程收集、末端治理、再生回用"四道防线",实现污染源拦截和削减,具体见图 8-12。

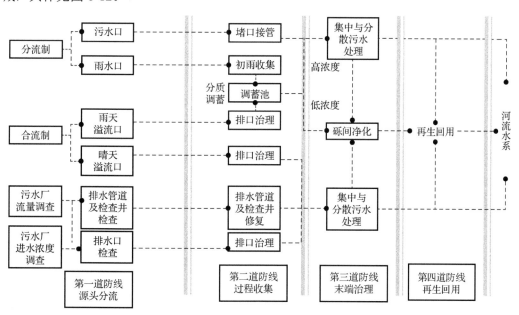

图 8-12　污水治理技术路线

2)污水及初期雨水截留措施

为解决水污染问题,有效控制溢流污染,须对沿河所有排出口进行改造处理,如图 8-13 所示。按照水质采取高低位截流措施,确保旱季污水全收集、全处理,下雨时初期雨水收集进入初期雨水管进入雨水调蓄池,雨后再缓慢释放至污水处理厂进行处理。

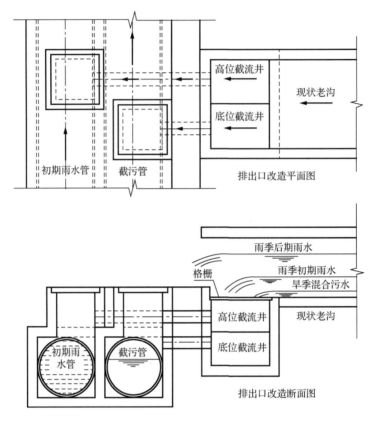

图 8-13　排水口改造

3）新建截污沟采用双沟

主干流截污工程拟采用截污沟形式（图 8-14），截污沟分成初期雨水与污水两个通道，避免截污沟过大，旱季污水流速慢，易造成淤积等情况。同时，对沿河雨水出口进行初期雨水截流（图 8-15），截流初期雨水（混合水）进入初期雨水调蓄池，雨后再将初期雨水调蓄池内混合水缓慢释放入污水厂进行处理。截污沟沟顶结合景观进行人行道铺装，作为人行步道。

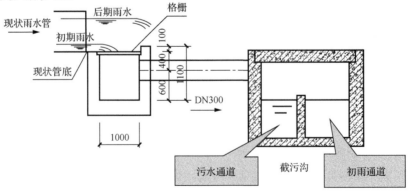

图 8-14　主干流截污沟示意图（单位：mm）

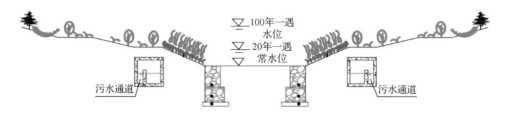

图 8-15　河道初期雨水截流工程示意图

4）初雨限流措施

针对合流沟口截流改造，沟口位置建设截流浮筒阀（图 8-16）。旱季时，重力作用下，阀门开启，混合污水进入截污沟；下雨后，随着集水池中水位升高，在浮力作用下，阀门关闭，后期雨水直接通过大沟进入河流，不再进入截污沟。

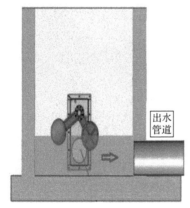
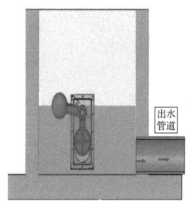

（a）旱季阀门开启　　　　　　　　　　　（b）雨后阀门关闭

图 8-16　初期雨水截流浮筒阀

2. 村镇污水和农田污染控制

由于村落分散、无生活污水收集处理系统，村落之间有大面积农田，村落坡度很大，污水管线难以铺设，因此对农村污水采用一体化污水处理设备；针对农业面源污染，构建"海绵农田"多级净化循环系统，削减农业面源污染。村镇分散污水及农业面源污染多级净化循环系统如图 8-17 所示。

3. 村镇垃圾的治理

村落内无垃圾分类、收集处理等系统；村落内垃圾随意堆放，环卫条件较差。具体治理措施：①进行垃圾分类，完善垃圾收集处理系统；②建立垃圾分类、收运示范点；③提高居民环保意识，不随意丢弃垃圾。村镇垃圾分类及处理方式见图 8-18。

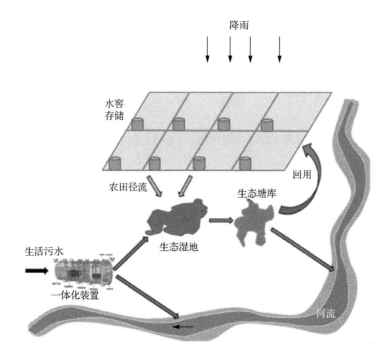

图 8-17　村镇分散污水及农业面源污染多级净化循环系统

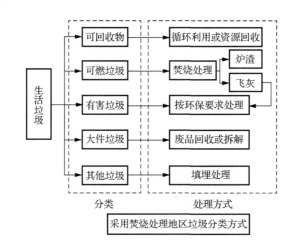

图 8-18　村镇垃圾分类及处理方式

4. 水土流失的治理

河道沿岸和上游的绿地和山体植被覆盖度较低，在陈亮村附近施工现场雨季水土流失严重，造成小黄河水体浑浊和下游淤积严重。水土流失治理措施见图 8-19。①减少人为破坏，封山育林，增大植物覆盖度和多样性；②科学合理安排施工时序，尽量避免在雨季进行大范围的土石方开挖；③雨季做好边坡防护、排水沟和挡渣墙等设施。

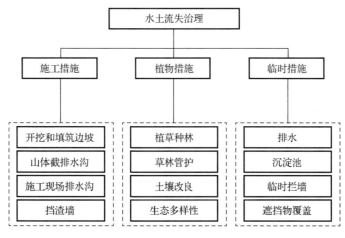

图 8-19　水土流失治理措施

5. 生态治理

基于生态水力格局区划,构建适宜的水生态系统生存环境,修复浮游生物-水生植物-水生动物生态体系(图 8-20),改善河道生命活力、自净能力和景观效果,构建可持续的健康河道生态体系。

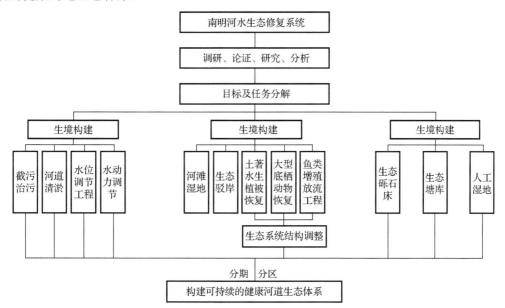

图 8-20　南明河河道生态修复工程流程

6. 清水补给与再生水厂建设的结合

1)南明河河流特征

南明河是城市泄洪通道,典型的山区河流,坡度大、流速快,属于雨源型河流,下雨有水、无雨缺水,上下游高差达 100 多米。污水厂过度集中在下游,污水资源化利用不足,河道缺乏生态补水。

2）补水思路

《城市黑臭水体整治工作指南》针对清水补给提出利用城市再生水、城市雨洪水、清洁地表水等作为城市水体的补充水源，充分发挥海绵城市建设的作用，强化城市降雨径流的滞蓄和净化；不提倡采取远距离外调水的方式实施清水补给。针对本项目的河流特征，除天然径流补充水源外，重点利用好城市再生水作为城市重要的补给水源，具体补水方案详见图 8-21。

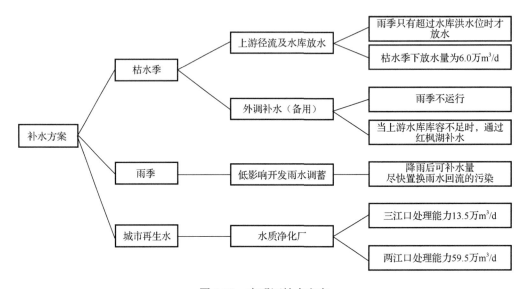

图 8-21　南明河补水方案

3）污水治理策略

针对南明河污水厂分布集中、排水系统复杂陈旧的问题，对沿河截污沟、污水厂、污水资源化进行调整（图 8-22），提出的污水治理策略是将单一目标的治理路线转变为全过程、全周期系统治理路线；针对城市排水系统与城市发展不协调，重新评估排水系统调整排水规划，对于过于集中的污水厂布局细分排水区域，分散处理就近回用；将各自为政的分区块污水厂建设模式转变为流域统筹的上下游污水厂协同处理模式，将污水厂围城、人厂争地的困境转化为建设模式创新，创建地下污水厂，与城市和谐共生。具体治理思路如下。①收集系统的一体化：针对沿河截污沟的调整，治理前分区块收集，调整后上下截污沟连通，避免分段溢流对河流带来的影响。②污水处理的协同化：治理前南明河规划 4 座污水处理厂，治理过程中对污水处理厂重新规划布局，采取分散布局，规划调整后污水处理厂共 16 座，上下游协同处理，避免了以往的每个污水处理厂事故及溢流污水污染河道的困境[10]。③污水的资源化：利用分散处理厂的尾水，为每条支流及干流分段提供源源不断的生态基流，丰富了河流生机。④污水处理厂建设模式集约化：由于土地资源的不可再生，以及地面污水处理厂带来的负面效应，尽量地下式建厂与地面建设结合，实现土地资源的综合利用，实现污水处理厂与城市和谐共生，促进污水建设与城市发展的可持续性[10]。

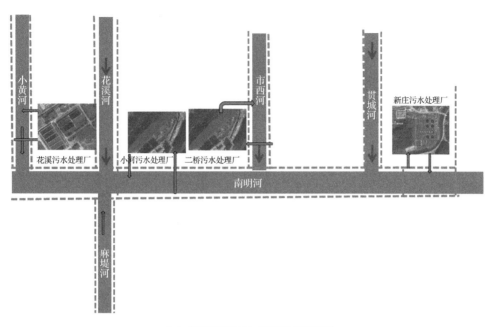

（a）布局调整前污水处理厂与河流关系

（b）布局调整后污水处理厂与河流关系

图 8-22　布局调整前后污水处理厂与河流的关系图

4）污水处理厂建设形式的创新

在城市发展的初期，污水处理厂建设主要是在城外，但随着城市的扩大，污水处理厂逐渐被城市包围，人厂争地的现象十分突出，外迁污水处理厂及长距离污水收集输送管网造成溢流风险增加、投资浪费，也许若干年后再次被城包围，改变传统的地面污水处理厂建设形式已成为当前亟须解决的问题。南明河治理采用地下污水处理厂建设模式是解决人厂争地、污水处理厂围城问题和实现人厂和谐最好的方式。南明河流域三种典型地下污水处理厂建设如下。

（1）类型Ⅰ——单一功能的地下污水处理厂与地面公园结合，主要为已建成的青山污水处理厂和龙洞堡污水处理厂。

已建成的贵阳市第一座地下污水处理厂为青山污水处理厂，规模 5 万 m³/d；污水处理厂位于地下负 1 至负 2 层，地面是湿地公园（图 8-23）；排水水质要求：出水 COD_{Cr}、NH_3-N 达到地表Ⅳ类水体标准，其余指标执行《城镇污水处理厂污染物排放标准》中出水一级 A 标；尾水补充南明河生态基流；处理工艺采用改良 A^2O 工艺。图 8-24 为青山污水处理厂厂区景观。

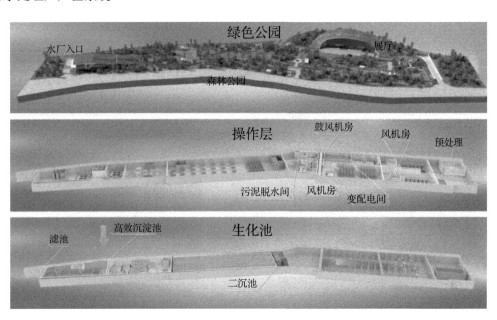

图 8-23　与地面公园结合的青山污水处理厂效果图

（a）厂区全景　　　　　　　　　　　　（b）综合楼一侧

（c）科普中心一侧　　　　　　　　　　　　　　（d）厂区绿化一角

图 8-24　青山污水处理厂厂区景观

已建成的贵阳龙洞堡污水处理厂（图 8-25），规模 10 万 m³/d；采用半地下式，地面是湿地公园；污水处理厂主体工艺为改良 A^2O+生态填料工艺，处理水的排放要求同青山污水处理厂。

图 8-25　龙洞堡污水处理厂地面效果图

（2）类型 II——综合功能的地下污水处理厂，包括贵阳三桥地下污水处理厂和彭家湾地下污水处理厂。

贵阳三桥地下污水处理厂设计处理规模为 4 万 m³/d，处理工艺为改良 A^2O 工艺。该地下污水处理厂与地面公交枢纽站结合。污水处理厂位于地下负 1 至负 2 层，地面 1 至 2 层为公交枢纽站。经过处理后的污水，出水排放标准同青山污水处理厂，出水尾水补充南明河支流——市西河生态基流。

彭家湾地下污水处理厂设计处理规模为 6 万 m³/d，处理工艺采用改良 A^2O 工艺。污水处理厂位于地下负 3 至负 4 层，负 2 层为公交枢纽站，负 1 层为商场，地面是湿地公园的综合体，详见图 8-26。尾水补充南明河生态基流。

（3）类型 III——超级综合功能的地下污水处理厂，设计为地下污水处理厂与地下停车场、地上建设体育场以及综合商业等结合的综合体，主要有贵阳医学院污水处理厂和六广门污水处理厂超级综合体。

贵阳医学院污水处理厂建设位置如图 8-27 所示，设计处理总规模为 5.0 万 m³/d，处理工艺为 MBR 工艺。

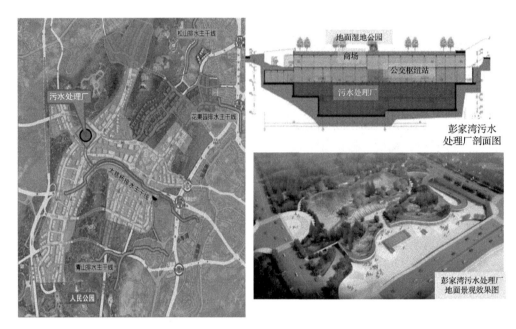

图 8-26　贵阳市彭家湾地下污水处理厂（见彩图）

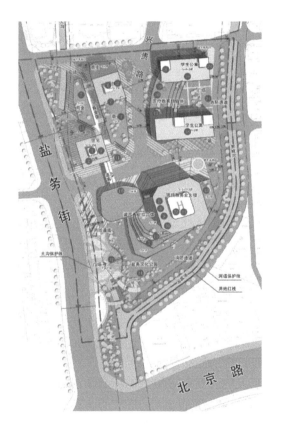

图 8-27　贵阳医学院污水处理厂位置图

该污水处理厂的建设围绕盐务街特色创新功能区发展需求，规划形成医疗教育综合板块、综合商业服务板块、城市文化公园板块、都市品质住区板块、污水处理设施板块五大功能板块[10]。

污水处理设施布置：在地下负 4 和负 5 层设置全地下式污水处理厂，负 2 至负 3 层为地下车库，负 1 层为地下商场，地面为综合楼。

污水处理厂尾水稳定热源用于地面综合体建筑冬天取暖和夏天制冷，同时尾水部分用于综合体冲厕及景观绿化，其余尾水补充南明河支流——贯城河生态基流。

六广门污水处理厂是结合老六广门体育文化综合体及周边棚户区改造而提出的综合体，包含体育、文物古迹、商业、商务、居住、污水处理厂等[10]，详见图 8-28。其中污水处理厂位于地下负 5 至负 6 层，埋深 40m 左右。地下负 2 至负 3 层为地下车库，地下负 1 层为地下商场，地面为体育场等综合体。污水处理厂设计总规模 12.0 万 m³/d，处理工艺采用 MBR 工艺。尾水稳定热源用于地面综合体建筑冬天取暖和夏天制冷，尾水部分用于综合体冲厕及景观绿化，其余尾水补充南明河支流——贯城河生态基流。

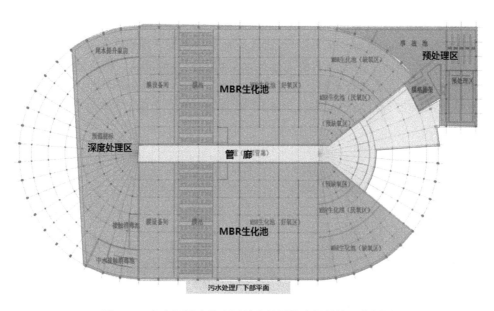

图 8-28　六广门污水处理厂结合地面体育场的地下布置图

8.1.6　南明河流域综合治理建设及运行效果

1. 南明河流域综合治理建设成效

1）水环境得到极大改善

南明河水环境综合治理项目一期项目通过截污完善、清淤疏浚等救急措施，基本快速消除了南明河干流黑臭。二期项目通过污水处理厂的建设、生态修复、景观提升等治本措施后，南明河水系黑臭现象得以消除，水质得到了显著提升，水环境景观得到很大改观（图 8-29）。

图 8-29　治理后的河流水环境实景照片

2）生态系统逐渐恢复

2014～2016 年，对南明河干流 12 个代表性河段生态状况进行了系统调研，在生态环境改善后，南明河干流生态系统（包括水生植物、浮游动物、底栖动物等）生物多样性显著提升，生态系统得到显著恢复（图 8-30）。沉水植物覆盖率增长显著，2014 年 12 月为 35%，2015 年 3 月为 40%，2016 年 10 月为 73%；水生植物种类显著丰富，突破 10 种。

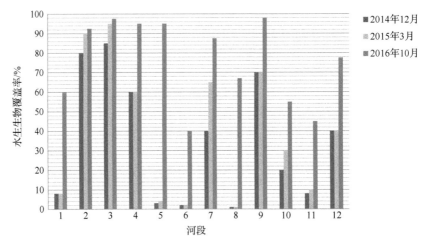

图 8-30　2014～2016 年南明河 12 个河段水生生物覆盖率（见彩图）

浮游植物以绿藻、硅藻等良性藻类为主，南明河浮游植物隶属 6 门 58 属（种），其中绿藻门达到 25 属（种），硅藻门 18 属（种）。

底栖动物种类得到恢复。南明河有底栖动物 33 属（种），其中环节动物 13 属（种），软体动物 13 属（种），节肢动物 8 属（种）。浮游动物与鱼类调研结果表明，南明河治理段沿河各采样点浮游动物密度（图 8-31）、鱼类种群数量与多样性逐步增加。以鲢、鳙、

鲤、鲫、鳘、麦穗鱼、子陵吻虾虎鱼、黄颡鱼、泥鳅等为代表的优势鱼类种类数多达 9
科 29 种（其中鲤科 20 种），较历史上污染程度高时增加 10 余种。鱼类物种丰富度和分
布范围增加，反映了南明河水环境明显改善，生态系统已初步恢复。

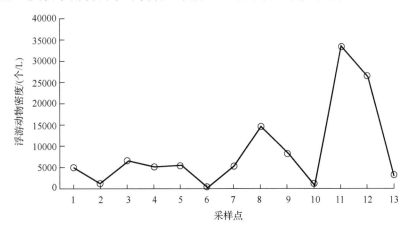

图 8-31　南明河治理段浮游动物密度

3）污水处理厂的建设效果

　　污水处理厂建设模式的创新不仅仅是改变了一条河流，也改变了这座城市。地埋式
污水处理厂的建设形式使污水处理厂与城市和谐共生，土地资源得到了最大程度的综合
利用，有效节约了土地资源。针对山区城市河流上下游高差大的特点，沿河分散建厂提
供了丰富的补充水源（图 8-32），改善了河流的水环境，河流生态得到了修复，节约了
水资源。丰富的生态补充，提升了河道流量，流速提升了 0.5～1.0m/s，透明度较高，河
底水生植物覆盖，河道恢复复氧能力，能观察到水栖动物活动，河道生态系统趋于稳定。

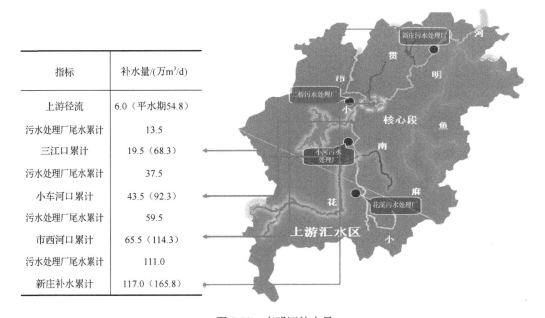

指标	补水量/(万m³/d)
上游径流	6.0（平水期54.8）
污水处理厂尾水累计	13.5
三江口累计	19.5（68.3）
污水处理厂尾水累计	37.5
小车河口累计	43.5（92.3）
污水处理厂尾水累计	59.5
市西河口累计	65.5（114.3）
污水处理厂尾水累计	111.0
新庄补水累计	117.0（165.8）

图 8-32　南明河补水量

2. 南明河综合治理工程示范性作用

1）南明河综合治理工程为住建部示范工程

2014 年 10 月 18 日，在全国城市基础设施建设经验交流会议上，南明河水环境综合整治项目作为示范项目由贵阳市政府领导作会议发言，获得了住建部高度评价。

2）取得了财政部示范

南明河水环境综合整治项目二期项目被财政部列入国家首批 8 个新建 PPP 示范项目之一。

3）贵阳市成为水环境治理的标杆城市

建成以来，北京、上海、广州等发达地区和成都、郑州、南宁、大理等中西部多个城市的政府领导及同行前来贵阳考察学习，对贵阳南明河水环境综合整治成效给予了高度评价，治理模式值得学习和借鉴[17]。

8.1.7　南明河流域综合治理后期运行维护及管理

为了实现南明河长治久清的水环境价值，基于现有国家和贵州省相关政策，流域水环境综合整治工程的长效管理包括机制完善化、主体专业化、手段物联化、评估科学化四个方面的工作（图 8-33）。

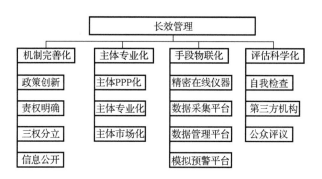

图 8-33　南明河综合治理工程长效管理

（1）通过制定针对性政策、法律和签订合约，明确政府、PPP 企业、民众与南明河水系水体管理的责任、权利、义务，为长效管理提供法律依据和支撑；

（2）在 PPP 大框架下，实行市场化管理手段，由专业管理维护公司对河道水体进行管理和维护。在管理期限内，政府主管部门要充分发挥监督检查作用，PPP 实施主体应根据管理目标确保专业公司积极主动、全力以赴做到管理养护到位，做精做细，同时积极发挥全市居民举报、揭发作用。

（3）基于现有水质水量监测体系，利用大网络、大数据、大管理、大共享、大模拟、大预警系统等先进物联网手段构建环境要素监测体系，有效提高流域管理养护效率。

（4）基于物联网手段的自我检查，引入第三方检测评估机构进行定期评估，发挥公众评议作用，构建流域养护管理效果评估体系，为养护资金的支付提供依据。

　　三分建设、七分管理，建成后的管理是工程持续发挥作用的重要保障，单纯依靠传统的人力巡查管理不足以应对复杂的水环境状况，为此项目构建环境物联网大数据平台，构建"天、地、人"一体化环境物联网系统，为河道科学运维、绩效考核、水生态安全评估、政府决策提供大数据支撑；建立长效管理机制，以生态互联网+为手段，百姓公众参与监督，全民环保，保障水系长治久清。

8.2　大理市洱海环湖截污工程

8.2.1　洱海环湖截污工程项目基本概况

　　洱海是云贵高原第二大高原湖泊，孕育了大理地区近四千年的文明历史，洱海是大理人民的"母亲湖"[18]，是大理主要饮用水源地，是苍山洱海国家级自然保护区核心区，是我国城郊湖泊中得到较好保护而幸存的一颗高原明珠[19]。

　　洱海流域面积 2565km²，湖面面积 249km²；南北长 42.5km，东西宽 8.4km，湖岸线长 127.85km。洱海平均水深 10.5m，最大水深 20.9m；湖容量 28.8 亿 m³，入湖河流 117 条，含 4 个湖泊水库，水系见图 8-34。

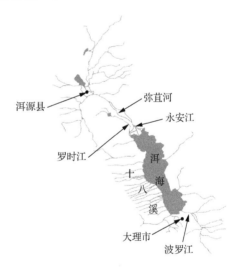

图 8-34　洱海流域水系图

　　由于流域人口与经济压力增加，洱海周边农业面源污染严重，环湖截污系统建设不完善，已有污水处理设施规模小且运行不稳定等，洱海的环境承载力及水质呈下降的趋势，在Ⅱ～Ⅲ类波动，湖泊由中营养状态向富营养状态转变，并已处于富营养化初期阶段[20]。2015 年，洱海处于关键的、敏感的、可逆的营养状态转型时期，经论证，大理白族自治州及大理市人民政府决定实施大理洱海环湖截污 PPP 项目[21]。

8.2.2　洱海治理前的水环境及问题

8.2.2.1　洱海治理前的水质

　　根据调查可知（表 8-2），洱海水质指标在 2011 年有 3 个月达到《地表水环境质量标准》（GB 3838—2002）Ⅱ类水质，其余为Ⅲ类水质。2012 年有 4 个月为Ⅱ类水质，其余为Ⅲ类水质；2013 年也有 4 个月（1～4 月）为Ⅱ类水质，其余为Ⅲ类水质。从污染因子方面看，洱海的主要污染因子为总氮和总磷。

表 8-2　2011～2013 年洱海水质类别及主要超标污染物

月份	水质类别			主要超标污染物（按Ⅱ类标准计）		
	2011 年	2012 年	2013 年	2011 年	2012 年	2013 年
1	Ⅲ	Ⅱ	Ⅱ	总氮	总磷	—
2	Ⅲ	Ⅱ	Ⅱ	总氮	—	—
3	Ⅱ	Ⅱ	Ⅱ	总氮	总氮	—
4	Ⅱ	Ⅱ	Ⅲ	总氮	总氮	溶解氧、总氮
5	Ⅲ	Ⅲ	Ⅲ	总氮	溶解氧、总氮	溶解氧、总氮
6	Ⅲ	Ⅲ	Ⅲ	总氮、总磷	溶解氧	总氮
7	Ⅲ	Ⅲ	Ⅲ	总氮、总磷	溶解氧、总氮、总磷	总磷、总氮
8	Ⅲ	Ⅲ	Ⅲ	总氮、总磷	溶解氧、总氮、总磷	总氮、总磷
9	Ⅲ	Ⅲ	Ⅲ	总氮、总磷	溶解氧、总氮、总磷	总氮、总磷
10	Ⅲ	Ⅲ	Ⅲ	总氮、总磷	溶解氧、总氮、总磷	总氮、总磷
11	Ⅲ	Ⅲ	Ⅱ	总氮、总磷	溶解氧、总氮	—
12	Ⅱ	Ⅲ	—	总氮、总磷	溶解氧	—

8.2.2.2　洱海主要的水环境及问题

1）城市污水入湖

大理市城市污水处理率为46.24%，农村污水处理率为36.5%，剩下大量的污水出路均为洱海，严重污染了洱海[22]。从现场调研的情况来看，还存在管网建设不到位、污水直排、在河里清洗衣服、垃圾随处乱堆放等情况（图 8-35）。这些情况都对洱海产生很大影响。

图 8-35　大理市城市污水及洱海污染

随着环洱海旅游的发展，周边客栈违建情况十分严重，污水量迅速增加，这给污水收集、处理增加了难度，造成污水直排洱海等情况十分突出。

2）富营养化严重

入湖溪流因受污染水质较差，富营养化严重，水葫芦大量繁殖。

主要入湖河流阳溪河、阳南溪、霞移溪水质较差（图 8-36），由于气候适宜，入湖处藻类及植物大量滋生，富营养化严重，且部分入湖河道在枯水期断流[18]。

图 8-36　入湖溪流水环境

3）城镇脏乱严重

部分城镇居民随意丢弃垃圾，建筑垃圾废料露天堆放，降雨时垃圾、废料随雨水径流污染洱海，见图 8-37。

4）水土流失严重

东岸植被稀疏，开荒种地，水土流失严重；建设工地粗放、泥土裸露；洱海沿湖部分地方泥土裸露，湖边开垦种地，易产生水土流失。

5）面源污染入湖

面源污染分为城市初期雨水面源污染和农业面源污染。根据项目前期调研编撰的《农业及城市面源水量负荷模拟计算报告》，小于 15mm 作为初期雨水的降雨阈值，大理城区初期雨水多年平均地表径流量为 3287.3 万 m^3，枯水年、平水年、丰水年全年地表径流量分别为 2953 万 m^3、3279.6 万 m^3、3158.3 万 m^3；TN、TP、COD 年均负荷分别为 147t、24.4t、2884t。模拟结果表明，洱海西岸、东岸和南岸农业面源丰水年（径流量距平百分率为 10%）产水量为 1.25 亿 m^3，总氮年均负荷为 458t，总磷年均负荷为 132.4t，化学需氧量年均负荷为 1917.3t；平水年（径流量距平百分率为 50%）产水量为 0.82 亿 m^3，总氮年均负荷为 284.4t，总磷年均负荷为 79.9t，化学需氧量年均负荷为 1357.1t；枯水年（径流量距平百分率为 90%）产水量为 0.41 亿 m^3，总氮年均负荷为 90.6t，总磷年均负荷为 25.9t，化学需氧量年均负荷为 704.5t。

图 8-37　洱海流域城镇污染

　　大理城区初期雨水的 TN、TP、COD 负荷分别相当于 4.47mg/L、0.74mg/L、87.7mg/L；农业平水年的 TN、TP、COD 负荷分别相当于 3.47mg/L、0.97mg/L、16.55mg/L。上述水质已属于劣 V 类水质，其水量约占洱海总库容的 4%，对洱海的污染是不容忽视的。

　　6）环湖死水区水质恶化严重

　　洱海面积较大，部分湖湾区域水深较浅，水流很缓，湖水更换周期较长，致使该部分区域污水逐步恶化，营养物富集；加之风向的影响，极易造成藻类物质的疯长，发生局部藻类暴发事件（图 8-38）。

图 8-38　洱海环湖死水区

8.2.3　洱海水环境问题与需求分析

1. 洱海水环境问题分析

1）污水收集处理设施不足

片区、镇、村管网覆盖率低，污水收集率低，收集水量小。混接、错接较多，部分管道堵塞严重。污水主干管旱季地下水入渗水量大，主干渠雨季雨水入管渠水量大，处于粗放式截污状态；部分村庄只设立了污水管网，雨季超规模混合污水大量流入洱海。初期雨水只有南干渠进行了收集。污水处理厂规模小于污水产生规模，部分厂处理标准低；且由于进水浓度低，污水处理效率较低，尾水未回用处理；村庄污水站部分运行出水不稳定，雨季超规模混合污水大量流入洱海。

2）初期雨水的冲刷、农业耕种带来的面源污染

农业生产处于"抽清排污"的灌溉生产模式，基本未截留利用农业回归水和雨季农业面源污染；沿线有居民依湖而建，村落巷道地表裸露、建筑渣土及垃圾露天堆放随雨水冲刷进入洱海；沿湖开荒种地及农田粗放耕种造成水土流失严重，农药化肥污染畜禽养殖废水随水土流失而进入湖中。

3）生态空间不足

沿湖两岸尤其是东岸岸坡裸露，水土流失严重，生态空间小，生态系统脆弱；流域清水产流机制受到破坏，加大了污染物的产生、输送和入湖量。流域污染负荷排放量与入湖量大幅增加，入湖污染负荷超过水环境承载力。溪流入湖口淤积严重，自净能力差，缺乏生态体系；湖湾及沟渠入湖处富营养化严重，水藻暴发；湖泊水体生境受到破坏，泥源和藻源性内负荷积累，水生态系统难以良性循环；内陆断陷湖泊生态环境脆弱，加之特殊气候与地理条件有利于蓝藻水华发生。

4）部分建筑侵占生态空间

部分村庄依湖而建，造成环湖生态缓冲空间不足。

2. 洱海水环境治理需求分析

洱海水质总体处于《地表水环境质量标准》（GB 3838—2002）中的Ⅲ类水质，水质年内变化趋势基本上呈现冬春Ⅱ类，夏秋Ⅲ类；湖泊富营养化程度处于初期水平，正处于关键的、敏感的、可逆的、营养状态转型时期。然而，洱海局部水域水质恶化，北部大片水域、南部局部水域及东、西沿岸带部分水域水质污染严重，水污染呈向湖内推进趋势，局部湖湾富营养化趋势加重。特别是 2013 年 9 月，洱海蓝藻数量明显增加，局部区域出现连片聚集现象，再次敲响了洱海保护治理的警钟。

政府对洱海的保护高度重视，虽然近年来保护力度不断加大，但洱海流域不断增加的污染源量，使得洱海由Ⅱ类水体水质向Ⅲ类水体水质下降的趋势明显。目前洱海正处于营养状态转型时期，须紧紧抓住关键时期，实施最科学、严格、有效的污染控制，使洱海稳定地实现Ⅱ类水体的目标[23]。对洱海生态水环境进行科学、系统、合理、可行的保护和恢复，是洱海流域各族人民群众的殷切期盼。

8.2.4 洱海环湖截污工程设计目标与原则

1. 洱海环湖截污工程治理目标

环洱海环湖截污工程是环洱海流域水污染治理、洱海富营养化控制、生态修复及洱海湖泊管理综合治理的一个重要部分，是落实综合治理六项重点工程（环洱海生态恢复建设工程、污水处理及截污工程、面源污染治理工程、入湖河道和村落垃圾处理综合整治工程、流域水土保持工程、流域环境管理工程）最根本的工程[24]。

该项目的实施以洱海常年保持Ⅱ类水域为本项目的总体治理目标。在 2020 年污水截留率、城市面源截留率、农村面源截留率均达到 90%以上。

2. 洱海环湖截污工程设计原则

环洱海截污是环湖截污治污体系之一的末端控制工程，是洱海外源污染负荷收集处理的最后一道屏障，对于洱海水环境保护具有重要意义[24]。

该项目设计遵循以下原则。

（1）治理的总体思路，按照"山水林田湖"系统思路引入"海绵城市、海绵农田"的建设理念，结合"农业水利灌溉塘库体系"，对环湖截污系统遵循"高水高收、高水高用、分散与集中相结合，适度分散就地处理就近回用、截污治污与农田水利灌溉相结合"的原则[25]。

（2）以支撑洱海Ⅱ类水质为总体目标，以洱海绿色流域规划和环湖截污及生态规划为指导，在环洱海排水系统调查的基础上，分析影响洱海水质的污染源入湖途径，在大理市南/北截污干渠等排水工程的基础上，构建环洱海截污及生态塘库体系，建设整体环洱海截污及生态塘库工程，实施城市点源/面源及农村农业面源统筹工程治理。

（3）从全局出发，统筹安排，采取全面规划、分期实施的原则，保证规划具有全局性、阶段性、科学性、可行性和可操作性，使环洱海截污工程设施建设与城市的发展相协调，最大程度发挥工程效益。

（4）充分考虑现状，尽量利用和充分发挥原有排水设施的作用，修建苍山十八溪截污管道，把原有排水管道同环洱海截污干管连为一个系统，对原系统存在的不足，予以完善，充分发挥现有工程设施效益，避免浪费及重复投资。

（5）根据城镇点源污染的分布及近、中、远期变化特点，以"依山就势、有缝闭合；管渠结合，适当集中、分散处理、就近回用相结合"的原则，建设大理市环湖截污工程，构建乡村截污、片区截污、河道截污、环湖截污的四层次截污体系，实现清水入湖。

（6）结合生态塘库工程建设，把截污、治污与农业灌溉相结合，以建设节水型城市为导向，以污水资源化为目标，尾水灌溉和截留农业面源灌溉为手段，降低入湖污染负荷，节约洱海水资源。

（7）以洱海保护、节水和污水处理为核心，充分利用环湖抽灌系统，将处理的低污染水、水质净化厂尾水作为灌溉用水，节约洱海有限的水资源；在中心城区及集镇倡导建设海绵城市的同时，开展雨水调蓄利用、雨水资源化、再生水利用，建设节水型城市，减少初期雨水对洱海的污染，确保城市水系的良性循环，达到经济效益、社会效益和环境效益的统一。

（8）坚持污染治理与生态修复相结合、工程措施与管理措施相结合、近期与远期相结合的原则。

8.2.5　洱海环湖截污工程治理设计方案

8.2.5.1　洱海环湖截污工程总体思路

洱海环湖截污工程应从流域治理出发，以保护洱海生态，保障洱海流域可持续发展为核心目标，采取污染源控制、生态修复工程技术和洱海湖泊管理对策相结合的总体思路（图 8-39），以洱海流域环境资源最佳利用量和环境最佳负载量为评价标准，依靠科技进步，达到修复和保持洱海生态系统的良性循环的最终目的。

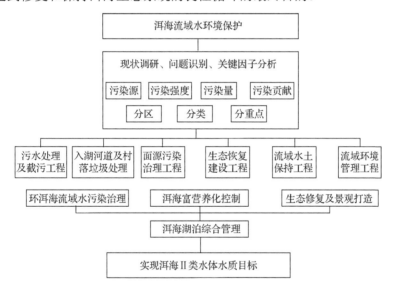

图 8-39　洱海保护总体方案路线

针对洱海的保护及综合治理，达到"环洱海流域水污染治理""洱海富营养化控制""生态修复及景观打造"三个主体目的，在此基础上"一次规划，分步实施"六项重点工程，最终实现洱海Ⅱ类水体水质目标。

8.2.5.2　洱海环湖截污工程总体设计方案

（1）对苍山十八溪等 117 条入湖溪流采取沿河截污治污、生态治理等措施，确保按Ⅲ类水体清水入湖。

（2）在河道两侧建成区及村镇利用管道收集污水，在农田段以沟渠收集农业面源水，保证面源水不入管，污水不直接入塘，且降低了投资。

（3）污水"分级收集，循环利用"与"生态塘库"结合，农业区域构建"海绵农田"系统（图 8-40）。在西岸及北岸划分高、中、低区，分别建设错落有致的塘库系统，高区污水经收集处理达标后，输送至塘库系统，经净化后用于农田灌溉（"高收集、高处理、高回用"），中、低区污水经环湖截污体系收集处理达标后进入中、低位塘库系统用于灌溉，最终所有地表径流由最后一道沟渠收集后通过提灌系统再次进入中、低位塘库系统，形成片区污水、面源水、初期雨水在三区域的反复循环利用。使面源水、初期雨水、污水处理厂出水在"海绵农田"系统中不断循环利用，解决 85%左右农业灌溉用水问题，仅剩余约 15%从洱海调水，既减少了面源对洱海的污染，又减少了抽清水灌溉量，真正解决了抽清排污的问题。

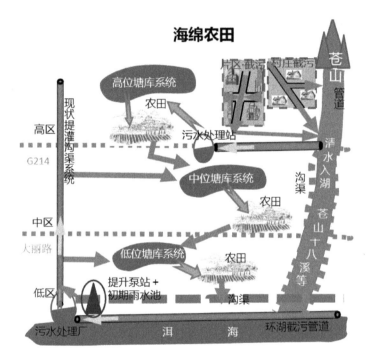

图 8-40　污水"分级收集，循环利用"与"生态塘库"结合

（4）根据洱海水系及水环境特征，将洱海环湖截污工程分为东、南、西、北四段实施（图 8-41），其中东段截污工程为海东下和至上关红山庙；南段截污工程为海东下和至下关江风寺；西段截污工程为下关江风寺至古城梅溪；北段截污工程为上关红山庙至古城梅溪。

环湖截污工程主要内容：敷设 DN600～DN1800 环湖截污干管约 97.11km，敷设 DN400～DN600 河溪截污干管约 206.7km，开挖宽 6.0m、高 4.0m 的截污干渠总长约 2.49km；新建处理规模为 5.4 万 m³/d 净水厂 6 座，尾水提升泵站 13 座，敷设尾水干管 15.9km，建设雨水调蓄池 13 座，规模为 8.0 万 m³。

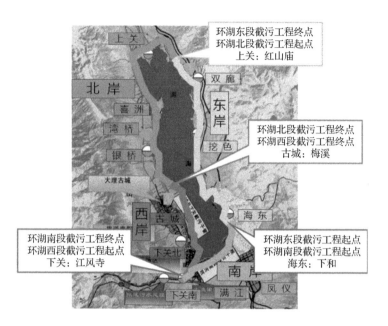

图 8-41 洱海环湖截污工程总体布置图

（5）分区建设环湖截污工程，具体内容见图 8-42。

北岸截污干管（湾桥、喜洲、上关、银桥）总长43.8km，管径0.6~1.0m；河道截污管125km；净水厂规模6万m³/d（3座）；污水泵站2.8m³/s（6座）

东岸截污干管（双廊、挖色）总长35.9km，管径0.6~1.2m；净水厂规模1.8万m³/d（2座）；污水泵站1.8m³/s（4座）

西岸截污干渠（古城、下关北）总长2.49km，渠道规格3.0~4.0m；管道长17.3km，管径0.5~1.8m；河道截污管81km；净水厂规模4万m³/d（1座）；污水泵站3.5m³/s（2座）

南岸截污干渠（海东新区、凤仪、满江、下关南）利用现状截污干渠

图 8-42 环湖截污工程分区建设

8.2.5.3　洱海环湖截污工程创新设计举措

1. 控源截污——环湖污染物排放控制

在以保证洱海Ⅱ类水体的前提下，对洱海现有污染源和面源、点源去除率进行环境容量测算，发现洱海面源污染占比大于 80%，规划 2025 年由于城市点源污染的增加，面源污染占比降到 50%，面源污染总量也在减少。当入湖削减量达到 90%，即点源和面源污染同时去除，对洱海周边的污染物面源污染、点源污染等进行有效控制，做到"污水有效截流，严禁直排洱海，水质高效净化，生态自然修复，资源综合利用"，才能保证洱海Ⅱ类水质标准。

（1）农田径流面源污水通过生态塘库收集处理系统，处理后排入滨湖生态系统，将污水处理干净后排入洱海。

（2）初期雨水面源污水通过管网收集系统，收集至水质净化厂处理，处理后出水部分进行资源化农业灌溉，部分进入生态塘库及湿地进一步处理，再排入洱海，大大减少对洱海的污染。

（3）城市污水通过污水管网收集系统输送至水质净化厂。

（4）流域径流牵涉面极广，水量变化大，水质不稳定，就进入洱海的几条河流而言，部分水质已处于微污染的状况。雨季与非雨季时，泥沙变化量大，流域径流的治理"清淤、截污、沉沙、生态修复"等几个方面进行。

2. 构建洱海末端保护防线——环湖截污工程

环湖截污工程是洱海水质保护的最后一道防线，也是洱海水质保护的起点。环湖截污管工程包括"东岸、北岸、南岸、西岸"四个大片区的截污系统构建、污水净化、初期雨水处理、雨水调蓄利用四类工程（图 8-43）。

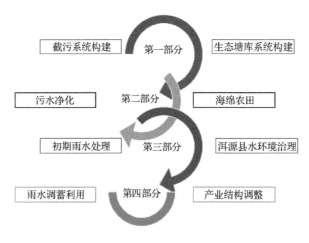

图 8-43　环湖截污分区建设四类工程关系图

为配合项目实施的四类工程建设后的效果，建议尽快实施配套生态塘库系统构建、海绵农田工程、洱源县水环境治理工程、产业结构调整。

环湖截污管道充分考虑城市污水及面源污水的水量,保证所有的污水均能进入管网,不直排洱海。管道截污方式如图 8-44 所示。

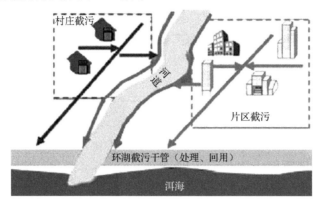

图 8-44　截污干管(渠)示意图

3. 污水净化分散布局处理与水资源的再生利用结合

净水厂的建设布局,根据截污干管(渠)收集范围,按照"适度集中,就近处理,就地回用"的设置原则,在洱海东岸、北岸、西岸的挖色、双廊、上关、喜洲、湾桥/银桥、古城新建 6 座净水厂,与已建的南岸第一污水处理厂、登龙河污水处理厂、东岸的海东(第二)污水处理厂,在建的第一污水处理厂二期工程,以及已建的 4 座集镇污水处理厂、65 座村庄污水处理站,共同构建洱海区域的污水净化系统。

该工程新建挖色、双廊、上关、喜洲、湾桥/银桥、古城 6 座净水厂,根据洱海水域使用功能及相关环境保护规划,大理市各类污水处理必须采用三级以上处理,水质净化厂按照受纳水体规划目标(Ⅱ类水体),出水标准执行一级 A 污水排放标准,出水回用,不得直接排入洱海,须结合大理市洱海湖滨带生态修复工程,经湿地系统处理。

4. 合理确定排水体制

大理排水工程的实际情况为大理经济技术开发区、满江片区、下关北片区、海东片区、凤仪片区在建设过程中都已考虑雨污分流的问题,区域内主要街道都已规划有独立的雨水排水系统和污水排水系统。

针对大理市的实际情况,从严格保护洱海、西洱河的环境免受污染和节省投资角度,对于降雨主要集中在 6~10 月、雨季较长且降雨较频的大理市而言,采用分流制有利于污水处理厂的稳定运行和维护管理。规划确定大理市新建的城镇区排水系统采用分流制排水体制,大理古城老城区、下关和各乡镇原有的老城区,现阶段以截流式合流制为主,通过城区改造,逐步将改造为分流制的排水体制[26]。

结合大理喜洲、周城古镇地形条件,并考虑村镇雨污分流工程的难度,喜洲片区排水系统采用截流式合流制。大理古城片区道路狭窄,大肆开挖进行分流制改造会破坏古城风貌,因此老城区的旧的排水系统维持原有的截流式合流制是合理的,可有效将初期雨水截流至污水处理厂处理后达标排放,这样才能有效保护洱海水环境。

乡镇采用路边合流沟,要实现分流改造也是不现实的,而且仅仅是道路下建设分流管而出户管未分流也不是真正的雨污水分流，从国内外的经验看，雨水会对地面冲刷，初期雨水带来大量的污染物[26]，考虑截流初期雨水，达标处理后排放。

古城旧镇等已建成区保留现有的合流制体系进行截流，新建城区采用雨污水分流制。从对洱海的保护出发，即使分流制也应加强初期雨水的截流治理，杜绝污水及初期雨水进入河湖，将分流改造的资金用于初期雨水处理厂建设，更能实现保护洱海的价值。

5. 截污管截流倍数的合理取值

大理市环洱海截污工程大部分片区采用截流式合流制排水系统，根据我国规范，截污管截流倍数 n_0 取值为 2～5，从严格保护洱海出发，截流倍数建议取大值，根据污水量的大小，n_0 取值为 3～5。从河流的污染情况看，初期雨水对地面冲刷带入河流的污染物是最严重的，截流倍数 n_0 应按不小于 3.0 考虑，同时污水处理厂的建设应配套加强初期雨水的处理。

6. 初期雨水处理及雨水调蓄利用

充分利用"海绵城市、海绵农田"的建设理念，通过"渗、滞、蓄、净、用、排"的工程措施，达到初期雨水有效收集处理及利用。"渗"指的是农田、绿地雨水下渗；"滞、蓄"指的是截流式合流制截污系统的构建、初期雨水调蓄池的建设；"净、用、排"包含净水系统建设、再生水的回用系统。

1）初期雨水处置

初期雨水携带空气中的污染物降到地面，冲刷路面，将生活垃圾、淤泥等污染物冲至河中，使河道遭受严重污染，初期雨水已成为城市河湖的主要污染源。据统计，初期雨水 COD 达到 500～700mg/L，比污水还高，因此应采取措施截流初期雨水至污水处理厂处理后回用。

2）后期雨水溢流处理

初期雨水的蓄积量按照 8mm 储存，已将 80%～90% 的污染截流，一级强化处理主要去除污染物为 SS，而 COD、BOD、NH_3-N 等污染物只能去除少部分（10%～15%）。后期雨水量大、污染物少，采用一级强化处理效果已经不明显，再通过初期雨水池溢流会将初期雨水的污染物再次带出进入水体，造成二次污染。因此，后期雨水建议不经过初雨池直接排入生态塘库系统处理。

3）截流初期雨水量

初期雨水已成为内河的主要污染源，国外研究数据表明，1h 雨量达到 12.7mm 的降雨能冲刷掉 90% 的地表污染物，初期雨水的计算量采用 12mm 计算是合理的，但储蓄量过大。我国研究机构认为一般控制 6～8mm 可控制 60%～80% 的污染物，我国规范调蓄量的取值按照为 4～8mm[27]，因此针对严格保护洱海的重要性采用 8mm 计算初期雨水量，并根据资金情况分期建设调蓄水池。

7. 农田径流的处理

洱海流域耕地面积 383837 亩，年产生径流、泥沙带出的 TN、TP 是洱海污染的主要来源。截污治污与农业灌溉生态塘库结合，在合流两侧农田段设置面源截流沟引入农业生态塘库（图 8-45），回用于农灌，促进农业污水的资源化利用。

图 8-45 农田径流生态塘库断面示意图

以生态治理手段，强调植被的恢复、禁止过度开荒种地。引导农业尽量采用有机生态耕种、少用化肥，引导农业转型升级，以恢复生态为主；再建设面源截流沟、生态绿带、生态草沟，在排水出口设置沉砂及拦渣设施，进行第一道处理，在冲沟上分段设置采用生态滤沟、生态砾石床、生态溪流的方式进行处理（图 8-46），最后再经过生态湿地进行处理。这种方式可有效解决农业面源污染的问题。

图 8-46 生态滤沟、生态砾石床、生态溪流

8. 截污管的布置

环湖截污管对污染物的收集治理、洱海的保护起着决定性的作用，因此将截污管的布置调整为尽量环湖布置，围绕村庄客栈应收尽收污水和初期雨水，阻止污染物入湖，扩大收集范围，应收尽收污染物，做到全收集、全覆盖、全处理、全回用。污水尽量自流收集，部分不能自流的采用局部提升。

9. 厂外提升泵房的建设形式

污水管埋深超过 5～8m，需要设置提升泵房，同时泵房设有初期雨水的调蓄池。由于截污管的位置在环洱海边，提升泵房的位置也在湖边，厂外污水泵房的建设形式对洱海的景观影响非常大。因此，针对洱海的景观因素，泵房的建设采用地下式泵房，调蓄水池也埋入地下，地表采用景观绿化，将配电房建成园林景观，达到与洱海环境协调的效果。

10. 水质净化厂的分散布局处理与就近利用的结合

污水处理厂的过度集中建设，其优点主要体现在污水处理厂有规模效应，但带来的不利因素更多，不仅造成污水干管线路长，管径过大，管道埋设深，管线投资大，同样处理后利用再生水的管网线路长、提升能耗高，不利于水资源的再生利用。

结合贵阳南明河流域治理的成功经验，对传统污水处理厂过度集中建设的做法进行创新，重视污水的再生利用。流域污水处理厂布局按照采用"高水高排、高水高用、分散与集中相结合，就近回用"及"统一规划，分步实施"的原则建设污水处理系统，可以减少收集系统和再生水系统管道的工程量，有利于再生水的利用和生态的恢复治理。污水得以再生利用进入河流水系，实现水系循环；大大提高水资源的利用效率，使污水处理厂建设的经济效益、环境效益发挥到极大。

洱海环湖截污工程共设置 6 座水质净化厂，分别为古城水质净化厂、湾桥水质净化厂、喜洲水质净化厂、上关水质净化厂、双廊水质净化厂、挖色水质净化厂。其中，文笔村产生的污水经文笔泵站提升至海东截污干渠，下关北产生的污水通过新建截污干渠，最终进入第一污水处理厂进行处理，水质净化厂布局如图 8-47 所示。

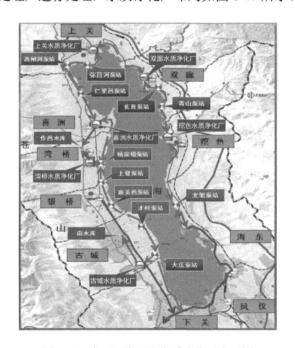

图 8-47　大理洱海环湖水质净化厂布局图

污水处理厂分布在环洱海湖，建设形式应避免对洱海旅游景观的影响，因此将古城水质净化厂和上关水质净化厂设计为下沉式，其特点是在不影响地面土地使用功能的条件下，充分利用地下空间，结构紧凑、土地节约、运行稳定、操作安全、管理方便。

11. 污水处理厂处理工艺

结合污水处理厂建设形式，采用"土地集约型、环境友好型、资源利用型"的下沉式再生水厂，工艺采用成熟、出水水质稳定、运行稳定的改良 A^2O 工艺。

12. 污水资源的再生利用

污水处理厂处理后的尾水可达到污水处理厂污染物排放标准的出水一级 A 标准，其中 COD、NH_3-N 可达到地表水环境质量标准中的Ⅳ类水质指标，再通过再生水厂或生态湿地等技术进行深度处理（图 8-48），已完全可以回灌农田，降低农田灌溉从洱海获取的水资源利用量。环洱海的农田灌溉基本是从洱海提升，根据调查，洱海灌溉量 2005～2015 年平均值为 6700 万 m^3，最大为 9766 万 m^3，最小为 5424 万 m^3，若污水处理厂尾水用于农田灌溉可替代从洱海的取用水量，可节约大量的水资源，削减入湖的污染物。同时，在污水处理厂附近构建生态湖塘，非灌溉季节把尾水蓄积通过生态净化后进入溪流进一步自然净化后补充水系。

下沉式再生水处理厂　　　　　　　　　生态湿地

图 8-48　污水资源再生利用工艺及尾水处理

六座水质净化厂尾水处置：双廊水质净化厂尾水排入位于双廊梨花潭村的尾水塘库，挖色水质净化厂尾水排往麻甸水库（七一水库），水质净化厂喜洲、湾桥尾水排入作邑水库，上关水质净化厂尾水排往江尾湿地，达标排放的尾水进入水库和湿地后，将再进一步经过生物净化，更加减少对环境和生态的影响。

8.2.6　洱海环湖截污工程建设及运行效果

该项目于 2015 年 10 月启动建设，按期在 2018 年 6 月 30 日前完成了主体工程建设并实现全闭合。截至 2019 年 1 月 2 日，项目累计完成投资 326159 万元，完成总规模 5.4 万 m^3/d 的挖色、上关、双廊、喜洲、湾桥、古城等六座污水处理厂建设；完成总长 231.42km 的环洱海东岸、北岸、西岸截污治污干管干渠建设，其中主管 84.192km、河道支管 101.822km、尾水管 42.915km、干渠 2.486km；完成长育、青山、西闸河、弥苴河、仁里邑、古生、磻溪、富美邑、才村等 9 座污水提升泵站建设；完成挖色二级泵站、挖色三级泵站、双廊等 3 座尾水提升泵站建设；完成双廊尾水三级塘库建设。

双廊水质净化厂已于 2019 年 1 月 11 日投入试运行，挖色、上关、喜洲三座水质净化厂已于 3 月 30 日投入试运行，湾桥、古城水质净化厂已于 4 月 30 日投入试运行。项目六座污水厂已达标运营。

六座水厂投运以后，厂区结合《城镇污水处理厂污染物排放标准》（GB 18918—2002）《城镇污水处理厂运行、维护及安全技术规程》（CJJ 60—2011）强化工艺控制，取得了很好的效果。现出水水质已全部达到《城镇污水处理厂污染物排放标准》（GB 18918—2002）一级 A 标排放，对改善洱海的水质取得了积极的作用，大大削减洱海入湖的污染物负荷，对生态建设具有积极影响，真正实现人与自然的和谐相处。

2015 年初步估算洱海入湖的污染物负荷与本项目削减量统计如表 8-3 所示。

表 8-3 污染物负荷及削减量

项目	COD_{Cr}	TN	TP
入湖污染物负荷/（t/a）	6839.12	1512.75	141.95
本项目削减量/（t/a）	4584.40	396.02	50.00
本项目贡献率/%	67.03	26.18	35.22

截至 2018 年，洱海水质全年为优，总体保持Ⅲ类，7 个月达到Ⅱ类，未发生规模化蓝藻水华，2019 年第一季度洱海全湖水质继续保持Ⅱ类。

大理洱海环湖截污项目被财政部列入国家第二批 PPP 示范项目之一[28]。

8.2.7 洱海环湖截污工程后期运行维护及管理

1. 项目运营特点

洱海是高原湖泊重点保护区、国际知名文化旅游区，环境敏感度高；"点多面广"，工程类别包括"厂、网、站"，覆盖"6 镇 2 区"，行政跨度大，管理半径大；低影响维护运营，确保稳定运行、万无一失，最大限度减少臭气、噪声等对周围环境的影响[28]。

2. 项目运营管理原则

采用"以点带面"的管理路线；"连续运行、错峰运输、定期巡检"的运营主旨；建立预警响应机制，实现联动控制管理目标，逐步建立洱海环境互联网大数据。

3. 构建物联网运营平台

项目构建环境物联网大数据平台，借助卫星遥感、水文水质在线监测等构建一体化网络，实现水质实时监控、智能水资源配置、水环境实时感知、预警及应急处理，为河道科学运维、绩效考核、水生态安全评估、政府决策提供大数据支撑。

4. 水质净化厂运营管理

制订全面、科学、合理的运营管理方案；采用科学合理的方法降低成本，持续提高服务质量；制订科学合理的检修与维护方案、大修与重置方案；制订相关检测质量保证方案，国家标准变化及进水水质超标时有相应的解决措施；特别对于地下式净水厂，加强消防、交通组织管理和安全生产管理。

5. 管网运营管理

建立完善的用户管理体系，做好排放口的检查工作；制订科学的巡检路线，做到管网管理路线上和时间上的"有缝闭合"；制订规范的维护管理制度，并严格执行其要求，保障管网的正常使用；建立安全的应急抢修抢险管理体系，迅速响应，持续提高服务质量。

参 考 文 献

[1] 史运良, 王腊春, 朱文孝, 等. 西南喀斯特山区水资源开发利用模式[J]. 科技导报, 2005, 23(2): 52-55.

[2] 朱春贤. 滇池及其流域的经营管理问题[J]. 环境科学导论, 2010, 29(5): 25-28.

[3] 杜娟, 李秦, 何士华. 西南山区城市河流健康评价[J]. 中国水运, 2021, 21(2): 65-67.

[4] 王兆印, 张晨笛. 西南山区河流河床结构及消能减灾机制[J]. 水利学报, 2019, 50(1): 124-134, 154.

[5] 梁云, 陈根发. 西南地区干旱时空变化特征研究[J]. 江淮水利科技, 2022, (4): 5-7, 43.

[6] 胡涛, 金明良, 江进辉, 等. 西南山区中小河流全面推行"一河一策"管理保护方案研究[J]. 环境与发展, 2020, 32(1): 4-6.

[7] 吉小盼, 蒋红. 基于湿周法的西南山区河流生态需水量计算与验证[J]. 水生态学杂志, 2018, 39(4): 1-7.

[8] 淦家伟, 杨洋, 马巍, 等. 滇池流域水环境承载力及其提升方案研究[J]. 人民长江, 2021, 52(8): 38-43, 49.

[9] 陈晨, 张刘东, 倪匡迪, 等. 基于 Tennant 和 R2-CROSS 的滇池流域河流生态需水量计算[J]. 广西水利水电, 2021, (4): 31-34, 43.

[10] 王永金, 崔立波, 武绍云, 等. 南明河流域治理中污水处理厂布局与建设模式探讨[J]. 中国给水排水, 2020, 36(6): 7-13.

[11] 张泽中, 顾唯甬, 商崇菊. 城市化对南明河水系的洪水影响[J]. 水电能源科学, 2017, 35(3): 64-66.

[12] 李力, 赵健, 薛晓飞, 等. 贵州南明河水环境综合整治与水质模拟[J]. 环境科学学报, 2018, 38(5): 1920-1928.

[13] 黎伟, 龚效宇, 朱令, 等. 基于贵阳南明河流域治理地下式污水处理厂的 SWOT 分析[J]. 环保科技, 2023, 29(1): 52-59.

[14] 薛晓飞, 李涛, 邵雪峰, 等. 贵阳南明河水环境综合整治项目治理思路与第一阶段实施成效[C]. 湖泊湿地与绿色发展——第五届中国湖泊论坛, 长春, 2015.

[15] 顾唯甬, 张泽中, 商崇菊. 城市化对南明河水环境的影响[J]. 人民珠江, 2017, 38(7): 80-84.

[16] 詹卫华, 汪升华, 李玮, 等. 水生态文明建设"五位一体"及路径探讨[J]. 中国水利, 2013, (9): 4-6.

[17] 张燕. 贵阳南明河打赢 8 年治理保卫战[J]. 中国经济周刊, 2021, (14): 94-95.

[18] 项颂, 孙丽慧, 余小梅, 等. 生态文明视角下洱海流域水环境管理思路与方案[J]. 环境工程技术学报, 2022, 12(3): 644-650.

[19] 胡琦敏. 高原湖泊的保护治理模式研究——以洱海为例[J]. 云南水力发电, 2022, 38(6): 32-36.

[20] 郑舒元. 基于 MODIS 数据(2001-2015)的洱海流域植被覆盖度时空变化与人口密度相关性研究[J]. 安徽农学通报, 2021, 27(22): 155-157.

[21] 中国财政科学研究院调研组. 云南大理洱海环湖截污治理(PPP)项目的运作模式与启示[J]. 财政科学, 2017, (10): 130-134.

[22] 黄明雨. 环洱海主要入湖河流水质特征及入湖污染负荷估算[J]. 人民长江, 2022, 53(1): 61-66.

[23] 马巍, 王云飞, 奚满松, 等. 60 年来洱海水生植被演替及其驱动力分析[J]. 人民长江, 2022, 53(6): 74-82.

[24] 方涛, 李朝辉, 杨成, 等. 洱海流域截污治污体系设计与施工及运维技术探讨[J]. 中国给水排水, 2022, 38(10): 147-152.

[25] 陈真永. 开展湖泊保护治理推进生态文明建设——以洱海保护治理为例[J]. 创造, 2022, 30(3): 12-13.

[26] 朱国平, 王秀茹, 王敏, 等. 城市河流的近自然综合治理研究进展[J]. 中国水土保持科学, 2006, 4(1): 92-97.

[27] 吴新楷, 张易凯, 刘闯, 等. 城市初期雨水系统构建方法研究进展[J]. 住宅产业, 2022, 7: 23-26.

[28] 王朝才, 赵全厚, 程瑜, 等. 云南大理洱海环湖截污治理(PPP)项目的运作模式与启示[J]. 财政科学, 2017(10): 130-134.

第9章 滨海平原区城市河湖水环境综合治理案例

滨海平原区为地势低平、向海缓倾的沿海地带，由浪蚀台地、水下浅滩升出海面而成，或由波浪、沿岸流直接堆积而成[1]。我国东部分布有著名的下辽河、华北和江淮大平原，南部珠江、闽江等大河口三角洲平原[2]。滨海平原属于"喜山期"断陷沉降区，地处我国东部海陆交互作用带及内、外地质营力强烈作用的不稳定地质环境中[3]；北方三大平原的滨海平原区经历了3～4次大规模全球性海平面升降引起的海陆变迁，形成了厚达300～500m的海陆交互地层[4]。滨海平原区地理位置、科技、资源、交通和工业基础等有利因素，促使人口集中、经济活动强烈，随着"沿海经济带"的建设，人类工程活动形成的作用叠加，使得滨海平原区处于复杂、日益恶化的环境中[5]。滨海平原区水资源丰富，但分布不均，降雨季节性不均，受潮汐影响大，水位起伏大[1,6]。水环境特征如下。

（1）地势低平，水系水体流动性差，受潮汐影响。滨海平原区和平原河网有相同的特征，地势低平，水力坡度小，来水量小，流速缓慢，水体流动性差，水体动力不足；受潮汐影响较大，河道水位起伏变化大[7]。

（2）风暴潮引起内涝。滨海地带地处复杂的环境中，面临台风、大型亚热带气旋流[5]和北方强大冷风面引起的寒流造成异常高潮水文的侵袭，以及过量地下开展造成的地面高程快速降低，全球海面上升，构造下沉的综合影响，抗风暴潮能力降低，加之人类经济活动改变和恶化地质环境，风暴潮灾害严重[8-9]，尤其我国南部沿海河口平原、滨海窄平原、环渤海的莱州湾[10]、辽东湾、天津市以东海河平原等区，是我国历史风暴潮频发区和重灾区。

（3）城市化建设导致水系结构发生变化。"沿海经济带"推动了经济建设的同时，也对水环境造成了极大影响。围海造田转变建设用地，河道填埋、汇水范围减少[10]。城市化导致不透水面积的增加，河道长度、数量均有减少，河网密度呈现下降趋势，河网调蓄能力降低[9,11]。

（4）人类活动频繁，水体环境污染严重。滨海平原区人口集中、工业发达，污水产量大，处理效率低等原因造成各类污水输入河道内；农业养殖污水不好达标排放，导致水体污染日益严重，部分河流发黑发臭[4-5]。

（5）滨海平原区水系水生态系统破坏。近年来，河道普遍硬质化和规整化，河道控制宽度减小，河道本身减少了以往赖以行洪和维持生态流量的滩涂和湿地，河道纳污容量降低，污染加重，水质恶化，生物多样性降低，水生态系统破坏[12-13]。

综上所述，滨海平原区水系水环境问题突出，针对滨海平原区的城市水体综合治理十分迫切。本章梳理了由中水珠江规划设计院提供的典型滨海平原区海口城市水体水环境综合治理案例，突出治理理念、创新技术、治理方案及成效等内容，以期为滨海平原区城市水系水体污染控制、环境治理提供参考和借鉴。

9.1 海口市城市水体水环境综合治理 PPP 项目总体概况

9.1.1 海口市城市水体流域概况

海口市略呈长心形，地势平缓。海南岛最长的河流南渡江从海口市中部穿过，南渡江东部自南向北略有倾斜，西部自北向南倾斜，西北部和东南部较高，中部沿岸低平，北部多为沿海小平原。海口市除石山镇境内的马鞍岭（海拔 222.2m）、旧州镇境内的旧州岭（海拔 199.9m）、甲子镇境内的日晒岭（海拔 171m）、永兴镇境内的雷虎岭（海拔 168.3m）等 38 个山丘海拔较高外，绝大部分为海拔 100m 以下的台地和平原。海口市地貌基本分为北部滨海平原区，中部沿江阶地区，东部、南部台地区，西部熔岩台地区。

海口市属热带岛屿气候，夏长冬短，午热夜凉，历年未见霜雪，冬春多雾多旱，夏秋多雷暴雨，并有台风。多年平均气温 23.8℃，绝对最低气温 2.8℃，最高温度 38.8℃，太阳辐射强，多年平均日照 2210h。海口市多年平均降雨量为 1827mm，5～10 月为雨季，降雨量占全年降雨量的 78.1%；9 月为降雨高峰期，平均降雨量为 300.7mm，占全年的 17.8%；1 月平均降雨量 24mm；11 月至次年 4 月为旱季，降雨量仅占全年的 22%[14]，尤其 12 月至次年 2 月，月平均降雨量小于 50mm。多年平均水面蒸发量为 1152.4mm，5～7 月蒸发量最大，高温强光的 7 月蒸发量为 216mm；其次是 5 月，为 211mm；最小的是低温阴雨的 2 月，为 96mm。多年平均相对湿度为 85%，2 月、3 月、9 月相对湿度最大，为 96%；7 月最小，为 83%。海口市北部临海，地势平坦，风向基本一致。冬半年（10月至次年 2 月），北方冷空气入侵频繁，劲吹东北季风为主；夏半年（4～8 月），受低纬度暖气流的影响，盛行东风；3 月和 9 月是东北和东南风的转换季节，风向不定。多年平均风速 3.3m/s，4 月风速较大，为 3.7m/s；8 月风速较小，为 2.7m/s；冬半年比夏半年风速大。多年平均受影响的台风 5.5 次，年平均大于 8 级大风 12d，年平均 12 级台风 2～4 次。4～10 月是台风活跃季节，台风盛季平均次数占平均年次数的 81%，以 8、9 月下旬为台风高峰期。由于受大陆冷高压和入海变性高压脊影响[2]。

9.1.2 资源分布

9.1.2.1 水资源

海口市当地多年平均水资源总量为 25.67 亿 m³，其中多年平均地表水资源量为 19.36 亿 m³，地下水资源量为 13.52 亿 m³，水资源重复量 7.21 亿 m³。当地地表水可利用量为 5.56 亿 m³。人均当地地表水资源量为 946m³，人均当地地表水可利用量为 272m³，仅为海南省的 22.9%，珠江流域的 38.9%。海口市多年平均入境水资源量为 48.30 亿 m³，其中松涛灌区的白莲东分干渠和黄竹分干渠从松涛水库的引水量为 1.0 亿 m³，松涛水库以下的南渡江多年平均入境水量为 47.30 亿 m³，人均入境水资源量为 2361m³。

9.1.2.2 动植物资源

海口市植被以灌木草丛为主。天然植被主要为南方热带地区常见的野生灌木草丛植物种群。主城区以人工植被为主。人工植被包括热带区系植物的各种栽培树种、花卉等经济林和园林树种，以及龙眼、荔枝、椰子、阳桃、香蕉等热带亚热带果树树种。海口市植物四季常绿，种类繁多。主要的植物种类中，粮油类有水稻、玉米、薯芋、豆类、芝麻等，瓜菜类有各种瓜类、青菜类、茄类、椒类和葱蒜等；水果类有荔枝、龙眼、菠萝、柑橘等；经济作物类有橡胶、椰子、咖啡、甘蔗等；棉麻类有海岛棉、木棉、红麻、剑麻等；竹类有麻竹、黄竹、石竹、金竹等；林木类有木麻黄、桉树、相思树、海棠等。近年来，随着热带高效农业的发展，海口市引种的植物优良品种不断增多，植物种质不断丰富。主城区椰子树繁茂，素有"椰城"的美称。

海口市陆生动物有野生和人工饲养两大类。野生动物中，鸟类有麻雀、大山雀、绣眼、八哥等140多种；兽类有赤麂、鼠类、野兔、蝙蝠等；爬行类有蛇类、龟、鳖、蜡皮蜥等；昆虫类有蜂类、蚁类、蝴蝶类、蜻蜓等，以及青蛙等两栖动物。人工饲养的动物以畜禽类为主，包括猪、牛、羊、狗、猫、兔、鸡、鸭、鹅、鹌鹑、鸽子等，还包括蜜蜂。

9.1.2.3 矿产资源

海口市现探明的矿产主要有煤、硅藻土、泥炭、黏土、高岭土、铝土矿、矿泉水、地热水、石材和河沙等。煤矿为褐煤，分布在甲子镇的长昌煤矿；石材主要分布在永兴镇一带，以玄武岩为主；矿泉水、地热水主要分布在市区北部及永兴镇的火山口地区；河沙主要分布在南渡江东山镇地段和龙塘镇下游的冲积沙洲。

9.1.3 社会经济概况

海口市下辖美兰、琼山、龙华、秀英4个区。2022年末，全市常住人口293.97万人。从区域年末常住人口分布看，秀英区58.02万人、龙华区81.61万人、琼山区67.07万人、美兰区87.27万人。2022年，海口市全市实现地区生产总值2134.77亿元，按可比价格计算，比上年增长1.3%。其中，第一产业增加值99.19亿元，增长5.6%；第二产业增加值406.30亿元，增长6.8%；第三产业增加值1629.28亿元，下降0.1%。海口市全口径公共预算收入553.2亿元，同比下降2.3%，同口径增长4%。全市完成固定资产投资比2021年降低12.7%。全市常住居民人均可支配收入38361元，比2021年增长0.6%[15]。

9.1.4 水文基础资料

南渡江流域先后设立的水文（位）站有细水、白沙、福才、南丰、亲足口（松涛）、迈湾（专用站）、加烈、金江、大陆坡、三滩、定安、龙塘12个。龙塘、三滩、松涛水库（南丰）、白沙、福才水文站和定安、金江水位站，有较完整的实测流量和水位资料[16]。龙塘滚水坝上游700m处有1954年设立的南渡江控制站——龙塘水文站，集雨面积 6841km², 占流域总面积的 97.2%, 水文资料系列延续至今[17]。据 1954～2010 年资料, 实测最大洪峰流量为 9300m³/s(2000 年 10 月 16 日), 1958 年 9 月 13 日洪峰流量 7550m³/s 为第二, 2010 年 8 月 17 日洪峰流量 6850m³/s 居第三; 实测最小洪峰流量为 543m³/s (2004 年 9 月 10 日)[16]。

9.1.4.1　径流

由于海口市河流均为降雨补给性河流, 径流的年内分配基本上与降雨的年内分配一致, 年内分配很不均匀[18], 根据《海南省水资源公报(2022 年)》[19], 汛期(5～10 月)径流量集中, 一般占全年径流总量的 80% 左右, 特别 8、9、10 连续 3 个月径流量集中, 占全年径流总量 45% 左右; 非汛期(11 月～次年 4 月)地表径流量小, 占全年径流总量的 20%; 特别 1、2、3 连续 3 个月径流量很小, 占全年径流总量 5%。

9.1.4.2　暴雨特性

海口市暴雨天气系统主要是热带风暴和台风为主的热带气旋天气系统, 暴雨范围广, 雨量大, 暴雨历时 1～3d 左右, 暴雨主要发生在 4～11 月。暴雨有锋面雨、热雷雨和台风雨等, 其中台风雨为主要的致灾暴雨。海口市位于南渡江入海口, 且有多条南渡江支流穿过城区, 因此常年受南渡江流域径流洪水影响。南渡江流域洪水由暴雨形成, 洪水发生时间与暴雨一致, 常出现于 5～10 月, 汛期持续时间长。受地形地势影响, 南渡江流域上游洪水陡涨陡落, 下游洪水涨落稍慢。新埠岛地势较低, 台风暴雨及风暴潮导致海水高涨, 洪涝水无法及时排入外海, 造成区内严重积水[20]。

9.1.4.3　潮汐特性

琼州海峡的潮流为往复流。据实测资料, 涨潮初期的潮流为向西流, 历时约 12h, 最大流速为 1.42m/s, 然后转向东流, 历时约为 3h 流速变小; 落潮初期仍为东流, 历时约 5h, 最大流速为 1.72m/s, 然后又转向西流, 历时 5h, 在低潮位附近, 落潮流速达最大, 为 1.42m/s。西流历时大于东流历时。海峡中部急流区, 最大流速可达 3.6m/s。

海口湾的港区受地形影响, 水流流况复杂, 流向基本与地形一致。本区潮流以不正规半日潮流为主, 兼有不正规全日潮流。一般大潮潮流为全日潮流性质。海口湾内涨潮最大流速为 0.82m/s, 流向东北向, 落潮最大流速为 0.41m/s, 流向西南向。

9.1.5　海口市城市水体水环境及治理目标

9.1.5.1　海口市城市水体水环境

海口市政府 2016 年 5 月对鸭尾溪等 10 个水体的水质监测结果, 显示水体总体为劣Ⅴ类。污水截流不彻底, 管网错接、漏接现象普遍存在, 河道淤积严重, 生态系统崩溃。

1. 海口市城市水体水环境质量

2016 年, 海口市政府及项目环评编制单位委托监测单位分别对鸭尾溪等 10 个水体的水质进行了 3 次监测, 监测结果表明, 鸭尾溪-白沙河-五西路排洪沟各水质指标中,

10 个水体 DO、TN、TP、BOD、氨氮、高锰酸盐指数、COD、DO 均不同程度未达到《地表水环境质量标准》（GB 3838—2002）V 类水质标准。从监测结果对比情况看，大部分河段水体水质污染较为严重，部分水体水质污染非常严重。

2. 海口市城市水体底泥环境质量

2016 年 7 月 25 日，项目环评编制单位委托监测单位对鸭尾溪等 10 条河道底泥污染状况进行了监测。鸭尾溪、五西路排洪沟、外沙河、板桥溪、海甸溪上游底泥重金属检测结果，重金属基本上对植物和环境不造成危害和污染。底泥主要受营养元素和有机污染影响。

3. 河道污染源

针对河道污染进行现场踏勘，发现沿河污染源为旱季生活污水、雨季合流制污水管溢流及河道底泥沉积、水生植被腐败形成的内源污染。这些污染物的大量排入，污染负荷过大，超过河道自净能力，造成鸭尾溪、白沙河、五西路排洪沟、外沙河、板桥溪发黑变臭。

4. 市政截污工程状况

部分河道如鸭尾溪、白沙河和五西路排洪沟沿岸的市政截污工程已经较为完善，市政污水管和泵站运行状况良好，但片区内的污水管网超高位运行，导致污水倒灌排入河道的现象非常普遍；由于部分片区尚未按照规划实施污水管网工程，一些河道污水管道尚未建设完善，沿河两岸存在乱排、错接、混接的排水户将污水排入雨水管道，其中餐饮酒店、海鲜市场等废水排放对水体污染较为严重。同时，由于河道无水源补给，河道中的水呈现为黑臭状态，水环境状况非常恶劣。

9.1.5.2 水环境治理目标

该项目为海口市城市水体水环境综合治理 PPP 项目第五标段，涉及海口市美兰区辖内的鸭尾溪、白沙河、五西路排洪沟、外沙河、板桥溪、海甸溪、横沟河、仙月仙河、丘海湖、东坡湖共 10 个水体。水环境治理目标如下。

（1）2016 年 8 月 31 日前鸭尾溪、白沙河消除黑臭。

（2）2016 年 11 月 30 日前其他所有水体基本消除黑臭。

（3）2016 年 12 月 31 日前丘海湖、东坡湖主要水质指标达到《地表水环境质量标准》（GB 3838—2002）V 类标准。

（4）2017 年 11 月 30 日前，各水体主要水质指标达到《地表水环境质量标准》（GB 3838—2002）V 类标准。

（5）2018 年 11 月 30 日前各水体全部指标达到或优于《地表水环境质量标准》（GB 3838—2002）V 类标准。

9.1.6 总体治理思路、工程任务、设计原则

9.1.6.1 总体治理思路

海口市城市内河水体都存在不同程度的水环境污染问题，个别水体发黑发臭，严重

影响周边居民的身体健康。海口市在长期城市建设过程中，污水截流不彻底，管网错接、漏接现象普遍存在，河道淤积严重，因此水环境治理尤其是截污治污是该项目的重点和难点。根据 10 个水体水环境现状质量和污染特点，结合工程目标，水体治理分为"应急治理、水质提高和长效保持"三个阶段[2]。针对应急治理期，参照《城市黑臭水体整治工作指南》，采取清淤、应急截污、应急补水活水、生态修复等措施，短时间内消除水体黑臭，完成阶段性目标。针对长期治理目标，提出"控源截污、消除内源、活水畅流、生态修复、综合整治、一河一策"的总体治理思路，在此基础上对各水体安排各项建设任务。中水珠江规划勘测设计有限公司（原水利部珠江水利委员会勘测设计研究院）负责项目建议书、可行性研究报告、项目的初步设计以及项目的施工图设计工作。

9.1.6.2　工程任务

（1）点、面源污染的治理主要针对城区内河湖沿岸的污水排放口和雨污合流溢流口，采取取缔非法排污口、污水截流并网改造、修建截污管（涵）等措施，将污水截流至城市污水主干管，最终送至污水处理厂进行处理。对于初期雨水等面源污染，通过修建雨水调蓄池收集初期雨水，利用一体化设备和表面流人工湿地处理初期雨水。对于分布村庄的河段，采取分散式污水处理技术对沿河的农村污水进行收集处理。

（2）河道内源污染主要为河道沉积底泥，通过河道清淤的方式消除受污染的底泥进行固化处置。

（3）活水补水方面，对海甸岛 4#闸和 5#闸进行修复，利用潮汐动力对进行水闸联合调度，实现对鸭尾溪、白沙河和五西路排洪沟补水换水。在南渡江边建设补水泵站，利用南渡江对仙月仙河补水。

（4）生态修复工程主要采取人工增氧技术、底泥生物修复技术、水生态多样性修复等多项措施，对受损的水生态系统进行修复，恢复河道的自净能力。保护和恢复天然湿地，建设人工湿地，利用湿地降解污染物的能力处理面源污染。

（5）结合截污和清淤清障工程，对于尚未建设护岸或现状护岸破损严重的河段，新建或改造护岸。

（6）在湿地建设和护岸建设工程的基础上，结合海口市发展目标和城市规划中的用地布局，建设高品质滨水景观带。其中对鸭尾溪、白沙河进行重点景观打造，大幅提升海口市城市形象。

（7）在 10 个水体上设置监测断面，建设自动在线监测站和监测中心，对各水体的水量、水质实施在线监控。

由于水体环境实际情况的差异性，根据"一河一策"的治理思路，下述章节将对鸭尾溪等 10 个水体的具体治理方案进行详细阐述。

9.1.6.3　海口市城市水环境综合治理工程设计原则

1）截污工程设计原则

（1）坚持以城市总体规划和排水规划为依据、以现状管网、设施为基础，统筹兼顾、全面规划、系统安排。

（2）坚持近期建设需要与长远发展相结合，使近期建设实施可操作、远期发展有保障。

（3）坚持城市污水工程规划与给水工程规划密切协调配合，污水管网埋深与雨水、防洪工程规划及管线综合规划、竖向规划密切配合。

（4）坚持城市污水处理程度与污水的可资源化利用相结合，分步骤、有保障实施中水回用，节约和利用水资源。

（5）坚持城市污水排放与城市水域、海域环境容量、水域功能划分相结合，实现环境效益与工程效益相平衡。

（6）坚持可持续发展的原则，为远景预留发展的余地。

（7）尽可能实现地面雨水、污水的重力排放要求。

（8）城市排水管线规划要与城市道路规划相结合；

（9）城市排水管线规划前，要有准确、完善的城市基础设施的现状资料；

（10）排水管线规划要统筹规划，综合安排，执行各专业的技术规范；

（11）采用城市统一的坐标系统和高程系统。

2）清淤设计原则

（1）清淤方案既考虑工程实施中技术上的可行性及经济上的合理性，又要满足环境保护的要求，在实施过程中不造成二次污染。

（2）清淤方案要考虑鸭尾溪、白沙河、五西路排洪沟的实际情况，因地制宜。

（3）清淤设备选择应进行多方案筛选和比较，既要考虑河道清淤工程的施工条件，又要考虑污染底泥清淤与处置的化学、生态等环境保护方面要求，比选出技术上先进可行、施工成本低、效果好的环保清淤设备。

（4）采用现代化施工手段，实现高科技科学施工，改善劳动条件、提高管理水平、降低工程造价。

（5）工程的目标值应符合国家有关标准，工程设计执行国家规范和标准。

3）生态修复及景观设计原则

（1）水质目标原则。项目实施后，保证水质达到《地表水环境质量标准》（GB 3838—2002）Ⅴ类标准。

（2）系统构建原则。工程基于目前该区域的气候环境条件、水文条件及河道的理化条件，根据"一河一策"原则，提出针对性构建方案。通过综合运用不同修复措施，构建平衡的生态系统，使得工程建设和投入运行后，水体拥有很强的自净能力，能长期抵抗富营养化风险，保持较好水质。

（3）景观设计原则。注重工程的景观性。选择具有较好景观效果的水生植物在近岸地带进行种植，使得在净化水质的同时，也创造了优美的景观效果。

（4）环境友好原则。确保清淤及景观等工程对环境影响小，不造成二次污染。

（5）经济原则。所采取的措施，可以使得河道生态系统逐步恢复，水体自净能力提高，以降低项目运营成本。

4）护岸工程设计原则

该阶段设计根据堤段功能定位、景观要求、生态要求、城市用地、兼顾经济性等确定两岸护岸断面主要结构和型式。

9.1.7　海口市城市水环境综合治理工程总体设计方案

1）排水系统改造工程

该项目秉承"外源截流是前提，内源清除是补充，原位处理是辅助"的治理思路，优先考虑从源头削减污染物入河量；其次考虑清除河道污染底泥，减少河道内源污染对上覆水体的影响；最后考虑采用原位生态修复技术，在河道内对无法避免的入河污染物进行削减。故项目拟对市政截污工程进行改造，解决污水管网覆盖不全、管网水位高，污水倒灌和直排入河问题。

2）河道底泥清淤工程

清淤工程包括底泥疏挖、输送、快速干化、脱水淤泥转运。河道淤泥开挖采用水力冲挖法与机械直接开挖结合的方案。开挖上来的淤泥采用机械一体化脱水固结法处理，干化淤泥运送至东山渣场临时堆放，最终运送至政府指定渣场填埋处理。

横沟河、海甸溪水域较宽，直接与外海相连，沉积底泥属海洋底泥沉积物。根据《中华人民共和国海洋倾废管理条例》和《疏浚物海洋倾倒分类标准和评价程序》，当清淤疏浚物满足海洋倾倒的相关要求时，可用于海洋倾倒。考虑到横沟河沿岸用地条件及与其他处理处置方式相比，海上倾倒处置成本的经济性，淤积底泥拟采取海上倾倒的处理处置方式。

3）河道水生态修复工程

在截污与清淤工程实施后，水体还有发生返黑的可能，应采取措施对入河的面源污染物进行处理，以保证水体水质稳定达标。该项目采用具有净化功能的红树林、曝气增氧、多孔微生物载体（人工生态草、生物毯）等措施进行水体生态修复。在具备种植条件（或改造后具备条件）的河段种植红树林，恢复河滨带生态，利用物理过滤、植物及微生物等作用净化雨水及河水；在不具备植物种植条件河段，采用多孔微生物载体（人工生态草、生物毯）净化雨水及河水，维持水质稳定。

4）活水工程

为了防止发生蓝藻水华，在截污工程、原位生态修复工程等措施削减污染物入河量的基础上，采取活水工程。

通过节制闸的联合调度，充分利用赶潮河段水位潮差，使整个河段从过去的往复流变为单向，同时，拓宽沿河穿路箱涵，改善水动力条件，减少内河水体滞留时间，提高水体自净能力，防止水华暴发。

在低潮位期间，部分河道设置活水泵站，提高河道上游水位，将河道末端的洼地存水盘活。

5）岸坡工程

护岸为沿线各小区自建浆砌石护坡，并有道路贯通，部分岸坡为天然岸坡和建筑垃圾，无建设标准且部分已破损，整体性差、清淤后基础悬空。截污管道埋设对现有护岸开挖也有破坏，该工程对部分河道两岸破损和因埋设截污管道及建设场站而对护坡造成较大破坏的位置恢复生态护岸，岸线力求平顺，各堤段平缓连接并保留现状河势，尽可能保留河岸的自然形态。

9.1.8 工程实施后的运行维护及管理

海口市城市水体环境综合治理过程中，各河道水体根据污染状况的严重性、不同的周边条件，遵循"一河一策"治理思路，对工程后期运行维护及管理，可采用以下几种不同类型的设计方案组合进行相应的处理。

方案实施后工程后期维护管理从管网的运行、污水处理站的运行管理、生态设施的运行管理、泵站、水闸等辅助设施的管理、河道、绿化维护等方面着手。

9.1.8.1 截污工程的运行管理

1）管网的运行管理

（1）对管道的日常巡查，查看是否有污水冒溢、晴天雨水口积水、井盖和雨水箅缺损、管道塌陷、违章占压、违章排放、私自接管以及影响管道排水的工程施工等情况。

（2）检查路面是否出现塌陷，水流是否正常，排水管线上是否有过重荷载，是否有违章接入的管线，有无堵塞物等。

（3）定期开展针对上述内容的复查工作并做好记录。

（4）对本标段水域周边的其他市政管网进行巡查，发现污水外溢或偷排乱排现象时及时向上级汇报。

2）污水处理站的运行管理

（1）根据进水水质、水量变化，不断优化工艺条件，对污水处理系统存在的缺点和不足尽量采取补救措施，提出整改建议。

（2）做好日常水质化验，如实记录，认真分析，发现问题要立即解决并及时反馈。

（3）建立处理构筑物和设备的维护保养工作计划和维护记录的存档。

（4）定时进行污泥清运，并做好记录存档。

（5）及时整理汇总、分析运行记录，建立运行技术档案。

3）泵站的运行管理

根据泵站所在河道的截污、水质提升、防洪排涝综合调度要求，按规定开机运行，并做好记录。泵站日常运行管理包括：泵站的机电设备及泵站构（建）筑物的日常运行管理工作。负责泵站的全部运行及维护工作，具体包括泵站建筑物、水泵机组、电气设备、清污设备、仪表和自控设备、闸门和拍门、相关辅助设备设施等的运行与维护，以及泵站管辖范围内的通信、绿化、消杀、卫生和安全（包括人员及设备）。

4）水闸的运行管理

（1）调度运行。根据水闸所在河道的截污、水质提升、防洪排涝综合调度要求，按规定开关闸门，并做好记录。

（2）检查观测。包括日常巡查、定期检查和特别检查，按规定周期对工程及设施进行检查和观测并记录。

（3）建筑物维护。包括土工建筑物、石工建筑物、混凝土建筑物等。

（4）设备维护。包括闸门、启闭机、机电设备和防雷设施等。

（5）闸室清淤。根据淤积情况，定期对闸室进行清淤，保证排水顺畅。

9.1.8.2　内源污染控制工程管理

1）河湖淤泥的定期清淤

河湖淤泥的淤积具有动态变化特性，每年都会有新的淤积产生，要对河湖进行定期疏浚，并建立健全长效管理机制，巩固和提高河湖清淤的成果。

2）河道管养

河道管养的主要内容为河道日常的垃圾清理以及洪水过后的水面垃圾打捞清运。

9.1.8.3　生态修复工程运行管理

生态设施的运行管理范围为河道内的曝气设备、人工生态草、沉水植物和挺水植物等水质净化设施。

1）曝气设备的运行要求

（1）每天定期巡检曝气机及供电线路，观察设备是否正常工作。

（2）出现异常情况及时处理关联事项，电器部分出现故障需立刻停机检修，涉水的维护管理作业应立即停止以防漏电等问题出现安全事故。

（3）定期保养和维修：曝气设备每年（或累计运行 2500h）维护保养一次。

（4）运行时间一般设置为 8:00 启动，20:00 停止。根据治理河段水质状况，可适当调整或缩短运行时间。曝气机附近 25m 范围内如有居民楼、学校、医院等环境敏感点，夜间 22:00 至凌晨 6:00 停止运行。

（5）应急措施实施：突发污染泄漏事件时，24h 开启曝气循环设备；台风、大风大雨天气及强泄洪前后 2～3 天，检查曝气设备的固定情况，如有脱落及时固定。

2）人工生态草的运行要求

直接安装在河道中的人工生态草、生物毯要定期巡检，若有移位、上浮、下沉和损坏等现象，应及时维护加固或补充。

3）沉水植物的运行要求

（1）及时清除水体表面的植物及非目的性沉水植物。

（2）沉水植物长出水面影响景观时，进行人工打捞或机割。对于浮出水面的死株，及时清除。

（3）对于成活率不能达到设计要求的要进行补植，补植方法同设计种植方法。

（4）一年收割 1 次，收割时间为枯萎 1 周内开始收割，收割方式为机收割或人工打捞。

（5）台风、大风大雨天气及强泄洪后 2～3 天，检查沉水植物的冲毁情况，如有冲毁，及时补植。

4）挺水植物的运行要求

（1）定期巡查，及时修剪枯黄、枯死和倒伏植株，及时清理滨岸带挺水植物周围的杂物或垃圾。

（2）定期去除杂草，除草时注意不要破坏植被根系。在生长季节，每月至少除草一次。

（3）对于滨岸带种植挺水植物，在春、夏季每月修剪一次，去除扩张性植物和死株，并适当修剪、挖除过密植株，以维持系统的景观效果。修剪下的植株要及时清除，防止蚊蝇滋生和影响景观。

（4）病虫害等原因造成某个或某些植被死亡时，应将植被撤出，并进行相应的补种；当植物有严重病虫害时，应撤出后再喷洒杀虫剂处理。

5）人工湿地的运行管理

人工湿地的运行管理主要包括设施管理、植物管理和水质管理三个方面。

（1）设施管理：人工湿地在运行过程中，要预防人为损坏，以及生活垃圾杂物倾倒。

（2）植物管理：在种植期，种植后浇水保持湿度，待发芽长高后不断提高水深，以不淹没芽顶为限。在生长期要及时修剪换季节植物茎叶，及时清理落下的残枝败叶，在湿地运行中要关注病虫害防治。

（3）水质管理：对人工湿地的进水和出水水质做到有序有效的管理。进水要确保水量适宜，水质稳定。出水确保达到设计要求。

6）低影响开发设施维护

低影响开发设施旨在通过分散的、小规模的源头控制来达到对暴雨所产生的径流和污染的控制，使开发地区尽量接近于自然的水文循环[21]。主要包含生态植草沟、下凹式绿地、地下蓄渗、透水路面等，其管理基本要求如下。

（1）建立健全低影响开发设施的维护管理制度和操作规程，配备专职管理人员和相应的监测手段，并对管理人员和操作人员加强专业技术培训。

（2）做好雨季来临前和雨季期间设施的检修和维护管理，保障设施正常、安全运行。

（3）对设施的效果进行监测和评估，确保设施的功能得以正常发挥。

（4）加强宣传教育和引导，提高公众对海绵城市建设、低影响开发、绿色建筑、城市节水、水生态修复、内涝防治等工作中雨水控制与利用重要性的认识，鼓励公众积极参与低影响开发设施的建设、运行和维护[22]。

9.1.8.4　护岸工程管理

1）堤防维护

堤防维护的主要内容为堤顶、堤坡和沿河的截流堰、沿河排水口的日常维护。

2）绿化养护

绿化养护的主要内容具体包括水生植物收割与补种、沿岸植被抚育与补种和景观绿化带管理与保洁。

3）巡查和安保

河道管养巡查、安保人员的主要职责是承担管理范围内各设施的巡视、检查工作，做好记录，发现问题及时报告处理；参与溃堤动物防治工作、参与防汛抢险；承担河道安全工作。

4）附属设施维护

河道中附属设施包括标示牌，警示牌，垃圾桶，封闭门、栏杆、下河道、汀步、污水排放口、水尺，界桩等的养护及清洁。

9.1.8.5　自动监测站的运行管理

自动监测站能够及时准确地掌握水质状况和变化趋势，发挥水质自动监测站的预警作用，保证为环境管理提供及时、准确、有效的监测数据[23]。为保证水质自动监测站长期稳定运行，自动监测站的运行管理要求如下。

（1）水质自动监测系统启动前的检查、开机操作步骤及仪器校准测量等应严格按操作规程执行。

（2）按操作规程的要求定期进行仪器设备、检测系统的关键部件的维护、清洗和标定，按照操作规范规定的周期更换试剂、泵管、电极等备品备件和各类易损部件。

（3）建立仪器设备档案和数据管理档案。认真做好仪器设备日常运行记录及质量控制实验情况记录。

（4）应按仪器使用说明对水质自动监测仪器定期进行校准。

（5）每月对在线分析仪进行 1～2 次对比实验，比较自动监测仪器监测结果与国家标准分析方法监测结果的相对误差，其值应小于±15%，否则需要对自动监测仪器重新校准或进行必要的维护和调整[23]。

9.1.8.6　其他运行管理方案

1. 四害消杀和白蚁防治

四害消杀主要是灭蝇、灭蚊、灭鼠和灭蟑螂，白蚁防治主要是消杀白蚁。

1）四害消杀措施

（1）对各消杀河道进行环境治理，可平整河床，整治积水，疏通流水。

（2）全面清除河床及护坡杂草，定期喷洒除草剂，控制杂草生长，彻底消除蚊虫滋生活动场所。

（3）开展消杀工作，坚持定期喷药。

2）白蚁防治措施

（1）组织白蚁防治专业人员在白蚁活动高峰期，对河道及其周边 100m 范围内进行蚁情检查。

（2）检查房屋建筑物内木制品和管理范围绿地，查找白蚁外露特征，并做好记录。

（3）埋设诱杀片，做好白蚁蛀食诱杀片的标记、记录，查找白蚁死巢指示物。

（4）对河道周边 50m 蚁源区的白蚁活跃区域等投放白蚁药物。

（5）每月检查一次诱杀片蛀食情况及时做好记录工作。

（6）如发现诱杀片被蛀食完，另选位置继续埋设新的诱杀片。

2. 突发事件的应急处理

为了便于对现场的紧急状况形成快速反应，该项目成立了应急抢险指挥部，指挥部下设应急抢险办公室，在各个项目部设有现场应急抢险分队。确保应急抢险工作有序开展，做到分工明确、责任到人。并准备多辆移动应急污水处理设备随时应对各类突发事件。

3. 公益宣传

通过水环境公益宣传活动，向市民宣传河道水环境保护的重要性，以提高市民对水环境的保护意识。

在总体治理思路、设计原则及工程实施运行管理的指导下，依照河流治理"一河一策"的原则，后续章节将根据鸭尾溪等10个水环境污染严重程度、周边条件的不同，分别详细介绍治理工程措施。

9.2　鸭尾溪-白沙河-五西路排洪沟水环境综合治理工程

9.2.1　鸭尾溪-白沙河-五西路排洪沟水环境治理项目区概况

鸭尾溪为横沟河左岸分支，位于海甸岛的中部，呈近东西向横贯海甸岛，鸭尾溪（白沙河）东连南渡江出海口，西接五西路排洪沟，底坡坡降0.72‰，长2.3km，集水面积为3.05km²，是海甸岛排污排泄的主要通道。鸭尾溪属于感潮河段，河床宽度变化较大，沿岸道路和房建对河道挤占比较严重[24]。人民大道与海淀五西路交汇处经暗涵与五西路排洪沟连接。随着城市道路网的建设，河道被海达路、和平大道、海彤路等分割为四个部分，用涵洞（管）连通，过水面积狭小。由于人为侵占河道、阻断水流现象普遍，鸭尾溪成为海口市人为破坏最严重的一条河。水系自身流动贯通性差，利用潮水补换能力有限，水质不佳；河床淤积严重，河道大部分为自然护坡，防洪能力较差。

白沙河是鸭尾溪的支流，位于海甸四东路，长度约为1.08km，自西向东汇入鸭尾溪。白沙河被和平大道、海达路、鸭尾溪等分割为四个部分，白沙河和平大道以上，河道两岸已建有河道护岸，基础设施相对较好。白沙河西端为盲肠河道，河水处于死水状态甚至出现黑臭现象。

五西路排洪沟东接鸭尾溪，西通海口湾，是海甸岛西北片区重要的雨季泄洪河道，为矩形河槽，宽15～20m，底坡坡降0.10‰，长3.2km，集水面积3.21km²。两岸采用浆砌石护砌，东边通过人民大道涵洞与鸭尾溪相连，西边沿海甸五西路转南流入海甸溪。五西路排洪沟两岸为商业闹市区，存在乱排、错接、混接的排水户将污水排入雨水管道影响水体。由于没有活水源头，水体自身流动性差，水质较差。

9.2.2　鸭尾溪-白沙河-五西路排洪沟水环境情况

9.2.2.1　鸭尾溪-白沙河-五西路排洪沟水体污染情况

2016年5～9月，海口市政府在鸭尾溪-白沙河-五西路排洪沟等3个水体共设置了8个监测断面，对水体进行水质监测。根据《地表水环境质量标准》（GB 3838—2002），鸭尾溪、白沙河、五西路排洪沟水体 COD、BOD₅、TN、TP、氨氮、阴离子表面活性剂、溶解氧等指标均低于地表水 V 类标准，治理前河道水质状况见图 9-1。

图 9-1　鸭尾溪–白沙河–五西路排洪沟水质状况（治理前）

　　监测鸭尾溪河口的藻类种类，共计发现了 24 种（属）藻类，其中蓝藻 7 种（属），占检出种类的 29.2%；绿藻 4 种（属），占检出种类的 16.7%；硅藻 9 种（属），占检出种类的 37.5%；裸藻 3 种（属），占检出种类的 12.5%；甲藻 1 种（属），占检出种类的 4.2%。从检出种（属）来看，硅藻最多，蓝藻次之，甲藻最少；从藻类密度来看，蓝藻占藻类密度的 90%，属于绝对优势种。

　　底泥监测结果显示，底泥中重金属浓度不高，主要受营养元素和有机物污染影响。

9.2.2.2　鸭尾溪–白沙河–五西路排洪沟水体污染源

鸭尾溪–白沙河–五西路排洪沟水体发黑变臭，河道主要污染源包括点源和内源污染。

1. 点源污染

　　鸭尾溪–白沙河–五西路排洪沟的外源污染主要为生活污水，包括市政溢流污水和零散生活污水直排、合流制溢流（图 9-2）。

图 9-2　鸭尾溪–白沙河–五西路排洪沟的外源污染

2. 内源污染

　　海甸岛区开发起步于 20 世纪 90 年代，由于污水管网及污水处理厂等市政基础设施建设滞后，片区开发的早期，大量生活污水无处可去，只能直接排入鸭尾溪、白沙河和五西路排洪沟等地表水体。鸭尾溪、白沙河和五西路排洪沟河道底坡平缓，流速低，且均属于感潮河段，排入河道的污水随潮汐的涨落往复运动，污水中的各种污染物沉积于河道底部，经过多年淤积，河道内形成了巨大的二次污染源。

底泥与上覆水之间不停进行着物质和能量交换，底泥中的污染物也与上覆水体保持着吸附与释放的动态平衡，随着水质恶化，水中含氧量降低，靠近河底部分的水体成为缺氧环境，污染物重新进入上覆水体，造成上覆水体的二次污染。

9.2.3　鸭尾溪-白沙河-五西路排洪沟水环境问题与需求分析

根据实测及现场踏勘，鸭尾溪、白沙河和五西路排洪沟主要存在的环境问题如下。

（1）污水管网水位高，生活污水倒灌入河，严重污染河道。

经过多轮市政截污工程建设，白沙河-鸭尾溪-五西路排洪沟周边市政截污工程较为完善，污水管网虽然基本实现了全覆盖。下游污水管网水位普遍超高运行，导致海甸岛白沙河-鸭尾溪污水截流并网工程、海口市海甸岛污水管网完善工程、海甸岛白沙河水体整治（一期）河道明渠工程和海口市海达路万恒路污水截流工程等截污工程实施目标无法实现，甚至因为工程实施后将污水管和合流管（沟）连接在一起，为污水倒灌入河创造了条件。

海甸岛片区内的污水管网超高位运行，污水倒灌排入河道，是市政截污工程存在的主要问题，也是鸭尾溪、白沙河和五西路排洪沟黑臭的主要原因。为了彻底消除河道黑臭现象，必须采取有效的措施，对市政截污工程进行改造，防止污水直接排入河道，为河道水环境治理目标的实现创造前提条件。

（2）合流制溢流污染严重，水污染问题突出。

近年来海甸岛片区内实施的截流并网工程，均属于截流式合流制排水系统[25]。旱季合流制管道中的污水流量较小，截流干管可将全部污水收集并输送到污水处理厂经处理达标排放；在降雨时，尤其是中到大雨、暴雨过程，大量雨水在短时间进入合流制排水系统，流量超过合流制管道系统最大收集能力或者污水处理厂设计处理能力的那部分混合污水不经任何处理直排入附近水体，这种现象被称为合流制管道溢流（combined sewer overflow，CSO）[26]。

CSO 由生活污水、工业废水与雨水组成。旱季时，由于合流制管道管径较大，污水流量较小，流速较低，生活污水中颗粒物质容易下沉到管道底部形成沉淀，久而久之在管道底部形成一定厚度的淤泥；雨季时，雨水形成地表径流携带旱季累积地表污染物，经屋面或路面进入合流管道，由于水量很大，流速高，旱季沉积于管渠底部的大部分污染物被雨水冲刷，导致管道污水中污染物浓度大幅上升。CSO 若不经处理直接排入受纳水体，会对水体水质产生严重影响[27]。

（3）河道底泥污染严重，对上覆水体影响大。

经过十几年的沉积，鸭尾溪、白沙河和五西路排洪沟等河道，淤积了大量的污染底泥，形成巨大的潜在二次污染源。底泥对上覆水体水质的影响明显，污染底泥会向上覆水体不断释放有机物和 N、P 营养盐，有机物的释放加剧上覆水体耗氧，导致水体浊度上升，N、P 营养盐等释放又会促进水体藻类生长，加剧水体富营养化，藻类物质死亡后，又进一步消耗水体中的溶解氧，溶解氧消耗殆尽后，上覆水体发黑变臭[28]。

（4）水动力条件差，暴发水华风险大。

根据鸭尾溪河口藻类的监测结果，蓝藻属于绝对优势藻，占藻类密度的 90%。蓝藻是最早的光合放氧生物，部分蓝藻可以直接固定大气中的氮。研究表明[29]，氮、磷等营养盐浓度的增加、较高的水温、充足的光照、水体流动性等外在和内在条件，都有可能促成蓝藻水华暴发。鸭尾溪–白沙河–五西路排洪沟地处海口，水温高，光照充足，但流速低造成水动力不足，天然置换能力差，容易产生蓝藻水华，蓝藻水华产生的毒素以及藻类死亡分解时，将大量消耗水体中的溶解氧，使水体缺氧，河道再次变为黑臭状态。

（5）河道护岸破损，安全性能低。

鸭尾溪两岸护坡护岸大部分修建完成，局部岸坡为天然岸坡。护岸为沿线各小区自建浆砌石护坡，无建设标准且已部分破损，整体性差、清淤后部分浆砌石护岸基础悬空。天然岸坡被淘刷严重坡度陡增，且部分岸坡被建筑垃圾挤占堆埋，护岸安全性能低，需改造加固。

（6）景观基础设施缺失，影响观感。

鸭尾溪位于海甸岛中部，占据着极为核心的位置，周边医院、商业、学校及各式中高端楼盘林立。鸭尾溪水体污染严重，散发出阵阵恶臭，基础设施缺失，不仅丧失了作为城市中心公共空间的职能，而且还影响附近居民的生活和路人游客的观感。因此，有必要通过适量的滨水景观提升工程，恢复民众对河流环境的信心，还社区民众一个生态绿色的活动场所，满足周边社区对城市河流的活动需求，促进人与水环境的互动，全面提升空间活力。

正是因为大量的旱季生活污水、合流制溢流等外源污染，以及污染严重的河道内源污染，极差的水动力条件，导致河道水环境受到严重污染，呈现黑臭现象，严重影响了周边居民的生产生活环境，也影响了海口市的城市品位。

针对存在的各类问题，必须采取针对性的解决措施，削减污染物入河负荷，才能从根本上解决河道黑臭问题。实施市政截污工程改造工程，解决污水溢流入河问题；实施合流制溢流控制工程，降低合流制溢流污染溢流频次，减少入河污染物总量；实施河道清淤工程，清除河道污染底泥，降低内源污染对上覆水的影响；实施原位生态修复措施，对无法避免的入河污染物，在原位进行处理，进一步削减水体中的污染物，改善河道水质；实施活水工程，解决河道水动力不足的问题，提高水体自净能力，防止蓝藻水华暴发。在改善河道水质的同时，结合截污工程建设，对河道护岸进行重建（或新建），对河道景观进行适当打造，创造河流视觉亮点。

为了从根本上改善鸭尾溪、白沙河和五西路排洪沟的水环境质量，消除河道黑臭，改善河道水环境，改善河道景观，提升城市品位，实施本项目是非常有必要的。

9.2.4　鸭尾溪–白沙河–五西路排洪沟水环境治理设计目标

（1）2016 年 8 月 31 日前，鸭尾溪、白沙河消除黑臭；

（2）2016 年 11 月 30 日前，水体基本消除黑臭；

（3）2018 年 11 月 30 日前，水体指标达到或优于 V 类标准。

防洪排涝目标不低于该水系原防洪排涝标准。

9.2.5　鸭尾溪-白沙河-五西路排洪沟水环境治理方案

9.2.5.1　鸭尾溪、白沙河和五西路排洪沟水环境治理总体设计方案

鸭尾溪、白沙河和五西路排洪沟等 3 个水体水环境综合治理工程的主要方案从点源污染治理、合流制溢流控制、河道内源治理、活水补水工程、河岸护岸工程、景观建设、信息化工程建设等方面开展工作。

1）点源污染治理工程

针对鸭尾溪-白沙河-五西路排洪沟河道沿岸的污水排放口、雨污合流溢流口，取缔非法排污口、污水截流并网改造、修建截污管（涵），将污水截流至城市污水主干管后送至污水处理厂进行处理。

2）合流制溢流控制工程

在鸭尾溪、白沙河实施合流制溢流控制工程，利用截污箱涵、雨水调蓄池、一体化水处理设备、表面流湿地等设备设施，对合流制溢流进行收集处理，削减污染负荷；在五西路排洪沟，利用人工增氧技术、底泥生物修复技术、水生态多样性修复等原位生态修复措施，削减污染物负荷，恢复河道的自净能力，改善水环境质量。

3）河道内源治理

对河道进行清淤，消除河道内源污染，并对河道疏浚底泥进行固化处置。

4）活水补水工程

对海甸岛 4#闸和 5#闸进行改扩建,利用潮汐动力进行水闸联合调度,实现对鸭尾溪、白沙河和五西路排洪沟补水换水。

5）河道护岸工程

结合该河道截污和清淤工程，对于尚未建设护岸或护岸破损严重的河段，新建或改造护岸。

6）景观建设

结合海口市发展目标和城市规划中的用地布局，在鸭尾溪、白沙河进行重点景观打造，建设高品质滨水景观带。

7）信息化工程建设

在水体上设置监测断面及自动在线监测站点，通过大数据对河道水量、水质进行在线监控。

9.2.5.2　鸭尾溪-白沙河-五西路排洪沟水环境综合治理重要节点设计

1. 鸭尾溪-白沙河-五西路排洪沟截污工程

海甸岛片区排水体制为分流制。由于管道错接混接，合流管（沟）在雨污分流整改前，该工程主要针对鸭尾溪、白沙河、五西路排洪沟遗留合流沟排放口进行截流。

针对鸭尾溪-白沙河排水系统存在的污水管网水位高、污水倒灌入河、合流制溢流污染问题,进行市政截污工程改造,改造前后平面布置见图 9-3,主要工程内容为在鸭尾溪-白沙河沿岸封堵截流井 12 座,市政污水管道改造 500m。

（a）改造前

（b）改造后

图 9-3　鸭尾溪-白沙河排水系统改造前后平面布置示意图（见彩图）

在五西路排洪沟截流方案中,主体工程涉及在万兴路/海甸五西路（南）污水主管上,在末端对接入人民大道上污水方沟处进行熔断,设置 2 座污水提升泵站,将五西路南北两侧的污水提升后再重力排入污水方沟,该方案不新建截污管沟,只是进行末端改造接入污水提升泵站即可;同时,设置下开式堰门,防止海水倒灌及污水管内污水外溢,详见图 9-4。

2. 合流制溢流净水处理工程

鸭尾溪-白沙河沿岸旱季污水量为 7000m³/d,雨天增加合流制溢流（规模 2200m³/d）处理任务后,总处理规模为 9200m³/d。根据鸭尾溪-白沙河沿岸土地利用状况,实行分散处理。建立 3 座分散式净水站,2#净水站位于寰岛污水处理站旧址,处理规模 5000m³/d;3#净水站位于金海雅苑南侧空地,处理规模 2500m³/d;4#净水站位于福安路东侧空地,处理规模 1700m³/d[30]。通过熔断鸭尾溪-白沙河沿岸雨污合流截污管,并在鸭尾溪-白沙河沿岸新建少量截污管,将污水排放口排放的污水经截污管收集后,排入净水站处理,收集到的污水经粗格栅、细格栅、调节池后，经一体化净水设备处理后尾水排入鸭尾溪，平面布置见图9-5。

图9-4　五西路排洪沟改造方案平面布置示意图（优化后）（见彩图）

图9-5　净水处理工程平面布置示意图（见彩图）

3. 鸭尾溪-白沙河-五西路排洪沟河道清淤工程

鸭尾溪-白沙河-五西路排洪沟为感潮河段，水位受潮汐涨落影响。落潮时，大片淤泥裸露，符合干挖清淤条件，利用鸭尾溪沿线的海达路、和平大道、福安桥、海彤路等跨河桥涵，在低潮位时在过水涵洞设立施工围堰，实行放干清淤。鸭尾溪位于市中心，周边没有足够场地摆放淤泥干化设备，清挖出的淤泥运输至东山渣场进行干化处理。

该方案包括围堰布置，淤泥疏挖、运输，快速干化，脱水淤泥转运。

1）围堰布置

利用鸭尾溪人民大道、海达路、和平大道、福安桥、海彤路的过水涵洞设置施工围堰；在白沙河海达路、和平大道过水涵洞及环岛实验小学河段设置施工围堰；五西路排洪沟落潮时，在其沿线的怡心路、万恒路、世纪大道、碧海大道的过水涵洞处布置围堰，通过水泵将河段多余水抽至下游，放干河道。同时考虑到汛期排水需求，在汛期排涝期间，清淤实施单位应组织人力物力，及时拆除施工围堰，恢复河道行洪功能，防止内涝，保障生产生活安全。

2）淤泥疏挖、运输

放干河道后，通过挖掘机把淤泥集中，晾晒后导入经过运输车中。为了防止运输过程中淤泥滴漏，运输车需进行改装，在车斗内加入密封性较好的内胆，防止淤泥漏出。清挖淤泥运送至东山渣场进行干化处理。

3）快速干化

在东山渣场设置泥浆池和移动式快速干化站处理。把运送的淤泥导入泥浆池内稀释，由泥浆泵抽至东山渣场的移动式快速干化站处理。移动式快速干化站由垃圾分拣设备、淤泥调理、淤泥浓缩设备、淤泥压榨脱水设备、加药设备及干淤泥输送设备等组成。进入岸上快速干化站的淤泥，垃圾和砂石分离后，经过浓缩、压榨脱水工序成为泥饼后临时堆放，临时堆放应做好防渗措施。

由泥浆池泵吸入的泥浆中含有大量的砂石和垃圾，为了减少砂石和垃圾对后续脱水机滤带的损伤，先将垃圾和大的石块分离出泥浆。除砂和垃圾后的泥浆水先进入储浆池缓冲，再由储浆池的淤泥浆泵送至泥浆浓缩平台。泥水通过调理剂的改性和絮凝剂的凝聚作用，凝结成大的絮状物，通过浓缩设备，泥浆中的大部分水被过滤出去，浓缩的淤泥直接进入后续脱水设备，过滤的清水排放，部分水回用于清洗滤带和溶解药剂。浓缩后的淤泥经过脱水设备的卧式絮凝装置进一步絮凝，形成易脱水的絮凝物，在过滤网带的作用下，淤泥被压成含水率≤50%的泥饼。压滤出的水回到前级储泥池，脱水泥饼由传送带输送至紧随的运输设备外运。淤泥快速干化固结工艺流程见图9-6。

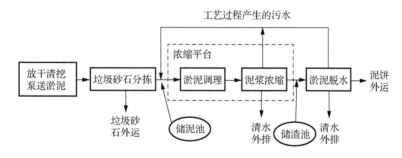

图 9-6　淤泥快速干化固结工艺流程

淤泥快速干化设备包括垃圾分离机、淤泥浓缩平台和淤泥脱水机等。

（1）SIG-Ⅲ型垃圾分离机的主要功能在于可以对淤泥成分进行有效分拣，将石块、生活垃圾、建筑垃圾等直径在 2mm 以上的颗粒物分离出来，防止其进入系统中，进而影响后续的处理流程，造成其他机械设备的损坏。该设备配备垃圾清洗装置，可对分离出的垃圾砂石进行清洗。

（2）STP-Ⅲ型浓缩平台是在吸收国外先进技术基础上开发的一种淤泥浓缩设备，主要功能是对淤泥进行调质浓缩，初步固液分离，降低淤泥含水率，提高脱水效率。该设备由机架、淤泥调理、浓缩主机、加药泵组、测量部件组成，淤泥经过充分搅拌反应后进入拦污机，纤毛滤带将浓缩成团的淤泥截留后输送至脱水设备。

（3）SDW-Ⅲ型淤泥脱水机是在吸收国外先进技术基础上开发的一种淤泥脱水设备，主要的功能在于通过絮凝预处理、重力脱水、预压脱水、辊压脱水四个阶段进行固液分离，将泥浆压制成泥饼。经过浓缩平台浓缩后的淤泥进入卧式絮凝搅拌槽进行二次絮凝，以达到最好的脱水絮凝效果，再进入滤带重力脱水区完成进一步浓缩和将淤泥均匀排列，然后进入楔形区内预压脱水。经主脱水辊脱水后，进入系列 S 形排列的压辊压榨脱水直至形成滤饼后卸料。在这一过程中，淤泥受到由小到大的挤压、剪切作用力，可脱去大部分游离水和部分毛细水分。

4）脱水淤泥转运

清挖出的底泥经过一体化设备脱水处理后，泥饼在东山渣场进行临时堆放，淤泥处理场地均为临时工程用地，临时处理场地面积共计 3600m²。

淤泥堆放在东山渣场应做好防渗措施，采用双层高密度聚乙烯（HDPE）膜作为防渗材料，HDPE 膜厚度不小于 1.5mm，膜上布设土工布，规格不得小于 600g/m²。防渗层布设如图 9-7 所示。

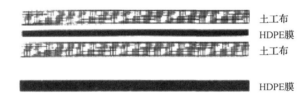

图 9-7　防渗层布设

4. 鸭尾溪-白沙河-五西路排洪沟水生态修复工程

针对鸭尾溪、白沙河、五西路排洪沟的水环境状况，采用的主要生态修复技术如下。

（1）曝气增氧技术，改善水体"耗氧和供氧"的平衡。综合比较几种类型曝气设备，该工程鸭尾溪、白沙河、五西路排洪沟选用推流式曝气设备。鸭尾溪-白沙河沿河布设推流曝气机，与河道跌水构筑物保持一定距离，五西路排洪沟自上游至下游汇入海甸溪口，每隔 150m 布设一台曝气机。推流口朝向河道下游，与水流方向一致；纵向安装最低潮水位以下。

（2）多孔生物载体：包括人工生态草技术和生物毯技术，去除水体中氮磷等污染物，保障水体达标。选择的人工生态草具有高的比表面积，可形成高空隙立体结构，有利于不同微生物固定和生长。生态草沿河道纵向布置，按 1m³/m² 布置一排，共种植 1800m³/m²（图 9-8）。

图 9-8　人工生态草

生物毯有利于微生物固定和生长，挂膜速度加快，不同的微生物可生长；选择硝化、反硝化、除 COD、聚磷等效果好的生物毯。生物毯沿五西路排洪沟纵向均匀布置，共布置 5 列，每列长约 2900m，面积约 14500m²。

（3）红树林技术。种植红树林可在净化水质的同时为生物提供栖息场所。根据鸭尾溪潮位特点、种植区域的高程条件、结合调查走访及专家咨询，宜选取的红树种类主要为真红树物种，包括红海兰、秋茄树、桐花树、海莲、卤蕨等，可在每个种植区域选择一种红树植物形成单一集群群落，或将种植区域适当分段，每段选择单种红树植物形成单一集群群落。该项目结合种植区域自然条件特征，选择在鸭尾溪人民医院至海达路段种植秋茄树，结合鸭尾溪地形，在海彤桥下游种植一小片红树林。

（4）鸭尾溪白沙河建设期水质改善。建设期对鸭尾溪、白沙河进行水质改善，投放黑臭底泥生态处理剂及生态蓝藻控制剂。黑臭底泥生态处理剂单次投放量为 5769kg，在 7～10 月暴雨频发季节，按平均每月投放 3 次计算，共计投放 12 次，总用量 69228kg；生态蓝藻控制剂单次投放量为 135kg，7～10 月按平均每月投放 6 次计算，共计投放 24 次，总用量 3240kg。

5. 鸭尾溪-白沙河-五西路排洪沟河道活水工程

1）水闸修复工程

海甸岛 4#闸为 2 孔，单孔净宽 2.7m，闸底板高程为-1.24m，闸孔顶板平台高程为 1.42m，启闭机层高程与环岛路路面同高，为 4.26m。该闸启闭机房结构、起吊设备、闸进口段、涵闸段和出口段结构均完好，但经运行多年，水闸闸门锈蚀严重，止水损坏。5#涵闸为 4 孔，单孔净宽为 2.0m，闸底板高程-1.65m，闸孔顶板平台高程为 0.85m，启闭机层高程 4.31m，水闸结构保存完好，但运行多年，该闸左侧启闭机及起吊设备均已损坏，且启闭机房右侧挡墙损坏沉降。目前鸭尾溪水闸挡、排水功能损缺，不能满足一般的挡潮、排涝需求，更不能满足鸭尾溪水环境治理活水措施的需要。该设计对海甸岛 4#、5#闸修复工程原址修复，出水口闸板阀设置为方形，主要有 600mm×600mm、800mm×800mm、1000mm×1000mm、1200mm×2000mm 等四种型号。图 9-9 为 1200mm×2000mm 出水口方形闸板阀的断面图。

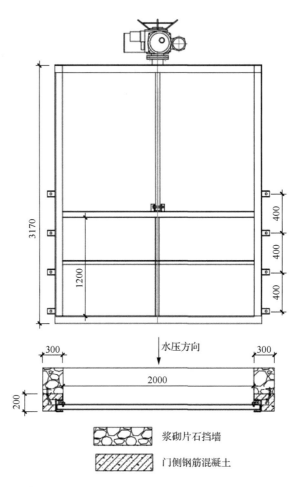

图 9-9　1200mm×2000mm 出水口方形闸板阀断面图（单位：mm）

2）过水路涵工程

鸭尾溪东连南渡江出海口，西接五西路排洪沟，长约 2.3km，属于感潮河段。鸭尾溪与五西排洪沟经人民大道与海甸五中路交叉口的暗涵连接，该水系被海达路、和平大道、福安路、海彤路截为五个部分，各部分通过路涵连通，过水面积小。该设计重建福安路、海达路 2 个过水路涵，其结构和布置分别详见图 9-10 和图 9-11。

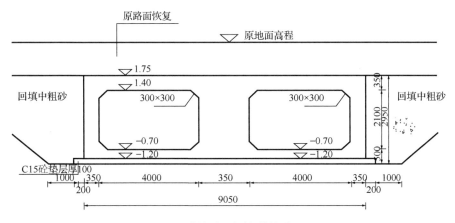

（a）福安路过水路涵结构图

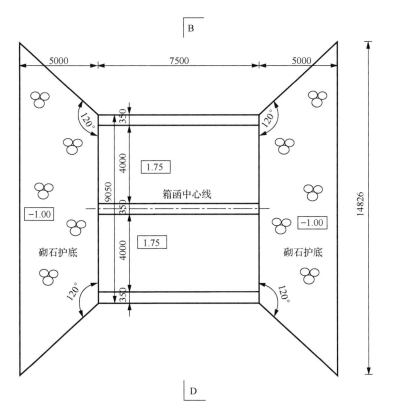

（b）福安路过水路涵布置图

图 9-10　福安路过水路涵结构图和布置图（尺寸单位：mm；高程单位：m）

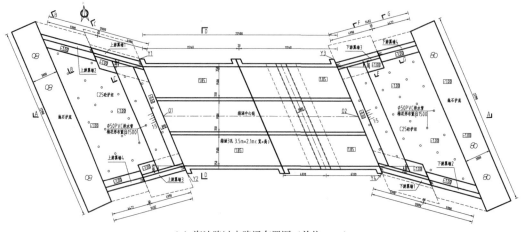

（a）海达路过水路涵布置图（单位：cm）

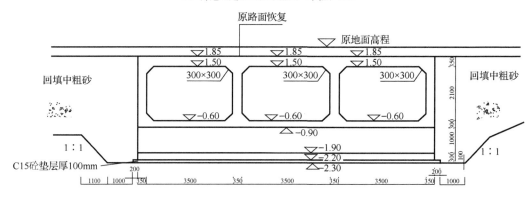

（b）海达路过水路涵结构图（尺寸单位：mm；高程单位：m）

图 9-11　海达路过水路涵布置图与结构图

3）白沙河活水工程

白沙河属于盲肠河道，无清洁水源，水动力严重不足，根据现有条件，拟在 2#净水站厂内设置地埋式补水泵站，从鸭尾溪提水至白沙河头部，改善白沙河水动力条件。泵站设计规模 10800m³/d。

综合考虑占地，运行管理、泵站重要性等因素，该项目泵站按地埋式一体化泵站考虑，泵站采用我国一线品牌一体化预制泵站系统，由玻璃钢（玻璃增强热固性塑料）材质的泵坑、潜水泵、提篮格栅、提升链、管道、阀门、液位传感器、控制系统和除臭系统及泵站进出水口等重要部件组成，泵站主体占地面积为 16m²（不含配电房）。一体化泵站内安装 3 台水泵，2 用 1 备，单泵设计参数流量 Q 为 150m³/h，扬程 H 为 15m，功率 N 为 11kW。

补水管管径 DN350，管材 PE100（1.0MPa），起点位于 2#净水站，沿着海达路往南输入白沙河头部河段，管长约 900m。

为了防止泵站出水冲刷河床，在白沙河末端设置 50m 景观消能跌水带，跌水高度 1.0m，在跌水消能的同时，也能增加水体溶解氧。

6. 鸭尾溪-白沙河-五西路排洪沟河道护岸工程

1）鸭尾溪护岸工程

为打造鸭尾溪沿岸城市景观岸线，对景观效果和质量较差、清淤后基础悬空段拆除新建生态护岸，并对天然岸坡段新建护坡护岸。鸭尾溪两岸因埋设截污管道及建设场站而对护坡造成较大破坏的护岸，通过生态恢复，尽可能保留河岸的自然形态，岸线力求平顺，各堤段平缓连接并保留河势。

根据鸭尾溪地形特点和截污箱涵布置，新建护岸总长 4.368km，其中拆除重建段长 2.328km，新建段长 2.040km。护岸轴线均布置于岸线上。拆除重建路涵 3 座。鸭尾溪恢复护岸总长 1124m，其中左岸 765m，右岸 359m。护岸轴线均布置于原岸线上。

该设计根据护岸功能定位、城市建筑物空间、景观要求确定采用斜坡式护岸断面结构和型式，结构设计如图 9-12 所示。斜坡式生态护坡应用于鸭尾溪恢复护岸全段，重建护岸迎水面斜坡坡比为 1∶2，岸坡采用耐盐挺水植物及草皮护坡，坡顶结合生态和景观要求种植绿植。

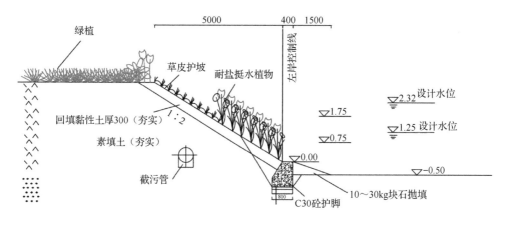

图 9-12　鸭尾溪护岸结构图（尺寸单位：mm；高程单位：m）

2）白沙河护岸工程

白沙河全长 1.08km，上游海德堡幼儿园至和平大道段两岸于 2013 年白沙河水体整治（一期）工程中已整治完善，景观较好；和平大道至福安村桥段南岸为浆砌石护坡，可见部分岸坡已破损，局部段基础悬空，景观性差；和平大道至福安村桥段北岸为天然岸坡。根据河道和两岸道路、建筑物及用地功能，该工程保留白沙河段已建护岸，对和平大道至福安村桥河段南岸进行拆除重建，对下游天然岸坡段则新建护坡护岸。白沙河新建护坡护岸总长 754m，其中拆除重建段长 393m，新建段长 361m。

7. 鸭尾溪-白沙河-五西路排洪沟河道景观工程

1）鸭尾溪景观工程

鸭尾溪景观工程设计主要结合驳岸整治，在有限的面积里适当增设亲水栈道和亲水平台，在重要节点布置人文景墙或其他创意构筑物，创造河流的视觉亮点，主要涉及河道长约 1.5km，景观工程面积约 1.5万 m²，其中绿化面积约 7000m²。

2）白沙河景观工程规模

白沙河景观工程主要在现有驳岸基础上优化植物设计；对于未建驳岸段，结合换岸工程，做生态式驳岸设计，并适当设置亲水平台、休憩设施。项目景观工程涉及白沙河河道长约 300m，景观工程面积约 6000m²，其中绿化面积约 3000m²。

9.2.5.3 鸭尾溪-白沙河-五西路排洪沟水环境综合治理创新设计举措

1. 鸭尾溪-白沙河河段截流井设计

由于该项目截污管线，对原截污管进行熔断后，需要重新进行截流接入新建截污管沟内，由于考虑初期雨水 CSO 的截流，需要加大截污管径，因此需要对现况合流沟设计新的截流井，分别对白沙河 5 处合流管沟出口重新进行截流；对鸭尾溪 9 处合流管沟出口重新进行截流。

2. 防倒灌设计

该工程新建截污管沟对现况合流沟进行截流后，为了防止河水倒灌对新建截污管沟输送能力的影响，需要在合流管沟出口设置下开式堰门，下开式堰门共计 15 座。

3. 信息监控工程设计

该项目在仙月仙河工程管理处（白驹大道与大冯昌村之间空地）建设一座信息监控中心，配备数据服务器和显示器等，各水质在线监测断面附近设置 1 个监测站房。综合信息化系统主要包括调度运行管理系统、图像监控系统、门禁防盗系统、大屏显示系统及通信系统等，运用自动控制技术、计算机技术并配以专业软件，组成一个从取样、预处理、分析到数据处理及存储的完整系统，负责采集各仪器、仪表实时监测、超标报警、设备状态及门禁巡查等各种监测数据，并通过网络将采集到的监测数据上传到监控中心，信息监控工程系统结构见图 9-13。

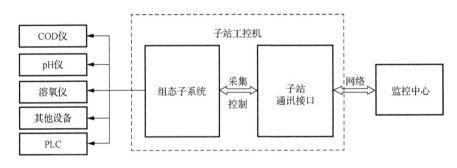

图 9-13　信息监控工程系统结构

该工程在鸭尾溪-白沙河设置 5 个监控断面，五西路排洪沟设置 3 个监控断面，自工程完工后 15 年监测黑臭水体指标及地表环境 5 项指标：氧化还原电位、COD_{Mn}、NH_3-N 浓度、pH、DO 浓度。另外，作为对水环境在线监测的补充和校正，该工程对上述断面进行实验室日常监测，其中黑臭水体指标及地表水环境 5 项指标每个月监测 1 次，地表水环境标准基本项目 24 项每半年监测 1 次。

9.2.6　鸭尾溪-白沙河-五西路排洪沟水环境治理效益评价

该工程的实施将大大提高水体水质，改善区域水环境和水生态，区域的生产力提升，保障流域经济、社会发展成果，符合区域的社会发展需要，可提高当地民众的生活质量和生产水平，具有良好的环境效益、社会效益。

9.3　外沙河水环境综合治理工程

9.3.1　外沙河流域概况

外沙河发源于海口市新埠岛南端，上游连接南渡江，下游汇入横沟河，流经东坡中坡、上村等 7 个村庄，最后汇入横沟河，是新埠岛重要的排涝河流，河道宽度在 40m 左右，长度为 2.85km 左右，集水面积为 2.14km²。外沙河是季节性河流和感潮段河道，径流主要受降雨和潮汐涨落影响。外沙河与南渡江连通，距离汇合口 180 处建有一道水闸，闸室为浆砌石结构，运行多年，结构已完全失去功能，排架已经断裂，无启闭设备，无闸门。由于外沙河属于高潮河段，下游水位变化较大，上游沿岸建筑侵占河道比较严重，缩小了河道过水断面，并且生活污水直接排入河道，河道淤积严重、经常堵塞，部分河段长满水生植物，水流不畅，下雨天两岸村庄时常积水。河道周边曾经垃圾遍地，乱搭乱建严重，脏乱差臭时时干扰着河边居民的正常生活。

9.3.2　外沙河水环境

9.3.2.1　外沙河河道水质及底泥环境质量

根据海口市政府 2016 年 5～7 月河道水质监测结果，外沙河各水质指标中，阴离子表面活性剂、总氮超标、总磷等有不同程度的污染，水体总体为劣 V 类水。外沙河全河段水体水质污染比较严重，中游污染更加严重；根据环评单位外沙河底泥重金属检测结果，外沙河底泥中的重金属基本上对植物和环境不造成危害和污染。

9.3.2.2　外沙河河道污染源

外沙河河岸可基本分为两段，有护砌和天然岸坡段。有护砌段集中在新埠一号桥往下游至横沟河口，为开发商自建浆砌石护岸和游艇码头，房地产建筑临墙而建；天然岸坡段，集中在新埠大道跨河桥往上游至南渡江交叉口，以及下游两个村庄。过去由于潮汐顶托，以及周边居民生活垃圾沿河堆积影响，河道缩窄，河床淤积，部分排水通道阻水严重。外沙河上游河段水质较差、发黑变臭的原因主要在于各类污染源直接排入河道，超过河道纳污能力。通过现场查勘，河道主要污染源包括点源、面源和内源污染。

1）点源污染

外沙河的点源污染主要为生活污水直排。由于河道沿岸市政污水工程不完善，污水管网覆盖率很低，大量污水并未接入污水管或者根本没有市政污水管可以接入，存在大量的零散生活污水直排口，如上游村落零散生活污水直排口。

2）外沙河河道面源污染

由于外沙河中上游没有完善的市政管网系统，雨污合流管承接了大量生活污水直接排入河道；雨季合流管带来的初期雨水面源污染若不经处理直接排入受纳水体，会造成水质恶化。

3）外沙河河道内源污染

外沙河上游连通南渡江，来水水质较好，主要污染源为沿线村庄生活污水直排，大量有机质、N、P 等有机污染物进入水体后，经过被水体颗粒物的吸附、絮凝、沉淀以及生物吸收等多种方式最终沉积到底泥并且逐渐积累，形成了巨大的潜在二次污染源[31]。

9.3.3　外沙河水环境综合治理工程的问题与需求分析

（1）生活污水直接排放到外沙河，严重污染河道。

（2）合流制溢流污染严重，水污染问题突出。

（3）底泥污染严重，对上覆水体影响大。

（4）部分河道无护岸，安全性能低。

（5）上游河道内及河道两岸有大量的违章建筑物以及垃圾，存在脏乱差现象。

为了从根本上改善外沙河的水环境质量，改善河道景观，实施该项目是非常有必要的。

9.3.4　外沙河水环境治理目标

外沙河的治理范围为外沙河与南渡江汇合口至横沟内河桥，总长 2.85km[30]。主要的治理目标：①2016 年 11 月 30 日前，水体基本消除黑臭；②2017 年 11 月 30 日前，主要水质指标达到《地表水环境质量标准》（GB 3838—2002）Ⅴ类标准；③2018 年 11 月 30 日前，水体指标达到或优于Ⅴ类标准。各水体的防洪排涝目标不低于该水系原防洪排涝标准。

9.3.5　外沙河水环境治理方案

9.3.5.1　外沙河水环境治理总体设计方案

外沙河水环境综合治理工程主要内容包括截污工程、清淤工程、生态修复工程、护岸工程、信息监控工程[30]。

1. 外沙河沿岸截污工程

对外沙河沿岸村庄污水进行截污，敷设截污管道，收集的污水排入海甸五东路污水干管。对流域范围雨水径流污染拟采用 LID 模式进行整治。

2. 外沙河河道清淤工程

清淤工程采用水力冲挖法与机械直接开挖结合的方案。开挖上来的淤泥的处理处置同鸭尾溪-白沙河-五西路排洪沟清淤工程的污泥处理方案。

3. 外沙河生态修复工程

生态修复工程主要为提升河道水体自净能力、改善水环境。

主要采用具有净化功能的红树林对外沙河进行水体生态修复，结合上游段原有的天然湿地及中下游段的植被缓冲带，利用物理过滤、水生植物及微生物等作用净化雨水及河水，可达到长期水质保持的效果。

4. 外沙河护岸工程

结合沿岸截污和河道清淤工程，对于尚未建设护岸或现状护岸破损严重的河段，新建或改造护岸。

9.3.5.2　外沙河水环境治理重要节点设计

1. 外沙河沿岸截污工程

外沙河下游星海湾、三水澜湾，中游西湾别墅区、新世界花园为新建高档社区，均已按规划完成雨污分流，外沙河水体环境整治主要针对外沙河遗留污水排放口，是对其原有城中村系统进行完善，采用截流式合流制排水体制。

新埠岛当时一部分地区排水体制仍为雨、污合流制。由于历史原因，合流管渠纵横交错，难以一步到位改造成完全分流制度。该工程保留现有合流制排水系统，并将其改造为截流式合流制。

外沙河片区的生活污水属于五东路污水干管的服务范围，因此该工程沿岸截污工程收集的生活污水排入五东路市政污水管网。外沙河上游左、右岸的污水接入西苑路污水管，继而汇入五东路污水干管。下游右岸截污管直接接入海甸五东路上的污水干管，然后过海新桥送至白沙门污水处理厂。工程新建污水管起点为外沙河东坡村沿河岸，终点为西苑路，污水最终流入新埠岛污水泵站，污水提升后打入西苑路现有市政污水检查井，总体布置如图 9-14。

为降低雨水径流污染，工程拟采用 LID 模式对纳污范围进行整治，将沿河绿化带改造建设为雨水花园，道路两侧采用植草沟，从源头控制初雨污染。

根据现状用地布局和规划用地布局，新埠岛单位地块污水量标准为 $37.4m^3/(d \cdot hm^2)$，新埠路南侧截污管纳污范围 $79.83hm^2$（图 9-15），平均日污水量 $2986m^3/d$，最高日高时污水量为 $229m^3/h$。根据污水量预测和截流倍数的确定，新埠一号桥以南的纳污范围截污管总设计流量为 $8957m^3/d$。根据流量、设计坡度等确定截污管管径为 DN400～DN500。污水提升泵站采用一体化泵站，泵站位置在新埠一号桥西侧，泵站规模为 $9000m^3/d$，扬程为 11m，泵坑直径 2.6m。

图 9-14　外沙河截污工程总体布置图（见彩图）

图 9-15　纳污范围

2. 外沙河河道清淤工程

外沙河河道地形高程为-2.0～0.38m。根据现场调查，外沙河底泥主要受沿岸城中村生活污水直排入河，周围村民随意往河道乱扔垃圾的影响，特别是中游外沙村河段，污染严重，表层底泥为黑臭状态。清淤对象为受污染的淤泥层，厚度为0.5～2.0m，清淤范围为外沙河全河段。外沙河为感潮河段，水位受潮汐涨落影响，落潮时，大片淤泥裸露，符合干挖清淤条件，利用外沙河沿线的跨河桥涵，在低潮位时在过水涵洞设立施工围堰，实行放干清淤。外沙河周边为建成区，没有足够场地摆放淤泥干化设备，清挖出的淤泥运输至东山渣场进行干化处理。

3. 外沙河生态修复工程

外沙河河岸上中下游有大片湿地或滨水植物带，选择湿地技术（天然湿地）+水生植物引导的水生态系统构建技术（红树林），在上中下游合适位置布置天然湿地或红树林。外沙河生态修复工程布置见图 9-16。一方面可削减来自上中下游的入河污染物，另一方面可为水生动物提供避难所与栖息地，促进生态系统的恢复。之后，根据生态系统的恢复情况，放养底栖动物及鱼类，强化水体的自净能力，修复和维持河道的生态稳定性。

图 9-16　外沙河生态修复工程布置（见彩图）

生态修复工程在上游段进行"天然湿地恢复及建设"，同时在中下游段布置多孔微生物载体，提升水质净化能力，可使水质长期保持稳定达标。

1）天然湿地恢复改造工程

对外沙河上游湿地、低洼塘地进行恢复和改造，主要是保留现有植物，适当种植本土植物及有净化或抗污染能力的植物及红树林，在水体中投放底栖动物、鱼类，恢复湿地生态系统的原有功能，从而提升生态价值[30]。

在外沙河上游段湿地及低洼塘地进行恢复与改造，面积约 575000m²，主要削减上游入河污染物。对下游段现有的植被缓冲带，进行植被恢复，面积约 2500m²，以净化下游水质。红树林的面积约 8000m²，其中中游段布置 440m×10m 的红树林，共 4400m²，主要削减中游入河污染物；在下游段植被缓冲带边缘布置 180m×20m 的红树林，共 3600m²，净化中下游水质[30]。

湿地植物选取具有净化或抗污染能力的本土天然湿地植物和红树林（图 9-17）。该区域主要的红树林品种有海桑、红海兰、木榄、海莲、尖瓣海莲、无瓣海桑等，可选择这些红树林品种作为湿地恢复的树种。

（a）本土天然湿地植物

（b）红树林植物

图 9-17　外沙河湿地植物的选取

　　根据《海口市土地利用总体规划（2006—2020 年）》，外沙河湿地工程设计范围内的用地性质是生态绿地。生态绿地由基本农田、耕地、林地、园地和自然湿地组成，其规划主要是为保护海口城市发展空间的生态环境，属于限制性建设区域。

　　根据规划，外沙河的生态绿地并没有列入 2006～2020 年要建设发展的森林公园或公共绿地名单。因此，外沙河的生态绿地并不需要提供公共服务职能，例如游玩、科普和休憩等。考虑场地周边社区人流量较大，存在一定的活动需求，根据实际情况，增加适量景观公共设施，如公共休憩设施和公共标识系统，结合整治工程打造便民惠民的水环境。

　　2）多孔微生物载体

　　在外沙河中游段，布置人工生态草+生物毯，净化下游水质。布置人工生态草 1000m³，生物毯 1500m²，主要削减中游入河污染物。人工生态草和生物毯沿河道纵向布置[30]。

　　4. 外沙河河岸护岸工程

　　外沙河整治河道长约 2.85km，左岸长 2.858km，右岸长 2.64km。两岸岸坡分为已建护砌段和未建护岸段。已建护砌段大部分为浆砌石直立挡墙，为开发商和村民自建。未建护岸段沿岸部分村民房临水而建，工程根据护岸功能定位、两岸用地及生态要求，主要的护岸工程内容：①对自然岸坡段进行修整，长约 1.6km；②对侵占河道的违建建筑进行拆除，新建护岸长约 2.5km；③对破损、质量较差的挡墙，侵占河道的违建建筑进行拆除并按规划蓝线拓宽河道，新建护岸总长约 5km。

1）自然岸坡段

采用"格宾挡墙+三维土工网垫"断面型式（图 9-18）。在生态方面，格宾挡墙以上斜坡进行绿化，以便和城市景观有完美的结合，使其和周围的环境和谐一致[30]。

格宾挡墙呈台阶式布置，格宾体错搭形成 1m 台阶。格宾基础为梯形断面抛石基础，顶宽 3m，两侧边坡均为 1:1，抛石厚 1m。堤脚采用抛石护脚，厚度 1m。格宾挡墙以上采用 1:2.5 的斜坡三维土工网垫，铺填 20cm 的种植土植草护坡。结合截污工程，污水管网敷设在堤内。

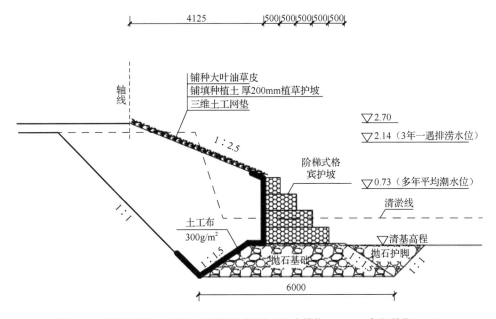

图 9-18　"格宾挡墙+三维土工网垫"断面（尺寸单位：mm；高程单位：m）

2）拆除违建建筑，新建护岸段

设计水位以上挡墙采用"抛石基础+自嵌式生态挡墙"直立断面型式，详见图 9-19。生态挡墙除投资低、不用设置施工缝、施工方便快捷、地基承载力的要求低外，还具有特色的结构优势：自挡土结构、自排水结构、自定位结构、自卡锁结构、柔性自适应结构、生态化结构、人性化结构、花园化结构、景观化结构、消浪结构、锚固结构。

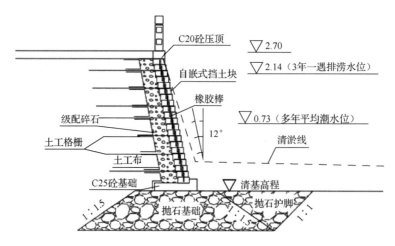

图 9-19　"抛石基础+自嵌式生态挡墙"断面（尺寸单位：m；高程单位：m）

3）破损挡墙修复及新建护岸段

桩号 0+000～0+400 段采用"格宾挡墙+三维土工网垫"复式断面型式（图 9-18）；桩号 0+400 下游段两岸建筑物临河而建，采用"格宾挡墙+自嵌式生态挡墙"复式断面型式（图 9-20）。亲水平台以下采用直立式格宾笼。亲水平台宽 2.5m，用 3cm 厚石板铺装，下铺厚 30mm 的 1：3 水泥砂浆结合层，基础从下往上依次为碎石垫层厚 10cm、C20 砼厚 10cm，邻水侧需布置亲水平台栏杆。亲水平台以上采用自嵌式生态挡墙。堤顶临河侧布置 C20 砼压顶，结合生态需求，堤顶设计为颜色透水砖路面，厚 60mm，基础从下往上依次为 10cm 厚碎石垫层、10cm 厚无砂混凝土、20mm 厚中砂找平层，堤顶临河侧需布置防护栏。

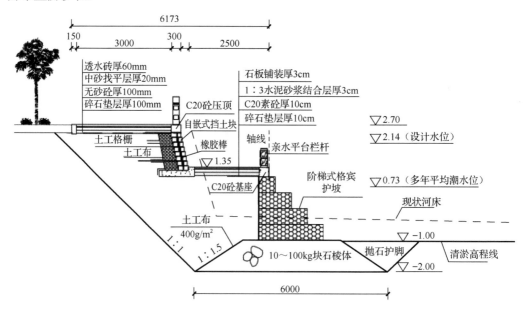

图 9-20　"格宾挡墙+自嵌式生态挡墙"断面（尺寸单位：mm；高程单位：m）

9.3.5.3　外沙河水环境综合治理创新设计举措

1. 初雨污染控制工程

该工程采用 LID 模式对流域范围进行整治，将沿河绿化带改造建设为雨水花园，道路两侧采用植草沟，植草沟及雨水花园断面如图 9-21 所示。初雨按照 8mm 降雨、1h 历时计算，LID 需容纳污水量为 4601.5m³；初雨规模为 1.28m³/s，按 0.3m 的平均积水深度计算，LID 建设面积为 15338m²。初雨经雨水花园等净化处理后一部分下渗，另一部分排入盲沟，继而排入雨水管或河道。

图 9-21　植草沟及雨水花园断面示意图

2. 护岸设计

从生态治河角度出发，结合沿河截污系统的敷设、水体净化的需求，对外沙河河岸进行生态化、自然化设计。

1）格宾挡墙

格宾挡墙是一种柔性结构，能够很好地适应基础不均匀沉降，具有天然的透水性，可以迅速降低结构后填土内由于降雨等原因导致的过高地下水位，消散孔隙水压力，维持土体强度，降低发生滑坡的危险[32]。格宾由具有优良防腐性能的钢丝经过机械编织、组装而成，优良的镀层工艺和编织技术，保证了镀层厚度的均匀性和抗腐蚀性。采用高镀 10%铝锌合金覆塑方式进行防蚀处理的钢丝具有较强的耐久性能。由于结构的整体性，和自然环境融为整体，因此在镀层损失的情况下不影响结构的稳定性。生态绿化效果好，无论是其内部的填石还是后期长出的绿色植被，与周围的自然环境相互融合。

2）自嵌式生态挡墙

自嵌式生态挡墙系统是混凝土自嵌式块与土工加筋技术集成的一种柔性挡土结构。

该结构依靠自嵌式结构体、填土、土工格栅连接构成的复合体自重来抵抗动静荷载，以保证块体之间柔性连接，同时能提高施工速度，起到稳定的作用，来增大墙体结构的有效宽度和重量，以达到重力式挡墙结构，提高稳定性，治理效果见图9-22。

图9-22　自嵌式生态挡墙河道治理效果

挡墙结构透水、透气、有利于空气、水、动植物、土壤形成天然的生态循环系统，充分发挥吸收和净化功能，保持生态自然平衡[33]。植生孔填充土壤后可用于种植水生植物，植物的根系生长在加筋土体中又起到一层垂直加筋的作用，使结构更加稳定。植生孔和后面的空腔错位堆码，形成特制大小通道和孔洞，给鱼类提供符合自然生长的栖息、繁殖的安全场所；风浪和水流对墙体特殊孔洞的作用，为鱼类健康繁殖和寻食提供了动力。鱼类的增多也带动了其他水生植物的发展，从而减少了河湖水体富营养化，有效提高水环境质量[33]。在自嵌式挡墙植生挡土块原料中添加 N-09 生物添加剂，能有效杀灭真菌和霉菌减少鱼类常见病。原材料中使用 T-13 生物添加剂，对蓝藻、鱼腥藻等有抑制作用；植草后植物根系可吸收和分解氮、磷等有害化合物质，适度净化水质。

9.4　板桥溪水环境综合治理工程

9.4.1　板桥溪流域概况

海口市板桥溪原是美舍河汇流入海甸溪的一条分支流，1958 年围海造田时将文明东路以南至美舍上村河段填平造地，从而使板桥溪成为一条独立汇入海甸溪的小溪。板桥溪河道长度为 1.3km，河道宽度在 20～30m，集水面积为 1.02km²，河道形态较为顺直，承担文明东路、青年路一带的排水，下游在白龙北路与长堤路相交的环岛附近入海甸溪，是中心市区东部的一条潮汐河道。随着城市的快速发展，板桥溪两侧大量土地已进行建设，而且挤占河道建房、修路等，上游河段（自板桥海鲜市场以上）均改为暗渠（或暗管），仅板桥海鲜市场下游保存约 10～30m 宽水面，长约 570m。板桥溪平时无水源补给，是地区性的一条排水渠道。

2017 年，板桥溪流域内排水体制为合流制排水体制，周边居民大量的生活污水及海鲜市场、海鲜大排档产生的污水排入河道，明沟段两侧未建有污水管网，导致板桥溪上游变成了合流沟，下游成了一条臭水沟，总体水质为劣Ⅴ类，特别是上游和下游河段，垃圾倾倒河道，黑臭现象明显，严重影响海口市全国著名旅游城市的形象。

9.4.2　板桥溪水环境

1. 河道水质

板桥溪水体流动性差，水量小，水体自净能力非常有限，根据海口市政府及环评单位 2016 年 5～7 月板桥溪水质监测结果表明，阴离子表面活性剂、DO、总氮、总磷、BOD、氨氮、高锰酸盐指数及化学需氧量均有不同程度的超标，全河段水体总体为劣 V 类水，污染非常严重。污染类型为生活污水、餐饮废水及垃圾乱堆乱放产生的垃圾渗滤液污染。板桥溪水体污染负荷巨大，土著微生物对污水中的有机物和无机物分解能力有限，水生态系统已经完全被破坏，水体呈现厌氧和黑臭状态。

板桥溪河道底泥发黑发臭，主要受营养物质和有机物污染，不受重金属污染。

2. 板桥溪河道污染源

通过现场踏勘，板桥溪水体发黑变臭的原因是旱季生活污水、合流制下雨溢流和内源污染造成。

1）板桥溪点源污染

板桥溪周边保留其原始功能，纳污范围内没有工厂，板桥溪的外源污染主要为生活污水。

板桥溪沿岸市政截污工程不完善，尚有一些零散污水通过直排口进入河道。如上游海鲜市场零散生活污水直排口、沿途餐饮地面冲洗废水直排、沿河垃圾乱堆乱放产生的垃圾渗滤液等。

2）板桥溪面源污染

板桥溪没有完善的市政管网系统，雨水和污水排水合二为一，排水体制为合流制，雨污合流管承接了大量生活污水排入河道。在雨季，雨水径流造成的水量大且流速高，将旱季沉积于管渠底部的大部分污染物冲刷，造成管道中污染物浓度升高；合流管生活污水和初期雨水带来的面源污染若不经处理直接排入受纳水体，造成水体污染。

3）板桥溪内源污染

板桥溪沿线餐饮业污水、生活污水直排入河，大量有机质、N、P 等有机污染物进入水体后，沉积至底泥中，在水动力条件、风速、温度、溶氧等发生变化时，释放至水体，形成潜在污染源。

3. 板桥溪市政截污工程运行状况

板桥溪周边滨江路和长堤路上有一条污水管渠，沿途污水经滨江路 DN500～DN800 污水管流向长堤路污水暗涵，继而接入人民大道污水渠，最终污水送至白沙门污水处理厂进行处理。污水管渠在过板桥溪段为倒虹吸管，该段倒虹吸管经常年淤积已堵死，故板桥溪上游污水管无行泄通道，该工程前提是疏通该段倒虹吸管，保证污水主管正常运行。

9.4.3 板桥溪水环境综合治理工程的问题与需求分析

1. 板桥溪水环境问题

通过对板桥溪水环境调查分析，目前存在的主要问题如下。

（1）排入河道的污水污染负荷严重超过水体自净能力。

板桥溪水质较差，水动力条件不足，耗氧速率远大于复氧速率，水体自净能力差，污染负荷过重造成水体呈现厌氧，发黑发臭。

（2）合流制排水管污水直排，水污染问题突出。

（3）底泥污染严重，对上覆水体影响大。虽然实施过底泥清淤工程，但周边居民向河道倾倒垃圾，合流管冲刷后带来的淤泥，造成潜在二次污染。

（4）河道无护岸，安全性能低。板桥溪两岸未建立护岸，岸坡为垃圾填埋筑成，周边海鲜市场、废品回收站甚多，违法乱建乱搭严重，因此两岸岸线不稳且纵向岸不规则。板桥溪护岸大部分为河道天然土堤，局部段为村民自建的护岸，有些棚屋、海鲜排档和居民住房直接建立在河道的岸顶，河岸两侧淤泥及各种垃圾堆积，杂草丛生。

（5）受潮汐影响，河道水位起伏大。板桥溪为感潮河段，高潮位时河道水位较高，但低潮段时河床底直接外露，感官性极差，与其城市中心公共空间的职能格格不入。

（6）景观基础设施缺失，影响感观。板桥溪上游为海口有名的海鲜大排档集市区，水体污染严重，散发出阵阵恶臭，不仅丧失了作为城市公共空间的职能，而且还影响附近居民的生活、食客、路人游客的观感。

2. 板桥溪水环境综合治理需求分析

1）提升水质、改善水环境、提升海口市人居环境

板桥溪是中心市区东部的一条潮汐河道，该河道平时无水源补给，是地区性的一条排水渠道，过去水体黑臭，水环境受破坏较为严重。根据海口市政府2016年的水质监测结果，板桥溪水体DO、总磷、BOD、氨氮、高锰酸盐指数、COD、阴离子表面活性剂超标均显示超出《地表水环境质量标准》（GB 3838—2002）V水质标准。通过截污、清淤等系列措施，减少或消除了内外源污染，板桥溪水体中的污染物可得到一定程度的削减，尤其是截污，直接消除了导致总磷、阴离子表面活性剂超标的因素——周边洗涤污水的排放。永久工程实施后，仍有难以截流的面源污染排入河道，而板桥溪的生态系统尚没有完全恢复，河道的自净能力较差，该部分外源污染会对河水水质造成冲击，采取原位生态修复措施对水质进行提升，并促进生态系统的恢复。

2）恢复河流健康水生态，构建和谐社会

自然河流生态系统可以溶解携带和输送化学物质和固体物质，在不危害河流生态的情况下，河流具有一定的纳污能力和排污能力，同时由于水流的物理作用及生物作用，河流本身具有很大的自净能力。近年来，随着经济社会急速发展，人类活动引起了河流严重的环境污染问题，生物多样性严重受损，许多生物栖息地环境改变甚至消失，自然河流生态系统受到严重破坏。人类生产生活对河流的干扰程度超过了河流的承载力，破坏了河流生态，从而使河流原本具有的抵抗力、自净能力、恢复力丧失，造成了黑臭河

道的局面。在河道综合整治工程中，截污及清淤可解决污染物对河流环境的冲击，有利于河流生态系统的恢复。在自然状态下，生态系统结构的自然优化与恢复往往需要十几年甚至几十年时间，在这期间，只要外界稍有干扰，生态系统极易被再度破坏，回到恢复的起点。因此，为加速严重受损的河流生态系统向健康的河流生态系统演替，采取截污、清淤、生态修复工程措施是必要的。

3）板桥溪流域防涝排涝工程建设

板桥溪河道沟渠尚未治理完全，排水沟渠尚未治理，河道断面狭窄，调蓄和排放能力不足，水位上升顶托上游排水管网，造成雨水排放不畅，两岸经常水浸，一旦遭遇流域性强降雨，城区防洪安全将面临威胁。对板桥溪进行河道整治，提高其行洪能力是非常必要的。

4）改善海口市市容市貌，提高海口城市品位

板桥溪水质环境恶劣，周边城市用地复杂，建设密度较高，人流量较大，城市道路和居住区的建设加重了水体的负荷，严重影响附近居民的生活和游客的感观。场地周边还分布了少数小学、幼儿园，但板桥溪没有照明、休憩停留的设施，晚上一片漆黑。板桥溪作为城市公共河流，丧失了城市河流基本的游憩、观赏功能。基础设施的严重缺失不仅让黑臭的水环境更加混乱、脏乱，而且会给过往的居民、学生留下一定的安全隐患。

基于对水环境的分析，有必要重新审视城市河流的定位要求和当地社区的功能需求，适当进行景观提升，结合生态修复、护岸工程和跌水工程，在重要的交通节点适当增设景观设施，恢复板桥溪作为城市河流的基本职能，为市民提供一个绿色有序、安全生态的水环境，创造便民惠民的水景观。

综上所述，为全面改善板桥溪流域的生态面貌，营造良好的人居环境、构筑高品质的人居空间、加快板桥溪环境综合整治是非常必要的和十分紧迫的。

9.4.4　板桥溪水环境治理目标

板桥溪的治理目标：2018 年 11 月 30 日前，水体指标达到或优于 V 类标准；各水体的防洪排涝目标不低于该水系原防洪排涝标准。

9.4.5　板桥溪水环境治理方案

9.4.5.1　板桥溪水环境总体设计方案

板桥溪水环境综合治理工程主要内容有：截污工程、清淤工程、生态修复工程、水位控制工程、护岸整治工程、信息监控工程和景观工程[30]。其具体治理方案如下：

1）点源污染治理

针对城区河沿岸的污水排放口和雨污合流溢流口，采取取缔非法排污口、污水截流并网改造等措施，将污水截流至城市污水主干管，最终送至污水处理厂进行处理。

2）合流制溢流控制

对合流制溢流采用人工增氧技术、底泥生物修复技术、水生态多样性修复等原位生态修复措施，提升河道自净能力。

3）河道内源控制

河道底泥疏浚清淤，并对淤泥进行无害化处置。

4）水位控制

保证水体交换并在完成水体交换后，河道维持一定水深以满足河道景观用水需求。

5）河道护岸工程及景观建设

新建生态型护岸。将结合驳岸整治，在重要交通节点增加亲水平台，点缀自然置石进行景观建设。同时，结合植物设计，打造缤纷自然的自然溪流，满足周边高密度社区对生态景观的活动需求。

9.4.5.2 板桥溪水环境综合治理工程重要节点设计

1. 板桥溪截污工程

对板桥溪左右岸无组织排放的合流管和合流沟进行污水截流，在每个雨污排放口设置截流井，超过截污管设计排水能力的雨水溢流进入板桥溪。对违法排污和垃圾乱堆乱放的现象建议政府相关部门加强执法，采取工程或非工程措施对违法排污、乱堆垃圾的单位进行整改。

板桥溪截污工程在可研阶段为沿河岸两侧均敷设截污管，为减少河道截污管施工对沿河居民房屋的不良影响，采用河道中间敷设截污管，河两侧的排污口就近接入河道中间截污管，纳污片区平均日旱季污水量 $3647m^3/d$；污水管道总设计流量 $244L/s$。截污管总体布置图见图 9-23。

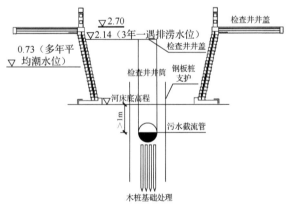

（a）平面布置　　　　　　　　　　（b）截污管横断面（单位：m）

图 9-23　板桥溪截污管总体布置

2. 板桥溪河道底泥清淤工程

板桥溪河道地形高程为 0.17～0.91m，板桥溪底泥主要受沿岸海鲜大排档餐饮废水、海鲜市场废水、周围居民生活污水直排污染，造成河道底泥黑臭。地基土层主要包括淤泥层和砂层，其中淤泥层为黑臭流塑状，是河道清淤的主要清除对象，清淤范围为板桥溪全河段，清淤量共计 0.6万 m³。

板桥溪最终汇入海甸溪，为感潮河道，河道受涨、落潮的影响，同时河道沿岸周边主要为居民区，裸露底泥容易散发异味，影响周边居民的日常生活，对周边环境影响较大，放水抽干的清挖方式不适合于板桥溪清淤的施工现场。针对该工程特点，采用绞吸式挖泥船清淤。清淤污泥采用机械脱水固结一体化工艺的处理后运至南渡江引水工程东山渣场，进行临时堆放。

3. 水位控制工程

桥板溪是中心市区东部的一条潮汐河道，明渠段长约 570m，下游在白龙北路与长堤路相交的环岛附近入海甸溪。河道被沿河城中村违建及各种垃圾侵占，淤积、杂草丛生，河道两岸大量污水漏排、直排入河，水体黑臭，平时成为文明东路、青年路一带的排污沟。经截污、清淤后，河道无基流，河道水位随潮涨潮落，低潮位时河床出露。板桥溪不仅要继续承担城市排水功能，同时还要向周边城区提供环境、生态、景观、休闲等服务功能，因此维持板桥溪一定常水位很有必要。

通过 MIKE 11 水动力模型进行模拟。板桥溪在拟定潮型、现状地形和清淤后河道断面等工况下，水位变化规律基本与潮汐变化规律一致，一个涨落潮周期（约 1d）内基本能完成水体交换，水动力条件较好。项目设计主要考虑新建跌水工程维持常水位。在板桥溪出口上游 400m 处修建一道跌水工程以维持河道上游景观水深，定跌水上游正常水位 1.0m。

4. 板桥溪水生态修复工程

工程设计选用的措施有曝气增氧工程和水生态修复工程。

1）曝气增氧工程

结合板桥溪水位变动浮动较大（0.62～1.25m）、两岸雨季面源污染严重、水质及景观要求较高的特点，设计采用曝气强度大、曝气量高和水流冲刷的提水式喷泉曝气设备来实现对河道水质的提升和稳定。

平面布置：板桥溪自上游至下游汇入海甸溪口，约每隔 100m 布设一台提水式喷泉曝气机，但喷泉喷头与河道跌水构筑物存在一定距离，以免二者增氧效果重叠[30]。提水式喷泉曝气机的布置采用大循环思想，将喷泉喷头布置在水系流动性差、水深较深的地方，进水口布置在雨水入河口或合流制溢流口附近，尽量远离喷泉喷头，进水口力求数量多，分布范围广。曝气设备不宜布设在闸门、泵站取排水口及水域较窄的区域，避免对河道行洪过流造成不利影响。

竖向布置：由于板桥溪水较浅，喷泉吸水不宜对河底产生较大扰动，进水口安装于枯水期最低水位以下，距水底约 0.5m。喷头安装深度应对照技术参数表严格控制，不得随意调节工作水深。

2）水生态修复工程

板桥溪河道较小，水量不大，水体污染严重，且为水体交换频繁、咸淡水环境，周边可利用于水体修复的土地基本没有，需选择不占地、水质净化能力强、淡水适应能力强、生态系统构建能力强的技术措施进行水体治理。板桥溪的实际情况，工程设计多孔微生物载体技术与水生植物引导的水生态系统构建技术对水体进行治理，水生植物种植如图9-24所示。

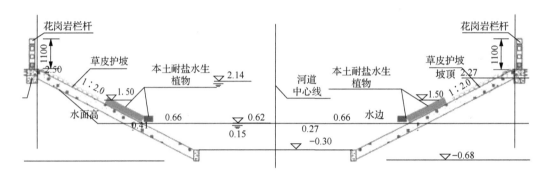

图9-24　水生植物种植示意图（尺寸单位：mm；高程单位：m）

多孔微生物载体技术设计为人工生态草和生物毯，其中人工生态草沿板桥溪纵向布置，按 $1m^3/m^2$ 进行布置，共种植人工生态草 $900m^3$；生物毯沿板桥溪纵向布置 $2200m^2$，共布置四列，每列长约 550m。同时，在水体中投撒高效微生物菌种，降解水体中的有机物、氮、磷等营养物质，可改善水体黑臭情况。生物氧化剂按 $0.002kg/m^3$ 在板桥溪全河道投放，分 10 次投放，共需 257kg。生态净水剂和 BZT 净水剂分别按 $0.003kg/m^3$ 和 $0.001kg/m^3$ 在板桥溪全河道投放，均分 10 次投放，总药剂量分别为 385kg 和 128kg。

生态系统的构建与恢复首要工作是水体大型水生植物（尤其是沉水植物）的构建。该工程设计选取耐盐并具有净化能力的沉水植物。为防止涨落潮水力冲刷对植物生长带来伤害，水生植物均布置板桥溪河道两侧常水位以上、高水位以下的护岸上，种植宽度为 2.3m（铺在水面 0.5m，护岸 1.8m），长度为 570m，板桥溪共种植水生植物 $2622m^2$。

5. 护岸工程

根据板桥溪设计排涝规模，确定最小河宽 8m，新建两岸生态护岸，护岸起点位于上游板桥海鲜市场暗渠出口，终点为长堤路，岸线沿河沟布置，护岸总长 1.122km，其中右岸护岸长 0.559km，左岸护岸长 0.563km。护岸采用生态砌块加筋土工格栅挡墙，砌块砌体一般采用生态砌块错位干砌形成。水面线以上挡墙进行绿化。

根据堤段功能定位、景观要求、城市用地等确定斜坡式护岸断面结构。斜坡式生态护坡应用于板桥溪恢复护岸全段，重建护岸迎水面斜坡坡比为 1∶1.5，岸坡草皮护坡，坡顶种植绿植，坡脚处采用摆放块石护脚，石块厚度为 0.5m，坡脚河床处种植红树林树种。截污管道敷设在堤内，护岸断面结构如图9-25所示。

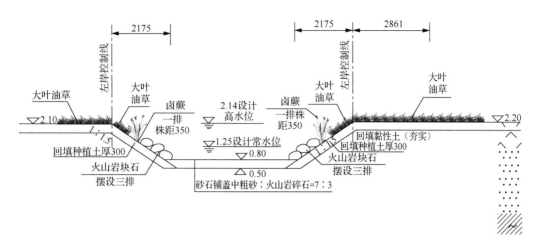

图 9-25　板桥溪护岸断面结构（尺寸单位：mm；高程单位：m）

6. 景观工程

景观工程主要包括一个景观跌水设计和三个景观节点设计，涉及的河道范围长约570m，总面积约6150m²，其中约5490m²是绿化面积，约660m²是铺装面积。景观跌水工程通过 MIKE 11 水动力模型模拟板桥溪拟定潮型、地形和清淤后河道断面等工况，设计主要考虑新建跌水工程维持常水位。河道水位拟利用潮汐，在完成水体交换后让河道维持在0.73m 的常水位，以满足河道景观用水需求。在板桥溪篮球场上游60m 的位置修建一道跌水工程以维持河道上游景观水深，拟定跌水上游正常水位 0.90m，下游正常水位0.73m，最低水位0.62m。

结合护岸整治，在人流量较大的三个交通节点，通过合理布置亲水空间，提升为景观节点，景观节点断面图如图 9-26 所示。

（a）上游段景观节点

（b）中游段景观节点

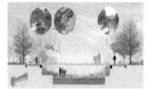
（c）下游段景观节点

图 9-26　三个景观节点断面示意图

板桥溪上游段景观节点结合巡河路布置，沿岸合理增设一个观景平台和亲水活动空间，务求通过简单实用的景观工程，有效提升板桥溪的水环境。

板桥溪中游段的景观节点选择布置在社区体育活动中心、幼儿园及小学附近，阶梯式的亲水驳岸设计增加可休憩的亲水活动空间，为市民提供更多的绿色活动场所。同时，布置水上汀步，连通两岸，为市民的活动带来更大的便利性，可有效激活场地，让整治后的水环境充满人气与活力。

下游段的景观节点位于板桥溪、海甸溪和市政道路的交会处，是人流、车辆最密集的活动场地。由于其具有特殊的地理位置，这个景观节点在一定程度上代表着板桥溪的第一形象，因此景观设计将结合周边的广场打造观景平台，顺应地势，利用台阶、亲水平台、汀步、点景大树创造出可供市民观赏、休憩的活动空间。

9.4.5.3　板桥溪水环境综合治理工程创新设计举措

1. 截污井设计

该项目设计考虑在合流制污水管渠流量较大的地方设置溢流井，而小管径的合流管道和污水管道直接接入截污干管，截流的污水通过污水主干管输送至污水处理厂。

结合工程的实际情况，项目设计采用槽式截流井，即在合流制管渠与截污主干管交叉处做成截流槽，通过截流管将旱流污水截流至主干管。截流井平面布置图及剖面图见图 9-27。

根据规范要求，管道与渠道连接时，为防止较大的杂质进入排水管道造成堵塞，在堰式、槽式截流槽进水端顶部设置 50mm 间隙的不锈钢人工格栅或鼠笼式格栅，拦截大尺寸垃圾，定期清理。合流制管渠存在泥沙淤积的问题，设计考虑将截流槽自截污管以下做深 0.5m 左右，形成一个沉砂井，将泥沙沉积在井内，避免堵塞截污管，沉砂井需定时进行清淤工作，清淤可考虑人工或砂泵清除。

雨污合流排污口采用钢筋混凝土截流井进行污水截流，截流后的污水排入本次新建污水主管道，最终汇入滨江路污水检查井，井底标高为-0.672m。本工程截污井分别设置于 9 个大的排污口，其中上游 D1000×2 双管截污井，设计为矩形截污井（平面尺寸为4.5m×1.8m）；中游 D1000×2 双管截污井平面尺寸为 3.7m×1.7m，中下游合流沟处的截污井平面尺寸为 1.1m×1.8m；其他为圆形截污井。

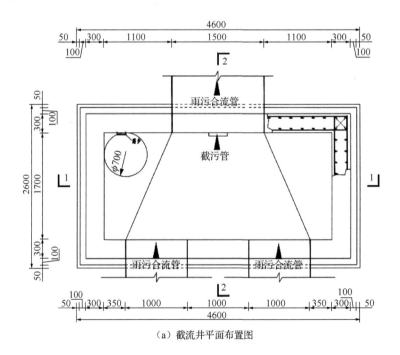

（a）截流井平面布置图

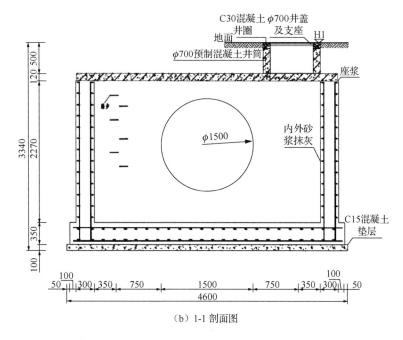

（b）1-1 剖面图

图 9-27　槽式截流井平面布置图及剖面图（单位：mm）

2. 防倒灌设施设计

工程截污井溢流管管内底标高均 0.68～1.20m，由于板桥溪与海甸溪连接渠为感潮河段，且海口市 3 年一遇的潮水位为 2.18m，存在潮水倒灌风险。故应在截污口溢流管末端设置防倒灌装置。该阶段防倒灌设施设计采用拍门，拍门设置于 9 个截流井的雨水出口管末端，拍门外形见图 9-28。

图 9-28　拍门外形

3. 河底生境修复设计

在河底铺设 30cm 含碎石中粗砂；每 20m 堆砌火山岩块石隔梁一道，宽 500mm，高 300mm（图 9-29）。

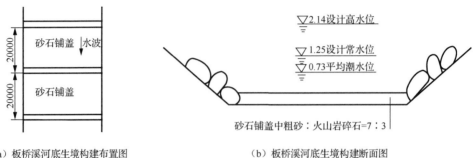

（a）板桥溪河底生境构建布置图　　　　　　　　（b）板桥溪河底生境构建断面图

图 9-29　板桥溪河底生境构建布置图及断面图（尺寸单位：mm；高程单位：m）

9.5　海甸溪水环境综合治理工程

9.5.1　海甸溪流域概况

海口市海甸溪为南渡江的一个分叉出海口，通过横沟河与南渡江相连通。南渡江河口段在麻余村附近分成东西两汊，东汉为南渡江主流，经新埠岛亮肚村入海；西汉为横沟河。横沟河在新埠桥以下又分一汊，即海甸溪。海甸溪在新埠桥以下分叉出来由东向西流入海口湾，总长为 6km，属河口感潮区。海甸溪将海甸岛与市中心区分隔，是海口市的重要排洪通道，具有航运能力，出海口段为海口港的一部分。

9.5.2　海甸溪水环境

1. 海甸溪河道水质状况

根据海口市政府 2016 年 5～9 月及环评单位 2016 年 7 月的海甸溪水质监测结果，氨氮、总磷均超过地表水 V 类标准，各水质指标中河段总磷、氨氮、COD、BOD 等均有不同程度的超标，且 BOD、COD 指标数值较高。

2. 海甸溪河道底泥环境质量

为掌握海甸溪底泥淤积量和底泥受有机物污染的状况，确定底泥淤积量及需要清除的规模，对河道不同断面进行钻孔取样。海甸溪监测断面起点位于海甸溪与横沟河交汇处，终点位于海甸溪出海口处，全长约 4.0km。监测断面沿规划清淤河段中心每隔 500m 布设断面，起点与终点各 1 个断面，海甸溪共 9 个断面，包括东坡湖汇入口断面。每个断面布 3 个取样孔，河道中轴线一个孔，中轴线与两端岸边之间的中线各一个孔，共 27 个钻孔。钻孔深度为河底往下 5m，根据沿垂向各地层分布确定淤泥的厚度。为进行河道污染程度比对，在海甸溪出海口处设置对照断面。

根据 2016 年 10 月底泥取样检测结果，海甸溪底泥中有机碳含量为 0.6%～2.28%，底泥中全氮含量为 0.015%～0.148%，全磷含量为 0.012%～0.095%。从柱状分层样本检测数据来看，有机碳和全氮指标有 53.3% 的分层样本中的上层样本的含量高于下层样本含量，全磷指标有 46.2% 的分层样本中上层样本的含量高于下层样本。

上层柱状底泥样本中硫化物含量和下层柱状底泥样本中粪大肠菌群不能满足《海洋沉积物质量》（GB 18668—2002）中Ⅱ类标准要求，说明河道底泥受生活污水排放影响。

3. 海甸溪河道污染源

海甸溪主要污染源为合流制排水系统旱季溢流污水、内源污染等，各水质指标中，阴离子表面活性剂超过地表水Ⅴ类标准。

海甸溪河道主要污染源包括生活污水、合流制溢流和内源污染。

海甸溪北岸为海甸岛，岛内没有工厂，不存在工业污染，因此海甸溪北岸主要为生活污水。海甸溪北岸市政截污工程较为完善，但有部分错接混接和污水直排现象。据统计，海甸溪北侧沿岸共计有 8 个较大的污水排放口。

海甸溪沿岸市政截污工程较为完善，偶有错接混接问题，海口市供排水管理处先后组织实施了多次截流并网改造，这些项目大多为截流式合流制排水体制，因为海甸岛内部污水管网运行水位高，导致河道沿岸污水管排水不畅，污水从截流井处溢出排入河道。

美舍河和板桥溪是海甸溪两条主要的支流，直排入美舍河和板桥溪的污水也最终流入海甸溪。尤其是美舍河，其河道长、集水面积大，沿途接纳的污水量也大，是海甸溪污染物的主要来源之一。此外，海甸溪北岸停泊有大量的渔船，渔船的生活污水直接向海甸溪排放，为了保护海甸溪水质，建议对这些渔船进行搬迁。

海甸溪承接了板桥溪、美舍河以及沿途水闸等大小支流带来的污染物，目前板桥溪为黑臭水体，美舍河水质为Ⅴ类或劣Ⅴ类；加上海甸溪沿线错接漏接的生活污水直排入河，合流制系统初期雨水溢流，形成了潜在二次污染源。

4. 市政截污工程情况

海甸溪南北岸污水管网覆盖率较高，基本各道路均有污水管敷设。其中海甸一西路、碧海大道、海甸一东路等道路下均有雨水、污水管，其他道路污水系统均已完善。海甸溪南岸为长堤路，长堤路下有一条市政污水主箱涵，承担着海口市主城区污水输送的重要任务。在调查海甸溪南岸时发现，沿岸大部分拍门都有污水溢流出来，究其原因是长堤路污水主箱涵长期运行水位高，大量污水从箱涵的溢流口溢流进海甸溪。位于海甸溪南岸和平桥底的溢流排口水流较大，该渠箱是收集老街城区、和平北路一带排水的主箱涵，集水区域广，居民排水量较大，虽然实施了截流并网工程，但过大的流量超过了管道的最大收集能力，只能通过溢流口直排河道。降雨时管内水流流速高，旱季沉积于管渠底部的大部分污染物被雨水冲刷流入河道，导致河道污水中污染物浓度大幅上升，给海甸溪水质造成污染。

9.5.3　海甸溪水环境治理工程问题与需求分析

1. 海甸溪水环境问题分析

1）雨污合流且未截污，污水直排入河

海甸二西路为雨污合流排水系统，且未截污，污水与三西路雨水管汇合后，直接排入海甸溪。

2）防倒灌设施防倒灌效果不佳，大量海水倒灌

排入污水系统海甸溪南北岸均设置拍门，防止河水倒灌排入污水系统，根据现场调研情况，拍门防倒灌效果非常有限，依然有大量河水倒灌排入污水管网，导致污水管网盐度显著升高，影响微生物活性，进而影响污水处理厂的处理效果。防倒灌设施无法防止污水主箱涵水位过高导致的溢流问题。根据观察，长堤路污水主箱涵及人民大道污水主箱涵均存在不同程度的高位运行现象，而拍门等防倒灌设施不能防止污水主箱涵水位过高导致的污水溢流问题，一旦污水主箱涵水位超高拍门底高程，污水外溢将不可避免。

3）排入河道的污水污染负荷超过水体自净能力

海甸溪承接了美舍河、板桥溪等支流的污染物负荷，以及沿途错接、漏接污水管和从溢流口中溢流出的污水，加之海甸溪和横沟河交叉处河道狭窄，水体交换和自净能力有限，进一步威胁海甸溪水环境质量，使得水体水质呈现劣 V 类。

4）污水溢流直排入河

受污水主干管管内高水位的影响，常常有污水通过截流管或直接从溢流口溢流至河道，污染水体。

此外，由于海甸溪沿岸位于海口市主城区排水系统的最下游，长堤路则承担了海口市主城区绝大部分污水的排放任务。在海甸泵站已经满负荷运行，长堤路污水主箱涵已经有大量污水溢流排入海甸溪的情况下，随着美舍河、龙昆沟等其他水体治理工作的推进，上游污水系统污水收集量将会继续增加，预计溢流排入海甸溪的污水量会有进一步的增加。为了消除外源污染，消除污水对水环境的影响，对排水系统存在的问题进行整改迫在眉睫。

2. 海甸溪水环境综合治理工程需求分析

海甸溪由于大量的旱季生活污水、合流制污水直排、渔船生活污水直排等外源污染，以及污染严重的河道底泥内源污染，导致河道水环境受到较重污染，针对河道各类污染源，必须采取针对性的解决措施，削减污染物入河负荷，实施合流制溢流控制工程，减少入河污染物总量；实施河道清淤工程，减少河道内源污染对上覆水体的影响。

为了从根本上改善海甸溪的水环境质量，实施水环境治理是非常有必要的。

3. 海甸溪水环境治理目标

该工程实施的水环境治理目标：2018 年 11 月 30 日前，水体指标达到或优于地表水 V 类标准。

9.5.4 海甸溪水环境治理方案

1. 海甸溪水环境治理总体设计方案

海甸溪水环境综合治理工程主要内容包括：截污工程、清淤工程和信息监控工程。

1）海甸溪截污工程

针对河沿岸的污水错接、漏接排放口和雨污合流溢流口，政府宜使用行政职能采取取缔非法排污口措施。

对合流制溢流采用增设节制闸措施，将污水和少量初期雨水封堵在污水管内，纳入污水处理厂处理，从而削减污染物负荷，恢复河道自净能力，改善水环境质量。

2）海甸溪河道清淤工程

清淤起点为新埠桥，终点为海甸三西路以西出口。

2. 海甸溪水环境综合治理工程重要节点设计

1）海甸溪截污工程

海甸溪南岸主要对龙华路和长堤路交叉口北侧的公厕处的 2 个排污口设置节制闸，对北岸人民大道下 2 处和人民大道东侧 2 处排污口设置节制闸，此外在和平桥西侧的 3 处排污口处设置节制闸，共需设置 9 处节制闸，截污管线布置图见图 9-30。节制闸的功能是在旱季闸死合流管（沟）。

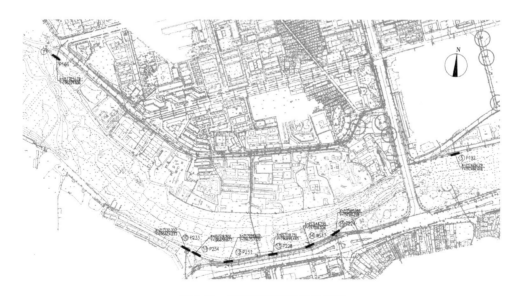

图 9-30　海甸溪截污管线布置图

其他错接漏接混接的小排污口由政府采用行政手段，对违法排污的行为进行整顿或封堵，将其接入污水管道，送至污水处理厂处理。违法排污口整改措施及大排污口节制闸设置同步实施，可保证海甸溪两岸 100%的污水不排入河道。

2）海甸溪清淤工程

清淤工程的主要任务是根据底泥的分布规律和拟达到的环境目标，对河道淤积区域进行清淤作业，清除河道内源污染。通过清除污染底泥并对淤泥进行处置，避免底泥污染物的释放对水体造成污染，为后续生态修复提供良好的条件。

（1）清淤范围。海甸溪河道地形高程为-6.30～0.80m，地基土层主要包括淤泥层、砂层。河道清淤起点为新埠桥，终点为海甸三西路以西出口，清淤河段范围如图 9-31 所示。

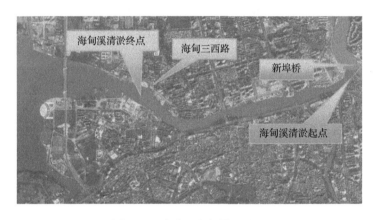

图 9-31　清淤河段范围平面图

（2）清淤方式及淤泥处理。海甸溪与外海相连，水位较深，宜采用绞吸式挖泥船进行淤泥开挖。经绞吸船抽吸的淤泥含水率高，不易运输，淤泥的处理处置方案采用占地较小，能连续操作运行的机械脱水固结一体化工艺。本工程包括底泥疏挖、输送、快速干化、脱水淤泥转运。针对海甸溪的现场情况，淤积底泥采用绞吸船-岸上快速干化站方案处理。

3）海甸溪水质信息监控工程

在海甸溪设置 3 个监控断面，配备监控系统。各监测断面建设水环境自动监测系统 1 套，包括水质自动监测站和配套信息系统，采用最先进的模块化系统设计理念，以自动监测技术为基础、在线自动分析仪器仪表为核心、集成国内外最先进可靠的分析仪。监测目标指标为地表水环境 4 项指标：COD_{Mn}、NH_3-N、pH、DO。

为保证仪器用水，以及在高温及低温天气下的正常运行，需配备上下水系统，并配有空调系统，维持站房内恒温恒湿。

配备避雷针、避雷地网、电话信号防雷器、电源防雷器，保证雷雨天气仪器的正常运行。

3. 海甸溪水环境治理工程创新设计举措

设计智能化下开式堰门，其平面图和剖面图见图 9-32。该堰门具有调节流量控制上游水位、冲洗、防倒灌等多种功能，系统结构主要由下开式堰门、控制箱（含液压系统及附件)、超声波液位计、检修闸槽等组成。液位计检测堰门两端水位转换为电信号给控制系统,驱动堰门两侧油缸使堰门板升降,门板两侧在导向槽中上下滑动,导向槽的两侧及底边装有橡胶密封件起密封作用(可做三面或四面密封),同时堰门可配备自动控制系统,可实现无人值守自动控制,也可远程监控堰门实时状态。堰门可根据需要停止在任意位置,也可以快速开启。

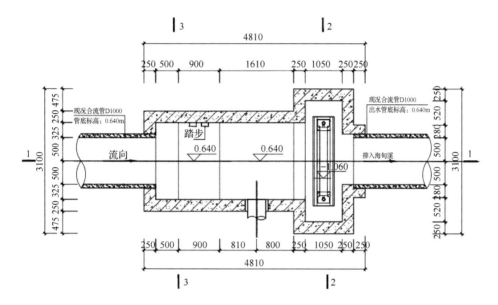

(a) 下开式堰门平面图 (中层)

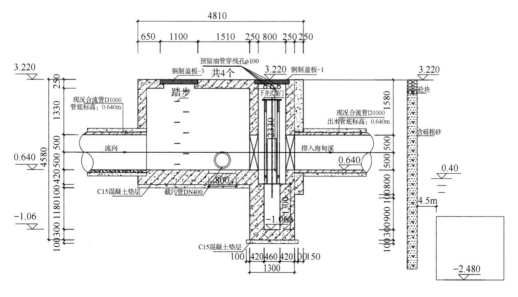

(b) 下开式堰门1-1剖面图

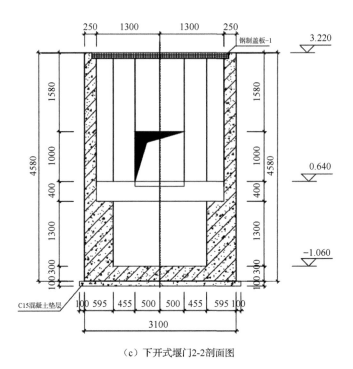

（c）下开式堰门 2-2 剖面图

图 9-32　下开式堰门平面图和剖面图（尺寸单位：mm；高程单位：m）

9.6　横沟河水环境综合治理工程

9.6.1　横沟河概况

海口市横沟河为南渡江一个分叉入海口，发源于新埠岛南端，集水面积达到 5km²，面宽度 200m 左右，河道长度 5km 左右，上游承接部分南渡江来水，属于河口感潮区。横沟河将海甸岛与新埠岛分隔开来，横沟河在新埠桥以下又分一汊名为海甸溪。横沟河源于新埠岛南端，集水面积 5km²，河面宽度约 200m，河道长度 5km，经网门港最终汇入琼州海峡，属河口感潮河道。

9.6.2　横沟河水环境

1. 横沟河河道污染

2016 年 5～7 月横沟河水质监测结果显示，横沟河局部水体水质污染较为严重，总磷、氨氮、化学需氧量、BOD₅ 超过地表水Ⅴ类标准。根据对横沟河底泥检测结果，横沟河底泥不受重金属污染，底泥主要受营养元素和有机污染影响。

2. 横沟河河道污染源

1）旱季生活污水

横沟河右岸排放口为两根 DN800 排放管，位于新世界花园西南角围墙外，分别为附近餐饮店的雨污水合流管排放口和新世界花园的雨水排放口（混杂少量污水）。右岸在新埠大道桥附近还有海鲜餐饮船舶零散排污。左岸为建筑工地私自设置的违法排污口，直接将工地产生的生活污水及生产废水排入横沟河。

2）合流制溢流

横沟河右岸排放口是雨污合流管排放口。旱季时，管底淤积一定厚度的污染物；雨季雨水水量大，流速高，冲刷沉积于管渠底部的大部分污染物，管道浓度增加。

3）内源污染

横沟河污染源主要为新埠桥附近餐饮废水及生活污水，同时鸭尾溪、山内溪分别汇入横沟河，鸭尾溪、山内溪黑臭水体流入横沟河，大量污染物经过水体颗粒物的吸附、沉积至底泥，是潜在污染源。

3. 横沟河市政截污工程及其运行状况

横沟河左岸碧海大道下已敷设了污水管，建于 2012 年，管径 DN400～DN500，污水最终汇入白沙门污水处理厂。横沟河右岸沿线没有污水管敷设。横沟河右岸为新埠岛，新埠岛上现只有西苑路和海甸五东路有污水管，整个新埠岛污水由海甸海新桥东侧的污水泵站提升至海甸岛污水干管，继而排入白沙门污水处理厂处理。

新埠岛现有市政污水管和泵站运行状况良好，其他已建道路均建设有雨水管，但污水接入雨水管的现象较多。

9.6.3　横沟河水环境综合治理工程的问题与需求分析

过去部分污水直排入河，造成水质恶化。横沟河右岸的餐饮店直接向水体排放污水，新世界花园小区的雨水管也由于存在错接的情况向横沟河排放少量污水。左岸为不经处理排放的建筑工地生活污水，给横沟河带来了污染，水质变差。

合流制溢流污染严重，底泥污染严重，河滨生态系统缺乏。水陆过渡带植被缺乏，岸上植被以道路绿化植物为主，由于受高程及水深限制，河道内滩地较少，滩涂植被较为缺乏。

对横沟河实施排污口截污工程，消除外源污染及内源污染，改善河道生态环境是非常有必要的。

9.6.4　横沟河水环境治理目标

（1）2016 年 11 月 30 日前，水体基本消除黑臭；

（2）2017 年 11 月 30 日前，水体主要水质指标达到《地表水环境质量标准》（GB 3838—2002）Ⅴ类标准；

（3）2018 年 11 月 30 日前，水体指标达到或优于Ⅴ类标准。

9.6.5　横沟河水环境治理方案

1. 横沟河水环境总体设计方案

横沟河水环境综合治理工程主要内容包括截污工程、清淤工程、信息监控工程。

1）横沟河截污工程

针对新世界花园西南侧的排污口进行截污纳管，最终排入外沙河沿岸截污管。针对右岸海鲜餐饮船舶零散排污、左岸排污口为建筑工地施工方违法排污，建议由相关政府执法部门责令其整改。

2）横沟河河道清淤工程

对河道底泥进行疏浚清淤，并对底泥进行固化处置，包括底泥疏挖、输送、快速干化、脱水淤泥转运。

3）信息监控工程

在横沟河 5 个监测断面上各建设水环境自动监测系统 1 套，包括水质自动监测站和配套信息系统。

2. 横沟河水环境治理重要节点设计

1）横沟河截污工程设计

横沟河截污工程为右岸新世界花园西南侧的排污口进行截污纳管[30]。日平均污水量约为 193m³/d（不含雨季截流初雨）。新世界花园西南侧截污管设计坡度 i=3‰，n=0.01，充满度 H/D=0.55，管长 876m，走向沿着新世界花园外墙及新埠大道敷设，接入外沙河截污管。污水管管径为 DN400，污水检查井间距大约为 40m，每隔大约 120m 和路口处设置预留接户管。

在新世界花园小区东南侧的排污口设置节制闸，旱季时关闭节制闸，封堵污水外溢通道，由金水门江边海鲜酒楼用吸污车将污水吸走，防止污水外溢排入河道；雨天时打开节制闸，让雨水顺利排入河道，防止发生积水和内涝。节制闸方案同五西路排洪沟截污工程改造方案，在排水口建设节制闸，截污管布置如图 9-33 所示。设置一座不锈钢闸门（西南侧 DN1000），采用手动电动两用控制模式。

图 9-33　横沟河截污管布置（见彩图）

2）横沟河河道清淤工程

横沟河与外海相连，河道水位较深，宜采用绞吸式挖泥船进行淤泥清挖。在横沟河周边空闲滩地上布设淤泥干化设备，把绞吸式挖泥船的淤泥泵送至岸上的一体化脱水设备干化处理。淤泥干化后含水率<60%，优先考虑运送至琼州海峡需要填方的地区进行填方，实现资源化利用。

9.7　仙月仙河水环境综合治理工程

9.7.1　仙月仙河水系概况

海口市仙月仙河为迈雅河主流，因仙月仙村得名，其河道弯曲，河道宽度差异性较大，下游靠近河口附近位置的河道宽度较大，两岸有大范围的浅滩，水深较浅。有几条大大小小的河汊，形成宽浅不一、河流密布的环状与树状交织的河网结构[10]。迈雅河流域总面积为32.8km²，主干河长10.63km，干流平均坡降为0.05‰。仙月仙河的上游原先与南渡江连通，但由于历史的原因，河道上游很多地方被人为填平，或者只剩下很小的沟道，加上南渡江右岸已修建堤防，仙月仙河不再与南渡江直接连通[10]。根据《海口市蓝线规划》和海口市潭览河-迈雅河-南渡江连通工程，恢复仙月仙河上游原与南渡江连接的河段。仙月仙河包括渡头村支流、加乐村支流、迈潭河及主河道。该工程中仙月仙河治理范围为从顺达路至入海口的主干河道，并未纳入支流。

9.7.2　仙月仙河水环境

9.7.2.1　仙月仙河河道水系环境

1）渡头村支流

渡头村支流属于仙月仙河左岸支流，汇水面积7.94km²，河长约6.0km。渡头村支流集水范围内包含渡头村、大良村、东边村等31个自然村落。渡头村支流两岸为自然土质岸坡，浅滩发育，水深较浅，河道岸边灌木、杂草丛生。

2）加乐村支流

加乐村支流属于仙月仙河右岸支流，汇水面积1.6km²，河长约1.1km。加乐村支流集水范围内包含加乐村、大群村等6个自然村落。加乐村支流两岸大部分已经渠化，河道内长满水葫芦，水质一般，但黑臭现象不明显。

3）迈潭河支流

迈潭河支流属于仙月仙河下游左岸支流，汇水面积8.0km²，河长约6.7km。迈潭河集水范围内包含长发村、大同村、东营村等32个自然村落。迈潭河上游两岸为自然土质岸坡，浅滩发育，水深较浅，河道岸边灌木、杂草丛生，河道内长满水葫芦；下游河道两岸分布少量鱼塘水面，河道宽度较大，河口河宽近200m。

4）主河道

仙月仙河主河道集水范围内，分布有本吟村、道仁村、仙红村等42个自然村落；上游是灵山镇江东工业片区，江东工业片区为原琼山市（现为海口市琼山区）建设开发，占地1000多亩，片区内现有41家工业企业；下游河口附近，分布有大片水产养殖水面，总面积约1500亩；另外，仙月仙河沿岸，还分布有较多养猪场，规模几十至几百头不等。

过去由于上游工业废水、沿岸畜禽养殖废水、下游水产养殖排水排入，仙月仙河干流水质较差，尤其上游和下游河口附近，水质黑臭，严重影响沿岸村民的生产生活，主河道水环境见图9-34。

（a）主河道（上游）

（b）主河道（中游）

（c）主河道（下游）

图9-34　仙月仙河主河道水环境

9.7.2.2　仙月仙河河道水体污染

仙月仙河水质污染曾较为严重，尤其上下游河段，受上游污（废）水和水产养殖排水影响，水质差，呈现黑臭现象，严重影响两岸居民生产生活。根据2016年5月对仙月仙河水系水质监测结果，仙月仙河各水质指标中，阴离子表面活性剂、DO、TN、TP、BOD_5、氨氮、高锰酸盐指数及化学需氧量等超过地表水Ⅴ类标准，水体为劣Ⅴ类水。

仙月仙河主河道（顺达路段）河道水质污染严重。上游主要污染源为江东工业区的污（废）水；下游主要污染源为水产养殖排水，COD高达582mg/L，较生活污水高，而$NH_3\text{-}N$浓度仅为0.27mg/L；渡头村支流、加乐村支流和迈潭河等3条主要支流，污染物浓度较低，水质相差不大，这可能是因为这3条支流集水范围主要为农村地区，人类活动相近，污染源基本一致。支流的氨氮浓度为1.54～4.52mg/L。水产养殖池塘水面污染程度较大，COD为148～466mg/L，BOD_5为52.4～160mg/L，基本和生活污水相当。虾塘养殖过程中从池塘底部排水系统排出的废水呈黑臭现象，严重影响仙月仙河水环境质量。

9.7.2.3　底泥环境质量

根据环评单位仙月仙河上游和下游底泥检测结果，仙月仙河底泥不受重金属污染，底泥主要受营养元素和有机污染影响。

底泥取样检测结果，仙月仙河底泥中有机碳含量为 0.68%～10.01%，全氮含量为 0.028%～0.591%，全磷含量为 0.012%～0.64%。从柱状分层样本检测数据来看，有机碳指标有 31.4% 的分层样本中的上层样本含量高于下层样本含量，全氮指标有 37.1% 的分层样本中上层样本的含量高于下层样本，全磷指标有 22.8% 的分层样本中上层样本的含量高于下层样本。柱状底泥样本中硫化物含量、石油类、粪大肠菌群超标。考虑底泥中污染物对上覆水体的释放，存在影响水体水环境质量的潜在环境风险，特别是底泥中有机质含量高容易引发水体黑臭，该工程清除仙月仙河受污染的底泥。

9.7.2.4　仙月仙河污染源

根据现场查勘及相关资料分析，仙月仙河受纳的污水主要有点源、面源和内源三部分。点源主要为顺达路附近的工业企业污（废）水、生活污水、畜禽养殖废水和水产养殖排水；面源主要为流域范围内的农村面源；内源主要为河道污染底泥。

1. 仙月仙河点源

1）顺达路附近污（废）水

仙月仙河上游（顺达路附近）是灵山镇江东工业片区，占地 1000 多亩，片区内现有 41 家工业企业，其中 3 家制药企业、1 家食品公司和 1 家混凝土公司都聚集在顺达路。由于江东开发区市政污水管网设施建设严重滞后，大部分地段无污水收集输送管网，和集中污水处理厂，该区域的生活污水和生产废水长期通过露天沟渠汇入仙月仙河，造成水体污染。

2）水产养殖排水

仙月仙河下游入海口附近，河道两岸存在大片的水产养殖水面，面积约 3200 亩，平均水深约 1.5m。其中虾塘约 2800 亩（其中约 200 亩直接排入仙月仙河，约 2600 亩流入仙月仙河）。

在集约化水产养殖过程中，为增产往往向养殖水体中投入大量的饲料。这些饲料绝大部分没有被水产品利用，而是和水产品排泄物一起排入养殖水体中，据相关研究成果，鱼塘虾塘养殖过程中投放的饲料所含的氮、磷大约只有 9.1% 和 17.4% 被同化，其残剩饲料和鱼虾排泄物形成的污染物，对水体、沉积物等造成严重污染，引起浅水湖泊、河流的退化，造成局部海域发生赤潮[34]。

另外，在每季成虾收获后，所有虾塘都将放干清底，清底厚度约 0.2m，一般采用高压水枪冲刷形成泥浆水后，泥浆泵抽排至虾塘周边明渠，最后排入仙月仙河。池塘底泥中包含大量虾粪便及剩余饲料，污染物含量极高。

3）畜禽养殖废水

仙月仙河沿岸分布有养猪场，养殖规模几十或几百头不等。部分养殖场临河建设，畜禽养殖废水污染物浓度高，养殖场污（废）水未经任何处理，直接排入河道，污染河道水体。

2. 仙月仙河面源污染

1）农村面源污染

仙月仙河流域集水范围 32.8km²，主河道总长 10.25km，最终从灵山镇新管村委会流入大海。流域涉及 11 个自然村，总人口 3.2 万余人。

针对自然村用水、排水调研，村内用水主要靠村内自备水井统一供水解决，基本上每户均在住宅墙边自建化粪池，化粪池容积 3～8m³，化粪池普遍防渗效果不佳，化粪池渗漏现象较为普遍，通过化粪池溢流管溢流出水量极少，溢流污水或者排入村内灌溉支渠，或者就近排入低洼处，然后再次下渗，化粪池溢流直接排入河道的量较少。生活污水下渗过程中，部分污染物被表土拦截，在下雨天，表土截流的污染物随雨水排入河道。村民洗衣洗菜等杂用水，普遍在自家院内解决，废水直接泼洒于地面，下渗或流入灌溉支渠。

村内以家禽散养为主，也有少量生猪饲养户养殖少量生猪，养殖粪便排入沼气池，清液就近排入低洼处。

旱季时，生活污水大部分下渗，污染物在下渗过程中被表土拦截，入河量很少；雨季时，家禽粪便、沼气池上清液、表土拦截的污染物在雨水的冲刷下，随雨水排入河道（部分村落内部有池塘水面，雨水首先排入池塘水面，池塘蓄满后再外溢排入河道），对河道水质产生影响。

由于雨量充足、气温高、区域地表植被生长茂盛，面源污染在入河前被地表植被拦截，这对面源污染有一定的削减作用。

2）农业面源污染

流域内有耕地（含坡地）19354 亩，根据典型村调研及走访，区域内耕地存在一定程度的撂荒现象。

3. 仙月仙河内源污染

仙月仙河沿线污水没有污水处理设施，沿线的污水和面源污染物直接排入河道，排入河道的污染物通过颗粒物吸附、沉淀等方式蓄积在底泥中，多年淤积形成了二次污染源。

9.7.3　仙月仙河水环境综合治理工程的问题与需求分析

1. 仙月仙河水环境治理的问题分析

根据水环境调研结果，分析仙月仙河存在的主要问题如下。

（1）缺乏污水收集处理设施，污水直排入河，严重污染河道水环境。仙月仙河集水面积大，基本为城郊农村地区，市政污（废）水收集处理基础设施极度缺乏，片区内企事业单位污（废）水、水产养殖排水、畜禽养殖废水直接排入河道，给河道水环境质量造成严重污染，是仙月仙河水体发黑发臭的主要原因。

（2）河道底泥污染。仙月仙河沿线河段淤积了大量的污染底泥，形成潜在的二次污染源。

（3）缺乏新鲜水源，水质水量不能满足生态用水需求。

（4）河道被侵占，阻碍行洪。随着城镇化进程加快，江东新区下游的仙月仙河原有水系连通受到影响，没有了源头水，且河道被侵占严重，在起点顺达路至灵东分干渠段，局部河道被填埋，宽度不到 5m，局部岸坡不稳定，土埂横跨河道，形成卡口，严重阻碍行洪。

2. 仙月仙河水环境治理需求分析

仙月仙河过去大部分区域属于尚未开发区。根据总规要求，应保留着天然河道的自然特性。因此，治理现存问题，并保护好现有的河流自然生态系统，对未来城市的发展意义重大。

针对仙月仙河污染情况，实施污水收集处理工程，解决污水直排入河问题，削减污染物入河量，为河道水质及生态环境改善创造条件；实施河道清淤及清障工程，清除河道污染底泥和行洪障碍物，减少河道内源污染对上覆水体的影响，恢复行洪通道；实施补水工程，补充河道生态用水，改善河道水质，为河道生态改善创造良好条件；在未建设堤防的河段，实施护岸工程，保障城市防洪安全，保护人民群众生命财产不受洪水威胁。

为了从根本上改善仙月仙河的水环境质量，保障防洪安全，实施该项目是非常有必要的。

9.7.4　仙月仙河水环境治理目标

（1）2016 年 11 月 30 日前，基本消除黑臭；

（2）2017 年 11 月 30 日前，水体主要水质指标达到《地表水环境质量标准》（GB 3838—2002）V 类标准；

（3）2018 年 11 月 30 日前，水体指标达到或优于 V 类标准。

9.7.5　仙月仙河水环境治理方案

9.7.5.1　仙月仙河水环境总体治理方案

根据仙月仙河水环境情况，仙月仙河水体水环境综合治理工程的主要包括截污工程、生活污水处理工程、水产养殖废水处理工程、支流水处理工程、清淤工程、生态修复工程、补水工程、护岸工程和信息监控工程。

1) 污染治理

在仙月仙河上游顺达路附近，敷设截污管网 2786m，管径 DN300～DN1000，将顺达路附近的污（废）水截入下游新建的污水处理厂进行处理，污水处理厂规模 4000m³/d。

在下游水产养殖区 6 个主要的排水渠末端，建设水产养殖废水一级强化处理站，污水处理规模 6 万 m³/d，水产养殖废水处理站尾水执行《城镇污水处理厂污染物排放标准》（GB18918—2002）Ⅲ级标准，主要消除废水黑臭现象，改善水体感官效果。

在仙月仙河 3 个主要入河支流，建设 4.1hm² 表面流湿地，对 3 条支流的枯期径流进行处理，减少支流对干流水环境质量的影响。

利用仙月仙河沿岸 20 个自然村内池塘水面，升级改造为生态塘，对农村面源污染进行处理，减少污染物入河负荷，池塘水面升级改造面积约 10.85hm²。

2) 河道内源污染控制

河道清淤总量 78.54 万 m³。

3) 活水补水

在南渡江边建设一座补水泵站，利用南渡江对仙月仙河补水，补水规模 0.8m³/s。

4) 仙月仙河道水生态修复

采取人工增氧技术、底泥生物修复技术、水生态多样性修复、人工湿地、红树林等多项措施，提升河道的自净能力。

5) 防洪排涝

结合截污和清淤清障工程，按齐岸标准对护岸进行整治，打造自然岸线，构建滨水植物带，削减面源污染。

9.7.5.2 仙月仙河水环境治理重要节点设计

1. 顺达路截污工程

1) 总体布局

截污工程通过新建截污管网对顺达路两侧进行截污，输送至灵山干渠与仙月仙河交叉处东侧新建污水处理站进行处理；通过在沿河村庄新建分散式小型污水处理设施和配套截污沟渠，将污水截污至沟渠，接入污水处理站，处理达标后排入仙月仙河。

2) 顺达路污水处理站截污管道布设

由于目前项目区尚无排水设施，居民生活污水、企业污水及雨水沿明沟排放，该工程对项目区内合流沟内的污水进行截流，将截流收集的污水排入新建污水处理站进行处理。工程污水收集系统主要由两部分组成，第一部分为顺达路起点琼山大道北侧海师附中等污水就近排入明沟汇集后进入本区域，第二部分为顺达路两侧各单位污（废）水各自接入排水明沟。敷设 DN600 污水管道 1584m，DN400 污水管道 755m，DN300 污水管道 261m，管道总长 2600m[30]。

3）沿河村庄污水处理站截污沟渠设计

通过在沿河村庄新建分散式小型污水处理设施和配套截污沟渠，将污水截污至沟渠，接入污水处理站。开挖截污沟渠 19 条，总长 14.98km，其中 18 条是 18 个村庄污水处理站的截污沟渠，另外 1 条是本念村的截污沟渠，本念村不单独建污水处理站，并入顺达路污水处理站。截污沟渠断面结合城市发展规划和江东组团发展的定位，截污沟渠采用生态型结构断面型式，见图 9-35。在水力计算的基础上，兼顾施工的便捷和可操作性，截污沟渠断面采用梯形断面，底宽 2m，边坡坡度 1：2，沟深 1m。

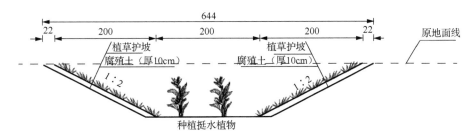

图 9-35　生态型结构截污沟渠断面（单位：cm）

4）顺达路污水处理站设计

污水处理站服务范围收集海口市灵山镇顺达路两侧的污水，设计处理规模为 4000m³/d。设计进水水质：BOD 160mg/L、COD 285mg/L、TP 浓度 1.6mg/L、NH₃-N 浓度 15.8mg/L、SS 浓度 64mg/L、TN 浓度 23.4mg/L；出水水质达到《城镇污水处理厂污染物排放标准》（GB 18918—2002）一级 A 标准，最后排放至仙月仙河。

污水处理站工艺流程见图 9-36。收集的污水经粗格栅、进水泵房提升至细格栅沉砂池后，经一体化污水处理设备（移动床生物膜反应器）及深度处理池处理，再经消毒池消毒，达标后排入仙月仙河。

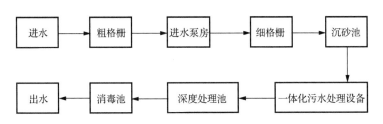

图 9-36　顺达路污水处理站工艺流程

污水生物处理过程将产生大量含水率高的剩余污泥，容积大，含有大量有机物及重金属离子、病原微生物等有毒有害物质，易腐化发臭，不利于输送与处置，若不妥善处理和处置，将造成二次污染。该工程采用移动床生物膜反应器污泥龄相对较长，污泥性质较为稳定，剩余污泥龄较少，污泥直接经浓缩脱水外运。根据项目规模及工艺特点，综合考虑，该工程污泥脱水处理工艺推荐采用机械脱水工艺。剩余污泥脱水处理后，达到垃圾填埋场进场要求后填埋处置。

5）沿河村庄污水处理站设计

仙月仙河沿河共有 31 个自然村庄，新建 18 座污水处理站。主要是沿着村口低洼处新建截污沟渠，对该区域的污水进行截流，送至污水处理站进行集中处理后，再排入仙月仙河。收集的污水经过格栅进行简单处理后，流入植物塘进行预处理，再进入人工湿地系统，经人工湿地系统的物理、化学和生物的复杂净化过程，水中的各种污染物得到相当程度的降解和去除，达标后排入仙月仙河。设计工艺流程如图 9-37 所示。

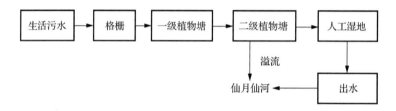

图 9-37　沿河村庄污水处理站工艺流程

2. 清淤清障工程

1）底泥清淤工程

清淤对象暂时考虑干流受污染的淤积底泥部分，呈流塑状，清淤厚度为 0.5～2.0m。采用绞吸式挖泥船清淤，清淤范围起点桩号 1+700，终点桩号 7+600。总共清淤量为 45.47万 m^3。

2）水葫芦清障工程

仙月仙河干流河长范围内，水葫芦除了灵山防潮堤（九孔闸）至出海口段受潮水影响无法生长外，其余段布满大部分河面。水葫芦清理主要采用水面清洁船，机械打捞，在清洁船无法开展工作的浅窄河段，考虑采用机械抓斗作为补充。清理后经晾晒干枯，再运至政府指定渣场填埋处置。

3. 补水活水工程

仙月仙河源头位于顺达路附近，在顺达路污水处理站投入运行后，污水站的尾水作为仙月仙河源头补水来源。由于污水站规模小，污水处理站出水水质达不到仙月仙河水质考核目标要求，需要采取其他补水措施对仙月仙河源头进行补水。

该工程设计在南渡江边建设补水泵站，并埋设 DN1000 压力管，利用水泵通过压力管引南渡江水为仙月仙河补水，PE 管总长 3.67km。引水压力管基础为砂石基础，压实系数不小于 0.93，上部回填土压实系数 0.93。

4. 仙月仙河生态修复工程

针对仙月仙河生态系统存在的问题，设计采用的生态修复技术主要包括：①曝气增氧技术，改善水体"耗氧和供氧"的平衡，快速消除水体黑臭，为水生生物创造生存条件；②湿地技术（天然湿地），保护与修复天然湿地，恢复河滨带生态，结合柔性护岸设计，对河道内的天然湿地进行恢复，并种植红树林，净化水质，防风护堤，为水生动物提供避难所与栖息地，后期根据生态系统恢复情况，适当放养底栖动物及鱼类，重建稳定、持久、协调的水生生态系统。

1）曝气增氧设计

根据仙月仙河每年需要消纳的 BOD_5 污染负荷，计算需要的提水式喷泉曝气设备数量为 73 台。曝气机的布置方式采用大循环思想，将喷泉喷头布置在水系流动性差、水深大的地方，曝气设备进水口布置在污水处理工程尾水、雨水入河口排放附近。潜水推流曝气机宜布设在水深较深，水底亏氧量较大处。由于仙月仙河下游为感潮河口，进水口安装在最低潮水位以下，保证进水。

2）湿地设计

生态修复工程设计的措施应满足污染物削减的需求，即黑臭水体主要关注指标 COD、氨氮、TP，分别削减 356.82t、22.57t、4.47t。根据生态修复要削减的污染物负荷、红树林和天然湿地对水质的净化效果、仙月仙河河滩地面积，来确定红树林规模、天然湿地恢复及建设的规模。

该工程以原天然湿地恢复及建设为主，并辅以种植红树林，投放底栖动物、鱼类以满足入河污染物削减需求，并促进河滨带生态系统的快速恢复。在仙月仙河上游、中游、下游，结合河滩地进行湿地恢复及建设（图 9-38）。经过测算，合计约 $200000m^2$ 的滩涂湿地可用于湿地恢复与建设。结合天然湿地，种植 $4000m^2$ 的红树林，对沿河生态进行恢复；根据生态系统的恢复情况，适当投放底栖动物、鱼类等水生动物。

图 9-38　仙月仙河湿地布置图

5. 仙月仙河护岸工程

该工程对现有岸坡进行修整，标准为齐岸标准，根据相关设计规范，工程等级为Ⅳ级，主要建筑物为 4 级。岸坡整治结合清淤疏浚，对河道岸坡修整，岸线沿原有岸坡布设，保留原有河态和曲线。左右护岸起点均位于顺达路，终点位于灵山防潮堤，护岸总长约 14.9km，其中左护岸长约 7.1km，右护岸长约 7.8km。拆除跨河土埂 2 座。

断面采用自然生态性型式。全线采用梯形断面形式，见图 9-39，梯形边坡系数为 m=3，常水位以上采用三维土工网垫植草护坡，设计河底不护砌，设计河岸边坡在常水位以下采用堆自然山石护砌，自然山石粒径在 300～500mm，局部在 500～600mm，大小山石交错堆砌，自然山石缝隙内回填种植土，种植水生植物。

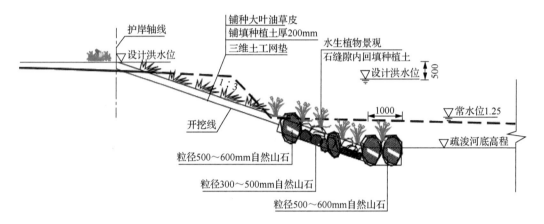

图 9-39　仙月仙河典型断面图（尺寸单位：mm；高程单位：m）

9.7.5.3　仙月仙河水环境治理工程的创新设计举措

1）水产养殖废水处理工程设计

仙月仙河下游主要污染来源为高浓度虾塘的废水的排放。针对水产养殖废水，设计处理废水总规模 60000m³/d，分 6 个厂区，每个厂区污水量基本相同，均为 10000m³/d。主要构筑物包括挡水坝、调节池、成套污水处理设备、综合管理房等。

2）仙月仙河支流水处理工程设计

仙月仙河支流包括渡头村、加乐村和迈潭河支流，水质恶化，对仙月仙河水体造成影响，为此，设计对支流水体进行旁路处理。设计小型旁路式水处理主要构筑物有挡水坝、表面流湿地和景观提升等。其中，挡水坝为了将支流与干流隔离开来，防止干支流水混合在一起，需在支流河口设挡水坝，拦截枯期径流；提升泵站设置在支流河口，设置提升泵站，将挡水坝拦截的枯期径流，输送至后续表面流湿地进行处理；表面流湿地利用河口右侧现有荒滩地改建而成。

9.8　丘海湖、东坡湖水环境综合治理工程

9.8.1　丘海湖、东坡湖基本情况

东坡湖位于海南大学校园东部，是海南大学主要的景观水体，水域面积 104605m²，集水面积 0.47km²，护岸完整。东坡湖与海甸溪之间有渠道连通，渠道与海甸溪间由海

甸岛 1#闸连接。渠道北段为明渠，南段为暗渠。明渠段长度为 240m，渠顶宽约 9m；渠道暗渠 720m，宽度约为 4.7m。该明渠原与拦海村污水箱涵相通，后为阻止污水倒流被海南大学校方封堵；为了给明渠补水，校方打通了暗渠与明渠，利用涨潮时从暗渠过来的潮水对明渠进行补水。

丘海湖是海南大学校内另一个著名湖泊，坐落于海南大学西门附近，和东门附近的东坡湖遥相呼应，水域面积 98637m^2，集水面积 0.38km^2。丘海湖护岸全部为自然生态岸坡，椰风西路将湖一分为二。丘海湖四周植物分布紧密，生长茂盛。丘海湖沿岸无污水排放口，有个别雨水排放口，非雨天雨水口暂未发现有污水流出。丘海湖下游与东坡湖下游渠道交汇后通过海甸岛 1#闸汇入海甸溪。丘海湖下游河道长约 780m。

东坡湖和丘海湖实景图见图9-40。

(a) 东坡湖 　　　　　　　　　　　　　(b) 丘海湖

图 9-40　东坡湖和丘海湖实景图

9.8.2　丘海湖及东坡湖水环境情况

1）湖体水质

根据对两湖水体的水质监测结果，丘海湖及东坡湖水质较差，水体总体为劣Ⅴ类水，各水质指标中阴离子表面活性剂、TP、BOD$_5$、COD 等指标超过地表水Ⅴ类标准。对东坡湖、丘海湖进行富营养化评价，结果显示，东坡湖总磷营养指数为 72，处于富营养状态，且高锰酸盐指数的富营养化评价值为 73，也处于富营养化状态，说明东坡湖存在富营养化问题，其所在区域水热条件好、光照充足，极易暴发藻类；丘海湖总磷营养指数为 64，处于轻度富营养状态，存在藻类暴发风险。

2）湖体底泥环境质量

根据环评单位对丘海湖、东坡湖底泥检测结果显示，两湖底泥不受重金属污染，主要污染为营养元素和有机物。

3）湖泊污染源

东坡湖点源污染来源主要为生活污水。东坡湖位于海南大学校内，沿岸的开发建设及市政基础设施已非常完善，截污盲区比例小。但海南大学外的周边部分地区截污纳管建设不到位，尤其是捕捞村内部，没有与市政主管相配套的污水收集系统，以至于生活污水直接排入雨水管网，经由雨水管进入东坡湖与海甸溪连通渠暗渠。暗渠段共有 4 个雨水合流排水口。连通渠出口有一座节制闸，在闸门开启且潮位较低时，污水直接排入海甸溪。在闸门关闭或涨潮时，连通渠内排水不畅，污水由暗渠回灌至东坡湖，威胁东坡湖水质。另外，在东坡湖机电学院员工宿舍有一排污口直接向湖体排放污水；丘海湖无污水排放口。

丘海湖、东坡湖集水范围内由于降雨径流对地面的冲刷，会造成污染物（如氮、磷）的释放，并随雨水最终进入湖泊，从而对湖泊的水质产生一定的影响。

东坡湖的排污系统破损严重，导致部分生活污水倒灌进湖内，水质日益恶劣。为了有效治理东坡湖，于 2005 年实施了机械清淤、排污通流、生态修复三项工程，东坡湖水质得到了极大改善。后来由于截污不彻底，一些未经处理的生活污水及面源直接入湖，加之水体流动性差，无机盐大量沉积，东坡湖水质又呈现富营养化状态。水体的污染物通过颗粒物吸附、沉淀等方式蓄积在底泥中，在适当条件下，这些污染物又重新向水体释放，在东坡湖内形成了二次污染，从而加速水体水质的恶化[35]。

丘海湖无污水直排入湖，但受到初期雨水污染，且水体流动性差，呈轻度富营养化状态。由于污染物沉积，底泥也受到了一定程度的污染。

9.8.3 丘海湖、东坡湖水环境综合治理工程的问题与需求分析

（1）生活污水直排对湖水水质造成威胁；
（2）面源污染问题突出；
（3）底泥污染严重，对上覆水体影响大；
（4）护岸生态性差，不利于水环境改善。

东坡湖、丘海湖两岸护坡护岸大部分为直立护岸，尽管直立护岸稳定性较好，强度较强，但生态性较差，阻断了水岸间的物质连通，生态系统的食物链被坚硬的护坡结构破坏，水体的自净能力降低。加之岸坡较陡，雨水冲刷作用强，岸坡不能有效对湖岸周边的面源污染进行有效拦截，不利于湖水水质的稳定。因此，须对其进行生态化改造，一方面拦截未截留的面源污染，另一方面构建和恢复稳定的生态系统。

旱季生活污水、面源污染及湖底沉积的内源污染，导致护坡水环受到污染，严重影响了校园的学习生活环境，也影响了海南大学的形象。

针对各类污染源，必须采取针对性的解决措施，削减污染物入湖负荷。实施市政截污工程，解决污水及雨污合流水直排入水体的问题；实施东坡湖水闸改造工程，阻止雨季排入连通渠的 CSO 倒灌回东坡湖。实施生态修复工程，减少内源污染对上覆水体的影响，削减面源污染负荷，维护水生态系统健康。在东坡湖截污的同时，一并实施明渠改造，促进水体交换。

9.8.4　丘海湖、东坡湖水环境治理目标

（1）2016 年 12 月 31 日前，丘海湖、东坡湖主要水质指标达到《地表水环境质量标准》（GB 3838—2002）V 类标准；

（2）2018 年 11 月 30 日前，丘海湖、东坡湖水体指标达到或优于 V 类标准。

9.8.5　丘海湖、东坡湖水环境治理方案

9.8.5.1　丘海湖、东坡湖水环境治理总体设计方案

根据丘海湖、东坡湖水环境情况及治理需求和目标，设计丘海湖、东坡湖水环境综合治理工程的总体方案如下。

（1）截污方面，对东坡湖与海甸溪连通渠暗渠进行截污，污水截流到碧海大道下的市政污水管道。同时要求学校对沿岸污水系统进行排查整改，取缔污水直排口。

（2）生态修复方面，采取人工增氧技术、人工生态草、种植耐盐沉水植物、投加底质改良剂、岸坡生态化改造等多项措施，削减面源污染负荷，增强湖泊的自净能力。

（3）结合东坡湖连通渠暗渠截污工程，在其旁边新开挖一条明渠，促进东坡湖与海甸溪之间水体交换。另外，对东坡湖连通渠口处的水闸进行改造，阻止雨季排入新开挖明渠的 CSO 倒灌回东坡湖。

（4）在丘海湖和东坡湖设置监测断面，建设自动在线监测站和监测中心，对各水质实施在线监控。

9.8.5.2　丘海湖、东坡湖水环境治理的重要节点设计

1.　丘海湖、东坡湖截污工程设计

对东坡湖与海甸溪连接渠上的排污口进行截污，主要对东坡湖与海甸溪连通渠暗渠段进行截污，同时建议学校排查整改沿岸污水系统，取缔污水直排口。

截污总体思路及截污工程总体布置见图 9-41。

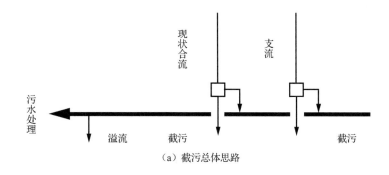

（a）截污总体思路

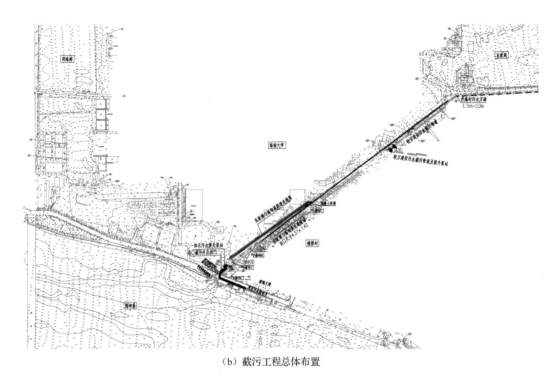

（b）截污工程总体布置

图 9-41 丘海湖、东坡湖截污总体思路及截污工程总体布置

1）截污干管布置

在东坡湖与海甸溪连通渠暗渠总口处设置截污井，将污水截流至污水提升泵站，污水经由泵站提升至碧海大道下污水主管。污水经污水提升泵站提升至碧海大道下污水干管[30]。污水压力管道敷设于碧海大道右侧距路缘线 2m 处。管道敷设位置见图 9-42，管道标准横断面见图 9-43。

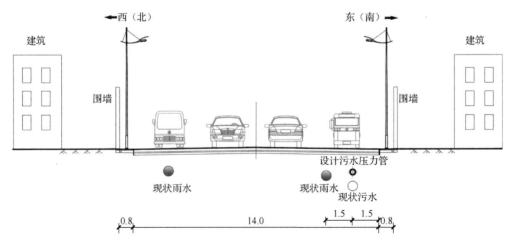

图 9-42 管道敷设位置（单位：m）

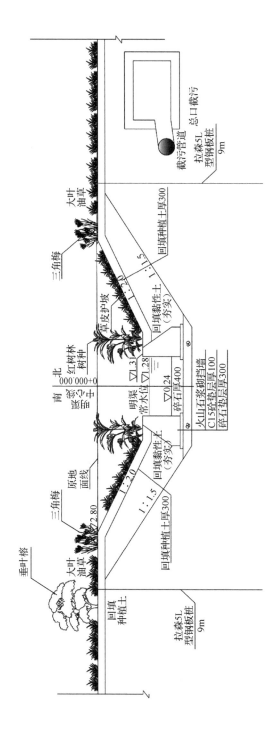

图 9-43　管道标准横断面（尺寸单位：mm；高程单位：m）

2）截流井设计

在污水出口处设置截污井，将生活污水截污至污水管道，接入污水处理厂。结合本工程的实际情况，该项目设计采用槽式截流井。

3）防倒灌设施设计

东坡湖与海甸溪连接渠为感潮河段，3年一遇的潮水位为2.18m，而工程截污井溢流管管内底标高均低于在0.5m，故该水系存在潮水倒灌风险，应在截污口溢流管末端设置防倒灌装置。综合安装、材质等方面的考虑，防倒灌设施设计采用拍门。

4）泵站设计

截污工程污水主管管底高程较低污水无法经重力自流至污水主管，故需设置污水提升泵站按最高日最高时设计。设计采用一体化预制泵站。

2. 邱海湖、东坡湖生态修复工程

利用综合生物-生态技术达到快速改善水质、使水质长期保持良好的效果使水生态系统逐渐恢复并达到稳定。

针对东坡湖、丘海湖的水环境情况，设计的主要生态修复技术如下。①柔性生态护岸技术。选取天然的、便于生物生存的、允许物质交流的、景观效果好的柔性护岸形式，对沿岸的未能截流的污染物进行拦截，并为生物提供生存的环境。②曝气增氧技术。改善水体"耗氧和供氧"的平衡。③底泥生物修复技术。构筑强大的微生物体系，利用微生物的新陈代谢作用，快速去除水体中的有机物。④人工生态草技术。为水体微生物提供附着基质和栖息场所，对水体中氮、磷、有机物等污染物去除，保障水体达标。⑤水生植物引导的水生态系统构建技术。选取耐盐并具有净化能力的沉水植物，在去除水体污染物的同时，为水体生物提供良好的栖息环境，促进稳定的生态系统的恢复，后续视生态系统的恢复情况，确定底栖动物及鱼类的投加数量。经过方案比选，结合东坡湖、丘海湖等特点，采用提水式喷泉曝气设备，为水质净化提供充足溶解氧；采用多孔微生物载体技术、水生植物引导的水生态系统构建技术削减入河污染物。

曝气增氧技术+多孔微生物载体技术+底泥生物修复技术+水生植物引导的水生态系统构建技术，一方面对可增加水体溶氧，削减入河污染物；另一方面可促进水体生态系统的快速恢复。此外，对东坡湖、丘海湖直立护岸和斜坡护岸进行生态化改造，可对部分入湖污染物进行拦截，并促进生态系统的快速恢复。

1）曝气活水布置

采用提水式喷泉曝气机曝气，通过曝气扰动形成活水。

由于丘海湖和东坡湖水较浅，喷泉吸水不宜对湖底产生较大扰动，进水口安装于枯水期最低水位以下，距水底约0.5m。

2）人工生态草布置

人工生态草布置于东坡湖、丘海湖中央，分别占水面 300m²、400m²，按 1m³/m² 进行布置。东坡湖、丘海湖可分别去除 COD$_{Cr}$ 11.83t/a、6.57t/a；去除氨氮 0.55t/a、0.99t/a；去除总磷 0.05t/a、0.08t/a。

3）底质改良剂

底质改良剂按 0.005kg/m² 按全湖投放，分多次投放。

4）水生植物引导的水生态系统构建

选取沉水植物（如川蔓藻、篦齿眼子菜、狐尾藻），在去除水体污染物的同时，为水体生物提供良好的栖息环境，提高东坡湖及丘海湖的生物多样性及水生态系统的稳定性。

为防止水力冲刷对植物生长带来伤害，沉水植物均布置在远离连通渠的位置。在东坡湖种植沉水植物 5000m²，分别布置在西北部（1500m²）和南部（3500m²）；在丘海湖种植沉水植物 6000m²，分别布置在丘海湖北部（4000m²）和南部（2000m²）。

5）生态护岸

为了改善水体生态系统的整体平衡，加强水陆及生物间的沟通，选取天然的、允许物质交流的、对外源污染物有一定截流能力的、景观效果好的生态护岸形式，对东坡湖、丘海湖护岸进行改造。其中东坡湖新建生态护岸 1783m，丘海湖新建生态护岸 2400m。生态护岸工程拟采取松木桩护岸和块石护岸两种生态护岸形式，如图 9-44 所示。

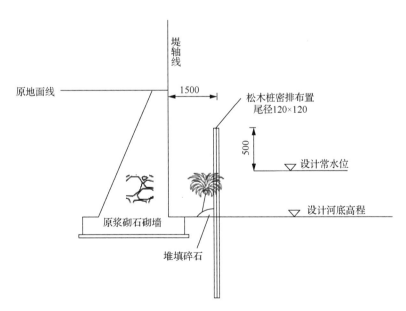

（a）松木桩护岸（单位：mm）

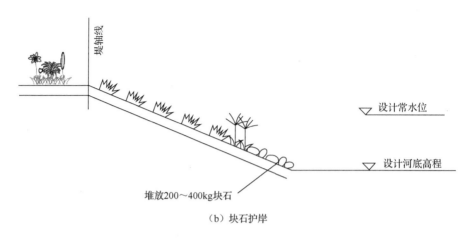

（b）块石护岸

图 9-44　生态护岸结构示意图

　　沿东坡湖、丘海湖直立岸线向水体方向 1.5m 的位置布置松木桩护岸，松木桩顺岸线密集布置，在直立护岸与松木桩之间形成宽 1.5m 的沟，对沿岸入湖的面源污染进行截流。为了净化沟内水质，从强化净化和增加观赏性双重目标出发，并呈现软硬结合、层次丰富的效果，沿松木桩护岸片状种植生命力强、耐盐、耐水淹、净化效果好的植物。东坡湖布置松木桩护岸 1093m，种植耐盐挺水植物 5500 株；丘海湖布置松木桩护岸 2400m，种植耐盐挺水植物 12000 株。在东坡湖斜坡护坡的坡脚处，利用卵石、块石等材料自然堆放来护岸，布置块石护岸 690m，在设计常水位以下沿坡布置 200～400kg 块石。

　　3. 连通工程

　　1）涵闸改造工程

　　东坡湖与海甸溪连通渠起始处为 1.6m×1.6m 方涵，出入口设置有闸门。浆砌石边墙砂浆老化脱落，闸门为简易木板门，无起启闭设备，进口设有钢管拦污栅，水闸挡、排水功能均不同程度受损。拆除重建东坡湖水闸，旱季开启闸门，促进东坡湖与海甸溪水体交换。下雨及时关闭闸门，阻止雨季排入连通渠的 CSO 倒灌回东坡湖，保护湖泊水体不被污染。

　　拆除重建该排水涵口，新建闸门等设备，修复水闸功能，提高水闸安全运行性。水闸工程等级为 5 级。

　　2）连通渠工程

　　东坡湖与海甸溪之间的连通渠，北为明渠，南为暗渠。暗渠原为雨污合流渠，水质黑臭。经截污工程治理后，将暗渠揭盖改造为明渠，既可截流污水，减轻对海甸溪和东坡湖的污染；同时方便海甸溪与东坡湖水体连通交换，利于水体复氧；又可沿线打造亲水生态护岸，增加水趣。设计结合截污工程，将东坡湖与海甸溪连通渠南段暗渠揭盖改为明渠，截污管埋设在明渠护岸内，治理长度 720m。暗渠揭盖改为明渠，宽 5m，纵坡为 1/20000，整治标准为齐岸标准，工程级别为 5 级。

9.8.5.3　丘海湖、东坡湖水环境治理工程的创新设计举措

1. 湖泊底泥生态修复设计

东坡湖富营养化，水体中富氮、磷悬浮颗粒物大量沉积到湖底，导致造成湖底沉积物中氮磷含量较高。在一定的环境条件和水动力条件下，水库沉积物中氮、磷可向上覆水体释放，造成二次污染，从而进一步加剧水库的富营养化程度。

丘海湖虽然无污水直排入湖，但受到面源污染的影响，湖底蓄积了部分的污染物，为了保证东坡湖、丘海湖水质稳定达标，应对底泥进行处理。

消除内源污染的方式主要有清淤和底泥生物修复两种。清淤虽然能够做到彻底移除内源污染，但在清淤的过程中，底泥会释放营养盐，造成新的水体污染；而底泥生物修复是采用底质改良剂对底泥在原场所进行的生物修复，将土著微生物培养液和底泥生物氧化复合配方制剂一起用湖水稀释混合，然后通过靶向给药技术直接喷射到底泥内，以促进底泥氧化，减少淤泥沉积，不会对水体造成二次污染[36]。

考虑到东坡湖在 2005 年已彻底清淤过，丘海湖底泥污染相对较轻，设计采取底泥生物修复技术对东坡湖、丘海湖水质进行修复。选择耐污性强、底泥分解能力强、繁殖能力强的微生物制成的底质改良剂。

2. 暗渠整治工程护岸断面设计

结合截污工程，将东坡湖与海甸溪连通渠南段暗渠揭盖改为明渠，采用直立挡墙护岸断面结构，结构断面型式详见图 9-45。护岸采用生态砌块加筋土工格栅挡墙，砌块砌体一般采用生态砌块错位干砌形成，仰斜角度为 8°，垂直方向每隔一定的间距铺设土工格栅，形成自稳定挡墙。岸顶上设置栏杆进行安全防护（该部分由景观设计统一考虑），坡脚采用抛填块石防止冲刷，挡墙基础采用木麻黄桩进行处理，木麻黄桩桩长 4m，间距 0.5m，呈梅花状布置。堤顶路面宽 3.0m，堤顶背水坡处设置 C25 砼路缘石。堤顶路面面层铺设 6cm 厚透水砖，底部垫层由上而下分别铺设 2cm 厚中砂找平层、10cm 厚无砂砼以及 10cm 碎石垫层。

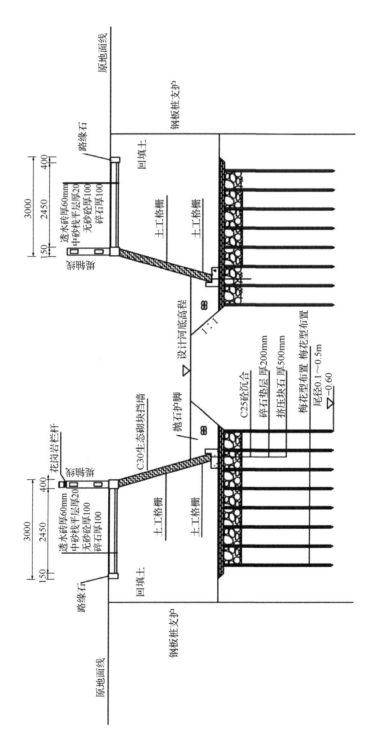

图 9-45 东坡湖暗渠整治典型断面图（尺寸单位：mm；高程单位：m）

参 考 文 献

[1] 崔键, 李金凤, 彭颖, 等. 滨海地区初秋河湖水网表层水环境特征及影响因素: 以连云港徐圩新区为例[J]. 水利水电技术, 2022, 53(6): 132-145.

[2] 梁栩, 朱丽蓉, 叶长青. 基于系统动力学模型的南渡江流域水资源脆弱性评价[J]. 长江科学院院报, 2021, 38(5): 17-24.

[3] 李敏, 高倩, 王桂荣. 河北省滨海平原区生态安全调控对策分析[J]. 河北农业科学, 2008, 12(8): 94-95.

[4] 吴同, 杨振京, 王一鸣, 等. 温州沿海平原晚更新世以来的海相地层特征及沉积环境[J]. 海洋地质与第四纪地质, 2019, 39(4): 148-162.

[5] 杨桂山, 施雅风, 张琛, 等. 未来海岸环境变化的易损范围及评估——江苏滨海平原个例研究[J]. 地理学报, 2000, 55(4): 385-394.

[6] 陈吉江, 阮登泉. 滨海平原河网闸群优化调度设计[J]. 浙江水利科技, 2020, 48(5): 54-58, 61.

[7] 陈吉江, 邹叶锋, 余文公, 等. 滨海平原河网水动力分析特性研究[C]. 浙江省水利学会 2020 学术年会, 杭州, 2020.

[8] 肖旭. 东南滨海平原城市海绵设施规划——以北海市为例[J]. 湖北师范大学学报(自然科学版), 2020, 40(1): 43-51.

[9] 孙甜, 郭磊, 舒全英, 等. 滨海平原河网地区城镇洪涝之后预报预警系统研究[J]. 浙江水利科技, 2020, 48(2): 53-55, 62.

[10] 汪恒. 半咸水环境下水生态系统的构建对消除黑臭水体提升水质应用的浅述[J]. 葛洲坝集团科技, 2019, (1): 4.

[11] 罗珊, 李大明. 渤海湾滨海平原河网地区降雨径流模拟[J]. 水电能源科学, 2020, 38(5): 6-10.

[12] 韩晓莉. 新时期海口水环境生态化治理研究[C]. 中国管理科学学会环境管理专业委员会 2019 年年会, 天津, 2019.

[13] 蒋必凤, 杜慧慧. 三亚市近海岸水环境影响因素及保障措施研究[J]. 环境与发展, 2018, 30(10): 106-107.

[14] 余中元. 基于流域社会生态系统的海南区域治理体系优化调整研究[J]. 海南师范大学学报(自然科学版), 2020, 33(3): 287-298.

[15] 海口市统计局. 2022 年海口市国民经济和社会发展统计公报[R/OL]. (2023-03-01). https://www.haikou.gov.cn/xxgk/szfbjxxgk/tjxx/tjgb/202403/t1348943.shtml.

[16] 蒋任飞, 孔兰, 王贤平, 等. 海口市水系演变特征及其对区域环境的影响[J]. 中国农村水利水电, 2018, (3): 33-36.

[17] 陈晓璐, 林建海. 变化环境下南渡江干流径流特征分析及变化趋势研究[J]. 人民珠江, 2019, 40(10): 14-20.

[18] 吴慧, 陈小丽. 海口汛期不同等级降水与旱涝关系的分析[J]. 广东气象, 2003, 25(3): 13-15.

[19] 海南省水务厅. 海南省水资源公报(2022 年)[R/OL]. (2023-08-28). https://swt.hainan.gov.cn/sswt/1801/202308/e96dcba83c8c4fdb96be9e87bb5e1ade/files/479c214df10b4024b84a64a78c463fc8.pdf.

[20] 曾鹏, 苏朝晖, 方伟华, 等. 基于高精度房屋类型数据的海口市台风次生洪涝灾害损失评估[J]. 灾害学, 2022, 37(4): 155-165.

[21] 董新宇, 张静慧, 袁鹏, 等. 基于多目标优化的低影响开发设施布局方法[J]. 环境科学学报, 2021, 41(7): 2933-2941.

[22] 中华人民共和国住房和城乡建设部. 海绵城市建设技术指南——低影响开发雨水系统构建(试行)[Z/OL]. (2014-10-22). https://www.mohurd.gov.cn/gongkai/zhengce/zhengcefilelib/201411/20141103_219465.html.

[23] 环境保护部. 地表水自动监测技术规范(试行): HJ 915—2017[S/OL]. https://big5.mee.gov.cn/gate/big5/www.mee.gov.cn/ywgz/fgbz/bz/bzwb/jcffbz/201801/W020180108522970896822.pdf.

[24] 胡和平, 马卓莹, 谢海旗, 等. 管网水位非正常工况下的截污纳管方案探讨[J]. 中国给水排水, 2021, 35(16): 16-19.

[25] 汉京超, 王红武, 刘燕, 等. 城市合流制管道溢流污染削减措施的优化选择[J]. 中国给水排水, 2014, 30(22): 50-54.

[26] 王菲, 陈德业, 肖许沐, 等. 高密度建成区黑臭水体成因特点及治理策略研究[C]. 中国环境科学学会2021年科学技术年会, 天津, 2021.

[27] 佃柳, 郑祥, 郁达伟, 等. 合流制管道溢流污染的特征与控制研究进展[J]. 水资源保护, 2019, 35(3): 76-83, 94.

[28] 范波. 我国城市水体底泥污染特征分析及治理方案探讨[J]. 广东化工, 2022, 49(4): 167-169.

[29] 李加龙, 罗纯良, 吕恒, 等, 2002~2018 年滇池外海蓝藻暴发时空变化特征及其驱动因子分析[J]. 生态学报, 2023, 43(2): 14.

[30] 葛洲坝(海口)水环境治理投资有限公司. 环境影响评价报告公示: 海口市鸭尾溪、东坡湖等 10 个水体水环境综合治理 PPP 项目环评报告[R]. 2017.

[31] 孙健, 曾磊, 贺珊珊, 等. 国内城市黑臭水体内源污染治理技术研究进展[J]. 净水技术, 2020, 39(2): 77-80, 97.

[32] 徐秋实. 宾格挡墙和雷诺护垫在习水河河道治理工程中的应用[J]. 河南水利与南水北调, 2014, (4): 21-22.

[33] 卜自珍, 焦梦妮, 马学冬, 等. 自嵌式挡土墙在小型河道护岸工程中的应用[J]. 北京水务, 2014, (1): 35-38.

[34] 曹伏龙, 夏丽华, 郭治兴, 等. 海水养殖污染研究进展[J]. 广东农业科学, 2015, 42(22): 97-105.

[35] 孙浩, 马卓颖, 肖许沐. 抚仙湖污染物入湖过程分析与控制策略[J]. 人民珠江, 2015, 36(6): 117-120.

[36] 王菲, 王贤平, 陈德业. 感潮河网区黑臭水体治理方案研究[J]. 广东化工, 2021, 48(22): 159-160.

彩　图

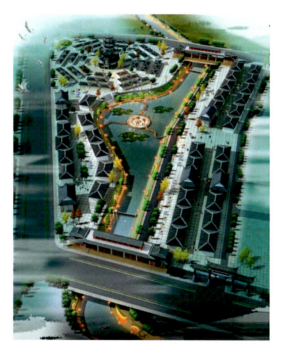

图 1-3　现代化城市河流及空间布局示意图

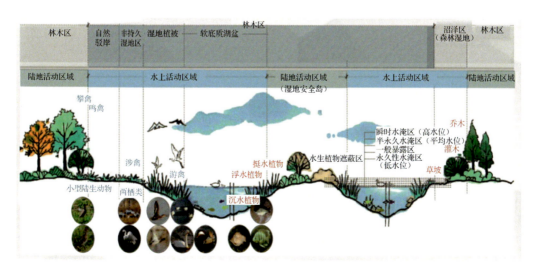

图 1-10　河湖生态系统示意图

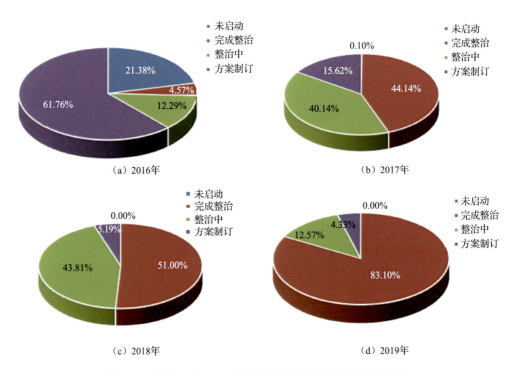

（a）2016年

（b）2017年

（c）2018年

（d）2019年

图 3-8　我国 2016～2019 年黑臭水体整治工作开展情况统计

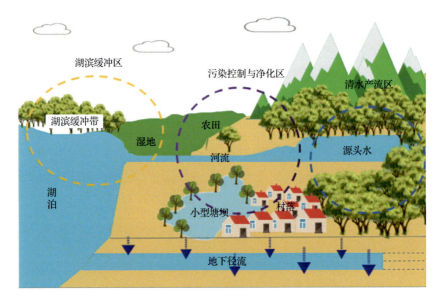

图 4-3　城市河流清水产流机制修复思路示意图

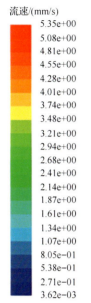
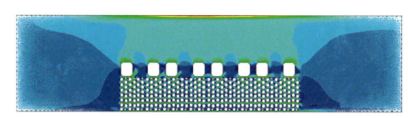

图 5-49　生态矩阵软件模拟结果

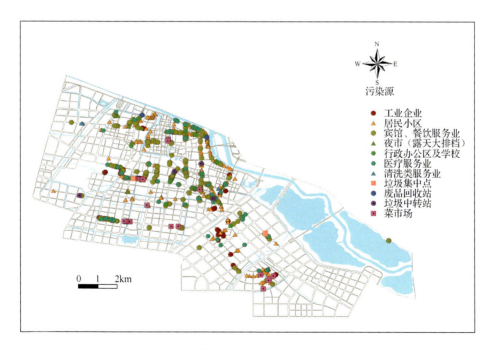

图 7-3　颍西片区总体污染源空间分布

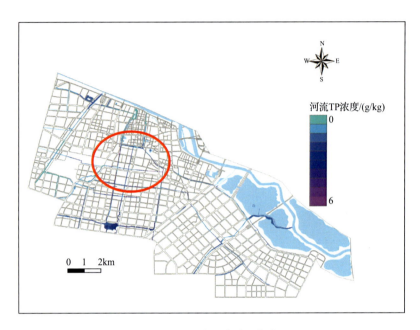

图 7-4　颍西片区总磷污染状况

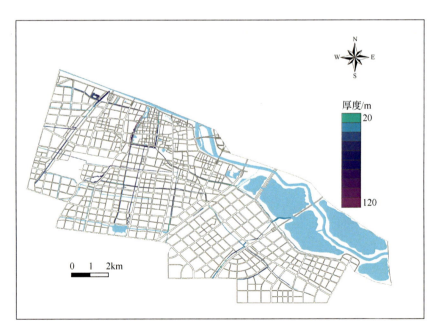

图 7-5　颍西片区河道淤泥厚度分布

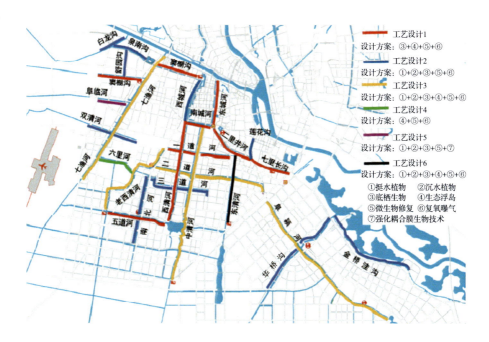

图 7-15　生态修复总规划图

图 7-32　12mm 降雨条件下污染河道位置示意图

图 7-33　18 mm 降雨条件下污染河道位置示意图

图 7-34　1 年一遇降雨条件下水质超标河道位置示意图

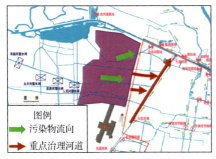

（a）农排区1#

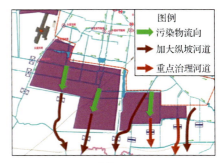

（b）农排区2#/3#

图 7-37　不同农排区外源污染控制示意图

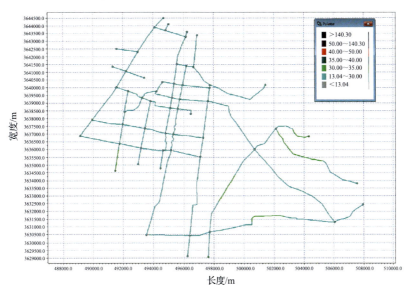

（a）降雨72h后COD分布

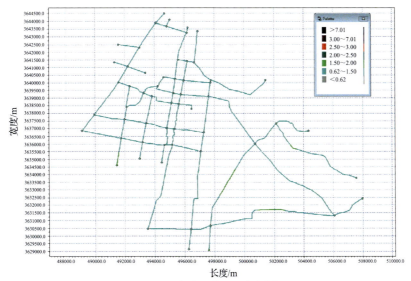

（b）降雨72h后NH₃-N浓度分布

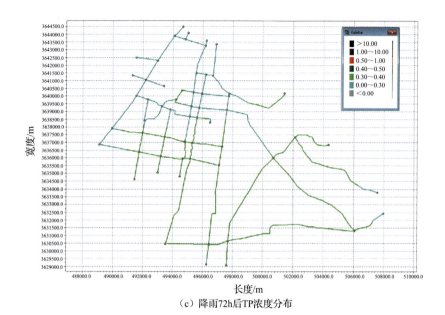

（c）降雨72h后TP浓度分布

图 7-38　20mm 降雨 72h 后水质模拟

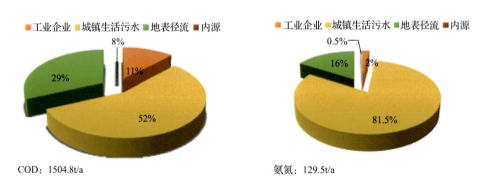

COD：1504.8t/a

氨氮：129.5t/a

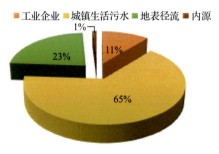

TP：14.81t/a

图 7-48　黑砂河流域主要污染负荷入河量

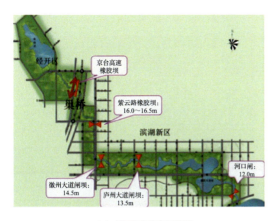 

（a）塘西河平面布置图　　　　　　　　　　　　（b）项目工程范围图

图 7-59　塘西河平面布置图及项目工程范围图

图 8-4　南明河流域复杂的排水系统

图 8-26　贵阳市彭家湾地下污水处理厂

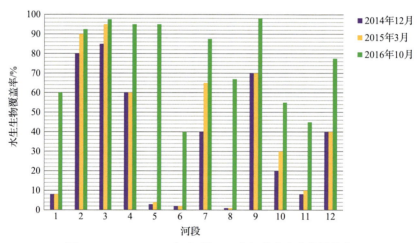

图 8-30　2014～2016 年南明河 12 个河段水生生物覆盖率

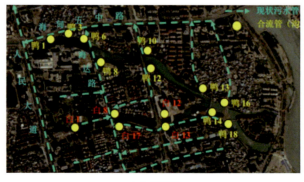

（a）改造前

（b）改造后

图 9-3 鸭尾溪-白沙河排水系统改造前后平面布置示意图

图 9-4 五西路排洪沟改造方案平面布置示意图（优化后）

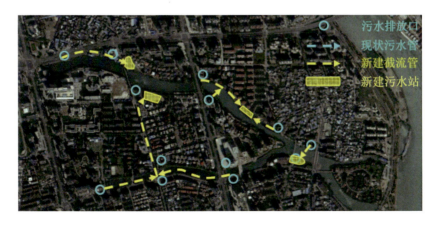

图 9-5 净水处理工程平面布置示意图

图 9-14 外沙河截污工程总体布置图

图 9-16 外沙河生态修复工程布置

图 9-33 横沟河截污管布置